HANDBUCH DER BODENLEHRE

HERAUSGEGEBEN VON

DR. E. BLANCK

O. Ö. PROFESSOR UND DIREKTOR DES AGRIKULTURCHEMISCHEN UND
BODENKUNDLICHEN INSTITUTS DER UNIVERSITÄT GÖTTINGEN

ERSTER BAND

BERLIN
VERLAG VON JULIUS SPRINGER
1929

DIE NATURWISSENSCHAFTLICHEN GRUNDLAGEN DER LEHRE VON DER ENTSTEHUNG DES BODENS

BEARBEITET VON

PROFESSOR DR. E. BLANCK-GÖTTINGEN · DR. H. FESEFELDT-GÖTTINGEN
DR. F. GIESECKE-GÖTTINGEN · DR. G. HAGER-BONN · DR. F. HEIDE-
GÖTTINGEN · PROFESSOR DR. W. MEIGEN-GIESSEN · PROFESSOR DR.
S. PASSARGE-HAMBURG · PROFESSOR DR. H. PHILIPP-KÖLN
DR. K. REHORST-BRESLAU · DR. L. RÜGER-HEIDELBERG

MIT 29 ABBILDUNGEN

BERLIN
VERLAG VON JULIUS SPRINGER
1929

ISBN-13: 978-3-642-98808-0   e-ISBN-13: 978-3-642-99623-8
DOI: 10.1007/978-3-642-99623-8

Vorwort.

Die Lehre vom Boden hat in den letzten Jahrzehnten eine ungeahnte Entwicklung genommen und Fortschritte gezeitigt, die weit über die engen Grenzen einer landwirtschaftlichen Fachdisziplin, als welche die Bodenkunde wohl zumeist angesehen wird, hinausgehen. Botanik, Geologie, Klimalehre, um nur einige der Bodenlehre nahestehende Wissenschaften zu nennen, sind heute mehr denn je gezwungen, die Ergebnisse bodenkundlicher Forschung zu ihrem eigenen Nutzen und Ausbau zu verwerten, und auf den mannigfaltigsten Gebieten wissenschaftlicher Forschung macht sich das Bedürfnis nach grundlegender bodenkundlicher Erkenntnis geltend. Dies gilt nicht nur insonderheit für alle Gebiete der theoretischen und praktischen Landwirtschaft, sondern auch für scheinbar recht entfernt liegende Wissenszweige wissenschaftlicher und wirtschaftlicher Richtung.

Das mit dem vorliegenden ersten Bande herausgegebene Handbuch der Bodenlehre wünscht der umfassenden Bedeutung des Bodens nach jeder Richtung hin gerecht zu werden, indem es in größerem Umfang als solches bisher geschehen ist, alle Erscheinungen, die mit dem Boden im Zusammenhang stehen, als ein Ganzes zu verbinden und zur Darstellung zu bringen trachtet. Somit ist dieses Werk nicht nur für den Landwirt und Agrikulturchemiker, sondern auch für den Naturwissenschaftler aller Fachgruppen zur Erlangung der für ihn erforderlichen Kenntnisse vom Boden bestimmt.

Möge der Wunsch des Verlegers und Herausgebers, ein grundlegendes Werk, das alle Ergebnisse neuzeitlicher bodenkundlicher Erkenntnis zusammenfaßt, geschaffen zu haben, damit in Erfüllung gehen.

Göttingen im November 1928.

E. BLANCK.

Inhaltsverzeichnis.

Berichtigungen.

S.   9, Zeile 1 von oben: statt A. lies H. Rosenbusch.
S. 13, Zeile 8 von unten: statt L. M. lies J. M. van Bemmelen.
S. 34, Zeile 2 von oben: statt Eresos lies Evesos.
S. 57, Fußnote 6: statt Lesquersen lies Lesquereux.
S. 66, Zeile 4 von oben: statt Sfenft lies Senft.
S. 66, Zeile 2 von unten: statt Clark lies Knop.
S. 66, Fußnote 9: statt Clark, W. lies Knop, W.
S. 74, Fußnote 3: statt Derain lies Dehérain.
S. 93, Zeile 19 von unten: statt Serizisierung lies Serizitisierung.
S. 198, Zeile 5 von oben: statt es lies so.
S. 204, „Disperse Systeme" unterste Zeile: statt Opaleszent lies Opaleszenz.
S. 299, Zeile 10 von unten: statt humöse lies humose.

Einleitung.

Die Bodenlehre oder Bodenkunde als Wissenschaft.

Von **E. BLANCK**, Göttingen.

1. Begriff und Inhalt der Bodenlehre.

Die Bodenlehre oder, wie sie wohl bisher zumeist genannt wurde, die Bodenkunde, ist als wissenschaftliche Disziplin verhältnismäßig ganz jungen Datums. Trotzdem darf aber nicht verkannt werden, daß bodenkundliche Erkenntnis schon seit den frühesten Zeiten angestrebt worden ist.

Die Lehre vom Boden dient der Erkenntnis und Erforschung des Bodens nach jeder Richtung hin, aber die Wege, die sie zur Erfüllung ihrer Aufgabe einschlagen mußte, waren nicht immer die gleichen, sondern wurden ihr durch die fortschreitende Erkenntnis auf dem Gebiete der Gesamtnaturwissenschaft vorgeschrieben, da sie sich als angewandte Naturwissenschaft zunächst nur in steter Abhängigkeit von ihren Mutterdisziplinen zu entwickeln vermochte. Als solche kommen aber fast alle Naturwissenschaften, insbesondere Geologie, Mineralogie und Gesteinskunde, Botanik einschließlich Bakteriologie, ferner Chemie, Physik und auch neuerdings, und zwar in nicht unerheblichem Ausmaße, Meteorologie und Klimakunde in Frage. Ihre verhältnismäßig spät erfolgte wissenschaftliche Ausgestaltung erweist sich daher als naturgemäß begründet. Aber nicht nur diesem Umstande allein verdankt die Bodenlehre ihre Ausbildung und Entwicklung, es tritt auch andererseits der nicht zu unterschätzende Einfluß der Bedürfnisse, die das wirtschaftliche Leben an unsere Wissenschaft seit jeher stellen mußte und stellte, hinzu, ja, die Einwirkungen dieser Art waren zum Teil stärker und nachhaltiger, als das Ringen der Bodenlehre nach rein wissenschaftlicher Erkenntnis und Erforschung ihres Objektes, des Bodens.

Die Bodenkunde oder Bodenlehre dient als angewandte Wissenschaft den mannigfaltigsten Zwecken, und gerade dieser Sachlage ist es zu verdanken, daß sie in eine größere Anzahl von Unterdisziplinen sehr voneinander abweichenden Inhalts zerfällt, denn, wie schon hervorgehoben wurde, steht nicht allein das Objekt der Forschung im Vordergrund des Interesses, sondern in erhöhterem Maße, der Zweck, dem das Objekt zu dienen hat oder dienen kann. Ja, dieses letztere Problem beherrscht sogar zumeist den Inhalt der gesamten Wissenschaft vom Boden. Doch nicht genug damit, denn infolge der besonderen und eigenartigen Natur des Bodens in seiner Stellung zu anderen Naturobjekten, und zwar sowohl in genetischer als auch morphologischer Hinsicht, ergibt sich hieraus eine weitere Fülle von Möglichkeiten in der Auffassung vom Wesen des Bodens und eine damit notwendigerweise verbundene verschiedenartige Behandlung und Darstellung dieses so weit verbreiteten Naturkörpers.

Trotzdem erweist es sich aber als unbedingt notwendig und es muß dementsprechend von der an sich selbstverständlichen Forderung ausgegangen werden, daß sich die Bodenlehre in all ihren Zweigen und Unterabteilungen stets in strenger Abhängigkeit vom Wesen des Bodens zu befinden hat, d. h. von seiner Erscheinungsform in der Natur, so daß Bodenlehre und Bodenbegriff als eng miteinander verknüpft durchaus als abhängig voneinander erscheinen. Aber gerade hierin liegt die große Schwierigkeit einer einheitlichen Darstellung der Natur des Bodens begründet, weil eben nicht allein das Objekt als solches, nämlich der Boden, sondern auch seine Fähigkeit, der Menschheit zweckdienlich sein zu können, als für das Wesen des Bodens ausschlaggebend betrachtet und angenommen wird. Erst ganz neuerdings ringt sich allmählich mehr und mehr die Erkenntnis von der unwissenschaftlichen Behandlung bodenkundlichen Tatsachen- und Forschungsmaterials dieser Art durch, und wir haben in dieser Wandlung bzw. als Folge derselben die großen Fortschritte unserer Erkenntnis in den letzten Jahren bodenkundlicher Forschung zu suchen und zu verzeichnen. Dieser Umstand rechtfertigt aber auch einzig und allein die Herausgabe eines Handbuches der Bodenlehre, indem es nunmehr möglich geworden ist, die Bodenlehre als selbständige Wissenschaft darzustellen, und ihr Inhalt nicht mehr, wie zumeist früher, von allerhand Umständen äußerlicher oder sekundärer Art beherrscht wird, sondern lediglich durch die Natur des Bodens seinen Charakter und seine Umgrenzung erhält. Nicht mehr in ständiger Abhängigkeit von ihren sogenannten Mutter- und Schwesterdisziplinen und deren Zwecken erscheint die Bodenlehre, sondern sie steht mit jenen Wissenschaften nur noch insoweit in naher Beziehung, als diese ihr zum Aufbau ihres Lehrgebäudes verhelfen und sie ihnen dafür andererseits zu einem unentbehrlichen Ratgeber und Förderer geworden ist.

Von diesem Gesichtspunkt aus ist die Bodenlehre die Lehre von dem Auftreten und der Entstehung des Bodens, von seinen Eigenschaften in stofflicher wie sonstiger Hinsicht und von den weiteren Umwandlungen, welchen er an der Erdoberfläche dauernd ausgesetzt ist, wie es auch E. Ramann[1] im Jahre 1905 in ähnlicher Weise zum Ausdruck gebracht hat.

Das sich hieraus ergebende nahe Verhältnis der Gesteine zum Boden, nämlich als Muttersubstanz oder Herkunftsmaterial, rechtfertigt nun wohl insofern, als das genetische Moment in den Vordergrund gestellt wird, die Auffassung des Vorhandenseins naher Beziehungen zwischen Bodenlehre einerseits und Geologie einschließlich Petrographie und Mineralogie andererseits, nicht aber den so häufig daraus gezogenen Schluß einer absoluten Abhängigkeit der Bodenlehre von der Geologie. Um die Unhaltbarkeit eines solchen Standpunktes einzusehen, genügt es schon allein, darauf hinzuweisen, daß das Ursprungsmaterial des Bodens nicht allein anorganischer Natur ist, sondern stets zu einem gewissen Teil, manchmal sogar ausschließlich, dem Pflanzenreich und auch untergeordnet dem Tierreich entstammt. Daher läßt sich denn auch die wiederholt geäußerte Ansicht, daß die Bodenkunde im Grunde nichts anderes als die Geologie der Gegenwart sei, trotz des darin enthaltenen wahren Kerns nicht aufrechterhalten, wenn auch wohl vom Gesichtspunkt des Geologen hierdurch ein kennzeichnender Unterschied zwischen Gestein und Boden gegeben ist. Zwar behauptet allerdings R. Lang[2], daß die organischen Stoffe, aus denen die Lebewesen bestehen, sobald der Organismus abgestorben ist, ein „geologisches Produkt" bilden.

---

[1] Ramann, E.: Bodenkunde, 2. Aufl., 1 (1905).
[2] Lang, R.: Verwitterung und Bodenbildung, 6. Stuttgart 1920.

Ebensowenig wie die Bodenlehre nicht als Zweig der Geologie angesehen werden kann, darf sie auch nicht schlechthin als Teildisziplin der Agrikulturchemie gelten, schon allein deswegen nicht, weil sie in dieser untergeordneten Stellung nicht imstande ist, einen Teil ihrer Hauptaufgaben zu erfüllen. In der Tat hat denn auch ihre Vereinigung mit der Agrikulturchemie, wie eine solche von jeher gleichfalls angestrebt worden und auch zumeist noch nicht überwunden ist, am schwersten auf ihr gelastet[1].

Aber Agrikulturchemie wie Landwirtschaft haben nur Interesse am sogenannten Kulturboden. Dieser ist jedoch nur ein künstliches Produkt, das seine Natur der Einwirkung von Menschenhand verdankt. Nur in seiner Beziehung zur Pflanzenwelt, d. h. als Träger der Pflanzen dienen zu können, wird der Boden demnach hier bewertet.

Demgegenüber darf aber nicht verkannt werden, daß die Bodenlehre beiden Wissenschaften, Geologie und Agrikulturchemie, große Fortschritte zu verdanken hat. Trotzdem kann eine ersprießliche Tätigkeit und Weiterentwicklung der Bodenlehre nur dann gewährleistet werden, wenn sie unabhängig von diesen ihre eigenen Wege geht, wie sie solches in letzter Zeit getan hat, nachdem sie es gelernt und verstanden hat, von höherer Warte aus ihre Aufgaben zu erkennen und zu verfolgen. Um allen ihren Aufgaben gerecht zu werden, und insbesondere um ihre selbständige Stellung zu wahren, empfiehlt sich eine reinliche Scheidung desjenigen Teils, der die allgemeinen, rein wissenschaftlichen Aufgaben zu lösen hat, von dem Teil vorzunehmen, der dem praktischen Nutzen des Bodens dient. Somit stellt die Bodenlehre einerseits eine reine Wissenschaft dar, die um ihrer selbst willen gepflegt sein will, ein andermal trägt sie den Charakter einer technologischen Wissenschaft, die nur auf die Erkenntnis des nutzbringenden Wertes des Bodens für die Menschheit bedacht ist. Demzufolge kommen wir in Anlehnung an F. W. DAFERT[2] und E. RAMANN[3] zur Aufstellung zweier großer Teilgebiete der Bodenlehre, der wissenschaftlichen oder allgemeinen Bodenlehre und der speziellen Bodenkunde oder Technologie des Bodens.

In diesem ersten Teil der Bodenlehre werden nacheinander zu behandeln sein, erstens der Vorgang der Bodenentstehung als Grundlage für die Kenntnis von der physikalischen und chemischen Beschaffenheit des Bodens. Dementsprechend hat eine kurze Darstellung des Herkunfts- oder Rohmaterials des Bodens voraufzugehen, d. h. die gesteins- und bodenbildenden Minerale ebenso wie die Gesteine werden als Lieferanten der anorganischen Bodenkonstituenten in ihrer chemischen und physikalischen Natur zu kennzeichnen sein, desgleichen ferner die Spender des organischen Bodenmaterials, das sind die Pflanze und das Tier,

---

[1] RAMANN, E.: Über Bodenkunde und angewandte Bodenkunde oder Technologie des Bodens. J. Landw. 1905, 371.

[2] DAFERT, F. W.: Über das Wesen der Bodenkunde. Landw. Jb. 15, 243 (1886).

[3] RAMANN, E.: Über Bodenkunde usw. J. Landw. 1905, ferner A. SAUER: Die Behandlung der Bodenkunde als Lehrfach an den Hochschulen und Universitäten. Z. prakt. Geol. 1909, 453. — RAMANN, E.: Bodenkunde und ihre Stellung als Lehrfach. Ebenda 1909, 524. — SAUER, A.: Bodenkunde als Lehrfach. Ebenda 1909, 526. — BLANCK, E.: Wege und Ziele bodenkundlicher Forschung und Lehre. Fühlings Landw. Zg 62, 462 (1923). — GRAF ZU LEININGEN, W.: Die Aufgaben der Bodenkunde. K. k. Geogr. Ges. i. Wien 1917, 391. — MITSCHERLICH, E. A.: Die Bodenkunde in ihrer Bedeutung für die Land- und Forstwirtschaft. Internat. Mitt. Bodenkde 1, 1 (1911). — VAGELER, P.: Die Bedeutung der Bodenkunde für die koloniale Landwirtschaft. Tropenpflanzer 14, 521 (1910). — FALLOU, F. A.: Pedologie oder allgemeine und besondere Bodenkunde. Dresden 1862. — ORTH, A.: Die naturwissenschaftlichen Grundlagen der Bodenkunde. Landw. Versuchsstat. 20, 63 (1877). — HILMANN, P.: Die landwirtschaftliche Erdkunde als Gegenstand des Hochschulunterrichts. Fühlings Landw. Zg 60, 289 (1911). — RÜMKER, K. v.: Systematik und Methodik der modernen landwirtschaftlichen Pflanzenproduktionslehre. Fühlings Landw. Zg 60, 411 (1911).

in ihrer stofflichen Beschaffenheit darzulegen sein. Da aber auch die Atmosphäre in Gestalt der Atmosphärilien reichlichen Anteil am Zustandekommen des Bodens und seiner Bestandteile nimmt, so wird auch diese vom chemischen Gesichtspunkt aus zu berücksichtigen sein. Der Vorgang der Bodenbildung ist aber nicht nur als eine Frage des chemisch-stofflichen Aufbaues des Bodens anzusehen, sondern die größte Bedeutung bei diesem Prozeß kommt unzweifelhaft der chemisch-stofflichen Umwandlung des Rohmaterials zu, so daß die Kräfte, welche den Vorgang regeln und auslösen, besonders zu erörtern sein werden, Da sich aber diese sowohl physikalisch als auch chemisch wie geologisch betätigen, und auch insbesondere die Kräfte der Luft an der Aufbereitung des Materials der Erdoberfläche beteiligt sind, so werden sie im einzelnen im Ausmaß ihrer Anteilnahme zu prüfen und in der Art ihrer Wirkungsweise auf ihre naturgesetzlichen Grundlagen zurückzuführen sein. Erst nachdem diese grundlegende Erkenntnis erworben ist, wird es möglich sein, den Einfluß aller dieser Faktoren auf die Ausgangsmaterialien in der allgemeinen Verwitterungslehre, d. h. in der Lehre von der Entstehung des Bodens, zur Darstellung zu bringen. Die allgemeine Verwitterungslehre wird sich dann wiederum im einzelnen nach der Art der sich am Verwitterungsvorgang beteiligenden Kräfte in physikalische, chemische und biologische Verwitterung zu zergliedern haben, wobei der Zersetzung der organischen Substanz als vorbereitendem Geschehnis für die Möglichkeit des Zustandekommens der letztgenannten Verwitterungsart ein besonderes Kapitel eingeräumt werden muß. Außerdem wird jedoch einleitend gebührende Rücksicht auf den Umfang der gesamten Erscheinung und auf den Ort ihrer Betätigung in und auf der Erde zu nehmen sein, d. h. es wird der Verwitterung Platz und Ausmaß im Neben- und Nacheinander der Naturgeschehnisse, welche die Gesteinshülle der Erde verändern, angewiesen werden müssen.

Der allgemeinen Verwitterungslehre hat nunmehr die spezielle Verwitterungskunde zu folgen, insofern als die Kräfte, welche die Aufbereitung des den Boden erzeugenden Materials regeln und bedingen, in ihrem Ausmaß der Betätigung und Anteilnahme zur Hauptsache durch das jeweilig an der Erdoberfläche herrschende Klima bestimmt sind. Nur untergeordnet vermag auch wohl der geologische (eigentlich besser gesagt, petrographisch beschaffene) Untergrund ausschlaggebend für die Natur des aus ihm hervorgegangenen Bodens zu werden, nämlich dann, wenn die klimatischen Verhältnisse nicht extrem genug, d. h. einseitig markant, ausgebildet sind, um den durch die „inneren" Bodenbildungsverhältnisse gegebenen Aufbereitungsvorgang zu verwischen. Auf diese Weise kommt es zu einer Zweiteilung der speziellen Verwitterungskunde, 1. der Lehre von dem Zustandekommen der regionalen oder zonalen Böden und von ihrer Verteilung auf der Erdoberfläche und 2. der Lehre von der Entstehung und Ausbildung der aklimatischen Böden oder Ortsböden. Diesem 1. Teil der speziellen Verwitterungslehre verdanken wir in Sonderheit nicht nur die Kenntnis von der so außerordentlich großen Vielgestaltigkeit des Bodens, sondern dieser Teil ist es auch gewesen, der uns das Verständnis für die universelle Bedeutung des Bodens als eines charakteristischen Oberflächengebildes der Erde gebracht hat. Wir sehen das Landschaftsbild in den verschiedensten Gegenden unseres Erdballs durch die Eigentümlichkeiten des regional bedingten Bodens bestimmt und stellen damit zugleich einen weit über die engen Grenzen der bisher üblichen Bodenlehre hinausgehenden geographischen Wert des Bodens fest und gelangen somit, indem wir noch weiter in die Erkenntnisse der Abhängigkeit einer Bodenbildung von Klima- und Ortsverhältnissen eindringen, zu der Möglichkeit, die fossilen Bodenbildungen als Indikatoren „vorweltlicher" Klimaerscheinungen zu benutzen. Allen diesen Beziehungen wird anschließend an die spezielle Verwitterungslehre nachzugehen sein, um damit das Bild von der universellen Bedeutung des Bodens als des an der Erdoberfläche am allgemeinsten vorhandenen Naturobjektes zu vervollständigen und zu vertiefen.

Dem Vorgang der Bodenentstehung hat sich zweitens der Boden in seiner substantiellen Beschaffenheit, d. h. in seiner normalen stofflichen Ausbildung anzuschließen. Der Teil der Bodenlehre, welcher die Erkenntnis der substantiellen Zusammensetzung und der davon abhängenden weiteren Eigenschaften des Bodens bringt, bildet mit der Lehre von der Entstehung des Bodens, die unbedingt den Schlüssel zum Verständnis dieses Teiles liefert, den ersten Hauptabschnitt der gesamten Bodenlehre, der allgemeinen oder wissenschaftlichen Bodenlehre. Im einzelnen werden hier zu besprechen sein: Der mechanische Aufbau des Bodens und das davon abhängige Verhalten des Wassers, der Luft, der Wärme, der Elektrizität usw. zum und im Boden, sodann die chemische Zusammensetzung und Beschaffenheit des Bodens sowohl in Hinsicht auf die anorganischen und organischen Konstituenten desselben und schließlich die Beteiligung der Organismen am Aufbau des Bodens wie desgleichen auch ihr Einfluß auf denselben.

Nachdem der Boden auf diese Weise eine eingehende Kennzeichnung seiner Herkunft, Entstehung und Beschaffenheit nach erfahren hat, ist er in seiner Gesamtheit als Teil des Erdganzen, nämlich als oberste Schicht der festen Erdoberfläche zu erfassen, indem seiner Mächtigkeit, seinen Lagerungsverhältnissen und dergleichen Eigenschaften mehr, mit einem Wort dem Bodenprofil die notwendige Aufmerksamkeit geschenkt wird. Die kartographische Darstellung des Bodens muß alsdann als kurzgefaßtes, die Gesamtkenntnisse von der Natur des Bodens zusammenfassendes Mittel, den Schluß der allgemeinen oder wissenschaftlichen Bodenlehre bilden.

In dem zweiten Hauptteil der Bodenlehre, nämlich in der angewandten oder speziellen Bodenkunde bzw. Technologie des Bodens handelt es sich demgegenüber um den Boden in seiner Bedeutung für den Menschen, und zwar insbesondere für die Landwirtschaft. Dementsprechend erscheint es zunächst erforderlich, auf die Ausnutzungsmöglichkeit des Bodens durch das landwirtschaftliche Gewerbe hinzuweisen, sowie eine Charakteristik des Kulturbodens und dessen Einteilung vom landwirtschaftlichen Gesichtspunkt zu entwerfen. Für den Menschen, insonderheit für den Landwirt, liegt die Bedeutung des Bodens in seiner Eigenschaft, als Pflanzenstandort zu dienen und als solcher, nämlich als Kulturboden, die Pflanze mit einem großen Teil der zu ihrem Gedeihen notwendigen Nährstoffe zu versorgen. Alle Maßnahmen, welche das Zustandekommen und die Erhaltung desjenigen Bodenzustandes bezwecken, der für seine Eignung als Pflanzenstandort am günstigsten ist, werden daher einer näheren Betrachtung zu unterziehen sein. Solches setzt aber voraus, den Zustand des Bodens in seiner Eigenschaft als Kulturboden zu erkennen, und es wird demnach die Bestimmung des Fruchtbarkeitszustandes des Bodens nach sämtlichen Richtungen und Möglichkeiten hin zu verfolgen sein. Der Hauptinhalt der Technologie des Bodens ist wohl durch diese Erörterungen wiedergegeben, dennoch hat sich als letztes Kapitel dieses Teiles die Lehre vom Boden als Vegetationsfaktor ergänzend anzuschließen insofern, als hier der Boden gewissermaßen losgelöst von allen sonstigen Eigenarten lediglich vom pflanzenphysiologischen Gesichtspunkt als Energiefaktor in Erscheinung tritt und damit das Verhältnis des Bodens zur Pflanze in energetischer Hinsicht zum Ausdruck bringt. Hiermit erscheint der Inhalt der Bodenlehre erschöpft, sofern man nicht gewillt ist, die industrielle, technische Ausnutzung des Bodens in Hinsicht auf seine Verwertung im Baugewerbe u. dgl. m. noch zu berücksichtigen.

2. Die Beziehungen der Bodenlehre zur Geologie und Agrikulturchemie[1].

Wie die Geschichte der Bodenlehre erkennen läßt, ist zwar die Bodenkunde in ihren ersten Stadien der Entwicklung nichts anderes als ein Abkömmling der Geologie gewesen. Doch findet diese Tatsache ihre sachgemäße Begründung mehr in dem Umstande einer damals noch herrschenden geringen Kenntnis auf dem Gesamtgebiet der anorganischen Naturwissenschaften, als daß sie als Ausfluß zwingender naturgesetzlicher Zusammenhänge und Folgen gelten könnte. Wie sehr sich die Auffassung von der Zugehörigkeit der Bodenkunde zur Geologie noch bis auf den heutigen Tag erhalten hat, lehrt u. a. nachstehender Satz aus dem Lehrbuch der Bodenkunde eines unserer ersten Fachgelehrten auf diesem Gebiet, denn indem dieser zwar die Selbständigkeit der Bodenlehre billigt und gleich uns die Forderung nach einer Zweiteilung der Bodenkunde, wenn auch nicht in dem oben entwickelten Sinne, aufstellt, so wünscht er eine geologische und eine pflanzenphysiologische Disziplin, denn es heißt wörtlich bei ihm: „Zwei derartige Hauptwissenszweige der Bodenkunde sind die geologische und pflanzenphysiologische Bodenkunde[2]." Noch deutlicher tritt aber die Ansicht von der Unterstellung der Bodenkunde unter die Geologie zutage, wenn man erfährt, daß auf der Versammlung der Direktoren der geologischen Landesanstalten der Deutschen Bundesstaaten zu Saalfeld noch im Jahre 1908 der Beschluß gefaßt wurde, die Bodenkunde gehöre in das Lehrfach der praktischen Geologie und könne und solle daher auch nur von einem Geologen gelehrt werden[3].

Während hinsichtlich der Stellungnahme E. A. MITSCHERLICHs noch an anderem Orte zu berichten sein wird, erscheint es infolge der so vielfach und mit Betonung vertretenen Ansicht von der inneren Zugehörigkeit der Geologie und Bodenkunde zunächst unbedingt geboten, den Beziehungen beider Wissenschaften nachzugehen, um die Stellung der Bodenlehre als selbständige Wissenschaft gegenüber der ihr sicherlich nahestehenden Geologie zu begründen, denn nur dann, wenn der Nachweis erbracht werden kann, daß die Geologie trotz vielfacher Berührungspunkte mit der Bodenkunde doch nur als eine ihrer Hilfsoder Grunddisziplinen angesehen werden muß, ist die Berechtigung für die Selbständigkeit der Bodenlehre als Wissenschaft dargetan. Aber dasselbe wird auch in Hinsicht auf das Verhältnis der Agrikulturchemie zur Bodenlehre zu erfüllen sein.

Die Geologie ist bekanntlich die Lehre vom Erdkörper, und zwar sowohl in seiner gegenwärtigen Erscheinungsform als auch in seiner allmählichen Entwicklung. Die Geologie ist somit eine historische Wissenschaft, und ihre Hauptaufgabe ist demnach die Geschichte der Erde zu erforschen und zu erklären. Insofern als nun der Boden gleichfalls eine Erscheinungsform der an dem Aufbau der Erdoberfläche teilnehmenden Naturkörper ist, erweist er sich ebenfalls geologischer Betrachtungsweise zugänglich, denn diese Erscheinungsform verlangt wie alle übrigen ihr nahestehenden Formen, nämlich Mineral und Gestein, historisch, d. h. ihrer Entstehung nach verstanden und erklärt zu werden. Von diesem Gesichtspunkt aus würde also nichts gegen die geologische Behandlung des Naturkörpers Boden sprechen. Ja, es ist sogar möglich, den Boden als eine

---

[1] Siehe auch E. HASELHOFF u. E. BLANCK: Lehrbuch der Agrikulturchemie **III**. — BLANCK, E.: Bodenlehre, 14—26. Berlin: Gebr. Borntraeger.
[2] MITSCHERLICH, E. A.: Bodenkunde für Land- und Forstwirte, 4. Aufl., 1 (1923).
[3] Vgl. A. SAUER: Z. prakt. Geol. **1909**, u. A. JENTZSCH: Die geologische Karte vor dem Deutschen Landwirtschaftsrat. Internat. Mitt. Bodenkde **2**, 3 (1912).

Phase in der Gesteinswandlung aufzufassen, wie dieses R. LANG[1] infolge richtiger Weiterentwicklung seines Standpunktes vom Wesen des Bodens getan hat. Die Berechtigung zur Einnahme eines solchen Standpunktes liegt allerdings nur darin gegeben, daß auf diese Weise das Verhältnis des Bodens zum Gestein „im Rahmen der Erdgeschichte" zum Ausdruck gebracht wird. Dem Werdegang der Gesteine schließen sich die Vorgänge der Umbildung und des schließlichen Abbaues derselben an, und es fällt dem Transport der aufgelösten Gesteinsbestandteile die weitere Umbildung zur endgültigen Bodenausgestaltung zu, worauf u. a. namentlich JOH. WALTHER[2] hingewiesen hat. R. LANG hat dieses Verhältnis mit Recht dahin gekennzeichnet, daß die Vorgänge des Transportes „vom Abbau der alten zum Aufbau neuer Gesteine hinüberleiten". Nun ist es aber keine Frage, daß gerade in der Erkenntnis des genetischen Verbundenseins besagter Erscheinungen der Kernpunkt für die zwischen Bodenkunde und Geologie vorhandenen nahen Beziehungen liegt, da alle sonstigen für eine nahe Verwandtschaft beider Wissenschaften sprechenden Umstände demgegenüber völlig verschwinden. Bedenkt man ferner, daß der Aktualismus seit VON HOFF und Ch. LYELL die geologischen Vorgänge der Jetztzeit zur Erforschung und Erklärung der vormaligen erdgeschichtlichen Vorgänge benutzt hat, und daß gerade die größten Erfolge durch diese Methode erreicht wurden, so kann uns ein solcher Standpunkt durchaus nicht verwundern. Ganz besonders treffend ist es JOH. WALTHER in seiner „Einleitung in die Geologie als historische Wissenschaft" gelungen, dieses Verfahren wiederzugeben, so daß in der Tat diese Darstellungsweise des Bodenbildungsvorganges angebracht erscheint, wenn es von einem umfassenderen Gesichtspunkt aus gilt, den Boden zu betrachten. Unzweifelhaft fällt somit der Boden in den Bereich der **allgemeinen und chemischen Geologie**, deren wichtigste Kapitel für uns die Verwitterungslehre[3] und die Lehre von der Zersetzung und Umwandlung der Gesteine sind, und wir erblicken somit in der Tatsache, daß das geodynamische Moment den Vorgang der Bodenbildung beherrscht, die Zweckmäßigkeit, die Bodenlehre, wenn auch nicht ganz, so doch in einem ihrer Teile, nämlich der Verwitterungslehre, rein historisch-geologisch betrachten zu dürfen, wenn nicht dieses sogar tun zu müssen[4]. Doch nur die Lehre von der Verwitterung kommt für den Boden unmittelbar in Frage, nicht etwa auch die der Zersetzung der Gesteine, denn hätte man diese beiden Vorgänge von jeher streng voneinander geschieden, so wäre der wissenschaftlichen Bodenlehre viel Arbeit erspart geblieben, und es wären niemals jene so unrichtigen Auffassungen über die chemische Natur gewisser einzelner Bodenbestandteile entstanden, welche die chemisch-geologische Richtung in der Bodenlehre so überaus schwer, und zwar nicht mit Unrecht, geschädigt haben. Es sei hier nur kurz an das Kaolin- und Tonproblem erinnert[5].

Aber auch anderweitige Beziehungen sollen für einen innigen Zusammenhang von Geologie und Bodenkunde sprechen und die Auffassung, daß die Boden-

---

[1] LANG, R.: Verwitterung und Bodenbildung als Einführung in die Bodenkunde, 2. Stuttgart 1902.

[2] WALTHER, JOH.: Einleitung in die Geologie als historische Wissenschaft (1893/94).

[3] Vgl. hierzu E. HERLINGER: Über die neuere Entwicklung der Geochemie. Fortschr. Mineral. usw., 252, Berlin 1927, woselbst (S. 333) die Ansicht vertreten wird, daß dieses Kapitel überhaupt noch recht wenig übersichtlich bearbeitet sei, im Grunde genommen nur die Fragestellungen einigermaßen klar seien. Siehe demgegenüber das 173 Seiten umfassende Kapitel: Verwitterung in F. BEHREND u. G. BERG: Chemische Geologie. Stuttgart 1927.

[4] BLANCK, E.: Die Geologie als Lehrfach an Landwirtschaftlichen Hochschulen und Akademien. Fühlings Landw. Zg 66, 431 (1917).

[5] BLANCK, E., u. RIESER, A.: Über die chemische Veränderung des Granits unter Moorbedeckung, ein Beitrag zur Entstehung des Kaolins. Chem. Erde 2, 15 (1926).

kunde ein Teil der Geologie sei, rechtfertigen. Wir werden auch hier zu prüfen haben, wieweit die hierfür ins Feld geführten Gründe stichhaltig sind.

Es ist sicherlich kein Zufall, daß fast alle älteren Lehrbücher der Bodenkunde, trotzdem sie im Banne der Geologie stehen, nicht von einer geologischen, sondern von einer mineralogischen bzw. petrographischen Betrachtungsweise ihres Gegenstandes, nämlich des Bodens, ausgehen. Dieses besagt aber eigentlich doch nichts anderes, als daß der Boden von seiner chemisch-stofflichen Beschaffenheit allein aus bewertet wurde. Den älteren Autoren genügte scheinbar vollauf diese Beziehung, denn die Gesteinskunde wurde zur damaligen Zeit noch nicht im Sinne neuerer Zeit, als von genetischen Gesichtspunkten beherrscht, angesehen, wie dieses z. B. in H. Rosenbuschs[1] bekannter Gesteinsdefinition besonders scharf zum Ausdruck gelangt, oder wie es E. Weinschenk[2] mit nachstehenden Worten, indem er der Petrographie ihren Wirkungskreis vorschreibt, dargetan hat: „Die Gesteinskunde oder Petrographie beschäftigt sich mit dem Entstehen, der augenblicklichen Beschaffenheit und der Zerstörung der Gesteine; sie soll die Gesteine in jedem Stadium ihrer Existenz verfolgen und zur Erforschung jener Gesetze beitragen, welchen unsere Erde ihren heutigen Zustand verdankt. In diesem Sinne ist die Gesteinskunde eine der ersten und wichtigsten Grundlagen der Geologie." Nach diesen Worten Weinschenks erscheint allerdings die Bodenkunde lediglich als eine Unterabteilung der Gesteinskunde, denn da der Boden unzweifelhaft zum größten Teil als ein Produkt des Gesteinszerfalls angesehen werden muß und der Gesteinskunde das Studium der Gesteine in jedem Stadium ihrer Existenz zufallen soll, so steht der Bodenkunde für ihre Betätigung kein eigenes Feld mehr offen, wenigstens nicht in Hinsicht auf die Beschreibung und Erklärung des Zustandekommens des Bodens, desjenigen Teils, der aber, wie alsbald dargetan wird, als der wichtigste der ganzen wissenschaftlichen Bodenlehre zu gelten hat.

Damit würde aber, wenn diese Ansicht zu Recht bestünde, einer selbständigen Bodenlehre von vornherein die Existenzmöglichkeit genommen und ihr Todesurteil gesprochen worden sein. Jedoch noch etwas anderes, für uns ungleich Wichtigeres, müssen wir den Ausführungen Weinscnenks entnehmen, nämlich, daß die mineralogisch-petrographische Betrachtungsweise sehr wohl als eine geologische im weiteren Sinne gelten kann. Dieses würde dann wiederum für eine geologische Behandlungsweise der Bodenkunde mit Recht ins Feld geführt werden können. Bei näherer Betrachtung, wie eine solche späterhin angestellt werden wird, läßt sich aber doch recht sehr darüber streiten, ob das Zerstörungsprodukt der Gesteine, wie ein solches im Boden vorliegt, noch eine so nahe stoffliche Verwandtschaft zum Gestein aufweist, daß von einem Stadium der Gesteinsexistenz in ihm gesprochen werden kann, und es geht hieraus die Bedingtheit der aus den Ausführungen Weinschenks zu ziehenden Folgerungen hervor.

Immerhin haben sich auf diese Weise zwei wichtige Argumente für die geologische Behandlungsweise des Bodens ergeben, wenn auch dem einen der beiden Punkte eine andersartige Bewertung zuteil werden muß, denn es erscheint nunmehr möglich, wenn nicht sogar zutreffender, die Petrographie an Stelle der Geologie zu setzen, so daß wir in der Bodenkunde eine Unterabteilung der Gesteinskunde und damit letzten Endes der Mineralogie zu erblicken haben würden, jedoch, wohl gemerkt, zugleich in dem Sinne, daß die Gesteinskunde zufolge neuzeitlicher petrographischer Forschungsrichtung und Lehre durch die geologisch-historische Betrachtungsweise bestimmt wird, wie dieses u. a., um es nochmals

<hr>

_[1] Rosenbusch, H.: Elemente der Gesteinslehre, 1. Stuttgart 1923.
[2] Weinschenk, E.: Allgemeine Gesteinskunde als Grundlage der Geologie, 1. Freiburg i. Br. 1902.

hervorzuheben, durch die Stellungnahme A. Rosenbuschs zur petrographischen Systematik dargetan wird, unzweifelhaft gipfelnd in dem Satze von der **geologischen Erscheinungsform** eines Gesteins.

Infolge des letzten Ausblicks auf die möglicherweise rein petrographisch-mineralogische Behandlungsweise der Bodenkunde, wie eine solche früher[1] auch in der Tat im Vordergrunde gestanden hat und auch heute[2] noch ihre Vertreter findet, muß man sich versucht fühlen, noch nach weiteren Argumenten Umschau zu halten, die einer rein geologischen Behandlung der Bodenlehre das Wort reden könnten, denn daß eine rein geologische Richtung in der Bodenlehre besteht, die den von gewissen Seiten geprägten, jedoch wenig zutreffenden Namen **Agrogeologie** trägt, bedarf wohl nicht des ausdrücklichen Hinweises[3]. Die bisher von uns erörterten Gesichtspunkte dürften aber allein noch nicht genügen, um die Existenz einer Wissenschaft, „Agrogeologie" benannt, zu rechtfertigen, um so mehr, als sich vor noch nicht kurzer Zeit eine namhafte Stimme dahin geäußert hat: „Zunächst muß klar ausgesprochen werden, daß alle Versuche eine **Klassifikation** der Böden auf Grundlage der Mineralogie resp. Petrographie resp. Geologie allein oder eine Vereinigung mehrerer dieser Wissenschaften aufzubauen, gescheitert sind, und daß jeder neue derartige Versuch von vornherein den Stempel der Aussichtslosigkeit an sich tragen müßte"[4]. Wir müssen unbedingt zugeben, daß dieser Ausspruch Milchs wenig ermutigend klingt, besonders wenn man berücksichtigt, daß die Klassifizierung der zu behandelnden Objekte von jeher eine der Haupt- und grundlegenden Arbeiten einer jeden Wissenschaft ist und sein muß. Ja, selbst M. Fesca, der sich neben anderen Forschern eifrig bemüht hat, eine Klassifikation des Bodens auf geologisch-petrographischer Grundlage aufzubauen, kommt in seiner Kritik dieser Verfahren zu dem Schluß, „daß die geologischen Wissenschaften nicht geeignet sind, den einzigen oder auch nur den vorwiegenden Ausgangspunkt für die agronomische Bodenklassifikation zu liefern, besonders in der Weise, wie sie von den Vertretern der ‚geognostisch-petrographischen Pedologie' herangezogen sind"[5]. Außer Fesca sind hier als Vorgänger desselben Fallou[6], Girard und Senft[7] zu nennen, und späterhin hat besonders I. Hazard[8] versucht, dieser Methode, wenn auch in etwas abgeänderter Form, Eingang zu verschaffen. Dennoch spricht man auch heute noch zwecks allgemeiner Kennzeichnung der Böden von einem Buntsandstein-, Keuper-, Muschelkalk- und Liasboden oder von Diluvial- und Alluvialböden u. dgl. m., wodurch deutlich zum Ausdruck gebracht wird, daß man der geologischen Abkunft des Bodens eine hervorragende Rolle einräumt. Auch macht bekannter-

---

[1] Vgl. C. Sprengel: Die Bodenkunde oder Lehre vom Boden. Leipzig 1837. — F. Senft: Lehrbuch der Bodenkunde. Jena 1847. — Grebe: Gebirgskunde, Bodenkunde und Klimalehre in ihrer Anwendung auf Forstwirtschaft, 1. Aufl. Wien 1852. — H. Girard: Grundlagen der Bodenkunde für Land- und Forstwirte. Halle 1868. — R. Braungart: Die Wissenschaft in der Bodenkunde, 12—18. Berlin 1875.

[2] Dafert, F. W.: Kleines Lehrbuch der Bodenkunde. Neudamm 1885. — Milch, L.: Grundlagen der Bodenkunde. Leipzig u. Wien 1899. — Die Zusammensetzung der festen Erdrinde als Grundlage der Bodenkunde. Leipzig u. Wien 1926. — Frebold, G.: Grundriß der Bodenkunde. Berlin u. Leipzig 1926.

[3] Treitz, P.: Wesen und Bereich der Agrogeologie. C. r. de la conférence extraordinaire agropédologique à Prague 1922. Prague 1924.

[4] Milch, L.: Über die Beziehungen der Böden zu ihren Muttergesteinen. Mitt. Landw. Inst. Kgl. Univ. Breslau 3, 868 (1906).

[5] Fesca, M.: Die agronomische Bodenuntersuchung und Kartierung. Berlin 1879. J. Landw. Suppl. 27.

[6] Fallou: Pedologie oder allgemeine und spezielle Bodenkunde. Dresden 1862.

[7] Senft, F.: Der Steinschutt und Erdboden. Berlin 1867.

[8] Hazard, I: Die geologisch-agronomische Kartierung als Grundlage einer allgemeinen Bonitierung des Bodens. Landw. Jb. 29 (1900).

maßen die geologische Kartierung weitgehenden Gebrauch von dieser Auffassung. Der uns hier entgegentretende Widerspruch bedarf daher entschieden der Aufklärung.

Um eine derartige Klärung der Verhältnisse herbeizuführen, erweist es sich aber erforderlich, noch etwas tiefer in die Grundlagen der beteiligten Wissenschaften unter Rücksichtnahme auf den historischen Verlauf der Geschehnisse einzudringen.

Die Notwendigkeit der Anteilnahme der Geologie an der Erforschung des Bodens, davon müssen wir zunächst nochmals ausgehen, kann in formaler Hinsicht keinem Zweifel unterliegen. Diese grundlegende Tatsache hat schon Albert Orth im Jahre 1877 zu folgendem Ausspruch veranlaßt: „Wenn man die naturwissenschaftlichen Grundlagen der Bodenkunde erforschen oder darstellen will und berücksichtigt dabei die genannte geologische Basis nicht, so fehlen eben dabei die allerwichtigsten Grundlagen für die Bildung und die wirkliche Kenntnis des Bodens. Es ist für den Fortschritt und die Resultate der physikalisch-chemischen Untersuchungen über den Boden von der größten Bedeutung, daß hierbei in Wirklichkeit von den naturwissenschaftlichen Grundlagen ausgegangen wird. Es ist das geologische Fundament und das Bodenprofil[1]."

Anders liegt es nun freilich in bezug auf die Konsequenz, die man aus obigem Verhalten ziehen zu müssen geglaubt hat, nämlich die geologischen Verhältnisse auf die Einteilung der Bodenarten zu übertragen, indem man stillschweigend der Annahme huldigte, daß die geologische Abkunft des Bodens allein maßgebend für seine Ausbildung und Beschaffenheit sei. Es muß zugegeben werden, daß unsere älteren Bodenforscher kaum in der Lage waren, anders zu urteilen, da das ihnen zugängliche Material für eine derartige Ansicht sprach, worauf namentlich E. Ramann als erster aufmerksam gemacht hat. Heute liegen die Verhältnisse in dieser Beziehung klarer, aber trotz alledem weisen, ohne im Besitz neuzeitlich fortgeschrittener Erkenntnis zu sein, die gedachten Klassifikationssysteme auf rein geologischer Grundlage Mängel auf, die jenen seinerzeit gewonnenen Standpunkt, selbst nach den Kenntnissen der damaligen Zeit beurteilt, als unbefriedigend erscheinen lassen müssen. U. a. hat besonders E. A. Mitscherlich[2] diesen Tadel erhoben, und in der Tat zeigt auch z. B. ein Blick auf die von M. Fesca seinerzeit aufgestellte Bodenklassifikation nur zu deutlich die Unmöglichkeit, besagte Aufgabe befriedigend zu lösen. Denn es fallen bei ihm in die verschiedenartigsten Bodenklassen, wie Sand-, Kalk- und Tonboden, Vertreter ein und derselben geologischen Formation und lassen daher eine Trennung in geologisch-historischer Form durchaus nicht zu. Allerdings ist dieses eigentlich auch nicht anders zu erwarten, denn die Gesteine „einer Formation" bestehen nicht aus petrographisch gleichwertigen Bildungen. Aber trotzdem glaubte man dieser Tatsache nicht Rechnung tragen zu brauchen. Die Formationslehre oder Stratigraphie bezweckt nun aber sicherlich ganz andere Dinge als die Aufstellung oder Zusammenfassung von petrographisch gleichwertigen oder ähnlichen Bildungen zu einem System; sie sieht vielmehr ihre Aufgabe in der Gruppierung und Verbindung von stratigraphisch-paläontologischen Tatsachen gleichwertiger oder ähnlicher Art.

Demzufolge erweist es sich als kaum verständlich, wie es geschehen konnte, eine Einteilung der Böden auf geologischer Grundlage vorzunehmen, da ein Zusammenhang zwischen dem aus einem Gestein hervorgegangenen Boden und

---

[1] Orth, A.: Die naturwissenschaftlichen Grundlagen der Bodenkunde. Landw. Versuchsstat. 20, 69 (1877).

[2] Mitscherlich, E. A.: Bodenkunde für Land- und Forstwirte, 1. Aufl., 352, 353. Berlin 1905.

dem Alter des Gesteins überhaupt nicht vorhanden zu sein scheint, und doch nur seinem Alter nach wird das Gestein durch die geologische Nomenklatur bewertet. Demgegenüber wäre jedoch einzuwenden, daß der Formationsbegriff ursprünglich aus petrographischen Erwägungen hervorgegangen ist, insofern FÜCHSEL[1] als erster neun Formationen unterschieden hat, nämlich, wie dieses hier beiläufig angeführt sein möge, den „Muschelkalch", das „Sandgebürge", das „mehlbatzige Kalchgebürge", die „Flötze", „Weißgebürge", „Rotgebürge", „schwarzblaues Schalgebürge", „Steinkohlengebürge" und das „Grund- oder Ganggebürge". A. G. WERNER[2], der bekanntlich den Absatz der Gesteine aus dem Wasser lehrte, übernahm diese Begriffe und glaubte, daß dieselben Schichtgesteine überall in gleicher Reihenfolge und Ausbildung vorhanden seien und in gleichmäßiger Entwicklung über die ganze Erde verfolgt werden könnten. Eine solche Ansicht, die lediglich, ausgehend von der gleichartigen Beschaffenheit der Gesteine unter fast gänzlicher Vernachlässigung der organischen Reste in ihnen, völlig einseitig die „neptunistische Entstehungsweise" der Gesteine lehrte, mußte aber für die damals noch ganz junge Bodenkunde verhängnisvolle Folgen nach sich ziehen; denn gerade die Anfänge der sich entwickeln wollenden Bodenkunde fielen in jene Zeit, in der WERNERS Lehren noch unter dem Einflusse ihres Meisters und Begründers Anerkennung fanden. Zwar hatten schon 1822 CONYBEARE und PHILIPPS den Nachweis geliefert, daß eine Grundlage für die vergleichende Betrachtung der Sedimentgesteine nur unter Heranziehung der Versteinerungen erreichbar sei, und es ist schon um 1830 herum durch die Arbeiten von CHARLES LYELL, P. DESHAYES und H. G. BRONN die Grundlage für die paläontologische Altersbestimmung als sichergestellt zu betrachten, aber dennoch wurde ihre allgemeine Anwendung erst in der Mitte des 19. Jahrhunderts, besonders durch das planmäßige Vorgehen der zu jener Zeit ins Leben gerufenen geologischen Landesanstalten, befolgt und ermöglicht[3]. Jedoch die Umstellung der Anschauungen brachte, wahrscheinlich, weil die Bodenkunde keinen direkten Anteil daran hatte, für die von ihr befolgte geologische Richtung keine Veränderung mit sich[4]. Somit waren es für die Entwicklungsgeschichte der Wissenschaften bedingte Momente, welche als Ursache für die Einteilung der Böden auf geologischer Grundlage zu gelten haben und eine an und für sich so widersinnig erscheinende Auffassung erklären. Jedoch es gesellte sich ferner noch der Umstand hinzu, daß man in der Bodenkunde eigentlich wohl niemals im Ernst den Formationsbegriff stratigraphisch-paläontologisch, sondern stets nur petrographisch aufgefaßt hat, denn nur eine solche Ansicht konnte letzten Endes die Stellungnahme der Bodenkunde in der Behandlung der ganzen Frage rechtfertigen. Es erklärt sich hieraus des weiteren die lange Dauer der Anwendung des Formationsbegriffs in der Bodenkunde und nicht zuletzt die in neuerer Zeit von gewissen Seiten geäußerte Schärfe in der Polemik gegen die geologische Betrachtungsweise, „weil man aus verfehlter Würdigung der Sachlage das bodenkundlich wichtige petrographische Moment mit dem geologisch-historischen vertauschte und bei der Unzulänglichkeit des letzteren ein leichtes Spiel gewann, auch die für die Bodenkunde wichtige petrographische Grundlage als überflüssig und unbrauchbar hinzustellen[5]. Aus diesen Verhältnissen heraus erklärt sich

---

[1] FÜCHSEL: Historia terrae et maris ex historia Thuringiae per montium descriptionem erecta. Acta Acad. elect. Moguntinae zu Erfurt 1762. — ZITTEL: Geschichte der Geologie und Paläontologie, 51. München u. Leipzig 1899.

[2] ZITTEL; a. a. O. 89.

[3] Vgl. K. v. ZITTEL; a. a. O. 568—590.

[4] BLANCK, E.: Über die petrographischen und Bodenverhältnisse der Buntsandsteinformation Deutschlands. Jh. Ver. vaterl. Naturkde i. Württ. 1910, 408—506, 1911. 1—77.

[5] Ebenda 416.

denn auch ein Satz wie der folgende in einem anerkannten Lehrbuch der Bodenkunde: „Es ist für unsere Kulturpflanzen ganz gleichgültig, wie der Boden, auf
dem sie wachsen, einst geologisch entstand"[1].   Wir müssen einen derartig einseitigen Standpunkt ablehnen, wenngleich nicht verschwiegen werden darf, daß,
von rein pflanzenphysiologischen Gesichtspunkten ausgehend, die Ansicht
E. A. Mitscherlichs, wie sie vorstehende Worte zum Ausdruck bringen, eine
Unterstützung finden.

Gänzlich haltlos ist aber trotz alledem die Aufstellung von Bodentypen
auf geologisch-stratigraphischer Grundlage doch auch nicht, wenn schon zugegeben werden muß, daß die Petrographie in genannter Hinsicht mehr zu leisten
vermag.   Es ist richtig, daß der Formationsbegriff, die Zonengliederung, Hori-
zont- und Etagenabtrennung in der Geologie auf paläontologische Merkmale
zurückgreift, aber die Existenz und das Gedeihen der Lebewelt setzt auch für
ihre verschiedenen Formen verschiedene, und zwar bestimmt differenzierte
Lebensbedingungen voraus, denn nicht alle Organismen vermögen unter den gleichen Bedingungen überall auf der Erde zu leben.   Für die Verhältnisse der Vor-
welt hat diese Tatsache zur Aufstellung der bionomischen Bezirke geführt, und
man hat alsbald erkannt, daß diese in enger Beziehung zu den Gesteinen stehen.
Man findet nämlich in bestimmten Gesteinen nur ganz bestimmte Versteinerungen, während man in anderen Gesteinen vergebens nach ihnen sucht.   Es
handelt sich hier um ein sehr inniges, korrelatives Verhältnis.   Durch das Wort
Fazies drückt der Geologe die unterscheidenden Merkmale gleichzeitig gebildeter
Gesteine aus.   „Das gemeinsame zweier, als Fazies unterschiedener Gesteine ist"
nach Joh. Walther[2] „die Gleichzeitigkeit ihrer Bildung, und da die Formations-
unterschiede durch verschiedene äußere Umstände erzeugt worden sein müssen,
so spielen bei der Faziesbezeichnung die Umstände der Bildung eines Gesteins
eine hervorragende Rolle, so daß man Fazies im überragenden Sinne: die Wechselbeziehungen zwischen den äußeren Bedingungen einerseits und dem Gesteinsmaterial und den Wohnsitzen von Organismen andererseits gennant hat."
Aus dieser Wechselbeziehung zwischen geologischer Entstehung eines Gesteins auf der einen und der petrographischen Beschaffenheit des Gesteins auf
der anderen Seite läßt sich die Möglichkeit der Aufstellung geologischer Bodentypen wohl bis zu einem gewissen Grade entnehmen.   Selbstredend gilt solches
aber nur für die aus den Sediment- oder Schichtgesteinen hervorgegangenen
Böden.   Daß andererseits die Unterschiede der einzelnen auf dieser Grundlage
zu erhaltenden Bodentypen nicht von einer tief einschneidenden Bedeutung
sein können, ergibt sich ohne weiteres, denn die Zahl der wohlumgrenzten
agronomischen Bodenarten ist, selbst wenn man ihre Zwischen- und Übergangs-
formen mit einbezieht, nur eine geringe, dagegen die Zahl der Gesteine in Hinsicht auf Entstehung und Beschaffenheit eine vielfach größere.   Der genannten
Einteilungsmöglichkeit steht nun aber die Zweckmäßigkeit einer solchen Vor-
nahme entgegen, denn namhafte Gründe, die ihre Ursache vorwiegend in der
geologischen Nomenklatur haben, lassen sich hiergegen geltend machen.   Es
bestehen z. B. nicht alle Gesteine aus Kalk, die unter der Bezeichnung Kreide-
formation zusammengefaßt werden.   Es ist ein jedes Muschelkalkgestein nicht
auch ein Kalkstein, und ein jedes Buntsandsteingestein nicht ein Sandstein,
sondern hier wie dort begegnet man unter diesen auch Mergel, Tonen, Sanden und
Kalksteinen.   Demgegenüber erscheint es für bodenkundliche Zwecke wünschens-
werter und passender, die petrographische Natur der Gesteine gegenüber ihrer
geologischen Selbständigkeit in den Vordergrund zu stellen.

---

[1] Mitscherlich, E. A.: a. a. O. III im Vorwort.
[2] Walther, Joh.: a. a. O. 25.

Wenn sich nun auch durch die voraufgegangenen Erörterungen noch keine endgültige Lösung der Frage nach dem Verhältnis der Geologie zur Bodenkunde resp. Bodenklassifikation hat herbeiführen lassen, so hat sich doch deutlich eine Verschiebung der Verhältnisse als am Platze gezeigt insofern, als an die Stelle der Geologie die Gesteinskunde mit besserem Recht zu setzen ist. Es wird daher nunmehr zu prüfen sein, wieweit die Lehre von der Beschaffenheit der Gesteine, d. h. also die Petrographie, imstande ist, die Bodenkunde zu beeinflussen. In Hinsicht auf den von der neueren Gesteinskunde eingenommenen Standpunkt, wie er durch die schon angeführten Worte WEINSCHENKs deutlich übermittelt wird, ändert sich freilich im wesentlichen nichts, da die Petrographie letzten Endes als geologische Wissenschaft hiernach zu gelten hat. Trotzdem, man mag das Problem anschneiden wie und wo man will, zeigt sich doch immer als springender Punkt, daß der Boden durch geodynamische Kräfte seine Ausbildung erlangt, und daß sein Material zur Hauptsache der Gesteinswelt entstammt. Wird somit der Entstehungsvorgang in den Vordergrund der Erscheinung gestellt, so ergibt sich die rein geologische Behandlungsweise ohne weiteres, wird aber von der stofflichen Beschaffenheit des zu betrachtenden Naturobjektes ausgegangen, so gewinnt die petrographische Seite des Problems und damit die gesteinskundliche Auffassung. Allerdings dürfte man den Bedürfnissen der bodenkundlichen Forschung besser Rechnung tragen, wenn man sich letzterer Möglichkeit zuneigt. Es empfiehlt sich dieses schon allein aus den oben dargelegten Zweckmäßigkeitsgründen, ganz abgesehen davon, daß die Gesteinskunde das geologische Moment nicht entbehren kann.

Geht man von der sicheren Tatsache aus, daß alle Böden, mit Ausnahme der Torf- und Moorböden, der Hauptsache nach als ein Haufwerk von anorganischen, und zwar Mineralbestandteilen, anzusehen sind, so schließt diese Erkenntnis ihre Zugehörigkeit zu anderen, gleichfalls Mineralkörpern, in sich. Die in dieser Hinsicht den Böden am nächsten stehende Körperklasse ist die Gesteinswelt, und es erhebt sich die Frage, ob man in beiden Körperklassen mineralogisch gleichwertige Stoffbestandteile zu sehen hat. Im allgemeinen wird diese Frage sehr schnell dahin beantwortet, daß die Mineralböden, denn um diese handelt es sich hier ja zur Hauptsache, das Abbauprodukt der Gesteine sind, worin die bejahende Antwort unserer Frage zum Ausdruck kommt. Die neuere bodenkundliche Forschung kann diesen früher allgemein angenommenen Standpunkt aber nicht mehr vollinhaltlich teilen, sondern ihn nur für einen gewissen Anteil der Böden, wenn auch dieser der Menge nach wohl am größten ist, aber dem bodenkundlichen Werte nach sich als am unbedeutendsten erweist, gelten lassen. Denn die durch die Verwitterung gebildeten, die Natur des Bodens zur Hauptsache bestimmenden Bodenkörper, sind nicht mehr von der Art der Mineral- und Gesteinskörper, sondern Kolloidsubstanzen, insbesondere Gele, und somit ist ein großer Unterschied und eine scharfe Scheidung zwischen diesen und jenen vorhanden [1].

L. M. VAN BEMMELEN und F. CORNU sind wohl die ersten gewesen, die zu dieser Auffassung gelangten und ihr Geltung zu verschaffen gesucht haben. So sind die Tonsubstanzen und die austauschfähigen Körper des Bodens ihrer Natur nach Kolloidsubstanzen mit besonderen eigenartigen Eigenschaften. Sehen wir jedoch von diesem Verhältnis zunächst ganz ab, so müssen wir zwar die enge Zugehörigkeit von Boden und Gestein, die ihren formalen Ausdruck in der vielfach gebrauchten Bezeichnung „Muttergestein" findet, zugeben. Der geodynamische Vorgang, der aber die eine Körperklasse aus der anderen hervor-

---

[1] Vgl. u. a. E. BLANCK: Die neue kolloidchemische Forschungsrichtung in der Bodenkunde in ihrer Beziehung zur Geologie. Geol. Rdsch. 6, 405 (1916).

gehen läßt, den nennen wir Verwitterung. An dieser Stelle sei dieser Vorgang auch schlechthin als ein geologischer Akt aufgefaßt, obgleich seine einzelnen Faktoren diese Bedingung nicht immer erfüllen, und wir gelangen damit zu einer Bestätigung der oben ausgesprochenen engen Verwandtschaft von Gestein und Boden.

Nun hat aber L. Milch, worauf schon hingewiesen worden ist, in Hinsicht auf die Einteilung der Böden darauf hingewiesen, daß auch die Petrographie nicht diejenigen Dienste zu leisten vermag, die man auf Grund der soeben gedachten Beziehungen erwarten müßte. Nehmen wir die Auffassung Milchs als bewiesen hin, so befinden wir uns abermals in größter Schwierigkeit, um das Verhältnis von Gesteinskunde einschließlich Geologie zur Bodenlehre in den seit alters her bestandenen Formen aufrechtzuerhalten, selbst dann, wenn wir die Bestrebungen, eine Bodenklassifikation auf petrographisch-geologischer Grundlage anzubahnen, auch nicht für das allein ausschlaggebende Kriterium der Zulänglichkeit besagter Beziehungen ansehen. E. Ramann hat denn auch tatsächlich in seiner, man darf wohl sagen auf rein geologischer und klimatologischer Grundlage aufgebauten, wissenschaftlichen Bodenlehre auf eine solche Klassifikation verzichtet und mit Recht andere Prinzipien von weit größerer Bedeutung für diesen Zweck gewählt. K. Glinka nimmt einen noch stärker verneinenden Standpunkt in dieser Richtung ein, denn er schreibt: „die stratigraphisch-paläontologische Methode ist hier ganz unpassend, die petrographische nicht genügend. Des Objekts und der Methodeneigenart bedarf einer besonderen Wissenschaft, eines besonderen Zweiges der Erdkunde" [1].

Wenn wir nach diesen Ausführungen auch die Unzulässigkeit einer geologischen oder petrographischen Bodenklassifikation nicht verschweigen können, so müssen wir doch andererseits betonen, daß trotz dieser Verzichtleistung noch genügend Berührungspunkte zwischen Geologie und Petrographie einerseits, Bodenlehre und diesen beiden Wissenschaften andererseits vorhanden sind, um bei sachgemäßer Würdigung der Verhältnisse einer geologisch-petrographischen Behandlung der Bodenkunde, sofern es sich in ihr um eine rein wissenschaftliche Disziplin handelt, das Wort zu reden. In diesem Sinne spricht sich auch L. Milch trotz der von ihm geltend gemachten Bedenken aus, wenn er gegenüber Mitscherlich wie folgt sagt: „Für die Bodenkunde in ihrer Gesamtheit ist die Frage nach der geologischen Entstehung nicht gleichgültig, ein prinzipieller Verzicht wäre gleichbedeutend mit einem Aufgeben ihrer wichtigsten naturwissenschaftlichen Grundlage. Die Grundwissenschaften gänzlich auszuschließen ist aber, auch wenn man diese Erwägungen nicht gelten lassen will und sich auf den ausschließlich praktischen Standpunkt stellt, unmöglich; die Einteilung in die Hauptbodenarten der Praxis (Sand-, Lehm-, Tonboden) beruht auf der mineralogisch-petrographischen Natur dieser Gebilde" [2]. Diesen Ausführungen Milchs ist vollauf zuzustimmen, denn das wahre Verhältnis der Petrographie zur Bodenkunde läßt sich wohl nicht schärfer fassen, als es im Schlußsatz geschehen ist. Allerdings hat sich auch H. Vater von Gesichtspunkten der forstlichen Standortslehre aus für das geologische Einteilungsprinzip der Böden sehr warm ausgesprochen, wobei er zugleich das Verhältnis der Petrographie zur Geologie berührt hat, indem er wie folgt ausführt: „Die durch denselben Bildungsvorgang verknüpften Gesteinskörper zeigen in petrographischer Hinsicht viele gemeinsame Eigenschaften, besonders auch solche, welche nicht im System der Petrographie zum Ausdruck gelangen, aber doch den Gang der Verwitterung und die Eigenschaften

---

[1] Glinka, K.: Die Typen der Bodenbildung, ihre Klassifikation und geographische Verbreitung, 8. Berlin 1914.
[2] Milch, L.: a. a. O. 868.

der Böden beeinflussen. Die durch diese gemeinsamen Eigenschaften der Grundgesteine bedingten Ähnlichkeiten der Böden werden bei der Zusammenfassung der Böden nach der geologischen Stellung ihrer Grundgesteine miterfaßt, und zwar auch dann, wenn man über das Wesen bzw. die Ursache dieser Ähnlichkeiten noch keine Rechenschaft zu geben vermag. Solches gleichsam von selbst eintretendes Miterfassen einer großen Reihe von Eigenschaften findet sich nur bei der geologischen Anordnung der Böden. Sie ist daher am meisten geeignet, zusammenfassenden Untersuchungen über den Einfluß des Bodens auf die Pflanzen zugrunde gelegt zu werden. Dies bedingt, daß sich auch für die eingehende bodenkundliche Darstellung von Gegenden die geologische Anordnung am meisten empfiehlt, wenn die Darstellung den Boden als Standort der Pflanzen betrachtet"[1].

Wie MILCH eingehend ausgeführt hat, sind zwei Wege denkbar „das geologische Alter eines bodenbildenden Sedimentes bodenkundlich zu verwerten". Man kann nach ihm entweder die Verhältnisse eines räumlich resp. zeitlich beschränkten Gebietes untersuchen oder für die Bodenentwicklung wichtige gemeinsame Eigenschaften gleicher Fazies anderer Perioden vergleichen. Beide Wege sind seiner Prüfung nach aber nicht gangbar. Wenn dieses für letzteren auch ohne weiteres zugegeben werden muß, so erscheinen doch die von MILCH für den ersten Fall gewählten Voraussetzungen nicht genügend erfüllt gewesen zu sein, so daß sich doch wenigstens in gewisser Beziehung dieser Weg als Arbeitshypothese benutzen läßt[2].

Die wissenschaftliche Bodenkunde hat nun aber in ihrem dynamischen Teil, nämlich in der Lehre von der Verwitterung, die gegenseitigen Beziehungen des Ausgangsmaterials, nämlich des Gesteins, gleichviel welcher Art und Entstehung, zum Umwandlungsprodukt Boden zu verfolgen und aufzudecken. Um dieser Aufgabe aber gerecht zu werden, muß sie in letzter Linie auf die geologisch-petrographische Beschaffenheit der Gesteine zurückgreifen. Wir müssen daher unumwunden der Ansicht Ausdruck verleihen, daß es wohl berechtigt ist, von den Böden einer Formation zu sprechen, jedoch nicht im Sinne als typische, durch ihre geologische Abkunft spezifisch charakterisierte und daher selbständige Vertreter derselben, sondern als Abkömmlinge einer gleichzeitig zur Ablagerung gelangten Gesteinsserie, die in ihrer Gesamtheit den Aufbereitungszustand einer vergangenen erdgeschichtlichen Epoche darstellt, soweit derselbe bis auf uns gelangt ist. Denn wie die unter unseren Augen sich heute noch bildenden Böden das Aufbereitungsprodukt der die jetzige Erdoberfläche zusammensetzenden Gesteine sind, so sind die „Schichtgesteine" früherer Erdperioden die Verwitterungsprodukte ihrer Vorgänger, wenngleich sie auch nicht immer unbedingt an der Erdoberfläche zur Ablagerung gelangt sein brauchen.

In diesem Sinne ist der dynamische Teil der Bodenkunde, die Verwitterungslehre, nichts anderes als die Geologie der Gegenwart und verlangt historisch behandelt zu werden. Aber der rein geologischen Behandlung, selbst in dem soeben geäußerten Sinne, sind enge Grenzen gezogen, denn wie uns die Bodenzonenlehre hat erkennen lassen, kann nur unter ganz besonderen klimatischen Verhältnissen die geologisch-petrographische Natur des Gesteins für die sich aus ihm entwickelnden Böden von Bedeutung werden.

---

[1] VATER, H.: Die Beschreibung des Standortes als Grundlage zur Beurteilung seines Einflusses auf den Pflanzenwuchs. Internat. Mitt. Bodenkde 6, 159ff., 307 (1916).
[2] BLANCK, E.: Jahreshefte des Vereins f. Naturkunde i. Württ. (1910/11).

Es bleibt somit für die geologische bzw. petrographische oder petrologische Behandlungsweise im Verhältnis zum Ausmaß der gesamten Bodenlehre nur ein bescheidener Anteil unserer Wissenschaft übrig, was unsere volle Beachtung verdient. Jedoch der derartig zu behandelnde Teil nimmt, was gleichfalls nicht übersehen werden darf, infolge seines Verhältnisses zu den übrigen Teilgebieten eine ganz besondere Stellung ein, insofern er diese, wenn auch nicht beherrscht, so doch bis zu einem gewissen Grade zu beeinflussen in der Lage ist.

Wenn wir somit auch nicht leugnen können, daß in einem besonderen Teil der Bodenlehre, nämlich dem, der von der Bildung des Bodens handelt, geologische Gesichtspunkte die Betrachtungsweise bestimmen, so reicht diese Tatsache doch keineswegs aus, um die gesamte oder auch nur allgemeine Bodenlehre als von geologischen Momenten beherrscht anzusehen. Dasselbe gilt in bezug auf die stoffliche Natur der Bodenkörperwelt, die in ihrem einen Hauptanteil unzweifelhaft nahe Verwandtschaft zum Mineral und Gestein aufweist, aber doch andererseits wieder so beträchtlich abweichend von diesen ausgebildet ist, daß der durch obigen Umstand zwar bedingte und vorhandene Zusammenhang doch sehr an Bedeutung verliert, ja sogar in sich zusammenfällt, wenn man bedenkt, daß die das Wesen des Bodens in stofflicher Hinsicht ausmachende Beschaffenheit gerade in dem von der Natur der Minerale und Gesteine so abweichenden Zustand der Bodenkörper zu suchen ist. Geologische wie petrographische Gesichtspunkte können infolgedessen immer nur einen bescheidenen Einfluß auf den Inhalt der Bodenlehre, und zwar auch nur eines gewissen Anteils derselben, ausüben.

Aber nicht nur die Geologie hat von jeher Anspruch auf Vorherrschaft in der Bodenlehre gemacht, desgleichen auch, worauf schon hingewiesen wurde, die Agrikulturchemie. Hier macht es aber die praktische Ausnutzbarkeit des Bodens, welche die Bodenkunde als Zweig der Agrikulturchemie erscheinen läßt. Wenn nun auch die Agrikulturchemie nicht schlechthin als landwirtschaftliche Chemie angesehen werden kann, sondern vielmehr als diejenige Wissenschaft zu gelten hat, welche die Gesetze der physischen Erscheinungen des Landbaues zu ergründen und für die landwirtschaftliche Praxis zu verwerten hat, und ihr dementsprechend jedes Mittel recht ist, um diese Erkenntnis zu erreichen, so fällt der Boden unzweifelhaft in den Bereich ihrer Wirksamkeit, wenigstens insofern, als die soeben gekennzeichneten Gesichtspunkte Gültigkeit besitzen[1]. Aber auch dieser Kreis ist nur sehr beschränkt, und alle Dinge, die den Boden angehen, nur vom Gesichtspunkt ihres Nutzens für die Landwirtschaft ansehen zu wollen, würde, abgesehen von einer solchen Unmöglichkeit, die Lehre vom Boden auf der untersten Entwicklungsstufe in der Erkenntnis und Behandlung der Dinge verharren lassen, wie es denn auch während der Zeit des Unterjochtseins der Bodenkunde durch die Agrikulturchemie der Fall gewesen ist, und worunter die Bodenlehre auch heute noch krankt. Ein derartig engherzig gefaßter Standpunkt verbietet aber jegliche Behandlung des Bodens von einer höheren Warte aus, weil nicht das Objekt als solches zum Gegenstand der Erforschung gewählt wird, sondern nur dessen eventueller praktischer Nutzen als der Betrachtung wert gewürdigt wird.

Die erste Aufgabe einer jeden Wissenschaft ist und bleibt aber ihr Selbstzweck, wird dieser verkannt oder aus Gründen und Bedürfnissen des praktischen Lebens verneint, so sinkt die Wissenschaft zu einer Technologie herab und verliert damit ihre universelle Bedeutung für die Menschheit. Dies gilt selbst für eine Disziplin wie die Bodenlehre, die vorwiegend praktischen Zwecken zu dienen hat

---

[1] Vgl. E. Blanck: Pflanzenernährungslehre, Teil I der Agrikulturchemie von Haselhoff und Blanck, 1—9. Berlin: Gebr. Borntraeger 1927.

Als wissenschaftliche Disziplin muß sie in Lehre und Forschung losgelöst sein von dem auf wirtschaftliche Vorteile bedachten Ballast, wenn sie frei in ihren Handlungen dastehen will, und wenn sie, wie dies die Aufgabe und der Zweck einer jeden Wissenschaft ist, andere Disziplinen zu weiterer Forschung anregen und von ihnen rein wissenschaftliche Anregung empfangen will. Je mehr dieser Forderung nach praktisch wirtschaftlicher Loslösung genügt wird, um so mehr ist sie wissenschaftlicher Methodik zugänglich, und daß dieses Verhältnis seine volle Berechtigung hat, liegt mit den Worten W. WUNDTS darin, „daß die Wissenschaft an und für sich zur Reform des praktischen Lebens um so weniger berufen ist, auf einer je höheren Sprosse jener Stufenleiter von Abstraktionen sie sich befindet, deren Durchführung für die wissenschaftliche Tätigkeit so wesentlich ist".[1] In der Tat hat denn auch die Erfahrung gelehrt, worauf E. RAMANN in bezug auf die Bodenlehre mit Recht hinweist, „daß die Ergebnisse der freien Forschung den Weg weisen, um auch die höchsten praktischen Ziele zu erreichen".

Hiermit soll nun aber keinesfalls gesagt sein, daß die Bodenlehre keine Beziehungen zum praktischen Leben pflegen soll. Dies würde eine völlige Verkennung der Tatsachen sein, denn Land- und Forstwirtschaft haben sicherlich ein volles Anrecht auf bodenkundliche Forschung und Lehre, indem ihnen die Resultate derselben nutzbar gemacht und ihrem Gesichtskreis angepaßt werden müssen. Dies kann aber auch sehr wohl geschehen und hat in der Weise zu erfolgen, daß der Boden stets als Objekt der reinen Forschung im Mittelpunkt zu stehen hat. Auch hat es sich gezeigt, daß die an die Bodenlehre zu stellenden verschiedenen Anforderungen ungezwungene Berücksichtigung erfahren können, wenn man einem Teil der Bodenkunde die rein wissenschaftliche Beschreibung und Erklärung des Forschungsobjektes Boden überläßt, dem anderen Teil aber die mannigfaltigen Aufgaben der für das praktische Leben nutzspendenden Ausbeutung dieser Erkenntnis zuerteilt, worauf schon einmal von uns aufmerksam gemacht worden ist. Damit steht einer rein wissenschaftlichen oder allgemeinen Bodenlehre als ebenbürtige Partnerin eine angewandte Bodenkunde oder Technologie des Bodens zur Seite. Beide Disziplinen, die innig ineinanderzugreifen haben und eng miteinander verbunden sind, machen in ihrer Gesamtheit das Gebäude der Bodenlehre aus, die auf diese Weise zu einer gemischten Disziplin geworden ist.

Ihren selbständigen Charakter als Wissenschaft erhält die Bodenlehre aber dadurch, daß sie den Boden als ein an der Erdoberfläche überall auftretendes Naturobjekt, das seine Beschaffenheit den dortselbst herrschenden, das Antlitz der Erde bestimmenden Naturkräften verdankt, erkennt, und alle Eigenarten der Natur des Bodens mit diesem Vorgang der Entstehung als eines regional an der Erdoberfläche bedingten Naturgebildes in Zusammenhang bringt oder als abhängig davon zu erklären sucht. Nicht mehr ist es die Abhängigkeit des Bodens in seiner Beschaffenheit vom Muttergestein, die den Charakter des Bodens bestimmt, sondern Einflüsse höherer Art, wie die des Klimas, geben dem Boden Form, Inhalt und Gestalt, so daß die geologischen oder petrographischen Verhältnisse des Herkunftmaterials an Bedeutung verlieren und damit die Sonderstellung des Naturobjektes Boden gegenüber seinen Verwandten, Mineral und Gestein, deutlich vor Augen tritt. Dies ist um so mehr der Fall, als der Boden in stofflicher Hinsicht gleichfalls ein besonderes, eigenartiges Gepräge gerade im Gegensatz zu den Vertretern jener anderen Körperklassen besitzt, und zwar abermals als Ausdruck und Folge seines besonderen Entstehungsaktes.

---

[1] WUNDT, W.: System der Philosophie, 9. Leipzig 1889.

Wenn daher, was nach den voraufgegangenen Erörterungen nicht zu leugnen ist, der Bodenlehre vornehmster Zweck ihr eigener Ausbau darstellt, da alles, was im Zusammenhang mit dem Wesen des Bodens steht, von ihr zu sichten und logisch zusammenzustellen ist, um aus diesem Tatsachenmaterial die Erklärung für die Wechselbeziehungen der Eigenschaften des Bodens unter sich und zu anderen Objekten der Natur zu finden, so kann zwar die Geologie als die Lehre vom Entstehen und Vergehen alles Irdischen nicht aus dem Rahmen der Bodenlehre verschwinden, ohne daß letztere darauf zu verzichten hätte, eine Wissenschaft, insbesondere Naturwissenschaft, zu sein. Es wird aber niemandem im Ernstfall einfallen, der Bodenlehre das Recht abzusprechen, eine naturwissenschaftliche Disziplin zu sein.

Aus diesen Gründen erweist es sich weder erforderlich noch kann es als zweckmäßig angesehen werden, der Geologie einen größeren Einfluß auf die Bodenlehre einzuräumen, als ihr durch die verhältnismäßig engen Grenzen ihres Wirkungsbereiches auf unsere Wissenschaft vorgezeichnet sind. Wir müssen daher auch die Berechtigung einer „geologischen Bodenkunde" oder „Agrogeologie" als einer selbständig erscheinenden Wissenschaft ablehnen, um so mehr, als diese auch nur einen Teil der Bodenlehre wiedergeben könnte. Wir können der Geologie nur zubilligen, daß sie uns in einem Teil der Bodenlehre, nennen wir ihn „dynamische Bodenlehre", als Grund- und Hilfswissenschaft wertvolle Dienste leistet. Das berechtigt aber ohne weiteres noch lange nicht, die Bodenlehre als einen Teil der Geologie, und zwar als praktische Geologie, schlechthin hinzustellen.

Aber auch der Agrikulturchemie wird ihr Anteil am Aufbau unserer Wissenschaft nicht vorenthalten werden können, nämlich nicht dort, wo es gilt, die Eigenschaften des Bodens in Verbindung mit dem Leben unserer Kulturpflanzen zu bringen; doch wird man diesen Teil der Bodenlehre bei objektiver Beurteilung, trotz seiner großen wirtschaftlichen Bedeutung, niemals, wenn man das Wesen des Bodens in seiner Gesamtheit ins Auge faßt, als für die ganze Lehre vom Boden leitend und bestimmend in den Vordergrund stellen können. Eine rein von agrikulturchemischen Gesichtspunkten beherrschte Bodenlehre verbietet sich daher gleichermaßen von selbst. Der Anteilnahme der Agrikulturchemie für die wissenschaftliche Ausgestaltung einer selbständigen Bodenlehre ist demzufolge eine geringere Bedeutung beizumessen als derjenigen der geologischen Wissenschaft. Hierzu tritt noch neuerdings der für unsere Auffassung nicht zu unterschätzende Umstand, daß die agrikulturchemische Forschung, soweit es sich um die Ernährungsverhältnisse der Pflanze handelt, weitaus von bodenkundlichen Gesichtspunkten bestimmt wird, so daß gewissermaßen die Bodenlehre zur Führerin der Agrikulturchemie in allen denjenigen Fragen geworden ist, welche die Ausnutzung und Aufnahme eines Düngemittels oder Nährstoffes aus dem Boden zum Gegenstand haben. Denn es hat sich mehr und mehr als zutreffend gezeigt, daß die Anwendung der Düngemittel nicht nur nach ihrer chemischen Beschaffenheit, sondern in weit höherem Maße nach den Umwandlungen, die dieselben im Boden durch die Natur des Bodens erfahren, zu beurteilen ist. Damit ist aber die Beschaffenheit des Bodens bzw. der Boden als solcher zur maßgebenden Wertgröße für alle Fragen der Dünge- und Pflanzenernährungslehre geworden, und es ergibt sich auch hieraus in recht eindeutiger Weise die Selbständigkeit der Bodenlehre der Agrikulturchemie gegenüber.

3. Begriff und Wesen des Bodens.

Wie die bisher gepflogenen Erörterungen dargetan haben, lassen Wesen und Begriff des Bodens sicherlich eine vielseitige Deutung zu. Dies kann aber nicht anders sein, wenn man in Rücksicht zieht, daß der Begriff des Bodens je nach den Gesichtspunkten, von welchen aus man ihn beurteilt, sehr verschieden ausfallen muß. Solche Gesichtspunkte gibt es aber sehr viele, worauf gleichfalls schon hingewiesen worden ist. Die Zusammensetzung des Bodens, seine Eigenschaften, seine Herkunft und seine Beziehungen zu anderen Naturobjekten sowie schließlich seine Benutzungs- oder Verwendungsmöglichkeiten sind von so abweichender Art, daß es äußerst schwierig ist, alle die Natur des Bodens ausmachenden und für ihn als wesentlich zu erachtenden Eigenarten zu einem einheitlichen, kurz gefaßten Begriff zu verschmelzen. Außerdem gesellt sich zu diesen schon an und für sich recht verwickelten Verhältnissen noch der Umstand, daß ein jeder unter natürlichen Bedingungen stehender Boden kein ruhendes, in sich abgeschlossenes Gebilde darstellt, sondern ständigen Veränderungen und Umwandlungen mannigfaltigster Art ausgesetzt ist. Da sich ferner das organische Leben auf und in ihm von hervorragendem Einfluß auf seine Wesensart zeigt und jede klimatische Verschiebung seiner Ortslage von wesentlicher Bedeutung für ihn wird, so kann es nicht verwunderlich erscheinen, wenn wir im Boden ein Gebilde zu erblicken haben, daß nach Inhomogenität und Wechselbeziehungen unter allen Naturkörpern seinesgleichen sucht.

Die große Schwierigkeit der Lösung der in Rede stehenden Aufgabe haben denn auch alle sich mit ihr beschäftigenden Forscher zugegeben und erkannt, sei es auch von welchen Gesichtspunkten aus sie das Problem in Angriff nehmen zu müssen geglaubt haben. Daß dabei, je nach dem eingenommenen Standpunkt, die Beantwortung sehr verschieden ausfallen mußte, bedarf kaum des Hinweises, und da von jeher die auf das praktische Leben gerichteten Bestrebungen und die damit für den Menschen verbundenen Vorteile mehr Interesse und Verständnis für den Boden erweckten als seine rein wissenschaftliche Erkenntnis, so werden wir es als selbstverständlich hinnehmen müssen, daß man zunächst bemüht war, den Boden vom Standpunkt des ackerbautreibenden Landwirts zu bewerten. Der Boden wurde somit als ein dem landwirtschaftlichen Gewerbe dienendes Naturprodukt angesprochen, und die für ein solches Gewerbe in ihm schlummernden nutzbaren Kräfte und Eigenschaften als ausschlaggebend für seine Bewertung erachtet. So berechtigt eine solche Auffassung als Teilerscheinung des Wesens des Bodens ist, so wenig trifft sie den Kernpunkt des Ganzen. Dem Boden als Naturobjekt kommt eine viel größere Bedeutung zu als es jener einseitige Standpunkt zu übermitteln vermag, und die Aufgabe der Wissenschaft kann und darf es niemals sein, das Wesen einer Naturerscheinung von so weitgehender Verbreitung und Anteilnahme am Aufbau unseres Erdkörpers in einseitiger Befangenheit zur Erschließung und Bewertung zu bringen. Nur losgelöst von den einseitigen Begriffen des Zweckes, dem der Boden unter Umständen zu dienen vermag, ist er in seiner Gesamtheit als allgemeine Naturerscheinung an der Oberfläche unseres Erdballes zu erfassen. Die wichtigste Eigenschaft des Bodens ist sein allgemeines Auftreten an der Erdoberfläche, nämlich dort, wo die Oberfläche des Gesteinsmantels (Lithosphäre) in Berührung mit der Lufthülle (Atmosphäre), mit dem Wasser (Hydrosphäre) und der belebten Natur (Biosphäre) tritt. Infolgedessen finden wir den Boden denn auch in der Tat überall an der Erdoberfläche, und zwar sowohl dort, wo sie unmittelbar zu Tage ansteht, als auch dort, wo sie von Wasser in Gestalt des Meeres, der Seen und der Flüsse bedeckt ist. Der Boden ist die spezifische Ausbildungsform der obersten Erdoberflächenschicht, denn er ist das Werk der Tätigkeit der lebendigen Naturkräfte, die ihre Auslösung in ihrer gegenseitigen Wechselwirkung aufeinander finden. Er ist somit ein Gebilde an der Grenze des Erdfesten zum Flüssigen, Gasförmigen und der belebten Natur, und als solches ein Körper, der seine spezifischen Eigenschaften gerade dieser Aufeinanderwirkung verdankt. Daher ist von dieser, seiner so wesentlichen Erscheinungsform bei allen Betrachtungen des Bodens auszugehen, und es bleibt trotz der Ausschaltung alles dessen, was für die nutzbringende Verwendung des Bodens spricht, noch genügend von ihm als reinem Naturkörper zu berücksichtigen übrig, daß seine Begriffsbestimmung recht verschiedener Auslegung zugänglich ist. Um aber darzulegen, wie wesentlich voneinander abweichend die Definitionen des Bodens, die uns ja den kurzen Ausdruck von der Auffassung seines Wesens übermitteln, auszufallen vermögen, sollen hier einige derselben angeführt werden, da es schier unmöglich ist, sie alle zu berücksichtigen. Es sollen nur diejenigen aus der erdrückenden Fülle der bisher aufgestellten Definitionen herausgegriffen werden, welche ganz besonders geeignet erscheinen, den soeben dargelegten Sachverhalt zu erhärten, und es soll auch nur auf solche Rücksicht genommen werden, die neuerer oder neuester Zeit entstammen.

Besonderer Beliebtheit und größter Verbreitung hat sich von jeher die von Felix Wahnschaffe[1] geprägte Bodenbegriffsbestimmung erfreut. Sie ist ursprünglich, worauf bereits E. Ramann[2] hingewiesen hat, schon recht frühzeitig von Kraut[3] aufgestellt worden, nämlich um die Mitte des 19. Jahrhunderts. Hier wird der Boden als „die oberste zum Pflanzentragen geeignete Schicht" hingestellt, denn es heißt: „Ich verstehe demnach unter Boden die oberste lockere und zum Teil erdige Schicht unserer Erdrinde, soweit dieselbe imstande ist, eine Vegetation, mag dieselbe auch noch so kümmerlich sein, zu tragen." Dementsprechend wird nur eine einzige Eigenschaft des Bodens zum Wertmesser gewählt, und der Zweckbegriff tritt uneingeschränkt in den Vordergrund. Wir müssen dieses nach den obigen Ausführungen als zu engherzig verurteilen. E. Ramann[4] hat unter Würdigung dieses Umstandes denn auch folgender Definition Geltung zu verschaffen gesucht: „Der Erdboden ist die oberste Verwitterungsschicht der festen Erdrinde". Jede störend wirkende Angabe betreffend die Möglichkeit zweckbewußter Verwendung des Bodens ist hier unterblieben, selbst eine Andeutung, daß dem Boden durch seine Beschaffenheit die Fähigkeit, zu gewissen Zwecken dienen zu können, zukomme, ist vermieden worden. Entsprechend der von uns gestellten Anforderung stellt somit diese Definition unzweifelhaft einen wesentlichen Fortschritt dar. Unser Autor gelangte zu seiner Ansicht auf Grund des schon früher von G. Behrendt[5] vom Wesen des Bodens eingenommenen Standpunktes, nämlich, daß der Boden „nichts weiter als die Verwitterungsrinde irgendeiner geognostisch resp. petrographisch unterscheidbaren Schicht" vorstelle, und daß demnach „die Bodenkunde nichts anderes als die Lehre vom Entstehen, dem gesamten Bestande und der Fortbildung einer Verwitterungsrinde an der mit der Luft in Berührung stehenden gegenwärtigen Erdoberfläche" sei. So wertvoll sich nun auch in der Definition Ramanns die Betonung der Entstehungsweise in vorliegender Form erweist, so wenig wird doch den sonstigen Eigenschaften des Bodens, in-

---

[1] Wahnschaffe, F.: Anleitung zur wissenschaftlichen Bodenuntersuchung, 3. Berlin 1887.
[2] Ramann, E.: Bodenkunde, 2. Aufl. Berlin 1905.
[3] Kraut: Handwörterbuch der Chemie, 2. Boden 1853.
[4] Ramann, E.: Ebendort 1.
[5] Behrendt, G.: Die Umgegend von Berlin. Allg. Erörterungen z. geogn. agron. Karte. Abh. geol. Spezialkarte II, 69. Berlin 1877.

sonderheit der Zusammensetzung und Beschaffenheit desselben, gedacht. Desgleichen erfährt die Anteilnahme der organischen Welt am Aufbau und der Entstehung des Bodens keinerlei Berücksichtigung. Lediglich das geodynamische Moment in der Entstehungsweise des Bodens wird betont. Angesichts dieser ungleichen Werteinschätzung hat denn auch RAMANN späterhin eine weitere Fassung des Bodenbegriffs für angebracht erachtet, denn er macht den Zusatz: „er" — nämlich der Boden — „besteht aus zerkleinertem und chemisch verändertem Gestein und Resten der Pflanzen und Tiere, welche auf und in ihm leben"[1].

Bei RICHARD LANG[2], der sicherlich in der Frage nach dem Wesen des Bodens den radikalsten geologischen Standpunkt vertritt, wird der Boden zum Gestein. „Als Teil der Erdkruste, als Teil der toten Materie, der die feste Erdrinde aufbaut, ist der Boden nichts anderes als eine Art Gestein", läßt er sich vernehmen. Jedoch, gewissermaßen zur Milderung dieses Werturteils, fügt er ergänzend hinzu: „Gleichwie die Gesteine nicht von Ewigkeit stammen, sondern etwas zeitlich Gewordenes, wenn auch in geologischen Zeiträumen Entstandenes darstellen, so ist auch der Boden ein erdgeschichtliches Produkt, aufgebaut zum Teil aus zermürbter und zerfallener und chemisch umgewandelter Gesteinssubstanz, zum Teil aus in Verwesung begriffenen Pflanzenresten, aus Humus. Der Boden kann also, sowohl mineralischer als auch organischer Herkunft, ein Produkt der Gesteinsverwitterung und der Pflanzenverwesung sein." Eine prinzipielle Änderung erfährt der von ihm eingenommene Standpunkt aber auch durch diesen Nachsatz nicht. Besonders deutlich geht seine Ansicht vom Wesen des Bodens aber durch folgende Worte, die den ersten Satz seines Buches bilden, hervor: „Kein Gestein ist so sehr Gegenstand allseitiger Benutzung und intensiver Ausbeutung wie der Boden, die oberste Lage der Erdrinde."

Auch die von geographischer Seite aus gemachten Bemühungen, zu einem Bodenbegriff zu gelangen, sehen sich den größten Schwierigkeiten gegenüber. So befindet sich u. a. S. PASSARGE[3] offenbar in großer Verlegenheit, wenn er nach Ablehnung des „allgemeinen Begriffs" des Wortes Boden, dessen engere Bedeutung er lediglich „als lose Erdmassen im Gegensatz zum gewachsenen Fels" fassen will. Er gibt denn auch offen zu, daß diese Abgrenzung nicht als allgemeingültig zu betrachten sei. Mit Boden nur den „Verwitterungsboden", der „über losen und festen Gesteinen" entsteht, zu bezeichnen, hält er auch nicht für angebracht, da dem Boden in diesem Falle „die gewachsenen Pflanzenböden" nicht mehr zugesprochen werden dürften. „Die Schwierigkeiten", so führt er aus, „sind deshalb so groß, weil die verschiedenen Bodenarten ineinander übergehen, z. B. die mineralischen Verwitterungsböden in gewachsene Pflanzenböden, sowohl wie in aufgeschüttete Böden." Demzufolge sieht er den Boden in erweitertem Umfange aufgefaßt — „als einen über anstehendem Gestein befindlichen Lockerboden" an, der seiner Ansicht nach in drei Unterabteilungen zu zerlegen ist, nämlich in Aufschüttungsboden, Rückstandsboden und Verwitterungsboden.

Ganz abweichend hiervon entwickelt E. A. MITSCHERLICH seinen Bodenbegriff, denn nur pflanzenphysiologische Gesichtspunkte leiten denselben, so daß der Boden lediglich zum Standort der Vegetation herabsinkt. „Boden ist ein Gemenge von pulverförmigen, festen Teilchen, Wasser und

---

[1] RAMANN, E.: Bodenbildung und Bodeneinteilung, 1. Berlin 1918.
[2] LANG, R.: Verwitterung und Bodenbildung, 1. Stuttgart 1920. — Vgl. ferner: LANG: Handbuch der Forstwissenschaft, 4. Aufl., IV; Forstliche Standortslehre, 213—216.
[3] PASSARGE, S.: Die Grundlagen der Landschaftskunde. 3. Die Oberflächengestaltung der Erde, 133. Hamburg 1920.

Luft, welches, versehen mit den erforderlichen Pflanzennährstoffen, als Träger einer Vegetation dienen kann"[1]. Im Schlußsatz erkennen wir unzweifelhaft Anklänge an die Kraut-Wahnschaffesche Definition, aber wir vermissen jeden Hinweis auf die, wie wir wissen, für den Boden so wesentlichen Entstehungsbedingungen. Auch hier tritt wieder unverkennbar die Einseitigkeit der Auffassung, obschon sie sich in ganz anderer Richtung bewegt, vor Augen, zudem erweist sich diese Definition des Bodens so außerordentlich weitgehend, daß selbst Gebilde, die mit dem Boden nichts zu schaffen haben, darunter fallen können. Jedoch es bedarf noch der Heranziehung eines weiteren Beispiels, um die extremen Ansichten, die über den Boden in anderer Richtung bestehen, ins rechte Licht zu setzen. Dabei ist es besonders eigenartig, daß trotz der voneinander fundamental abweichenden Stellungnahme der Autoren zu unserem Problem sich dieselben unter Berücksichtigung der von ihnen gewählten Voraussetzungen doch alle in ihrem Rechte befinden. So urteilt z. B. G. WIEGNER[2] vom Standpunkt des Kolloidchemikers, wenn er den Boden zu einem grob- und kolloiddispersen System werden läßt, wie folgt: „Der ganze Boden ist eine feste Dispersion und gehorcht quantitativ abgestuft den von der Kolloidchemie oder Dispersoidchemie bisher erkannten Dispersitätsgesetzen." Nur der Zustand des Bodens, d. h. die physikalisch-chemische Seite des Problems, findet hier Berücksichtigung und Erklärung.

Es bedarf nicht der Frage noch Erwägung, daß sowohl die pflanzenphysiologische als auch die kolloidchemische Behandlungsweise gleichermaßen berufen sind, zur Lösung des Bodenproblems beizutragen, und auch der Wert ihrer Untersuchungsmethoden für die Erschließung der Natur des Bodens unterliegt sicherlich keinem Zweifel, aber für den zu vertretenden Standpunkt der Erlangung eines allgemein wissenschaftlichen Werturteils über die Natur des Bodens reichen diese, nur eine Teilerscheinung im Wesen des Bodens wiedergebenden Ausführungen nicht aus. Es gilt vielmehr, das Wesen des Bodens in seiner Gesamtheit zum Ausdruck zu bringen, nämlich in seiner besonderen Erscheinung anderen Naturkörpern gegenüber, und zwar sowohl seiner Verbreitung, seiner Entstehung und seinen Eigenschaften nach, mit einem Wort, als Bestandteil des Erdganzen, denn hierin liegt seine universelle Bedeutung. Seine weitere Eigenschaft, praktischen Zwecken dienen zu können, ist erst eine sekundäre, man möchte sagen, durch die menschlichen Eingriffe erst erschlossene und erworbene Eigenart, so daß sie infolgedessen zunächst ganz ausscheidet.

Um sämtlichen, seitens wissenschaftlicher Bewertung zu stellenden Anforderungen zu genügen, erscheint es wesentlich, ganz allein die Abhängigkeit des Bodens sowie seine Verschiedenheit von den sonstigen die Erde aufbauenden Körperklassen hervorzuheben, seine universelle Anteilnahme an der Zusammensetzung des Erdkörpers gebührend zu betonen, dagegen die praktisch wichtigen Eigenschaften des Bodens aus seiner wissenschaftlichen Definierung fallen zu lassen. Eine sich derartigen Ansprüchen im allgemeinen anpassende Begriffsformulierung würde etwa folgendermaßen zu lauten haben: Boden ist ein überall an der Erdoberfläche auftretendes, durch Verwitterung hervorgegangenes, mechanisches Gemenge von Gesteins- und Mineralbruchstücken, vermischt mit einer mehr oder minder großen Menge sich zersetzender oder schon zersetzter organischer Bestandteile.

Wir erkennen hiermit sowohl auf die Anteilnahme anorganischen als auch organischen Materials, und zwar kommt kein Zweifel über das besondere Stadium

---

[1] MITSCHERLICH, E. A.: Bodenkunde für Land- und Forstwirte, 3. Aufl., 8. Berlin 1920.
[2] WIEGNER, G.: Boden und Bodenbildung, 4. Aufl. Dresden u. Leipzig 1926.

der Existenz desselben auf, wodurch jenes für den Boden so überaus charakteristische Merkmal in der Gestaltung und Ausbildung anderen Naturobjekten ähnlicher Art gegenüber zum Ausdruck gelangt. Zugleich ist aber auch der für das Wesen des Bodens so überaus wichtigen Entstehungsweise gedacht worden, und auch die kolloidchemische Seite der Bodenbeschaffenheit hat gebührende Berücksichtigung erfahren insofern, als ein durch die Verwitterung hervorgegangenes mechanisches Gemenge unmittelbar auf Dispersitätsverhältnisse seiner Bestandteile schließen läßt. Die allgemeine Verbreitung des Bodens an der Erdoberfläche finden wir schließlich als ein besonders in Erscheinung tretendes Charakterium des Bodens schon in den ersten Worten der Definition wiedergegeben.

Durch die in obiger Definition zum Ausdruck gebrachte Stellungnahme sind uns aber schon ohne weiteres die Wege zur Erlangung der Erkenntnis vom Wesen des Bodens gewiesen. Gesteins- und Lebewelt in ihrer Gesamtheit liefern das Material für den Boden, und die Vorgänge ihrer Umwandlung tragen für das Zustandekommen des Bodens Sorge. Würde man aber glauben, daß aus der stofflichen Beschaffenheit des Bodenmaterials, selbst unter Rücksichtnahme auf die durch den Umwandlungsvorgang hervorgerufene äußerliche Veränderung desselben, die Natur des Bodens allein zu erschließen sei, so würde man sich einer allerdings noch bis vor kurzer Zeit allgemein geteilten Täuschung hingeben. Denn die entscheidende Wertgröße für die Ausbildung des Bodens ist nicht etwa das Substrat oder Material, das den stofflichen Ausgangspunkt für den Boden liefert, sondern gerade die Veränderungen jener Bestandteile sind es, die dem Boden seine Eigenart verleihen. Diese sind aber wiederum in erster Linie von dem Aufbereitungsvorgang abhängig, und dieser stellt sich als Ausfluß eines Geschehens dar, das seinen Sitz nicht im Innern der Erdkruste hat, sondern in der Lufthülle zu suchen ist. Die sich in den untersten Schichten der Atmosphäre vollziehenden dynamischen Vorgänge geben die unmittelbare Ursache für die Aufbereitung und Zerlegung der Bestandteile der festen Erdoberfläche ab, allerdings beteiligen sich an diesem Werk auch das Wasser und das organische Leben. Jedoch infolge der Abhängigkeit und der Beziehungen, die zwischen Lufthülle und Lebewesen auf der Erde vorhanden sind, liegen die Einflüsse beider Faktoren in gleicher Richtung. Immerhin besteht aber ein dauernder Kampf um die Vorherrschaft aller dieser bei dem Aufbereitungsvorgang der festen Erdoberfläche beteiligten Kräfte, und wie ein jeder Kampf seine Spuren hinterläßt, so ist es hier der Boden, der die unmittelbare Folge jener Geschehnisse ist. In diesem Sinne, nämlich als universelles, die ganze Erdoberfläche bedeckendes Naturprodukt, stellt sich der Boden als nichts anderes dar als das Produkt eines ewigen Kampfes der Atmosphäre, Hydrosphäre und Biosphäre um den Besitz der Lithosphäre. Aber, wie sich gleichsam ein jedes Schlachtfeld mit den Leichen der Kämpfenden füllt und bedeckt, so nimmt auch die zertrümmerte Lithosphäre Bestandesmassen, wie Luft, Wasser und organische Substanz, in sich auf und erhält dadurch ihre besondere eigenartige Beschaffenheit, welches Gebilde als Boden bezeichnet wird. Einer derartigen Auffassung steht die von DOKUTSCHAJEFF schon 1886 gegebene Bodendefinition am nächsten, denn es sind nach ihm „die an der Oberfläche oder dieser sehr nahe gelegenen Schichten der Gebirgsarten, die sich auf natürliche Weise unter dem Einflusse des Wassers, der Luft und lebendiger und toter Organismen verändert haben, als Boden" zu verstehen[1]. Auch bei H. STREMME finden wir diese Ansicht vertreten, indem er aber zugleich, und zwar nicht mit Unrecht, die dauernde Veränderung des Bodens als sein kennzeichnendes Merkmal hervorhebt: „Ursprünglich ist ein Gestein,

---

[1] Vgl. K. GLINKA: a. a. O. 2.

ein feuchtes Mineralgemenge da, welches an sich unter der Atmosphäre eine gewisse Zerkleinerung und Zersetzung erfahren würde, je nach der Intensität der rein atmosphärischen Kräfte physikalischer und chemischer Art. Dabei würde ein Trümmergestein entstehen und kein Boden. Dieser bildet sich erst, wenn Pflanzen und Tiere sich auf dem Trümmergestein ansiedeln. Sie nehmen unmittelbar und mittelbar aus dem Trümmergestein Stoffe auf und geben ihm ihre Stoffwechselprodukte, Humus, Lösungen, Gase ab. Die Pflanzen sind an der Zertrümmerung und an dem chemischen Aufschluß der Mineralien beteiligt, die Tiere mehr an dem Durchwühlen der Trümmer und indirekt an dem chemischen Aufschluß. Aus der Atmosphäre und aus dem Grundwasser stammen unmittelbar und mittelbar auflösende Flüssigkeiten, die in ständiger Bewegung nach allen Seiten begriffen sind. Aus der Atmosphäre, den Lösungen, den Organismen, z. T. auch aus dem Gestein treten Gase in das Gemenge hinein, die sich ebenfalls in der Bewegung befinden. Die dauernde Bewegung im Boden ist sein Hauptkennzeichen und sein Hauptunterscheidungsmerkmal vom Gestein, in welchem nur eine geringfügige Bewegung herrscht, im Vergleich zum Boden Ruhe"[1]. Mithin, so dürfen wir sagen, stellt sich der Boden als das Grenzgebiet oder die Grenzfläche der genannten Reiche dar, und es ergibt sich hieraus nicht nur die Möglichkeit eines Vollzuges sehr vieler und wechselseitiger Beziehungen zwischen denselben, sondern es werden uns auch, wenn wir von kolloidchemischen Gesichtspunkten aus die Erscheinung betrachten, was allerdings hier selbstverständlich nur im übertragenden Sinne als zulässig angesehen werden darf, die sich an solchen Grenzflächen ganz besonders eigenartig vollziehenden Vorgänge entgegentreten müssen.

Als weitere Folge der wohl allgemein anerkannten Auffassung von der Natur des Bodens als Verwitterungsprodukt erhebt sich die sehr schwierig zu lösende Frage nach der unteren Begrenzung des Bodens, eine Frage, die bekanntlich sehr vielseitige Beantwortung erfahren hat. Von K. Glinka[2] ist u. a. die Ansicht ausgesprochen worden, daß die ganze Mächtigkeit der Erdkruste als Boden im weiteren Sinne zu betrachten sei, denn er läßt sich wörtlich hierüber wie folgt vernehmen:

„Wenn wir den Boden als Verwitterungsprodukt definieren, müssen wir deshalb im weiteren Sinne als ‚Boden' die ganze Mächtigkeit der Erdkruste bezeichnen, in welcher die besonders in den oberen Horizonten sichtbar werdende Tätigkeit der Verwitterungsprozesse zu erkennen ist." Das ist aber ohne Zweifel eine viel zu weit gefaßte Verallgemeinerung, die einer sachgemäßen Begründung entbehrt. Schon der Hinweis in seinen eigenen Worten, daß nur in den oberen Horizonten der Erdkruste die Tätigkeit der Verwitterungsprozesse sichtbar wird, läßt die Stichhaltigkeit seiner rein theoretisch gefolgerten Annahme sehr bezweifeln. Demgegenüber ist andererseits beachtenswert, daß durch van Hise[3] der der Umwandlung zugängliche Teil der Erdkruste in die Zone des Katamorphismus und die des Anamorphismus gegliedert worden ist, und im oberen Anteil nochmals eine Abtrennung der Verwitterungszone, die bis zum Grundwasserspiegel reicht, von der Zementationszone vorgenommen wurde. Von diesen Zonen ist diejenige der Verwitterung als Boden im weiteren Sinne angenommen worden. Auch F. Cornu[4] hat einen ähnlichen Unterschied

---

[1] Stremme, H.: Grundzüge der praktischen Bodenkunde, 1, 2. Berlin 1926.
[2] Desgl. 3.
[3] Hise, C. R. van: A Treatise on Metamorphism. Monographs of the U. S. Geol. Survey 47. Washington 1904.
[4] Cornu, F.: Die heutige Verwitterungslehre im Lichte der Kolloidchemie. Kolloid-Z. 4, 291 (1909).

gemacht, jedoch dahingehend, daß er einer Zone der Oberflächenverwitterung eine solche der säkulären Verwitterung gegenüberstellt. Von den Produkten der ersteren nimmt er an, daß sie stets Gele seien, während die säkulare, in der Tiefe sich betätigende Verwitterung lediglich kristalloide Körper zu erzeugen vermöge, weil der Druck, die Temperatur sowie sonstige Eigenschaften unter den Verhältnissen der Tiefe konstante Größen darstellen, wogegen an der Oberfläche ständig ein Wechsel in ihrem Ausmaß besteht. Eine präzise Beantwortung unserer Frage erscheint aber immerhin recht schwierig, zumal eine reinliche Scheidung der Zementationszone von der Verwitterungszone kaum durchführbar sein dürfte. In konsequenter Verfolgung des von uns eingenommenen Standpunktes des Bodens als Verwitterungsprodukt der Gesteine müssen wir aber die untere Grenze des Bodens wohl dorthin verlegen, wo die Verwitterung nicht mehr zu wirken vermag bzw. keine Verwitterungserscheinungen mehr beobachtbar sind. Die Festlegung einer solchen Grenze bietet aber nicht nur an sich große Schwierigkeiten, wie dieses z. B. R. LANG[1] bezüglich der Kaolinit- und Eisenkarbonatführung als unterscheidendes Kriterium für derartige Erscheinungen in den Sandsteinen des schwäbischen Keupers dargetan hat, sondern weil es uns vor allen Dingen bisher an einer scharfen Umgrenzung dessen fehlt, was wir als Verwitterungsvorgang und als Produkte der Verwitterung zu verstehen haben. R. LANG[2] hat trotz all dieser Mängel neuerdings eine Zonengliederung der Tiefe nach zu geben versucht. Es mag an dieser Stelle nur so viel erwähnt sein, daß er in der Lockerheit mit Recht ein Charakteristikum der Verwitterungsprodukte erblickt und infolgedessen als Verwitterungszone im engeren Sinne die mechanisch und chemisch veränderte obere Zone der Gesteine betrachtet und diese zum Unterschied von der nicht lockeren Oxydationszone als Detritationszone bezeichnet. Diese Zone könnte man als Boden im weiteren Sinne gelten lassen, soweit die Umwandlung der Lithosphäre lediglich in Frage kommt. Aus diesen Erwägungen heraus unterscheidet LANG auch noch eine sogenannte mydotische Zone, welche die Mydate der teils minerogenen, teils organogenen Mischgesteine umfaßt und außerdem noch eine Humus- oder Torfzone, die rein aus organischer Substanz aufgebaut ist. Jedoch die Frage, wie tief die Grenze des Bodens zu verlegen ist, wird auch durch diese Untersuchungen wenig berührt und geklärt. Wir befinden uns daher vor einer Schwierigkeit, die wir ihrem ganzen Umfange nach erst nach erfolgter Kenntnis der Verwitterung und ihrer Erscheinungen zu würdigen in der Lage sein werden.

Zwar ist schon hervorgehoben worden, daß die Lufthülle bzw. die Atmosphäre der Erde einen regen Anteil am Zustandekommen des Bodens nimmt, aber in welch hohem Grade das Klima diesen Vorgang regelt, das haben wir bisher nur angedeutet, und doch hat gerade erst durch diese neuzeitliche Erkenntnis der Begriff vom Wesen des Bodens einen ganz neuen, unerwarteten Inhalt erhalten. Vor allen Dingen hat sich gezeigt, daß die früher ganz allgemein als feststehend erachtete und begründet angesehene Auffassung von der geradezu allein ausschlaggebenden Bedeutung der Zusammensetzung der die Erdkruste aufbauenden Gesteine für die Beschaffenheit der sich aus ihnen entwickelnden Böden eine starke Einbuße erlitten hat. E. W. HILGARD[3], DOKUTSCHA-

---

[1] LANG, R.: Über Kaolinit in Sandsteinen usw. Zbl. Min. 1909, 596. Über eine Einteilung nichtmetamorpher Sedimente nach der Ausbildung ihrer Fe- und Al-Mineralien. Ebenda 69 (1910). Die technische Verwendbarkeit der Werksteine des schwäb. Stubensandsteins. Z. prakt. Geol. 18 (1910).

[2] LANG, R.: Die Verwitterung. Fortschr. d. Min., Kristall. u. Petrogr. 7, 240. Jena 1922.

[3] HILGARD, E. W.: Die Böden humider und arider Länder. Internat. Mitt. Bodenkde. 1, 415 (1911); und Wollnys Forschungen a. d. Geb. d. Agr.-Phys. 16, 82 (1873).

Jeff[1], N. Sibirceff[2], F. v. Richthofen[3] haben die neue Lehre angebahnt, die russischen Bodenforscher haben das dafür sprechende Tatsachenmaterial gesammelt, und es ist das große Verdienst E. Ramanns sowie K. Glinkas, diese Erkenntnis ausgebaut und weiteren Kreisen zugänglich gemacht zu haben. Die neue Lehre hat erkennen lassen, daß trotz des nicht hinwegzuleugnenden Einflusses der Beschaffenheit und Natur der Gesteine für die Bodenentwicklung dieser Einfluß doch nur unter ganz bestimmten Verhältnissen des Klimas zum Durchbruch gelangen bzw. sich Geltung zu verschaffen vermag, so daß das Klima einzig und allein zum bestimmenden und beherrschenden Faktor für die Entwicklung der Bodenformen an der Erdoberfläche wird.

Wenn vormals die Beziehungen des Bodens zum Gestein fast allgemein überschätzt worden sind und die klimatischen Einflüsse auf die Ausgestaltung des Bodens demgegenüber viel zu gering veranschlagt oder ganz übersehen wurden, so ist dieses lediglich dem Umstande zuzuschreiben, daß sich die junge Bodenkunde in einem Lande entwickelt hat, in welchem infolge der dort herrschenden Klimaverhältnisse nur solche Formen des Bodens zum Studium und seiner Erforschung vorhanden waren, die eigentlich nicht die Regel in der Ausbildung der Böden darstellen, sondern unserer neuzeitlichen Auffassung nach als Spezialformen innerhalb der großen Klasse regionaler Bodenarten zu gelten haben. Denn in Mitteleuropa, insbesondere in Deutschland, wo die Wiege bodenkundlicher Forschung gestanden hat, bildet fast jedes Gestein einen besonderen Boden aus, weil das herrschende Klima nach keiner Seite hin extrem genug ist, um seinem sonst dominierenden Einfluß auf den Zerlegungsvorgang der Gesteine Geltung zu verschaffen. Soweit es sich nicht um höhere Gebirgslagen handelt, welchen man aber leicht erklärlicherweise keine Aufmerksamkeit zuwandte, da der dort anstehende Boden praktischer Ausnutzung unzugänglich ist, erweist sich bekanntermaßen hier das Klima als allseitig gemäßigt. Im Klimagebiet Mitteleuropas wurde daher auch das Wort „Muttergestein" geprägt, das gerade die hier vorhandenen engen genetischen Beziehungen zwischen Gestein und Boden zum Ausdruck bringt. Was jedoch für dieses Gebiet gilt, das läßt sich nicht ohne weiteres auf andere Gebiete übertragen, so daß die Berechtigung der eben genannten Ausdrucksweise heute nur noch unter bestimmten Voraussetzungen zugegeben werden kann, jedenfalls entbehrt sie sicherlich der früher allgemein anerkannten Anwendung.

Auf Grund dieser und anderer Tatsachen ist denn auch K. Glinka zu einer anderen als bisher üblichen Unterscheidung der Bodenarten gelangt. Denn während man in Deutschland zum Teil noch bis auf den heutigen Tag nach dem Vorgange von C. Sprengel, A. Orth u. a. die nur untergeordnete Bedeutung beanspruchende Haupteinteilung der Böden in Verwitterungsböden und Schwemmlandsböden entsprechend rein geodynamischen Gesichtspunkten gemacht hat, deren Berechtigung aber von E. Ramann[4] auf das richtige Maß herabgesetzt worden ist, kommt Glinka[5] zu der Aufstellung der beiden als endodynamomorph und ektodynamomorph bezeichneten Hauptbodenarten, indem er für die Natur des Bodens viel wichtigere dynamische Vorgänge zur Einteilung wählt, als solche bisher herangezogen worden sind. Durch die Bezeichnungsweise

---

[1] Dokutjascheff, W.: Die russische Schwarzerde (russ.). St. Petersburg 1879; Naturforscher 1886, 513.

[2] Sibirceff, N.: Die Bodenklassifikation in ihrer Anwendung auf Rußland. Ann. Geol. Mineral. Russie 2, 73 (1897). Etude des sols de la Russie. Congr. Internat. Geol. Mém. St. Petersburg 1897.

[3] Richthofen, F. v.: Führer für Forschungsreisende. Berlin 1886.

[4] Ramann, E. Bodenbildung und Bodeneinteilung, 26.

[5] Glinka, K.: Typen der Bodenbildung, 35, 213.

endodynamomorpher Boden wird der für diese Bodenformen sich als typisch erweisende innere Bodenbildungsvorgang festgelegt, insofern hier die Gesteinsnatur als innerer Bodenbildungsfaktor das resultierende Bodengebilde seiner Beschaffenheit nach bestimmt. Im zweiten Fall der ektodynamomorphen Böden sind es dagegen die äußeren Faktoren, also die klimatischen Einflüsse und die sich von diesen ableitenden Folgen, welche allein den sich ergebenden Bodenzustand bestimmen. Der Anzahl und Verbreitung nach nehmen aber die Böden zweiter Art einen weit hervorragenderen Platz auf der Erdoberfläche ein, so daß sie im Gegensatz zu den ersteren als die beherrschenden Bodentypen zu gelten haben. Die ersteren können nur den Anspruch eines Sonderfalls machen, ja, sie werden von GLINKA sogar als zeitliche Übergangsbildungen angesehen. Diese Eigenschaft kommt allerdings den endodynamomorphen Böden auch dann zu, wenn die äußeren Faktoren, und zwar insbesondere das Klima, sich ändern. In diesem Fall spricht er von sogenannten degradierten Bodenarten, um zugleich damit zum Ausdruck zu bringen, daß die Böden solcher Art nicht dem Typus entsprechen, der ihnen ursprünglich durch die Art der örtlich festgelegten äußeren Faktoren hätte zukommen müssen.

Auch E. RAMANN ist für eine ähnliche wie die soeben dargelegte Einteilung eingetreten, indem er einerseits Ortsböden, andererseits klimatische Böden unterscheidet, diesen beiden Gruppen aber noch die durch reine Organismentätigkeit hervorgegangenen Bodenformen zugesellt. Er äußert sich hierüber wie folgt: „Das Bezeichnende der Ortsböden ist die Abhängigkeit ihrer Eigenschaften von örtlich wirkenden Faktoren, sowie daß die unterscheidenden Bodeneigenschaften Dauer haben, sich also nicht in absehbarer Zeit verändern. Hierdurch unterscheiden sich die Ortsböden einerseits von den ausgesprochen klimatischen Böden und anderseits von Bodenformen, welche durch Organismen ihren Charakter erhalten. Die Ortsböden sind Unterabteilungen der klimatischen Bodenformen, deren wichtigste Eigenschaften wohl durch Ortseinflüsse verändert, aber nicht aufgehoben werden"[1]. Wie sehr sich die neue Lehre in der kurzen Zeit ihres Bekanntwerdens eingebürgert hat, läßt nachstehender Ausspruch R. LANGs deutlich ermessen: „Unter den Agentien, die die Bodenbildung beeinflussen, ist nächst dem Klima das Gestein das weitaus wichtigste." Das Gestein steht somit nicht mehr wie früher im Vordergrund des Interesses für diesen Vorgang, sondern erst an zweiter Stelle. Noch bezeichnender erweist es sich aber, wenn LANG im Gegensatz zum dominierenden Faktor Klima das Gestein als aklimatisches oder aklimatisch wirkendes Agens benannt hat. Aus den bisher gepflogenen Erörterungen ergibt sich jedenfalls, daß der Boden, wie schon mehrmals betont, ein überall an der Erdoberfläche vorhandenes Gebilde darstellt, und wenn wir gewöhnlich vom Boden als von landwirtschaftlich oder forstwirtschaftlich genutzter Fläche sprechen, so ist dies doch nur in dem Sinne zu verstehen, daß nur ein gewisser Anteil des Bodens infolge seiner wirtschaftlichen Ausnutzungsmöglichkeit als solcher angesehen wird. In Wirklichkeit erweist sich der Bodenbegriff eben als ein viel umfassenderer, als ihm seitens engherziger landwirtschaftlicher Sach- und Fachkenntnis von jeher zugebilligt worden ist, denn die von dieser Seite aus immer wieder für den Bodenbegriff als spezifisch zu erfüllende Eigenschaft gestellte Forderung, als Träger einer Vegetation dienen zu können, kommt schließlich einem jeden Boden zu und braucht gar nicht besonders hervorgehoben zu werden. Wenn diese Möglichkeit aber nicht überall erfüllt zu sein scheint, so liegen die Ursachen dafür nicht in der Natur des Bodens begründet, sondern sie sind einzig und allein in äußeren Umständen zu suchen,

---

[1] RAMANN, E.: Bodenbildung und Bodeneinteilung, 22, 23.

die dieses jeweils nicht zulassen. Bei jeder Änderung der äußeren Verhältnisse kann dieses jedoch wieder geschehen. Selbst unverwitterte Gesteine können als Standort für Pflanzen herangezogen werden, sofern wir die Vorbedingung dafür erfüllen, indem wir für eine geeignete Zerkleinerung des Materials und für die notwendige Zufuhr von Wasser sorgen[1].

Als für das Wesen des Bodens eigentümlich und charakteristisch müssen wir mit Glinka[2] das Gesetz von der Entstehung der Bodentypen auf der Erde unter dem Einfluß des Klimas erkennen. Es folgt hieraus eine gesetzmäßige Verteilung der Böden an der Erdoberfläche ganz entgegen der nicht nach geographisch-klimatischen Regeln sich richtenden Verteilung der Gesteine und Gebirgsarten. Dazu tritt der schon mehrfach erwähnte Umstand, daß ein ganz eigenartiger Komplex mineralischer und mineroorganischer Neubildungen im Boden auftritt, der seinesgleichen nicht in den Gesteinen hat. Auch das zwar mit der Schichtung der Sedimentgesteine zu vergleichende Bodenprofil ist trotzdem eine Besonderheit des Bodens, dessen Erschließung für die Genesis der Böden von hervorragender Bedeutung geworden ist. Ferner steht letzten Endes der Boden mit dem organischen Leben auf und in ihm in so enger Wechselbeziehung, daß seine Sonderstellung gegenüber den ihm am nächsten verwandten Gesteinsarten schon allein hierdurch scharf gekennzeichnet ist. Alle diese Eigenarten sprechen aber für seine Sonderstellung im Reiche der Natur und sind als Folge seines besonderen Entstehungsvorganges anzusehen. Somit ist der Boden seiner Natur nach als ein völlig selbständiges Gebilde zu bewerten, und dementsprechend die Methode zu seiner Erforschung auch notwendigerweise eine andere als Geologie und Petrographie einerseits, Agrikulturchemie andererseits zur Erforschung ihrer Objekte und Gegenstände bedürfen.

Geschichtlicher Überblick über die Entwicklung der Bodenkunde bis zur Wende des 20. Jahrhunderts[3].

Von F. Giesecke, Göttingen.

Man muß annehmen, daß der Boden als solcher große Flächen unseres Erdballs schon sehr bald nach dem Erkalten des Urgesteins überzogen hat, denn alle heute bekannten Sedimentgesteine sind ja letzten Endes durch Diagenese großer und kleiner Gesteinteilchen des Urgesteins entstanden. Wir müssen, wie auch E. Blanck[4] annimmt, in der heutigen Bodenentstehung nur eine Wiederholung von Vorgängen sehen, die sich auch schon vor unendlich langer Zeit auf dem Erdball abspielten, oder wie sich R. Braungart ausdrückt, „der Boden ist nichts anderes als zerstörtes älteres Gestein, auf der Wanderung begriffen zur Bildung neuer Gesteine"[5].

Alle Leitfossilien, die der Petrographie eine so überaus gute Unterstützung in der Erkennung der gemeinsamen bzw. verschiedenen Entstehungszeiten der

---

[1] Vgl. E. Blanck: Gestein und Boden in ihrer Beziehung zur Pflanzenernährung. Landw. Versuchsstat. 77, 129 (1912).

[2] Vgl. K. Glinka: a. a. O. 8.

[3] Eine Geschichte der Bodenlehre ist noch nicht geschrieben worden, und auch im vorliegenden Überblick handelt es sich nur um eine Zusammenfassung der bisher bekanntgewordenen Zusammenstellungen des historischen Tatsachenmaterials auf diesem Gebiet des Wissens. Der Herausgeber.

[4] Blanck, E.: Bodenlehre. Berlin 1928.

[5] Braungart, R.: Die Wissenschaft in der Bodenkunde, 57. Berlin u. Leipzig 1876.

Sedimentgesteine bieten, sind Pflanzen- oder Tierabdrücke. Wo aber Pflanzen und Tiere sind, dort muß folgerichtig auch Boden gewesen sein. Gewisse geologische Formationen lassen auf einen besonders üppigen Pflanzenbestand und großen Artenreichtum schließen und weisen somit auf einen schon zu jenen Zeiten vorhanden gewesenen Boden hin. Torfmoor- und Pfahlbautenfunde sowie die sog. Kjökkenmöddingers (Küchenabfälle) lassen für eine weit spätere, aber der historischen Zeit weit voraufgehenden Zeit die Bekanntschaft der Menschen mit dem Ackerbau, der ohne Anwesenheit eines Bodens undenkbar ist, erkennen. Wie HOFMANN[1] neuerdings durch mikroskopische und chemische Untersuchungen von Weizen, Hirse, Äpfeln usw. nachgewiesen hat, haben die Pfahlbausiedler verhältnismäßig hohe landwirtschaftliche und auch gewerbliche Kultur gehabt, jedoch sollen die Arier schon vor ihrer Trennung eine höhere Kulturstufe erreicht haben als die ältesten Pfahlbautenbewohner[2].

Die Geschichte des Menschen in Deutschland ist uns erst durch ca. 2000 Jahre bekannt, und selbst die zuverlässigsten Daten und Quellen der Geschichte in Vorderasien und Ägypten hören ungefähr mit dem Jahre 3000 v. Chr. auf, aber aus bestimmten Funden kann doch geschlossen werden, daß die ältesten Menschenreste aus der Zeit von 25—20000 v. Chr. stammen. Wenn gewisse kunstgewerbliche Darstellungen auch schon auf eine Kultur in diesen Zeiten hindeuten, so sind Berichte vom Ackerbau bedeutend jüngeren Datums. Zu den Darstellungen gehören auch die Felsbilder[3], von denen hier u. a. die schwedischen aus dem Kreise Tanum genannt sein sollen, sie stammen aus der jüngeren Steinzeit, während bei Bohuslän im westlichen Schweden ein solches aus der Bronzezeit gefunden wurde[4]. Eines dieser Bilder der Steinzeit zeigt einen von zwei Tieren gezogenen Hakenpflug. In Jütland wurde in einem Moor bei Döstrup ein vorzüglich erhaltener hölzerner Hakenpflug entdeckt, der nach den Fundumständen mindestens der ältesten Eisenzeit, wahrscheinlich noch der Bronzezeit, angehören dürfte[5].

Diese Funde sollen nur deshalb angeführt werden, um der Vollständigkeit halber[6] darauf hinzuweisen, daß schon in allerfrühester Zeit eine Art Bodenkultur, wenn auch nur primitiver Natur, getrieben wurde.

Der Boden diente in erster Linie dem Ackerbau als Erwerbsobjekt. Schon die Sagen beschäftigen sich mit den Gründern des Ackerbaues. Wie im altägyptischen Mythus Osiris und Isis, im chinesischen Schinning, so galt im griechischen Triptolemos als Begründer des Ackerbaues, während Wotan durch Besiegung des Ymer die Erde und fruchtbaren Boden schuf, und eine Sage bei den ackerbautreibenden Scythen[7] berichtet, daß einst ein Pflug und ein goldenes Joch vom Himmel herab auf die Erde gefallen seien.

Die ältesten Berichte vom Boden stammen aber aus viel späteren Zeiten und handeln nie vom Boden direkt als solchem, sondern es wird von ihm nur in Verbindung mit dem Ackerbau berichtet. So wird z. B. aus dem Jahre 1822 v. Chr.[8]

---

[1] HOFMANN: Die Deutung wichtiger Pfahlbaufunde. Kosmos 1927, H. 10, 337 ff.

[2] DAHN, FELIX: Die Germanen. Leipzig 1905.

[3] REUTER, O. S.: Die stein- und bronzezeitlichen Felsbilder Schwedens. Kosmos 1925, H. 9, 292.

[4] HOOPS, JOH.: Waldbäume und Kulturpflanzen im germanischen Altertum, 500. Straßburg 1905.

[5] HOOPS, JOH.: a. a. O. 502.

[6] Es gibt eine große Anzahl von bildlichen Darstellungen, Statuen usw., die uns den Beweis geben, daß der Ackerbau in frühesten Zeiten auf hoher Stufe stand, siehe u. a. F. WOENIG u. L. REINHARDT: Kulturgeschichte der Nutzpflanzen. München 1911.

[7] STAUDACHER, F.: Antike und moderne Landwirtschaft, 73. Wien 1889.

[8] REULEAUX: Buch der Erfindungen, Gewerbe und Industrie 3, 217. Leipzig u. Berlin 1890.

erwähnt, daß der chinesische Kaiser Chingnong Weizen und Reis aus Indien nach China eingeführt hat und auf die Fruchtbarkeit des Bodens in Indien verwiesen hat. Aber die Berichte dieser Zeit sind unsicher und halb mythisch. „Kein Land," sagt C. Fraas[1], „ist interessanter für die Erforschung der ältesten Bodenkultur des Vaterlandes als das Nilgebiet. Wenn nachweislich schon vor 8000 Jahren die kolossalen Bauten des hunderttorigen Theben in Oberägypten ihre Entstehung fanden und darin aufgefundene Spuren sowie die Möglichkeit ihrer Entstehung selbst auf ausgedehnte Bodenkulturverhältnisse deuten, um den Cerealienbau schon verallgemeinert erscheinen zu lassen . . ."[2]. Wenn uns auch der sichere Nachweis der Anfänge der Boden- und Pflanzenkultur fehlt, so tritt die Sage dafür ein, die uns Osiris und Isis als Begründer der Bodenkultur und Isis als Erfinderin des Getreidebaues darstellt.

Zahlreiche bildliche Darstellungen, z. B. aus Pyramidengräbern von Gize (4. Dynastie 3733—3600)[3] beweisen, daß schon zu jenen Zeiten eine gewisse Bodenkultur betrieben wurde, ferner geben die altägyptischen Baudenkmale mit ihren interessanten Darstellungen, deren Entstehung in das 3. Jahrtausend v. Chr. fällt, einen unumstößlichen Beweis[4], daß auch im Pharaonenlande Weizen gebaut wurde. Bei Beni-Hassan, einem Dorfe in Mittelägypten, sind z. B. ca. 30 Gräber gefunden, an deren Wänden Hacken farbig abgebildet sind. Diese Gräber stammen aus der Zeit 2380—2167 v. Chr.

Außer diesen Wandmalereien zeigen auch die in ägyptischen Gräbern (z. B. Tempel von Der el Bahari, 2300 v. Chr.)[5] gefundenen Puppen die hohe landwirtschaftliche Kultur der Ägypter, wie überhaupt erwähnt werden muß, daß die kunstgewerblichen Erzeugnisse uns nicht nur einen tiefen Einblick in die gesamte Kultur Altägyptens gewähren, sondern den Vertretern der verschiedensten Fachrichtungen heute eine entwicklungsgeschichtliche Handhabe bieten, denn schriftliche Aufzeichnungen sind aus jenen Zeiten sehr selten und stammen erst aus denjenigen der XVIII. Dynastie. Auch von den Mesopotamiern ist u. W. nichts über ihre Kenntnisse des Ackerbaues und über den Boden schriftlich niedergelegt. Es ist dies um so erstaunlicher, als in dem fruchtbaren Schwemmlande zwischen Euphrat und Tigris (das alte Chaldäa) schon um 5000 v. Chr. ein schriftkundiges Volk wohnte.

Das älteste naturwissenschaftliche Werk ist wohl der „Papyrus Ebers"[6] in altägyptischer Sprache. Er ist medizinischen Inhalts und im 16. Jahrhundert v. Chr. niedergeschrieben. Diese umfangreiche und am besten erhaltene aller bekannten Papyrus-Urkunden stammt fraglos[7] aus viel früheren Zeiten[8]. In dieser Schrift wird von Weizen, Wein, Bier, Brot, Beerenfrüchten und vielem anderen berichtet, so auch von Erde, allerdings nicht direkt, sondern es wird z. B. vom „Samen der Blüten der Erde"[9], von „Erdöl"[10] und grüner „Bleierde"[11] gesprochen.

---

[1] Fraas, C.: Geschichte der Landwirtschaft in den letzten 100 Jahren. Prag 1852.
[2] Woenig, F.: a. a. O. 137.   [3] Woenig, F.: a. a. O. 144.
[4] Woenig, F.: a. a. O. 165.
[5] Grühl, Max: Die Bedeutung der Puppen beim letzten großen Gräberfunde in der Totenstadt von Theben. Kosmos 1922, H. 1, 11 ff.
[6] Ebers, G.: „Papyrus Ebers". Leipzig 1875.
[7] Eine vollständige Übersetzung dieses altägyptischen Werkes stammt von H. Joachim. Berlin 1890.
[8] Lippmann, O. v.: Abhandlungen und Vorträge zur Geschichte der Naturwissenschaften, 2, 2. Leipzig 1913.
[9] Joachim, H.: a. a. O. 23.
[10] Nach Joachim: Ägyptisch ta-Flüssigkeit-Petroleum? a. a. O. 168, 170.
[11] Doch scheint diese nach v. Lippmann, a. a. O. 7, 8, nichts mit Erde oder Boden zu tun zu haben, sondern bedeutet wohl „Kupfergrün"-erdiger Malachit.

Aus dem Inhalt der alttestamentlichen Bücher der Bibel, von denen die historischen eine allgemeine Urgeschichte der Menschheit und die Geschichte des hebräischen Volkes bis um die Mitte des 5. Jahrhunderts v. Chr. enthalten, geht die Bedeutung des Bodens für die Entwicklung des Lebens hervor. Hauptsächlich wird in den ersten Kapiteln des Buches Mose über die Erde im Sinne „Boden" berichtet. Im 23. Verse des 3. Kapitels z. B. finden wir den Hinweis auf die Gründung des Acker- und Feldbaues: „da ließ ihn Gott der Herr aus dem Garten Eden, daß er das Feld baute, davon er genommen ist". Daß den Juden die Bodenbearbeitung in jenen Zeiten schon bekannt war, geht daraus hervor, daß von Pflugscharen berichtet wird: „Sie werden ihre Schwerter zu Pflugscharen und ihre Spieße zu Sicheln machen")[1].

Auch die erste Kunde von den Germanen berichtet schon, daß diese Landwirtschaft trieben. Der Grieche PYTHEAS (um 300 v. Chr. zur Zeit ALEXANDERS DES GROSSEN 356—323) spricht von den Gutonen und Teutonen, die er an den Küsten des brandenden Bernsteinmeeres antraf und sagt, daß sie ihr Korn unter der Scheuer droschen[2].

Es ist natürlich nicht angängig, in den Sagen, den vorerwähnten Aufzeichnungen und bildlichen Darstellungen die Uranfänge der wissenschaftlichen Bodenkunde suchen zu wollen. Aber in einer sehr lesenswerten Abhandlung über „die Keime der Pedologie in der antiken Welt" vermittelt uns A. JARILOW[3] den Grund, warum beim Suchen nach den ersten Keimen einer Wissenschaft dieses „an der allgemeinen Wiege aller wissenschaftlichen Disziplinen der Gegenwart, in der Naturphilosophie des 6. und 5. Jahrhunderts v. Chr. beginnt", indem er ausführt: „Erst mit dem Auftreten der ersten Naturphilosophen oder Physiker des 6. und 5. Jahrhunderts v. Chr. bekommt der Mensch selbst in der Ökonomie der Natur die Bedeutung einer schaffenden Kraft, beginnt in vollem Maße sich in Besitz von seinen erkennenden Fähigkeiten und von Versuchsmaterial zu setzen und dieselben bewußt für die Lösung der für ihn wichtigen Fragen anzuwenden. Das Wissen, welches die alltäglichen Beobachtungen des Menschen, seine handwerksmäßige Erfahrung, die Arbeit seines Denkens und seiner Phantasie als Quellen hat, wird jetzt zum Werkzeug zur Erreichung von neuen Wahrheiten, zum Kapital, welches nicht nur zum sofortigen Verbrauch, sondern auch zu weiterem Anwachsen und zur Akkumulation bestimmt ist." Ferner berichtet der genannte Autor über eine Arbeit „de natura pueri", deren wirklicher Verfasser nicht genau bekannt ist, doch man glaubt, sie sei zu HIPPOKRATES Zeiten (460—377), vielleicht von ihm selbst, geschrieben worden, sie steht zweifelsohne mit der Naturphilosophie des DIOGENES VON APPOLONIA im Zusammenhange. Nach A. JARILOW[4] begegnen wir in dieser Arbeit „den ersten Seiten, die die Annalen unserer Wissenschaft (d. h. der bodenkundlichen) eröffnen". Da hier die ersten Anfänge unserer Wissenschaft zu liegen scheinen, sei es gestattet, aus der Zusammenfassung, die JARILOW aus dem eingehenden Studium der genannten Schrift in Hinsicht auf die Bodenkunde zieht, folgendes wiederzugeben[5]:

1. „Die Erde ist der Magen der Pflanzen, dieselben bekommen aus ihr die Nahrung in einer für die Aufnahme schon ganz fertigen Form."

---

[1] Altes Testament, Micha., Kap. 4, Vers 3.

[2] FREYTAG, G.: Bilder aus deutscher Vergangenheit, 1, 37. Leipzig.

[3] JARILOW, A.: Die Keime der Pedologie in der antiken Welt. Internat. Mitt. Bodenkde 3, 240 (1913).

[4] JARILOW, A.: a. a. O. 245.

[5] Es sind nur die am wichtigsten erscheinenden Sätze JARILOWS aus der Zusammenfassung herausgenommen.

2. „Die Erde besitzt eine unzählige Menge von ‚Kräften', die die Pflanzen ernähren."

3. „Fruchtbarkeit und Unfruchtbarkeit eines Bodens, ebenso wie die geographische Verbreitung der Pflanzen werden durch das Vorhandensein, Überfluß, Mangel oder absolutes Fehlen im gegebenen Boden an der für diese oder jene Pflanzen nötigen Feuchtigkeit bestimmt."

4. „Bodenbeschaffenheiten, die die Fruchtbarkeit des Bodens bedingen, variieren leicht bei der geringsten Entfernung."

A. Jarilow kennzeichnet den Inhalt dieser Schriften zusammenfassend mit folgenden Worten:

1. „Es ist zum ersten Male der Gedanke der mechanischen Analyse ausgesprochen und das erste Modell eines Apparates für dieselbe konstruiert worden, wenn auch ohne praktische Anwendung auf die Bedürfnisse der Bodenuntersuchung."

2. „Es ist der Unterschied im Bau der Böden, in ihrem Feuchtigkeits- und Wärmegrade je nach den Jahreszeiten festgestellt worden."

3. „Es ist eine Abhängigkeit konstatiert worden zwischen a) Ausdunstung der Bodenfeuchtigkeit, b) der Feuchtigkeit des Bodens und c) der Fülle der fließenden Gewässer und dem Niveau des Wasserbassins".

4. „Es wird endlich verschiedene Erwärmbarkeit von oberen Bodenschichten einerseits und dessen tieferen Schichten andererseits festgestellt[1]".

Die „naturwissenschaftlichen" Anschauungen jener Zeit beruhten auf der Auffassung des Thales (geb. um 640 v. Chr. in Milet), der als erster als Grundstoff des Weltalls das Wasser betrachtete. Die Theorie dieses griechischen Philosophen[2] hatte für ca. 2 Jahrhunderte Geltung.

Wahrscheinlich um das Jahr 440 v. Chr. wurde von dem griechischen Philosophen Empedocles die Theorie aufgestellt, daß auch die Erde, der Boden (terra) als ein Element zu betrachten sei[3]. Wie O. Neuss[4] schon besonders betont hat, ist dieser Irrtum für Jahrhunderte hinaus ein Haupthemmnis für die Weiterentwicklung der Naturwissenschaften gewesen. Wenngleich wir seit Demokritos (griech. Philosoph, um 460—360 v. Chr.) eine Reihe von Schriften, die den Naturwissenschaften gewidmet sind, besitzen[5], so können uns diese aber nur als Hinweis für das naturwissenschaftliche Denken jener Zeit dienen, denn von einer eigenen Darstellungsform irgendeines einzelnen naturwissenschaftlichen Sondergebietes ist in jenen Werken so gut wie keine Rede.

Trotz alledem darf man nicht an den Werken der verschiedenen griechischen Philosophen vorbeigehen. Insonderheit ist in den 35 „authentischen" Dialogen Platons[6], die die Gesamtheit seiner Werke ausmachen, viel über die Erde, teilweise auch in der Bedeutung Boden enthalten. Die folgenden Ausführungen über Platons Äußerungen, die auf die Erde Bezug nehmen, sind einer Abhandlung E. O. v. Lippmanns[7] entnommen, ebenso die Zitate aus Platons Dialogen. Es interessiert uns von den vier Elementen Feuer, Luft, Wasser und Erde hauptsächlich das letztgenannte: „Die Erde wird unter dem Einflusse des Feuers,

---

[1] Jarilow, A.: a. a. O. 254—256.
[2] Thales war Stifter der Ionischen Schule und einer der sieben Weisen Griechenlands.
[3] Neuss, O.: Die Entwicklung der Bodenkunde von ihren ersten Anfängen bis zum Beginn des 20. Jahrhunderts. Internat. Mitt. Bodenkde **4**, 453 (1914).
[4] Neuss, O.: a. a. O. 453.
[5] Siehe auch E. Färber: Die geschichtliche Entwicklung der Chemie (Abschn. Quellen). Berlin 1921.
[6] Geb. 427 v. Chr. in Athen, gest. dortselbst 347 v. Chr., ein Schüler des Sokrates.
[7] Lippmann, E. O. v.: Chemisches und Physikalisches aus Platon. Abh. u. Vortr. z. Gesch. d. Naturw. **2**, 28ff. Leipzig 1913.

des Wassers und des Druckes verschiedentlich verändert, bald zu schönen durchsichtigen Gesteinen, bald zu Kochsalz und laugeähnlichen Salzen, die man durch Wasser ausziehen kann, bald zu festem Ton[1]; , . .! Beim Abkühlen und Erstarren des Wassers in der Erde, wobei es durch Gesteine und Felsen gereinigt und geläutert[2]" . . .! wird. Auch über den Geschmack der verschiedenen Körnungen der erdigen Teilchen berichtet PLATON[3]. Einen sehr großen Einfluß übte PLATON auf seine Schüler aus, unter denen ARISTOTELES hervorragt, und ferner auf die Denkweise der ganzen Folgezeit, bis auf AUGUSTINUS (354—430 n. Chr.)[4]. Auch im Orient erwies sich die Wirkung der platonischen Naturlehre als eine mächtige und dauernde, schon bald nach 800 wurde der Timäus in das Arabische übersetzt[5]. Überhaupt muß auch heute noch manche naturwissenschaftliche Erkenntnis jener Zeit unsere Bewunderung erregen, so glaubt u. a. ein Zeitgenosse PLATONS, ANAXAGORAS (gest. 428 v. Chr.), das Prinzip alles Wachstums liege in der Atmosphäre und werde durch den Regen in die Erde niedergelegt[6].

Der gelehrteste Schüler PLATONS, ARISTOTELES (384—322 v. Chr.)[7], hat scheinbar eine große Anzahl von Werken geschrieben, über die wir aber nur unvollständig unterrichtet sind[8]. Aus diesen ihm zugeschriebenen Werken seien folgende Stellen angeführt: „das Regenwasser, dessen jährlich fallende Menge sich unschwer messen ließe[9], saugen die Gebirge, riesigen Schwämmen gleich, in sich auf, reinigen und filtrieren es allmählich und lassen es schließlich in Gestalt der Quellen zutage treten[10] . . . so zeigen auch viele Quellen Beschaffenheit und Geschmack der Erdschichten, die sie durchflossen und auslaugten . . ". Die Berichterstatter jener Zeit geben in bezug auf die Charakteristik der Böden nur die Unterscheidungsmerkmale: feucht, trocken, heiß und kalt an.

Eine besondere Bewandtnis hat es mit dem von ARISTOTELES angegebenen Verzug bzw. der Entsalzung des Meerwassers[11], denn er ist mit der Entdeckung der Bodenabsorption in Zusammenhang gebracht worden, jedoch mit Unrecht, worauf O. NEUSS[12] schon hinweist, denn es handelt sich lediglich um die Filtration des Seewassers durch die Erde und speziell durch Ton[13]. Nach E. O. v. LIPPMANN und H. DIELS[14] „stammt die Lehre, daß Süßwasser nichts anderes sei als durch die Erde filtriertes Seewasser, schon aus einer alten volkstümlichen, schon bei THALES vorkommenden Theorie".

Es muß noch auf die Vorstellung hingewiesen werden, die ARISTOTELES von dem Boden in seiner Beziehung zur Pflanzenernährung gehabt hat. Nach SCHARRER und STROBEL[15] erkannte ARISTOTELES zwar, daß die Nahrung der Pflanzen nicht aus einem einzigen Bestandteil, sondern aus verschiedenen Stoffen bestehe, doch folgerte er fälschlicherweise, daß die Pflanzennahrung im Boden von Natur her so zusammengesetzt sei, wie es für das Wachstum der Pflanzen notwendig wäre.

---

[1] TIMÄUS 6, 183 u. 199.   [2] TIMÄUS 6, 181.
[3] TIMÄUS 6, 188ff., 196, 210.   [4] LIPPMANN, E. O. v.: a. a. O. 62.
[5] LIPPMANN, E. O. v.: a. a. O., 54.   [6] STAUDACHER, F. a. a. O. 83, 84.
[7] Erzieher Alexanders des Großen.
[8] LIPPMANN, E. O. v.: Chemisches und Alchemisches aus ARISTOTELES, 66.
[9] LIPPMANN, E. O. v.: a. a. O. 95. ARISTOTELES: Meteorologie 1 (13), 8.
[10] LIPPMANN, E. O. v.: a. a. O. 95. ARISTOTELES: Meteorologie 1 (13), 12.
[11] LIPPMANN, E. O. v.: a. a. O. 98/99. ARISTOTELES: Meteorologie 2 (3), 35, 36.
[12] NEUSS, O.: a. a. O. 453.
[13] LIPPMANN, E. O. v.: a. a. O. Die Entsalzung des Meerwassers bei Aristoteles, 155ff. und Nachtrag, S. 162ff.
[14] LIPPMANN, E. O. v.: a. a. O. 163—166.
[15] SCHARRER, K. u. A. STROBEL: Die Entwicklung der Agrikulturchemie. Fortschr. Landw. 1926, 24.

Es sei hier noch eines Schülers des Aristoteles gedacht: Theophrastos von Eresos (auf Lesbos), der nach Neuss[1] in jenen Zeiten schon von einem Öle, das der Boden enthalte, jenem „oleum unctuosum", das noch weit über das Altertum hinaus Gegenstand vielen Irrtums werden sollte, gesprochen hat. Zu diesen Zeiten ist schon die Kompost- und Gründüngung bekannt. Einen besonderen Einblick in die Kenntnisse jener Zeit geben uns weniger die Literaturangaben als vielmehr die Papyri. Wenngleich diese auch in erster Linie nur über die ägyptische Landwirtschaft unterrichten, so vermitteln sie uns doch gleichfalls ganz wesentliches Material zur Kennzeichnung der Kultur der damaligen Epoche überhaupt.

In neuester Zeit hat uns M. Schnebel[2] unter Mitwirkung von W. Otto und F. Pluhatsch an Hand von Papyrusforschungen ein Bild über die Landwirtschaft im hellenistischen Ägypten gegeben. Schnebel will unter „hellenistischem Ägypten" die Zeit von der Eroberung Ägyptens durch Alexander d. Gr. (332 v. Chr.) bis zur Eroberung durch die Araber 640 n. Chr. verstanden wissen. Dieser lange Zeitraum, der der Klärung der Verhältnisse zugrunde liegt, bringt es mit sich, daß in manchen Dingen den chronologisch später zu bringenden Erörterungen vorgegriffen wird. Doch das zitierte Werk M. Schnebels ist von so außerordentlicher Bedeutung, daß es in der Form, in der es vorliegt, als Grundlage zu den Ausführungen über diesen Zeitabschnitt gewählt worden ist... Die Einteilung des Bodens erfolgt in zwei Kategorien, erstens in normales saatfähiges Land, zweitens in solches, das diese Eigenschaft nicht besitzt. Ganz besonderen Wert mußten die Ägypter bzw. deren Besieger auf die Bewässerung legen, wie sie auch der Bodenbearbeitung große Bedeutung beimaßen. Außer der Düngung mit Nilschlamm wird das Land auch mit Ssebacherde[3] behandelt. Nach dem Wirtschaftsbuch von Hermupolis[4] ist die Düngung auch an gewissen, genau bestimmten Zeiten zu verabfolgen, wie auch die Brache in ihrer Bedeutung bekannt ist. Beim Vergleich der Landwirtschaft Ägyptens zur Zeit der Pharaonen mit der der hellenistischen ergeben sich nach Schnebel besondere Fortschritte in Hinsicht auf Bodenbearbeitung, Bodenbewässerung sowie durch Einführung der Zweifelderwirtschaft.

Bei den Römern, die sich teilweise recht stark mit Wort und Tat für den Ackerbau einsetzten, vermißt man meistens Angaben über den Boden. Nur einige Autoren machen Andeutungen über ihn. Eine sehr gute Zusammenstellung bzgl. der römischen Kenntnisse und Auffassung über den Boden und seine Bedeutung hat Staudacher[5] gebracht. Sie sei aus diesem Grunde hier angeführt, wobei bemerkt werden muß, daß der genannte Autor auch die Belegstellen (Columella, Varro, Virgil, Cato usw.) genau angibt. „Wo die Natur weniger verschwenderisch ausgestattet war, und man darauf bedacht sein mußte, auf Mittel und Wege zu sinnen, einer Erschöpfung des Bodens vorzubeugen, kam man frühzeitig darauf, die Ackerkrume zu untersuchen und zu prüfen. Columella nennt die Bodenkunde bereits eine schwierige Wissenschaft, während einer seiner Vorgänger den Rat erteilt, man solle beim Ankauf auf Bodenreichtum sehen und auf Land dritter Klasse, d. h. solches, auf welchem das

---

[1] Neuss, O.: a. a. O. 454.

[2] Schnebel, M.: Die Landwirtschaft im hellenistischen Ägypten, Bd. 1. Münch. Beitr. Papyrusforschg u. ant. Rechtsgesch., H. 7.

[3] Nach M. Schnebel: a. a. O. 87, ist Ssebacherde ein Düngemittel, das dadurch gewonnen wird, daß an den Hausruinen und ihren Umgebungen, im Notfall auch aus den unteren Schichten der Schutthügel die Erde losgelöst und mittels großer, meist kreisrunder Siebe von den Schlacken, Scherben usw. gereinigt wird.

[4] Ist ein Papyri und stammt aus dem Jahre 78/79 n. Chr.

[5] Staudacher, F.: a. a. O. 72/73.

zehnte Korn geerntet wird, nie Geld verwenden. Zwar kannten die Römer noch keine Sedimentier- und Spülapparate, und ihre Pedologie entbehrte der chemischen und geologisch-geognostischen Grundlage, aber man prüfte doch schon den Boden durch den Geschmackssinn, kostete das Wasser, in welches Proben gebracht wurden, beurteilte den Boden durch den Gefühls- (Fingerprobe!) und Geruchssinn, klassifizierte die Erdarten nach den Bestandteilen in einer noch heute üblichen Weise, schied ohne Zuhilfenahme einer Waage, wie VIRGIL bemerkt, zwischen schwerem und leichtem Boden und wußte, daß die Farbe des Bodens kein untrügliches Zeichen der Güte sei. Überzog sich ein in die Erde gestecktes Eisenstück bald mit Rost, so galt dieses als kein gutes Kriterium, wohl aber, wenn die aus einer Grube ausgehobene und dann wieder eingefüllte Erde aufquoll (Grubenprobe). Auch die Ansprüche, welche die Kulturpflanzen an den Boden und Klima stellen, werden von den antiken Agronomen sehr genau angegeben. So wird für den Weizen bündiges, nährstoffreiches, unkrautfreies und wohlgepflegtes Land verlangt, für Lupine armer, sandiger, nicht kalkreicher Boden, für Pferdebohnen schwerer, stark gedüngter Tonboden, für Erbsen lockerer Boden und warmer Standort, für Linsen ein mehr armer, rötlicher Boden, der nicht leicht verunkrautet, für den Weinstock offene Hügel und nach SASERNA östliche, nach TREMELLIUS SCRORFA südliche Lage."

Die im Vorstehenden angedeutete Bodenklassifikation, die wir bei VARRO (geb. 116 v. Chr.) und auch bei COLUMELLA (I. Jahrhundert n. Chr.) finden, besteht in der Unterscheidung in fette, magere, zähe und mürbe Böden[1]. Besonders interessant in der Zusammenstellung ist noch der Hinweis VIRGILS (70—19 v. Chr.), daß ein in die Erde gestecktes Stück Eisen beim Rostigwerden als kein gutes Kriterium galt, vielleicht haben wir hier den ersten Hinweis auf die Bodenazidität. Ebenso wird der Farbe des Bodens teilweise Erwähnung getan. FALLOU[2] schreibt hierüber „auch die älteren Schriftsteller, obwohl sie auf Farbe keinen besonderen Wert zu legen scheinen, erklären doch die schwarze Farbe für die beste."[3] Es sei diese Stelle aus dem Grunde wörtlich angeführt, weil NEUSS sich in einen gewissen Gegensatz zu FALLOU setzt, wenn er schreibt[4]: „In der jungen Entwicklungsgeschichte der Bodenkunde finden wir also wiederholt das Hervorheben der Farbe des Bodens[5], so daß im Gegensatz zur Ansicht FALLOUS die Alten bereits doch schon Wert auf die Farbe des Bodens gelegt zu haben scheinen." Die Betonung des Wortes „besonderen Wert" behebt die scheinbaren Gegensätzlichkeiten, denn FALLOU bestreitet nicht, daß hier und dort in der altrömischen Literatur der Farbe des Bodens in ihrer Bedeutung Erwähnung getan wird.

Schon HESIOD[6] weist auf das fruchtbare Ackerland, das aus schwarzem Boden besteht, hin[7]. Die „schwarze Erde" Ägyptens ist sehr bedeutungsvoll für die Chemie; denn „die wahrscheinlichste Ableitung des Wortes ‚Chemie' knüpft an den griechischen Namen des Landes Ägyptens an: PLUTARCH (erste Hälfte des zweiten nachchristlichen Jahrhunderts) schreibt: Die weisen Priester Ägyptens nennen das meist schwarzerdige Ägypten Chemia, so wie das Schwarze im Auge. Kême ist auch das hieroglyphische Wort für Ägypten. Andererseits

---

[1] NEUSS, O.: a. a. O. 454.
[2] FALLOU, F. A.: Pedologie oder allgemeine besondere Bodenkunde, 86. Dresden 1862.
[3] PALLADIUS: De re rustica, lib. I, bit. 5: gleba (sit) putris et fere nigra.
[4] NEUSS, O.: a. a. O. 455, führt im Satze vorher genau die Worte des PALLADIUS an, die auch von FALLOU zitiert sind.
[5] NEUSS, O.: a. a. O. 455.
[6] HESIOD, griechischer Dichter, 8. Jahrh. v. Chr.
[7] HEHN, VIKTOR: Kulturpflanzen und Haustiere in ihrem Übergang aus Asien usw., 3. Aufl., 59. Berlin 1877.

ist aber das Schwarze von ganz besonderer Bedeutung in all den Operationen, die als Chemie zusammengefaßt werden"[1].

Virgil schreibt auch über den Wert des schwarzen Bodens und gibt, wie O. Neuss[2] anführt, eine „Methode zur Untersuchung und Erkennung des Bodens" wie folgt an: „Man gräbt ein Loch in den Boden und füllt dasselbe mit der soeben herausgenommenen Erde. Ist diese gut, so muß sie auch das Loch wieder richtig füllen. Salzige und schlecht riechende Erde sei zu verwerfen"[3]. Der schon erwähnte Columella weist mit allem Nachdruck auf die Zweckmäßigkeit der Gründüngung hin[4].

Neben der Bearbeitung des Bodens, die schon seit den ältesten Zeiten gehandhabt wurde, galt ebenfalls die Entwässerung der Böden als eine Hauptoperation im Gebiete des Wasserbaues. Wir finden die Dränage u. a. beschrieben bei Plinius, Palladius und Columella. Wie Neuss schreibt, war die Bewässerung als Meliorationsmaßnahme den Römern weit wichtiger denn als bodenkundliches Faktum. An dieser Stelle muß übrigens erwähnt werden, daß die Kunst, nasse Grundstücke vermittelst unterirdischer Kanäle trocken zu legen, mit der Zeit ganz in Vergessenheit geriet und erst in der zweiten Hälfte des 18. Jahrhunderts in England wieder aufgegriffen wurde[5]. Nach Neuss kennen Theophrastos und Plinius der Ältere (23—79 n. Chr.) schon Fett der Erde (terrae adeps), das der letztere hauptsächlich im Mergel vermutet.

Plinius der Ältere, der bei der Beobachtung des Vesuvs im Jahre 79 n. Chr. ums Leben kam, hat zahlreiche Werke geschrieben, von denen uns nur seine „Naturgeschichte" erhalten geblieben ist[6]. In diesem Werke berichtet Plinius über verschiedene in das Gebiet der Bodenkunde fallende Dinge: „der Kieselstein[7] findet sich als feiner Sand, in größeren Stücken aber auch in ganzen Felsmassen". Er berichtet über Kristall[8] und echte Edelsteine (Beryll, Opal, Saphir u. a. m.). „Nitrum[9] findet sich in vielen Gewässern, in manchen Quellen, die es aus der Erde auswaschen, und zeigt sich oft in salzähnlichen, weißen Kristallen, oft nur als Auswitterung des Erdbodens". „Die Asche getrockneter Pflanzen, die ein höchst kräftiges Düngemittel ist (es werden einige angeführt), hat die Natur des Nitrums[10]. Eine Art Nitrum tritt auch als Auswitterung an feuchten Mauern auf." Über das Vorkommen und die Gewinnung des Steinsalzes wird des Näheren berichtet. „Salz findet sich auch in Pflanzen, und zwar selbst da, wo der Boden nichts davon enthält." Auch den Kalkstein, Magnesit, Gips und Bittersalz, Tonerde, zieht Plinius in den Kreis seiner Betrachtungen. „Der Mergel bildet gleichsam ein ‚Schmalz der Erde' und seine Arten sind höchst zahlreich. Mergel ist ein ‚Ernährer der Feldfrüchte', wird aber nur in dünner Schicht und womöglich mit Salz oder Mist gemischt auf das gepflügte Land gebracht, woselbst seine Wirkung nicht gleich im ersten Jahre hervortritt." Plinius weist auf die Nützlichkeit der Asche als Düngemittel hin[11]. Er erklärt

---

[1] Färber, E.: Die geschichtliche Entwicklung der Chemie, S. 22. Berlin 1921. Nach Hermann Diels: Antike Technik, Leipzig u. Berlin 1914, 111 bedeutet die Chemie oder Chymie die Kunst des Metallgusses.

[2] Neuss, O.: a. a. O. 454/455.   [3] Siehe die obengenannte „Grubenprobe".

[4] Siehe auch A. Stutzer: Die Behandlung und Anwendung von Stalldünger und Jauche, 1. Berlin 1920.

[5] Staudacher, F.: a. a. O. 81.

[6] Lippmann, E. O. v.: a. a. O. 1, 1, gibt uns folgendes darüber an: „In 37 Büchern, deren einzelne mehr als hundert und zum Teil sehr ausführliche Kapitel umfassen, hat Plinius, gestützt auf die Werke von 516, meist seither verlorengegangener Quellenschriftsteller, eine enzyklopädische Darstellung des naturhistorischen Gesamtwissens seiner Zeit zu geben versucht. . . ." Im folgenden ist den Darstellungen E. v. Lippmann gefolgt.

[7] Quarz.   [8] Bergkristall.   [9] Soda, verunreinigt mit verschiedenen Salzen.

[10] Gemeint ist Pottasche.   [11] Siehe auch A. Stutzer: a. a. O. 3.

die Wirkung des Düngers dadurch, daß er „Fett" zuführe, um die „nährende Substanz der Böden" zu ergänzen[1] und gibt interessante Nachrichten über die Lupinendüngung[2].

Auch die Arzneimittellehre des um dieselbe Zeit lebenden DIOSKORIDES enthält ähnliche Angaben, wie sie PLINIUS in seiner „Naturgeschichte" macht[3].

Es ist eigentlich kaum zu verstehen, daß ein ackerbautreibendes Volk wie das römische dem Boden nicht mehr Beachtung geschenkt hat, und daß keiner der Schriftsteller sich ausschließlich mit dem Boden befaßt hat[4]. Es sind uns ja sicherlich nicht alle Werke aus jener Zeit erhalten geblieben, aber trotzdem muß es wundernehmen, daß nicht eine Betrachtung des Bodens in bezug auf seine Entstehung usw. stattgefunden hat. Die Geschichte jener Zeit führt uns zur Beleuchtung der Verhältnisse bei den Germanen, denn wir haben durch die Schriften zweier Römer, CÄSAR[5] und TACITUS[6], einen Einblick in germanische Sitten und Gebräuche, Ackerbau und Kultur erhalten, wobei bemerkt werden muß, daß manche Stellen dieser Schriften als fraglich erscheinen. müssen. Auf das Für und Wider in jenen Streitfragen kann hier selbstverständlich nicht eingegangen werden, es sei aber trotzdem auf einen Teil des Schrifttums verwiesen[7]. Wir erhalten besonders durch die für TRAJAN (53—117) um 98—99 geschriebene „Germania" Anhaltspunkte über die Germanen und ihr Leben. Im 26. Kapitel teilt uns TACITUS seine Kenntnisse über den Ackerbau der Germanen mit[8]. Die Äußerungen CÄSARS und TACITUS', den Boden betreffend, sind nicht bodenkundlicher Art, sondern betriebswirtschaftlicher Natur und für siedlungsgeschichtliche Forschung von Wichtigkeit. Da die Germanen nach CÄSAR nur dürftig Ackerbau betrieben[9] haben und da auch die Frage, ob Brache-, Dreifelderwirtschaft oder wilde Feldgraswirtschaft[10] das Ackerbausystem der Germanen gebildet habe, noch heute im Mittelpunkt wissenschaftlicher Forschung steht, so ist kaum anzunehmen, daß bei den Germanen besondere Kenntnisse des Bodens vorausgesetzt werden können, zumal ja auch die Ägypter, Griechen und Römer mit ihrer viel höheren Kultur den Boden in bezug auf seine Entstehung und Umbildung so gut wie ganz vernachlässigten, es sei denn — wie oben angeführt — daß wohl gewisser Wert auf Farbe und sonstige Beschaffenheit gelegt wurde, doch diente diese Kenntnis lediglich und unmittelbar Zweckmäßigkeitsmaßregeln, nicht aber wissenschaftlich bodenkundlicher Erkenntnis, also nur zur Ausübung der gewerblichen Tätigkeit.

Dieses geht bei TACITUS auch aus dem Wort „fenus" und der Art der Anwendung dieses Ausdrucks hervor. FLEISCHMANN[11] schreibt hierüber: „Das Wort ‚fenus' bedeutet ‚Wucher' oder ‚Ertrag' oder ‚Gewinn' ... Es kann hier nur der Bodenzins und der ‚Bodenwucher', d. h. das Streben, dem Boden möglichst Naturalerträge abzugewinnen, gemeint sein. In der römischen Literatur findet sich bis herauf zu TACITUS das Wort ‚fenus" nicht weniger als vierzehnmal in der Bedeutung von „Gewinn an Bodenerträgen, und zwar je einmal bei CICERO, TIBULL, MANILUS, SILIUS und SENECA dem Ältern und dem Jüngeren,

---

[1] NOLTE, O.: Zur Geschichte der Theorien der Pflanzenernährung und Düngung, die Ernährung der Pflanze 1927, 4, 118.

[2] Siehe auch A. v. LENGERKE: Landw. Lexikon, 3, 777. Prag 1838.

[3] LIPPMANN, E. O. v.: a. a. O. 547.   [4] NEUSS, O.: a. a. O. S. 454.

[5] Gelebt 100—44 v. Chr.   [6] Gelebt 54—117 n. Chr.

[7] FLEISCHMANN, W.: Cäsar, Tacitus, Karl d. Große und die deutsche Landwirtschaft. Berlin 1911. — HEHN, V.: a. a. O. — MÜLLENHOFF, KARL: Deutsche Altertumskunde, 2, Berlin 1887, 4, Berlin 1900, u. a. m.

[8] Siehe u. a. KARL MÜLLENHOFF: a. a. O. 4, 362ff.

[9] FLEISCHMANN, W.: a. a. O. 12.   [10] MÜLLENHOFF, K.: a. a. O. 4, 375.

[11] FLEISCHMANN, W.: a. a. O. 60.

je zweimal bei Columella und Plinius und viermal bei Ovid". Bei Plinius und Tacitus finden wir Bemerkungen über „brennbare Erde", womit wohl Torf gemeint ist.

In den ersten Jahrhunderten unserer Zeitrechnung haben wir keine oder doch nur äußerst unvollkommene Nachrichten über naturwissenschaftliche Bestrebungen, sei es auf dem Gebiete der Chemie bzw. Alchemie[1] oder des Ackerbaus. Es taucht haher die Frage auf, warum fehlen uns zum Teil die Werke altägyptischer, griechischer und römischer Autoren, und warum sind viele der Schriften jener Zeiten uns nur fragmentarisch erhalten geblieben? R. Meyer[2] äußert sich hierüber in bezug auf die altägyptische Literatur: „Im Jahre 389 n. Chr. wurde durch die Unduldsamkeit der christlichen Patriarchen die alexandrinische Bibliothek verbrannt, und die Eroberung und Zerstörung Alexandriens durch die Araber im Jahre 642 vernichtete vollends die altägyptische Kultur." Aus allen uns erhalten gebliebenen Schriften des Altertums ist zu ersehen, daß die Alten wohl vorzügliche Naturbeobachtei waren, aber „zum Versuch, d. h. zur willkürlichen Einführung von Vorgängen unter bekannten Bedingungen, und der Beobachtung ihrer Abhängigkeit von diesen haben sie sich nicht aufgeschwungen[3]", abgesehen von den oben mitgeteilten vereinzelten Fällen.

Nunmehr treten wir in das Zeitalter der Alchemie ein (4.—16. Jahrhundert) und damit in jene Zeit, die uns naturwissenschaftlich nicht weiter brachte. Alle Versuche und Gedanken jener Jahrhunderte waren nur auf ein Ziel gerichtet: die Herstellung von Gold. Wenn bei diesen Manipulationen wenigstens naturwissenschaftliche Grundlagen vorherrschend gewesen wären, so hätten vielleicht die gemachten Erfahrungen dazu beitragen können, einen Fortschritt in der Erkennung naturwissenschaftlicher Tatsachen zu erzielen. So aber blieb die Theorie von den 4 Urstoffen die Basis aller Versuche jener Zeit. Aberglauben und „Geheimwissenschaft" waren vorherrschend und wesentliche Fortschritte sind nicht gemacht worden, trotzdem einige Ausnahmen zu erkennen sind. Die Losung jener Zeit war die Umwandlung unedler Metalle in Gold oder auch Silber, die also im großen und ganzen wertlos blieb für Erkenntnisse, die mit anderen Dingen und Problemen naturwissenschaftlicher Art zusammenhingen, so auch in bezug auf die Kenntnisse über den Boden. Einige Gesetzessammlungen wie das salische Gesetz (lex salica), das Ripurische Gesetz (lex ripuaria) und die Landgüterordnung Karls des Grossen lassen einige Rückschlüsse auf den Stand der Landwirtschaft in jenen Zeiten zu, aber von einer methodischen und planmäßigen Untersuchung oder auch nur Beobachtung der Böden wird uns in ihnen nichts berichtet.

Der besonders auf dem Gebiete der Entwicklungsgeschichte der Naturwissenschaften so überaus erfolgreich tätige E. v. Lippmann[4] lenkt u. a. unsere Aufmerksamkeit auf ein Buch der „Pharmakologischen Grundsätze" und übermittelt uns mit der Interpretierung dieses Werkes die Kenntnisse der Naturwissenschaft zur Zeit des frühen Mittelalters im Orient. Dieses Buch, um 975 von Abu Mansur Muwaffak[5] geschrieben, stellt die älteste Arzneimittellehre der Perser dar. Aus der Lippmannschen Zusammenstellung entnehmen wir, daß dieser Mediziner auch seine Kenntnisse über andere, nicht medizinische Dinge in seiner Schrift niedergelegt hat. Aus der von Lippmann angeführten Darstellung seien einige uns besonders interessante Tatsachen herausgegriffen.

---

[1] Meyer, Richard: Vorlesungen über die Geschichte der Chemie, 15. Leipzig 1922.
[2] Meyer, Richard: a. a. O.   [3] Meyer, Richard: a. a. O. 3, 4.
[4] Lippmann, E. v.: Chemische Kenntnisse vor 100 Jahren. a. a. O. 1, 81.
[5] Abur Mansur Muwaffak besaß ein umfassendes Wissen und kannte die griechische, indische, arabische und persische Medizin.

„Die Kohle bleibt beim Verbrennen pflanzlicher und tierischer Stoffe als schwarze Masse zurück." „Die Kieselsäure kennt MANSUR in Gestalt des sog. Tabaschir." Von Alkalien und alkalischen Erden erwähnt MANSUR unter dem Namen Natrum das mehr oder weniger reine kohlensaure Natron und bezeichnet es als eine Abart des Buraq oder Borax. „Beim Verbrennen hinterlassen diese Pflanzen Qualja (Kali) . . ." „. . . für die scharfe Unterscheidung des kohlensauren Natriums und Kaliums, verbunden mit der Benennung durch die beiden verschiedenen bis auf den heutigen Tag erhaltenen Namen dürfte aber MANSUR die älteste bisher bekannte Quelle sein." MANSUR berichtet über Salz, Kalk, Gips, Magnesit, Eisen, Ton und das Mineral „Marquaschîta", das jedenfalls unserem Markasit seinen Namen gegeben hat. Um ziemlich dieselbe Zeit schrieb ALBÎRÛNÎ[1] seine „Chronologie der alten Nationen". LIPPMANN weist auf die Bedeutung des Werkes ganz besonders hin, weil ALBÎRÛNÎ nach eigner Anschauung trachtete und zu diesem Zwecke auch selbst zahlreiche Probleme durch Versuche aufzuklären bemüht war.

Recht interessant sind die Ansichten ALBÎRÛNÎs über den Ursprung der Quellen, Bäche und Flüsse, u. a. gibt er an, „daß ihr Wasser ausschließlich meteorischer Herkunft ist, d. h. aus Regen oder Schneewasser". Er erklärt auch an Hand von Versuchen die genaue Entstehung der Quellen und beschreibt ihre Abhängigkeit von den Terrainverhältnissen.

Zwei Namen sind in den folgenden Jahrhunderten zu nennen: ALBERT VON BOLLSTÄDT (gen. ALBERTUS MAGNUS) (1193—1280) und ROGER BACO (1214 bis 1292), die als Urheber der bewußten experimentellen Forschung gelten[2], trotzdem natürlich auch schon früher vereinzelt experimentelle Untersuchungen angestellt worden sind (s. HIPPOKRATES, ARCHIMEDES, ARISTOTELES).

E. v. LIPPMANN weist in einer seiner vortrefflichen Geschichtsstudien auf das älteste, in französischer Sprache geschriebene Werk „Le régime du corps" des Italieners ALDEBRANDINO DI SIENA hin[3], daß um 1256 vollendet wurde. Da ALDEBRANDINO sich aber hauptsächlich auf die arabischen Werke des 9. und 10. Jahrhunderts beruft, die ihrerseits auf die griechische Literatur zurückgreifen, so ist nichts wesentlich Neues in Hinsicht auf bodenkundliche Erkenntnisse in seiner Niederschrift zu finden. Lediglich die von ihm erwähnte Tatsache, daß die Wässer Salze enthalten, die sie aus dem Boden lösen, ist für uns nennenswert.

Ebenfalls sehr interessant, hauptsächlich als Quelle geographischer, hydrographischer, zoologischer u. a. Forschungen erweist sich die Reisebeschreibung des MARCO POLO[4], auf die ebenfalls E. v. LIPPMANN[5] hinweist und uns eine Zusammenstellung chemischer Kenntnisse aus diesem Werke gibt. Das POLOsche Werk besitzt besondere Bedeutung, erstens, weil MARCO POLO der erste Europäer war, der Asien ganz durchquerte und uns durch seine über zwanzigjährige Tätigkeit über den Stand naturwissenschaftlicher Erkenntnisse in Asien

---

[1] Nach E. v. LIPPMANN (Naturwissenschaftliches aus der Chronologie der alten Nationen des ALBÎRÛNÎ) wurde ALBÎRÛNÎ 973 in der Unterstadt (Bêrûn) von Khiwa (Zentralasien) geboren und ist 1048 vermutlich zu Ghazna gestorben. Von ihm stammt eine ausführliche „Beschreibung Indiens" und die „Chronologie der alten Nationen" (wahrscheinlich um 1000 fertiggestellt). a. a. O. 97.

[2] Sie haben als erste über das Schießpulver berichtet.

[3] LIPPMANN, E. v.: ALDEBRANDINO DI SIENA, „Régime du orps". a. a. O. 2, 237.

[4] MARCO POLO unternahm (siehe nächste Anmerkung) 1271 eine Reise, die von Syrien aus über Armenien, Mesopotamien, Persien, Afghanistan, Turkestan, Mongolei, Mandschurei nach Peking führte. Seine Rückreise vom südchinesischen Hafen Zaitun führte über Kochinchina, Tonkin, Rambodschan, Sumatra, Ceylon, die Küsten Vorderindiens, Persien, Armenien, Konstantinopel nach Venedig, wo er nach 24 jähriger Abwesenheit wieder eintraf. Seine Reisen innerhalb Asiens erschlossen ihm ganz China und das Innere von Tibet, Siam, Birma.

[5] LIPPMANN, E. v.: Chemisches bei MARCO POLO. a. a. O. 2, 258.

informierte. Seine Beobachtungen, die sicherlich für die Geographie, Mineralogie, Klimatologie, Chemie, Landwirtschaft u. a. m. von großer Bedeutung sind, erstrecken sich aber so gut wie gar nicht auf bodenkundliche Dinge.

Überhaupt ist in all den erwähnten Zeiten so gut wie keine Nachricht über den Boden als solchen bekanntgeworden, es erweckt den Anschein, daß der Boden als etwas Gegebenes hingenommen wurde, das einer näheren Untersuchung nicht bedurfte, es war nur nötig, daß er fruchtbringend war und zum Erhalt dieser Fruchtbarkeit wurde er bearbeitet, ohne daß man sich ernstlich mit der Frage des Warum und Weshalb beschäftigte. Fortschritte sind auch eigentlich in der Folgezeit nicht zu verzeichnen, denn infolge der Errichtung zahlreicher Universitäten[1] und der Verbreitung griechischer Gelehrsamkeit im Abendlande wandte sich das Interesse mehr den philosophischen Theorien der alten Griechen und Römer zu[2].

Sehr beachtenswert ist die vielseitige Tätigkeit des Malers LIONARDO DA VINCI (1452—1519). Aus LIPPMANNS Abhandlung „Lionardo da Vinci als Gelehrter und Techniker" ist die Angabe zu entnehmen, daß jener durch sein vorbildliches System der Berieselung sowie durch die Anwendung der künstlichen Bewässerung und Schlammdüngung zur Umwandlung von Sandböden in Ackerfelder eine geradezu unerschöpfliche Quelle wirtschaftlichen Wohlstandes für Norditalien schuf[3]. Ferner sind seine meteorologischen Beobachtungen und die Konstruktion eines Hygrometers[4] auch für die Bodenkunde erwähnenswert. „Er untersuchte Gestalt und Struktur verschiedener Gesteine, bemerkte die Symmetrie der natürlichen Kristalle und erklärte die Versteinerungen von Pflanzen und Tieren für Überbleibsel aus längst vergangenen Zeitepochen ... Aus dem Anblick der, gelegentlich der Kanaldurchstiche, freigelegten Schichten zog er mit überraschender Einsicht Schlüsse auf ihre Ablagerung, auf die Bildung von Gebirgen und Tälern ... völlig klar war er auch über die grundlegende Bedeutung der Erosion, zu deren merkwürdigsten Wirkungen er u. a. die Ausgestaltung der Südtiroler Dolomitengegenden zählte ..."[5].

Damit kommen wir nun zu dem Zeitalter der Jatrochemie, in der sich die Geistesströmung mehr und mehr von der Alchemie abwandte. Die Wende des Mittelalters und der neueren Zeit brachte große Umwälzungen jeglicher Art mit sich, die langsam aber sichere Fortschritte herbeiführten. Zahlreiche Entdeckungen wurden gemacht. Man wandte sich in dieser Zeit[6] ab von der „Goldmacherei" und richtete sein Augenmerk auf andere Ziele. Bezeichnend für die Denkweise der Jatrochemiker sind folgende Aussprüche THEOPHRASTUS PARACELSUS (1493—1541): „Was macht aus Gras Milch? Was macht den Wein aus dürrer Erde?" Der Kern der Lehre ist zwar die Arzneibereitung, aber die naturwissenschaftliche Erkenntnis wirkt sich auch auf die andern Einzeldisziplinen aus. E. FÄRBER[7] faßt das Wesen der Lehre wie folgt zusammen: „Der Körper des Menschen ist wie mit aller Natur, so auch mit den chemischen Vorgängen engstens verbunden. Seine Bestandteile sind dieselben wie die Stoffe des Chemikers". Diese ganze Zeit war ausgefüllt von den Streitigkeiten zwischen den Anhängern der alten und der neuen Richtung, aber große Vorteile hat sie insofern gebracht, als der Versuch gemacht wurde, die aufgestellten Theorien durch das Experiment zu beweisen.

---

[1] 1300 Oxford, 1347 Prag, 1384 Wien, 1385 Heidelberg, 1388 Köln, 1392 Erfurt, 1401 Krackau, 1406 Würzburg, 1409 Leipzig.

[2] LIEBIG, I. v.: Chemische Briefe, 6. Aufl., 42. Leipzig u. Heidelberg 1878.

[3] LIPPMANN, E. v.: a. a. O. 1, S. 365.

[4] LIPPMANN, E. v.: a. a. O. 1, 370.   [5] LIPPMANN, E. v.: a. a. O. 1, 369.

[6] Das Zeitalter der Jatrochemie erstreckt sich ungefähr vom Anfang des 16. Jahrh. bis zur Mitte des 17. Jahrh.   [7] FÄRBER, E.: a. a. O. 38.

Unter den Zeitgenossen des PARACELSUS findet sich eine ganze Reihe Namen von Männern, die auf dem Gebiete der Naturwissenschaft, insonderheit der Pflanzenphysiologie, sich verdient gemacht haben. Mit dem Studium der Pflanzenernährung aber eng verbunden waren und sind heute noch die Kenntnisse über den Boden. Das Suchen nach dem „Vegetationsprinzip" bezeichnet E. J. RUSSEL[1] das Forschen nach den Beziehungen zwischen Bodenfruchtbarkeit und Pflanzenwachstum. Aus dem Zusammenhang der Pflanze mit ihrem Standort ergaben sich eine Reihe wichtiger Ermittelungen über den Boden.

B. v. PALISSY (1499—1589) macht recht geistvolle Bemerkungen über das Vorhandensein von pflanzenlöslichen, d. h. aufnehmbaren Salzen im Boden und weist auf die Notwendigkeit hin, diese dem Boden durch Stallmist oder durch Verbrennen des Strohes auf dem Acker zurückzugeben[2]. Wenngleich diese sehr richtige Kombination durch Versuch und Experiment von ihm nicht gestützt wurde, so bedeutet sie doch im Vergleich zu der Anschauung der Unerschöpflichkeit des Bodens einen wesentlichen Fortschritt.

In dieselbe Zeit fiel die Ausführung des ersten Vegetationsversuches, den der Chemiker J. P. VAN HELMONT (1577—1644)[3] ansetzte, bei dem er durch genaues Wägen des Versuchsbodens, der Versuchspflanze und des zugegebenen Wassers zu dem allerdings falschen Schluß kam, daß die Gewichtszunahme der Pflanze lediglich auf das Wasser zurückzuführen sei. Es sei übrigens bemerkt, daß HELMONT sich entschieden von der ARISTOTELESschen und auch von der alchemistischen Elementenhypothese abwandte.

Einige Zeitgenossen HELMONTs, wie ROBERT BOYLE[4] (1627—1691) und JOACHIM JUNGIUS (1587—1657) kamen zu denselben Schlüssen und der letztere hat als erster[5] den Stoffwechsel der Pflanzen in großen Umrissen erkannt. Aus den Ergebnissen, der von ihm vorgenommenen Pflanzendestillationen schloß er, daß „Salz, Erde, Geist und Öl" aus dem Wasser erzeugt werden können.

Eine Reihe von Entdeckungen, die nur indirekt mit der Bodenkunde zusammenhängen, seien hier erwähnt, weil sie zum Teil die Grundlage für Bestimmungsmethoden bilden und zum Teil, um zu zeigen, wie diese ganze Zeit mit dem Fortschritt der naturwissenschaftlichen Erkenntnisse die Basis einerseits für den Umstoß älterer Hypothesen (z. B. Elemententheorie) und andererseits für den Aufbau neuer Erkenntnisse bilden.

GEORG AGRICOLA (1494—1555) beschrieb eine große Reihe von Mineralien, es stellt diese Erfahrungssammlung gewissermaßen die Geburtsstunde der Mineralogie dar[6], die dann im weiteren durch STENSEN (NIKOLAUS STENO, 1638—1686), WEISE (1780—1856), A. G. WERNER (1750—1817) u. a. m. später ausgebaut wurde. Auf chemischem Gebiete ist nochmals HELMONT anzuführen, er erkannte die Bildung der Kohlensäure durch Einwirkung der Säuren auf Kalkstein und Pottasche[7].

ANGELUS SALA (1576—1637) zeigte, daß Salmiak aus Salzsäure und flüchtigem Laugensalz besteht[8]. OTTO TACHENIUS[9] faßte die Salze scharf als Verbindun-

---

[1] RUSSEL, E. J.: Boden und Pflanze, bearbeitet von H. BREHM, 2. Dresden u. Leipzig 1914.

[2] RUSSEL, E. J.: a. a. O. 1, 2, siehe auch dort Literaturverzeichnis der Werke PALISSYS, 231, O. NEUSS, a. a. O. 456, u. F. STAUDACHER, a. a. O. 89.

[3] RUSSEL, E. J.: a. a. O. 2, SCHARRER, K., u. STROBEL, A.: Die Entwicklung der Agrikulturchemie. Fortschr. Landw. 1926, 24.

[4] Der Physiker R. BOYLE ist auch der Entdecker des BOYLEschen Gesetzes (1660), das später (1676) von MARIOTTE näher untersucht und bestätigt wurde.

[5] SCHARRER, K., u. STROBEL, A.: a. a. O.

[6] WERNER bezeichnete AGRICOLA als „Vater der Mineralogie"; siehe P. GROTH: Entwicklungsgeschichte der mineralogischen Wissenschaften, 248. Berlin 1926.

[7] MEYER, R.: a. a. O. 31.   [8] MEYER, R.: a. a. O. 33.   [9] MEYER, R.: a. a. O. 33.

gen von Säuren und Alkalien auf. Glauber „weiß, daß Kali, Kalk oder Zinkoxyd in der Hitze aus dem Salmiak das Ammoniak austreibt, daß aber andere Erden, wie Bolus, Ziegelerde, Sand das nicht vermögen[1]".

O. Nolte[2] weist darauf hin, daß die landwirtschaftlichen Schriftsteller der Renaissance ihre Kenntnisse zum größten Teil alten Werken, wie z. B. der Naturgeschichte des Plinius entlehnt haben und daher eigentlich nichts wesentlich Neues bringen. Die Hausväterliteratur brachte wohl zum Teil eine vorzügliche Übersetzung der Werke der Alten, aber weiter auch nichts[3].

In Deutschland wurden durch die Unruhen, die der 30jährige Krieg mit sich brachte, keine Fortschritte auf dem Gebiet der für uns in Frage kommenden Naturwissenschaften gemacht, denn ein Blick auf die Literatur belehrt uns, daß diese Zeit, in der fast jeder wissenschaftliche Zweig einen Stillstand erlitten hatte, nichts Neues schuf[4].

Es trat aber ein großer Umschwung nach Beendigung dieses mit furchtbaren Verheerungen für Deutschland verknüpften Glaubenskrieges ein. Nachdem sich Handel und Gewerbe — wenn auch nur langsam — erholt hatten und im Landbau trotz hoher Steuern allmählich wieder die alte Ordnung der Dinge zurückkehrte, begannen sich auch Fortschritte in den Wissenschaften bemerkbar zu machen, die für unsere Wissenschaft beachtenswert sind. Wenn natürlich von einer eigentlichen wissenschaftlichen Bodenkunde auch hier noch nicht gesprochen werden kann und Versuche lediglich zur Erweiterung der Kenntnisse über den Boden auch nicht angestellt wurden, so brachten die Experimente doch manches Tatsachenmaterial bei, das für die Entwicklung der Bodenkunde von Bedeutung war.

Im weiteren Suchen nach dem Vegetationsprinzip glaubte J. R. Glauber (1650)[5] dieses im „Salpeter" gefunden zu haben[6]. Die Fruchtbarkeit des Bodens und der Wert des Düngers beruhen nach ihm völlig auf deren Salpetergehalt, und so untersuchte J. Mayow (1674)[7] den Boden auf den Nitratgehalt zu verschiedenen Jahreszeiten.

Freiherr W. H. v. Hohberg bringt in seiner 1682 erschienenen Georgica curiosa einige Bemerkungen über das Mergeln und berichtet über den Einfluß der Bodenbearbeitung und den Wert der Krümelung des Bodens.

Als Mittel zur Erkennung der Fruchtbarkeit des Bodens gibt er an: Ermittlung der Tiefenkrume, Anfeuchten der Krume zur Prüfung auf Bindigkeit, Geruch des Bodens, Vegetationsbeobachtungen und, was sehr wichtig erscheint, „Schlämmen des Erdreichs und Kosten des Schlämmwassers, ob es süß oder sauer und widrig schmecke[8]". Er erteilt Ratschläge zur Verbesserung des Bodens, so z. B. für sandige Äcker das Auffahren von Tonerde und für toniges Land das Auffahren von Sand; er schildert die Entwässerung nasser Böden und gibt Weisungen über die Bearbeitung der Böden. Erwähnenswert ist die Tatsache, daß schon 1683 der englische Arzt Martin Lister die erste Anregung zu einer Bodenkarte gab, indem er der royal society in London den Vorschlag „zu einer Boden- oder Mineralienkarte von England gab, auf welcher jede Eigen-

---

[1] Meyer, R.: a. a. O. 34.

[2] Nolte, O.: Über die Verwendung mineralischer Stoffe zur Düngung in früheren Jahrhunderten. Die Ernährung der Pflanze 1927, 4.

[3] Eine gute Zusammenstellung der diesbezüglichen Literatur bringt F. Staudacher: a. a. O. 37 ff.

[4] Siehe auch Chr. Ed. Langethal: Geschichte der deutschen Landwirtschaft 4, 86. Jena 1856.

[5] Chemiker und Arzt [1604—1668 (167?)], beschrieb das nach ihm benannte Glaubersalz.

[6] Siehe auch Russel-Brehm: a. a. O. 3, u. K. Scharrer u. A. Strobel: a. a. O. 24.

[7] Siehe Anm. 5.   [8] Langethal, F.: a. a. O. 226.

tümlichkeit des Bodens und seiner Grenzen durch besondere Farben oder durch ähnliche Mittel angezeigt werden sollte[1]".

Wir finden um diese Zeit auch die ersten Neuerungen in der Bodeneinteilung; so von FLORINUS (Pfalzgraf FRANZ PHILIPP VOM (oder bei) RHEIN und von J. B. v. ROHR (1688—1742). Der erstere teilte den Boden ein „in warmen oder kalten, trockenen oder feuchten, dann in leichten oder schweren, starken, festen und mageren" Boden. Er unterscheidet, ähnlich wie COLUMELLA, „schon zwischen der starken Neigung des Bodens und der Himmelsrichtung dieser Klination[2]".

ROHR geht in seinem Buche[3] schon etwas weiter. Wenngleich die mineralogischen Kenntnisse jener Zeit noch nicht sehr weit vorgeschritten waren, so unterscheidet er doch neben den verschieden gefärbten Böden steinige von sandigen und tonigen Bodenarten. „Den steinigen Boden teilt ROHR ganz richtig nach der Art des Erdreichs ab, was mit Steinen gemengt ist, den sandigen Boden nach dem Grade der Leichtigkeit und das tonige Land nach der Höhe der Säuerung[4]." ROHR hätte uns somit die erste Bodenklassifizierung gegeben, wenn wir von den Versuchen der Römer VARRO und COLUMELLA absehen, und zwar geschah es auf Grund seiner Erfahrungen in Sachsen.

Inzwischen sind wir in das Zeitalter der Phlogiston-Theorie[5] eingetreten. Von diesem Zeitpunkte an kann man schon eine große Zahl von Wissenschaften als eigentliche Wissenschaften gelten lassen. Die Zeit von Mitte des 17. Jahrhunderts bis zum letzten Viertel des 18. Jahrhunderts unterscheidet sich nämlich sehr von den bisherigen Jahrhunderten, insofern als von nun an die Hauptaufgabe der Naturwissenschaft in der induktiven Forschung begründet liegt. Natürlich ist eine genaue Abgrenzung der einzelnen Zeitalter voneinander nicht möglich.

Wenngleich vorerst die Untersuchungen meist qualitativer Natur waren, so kennen wir Ausnahmen (siehe schon HELMONT), die gewissermaßen den Übergang zum Zeitalter der quantitativen Untersuchungen (oder auch zum antiphlogistischen Zeitalter)[6] bilden. Andererseits sind die Fortschritte auf fast allen Gebieten der Wissenschaft so groß, daß es schwer ist, sich aus der Fülle von Untersuchungen, Meinungen und Entdeckungen herauszufinden.

Die für die Fragen des Ackerbaus und der Pflanzenernährung wichtige Aufdeckung der Beziehungen zwischen Pflanzen, Boden und Atmosphäre ging anfangs nur langsam vorwärts, da die Chemie zuerst die nötigen Unterlagen schaffen mußte, aber gerade in der Chemie hat uns diese Epoche größte Fortschritte gebracht.

Es sei erinnert an das BOYLE-MARIOTTEsche Gesetz, die Schaffung des Begriffes: chemische Verwandtschaft, Erkennung der Azidität mittels Pflanzenfarbstoffen durch BOYLE, Entdeckung der Anhydride der Phosphor- und Schwefelsäure durch MARGGRAF (1709—1782), der Nachweis des Zuckers in der Rübe durch den letzteren, Unterscheidung zwischen neutralen, sauren und basischen Salzen durch ROUELLE (1703—1770), Entdeckung vieler organischer Säuren durch SCHEELE (1742—1786), der Nachweis der unveränderlichen Zusammensetzung der atmosphärischen Luft durch CAVENDISH (1731—1810) u. a. m. In diese Zeit fällt auch die Gründung gelehrter Gesellschaften und die Errichtung von Lehrstühlen für Ökonomie[7].

---

[1] Siehe H. GRUNER: Landwirtschaft und Geologie, 8. Berlin 1879.
[2] NEUSS, O.: a. a. O. 457.   [3] Obersächsisches Hauswirtschaftsbuch vom Jahre 1722.
[4] LANGETHAL, F.: a. a. O. 226.
[5] GEORG ERNST STAHL ist der eigentliche Verkünder der Phlogistontheorie (1660—1734).
[6] MEYER, R.: a. a. O. 60.
[7] 1777 Gründung der „ökonomischen" Fakultät an der Universität Gießen durch Landgraf LUDWIG IX. von Hessen. Über die Gründung landwirtschaftlicher Lehranstalten, die in die gleiche Zeit fällt, und deren Entwicklung siehe V. D. GOLTZ: Geschichte der Landwirtschaft 2, 121 ff. Stuttgart u. Berlin 1903.

Wichtig ist auch die Entdeckung Friedrich Hoffmanns (1660—1742), „daß Bittererde (Magnesia) und Alaunerde (Tonerde), die man bis dahin für wesentlich identisch mit Kalkerde hielt, von dieser verschieden sind"[1].

Auch die Untersuchung der Mineralien brachte manches Neue und Überraschende. Wenn sich die Chemiker jener Zeit, die sich mit der Untersuchung der Mineralien beschäftigten, auch mit der qualitativen Ermittlung der Zusammensetzung begnügten, so war das Ziel, zu wissen, woraus die Mineralien und Gesteine bestehen, ein gewaltiger Schritt vorwärts in der Erkenntnis[2], wie auch desgleichen in der Botanik durch den Schweden Karl von Linné (1707 bis 1778), der hinlänglich durch die Einführung der binären Nomenklatur bekannt ist, durch die Beschreibung neuer Arten und Gattungen Neues gebracht wurde, und auch die Entdeckung der Spaltöffnungen der Blätter und des Gasaustausches durch Bonnet (1771) ist hier nicht zu vergessen.

Auch auf bodenkundlichem Gebiete werden die Kenntnisse gefördert. H. Boerhaave (1668—1738) vertrat den Standpunkt, daß es die Säfte der Erde seien, die nach Absorption durch die Pflanzen denselben als Nahrung dienen[3]. Russel[4] lenkt unsere Aufmerksamkeit auf Jethro Tull (um 1730), der im Gegensatz zu Boerhaave nicht die Säfte der Erde, sondern die ganz feinen, durch die Einwirkung der Feuchtigkeit gelockerten Bodenteilchen als die „eigentliche Nahrung" der Pflanzen bezeichnet. Er weist auf das Hacken zum Zwecke der Bodenoberflächenvergrößerung hin. Francis Home stellte um dieselbe Zeit Topfversuche an und zeigt die Bedeutung der Pflanzenanalyse. In bezug auf den Boden glaubt er noch immer an das Vorhandensein des schon bei Theophrastos erwähnten Öls im Boden, das sowohl als Pflanzennahrung, als auch für gewisse Bodeneigenschaften mit maßgebend sein soll. Tull stellt die Lehre auf, daß zur Ernährung der Pflanze Bestandteile des Bodens und der Luft zusammenwirken müssen[5]. Eine für die damalige Kenntnis recht bezeichnende Bodendefinition sei G. H. Zinckens Lexikon[6]: entnommen: „darunter wird der obere und Fruchttragende Theil oder Flächen der Erden, worein man zu säen und zu pflantzen pfleget"... verstanden. „Hier wird der Boden in 3 Arten eingeteilt: „Nemlich, entweder von purer und lauterer Erde, oder von purem Sand oder aber von Erden und Sand vermengt..." „Außer diesen dreyen Haupt-Arten hat man noch eine besondere Abtheilung: denn da findet man 1. schwartze Erde, 2. graue Erde, 3. gelb- und leimigten Erdboden, 4. rothes Erdreich, 5. steinigte Felder, 6. sandigen Boden, 7. thonigten Boden, 8. rothen und zugleich leimigten, 9. grau und sandigten und dann auch 10. stein- und sandigten Boden." Aus dieser Zeit stammt auch die erste wissenschaftliche Abhandlung über den Torf (1729). Joh. Hartm. Degner gibt in seiner Dissertatio physica de turfis eine kritische Zusammenstellung der von verschiedenen Seiten geäußerten, teils recht phantastischen Vorstellungen über die Torf- und Moorbildung[7], wenngleich Charles Patin zwar schon 1663 eine Abhandlung über Torf veröffentlicht hatte, in der er denselben als eine Anhäufung von brennbarer Erde bezeichnete[8] (vgl. Plinius und Tacitus).

---

[1] Meyer, R.: a. a. O. 48.

[2] Siehe bei P. Groth eine zusammenhängende Abhandlung über die Fortschritte in mineralogischer Hinsicht. a. a. O. 212ff.

[3] Siehe auch Russel, E. J.: a. a. O. 3, 219.

[4] a. a. O., siehe auch Staudacher, F.: a. a. O. 89.

[5] Benni, Stefan: Über die Entstehung des Humus. Z. Naturwiss., 69, 145 (1896).

[6] Zincken, D. George Heinrich: Allg. ökonom. Lexikon. Leipzig 1744.

[7] Hoering, P.: Moornutzung und Torfverwertung, 5. Berlin 1915.

[8] Lesquereux, Leo: Untersuchungen über die Torfmoore im allgemeinen. Übersetzung aus dem Französischen von A. v. Lengerke. Berlin 1847. Hier befinden sich Hinweise auf ältere Literatur, die aber für uns von keiner großen Wichtigkeit sind.

Nach O. Neuss[1] stammen von Mariotte die ersten Daten einer Bodentemperaturmessung, die in den Jahren 1670—72 angestellt wurde und die das Ergebnis zeitigte, daß die Bodentemperatur von einer gewissen Tiefe ab konstant bleibt. Ganz besonderes Interesse schenkt O. Neuss dem Wirken des schwedischen Forschers Wallerius (1709—1785)[2]. Von dem umfangreichen, der Erkenntnis unserer Wissenschaft dienenden Material, welches Neuss aus dem Werke Wallerius, zusammengetragen hat, sei das Wesentlichste hier wiedergegeben. Wallerius macht wohl als erster Mitteilung über Humusbodenbildung; er unterscheidet die Dammerde oder den Humus als Resultat der verwesenden Vegetabilien von dem Torf, gibt Angaben über physikalische Eigenschaften des Humus und kennt Wechselwirkungen zwischen Boden und Atmosphäre. Humus wird von ihm auch häufig Garten-, Gewächs-, Moder- oder Dammerde genannt. Ferner charakterisiert er den Ton, unterrichtet uns über seine Eigenschaften und deutet schließlich auf seine Fähigkeit, gewisse Stoffe zurückzuhalten, hin. Wenngleich die Ansichten des Wallerius über die Nährstoffaufnahme der Pflanzen, die er auf Grund der Ergebnisse von Aschenanalysen zog, sich als nicht richtig erwiesen haben, so sind in seiner auf Grund dieser von ihm fälschlich gezogenen Schlußfolgerung doch manche wertvolle bodenkundlich fortschrittliche Kenntnisse zu verzeichnen. So z. B., daß der Ton u. a. zur Verhütung der Auswaschung durch Regenwasser diene, und der Sand den Boden locker und luftdurchlässig erhalte[3].

Wie aus Langethals trefflichem Geschichtswerke[4] ersichtlich ist, hält Wallerius den Ton für besonders geeignet, um den Boden zu vermischen, ihn mit Sand zu verbessern. Er schreibt über die wasserhaltende Kraft, die Bindigkeit und die Fähigkeit des Tones, die „Nährungsteile des Düngers zu bewahren". Dem Kalk streitet er seine unmittelbare Nahrungsfähigkeit ab, denn er wirke nur mittelbar, indem er den Boden entsäure, wärmer mache und „die Gährung der Nahrungsstoffe" fördere. Wallerius untersuchte die Böden auch chemisch und kommt an Hand der so erhaltenen Ergebnisse zu der obengenannten Bodenbeurteilung. Es ist diese Tatsache besonders bemerkenswert, weil uns die landwirtschaftliche Literatur jener Zeit eine große Anzahl von Beschreibungen gewisser Bodenarten übermittelt, aber wir vermissen die wissenschaftliche Schärfe und Klarheit, weil eben noch fast jede Basis zur exakten Erkennung fehlte. Im Jahre 1743, also 60 Jahre später, als Martin Lister die Anregung dazu gab, machte Christopher Packe den ersten praktischen Versuch einer Bodenkartierung[5].

Der Engländer Arthur Young (1741—1820) stellte um die gleiche Zeit eine große Anzahl vergleichender Feldversuche an und trug, wie dieses sein „Course of experimental agriculture" (1770) beweist, sehr viel zur Verbreitung landwirtschaftlicher Kenntnisse bei. Nach Neuss[6] handeln in Youngs Werke „Le cultivateur anglais" (1776) einige Kapitel über die Bildung des Torfes, vom Werte des Bodens usw. Der Schwede Joh. Fischerström[7] unterrichtet über Torf, seine Entstehung, seine Beschaffenheit, Kennzeichnung und Einteilung, und John Andersson berichtet über tropische Moorlager und ein Torflager auf Sumatra (1794)[8].

Der schon erwähnte berühmte Botaniker Linné hat desgleichen eine sehr ausführliche Bodenklassifikation gegeben. Er teilte die Böden ein in: Gartenerde,

[1] Neuss, O.: a. a. O. 458.
[2] Wallerius, J. G.: Agriculturae Fundamenta chemica. Upsala 1761.
[3] Siehe auch Russel, E. J.: a. a. O. 6.   [4] Langethal, F.: a. a. O. 320—323.
[5] Siehe H. Gruner: a. a. O. 9.   [6] Neuss, O.: a. a. O. 464.
[7] Referiert in Crells Ann., 1, 457 ff. (1784).
[8] Siehe Die Ernährung der Pflanze, 43 (1910).

schwarze Felderde, Marscherde, Schlammerde, Teicherde, gelben Lehm, Klayerde, gemeinen Ton, Töpferton, Mergel-Kalkerde, Tonerde, Flugsand, Ockererden, steinige Erden und Steinfelsen[1]. Nach H. Gruner[2] war England schon 1799[3] im Besitze einer von William Smith bearbeiteten, 1819 durch Greenough verbesserten geologischen Übersichtskarte, der schon ein ähnlicher Versuch von Guettard und Monnet 1780 für Frankreich vorausgegangen war. Die erste deutsche geologische Karte wurde von Füchsel (1773) von Thüringen herausgegeben, der 1789 eine solche des Harzes von Lasius folgte. Besonders hat sich auch A. G. Werner (1750—1817), der als Vater der Geognosie gilt, um die Herstellung geognostischer Karten verdient gemacht, trotzdem der Mangel guter geographischer und topographischer Karten und der eines vollständigeren Systems der geologischen Formationen der weiteren Entwicklung vorerst hemmend entgegentrat.

Eigentliche Bodenkarten, ja selbst Bonitierungskarten in ihrem heutigen Sinne gab es bis dahin nicht und waren auch bis zur Mitte des 19. Jahrhunderts nicht bekannt. Die bisher genannten geognostischen Detailkarten können nur als Vorläufer der eigentlichen Bodenkarten angesehen werden.

Mit dem Wirken des Franzosen A. L. Lavoisier (1743—1794) treten die Naturwissenschaften in ein neues Stadium, denn die von ihm besonders stark betonte Wichtigkeit quantitativer Bestimmungen wird für alle anderen naturwissenschaftlichen Fächer von so umfassender Bedeutung, daß geradezu von einem Zeitalter Lavoisiers gesprochen werden kann, das etwa den Zeitraum von 1775—1800 ausfüllte. Daß Lavoisier die Phlogistontheorie gestürzt hat, und es seine Versuche über die Verbrennungen waren, welche die neue Epoche naturwissenschaftlicher Forschung anbahnten, dürfte hinlänglich bekannt sein. Sehr wichtig für die Methodik chemischer Forschung sind auch Lavoisiers Bemühungen um die Ausbildung einer Analyse organischer Stoffe[4], er ist als Begründer der organischen Elementaranalyse[5] anzusehen, auch versuchte er auf synthetischem Wege die Herstellung in der Natur vorkommender Mineralien, um sich einen Einblick in die verwickelten Verhältnisse chemischer Verbindungen zu verschaffen[6].

Mit dem Namen Lavoisier ist derjenige des großen englischen Chemikers Jos. Priestley (1733—1804) engstens verbunden. Neben den Entdeckungen von Sauerstoff (welche er allerdings zuerst nicht richtig zu deuten verstand), Ammoniak, Salzsäure u. a. m., erkannte er die Abgabe von Sauerstoff durch die Pflanzen. In dieser Epoche wurde auch die Lehre von der Lichternährung der Pflanzen durch den holländischen Forscher Jan Ingen-Housz[7] (1730—1799) begründet, die durch den Italiener Cavallo und den Genfer Priester Senebier (1742—1809) besonders gestützt wurde[8]. Auch der Streit zwischen Ingenhousz u. Hassen-fratz (1755—1827) um die „Humustheorie" (1792) sei erwähnt, der trotz der klassischen Versuche de Saussures (1804)[9] seine endgültige Erledigung erst durch die einwandfreien Experimente Boussingaults (1864)[10] fand. Der von Tull

---

[1] Neuss, O.: a. a. O. 460.   [2] Gruner, H.: a. a. O. 9.

[3] Braungart schreibt über Charpentier, der 1778 als Erster Farben für die Verbreitung der Gesteine anwandte. a. a. O. 19.

[4] Meyer, R.: a. a. O. 65.

[5] Dennstedt, M.: Die Entwicklung der organischen Elementaranalyse. Stuttgart 1899.

[6] Klaproth: Von dem Wassereisen als einem mit Phosphorsäure verbundenem Eisenkalk. Crells Ann., 1, 390 (1784).

[7] Ingen-Housz hat auch auf die Sauerstoffabsorption des Humus hingewiesen.

[8] Hierüber Näheres bei S. Kostytschew: Lehrbuch der Pflanzenphysiologie, 1, 85, 86. Berlin 1926.

[9] Nach Saussure enthält die Asche des Humus alle Grundstoffe der Pflanzenasche, die Pflanzen können also aus dem Humus auch ihren Bedarf an Mineralien decken. Recherches chymiques sur la végétation. Paris 1804.

[10] Siehe auch S. Kostytschew: a. a. O. 139.

aufgestellte Satz, daß kleine erdartige Teile die Pflanzennahrung liefern, und daß Luft und Wasser dazu dienen, diese Teilchen aus dem Boden zu ziehen, wurde von DUHAMEL 1754 dahingehend erweitert, daß die Verwitterung dem Boden Pflanzennährstoffe schaffe[1].

Mit der Begründung der Atomtheorie durch DALTON (1766—1844), dem Auffinden des Gesetzes der konstanten Proportionen durch J. L. PROUST (1755—1826) und des GAY-LUSSACSCHEN Gesetzes sowie der Schaffung der chemischen Formelsprache durch BERZELIUS sind eine große Anzahl anderer Entdeckungen und eine stattliche Reihe von Namen berühmter Forscher aller naturwissenschaftlichen Fachgebiete eng verbunden.

Daß diese großen Fortschritte, im besonderen auf den Gebieten der Chemie, Pflanzenphysiologie und Mineralogie sich, wenn auch ganz allmählich, auf die Forschungen des Bodens übertragen haben, erscheint verständlich.

Wie überaus bedeutungsvoll die Fortschritte in der analytischen Chemie für bodenkundliche Forschungen waren, geht schon allein aus der Gegenüberstellung der Bodeneinteilung verschiedener praktischer Landwirte jener Zeit gegenüber der schon erwähnten des WALLERIUS hervor. Fußend auf der ARISTOTELES-schen Hypothese teilt AMBROSIUS ZEIGER (um 1750) den Boden nach den Temperamenten des Menschen ein; indem er „den sanguinischen oder schwarzen, den chlorischen oder lehmigen, den melancholischen oder tonischen, den phlegmatischen oder Sand" unterscheidet und in eine 5. Klasse den aus allen übrigen Arten gemischten Boden bringt[2]. Um 1765, also um eine Zeit, in der WALLERIUS' grundlegendes Werk, welches die chemischen Grundlagen des Ackerbaues behandelt, schon erschienen und auch schon in das Deutsche übersetzt war (durch Dr. KRÜNITZ 1764), gibt HIRSCH[3] eine recht primitive Bodenklassifikation. Es ist dieses ein Beweis für das langsame Bekanntwerden wissenschaftlicher Ergebnisse und es scheint hierin der Grund zu liegen, daß gerade in jener Zeit die veralteten Ansichten mit den neuen Kenntnissen vermischt in der Literatur vorhanden sind.

So wurde die in jener Zeit sehr beliebte und verwickelte Frage, ob sich das Wasser[4] in Erde verwandeln lasse[5], durch Versuche zu lösen getrachtet. OTTO VON MÜNCHHAUSEN (1770), der die Reihe der sogen. Hausväter beschließt, hatte noch ganz eigenartige Vorstellungen von Boden und der Fruchtbarkeit[6], trotzdem er später die Arbeiten des WALLERIUS mit folgenden Worten anerkannte: „WALLERIUS untersucht in seinen Grundsätzen des Ackerbaus die Erdarten chemisch, und ohne chemische Untersuchung kommen wir nicht auf den rechten Grund"[7].

Neben WALLERIUS ist der Schwede T. O. BERGMANN[8] (1735—1784) zu nennen. Er sowohl wie der EARL OF DUNDONALD, R. KIRWAN (1796) und de BEUNIE (1784) führten Untersuchungen über die Zusammensetzung des Bodens aus. BERGMAN gab auch schon einen Analysengang an, lehrte den Aufschluß unlöslicher Stoffe durch Schmelzen mit Ätzkali oder Alkalikarbonat, förderte die Bestimmung der Mineralien durch die Anwendung des Lötrohrs und gilt als einer der Begründer

---

[1] Siehe auch ST. BENNI: Über die Entstehung des Humus. Z. Naturwiss., **96**, 145 (1896).

[2] NEUSS, O.: a. a. O. 462.   [3] NEUSS, O.: a. a. O. 462.

[4] Geschichtliches über Wasser ist zu finden in LERSCH: Hydrochemie, Bonn 1870, wo auch noch ältere, ausführlichere Literatur angegeben ist.

[5] DALLBERG, CARL V.: Neue chemische Versuche, um die Aufgabe aufzulösen, ob sich das Wasser in Erde verwandeln lasse. Erfurt 1783. Nach CRELLS Ann., **1**, 366 (1784).

[6] NEUSS, O.: a. a. O. 459.

[7] GOLTZ, TH. FREIHERR V. D.: Geschichte der Landwirtschaft, **1**, 389. Stuttgart u. Berlin 1902.

[8] BERGMAN war Nachfolger WALLERIUS, an der Universität Upsala.

der analytischen Chemie[1]. Nach Groth[2] ist der eigentliche Begründer der Mineral-
analyse M. H. Klaproth (1743—1817), der auch die Existenz des Kaliums im
Mineralreich (im Leucit) nachwies; doch wurden diese Mineralanalysen an Schärfe
der Methodik bald darauf durch den großen Chemiker J. J. Berzelius (1779 bis
1848) und seine Schüler, von denen hier nur O. Nordenskiöld (1792—1866) genannt sein möge, übertroffen.

Der bereits erwähnte J. B. de Beunie[3] untersuchte eine große Anzahl von
Böden, Torfarten, Holzaschen, versuchte durch Schlämmen des Bodens einen
näheren Einblick in die Natur der Böden zu erhalten, berichtet über das Vorkommen von stark okerhaltiger Erde im Heidesandboden und unterscheidet Dung
und Düngemittel[4]. Die von ihm angewandte Schlämmethode beschreibt er ausführlich wie folgt[5]: „Ich habe drey Pfund dieser Erde viermal mit einerley reinem
Wasser, dann wieder viermal mit frischem, und noch einmal viermal mit frischem
Wasser, also in allem zwölfmal geschlemmt, das Wasser, welches lange trübe blieb,
jedesmal in ein andres, und nach einigen Minuten in ein drittes Gefäß gegossen,
und so dreyerley Erden, eine sehr grobe, eine etwas feinere, und eine ausnehmend
feine, erhalten. Die erste war übrigens noch fein genug, hatte aber noch die Farbe
wie vor dem Schlemmen, . . . sie hatte alles Bindende verloren. Die zweyte war
wenig verschieden, nur daß sie mehr Bindendes hatte ... und war offenbar nur
ein Gemenge aus der ersten und dritten. Die erste zeigt sich schon unter der
Glaslinse[6] als ein sehr feiner, mit einigen schwarzen Körperchen durchsäter Sand ...
die dritte Erde war ganz reiner Thon ... sie war ausnehmend fein. „Wichtig
erscheint auch der von ihm gemachte Hinweis, daß „die Erde der Polder" nach
erfolgter Meeresüberschwemmung nur dann fruchtbar ist, wenn der Regen den
„größten Theil des Salzes wieder hinweggeschwemmt hat". Er untersuchte eine
ganze Anzahl der verschiedensten Böden nach dem obengenannten Verfahren.
Von einer Bodenfraktion schreibt er: „Die dritte Erde, die nur langsam niederfällt, und so fein ist, daß sie zum Theil mit dem Wasser durch das Löschpapier
durchläuft und das Wasser noch lange trübe und schwarz bleibt ..."

Die chemische Untersuchung seiner Böden erstreckte sich auf die Ermittlung des Gehalts an Sand, Ton, Alaunerde und Glimmer. Gemäß den Kenntnissen
jener Zeit ist die Ausführung der Analysen äußerst genau, nach unseren heutigen
Anschauungen natürlich primitiv, wie auch de Beunie noch immer mit allem
Nachdruck als wahre Grundstoffe der Pflanzen: „Luft, Wasser, Salz, Öl und Erde"
bezeichnet.

Die Zusammensetzung der gebirgsaufbauenden Gesteine wird auch zu jener
Zeit schon zu ermitteln versucht, worauf nur verwiesen und lediglich dazu bemerkt sein möge, daß sich die Analyse auf Ermittlung folgender Bestandteile
erstreckte: „Grober Quarzsand, feine Kieselerde, Alaunerde, Eisen und Kalkerde"[7]. Chr. Albrecht Rückert gab in den Jahren 1789—1790 in drei Bänden
heraus: „Der Feldbau, chemisch untersucht, um ihn zu seiner letzten Voll-
kommenheit zu erheben"[8]. Der etwas anmaßende Titel dieses Werkes verspricht
denn auch mehr als man chemischerseits erwarten darf. In landwirtschaftlich-

---

[1] Siehe auch R. Meyer: a. a. O. 55.   [2] Groth, P.: a. a. O. 212, 255.

[3] Beunie, de: Chymischer Versuch über die Erden als Grundlage zum Anbau der
Heiden. L. Crells Chem. Ann., 1, 163—179 (1784).

[4] Er schreibt hierüber: „Alle thierischen und Pflanzentheile geben, wenn sie faulen,
Dung; Düngemittel aber sind eigentlich Mineralien, welche fette, schmierige Theilchen
und eine feine glas- oder kalkartige Erde enthalten."

[5] Beunie, de: a. a. O. 165.

[6] Seine Untersuchungen deuten auf einen ausgiebigen Gebrauch der Glaslinse.

[7] Wiegleb: Chemische Untersuchung usw. Crells Ann. 1784, 143ff.

[8] Erlangen 1789/90.

praktischer Hinsicht ist dieses Buch wohl mit zu den besten jener Zeit zu rechnen. Für den Bodenkundler sind aber keine Fortschritte gegenüber WALLERIUS' Kenntnissen festzustellen. Seine Bodeneinteilung erfolgt in leichte und schwere Böden, je nach ihrer Bindigkeit. Der schon genannte R. KIRWAN[1] berichtet über die den verschiedenen Bodenarten vorteilhaftesten Düngungen und die Ursache ihrer Wirksamkeit, glaubt aber, daß der Boden und das Regenwasser keine oder nur geringe Mengen Alkali enthalte, sondern daß diese durch den Vegetationsprozeß erzeugt würden. Auch über recht ernsthaft zu nehmende Beobachtungen und Untersuchungen über die Verwitterung wird schon geschrieben[2]. Der schon zitierten Arbeit STORRS seien folgende hierfür sprechende Sätze entnommen: „Von der Verwitterung des Granits zu Thon sind die Beyspiele nicht selten" (er führt einige an) ... „Selbst Sandgebirge scheinen nach manchen sichtbaren Spuren, zuweilen dem Übergange in den Thon unterworfen zu sein; ebenso liest man von Quarz, Feldspat, Kiesel, Jaspis, Hornstein und versichert es. Vom Basalt und den Laven ist es allgemein bekannt ... Das Alpensalz und die Auswitterung des Bittersalzes aus Thonschiefern, wovon auch die neuesten Entdeckungen in der Chemie einige Beyspiele angemerkt sind, läßt sich nicht wohl anders als aus einer Zerlegung der Alaunerde durch die, solchen Thonschiefern beygemischte, Bittersalzerde, erklären und legt auf solche Weise ein neues Zeugnis für die Gegenwart der Vitriolsäure in der Alaunerde ab."

Der EARL OF DUNDONALD veröffentlichte 1795 eine Abhandlung über die Beziehungen zwischen Landwirtschaft und Chemie[3], in der er eindringlich auf die grundlegende Bedeutung der Chemie für die Landwirtschaftswissenschaft hinweist[4]. Für die Pflanzenernährung legte er dem Humus einen großen Wert bei.

O. NOLTE[5] hat die Arbeiten des Chemikers A. W. LAMPADIUS (1772—1842), die Bezug auf Agrikulturchemie nehmen, vom heutigen Standpunkte dieser Wissenschaft beleuchtet. Neben anderen Problemen (Düngungs-, Anbauversuchen) beschäftigte sich LAMPADIUS besonders mit der chemischen Untersuchung von Ackerböden, um die zur Bildung der Pflanzen nötigen Bestandteile[6] zu erforschen. Zu diesem Zwecke bediente er sich der Bodenanalyse, wie wir sie u. a. schon bei BERGMANN, KIRWAN und RÜCKERT kennengelernt haben. Hier weist NOLTE auch noch auf die KUBBEschen Untersuchungen zur Bestimmung der mineralischen Teile hin, die im Auslaugen des Bodens mit Wasser und im Bestimmen der nach dem Verglühen zurückbleibenden Asche besteht. Ferner wird seine Bodeneinteilung wiedergegeben. LAMPADIUS klassifiziert die Böden nach ihrer chemischen Zusammensetzung wie folgt[7]:

a) Kieselige, dürr, fett oder steinig;
b) tonige, mager, lehmig, ockrig oder schwarz;
c) kalkige, dürr oder fett;
d) talkige;
e) gemischte Böden.

---

[1] Siehe auch E. J. RUSSEL: a. a. O. 6, 226.

[2] STORR: Über die Umänderung der Glaserde und die besonderen Eigenschaften der im Ton mit der Alaunerde verbundenen Art der Bindeerde. Crells Ann. 1, 5 ff. (1784).

[3] DUNDONALD: A. Treatise showing the intimate Connection that subsists between Agriculture and Chemistry.

[4] JOHNSON, S. W.: Wie die Feldfrüchte wachsen. Aus dem Amerikanischen übersetzt von HERMANN v. LIEBIG. Braunschweig 1871.

[5] NOLTE, O.: WILH. AUGUST LAMPADIUS, ein vergessener Agrikulturchemiker. Die Ernährung der Pflanze 1926, Nr 17, 18 (hier auch Angabe der Arbeiten des LAMPADIUS).

[6] Nach E. J. RUSSEL: a. a. O. 6, glaubte LAMPADIUS, daß Pflanzen Kieselsäure erzeugen könnten, eine Meinung, die LAMPADIUS aber in seinem viel später geschriebenen Buche: Die Lehre von den mineralischen Düngemitteln, Leipzig 1833, nicht mehr aufrechterhielt.

[7] NOLTE, O.: a. a. O. Nr 17, 204.

Interessant sind noch die Ausführungen über die Wirkung des Kalkes auf den Boden, die „in Erwärmung des Bodens, Zersetzung organischer Substanzen, Abbindung der schädlichen Säuren, Bindung von Wasser und Kohlenoxyd und Ernährung der Pflanzen" besteht.

In einem Bericht „Phytochemische Beobachtungen über die Boretschpflanze"[1] gibt uns Lampadius verschiedene Analysen der zu seinen Versuchen benutzten Böden und berichtet über die Ergebnisse eines heißen, wässerigen Auszuges derselben. Ferner gibt er u. a. an, daß die Kieselerde nicht rein, sondern mit Tonerde als Silikat verbunden im Boden, der durch Verwitterung des Gneises entstanden wäre, vorkäme und folgert aus den Ergebnissen gleichzeitig vorgenommener Pflanzenanalysen, daß die Wurzelfasern eine „Analyse des Silikats" hervorgebracht hätten, worauf im Anschluß hieran noch auf das Vorkommen recht beträchtlicher Mengen Schwefelsäure in Laub- und Holzaschen hingewiesen wird.

Außerdem gibt Lampadius in späteren Jahren (1833) eine Anleitung zur zweckmäßigen Anwendung der Düngung, der er die Ergebnisse der Pflanzenanalyse und der Ernte zugrunde gelegt, was im Hinblick auf das noch heute im Vordergrunde des Interesses stehende Problem der Ermittlung des Düngebedürfnisses bedeutsam erscheint. In diese Zeit fällt auch das Leben und Wirken A. S. Margrafs (1709—1782). Sein umfassendes Wissen und seine erfolgreiche Tätigkeit als Forscher sind schon von E. v. Lippmann[2] gewürdigt. Neben der Entdeckung des Zuckers in der Rübe hat er sich durch die Unterscheidung von Kalium und Natrium bekannt gemacht und auch durch seine Behauptung, daß die Pflanzen mineralische Nahrung, namentlich Alkalien aufnehmen. Er wies auf das Vorkommen von Eisen in Mineralien- und Pflanzenaschen mittels der von ihm gefundenen Blutlaugensalzreaktion hin, ferner maß er der Berücksichtigung des kristallographischen Aussehens der Präparate und deren Prüfung durch das Mikroskop weitgehendste Bedeutung bei.

Einschaltend sei erwähnt, daß der glänzenden Beobachtungsgabe Joh. Wolfgang Goethes (1749—1832), des großen deutschen Dichters, der zugleich einer der universellsten Geister und bedeutend als Altertumsforscher und Naturwissenschaftlicher war, auch das Vorkommen von Roterde nicht entgangen ist. Herm. Fischer[3] berichtet darüber, daß durch Goethes italienische Reiseberichte (Herbst 1786 bis Frühjahr 1788) Feststellungen vorliegen, die dem Stande der damaligen naturwissenschaftlichen Erkenntnis weit vorauseilend ein Forschungsgebiet vorzeichnet, das bis zur heutigen Zeit im Mittelpunkt der Diskussion steht.

Daß Goethe auch für die Mineralogie weitgehendstes Interesse hatte, ist hinlänglich bekannt, aber aus dem Briefwechsel mit H. Wackenröder[4] geht hervor, daß er sich auch mit verwitterungskundlichen Dingen beschäftigte, so wird z. B. in einem Briefe aus dem Jahre 1813 „von der Umwandlung des Feldspats in Thonhydrat" gesprochen.

Beim Überblick über die Forschung und deren Ergebnisse dieses Zeitabschnittes ist festzustellen, daß sich zwar hin und wieder Ansätze zeigen, die zur Erkennung und Unterscheidung der Böden dienen, aber eigentlich doch immer nur im Hinblick auf ackerbauliche und pflanzenphysiologische Probleme, nicht

---

[1] Arch. ges. Naturl. **7**, 129—160. Nürnberg 1826.

[2] Lippmann, E. v.: A. S. Margraf, ein angewandter Chemiker des 18. Jahrh. a. a. O. 275 ff.

[3] Fischer, Herm.: Goethe und die sizilianische Roterde. Internat. Mittlgn. Bkd. **1**, 14, 131 (1924).

[4] Brauer, Kurt: Goethes Briefwechsel mit Wackenröder. Jul. Ruska: Stud. Gesch. Chem. (E. O. v. Lippmann-Festgabe), 159. Berlin 1927.

aber als Endzweck. Ganz besonderes Interesse nahm bei den meisten Forschern die Frage der schon erwähnten „Humustheorie" ein. Man muß bei dieser Theorie zwei Richtungen unterscheiden, einmal diejenige, die den Humus direkt als Pflanzennahrung bezeichnet, zum anderen die von SENEBIER geschaffene, die den Humus deshalb als wichtig bezeichnet, weil er sich im Boden zersetze und dabei Kohlensäure entwickele; SENEBIER glaubte, daß die Wurzeln die Kohlensäure der Bodenflüssigkeit entnehmen und dieselbe den Blättern zuführen könnten[1].

VON DER GOLTZ[2] hat sich eingehend mit der Frage beschäftigt, wie es geschehen konnte, daß trotz der schon gemachten Ansätze zur „Mineraltheorie" sich die Humustheorie verhältnismäßig so lange hielt. Er gibt als einen Hauptgrund für die damaligen irrigen Anschauungen über die Pflanzenernährung an, „daß die theoretische Chemie noch zu keiner genügenden Klarheit über das Wesen eines Grundstoffes (Elementes) gekommen war". Aber die Entwicklung gerade in dieser Wissenschaft war eine rapide, zumal ihr auch durch auf anderen Gebieten der Wissenschaft erhaltene Fortschritte wesentliche Hilfsquellen entstanden. Es sei z. B. an die Entdeckung des Galvanismus (1791) durch VOLTA und GALVANI erinnert. Um 1800 wurde die aus galvanischen Elementen bestehende Voltasche Säule konstruiert, die einen dauernden elektrischen Strom gab, und man entdeckte, daß dieser Strom chemische Arbeit leisten konnte, um Verbindungen in ihre Elemente zu zerlegen[3].

Das nun beginnende Jahrhundert brachte der Wissenschaft und Technik einen ungeahnten Aufschwung, alle Zweige der Naturwissenschaften wurden exakt ausgebaut[4]. Es liegt in der Natur der Entwicklung und des geradezu überwältigend wirkenden, alles umstoßenden Fortschrittes, daß die Entdeckungen meist Einzelleistungen — vorerst ohne Zusammenhang — waren. Und als besonders bezeichnend für die Übergangzeit ist festzustellen, daß die Forscher jener Zeit auf mehreren Fachgebieten zu gleicher Zeit arbeiteten, und so ist eine Fülle von Material zusammengetragen, das in wissenschaftlichen Zeitschriften und einzelnen Veröffentlichungen niedergelegt ist, die teilweise nicht vermuten lassen, in ihnen Aufsätze solcher Natur zu finden. Und so kommt es — angewandt auf unser Gebiet — häufig vor, daß sich in Arbeiten mit rein chemischem Titel wichtiges Material pflanzenphysiologischer, mineralogischer, geologischer oder bodenkundlicher Natur vorfindet.

Die Sachlage an der Jahrhundertwende und in den ersten Jahren des 19. Jahrhunderts ist dadurch gekennzeichnet, daß wir zwar auf fast allen Gebieten der Naturwissenschaften wesentliche Fortschritte zu verzeichnen haben, daß aber in bodenkundlicher Hinsicht keine neuen Erkenntnisse gefördert worden sind. Weder die Geologie noch die Landwirtschaft haben sich um die planmäßige Untersuchung der Ackererde, deren Entstehung und Umbildung, gekümmert; man strebte einerseits in der Geologie weit anderen Zielen zu und in der Landwirtschaft sah man die Dinge lediglich vom ökonomischen Standpunkte an, und das einzige Interesse wurde dem Boden in bezug auf seine Kultur- und Ertragsfähigkeit zugewandt. Zahllos sind die Schriften, welche über Ackerbau und Landwirtschaft handeln, aber die für das Altertum schon geltende „Mißachtung" des Bodens ist noch bis in die Tage der Wende vom 18. zum 19. Jahr-

---

[1] PRJANISCHNIKOW, D. N.: Die Düngerlehre, 11. Berlin 1923.

[2] GOLTZ, A. v.: a. a. O. 382—384.

[3] Wie wichtig auch für die Bodenkunde diese Erfindung ist, geht z. B. aus DAVY-WOLFF: Elemente der Agrikulturchemie (174, Berlin 1814) bei der Besprechung der chemischen Zusammensetzung des Bodens hervor.

[4] Eine kurze, aber prägnante Übersicht über die Fortschritte des 19. Jahrh. vermittelt uns HUGO RACHEL: Geschichte der Völker und Kulturen von Urbeginn bis heute, 303 ff. Berlin 1920.

4*

hundert, ja sogar darüber hinaus, festzustellen. Von der Bodenkunde als Wissenschaft zu sprechen ist zu jener Zeit nicht möglich; denn abgesehen von einigen zusammenhanglosen Beobachtungen und wenigen dürftigen chemischen und physikalischen Untersuchungen — und auch meist selbst diese — ist alles im Sinne der Landwirtschaft geschrieben worden, und dieses blieb auch noch lange so, bis über die fünfziger Jahre des 19. Jahrhunderts. Sprach man in der Folgezeit von Bodenkunde, so geschah dieses nur in der Form entweder eines durchaus untergeordneten Teils der Agrikulturchemie oder aber eines solchen der Geologie. Einige Ausnahmen werden später angeführt werden, aber im großen und ganzen blieb die Kenntnis vom Boden äußerst mangelhaft, selbst in Hinsicht auf die Zusammensetzung desselben, wieviel mehr aber noch auf entstehungskundliche Erkenntnisse. Nicht ganz schuldlos vielleicht an diesen Verhältnissen ist das pflanzenphysiologische Problem: Vegetationsprinzip, dessen Entwicklung bis zu diesem Zeitpunkte durch folgende Theorien gekennzeichnet ist: 1. Salztheorie (Palissy). 2. Wassertheorie (Helmont). 3. Erdtheorie (Irthro Tull). 4. Öltheorie (schon von altersher). 5. Feuertheorie (Home). Standortstheorie (Wallerius)[1]. 7. Humustheorie. Infolge des Suchens nach diesem Prinzip vergaß man — nur das Interesse auf das Pflanzenwachstum in physiologischer Hinsicht gerichtet — der wirklichen Bedeutung, Wirkung und Entstehung des Standortes nachzuforschen.

In Verfolgung des Vegetationsprinzips haben wir auch zu Beginn des 19. Jahrhunderts eine Reihe Arbeiten der Anhänger der „Humustheorie"zu verzeichnen. Wir haben die in den „recherches chimiques sur la végétation[2]" (1804) von Théod. de Saussure (1767—1845) niedergelegten Untersuchungen im Verein mit den Arbeiten der schon genannten Forscher Ingenhousz und Senebier als die eigentliche Grundlage der Pflanzenernährungslehre anzusehen. De Saussure und den später noch zu nennenden Humphrey Davy gelten als die Begründer der Agrikulturchemie. Théod. de Saussure stellte eine große Anzahl von Untersuchungen über den Humus an: 1. Untersuchungen über die Zusammensetzung des Humus. 2. Über die Extraktivstoffe des Humus. 3. Von den im Humus vorhandenen Salzen. 4. Über die Veränderungen, welche das Sauerstoffgas durch seine Berührung mit Humus erleidet. Als Endergebnis dieser Untersuchungen stellt er fest: „der befeuchtete, aber im trockenen Zustande betrachtete Humus verliert bei der Temperatur der Atmosphäre durch Berührung mit Sauerstoffgas an Gewicht." Kohlensäurebildung und Sauerstoffabsorption sind also das wesentliche Resultat. Daß Saussure eine Reihe von Veraschungs- und Analysenmethoden angibt, sei nebenbei bemerkt. Nach O. Neuss waren die genannten Sauerstoffabsorptionsversuche de Saussures die einzigen, welche bis 1779 ausgeführt wurden. Der Vater Théod. de Saussures, Horace Benedicte de Saussure, hat sich ebenfalls um verschiedene Naturwissenschaften verdient gemacht, u. a. machte er recht bemerkenswerte Beobachtungen über den Humus und seine Zersetzlichkeit in Beziehung zur Abhängigkeit vom Klima[3], von der Natur und Lage des Untergrundes und zur Fruchtbarkeit[4].

---

[1] Wallerius hat zum ersten Male ausgesprochen, daß die Pflanze ein organisches Gebilde sei, welches die von Wärme und Feuchtigkeit abhängige Fähigkeit besitze, am Standorte Nahrung aufzunehmen, obwohl er sich von der Öltheorie nicht ganz frei machen konnte.

[2] Paris 1804. Übersetzt von A. Wieler. Leipzig 1890.

[3] Angaben über die Klimatologie, als Zweig der Meteorologie und deren Geschichte, finden sich bei: a) Hellmann, G.: Beiträge zur Geschichte der Meteorologie. Berlin 1917; b) Naegler, W.: Geschichtliches über Messungen der Erdbodentemperatur in Deutschland in: „Das Wetter" 1912, 227; c) Köppen, W.: Die Klimate der Erde. Berlin u. Leipzig 1923.

[4] Sausaure, H. B. de: Voyage dans les Alpes 1779, § 1319.

Es sei hier auch noch der Tätigkeit und des umfassenden Wissens des Freiherrn ALEXANDER VON HUMBOLDT gedacht (1769—1859)[1]. HUMBOLDT besaß eine ausgezeichnete Beobachtungsgabe, er trug ein unermeßliches Material auf allen Gebieten der Naturwissenschaften zusammen, im besonderen aber in bezug auf geographische, geologische und klimatologische Forschungen. Auch hat er es meisterhaft verstanden, den inneren Zusammenhang, die Gesetzlichkeit der Dinge mit seinen Einzelforschungen und Beobachtungen zu vereinen und das gesammelte Material, das Gesehene, Beobachtete und Erforschte zu einem Weltbild von unerreichter Größe zusammenzufassen gewußt. Man bezeichnet ihn als Begründer der Klimatologie, der geographischen Morphologie und der Pflanzengeographie. Recht reges Interesse brachte er bodenkundlichen, speziell verwitterungskundlichen Fragen entgegen. Auch begnügte „er sich nicht mit dem Ergründen von zweckmäßigen Prinzipien der Klassifikation der Pflanzengesellschaften[2], sondern wagte bereits eine Einteilung der Erde in Zonen und Regionen, die einen Parallelismus zwischen Klima und Pflanzenverteilung zeigen sollten". U. a. geht aus seinem Bericht über die Reise „in die Äquinoctial-Gegenden des neuen Kontinents[3]" (1799—1804) seine Bekanntschaft mit Dammerde, Ton, Mergel, Kalk, Sand in bodenkundlicher Auffassung hervor, ferner gibt er u. a. eine Beschreibung eines halbverwitterten Basalts, der „beim Anhauchen einen Tongeruch von sich gibt" und entwirft Schilderungen der Bodenfruchtbarkeitsverhältnisse. Verwitterungskundlich beachtenswert scheint folgende Bemerkung anläßlich der Beschreibung des Vulkans Piton: „Schwefeldämpfe brechen aus dem Innern fast überall, wo man hintritt, und hinauf bis zum äußersten Kranz. Sie zerstörten das Gestein bis zum weißen Thon[4]."

Über die Verwitterung eines Glimmerschiefers zu Ton, der durch Eisenoxyd rot gefärbt ist, berichtet er bei Besprechung der Töpferarbeiten von Maniquarez, wie er überhaupt den chemischen und physikalischen Eigenschaften der Böden regstes Interesse entgegenbringt und auch die Adsorption von Sauerstoff durch Ton nachwies[5]. Schließlich hat um diese Zeit (1807) F. BUCHANAN nicht nur den Namen „Laterit" geprägt, sondern sich auch eingehend mit der Entstehung desselben beschäftigt. Er bezeichnete die indischen Böden, die ausgestochen und an der Sonne erhärtet von der Bevölkerung als Baumaterial benutzt wurden als Laterit (later = Ziegelstein)[6].

Im Allgemeinen läßt sich sagen, daß alle diese Einzeluntersuchungen und Beobachtungen für die Entwicklung der Bodenkunde aber nur mühsam zusammengetragene Bausteine darstellen, die, solange keine systematischen Untersuchungen in der Richtung der Erforschung des Bodens vorlagen, noch des Baumeisters harrten. Zweifelsohne liegt dies mit an der damals noch mangelhaften Durchforschung der der Bodenkunde als Hilfswissenschaften dienenden Disziplinen. Es läßt sich zwar nicht leugnen, daß Agrikulturchemie und Pflanzenproduktionslehre, Mineralogie, Petrographie, Geognosie und Geologie durch Heranziehung der Chemie und unter Benutzung der sich auf letzterem Gebiete ergebenden Forschungsresultate rasche Fortschritte in der Entwicklung, wie schon angedeutet, feststellen ließen, aber ehe nicht diese Disziplinen die Lehren der

---

[1] Für die gesamte Naturwissenschaft (bes. Geographie, Geologie, Klimatologie) sehr bedeutungsvolle Reisen wurden bekanntlich v. HUMBOLDT unternommen nach Amerika, Venezuela, Kuba, Mexiko, asiatischem Rußland, China usw.

[2] LUNDEGARDH, HENRIK: Klima und Boden, 1. Jena 1925.

[3] KLETKE, H.: Alex. v. Humboldts Reisen in Amerika und Asien, 1. Berlin 1857.

[4] KLETKE, H.: Alex. v. Humboldts Reisen in Amerika und Asien. a. a. O. 42.

[5] NEUSS, O.: a. a. O. 466.

[6] BUCHANAN, F: A journey from Madras through the countries of Mysore, Canara and Malagar. London 1807.

Chemie selbst in sich aufgenommen hatten, vermochten dieselben für die Kenntnisse des Bodens wenig zu bieten[1].

Es sind zu Anfang des vorigen Jahrhunderts zwar einige erfolgversprechende Ansätze in der Entwicklung der Bodenkunde vorhanden, doch sind sie, da das Hauptinteresse in pflanzenphysiologischer, forst- und landwirtschaftlicher Richtung lag, nicht durchgreifend genug. So hat der Franzose A. A. Cadet de Vaux (1743—1828) eine von Rénard (1804) übersetzte Abhandlung: „Von der Kenntnis des Bodens für Landwirte" herausgegeben, die nach O. Neuss[2] als Dokument der ersten mechanischen Bodenanalyse zu bewerten ist. Der als Mitbegründer der Agrikulturchemie geltende Engländer Humphrey Davy[3] (1778—1829) analysierte zuerst den Boden erfolgreich, berichtet über die Denitrifikation und beschreibt das Wesen der Nitrifikation. Besonderes Interesse wandte er der mechanischen Bodenanalyse zu und gibt eine genaue Beschreibung seiner Untersuchungsmethoden und Apparate. Er weist darauf hin, daß bei einer Prüfung der allgemeinen Beschaffenheit eines „Ackerfeldes" Proben von verschiedenen Stellen genommen werden müssen. Zwei Arten von spez. Gewichtsbestimmungen sind genau von ihm beschrieben, wie ihm auch der Salzsäureauszug und die Kohlensäurebestimmung (durch Volumbestimmung) bekannt sind. Den Wärmehaushalt des Bodens schildert er eingehendst, und die Hygroskopizität benutzt er schon als Wertmesser der verschiedenen Bodenarten. So fand er[4], daß 1000 Teile der folgend aufgeführten Böden, die beigegebenen Mengen an Feuchtigkeit aufnahmen, nachdem sie bei 100° getrocknet und dann 1 Stunde der Luft ausgesetzt waren:

Unfruchtbare Erde von Bagshotheath	3
Grober Sand	8
Feiner Sand	11
Boden von Mersey (Essex)	13
Sehr fruchtbares Alluvium (Somersetshire)	16
Besonders fruchtbarer Boden von Ormiston, East Lothia	18

Eine wissenschaftliche Bodenklassifizierung vorzunehmen, hält er aber für eine vergebliche Mühe. Er unterscheidet nur Sandboden, kalkhaltigen Sandboden, Thon-, Lehm-, torfartigen Boden. „In Fällen, wo der erdige Teil des Bodens offenbar aus der zersetzten Substanz einer besonderen Gebirgsart besteht, kann ein von dieser entlehntes Beiwort zur Bezeichnung des Bodens gewählt werden" (z.B. basaltischer, granitischer Boden).

Wichtig erscheint noch der Hinweis auf die durch Davy geübte Trennung der feineren von den gröberen Bodenbestandteilen durch Siebe, wie die nachherige Schlämmung der Böden nach vorhergehendem Kochen[5]. Über die Bildung des Bodens läßt er sich u. a. wie folgt aus: „Der Boden scheint ursprünglich durch Zersetzung der Felsen und Steinschichten entstanden zu seyn. Es ist oft der Fall, daß der Boden sich in einem unveränderten Zustande auf den Felsen, denen er seine Entstehung verdankt, befindet." Er beschreibt den Verwitterungsvorgang an Hand einer Granitverwitterung:

„War ein Granitfelsen dieser Gattung, lange dem Einfluß der Luft und des Wassers ausgesetzt; so wirkt das Wasser oder die Kohlensäure auf die Kalkerde und das Kali, welche als Bestandtheile in demselben enthalten sind; und das Eisenoxyd, welches fast immer sich auf der niedrigsten Stufe der Oxydation be-

---

[1] Siehe auch R. Braungart: Die Wissenschaft in der Bodenkunde, 12. Berlin u. Leipzig 1876.

[2] Neuss, O.: a. a. O. 463.

[3] Davy, Sir Humphry: Elemente der Agrikulturchemie. Übersetzt von Friedr. Wolff. Berlin 1814.

[4] Johnson, S. W.: Wie die Feldfrüchte sich nähren. Deutsche Übersetzung von Herm. v. Liebig, 171. Braunschweig 1872.

[5] Davy, Humphry: a. a. O. 185—187 u. 215.

findet, strebt sich mit einer größeren Menge Sauerstoff zu verbinden. Die Folge hiervon ist, daß sowohl der Feldspath, als der Glimmer zersetzt werden; der erstere jedoch weit rascher. Der Feldspath, welcher gleichsam das Cement des Steines bildet, giebt einen feinen Thon; der zum Theil zersetzte Glimmer mengt sich damit als Sand; und der unzersetzte Quarz erscheint als Kies oder Sand von verschiedenen Graden der Feinheit."

„So wie auch nur die dünnste Schicht Erde auf der Oberfläche des Felsens gebildet wird, so senken sich die Saamen der Moose, Lichenen und anderer unvollkommenen Pflanzenarten, welche beständig in der Luft schwimmen, darauf nieder, und beginnen zu vegetieren. Sie sterben, werden zersetzt und ihre Trümmer bilden etwas organische Materie, welche sich mit den erdigen Substanzen des Felsens mengt. Dadurch wird der Boden so weit verbessert, daß er vollkommenen Pflanzen Nahrung gewähren kann . Diese saugen ihrerseits Nahrung aus dem Wasser und der Atmosphäre ein, und indem sie zu Grunde gehen, tragen sie zur Vergrößerung der schon vorhandenen Menge organischer Materie bei. Auch die Zersetzung des Felsens dauert fort, und so wird dann endlich, durch diese langsam und stufenweise erfolgenden Prozesse, ein Boden gebildet, in welchem selbst Waldbäume Wurzel schlagen können, und welche die Mühe des Landbauers zu belohnen geeignet ist."

Wie weitgehend schon das Interesse für den Boden in jenen Zeiten ist, geht aus dem Hinweis der Geologen A. GOLDFUSS und G. BISCHOF[1] hervor, die eine Untersuchung der Beziehungen der aus verschiedenen Gesteinen erhaltenen Böden zu denen auf ihnen wachsenden Pflanzen anregten. Erwähnt werden mag auch, daß der Dichter ADELBERT VON CHAMISSO (1781—1838), der sich als Forschungsreisender, Geologe und Botaniker einen Namen machte, sich auch als Moorforscher betätigte[2]. Seine diesbezgl. Arbeiten und Veröffentlichungen, in denen er Stellung zu der Entstehung der Moore nimmt, fallen in die Jahre 1822, 1824 und 1826.

Daß der Fortschritt auf dem Gebiete der Erforschung des Bodens in seiner Gesamtheit sehr langsam vor sich ging und sich selbst in dieser Zeit rapidester wissenschaftlicher Entwicklung nur ganz allmählich Bahn brechen konnte, geht aus folgendem Satze des Franzosen ROZIER hervor: „Der Humus ist die vorzüglichste Kalkerde[3]."

Ein Zeitgenosse DAVYS, der deutsche Chemiker S. F. HERMBSTÄDT (1760 bis 1833) hat z. B. noch die Vorstellung, daß die „Erden, Alkalien, salzige und metallische Stoffe" im Boden durch die Vegetation in den Boden kommen, trotzdem von ihm andererseits gesagt werden muß, daß er der chemischen und physikalischen Untersuchung des Bodens große Beachtung schenkte[4], wie er auch gerade den quantitativen Verhältnissen Rechnung zu tragen versucht[5].

Wir müssen an dieser Stelle A. THAERS (1752—1828) gedenken, der als Hauptvertreter der „Humustheorie" der Landwirtschaft unendlich genutzt hat[6] und der

---

[1] GOLDFUSS, A., u. G. BISCHOF: Physikalisch-statistische Beschreibung des Fichtelgebirges, I. T., 205. Nürnberg 1817.

[2] BERSCH, W.: Chamisso als Moorforscher. Mitt. Ver. Förderung Moorkultur 32, 304, (1914).

[3] NEUSS, O.: a. a. O. 466.

[4] Nach O. NEUSS: a. a. O. 465, Herausgeber des Arch. Agrikulturchem. 1801 erschien von ihm: Grundsätze der experimentalen Kameralwissenschaften.

[5] HERMBSTÄDT: Versuch einer kurzen Darstellung der chemischen Elementargesetze, welche mit der ausübenden Ackerbaukunst in der engsten Verbindung stehen. Arch. Agrikulturchem. 1, H. 2.

[6] KÖRTE, WILHELM: Albrecht Thaer, sein Leben und Wirken als Arzt und Landwirth. Leipzig 1839. Hier auch Angabe der sämtlichen Veröffentlichungen A. THAERS, siehe dgl. A. ORTH: Die Landwirtschaft z. Z. Thaers, Berlin 1906.

als einer der Hauptförderer des Landbaues und insonderheit des landwirtschaftlichen Unterrichts- und Forschungswesens gilt. Er legte große Bedeutung auf die Kenntnis des Bodens, dessen Einteilung er z. T. nach den Erträgnissen vornimmt. Besondere Beachtung verdienen auch die Ausführungen Thaers über Meliorationen, Entwässerung und Bewässerungen und die damit im Zusammenhange stehenden Fragen der Wasserführung[1]. Wenngleich er auch nicht immer Wert auf die Forschung des Bodens in chemischer Hinsicht legte, so hat er doch den Versuch einer wissenschaftlichen Bodeneinteilung auf kombiniert chemisch-physikalischer Grundlage gemacht, die aber im Hinblick auf die „Humustheorie" der Bedeutung der Mineralien im Boden nur einen untergeordneten und der Entstehung des Bodens gar keinen Raum gewährt. Zweifelos ist die Bodenkunde A. Thaers insofern zu einem gewissen Danke verpflichtet, als er als erster äußerst eindringlich auf die wissenschaftliche Behandlung[2] der Kenntnisse vom Boden hinwies.

Daß Thaer bei seiner Bodenklassifikation und seiner Angabe über die Untersuchung und Bestimmung des Bodens mehr auf oekonomische Interessen Rücksicht nimmt, liegt zweifelsohne in der zu weiten Absteckung des Zieles, das Thaer zu erreichen suchte und auch erreicht hat. Sicherlich hat er für die deutsche Landwirtschaft viel geleistet, und daß bei der grundlegenden Bedeutung, die Thaer dem Boden einräumte, auch in gewisser Beziehung ein Fortschritt in der Auffassung vom Werte des Bodens eintrat, ist nicht zu leugnen. Bei Betrachtung aller bisherigen Ansichten und Arbeiten über den Boden kann man sich des Eindrucks nicht erwehren, daß der Boden oder auch die Ackererde zum allergrößten Teil als etwas Gegebenes, um nicht zu sagen Nebensächliches, betrachtet wird (abgesehen von der sogen. Erdtheorie). Bei Thaer finden wir aber zum ersten Male die wirkliche Bedeutung einzelner chemischer und physikalischer Eigenschaften der Böden in den Vordergrund der Betrachtungen gezogen — der Boden ist bei Thaer der Ausgangspunkt seiner Auffassung. Folgende Worte sind das Resultat der Schlußfolgerungen über den Wert der einzelnen Untersuchungen: „Die wasserhaltende Kraft also ist, meiner Überzeugung nach, zwar nicht das einzige, worauf es bey dem Verhältnisse der Erdarten im Boden ankommt, aber doch das vornehmste. Nach der Tiefe der Krume, dem Untergrunde, der ebenen oder abhängigen Lage, dem Himmelsstriche, wohin sich der Abhang neigt, dem Clima und der Höhe des Ackers gegen die umliegende Gegend und besonders gegen den Spiegel eines benachbarten Flußes, wird der fruchtbarere Boden sehr verschieden in seiner Mischung seyn müssen. Daher erfordern diese Umstände bey der Beurteilung des Bodens unsre Aufmerksamkeit." Als einzelne Untersuchungsmethoden gibt er z. B. an: Durchführung der Bestimmung der wasserhaltenden Kraft, der Aussiebmethode, einer Schlämmethode zur Trennung von Sand und Ton, und führt gegenüber Kirwan verbesserte Analysenmethoden durch. Zum Schluß sei über das Wirken Thaers noch angeführt, daß er, angeregt durch die Fortschritte auf chemischem Gebiet, einzelnen Bodenbestandteilen besonders in späteren Jahren regstes Interesse entgegenbringt[3].

Daß er sich auch über die Entstehung der Böden — wenigstens in großen Zügen — Gedanken machte, geht aus folgenden Worten hervor: „Es sey sichtlich, daß der Boden in der Thalgegend beim Zusammenflusse der Mosel mit

---

[1] Besonders A. Thaer: Einleitung zur Kenntnis der englischen Landwirtschaft 2, I. T. Hannover 1800.

[2] Thaer, Albrecht: Einleitung zur Kenntnis der englischen Landwirtschaft 1. Hannover 1798.

[3] Thaer, A.: Grundsätze der rationellen Landwirtschaft. Berlin 1809—1812.

dem Rhein nicht durch Verwitterung, sondern durch Anschlämmung entstanden sey[1]."

Die Bodeneinteilung, die als „THAERs Bodenklassifikation" bezeichnet wird[2], stammt eigentlich von EINHOF, der zugleich mit CROME[3] ständiger Mitarbeiter von THAER war. Wie die von EINHOF gegebene Bodeneinteilung lediglich landwirtschaftlich-praktischen Bedürfnissen Rechnung trägt, so dient ihm auch die chemische und „physische" Untersuchung mehr dazu, um den daraus zu ziehenden Gewinn berechnen und den Umständen nach dem Boden die passendste Behandlung angedeihen lassen zu können[4]. Auch CROME[5], der die THAER-EINHOFsche Einteilung lediglich modifiziert hat, behandelt den Boden nur von der ökonomischen Seite, er gibt Anleitung zur zweckmäßigen Bearbeitung und Bepflanzung der verschiedenen Bodenarten, wobei allerdings darauf hingewiesen werden muß, daß er bei der Beurteilung der Böden die Flora der wildwachsenden Pflanzen heranzieht. Seine gegenüber THAER-EINHOF etwas erweiterte Klassifikation sieht folgende Böden vor: 1. Tonboden, 2. Lehmboden, 3. sandiger Lehmboden, 4. lehmiger Sandboden, 5. Sandboden, 6. Mergelboden, 7. Kalkboden, 8. humöser Boden. Seine Bodendefinition ist geologisch-pflanzenphysiologisch, nach ihr ist der Erdboden oder die aus zertrümmerten Steinmassen und den Rückständen organischer Körper gebildete pulverförmige Erdkruste zugleich einer jener Hauptbedingungen, „wodurch der Wohnplatz der Gewächse bestimmt wird".

Sehr ausführlich berichtet CROME auch über Moder und Torf, deren Eigenschaften, Zusammensetzung und Wert, wobei im Hinblick auf moderne verwitterungskundliche Arbeiten folgende Mitteilungen besonders wichtig erscheint: „Nach den chemischen Untersuchungen, welche vorzüglich BUCHHOLZ, EINHOF und THAER über die Torfarten anstellten, zeichnen sich diese auch, so wie der saure Humus durch eine ihnen anhängende freie Säure aus, welche in der Regel aus Phosphorsäure, Schwefelsäure oder Essigsäure besteht."

EINHOF[6] gibt auch eine Erklärung für die Bildung und Entstehung des Torfes und I. N. SCHWERZ (1759—1844) lehrreiche Methoden zur Mischung des Sandbodens mit besserem Bodenmaterial zur Erzielung höherer Ernten auf Sandböden.

Einige Schüler THAERs brachten vereinzelte Beiträge, die von gewisser Bedeutung sind. So beruht nach KÖRTE die Wirkung des Mergelns auf Erhöhung der Absorptionsfähigkeit der Ackererde „gegen die den Pflanzen gedeihlichen Gasarten"[7]. Ein anderer Schüler THAERs, der bekannte J. H. v. THÜNEN, schrieb, „ob nicht die Bindung der Säure durch den Kalk die Hauptursache des Mergelns sey". Er veranlaßte einen seiner Schüler, daß er hierüber Versuche machte, wie auch um diese Zeit bereits gewisse Pflanzen als Kennzeichen des Mergelgehaltes des Bodens genannt werden[7]. Überhaupt war den Landwirten und Botanikern bekannt, daß die Düngemittel günstigen Einfluß auf das Wachstum der Pflanzen hatten, aber man schrieb den Düngemitteln keine direkt ernährende, sondern wesentlich nur eine reizende Wirkung zu.

Um diese Zeit erscheint die erste „Bodenkunde", die von HUNDESHAGEN (1813) stammt und der besondere Bedeutung für die Forstwirtschaft beigemessen

---

¹ HERGEN, J. A.: Der Kemperhof. Mit Hinsicht auf den Betrieb der Landwirtschaft in der Gegend von Koblenz. Berlin 1821. Referiert von THAER in: Möglinsche Ann. Landw. 8, 206, 207 (1821).

² Siehe auch E. RAMANN: Bodenkunde, 3. Aufl., 2. Berlin 1911.

³ KÖRTE, WILHELM: a. a. O. 249. (CROME ist Schwiegersohn von THAER.)

⁴ EINHOF: Anleitung der Kenntnis der chemischen Beschaffenheit des Bodens, für praktische Landwirte entworfen. Arch. Agrikulturchem. 2, H. 2, 304.

⁵ CROME, E. E. W.: Der Boden und sein Verhältnis zu den Gewächsen. Hannover 1812.

⁶ Siehe LEO LESQUERSEU: Untersuchungen über die Torfmoore, 171. Berlin 1847.

⁷ LENGERKE, A. v.: Landw. Konversationslexikon, 148—150. Prag 1838.

wird. In ihr wird die Wirkung des Gefrierens im Boden, sowie die Wärmestrahlung und die Verdunstung geschildert. Die Einteilung der Böden erfolgt nach ihrer geognostischen Abstammung. O. Neuss[1] hält dieses Werk allerdings für die Entwicklungsgeschichte der Bodenkunde bedeutungslos.

Im Jahre 1815 versuchte Cordier[2], um den Boden chemisch und mikroskopisch untersuchen zu können, diesen zu schlämmen. Einige Jahre später, 1819, erschien die von Gazzeri verfaßte Düngerlehre, in der wir zum ersten Male von den Ergebnissen eines Bodenadsorptionsversuches mit Jauche erfahren, aus der schon die richtige Erkenntnis des Vorgangs der Adsorption hervorgeht. „Die Erde und besonders der Ton bemächtigen sich der dem Erdreich anvertrauten, auflöslichen Düngerstoffe und halten sie zurück, um sie den Pflanzen nach und nach, ihrem Bedürfnis entsprechend, mitzuteilen." Neben Gazzeri lenkte 1830 noch ein Italiener, nämlich Lambruschini[3], die Aufmerksamkeit auf die absorbierende Fähigkeit der Böden, welche er mit dem Namen Incorporierung belegte. Dieser Forscher stellte nicht nur fest, daß der Boden sich die Säfte des Düngers aneignet, sondern auch, daß er es übernimmt, diese darin enthaltenden Säfte oder Stoffe später allmählich und in geeigneter Weise den Pflanzen mitzuteilen[4]. Wie aber z. T. wenig fortgeschritten noch um jene Zeit, trotz einiger sehr guter Einzelbeobachtungen, die Kenntnisse waren, erhellt aus der von O. Neuss[5] mitgeteilten mangelhaften Analysenkunst, denn eine 1820 ausgeführte Bodenuntersuchung brachte folgendes Ergebnis: „Man fand da in 400 Teilen Erde 52 Teile Wasser, 240 Teile Kieselerdesand, 5 vegetabilische Faser, 3 vegetabilischen Extraktes, 48 Teile Alaunerde, 14 Eisenoxyd, 30 Kalk und 6 Teile betrug der Verlust."

Von nun an mehren sich aber sehr die Einzelbeobachtungen wie auch die Bestrebungen, aus diesen die sich ergebenden Zusammenhänge zu erfassen und zu einem einheitlichen Ganzen zu gestalten.

Hier ist die durch Eisenbach[6] (1824) ins Deutsche übersetzte Agrikulturchemie des Franzosen I. A. Claude Chaptal (1823) zu nennen, in der auch dem Boden eine gewisse Bedeutung zugesprochen, insonderheit chemischen und physikalischen Eigenschaften verschiedener Bodenarten Beachtung gezollt wird. Farbe, Konsistenz, Lage, Dicke der Ackerkrume und das derselben unterliegende anstehende Gestein sind nach ihm für die Beurteilung der Böden bedeutungsvoll.

Nunmehr gelangen wir zu Karl Sprengel (1787—1859), dem Hauptvertreter der agrikulturchemischen Richtung innerhalb der Bodenkunde jener Zeit. Er veröffentlichte sowohl eine Menge Einzelarbeiten[7] als auch eine Reihe von zusammenfassenden Büchern[8]. In chemischer Hinsicht brachten seine Arbeiten wesentlich Neues über die Zusammensetzung der Humussäure, in der er das Ulmin Klaproths[9] und Braconots erkennt, wie er auch die Schädlichkeit der freien Humussäure im Boden und auf das Pflanzenwachstum nachweist. Wichtig ist auch die Feststellung, daß nicht der Humus allein, sondern auch noch eine

---

[1] Neuss, O.: a. a. O. 472.   [2] Vgl. O. Neuss: a. a. O. 470.
[3] Atti Geogofili Firenge 9 (1830).
[4] Sistini, Fausto: Historisches über die Absorptionskraft des Bodens. Landw. Versuchsstat. 16, 409 (1873).
[5] Neuss, O.: Internat. Mitt. 1914, 470.   [6] Stuttgart 1824.
[7] Hier sei nur an die Arbeiten über Humussäure, siehe u. a. Kastners Arch. Naturlehre 7, 1—4 (1826), erinnert.
[8] Seine Hauptwerke sind: a) Chemie für Landwirte, Forstmänner und Kameralisten. 2 Bde. Göttingen 1831, 1832; b) Die Bodenkunde. Leipzig 1837; c) Die Lehre vom Dünger. Leipzig 1839; d) Die Lehre von den Urbarmachungen. Leipzig 1838.
[9] Klaproth wies 1797 nach, daß im Leuzit Kali enthalten sei.

Reihe anderer Körper (er zählt 18 Körper auf) zum Pflanzenleben notwendig sind, und er kann mit dieser Behauptung als Vorläufer der von LIEBIG begründeten „Mineraltheorie" angesehen werden. Nach VON DER GOLTZ[1] ist SPRENGEL der erste, der diese überaus wichtigen Tatsachen klar und bestimmt hervorhob[2]. SPRENGEL schreibt in seiner Vorrede zur „Bodenkunde", daß er den Nachweis erbringen wolle, welch mächtigen Einfluß die neuen Entdeckungen der Chemie, Mineralogie, Botanik und Physik auf die Ausbildung „der Lehre vom Boden" gehabt haben. Ehe in die eigentliche Besprechung der Bodenkunde eingetreten wird, gibt SPRENGEL eine Übersicht über die Gesteinslehre, „da es unumgänglich nötig ist, daß derjenige, welcher die verschiedenen Bodenarten gründlich beurtheilen und kennen lernen will, auch die Gesteine oder Felsarten kenne, woraus sie hervorgegangen sind." Er teilt den Boden in 12 Klassen ein, spricht über die verschiedenen Benennungen der Bodenarten je nach ihrer Lage, nach ihrem Verhalten gegen Feuchtigkeit, Temperatur und dem Grade ihrer Zerteilung im Verhältnis zur Bearbeitung usw., und definiert die Ackererde als „die lockere Erdschicht, welche entweder in einer dünnen oder dicken Lage über die Erdoberfläche verbreitet ist und welche den Standort der wildwachsenden und angebaueten Pflanzen abgiebt". Wenngleich seine Ansichten über die Verwitterung nicht immer einen Fortschritt gegenüber den damaligen Anschauungen darstellen, seine „Bodenarten" lediglich vom Gesichtspunkte des ökonomisch eingestellten Wissenschaftlers betrachtet werden, und man auch wohl teilweise noch einer unrichtigen Betrachtungsweise begegnet, so wird das Verdienst SPRENGELS darum nicht geschmälert. Denn erstens ist die vorzügliche Zusammenstellung der damaligen Kenntnisse mit dem Wunsche einer wissenschaftlichen Erklärungsweise vollauf anerkennenswert, und zweitens dient das umfangreiche Bodenmaterial, das von ihm untersucht worden ist, als Beweis weiteren Fortschritts. Er kennt neben der Gesamtanalyse auch den Wert des Salzsäure- und Wasserauszuges, untersucht seine Böden auf: Kieselerde, Alaunerde, Eisenoxyd und -oxydul, Manganoxyd, kohlensaure Kalk- und Talkerde, Kali, Natron, Phosphorsäure, Schwefelsäure, Kalk und Humus, gibt die Analysenmethoden an und beschreibt die zur Untersuchung erforderlichen Apparaturen und Gerätschaften. Aus seinem Buche: „Urbarmachung" geht auch die umfassende Kenntnis SPRENGELS über Entwässerung, Bewässerung, Drainage, Bodenverbesserung usw. hervor. Große Bedeutung legt SPRENGEL auch der chemischen Beschaffenheit des Bodens und des Untergrundes bei der Bildung der Moore bei[3], wobei gleichzeitig erwähnt werden darf, daß BÜHLER[4] schon die Tatsache erkannte, daß Wälder versumpfen können und ihre Reste vom Hochmoor überdeckt werden. SPRENGEL[5] empfiehlt, wie dies auch von G. MEISTER[6] und POGGE[7] (1820) geschehen ist, das Übererden, und der erstgenannte Autor schreibt über die Art der zur Moorkultur notwendigen Erde wie folgt:„Je mehr Glimmer oder Feldspatkörnchen der Lehm oder Sand enthält, desto besser eignet er sich zur Ver-, besserung des morigen Wiesenbodens, es ist folglich durchaus nicht gleichgültig,

---

[1] GOLTZ, V. D.: a. a. O. 118.

[2] Diese so sehr von der damals noch allgemein herrschenden THAERschen Humustheorie abweichenden SPRENGELschen Anschauungen haben deswegen wenig Beachtung gefunden, weil SPRENGEL nicht entschieden genug gegen die Humustheorie auftrat. Bahnbrechend auf diesem Gebiete hat erst J. v. LIEBIG gewirkt (siehe KRAFFT, A. THAER, LEHMANN u. THIEL: Albrecht Thaers Grundsätze der rationellen Landwirtschaft, 460. Berlin 1880.). Vgl. besonders ADOLF MAYER: Agrikul. Chem. 1, 2611, 901.

[3] Siehe LEO LESQUEREU: Untersuchungen über Torfmoore, 38, Bemerkung. Berlin 1847.

[4] BÜHLER: Die Versumpfung der Wälder. Tübingen 1831.

[5] SPRENGEL, C.: Die Lehre vom Dünger, 350. Leipzig 1839.

[6] MEISTER, G.: Das Befahren mooriger Wiesen mit Erde. Möglinsche Ann. 14.

[7] Siehe C. v. SEELHORST: Handbuch der Moorkultur, 137. Berlin 1914.

welche Art Sand oder Erde man zum Überfahren des moorigen Wiesenbodens verwendet und dennoch legt man meist kein großes Gewicht darauf[1].

Alles zusammenfassend muß über das Wirken Sprengels für die Bodenkunde gesagt werden, daß er der erste war, der die Kenntnis des Bodens durch zahlreiche Einzelversuche in chemischer und physikalischer Hinsicht wesentlich bereicherte und der die Fortschritte in anderen naturwissenschaftlichen Disziplinen nutzbringend auf die Lehre vom Boden anzuwenden wußte. So sind nach ihm Mineralogie und Geologie als grundlegende Wissenschaften für unser Fachgebiet anzusehen, und vorwiegend benutzt er die Petrographie als Hilfswissenschaft ohne jedoch in gleicher Weise der Formationslehre die verdiente Beachtung zu schenken.

Um die Zeit des Wirkens Sprengels wurde auch der Grundstein zu der Bodenphysik durch Gustav Schübler (1787—1834)[2] gelegt. Zwar war Davy schon für die Wichtigkeit der physikalischen Bodeneigenschaften eingetreten, aber Schübler hat durch exakte Versuche dieses Teilgebiet der Bodenkunde doch erst wesentlich gefördert und als erster darauf hingewiesen, daß die physikalischen Eigenschaften des Bodens, in ihrer Gesamtheit sowohl als auch in der ihrer einzelnen Bodenteilchen, eine große Rolle für die Frage der Fruchtbarkeit spielen, wie er auch das Gesetz aufstellte, daß der Feuchtigkeitsgehalt eines Bodens eine Funktion seiner Struktur sei[3]. Welchen Wert er auch auf den Klimafaktor Regen legt, geht aus seinen Messungen über Regenhöhe und -menge hervor[4]. Er verbesserte die mechanische Bodenanalyse Davys, stellte Untersuchungen über Erwärmung verschieden gefärbter Bodenarten an, arbeitete über die Hygroskopizität, über den Wärmehaushalt des Bodens, über Luft- und Bodentemperatur und berichtet über Boden- und Humusanalysen.

Die erste hochbedeutsame Arbeit auf dem Gebiete der Erkenntnis der chemischen und physikalischen Bodennatur für die den Boden bedeckende Pflanzenwelt hat F. Unger[5] geliefert. „Wenn sich auch einige der von Unger aufgestellten bodensteten Pflanzen später nicht haltbar erwiesen haben, so waren es doch seine Arbeiten in erster Reihe, welche auf diesem ebenso wichtigen wie interessanten Gebiete Bahn gebrochen haben[6]."

E. D. Langethal[7], der ebenfalls (1852) eine Reihe von charakteristischen Standortspflanzen aufführte, weist mit Nachdruck darauf hin, daß schon Thaer auf den großen Nutzen der Kenntnis der Kalkpflanzen für den Landwirt aufmerksam gemacht habe.

Die um jene Zeit wirkenden und tätigen landwirtschaftlichen Schriftsteller stehen alle mehr oder weniger im Banne Thaers. Nur ab und zu findet man bei diesen Autoren auch Anklänge an die neueren Ergebnisse der Arbeiten Sprengels und Schüblers. Es sei hier u. a. J. G. Koppe[8] genannt, der sich in seiner Bodenklassifikation zwar eng an die Thaer-Einhof-Cromesche Einteilung hält, sich andererseits aber doch der Resultate Schüblers und Sprengels bedient, trotzdem man sich nicht der Meinung O. Neuss[9] anschließen kann, daß Koppes Erörterungen über den Boden von fundamentaler Bedeutung seien.

---

[1] Zit. bei C. v. Seelhorst: a. a. O. 142.
[2] Schübler, Gustav: Grundsätze der Agrikulturchemie in näherer Beziehung zu land- und forstwirtschaftlichen Gewerben. Leipzig 1832. Die 2. Auflage wurde 1838 von Prof. K. L. Krutzsch herausgegeben.
[3] Siehe E. J. Russel: a. a. O. 137.   [4] Kastners Arch. 7, H. 3, 335 (1826).
[5] Unger, F: Über den Einfluß des Bodens auf die Vertheilung der Gewächse. Wien 1836.
[6] Braungart, R.: a. a. O. 94.
[7] Die Ausführungen G. Langethals finden sich auch bei B. Cotta: Praktische Geognosie für Land- und Forstwirthe und Techniker. Dresden 1852.
[8] Koppe, J. G.: Unterricht im Ackerbau und in der Viehzucht 1. Berlin 1829.
[9] Neuss, O.: a. a. O. 472.

Auch über Kenntnisse jener Zeit in bezug auf die Moore werden wir durch WIEGMANN[1] unterrichtet. Chronologisch einzuflechten wäre hier, daß der Heidelberger Apotheker JOH. PH. BBONNER 1836 ganz unabhängig von GAZZERI die Entdeckung der Absorption machte, er gehört mit zu den Ersten, die das Absorptionsvermögen der Ackererde vom landwirtschaftlichen Gesichtspunkt aus studierten und dessen Bedeutung für die Ernährung der Pflanzen darlegten[2].

Diese von J. MOHR[3] aus der Vergessenheit gezogenen Beobachtungen BRONNERS zeigten schon mit Deutlichkeit den Kern der Absorptionsfrage. Im Jahre 1845 blieb es H. S. THOMSON[4] vorbehalten, diese Eigenschaft der Böden neu aufzudecken, was nach ihm von HUXTABLE[5] weiter durchgeführt wurde. Der erste arbeitete mit Lösungen von kohlensaurem und schwefelsaurem Ammoniak, während der letztere Mistjauche durch den Boden sickern ließ, Im Jahre 1850 berichtet THOMAS WAY[6] über umfangreiche Versuche über Absorption aus wässerigen Salzlösungen. WAY ist der erste, der nicht allein beobachtete, sondern auch ihr Wesen chemisch zu ergründen sucht. Seine Ergebnisse und seine Erklärungsweise wurden 1857 von VOELKER[7] und 1858 von J. V. LIEBIG[8] bestätigt.

Im Jahre 1840 erschien die erste Auflage des Buches J. v. LIEBIGS[9]: „Die Chemie in ihrer Anwendung auf Agrikultur und Physiologie" und „Die Naturgesetze des Feldbaus". Er lieferte auf allen Gebieten, besonders aber der reinen Chemie, grundlegende Arbeiten und zeichnete sich durch eine seltene Gabe der Reproduktion und Darstellung aus; mit ihm beginnt eine neue Epoche der Naturwissenschaften, und er gilt als Begründer der „Mineraltheorie[10]". Nicht nur auf chemische, pflanzenphysiologische und ackerbauliche Probleme, sondern auch auf bodenkundliches Gebiet, besonders auf verwitterungskundliches, erstreckt sich die Kenntnis LIEBIGS. Durch seine Belesenheit, sein Wissen und die Gabe, zu kombinieren und zu reproduzieren, hat er es verstanden, auch dem Boden und den Verwitterungsvorgängen die nötige, bisher vielfach mangelnde Würdigung zuteil werden zu lassen, zumal die Mineraltheorie ja auch engstens mit dem Boden, der Verwitterung und den Umbildungen innerhalb des Bodens zusammenhängt[11].

So besagt die Mineraltheorie im wesentlichen, daß die Ernten sich proportional zu der Menge von im Boden anwesenden Mineralsubstanzen oder proportional ihrer Zunahme mittels Düngung oder ihrem Entzug durch die Ernten steigern oder vermindern. Wenngleich LIEBIGS Anschauungen nicht in allem der Kritik standhalten konnten, — es sei an die diesbezügl. Versuche J. B. LAWES[12] erinnert — so war der Kern der Lehre doch erfaßt und sehr viele Erkenntnisse bodenkundlicher Art verdanken wir ihm. Er lehrte z. B.: Die Kohlensäure greift einige von den alkalischen Verbindungen des Bodens an, bringt sie zur Auflösung und hilft so den Vorrat an mineralischen Nährstoffen vermehren. Die

---

[1] WIEGMANN: Über die Entstehung, Bildung und das Wesen des Torfes. Braunschweig 1837.
[2] NEUSS, O.: a. a. O. 472, 473.
[3] MOHR, J.: Ann. Chem. u. Pharmazie 127, 125 (1863).
[4] THOMSON, H. S.: J. agricult. Soc. of Engl. 2, 68 (1845).
[5] HUXTABLE: Ebenda Nr 11, 68—74 (1848).
[6] WAY, THOMAS: On the power of soils to absorb manure. J. agricult. Soc. of Engl. 25, 313.
[7] VOELKER: Wildas Zbl. 1858, 1.
[8] LIEBIG, J.: Ann. Chem. u. Pharmazie 1858, 109.
[9] LIEBIG, JUSTUS, Freiherr v.: (Seit 1845). (1803—1873).
[10] Siehe K. SPRENGEL, den man als Vorläufer der Mineraltheorie ansehen kann.
[11] Siehe J. v. LIEBIG: Chemische Briefe 1844. — Vgl. F. HONCAMP: Justus v. Liebig und sein Einfluß auf die Entwicklung der Landwirtschaft. Rostock 1928.
[12] LAWES, J. B., u. GILBERT, J. H.: J. Roy. agricult. Soc. 1847, 8; 1851, 12; 1855, 16.

Hauptfunktion des Humus liegt daher in der Entwicklung und Lieferung von Kohlensäure[1].

In demselben Jahre (1840), als Liebig seine neue Lehre veröffentlichte, erschien die berühmte Preisaufgabe der Göttinger Universität, die von A. F. Wiegmann und L. Polstorff (1841) dahingehend beantwortet wurde, daß das Wachstum der Pflanze abhängig von dem Vorhandensein einer Reihe anorganischer Bestandteile im Boden in löslichem Zustande sei. Liebig ist auch wohl der erste, der den Begriff „Bodenkapital" geschaffen hat, worunter er den ganzen Vorrat (unverwitterten und verwitterten) an Aschenbestandteilen im Acker versteht[2].

Die „Mineraltheorie" Liebigs brachte natürlich für die Agrikulturchemie und Pflanzenphysiologie eine gewaltige Umwälzung mit sich, aber auch auf anderen Wissensgebieten, wie Chemie, Geologie, Mineralogie waren große Fortschritte in der Entwicklung zu verzeichnen.

Im Jahre 1840 erschien von H. Bruhn eine „Bodenkunde", die nach ganz ähnlichen Gesichtspunkten wie die noch später ausführlich zu besprechende Bodenkunde C. Trommers bearbeitet war[3]. Eine sehr schöne Darstellung und Übersicht über die damalige Kenntnis bez. der Torfmoore und des Torfes gibt Leo Lesqereux[4]. Er berichtet in diesem Buche über die Chemie, Entstehung und Geographie der Torfmoore. Im Jahre 1845 — also ehe die Übersetzung des Lesquereuxschen Werkes bestand — war schon eine bemerkenswerte deutsche Studie über die Bildung des Torfes und der Moore sowie deren Entstehung erschienen[5]. Um diese Zeit (1846) behauptete der französische Chemiker Jean Baptiste Dumas (1800—1884), daß der Nitrifikationsvorgang ein rein chemischer Prozeß sei.

Nicht zu vergessen sind an dieser Stelle die verschiedensten Arbeiten des Franzosen Jean Baptiste Boussingault (1802—1887)[6], dessen hauptsächlichstes Wirken allerdings auf dem Gebiete der Agrikulturchemie, insbesondere auf ernährungsphysiologische Probleme gerichtet lag. Aber auch bodenkundliche Fragen wurden von ihm behandelt. So sind seine Untersuchungen über die Zusammensetzung der Bodenluft — wohl die ersten in dieser Richtung — von weittragendster Bedeutung. Der Gehalt der Bodenluft an Kohlensäure ist nach ihm ein Maßstab für die im Boden sich abspielenden Zersetzungen von organischer Substanz. Der Gehalt des Bodens an Luft ist ferner ein Gradmesser für die verschiedenen Bodenarten und die verschiedene Bearbeitung des Bodens. Auch hat er[7] schon die Bedeutung des Klimas in bezug auf die Bodenfruchtbarkeit und Verwesung gewürdigt und darauf hingewiesen, daß die Zersetzung organischer Überreste in den Tropen ganz anders verläuft als in gemäßigten kalten Zonen. In seinen späteren Arbeiten (um 1860 herum) bekämpft er die Ansicht, daß der Boden elementaren Stickstoff absorbiere, eine Lehre, die von Décharme und Thénard verbreitet wurde. Ferner sei noch der von ihm aus geförderte Ausbau der chemisch-mechanischen Bodenanalyse erwähnt.

---

[1] Russel, E. J.: a. a. O. 14.

[2] Siehe auch J. Conrad: Liebigs Ansicht von der Bodenerschöpfung. Jena 1864.

[3] Entnommen R. Braungart: Die Wissenschaft in der Bodenkunde, 13. Berlin u. Leipzig 1876.

[4] In das Deutsche übersetzt von A. v. Lengerke und gleichzeitig mit Bemerkungen von C. Sprengel u. Lasius versehen. Berlin 1847.

[5] Grisebach, A.: Über die Bildung des Torfes in den Emsmooren. Abgedruckt aus den Gött. Stud. 1845. Göttingen 1846.

[6] Von seinen Werken sei hier erwähnt: Econom. rurale, 2 Bde (1844) u. Agronom., Chim. agricole et physiol., 3 Bde (1860—64). Seine Einzelarbeiten sind meistens veröffentlicht in Ann. chim. physiol. 1838, 41, 53, u. C. r. 1873.

[7] Neuss, O.: 476.

Hierher gehören auch noch die z. Teil recht ergebnisreichen Arbeiten George Villes[1], J. B. Lawes und J. H. Gilberts[2], die später oder früher die Ansichten Boussingaults bestätigten.

Die Arbeiten eines anderen Franzosen, nämlich die de Gasparins[3], die sich auf einige physikalische, besonders aber analytische Bodenuntersuchungen erstreckten seien hier gleichfalls angeführt. Seine Bodeneinteilung lehnt sich an die Thaer-Einhofsche an.

Von Babo[4] hat das hygroskopische Vermögen des Ackerbodens genauer untersucht und Meister[5] stellte in den Jahren 1853—57 Untersuchungen über die Bodentemperatur und über einige physikalische Eigenschaften mehrerer Bodensorten an.

Im Jahre 1857 veröffentlichte C. Trommer[6] eine Bodenkunde. Dieses recht umfangreiche und für die damalige Zeit als gründlich durchgearbeitet zu bezeichnende Werk stellt einen ernsthaften Versuch dar, die Wissenschaft in die Bodenkunde hineinzutragen. Schon Braungart sagt von diesem Werk: „Im umfassenden Grade werden bereits die Chemie, Geognosie, selbst die Botanik benutzt, letztere um gleichsam als Schlüssel zur kritischen Untersuchung des Bodens hinsichtlich seiner chemischen und physikalischen Natur zu dienen. Das Werk bedient sich bereits einer geologischen Übersichtskarte von Deutschland[7]." Bemerkenswert ist auch seine Bodendefinition: „Indem wir im Allgemeinen mit dem Namen ‚Boden‘ die äußerste Schicht unserer festen Erdoberfläche bezeichnen, ganz abgesehen davon, ob wir es mit einer pflanzentragenden Schicht zu tun haben oder nicht[8]" ... Braungart schließt sein Urteil über die Bedeutung der genannten Arbeit mit folgenden Worten: „Im Trommerschen Werke, welches abgefaßt wurde auf der Grenzscheide zweier Epochen, spiegelt sich der Gärungsprozeß der damaligen Zeit, der Kampf zwischen Empirie und Wissenschaft, ohne daß die letztere bereits zur Herrschaft gelangen konnte. Die Schrift ist bereits unter Eindrücken einer neuen Zeit, der Hauptsache nach aber noch im Geiste der Vergangenheit geschrieben[9 u. 10]." Besondere Sorgfalt verwendet Trommer auf die chemische Analyse. Nach ihm kommen im Boden folgende Säuren vor: 1. Ulminsäure, 2. Huminsäure, 3. Quellsäure, 4. Quellsatzsäure und 5. Geïnsäure. Auch seine Anschauung über die Absorption seien erwähnt: „Von den festen Bestandteilen des Bodens, welche ganz besonders durch ihre Anziehung auf die gasförmigen sowohl als auf die flüssigen Bestandtheile von Wichtigkeit sind, müssen wir 1. die humosen Bestandtheile, 2. das Tonerdenhydrat und 3. das Eisenoxydhydrat hervorheben[11]." Ganz besonderen Wert legt Trommer, wie schon angedeutet, auf die Beziehungen der Flora zum Boden. Die von ihm gegebenen Bodenklassifikationen geben aber den früher schon erwähnten gegenüber keine wesentlich neuen Gesichtspunkte.

In diese Zeit fiel die Gründung der deutschen landwirtschaftlichen Versuchsstationen[12], wodurch das ganze Niveau der Bodenforschung eine wesentliche Er-

---

[1] Die von ihm verfaßten in Frage kommenden Arbeiten siehe bei Russel: a. a. O. 235.

[2] Auf diese beiden Autoren wird später noch eingehender zurückzukommen sein.

[3] Cours de l'agriculture. Paris 1843.   [4] J. prakt. Chem. 77, 273.

[5] Siehe G. J. Mulder: Chemie der Ackerkrume 2, 563. Leipzig 1862.

[6] Berlin 1857.   [7] Siehe auch R. Braungart: a. a. O. 13.

[8] Trommer, C.: Die Bodenkunde, Einleitung. Berlin 1857.

[9] So finden wir z. B. im Kap. „Klima" noch nicht die geringste Andeutung über die Bedeutung desselben für die Bodenbildung. — Wenngleich im Kap. „Verwitterung" viele richtige Ansichten geäußert werden, so mangelt es doch teilweise noch sehr an der wahren Erkenntnis.

[10] Trommer, C.: a. a. O. 137.   [11] Trommer, C.: a. a. O. 194.

[12] Eine genaue Darstellung der Entwicklung und Tätigkeit der landwirtschaftlichen Versuchsstationen von 1851—76 findet sich in Landw. Versuchsstat. 22 (1877). Hinzuzufügen

höhung erfuhr, insofern als durch die Einrichtung genannter Anstalten eine planmäßige Durchführung von Bodenuntersuchungen gewährleistet wurde, und die Art der Arbeitsmethodik eine Vereinheitlichung erfuhr.

Ganz besonderes Interesse haben die zahlreichen Versuche über das Absorptionsvermögen des Bodens[1], so wurde dasselbe für Ammoniak, Kali, Natron, Kalk, Magnesia geprüft, ferner wurden Untersuchungen über die Ursachen der Absorption und über das Verhalten der absorbierten Stoffe gegen Wasser angestellt. Namen wie F. Brustlein (1860)[2], Stohmann und Henneberg (1858)[3], Heiden (1866)[4], Mulder (1862)[5], S. Peters[6] und Rautenberg[7] sind hier zu nennen. Der letztgenannte Autor führt die Absorptionserscheinungen auf chemische Prozesse zurück, wie er auch nachwies, daß Kaolin kein Absorptionsvermögen zeigt, und er betont ferner, daß das Absorptionsvermögen in erster Linie abhängig sei von dem Gehalte des Bodens an zeolithartigen Mineralien, an Doppelsilikaten der Tonerde mit Alkalien bzw. alkalischen Erden.

Es erschienen auch um diese Zeit einige Bücher, die sich mit dem Boden beschäftigten, aber keinen wesentlichen Fortschritt bedeuten und auch keinem Vergleich mit dem Trommerschen Werke standhalten[8]. Daß naturgemäß in dieser Zeit wissenschaftlicher Evolution auch viel Positives für die Bodenkunde heraussprang, beweist die „Forstliche Gebirgskunde, Bodenkunde und Klimalehre" C. Grebes[9] wie das Werk B. Cottas „Deutschlands Boden, sein geologischer Bau und dessen Einwirkung auf das Leben der Menschen[10]".

In diesen Werken wird neben der Chemie und Mineralogie auch die Formationslehre in ihrer Bedeutung für die Erkenntnis des Bodens besonders betont. So wird die Abhängigkeit des Bodens von der Art des anstehenden Muttergesteins in Grebes Werk erläutert, während Cottas Buch, wenn es auch nicht als reine Bodenkunde zu werten ist, doch für diese bedeutungsvoll erscheint, da es sich besonders mit der geognostischen Beschaffenheit des Bodens beschäftigt. Grebes Angabe, daß die Güte des vorhandenen Humus meist im umgekehrten Verhältnis zu dessen Menge steht, beweist eine gute Beobachtungsgabe, wie auch E. Ramann[11] die Ausführungen Grebes über Humus für sehr beachtenswert hält.

Unsere Kenntnisse vom Boden unter Hinzuziehung und Nennung aller wichtigen Einzelarbeiten und Untersuchungen aus den Jahren 1855—56 bringen

---

ist noch, daß O. Neuss, a. a. O. 478, insofern ein Fehler unterlaufen ist, als er das Gründungsjahr der landwirtschaftlichen Versuchsstationen mit 1857 angibt. Es sind in Deutschland dagegen vor 1857 gegründet: Möckern 1851, Halle 1855, Bonn 1856. Über die Gründung, Einrichtung und Wirken der belgischen landwirtschaftlichen Versuchsstation informiert uns A. Petermann: Stat. agronom. et laborat. d'anal. de l'Etat 1871—96. Brüssel 1896. Erwähnt sein mag hier auch noch Rothamsted (England) 1843, Prag 1855 und das landwirtschaftliche Untersuchungslaboratorium zu Celle 1853. Vgl. ferner E. Sierig: Das landwirtschaftliche Versuchswesen in Deutschland. Berlin 1905.

[1] Eine sehr schöne Zusammenstellung der Arbeiten über diese Fragen bis zum Jahre 1866 findet sich bei Eduard Heiden: Lehrbuch der Düngerlehre 1, 223—291, Stuttgart 1866, während sich bei Wo. Ostwald: Grundriß der Kolloidchemie, 3—78, Dresden 1909, eine ganz vorzügliche Darstellung der Entwicklung in kolloidchemischer Richtung findet.

[2] Brustlein, F.: Ann. Chim. et Physique 56, 157—190.

[3] Stohmann, F. u. W. Henneberg: Ann. Chem. u. Pharmaz. 107, 152 (1858); J. Landw. 3, 25—48 (1859).

[4] Heiden, E.: a. a. O. 243—246.

[5] Mulder, G. J.: Chemie der Ackerkrume 1, 304 ff. Leipzig 1862.

[6] Peters, S.: Landw. Versuchsstat. 2, 112—152.

[7] Rautenberg, F.: J. Landw. 7, 49—67.

[8] Hierher gehören: Krutzsch: Populärer Abriß der wissenschaftlichen Bodenkunde 1842. — Protz: Der Boden. Leipzig 1855. — Schlipf: Lehr- und Handbuch der Landwirtschaft 1. Stuttgart 1860. — Heyer: Lehrbuch der forstlichen Bodenkunde und Klimatologie. Erlangen 1856.

[9] Wien 1852.   [10] Leipzig 1858.   [11] Ramann, E.: Bodenkunde, 153. Berlin 1905

uns W. Henneberg, F. Stohmann und C. Kraut[1] in zusammenhängender Form, wobei zu bemerken ist, daß auch die Auslandsliteratur herangezogen worden ist. Hier finden wir auch Angaben über Boden- und Flußwasseranalysen.

Die weitere Entwicklung der Bodenkunde ist eng verknüpft mit dem Namen F. A. Fallous, der — abgesehen von den Andeutungen Trommers — unser Fachgebiet als erster als selbständige Wissenschaft behandelt[2]. Schon 1857 erschien als Vorläufer seiner „Pedologie" (1862) das Buch „Anfangsgründe der Bodenkunde"[3]. In diesem Werke behandelt er die Lehre von der Kenntnis des Bodens von der naturwissenschaftlichen Seite und versteht es, alle bisherigen Versuchsergebnisse zu einem einheitlichen Lehrgebäude zusammenzufassen. In seinem Hauptwerke „Pedologie" haben wir denn auch die Grundlage zu einer wissenschaftlichen Auffassung der Bodenkunde, und das Erscheinen dieses Buches wird im allgemeinen als die Geburtsstunde unserer Wissenschaft angesehen. Zweifelsohne liegt eine gewisse Berechtigung hierin, denn scharf ist die Grenze zwischen wissenschaftlicher (nach ihm Pedologie) und landwirtschaftlicher (nach ihm Agrologie) Bodenkunde gezogen, doch ist die wirkliche Wissenschaft noch nicht restlos zum Durchbruch gelangt, sie konnte es auch nicht, ehe nicht der Faktor Klima in seiner überragenden Bedeutung für die Bodenbildung als solcher erkannt war. Diese Einschränkung schmälert aber nicht den Wert des Wirkens Fallous in der Richtung der Ausgestaltung der Bodenkunde zu einer Wissenschaft. Jedenfalls ist zusammenfassend festzustellen, daß Fallou die Bodenkunde stark ausgebaut hat. Seine Bodenarten teilt er in geologischer und mineralogischer Hinsicht ein, und er räumt dem Verwitterungsgrade eine große Bedeutung bei der Beurteilung der Böden ein. Braungart[4] urteilt über die Arbeit „Grund und Boden des Königreiches Sachsen" wie folgt: . . . „Es ist diese Arbeit unzweifelhaft eine der wertvollsten Monographien über die so wichtigen Bodenverhältnisse eines Landes, welche bis jetzt ohne gleichen geblieben ist — in dieser Detailbearbeitung eines geologisch so mannigfach gegliederten Gebietes."

In der Folgezeit haben wir eine ganze Anzahl Werke, die von Bodenkunde und vom Boden handeln, zu verzeichnen, so von Bennigsen-Förder (1863)[5], F. Senft (1867 und 1869)[6], Girard (1868)[7] und Meitzen[8].

Das Werk Bennigsen-Förders beschreibt die Entstehung des norddeutschen Schwemmlandes und die Abgrenzung der einzelnen Ablagerungen, sowie die Bodenentstehung, während F. Senft sein Hauptaugenmerk auf die Verwitterungsvorgänge richtet und Girards Werk als „Grundlage der Bodenkunde" mit den Eigenschaften, der Beschreibung und dem Vorkommen der Mineralien vertraut macht und uns nur oberflächliche Auskunft über die Bodenentstehung unterrichtet, um uns am Schluße seines Werkes eine nach heutigen Verhältnissen nur recht

---

¹ Henneberg, W., Stohmann, F., u. Kraut, L.: J. Landw. **1855**, 56.

² Siehe auch E. Ramann: Bodenkunde, 3. Berlin 1911. — Braungart: a. a. O. 13 ff.

³ Fallou, Fr. Alb.: Dresden 1857, 2. Aufl. 1865. Er schrieb außerdem: Pedologie oder allgemeine und besondere Bodenkunde. Dresden 1862; Grund und Boden des Königreiches Sachsen. Dresden 1868; Die Hauptbodenarten der Nord- und Ostseeländer des Deutschen Reiches naturwissenschaftlich wie landwirtschaftlich betrachtet. Dresden 1875.

⁴ Braungart, R.: a. a. O. 16.

⁵ Bennigsen-Förder: Das nordeuropäische und besonders das vaterländische Schwemmland in tabellarischer Ordnung seiner Schichten. Berlin 1863.

⁶ Senft, F.: Der Steinschutt und Erdboden nach Bildung, Bestand, Eigenschaften, Veränderungen und Verhalten zum Pflanzenleben, für Land- und Forstwirthe, wie auch für Geognosten. Berlin 1867; Lehrbuch der Mineralien und Felsartenkunde. Jena 1869.

⁷ Girard, H.: Grundlagen der Bodenkunde für Land- und Forstwirthe. Halle 1868; Die norddeutsche Ebene. Berlin 1855.

⁸ Meitzen, H.: Der Boden und die landwirtschaftlichen Verhältnisse des preußischen Staates nach dem Gebietsumfange vor 1866. Berlin 1868.

mangelhafte Bodenklassifikation zu übermitteln. Meitzen beschäftigt sich mit einer Geographie der verschiedenen Böden, d. h. er gibt eine Übersicht über das Vorkommen der Böden in Preußen, ohne jedoch neue Gesichtspunkte in die Bodenkunde hineinzutragen. Ferdinand Sfenft untersuchte schon einige Jahre vor der Herausgabe seiner genannten Bücher den Vertorfungsprozeß der Pflanzensubstanz[1].

Einige bemerkenswerte Arbeiten in bezug auf das „Vegetationsprinzip", die zugleich eine gewisse Kritik an Liebigs zu starrem Festhalten an der Mineraltheorie darstellen, bringen uns F. G. Schulze, J. A. Stöckhardt (1809—1886) und Emil Wolff (1818—1896). In diesem Zusammenhang muß auf den neuerlichen Hinweis der Bedeutung des Humus, den Liebig[2] zeitweise direkt ablehnte, verwiesen werden. Wenngleich die Unentbehrlichkeit der Aschenbestandteile für den Pflanzenorganismus durch Wiegmann und Polstorff ja experimentell nachgewiesen war, wie auch durch die Hellriegelschen Sandkulturen der Beweis für die Unentbehrlichkeit gewisser Mineralstoffe erbracht wurde, der durch die „Wasserkulturen" von Sachs und Knop noch eine weitere Stütze erhielt[3], so durfte die Bedeutung des Humus für pflanzenphysiologische Probleme doch nicht außer Acht gelassen werden.

Neben den genannten Forschern erhob auch der schon vorerwähnte Holländer G. J. Mulder[4] in dieser Richtung seine Stimme. Dieser Autor ließ im Jahre 1862 seine „Chemie der Ackerkrume" in das Deutsche übersetzen. In diesem Werke betrachtet Mulder die Bodenkunde hauptsächlich von der chemischen Seite und sein sorgsam zusammengetragenes Literaturmaterial beweist, welch eine Menge Kleinarbeit in einem verhältnismäßig kurzem Zeitraum der Entwicklung der Bodenkunde zur Wissenschaft die Unterlagen gegeben hat[5]. Mulder hat es verstanden, in vorbildlicher Weise seine Versuchsergebnisse mit denjenigen anderer Autoren zu einem einheitlichen Ganzen zusammenzufassen und im Verein mit Fallous Werken und Schumachers noch zu erwähnender „Physik" des Bodens (1864) kann man Mulders Werk als Standartwerk jener Zeit bezeichnen. Mulder hat sich auch in eingehendster Weise mit der Erforschung der Humuskörper befaßt, so gibt er die Untersuchungsergebnisse von Analysen über Ulmin, Ulminsäure, Quellsäure, Humin und Huminsäure an und stellt fest, daß die Humusstoffe nur in bezug auf ihre physikalischen Eigenschaften und einige chemische Eigentümlichkeiten, unabhängig von den Bedingungen ihrer Entstehung, gemeinsame charakteristische Merkmale besitzen[6].

Auch auf dem Gebiet der Verwitterungsstudien war man ein gutes Stück vorwärts gelangt. Hier seien nur diejenigen Autoren erwähnt, die hauptsächlich auf diesem Gebiete gearbeitet haben: Berthier[7], P. Forchhammer[8], dem wir die bekannte Kaolinformel zu verdanken haben, Clark[9], Suckow[10], E. Wolff[11] und vor allen Dingen G. Bischof u. a. m.

---

[1] Senft, F.: Die Humus-, Marsch-, Torf- und Limonitbildungen. Leipzig 1862.

[2] Siehe u. a. Briefwechsel zwischen J. v. Liebig u. Th. Reunig in den Jahren 1854—73, 27. Dresden 1884.

[3] Siehe auch Alb. Orth: Die Landwirtschaft zur Zeit Thaers. Festrede. Berlin 1906.

[4] Mulder schrieb: Versuch einer allgemeinen physiologischen Chemie. Braunschweig 1844—51; Chemie der Ackerkrume. Leipzig 1862.

[5] Es sei besonders auf die Literaturangaben bei Mulder verwiesen, denn sie vermögen bei Abfassung einer groß angelegten Entwicklungsgeschichte als Fingerzeig zu dienen.

[6] Siehe auch G. J. Mulder u. W. Detmer: Landw. Versuchsstat. 14 (1871).

[7] Berthier: Ann. Chim. et Physique 24, 107.

[8] Forchhammer, P.: Ann. Physique u. Chem. 35, 331.

[9] Clark, W.: Ann. Chem. u. Pharmaz. 80, 122.

[10] Suckow: Die Verwitterung im Mineralreich, 129, 138.

[11] J. prakt. Chem. 34, 221.

Ehe wir BISCHOFS Verdienst für die Entwicklung der Bodenkunde würdigen, sei kurz der Fortschritt in der Geologie, der mit dem Namen A. G. WERNER, L. v. BUCH, CH. LYELL verbunden ist, erwähnt. Vom Erscheinen des „Lehrbuchs der chemischen und physikalischen Geologie" von G. BISCHOF[1] an datiert einer der größten Fortschritte in der Gesteinslehre und Geognosie, ganz abgesehen von den hypothetisch-geologischen Folgerungen, welche hieran angeknüpft wurden. Mit diesem Zeitabschnitte war die Geologie auch in die Lage gekommen, die wichtigsten Bausteine für die Ausbildung der land- und forstwirtschaftlichen Bodenkunde darzubieten, sowohl durch die Petrographie, als auch durch die Formationslehre[2]. BISCHOF legt dem kohlensäurehaltigen Wasser die größte Bedeutung für die Verwitterung bei.

v. ZITTEL[3] äußert sich über das Wirken BISCHOFS dahingehend, daß er „nach Vorarbeiten von BROGNIART, DE LA BECHE, TURNER und R. BLUM für das ganze Gebiet der chemischen Wirkungen des Wassers auf Gesteine eine wissenschaftliche Grundlage geschaffen habe, womit er die chemische Geologie zu einem neuen selbständigen Wissenszweig erhoben habe[4]".

Die physikalischen Eigenschaften des Bodens behandelt SCHUMACHER[5], der Untersuchungen über den Einfluß der lebenden Pflanzendecke auf den Wassergehalt des Bodens, über allgemeine Absorptionserscheinungen, über spezifische Wärme und über die Wärmekapazität anstellte[6]. Über die Beziehungen zwischen Wasser, Boden und Verdunstung berichtet WILHELM[7], und SCHUMACHER hat wohl als erster für die Kräfte, welche ein Zusammenlagern der verschiedenen Bodenteilchen bedingen, den Ausdruck Kohäreszens eingeführt.

Daß ferner verwitterungskundliche und auch bei der Verwitterung auf das Klima rücksichtnehmende Untersuchungen durchgeführt wurden, lehren uns die Arbeiten F. RUPRECHTS[8], die sich mit der Bedeutung und dem Ursprung des „Tschernosjoms" beschäftigen. Bemerkenswert sind auch diese Abhandlungen in bezug auf pflanzenökologische Studien und siedlungsgeschichtliche Forschungen, wie der Autor auch ähnliche Untersuchungen wie GRISEBACH[9] über die Torf- und Moorbildung in Rußland anstellte[10].

Auch in anderer Richtung sind Fortschritte festzustellen. Der Begründer der experimentellen Hygiene, MAX VON PETTENKOFER (1818—1901) untersuchte den Boden vom Standpunkte der Gesundheitslehre. Seine Untersuchungen führten zu dem Ergebnis, daß in der Frage nach den Beziehungen zwischen Boden und Hygiene lediglich eine detaillierte Untersuchung an Ort und Stelle brauchbare Resultate bringen könne, daß also allgemeine geognostische Angaben nicht genügen[11].

---

[1] Bonn 1847—55.   [2] BRAUNGART, R.: a. a. O. 40.

[3] ZITTEL, v.: Geschichte der Geologie 1899, 306.

[4] DIERGART, PAUL: Zur Stellung v. Karl Gustav Bischof (Bonn) in der Chemie des 19. Jahrh. — LIPPMANN, E. O. v.: Festgabe, a. a. O. 195.

[5] SCHUMACHER, W.: Die Physik in ihrer Anwendung auf Agrikultur und Pflanzenphysiologie (Berlin 1864) und die Physik des Bodens in ihren theoretischen und praktischen Beziehungen zur Landwirtschaft. Berlin 1864—67.

[6] NEUSS, O.: a. a. O. 485.

[7] WILHELM: Boden und Wasser. Wien 1861.

[8] RUPRECHT, F.: Über den Ursprung des Tschernosjoms. Bull. Acad. Sci. d. St. Petersbourg 1864, 416—425; Über die wissenschaftliche Bedeutung des Tschernosjoms. Ebenda 1864, 426—438.

[9] GRISEBACH: Bildung des Torfes (1846).

[10] RUPRECHT, F.: Ein Beitrag zur Frage über die Zeitdauer, welche zur Sumpf- und Torfbildung nothwendig ist. a. a. O. 148—158.

[11] PETTENKOFER, M.: Die Cholera und die Bodenbeschaffenheit. Ärztl. Intelligenzbl. München 1861; Beziehungen der Luft zur Kleidung, Wohnung und Boden. Popul. Vortr., H. I, 114.

Delesse[1] trug in dieses Gebiet der Bodenforschung neben Pettenkofer zuerst die quantitative Betrachtungs- und Untersuchungsweise. Alle hierher gehörigen Untersuchungen wurden durch die Ergebnisse der Bodenuntersuchung sowohl chemischer als physikalischer Natur, wesentlich beeinflußt, die später noch einer eingehenden Betrachtung unterzogen werden sollen. Auf dem Gebiete der „Bodenhygiene" haben, aufbauend auf den Arbeiten der beiden genannten Forscher noch befruchtend gewirkt: C. Flügge[2], J. Soyka[3], T. R. Lewis und D. D. Cuningham[4], von Foder[5], L. Pfeiffer[6] u. a. m., wobei allerdings bemerkt werden muß, daß in chronologischer Hinsicht etwas vorausgeeilt worden ist.

Einen außerordentlichen Einfluß auf die Kenntnis des Innern des Erdbodens übte die Herstellung geologischer Karten aus[7], über deren erste Anfänge schon berichtet wurde. Im Jahre 1844 erschien die von Naumann und Braungart hergestellte geognostische Karte Sachsens, 1851 kam der landwirtschaftlich-statistische Atlas des Europäischen Rußland zustande[8], trotzdem man eigentlich in diesen Werken noch keine Bodenkarten im heutigen Sinne erblicken kann[9]. Um die Ausgestaltung der Bodenkarten unter Zugrundelegung eingehender Untersuchungsergebnisse an Ort und Stelle haben sich besonders Albert Orth und J. R. Lorenz verdient gemacht. Bevor jedoch diese Karten einer Besprechung unterzogen werden, sei darauf hingewiesen, daß außer den schon genannten Karten noch Arbeiten vorhanden sind, die den Übergang in der Entwicklungsgeschichte der Bodenkarten darstellten. Hier ist zu nennen die „carte agricole et climatologue de la France" von Legendre[10] und die „carte agronomique des environs de Paris" von Delesse[11], welcher auch 1874 eine Bodenertragskarte von ganz Frankreich anfertigte. A. Meitzen[12] machte den Versuch zur Darstellung von Bodenkarten, aber diese Arbeit bildet lediglich nicht mehr als eine Übersicht. Erst nachdem Lorenz[13], H. Gruner und A. Orth[14] sich mit dem eingehenden Studium der Grundsätze, nach denen Bodenkarten angefertigt werden müssen, befaßt hatten, gewann die Herstellung von Bodenkarten mehr und mehr Raum. Lorenz unterschied zwischen Übersichts- und Detailbodenkarten und hob die Wichtigkeit der Kenntnis des Untergrunds hervor, wie er auch für die

---

[1] Delesse, M.: Ann. des mines 1860; Bull. Soc. geol. France 1861/62, 64.

[2] Flügge, G.: Beiträge zur Hygiene. Leipzig 1879.

[3] Soyka, J.: Der Boden. Leipzig 1887.

[4] Lewis, T. R., u. D. D. Cuningham,: Cholera in relation to certain physical phaenomena. Calcutta 1878.

[5] Fodor: Hygienische Untersuchung über Luft, Boden und Wasser. Braunschweig 1881.

[6] Pfeiffer, L.: Einfluß der Bodenwärme auf die Verbreitung und den Verlauf der Cholera. Z. Biol. 7, 295.

[7] Siehe auch B. v. Cotta: Geologie der Gegenwart, 3. Aufl., 22 (1872); Braungart: a. a. O. 19.

[8] Ruprecht, F.: Bull. Acad. imp. Sci. d. St. Pétersbourg. a. a. O. 154.

[9] Es ist zu erwähnen, daß topographische Karten schon lange in aller Herren Länder mit mehr oder minder großem Geschick angefertigt wurden.

[10] Paris 1853.   [11] Bull. Soc. geol. France, s. 2 20 (1862—63).

[12] Meitzen, A.: Der Boden und die landwirtschaftlichen Verhältnisse des Preußischen Staates nach dem Gebietsumfange vor 1866. Berlin 1868.

[13] Lorenz, J. R.: Die Bodenkulturverhältnisse des Österreichischen Staates. Wien 1866; Die geologischen Verhältnisse Österreichs mit einer Generalbodenkarte. Wien 1868; Grundsätze für die Aufnahme landwirtschaftlicher Bodenkarten. Wien 1868.

[14] Orth, A.: Die geologischen Verhältnisse des norddeutschen Schwemmlandes und die Anfertigung geognostisch-agronomischer Karten. Habilitationsschrift. Halle 1870; Der Untergrund und die Bodenrente mit Bezug auf einige neuere geologische Kartenarbeiten. Landw. Jb. preuß. Landesök. Colleg. Berlin 1872; Das geologische Bodenprofil nach seiner Bedeutung für den Bodenwerth und die Landeskultur. Nach d. Club d. Landw. Berlin 1873; Die geognostischen und Bodenkarten auf der Weltausstellung zu Wien 1873. Landw. Zbl. Deutschland 1874, Dez.-H. — Vgl. auch bei Braungart: a. a. O. 24.

Spezialbodenkarten als bedeutsamen Punkt den Hinweis machte, daß in Betracht zu ziehen sei, ob der Boden „nachschaffend" sei. Noch eindrucksvoller und nachhaltiger als die Arbeiten LORENZ, waren die Veröffentlichungen, Profilforschungen und Bodenkartenaufnahmen von A. ORTH. Auch ist es wohl gerade dieser Autor gewesen, der als erster mit so großem Nachdruck auf die Kenntnis des Bodenprofils hingewiesen hat. Während bisher bei der Ausführung von Bodenkarten zwei Arten zu unterscheiden sind, nämlich solche, auf welchen die alleinige Beschaffenheit der Oberkrume berücksichtigt wird, und solche, aus welchen die geologischen Grundlagen zu ersehen sind, stellt ORTH hinsichtlich der Beurteilung der Bodenarten für die Aufnahme von Bodenkarten drei Richtungen auf:

1. Nach der materiellen Beschaffenheit des Bodens und seiner Grundlagen;
2. nach dem Verhalten zur Horizontalebene und im engen Anschluß an beide;
3. nach dem Verhalten zum Wasser[1].

ORTH hat sich durch die Herstellung erschöpfender und zugleich genügend klar und übersichtlich gehaltener, praktisch brauchbarer „Agronomischer Karten"[2] ein großes Verdienst um die Entwicklung der Bodenkunde erworben[3], wie er durch seine Methodik und Behandlung des Stoffes als einer der Pioniere der „wissenschaftlichen" Bodenkunde zu gelten hat.

Einen erheblichen Fortschritt der Untersuchung des Bodens und in bezug auf verwitterungskundliche Probleme hat EMIL WOLFF in seinen Arbeiten angebahnt[4], wie auch um diese Zeit eine Reihe von Einzelabhandlungen die Kenntnisse über den Boden bereichern, so u. a. ULBRICHT[5], der bemerkenswerte Untersuchungen über den wäßrigen Bodenauszug machte, deren Ergebnisse durch die Arbeiten F. SCHULZES[6] bestätigt wurden, wie letzterer auch auf die Wichtigkeit des Absorptionskoeffizienten des Bodens für Sauerstoff hinwies[7]. Überhaupt brachte man nunmehr der Bodenuntersuchung lebhaftes Interesse entgegen, wie dieses aus den Arbeiten von KNOP[8] (Humusbestimmung) und KNOP und W. WOLFF (Stickstoffbestimmung)[9], SCHLÖSING (Salpetersäurebestimmung), A. MÜLLER[10] (Eisenoxyd- und Tonerdehydratbestimmung), S. FELLENBERG (Silikatanalyse)[11] und vieler anderer hervorgeht. Es würde natürlich zu weit führen, alle diese Untersuchungen in ihren Einzelergebnissen anzuführen. Um sich über den Stand der chemischen Bodenuntersuchungen zu jener Zeit zu informieren, sei auf die „Anleitung zur chemischen Bodenuntersuchung" von E. WOLFF verwiesen. Es sei zur Orientierung kurz angeführt, daß seit TROMMER, d. h. also in der Zeit von 10 Jahren, ganz wesentliche Fortschritte in den analytischen Methoden gemacht worden sind. Nicht zuletzt verlangt die Bodenuntersuchung der schon erwähnten Gründung der Landwirtschaftlichen Versuchsstation und der seit

---

[1] ORTH, A.: Habilitationsschrift. a. a. O. 31.

[2] Eine sehr gute Übersicht über die Entwicklung der Bodenkarten bis 1879 gibt H. GRUNER: Landwirtschaft und Geologie. Berlin 1879. Vgl. auch E. BLANCK: Die Bedeutung der Bodenkarten f. Bodenkunde u. Landwirtschaft. Fühlings Landw. Zg **60**. 121 (1911).

[3] BRAUNGART, R.: a. a. O. 32.

[4] WOLFF, E.: Anleitung zur chemischen Untersuchung, 2. Aufl. Berlin 1867; Entwurf zur Bodenanalyse. Landw. Versuchsstat. **6**, 141—171 (1864), u. Z. anal. Chem. **3**, 85—115. — Eine ganze Reihe Arbeiten über Verwitterung sind in Zeitschriften abgedruckt, siehe u. a. Landw. Versuchsstat. **7**, 272—302 (1865); Württemberg. naturwiss. Jh. **1866/67**.

[5] ULBRICHT, R.: Ein Beitrag zur Methode der Bodenanalyse. Landw. Versuchsstat. **5**, 200 bis 209 (1863).

[6] SCHULZE, Fr.: Landw. Versuchsstat. **6**, 409—412 (1864).

[7] SCHULZE, FR.: Landw. Versuchsstat. **6**, 396 (1864); Z. anal. Chem. **3**, 198.

[8] Siehe Landw. Versuchsstat. **8**, 40 (1866).　　[9] Chem. Zbl. **1860**.

[10] Landw. Versuchsstat. **4**, 226 (1862); J. prakt. Chem. **43**, 4.

[11] Z. anal. Chem. **1866**, 153—157.

1863 alljährlich abgehaltenen Versammlung deutscher Agrikulturchemiker eine planmäßige Durcharbeitung. Auch in bezug auf die mechanische Analyse des Bodens haben wir eine Anzahl von Arbeiten zu verzeichnen. Für die Einführung der Siebmethode setzte sich W. Knop ein, und Nöbel konstruierte einen Schlämmapparat, der 1864 von den deutschen Agrikulturchemikern als allgemein anwendungsfähig bezeichnet wurde[1]. Doch Schöne[2] zweifelte den Wert der mit dieser Methode erhaltenen Ergebnisse an und konstruierte einen neuen Apparat. Zu fast gleicher Zeit führte A. Müller[3] einen ähnlichen Apparat ein.

Recht rege war auch die der Erkennung der physikalischen Eigenschaften des Bodens gewidmete Tätigkeit. Es liegen aus diesen Jahren eine Unmenge von Veröffentlichungen vor, so daß es nur möglich ist, einige markante Züge der Forschung herauszunehmen: Schöne[4] (spez. Gewichtsbestimmung verschiedener Böden), Knop und Biedermann (Absorptionserscheinungen), Stöckhardt[5] und Zenger[6] (wasserhaltende Kraft des Bodens). Ebenfalls behandeln die Bodenstetigkeit der Pflanzen eine große Anzahl von Untersuchungen dieser Zeit, so solche von J. T. C. Ratzeburg[7], Hermann Hoffmann[8], Otto Sendtner[9], wie auch der Genfer Botaniker Thurmann hier genannt werden muß, der die Ursachen der lokalen phytognostischen Erscheinungen lediglich in den physikalischen Eigentümlichkeiten der Standortsverhältnisse zu finden glaubt. Er teilt die Pflanzen in hygro- und xerophile ein[10]. Recht interessant sind auch die von 1857—61 durchgeführten Lysimeterversuche von Fraas und Zöller[11], die angestellt wurden, um sich ein Bild über die Zusammensetzung der Bodenlösung zu machen. O. Fraas berichtet auch über die Verwitterung in der Wüste[12] und bezeichnet als charakteristisches Merkmal für die dortigen Bodenbildungsvorgänge das Fehlen des Humus, wie er auch die Krustenbildung kennt und zuerst den Ausdruck „Verwitterung von innen heraus" gebraucht hat[13].

Daß der obenerwähnte Zusammenschluß der Agrikulturchemiker infolge des gegenseitigen Meinungsaustausches nicht nur der Fortentwicklung der Agrikulturchemie nach der pflanzenphysiologischen Seite hin, sondern auch für den weiteren Ausbau der bodenkundlichen Kenntnisse diente, zeigen die zahlreichen bodenkundlichen Arbeiten in der seit 1859 herausgegebenen Zeitschrift: „Die landwirtschaftlichen Versuchsstationen" und in dem schon einige Jahre früher ins Leben gerufenen „Journal für Landwirtschaft". Es sei besonders hingewiesen auf: A. Stöckhardt[14], Robert Hoffmann[15], Th. Siegert[16],

---

[1] Landw. Versuchsstat. 6, 144 (1864).   [2] Bull. Soc. Natural. Moscou 1867, 363.
[3] Landw. Versuchsstat. 10, 25—51 (1868).   [4] a. a. O. 404.
[5] Stöckhardt, A.: Wildas Zbl. 1858, 22.   [6] Zenger: Wildas Zbl. 1858, 430.
[7] Ratzeburg, J. T. C.: Die Standortgewächse und Unkräuter Deutschlands und der Schweiz. Berlin 1859.
[8] Hoffmann, Hermann: Vergleichende Studien zur Lehre von der Bodenstetigkeit der Pflanzen. Gießen 1860.
[9] Sendtner, Otto: Die Vegetationsverhältnisse Südbayerns nach den Grundsätzen der Pflanzengeographie. München 1854.
[10] Thurmann: Essai de Phytostatik appliqué a la chaine du Jura (1849).
[11] Fraas, C. u. Zöller: Ergebnisse landwirtschaftlicher Versuche an der Station des Landwirtschaftlichen Vereins in München, (1861) H. 2 u. 3.
[12] Fraas, O.: Aus dem Orient, geologische Beobachtungen am Nil, auf der Sinai-Halbinsel und in Syrien, 196. Stuttgart 1867.
[13] Blanck, E., u. S. Passarge: Die chemische Verwitterung in der ägyptischen Wüste. 31, 32. Hamburg 1925.
[14] Stöckhardt, A.: Studien über den Boden. Landw. Versuchsstat. 1, 176 (1859).
[15] Hoffmann, Robert: Landw. Versuchsstat. 1, 271 (1859).
[16] Siegert, Th.: Untersuchung von Schlamm. Landw. Versuchsstat. 2, 99 (1860).

E. PETERS[1], W. KNOP[2], ALEXANDER MÜLLER, der seine neue Schlämmethode propagierte[3], GUSTAV WUNDER[4] u. a. m.

J. BIALOBLOCKI[5] stellte Untersuchungen über den Einfluß der Bodenwärme auf die Entwicklung der Kulturpflanzen an, der später noch zu erwähnende Kolloidforscher J. M. VAN BEMMELEN[6] berichtet über Bodenuntersuchungen in den Niederlanden und teilt gleichzeitig seine Ansichten über die Bildung der „Pulvererden" und des „Heidebodens" mit. R. BIEDERMANN[7] geht den Beziehungen zwischen Absorption, Verwitterung und Fruchtbarkeit der Böden nach, L. GRANDEAU[8] studiert die russischen Schwarzerden (allerdings mehr in bezug auf den Gehalt an Pflanzennährstoffen als auf Entstehung), W. DETMER[9] untersucht die Humussubstanzen des Bodens auf ihre landwirtschaftliche Bedeutung und im Zusammenhange damit stellt er fest, daß die wasserhaltende Kraft auf einen physikalischen Prozeß zurückzuführen ist, der dem Gebiete der Kapilaritätserscheinungen angehört. F. HABERLANDT[10] veröffentlicht Untersuchungen über den Einfluß der Wärme auf die wasserhaltende Kraft; R. HEINRICH[11] ermittelt das Vermögen der Pflanzen, den Boden an Wasser zu erschöpfen, HERMANN HELLRIEGEL[12] weist auf die Bedeutung der chemischen Untersuchung der Ernteprodukte für die Beurteilung der Menge und des gegenseitigen Verhältnisses der im Boden vorhandenen aufnehmbaren Pflanzennährstoffe hin. EMIL WOLFF[13] bringt bemerkenswerte Beiträge zur Vervollkommnung der Bodenanalyse und gibt genaue Anweisung über den Gebrauch des NÖBELschen Schlämmapparates[14] W. WICKE[15] übermittelt uns eine stattliche Anzahl Bodenanalysen und Ergebnisse über die Bestimmungen seltener in dem Boden vorkommender Elemente.

A. SALFELD[16] berichtet über das Auftreten von Rohhumus und seine Entstehungsbedingungen und R. V. SCHWARZ[17] über vergleichende Untersuchungen über die physikalischen Eigenschaften verschiedener Bodenarten.

Der schon mehrfach erwähnte KNOP[18] hebt die Bedeutung der Bodenuntersuchungen nach den verschiedensten Richtungen hervor, so sei der Boden sowohl auf seine chemischen und physikalischen Eigenschaften zu untersuchen als auch seiner petrographischen Herkunft und mineralogischen Zusammen-

---

[1] PETERS, E.: Über die Absorption von Kali durch Ackererde. Landw. Versuchsstat. 2, 113 (1860); Über den Einfluß, welchen eine höhere oder niedere Bodentemperatur auf den Verwitterungsprozeß u. Verwesungsprozeß in der Ackererde ausübt. Landw. Versuchsstat. 4, 117 (1862).

[2] KNOP, W., u. W. WOLF: Untersuchung über das Vorkommen und Verhalten des Ammoniaks in der Ackererde. Landw. Versuchsstat. 3, 109, 207 (1861); 4, 67.

[3] MÜLLER, A.: Beiträge zur Kenntnis von der Zusammensetzung der Ackererde. Landw. Versuchsstat. 4, 225 (1862).

[4] WUNDER, GUSTAV: Über die Lösungen im Boden. Landw. Versuchsstat. 2, 104 (1860); 5, 34 (1863).

[5] BIALOBLOCKI, J.: Landw. Versuchsstat. 13, 424 (1871).

[6] BEMMELEN, J. M. VAN: Landw. Versuchsstat. 8, 255 (1866).

[7] BIEDERMANN, R.: Landw. Versuchsstat. 15, 21 (1872).

[8] GRANDEAU, L.: C. r. 74, 988 (1872).

[9] DETMER, W.: Landw. Versuchsstat. 14, 248 (1871).

[10] HABERLANDT, F.: Landw. Versuchsstat. 8, 458 (1866); siehe auch Wiss. prakt. Unters. usw. Wien 1875.

[11] HEINRICH, R.: Landw. Versuchsstat. 18, 74 (1875).

[12] HELLRIEGEL, H.: Landw. Versuchsstat. 11, 136 (1869).

[13] WOLFF, EMIL V.: Landw. Versuchsstat. 6, 140 (1864); 13, 8 (1871).

[14] a. a. O. 8, 408 (1866).

[15] WICKE, W.: J. Landw. 1855, 494; 1856, 123, u. Landw. Versuchsstat. 8, 59 (1866).

[16] SALFELD, A.: Die Kultur der Heideflächen Nordwest-Deutschlands. Hildesheim 1870.

[17] SCHWARZ, R. V.: 1. Ber. u. Arb. k. k. Landw.-chem. Versuchsstat. Wien 1870/71.

[18] KNOP, W.: Kreislauf des Stoffes. Leipzig 1868; Bonitierung der Ackererde. Leipzig 1871.

setzung nach zu prüfen. Um zu zeigen, in welcher Weise etwa die chemischen Verhältnisse in einem Klassifikationssysteme zu berücksichtigen wären, teilt Knop die Böden in die Familie der Silikatböden, der Karbonatböden und der Sulfatböden ein. Besondere Beachtung verdienen auch Knops Absorptionsexperimente und deren Ergebnisse, wie er desgleichen die Umwandlung des Ammoniaks in Salpeter im Boden nachzuweisen versuchte, wie dies gleichzeitig Brustlein und vor ihm Zöller und Liebig darlegten. Die von Knop besonders betonte Wichtigkeit der mechanischen Zusammensetzung der Böden fand ihren Niederschlag in der Konstruktion eines Schlämmapparates. Knop weist mit allem Nachdruck auf den Unterschied zwischen Feinerde und Bodenskelett hin, das letztere wird von ihm eingeteilt in Grob-, Mittel- und Feinkies. Der Knopsche Schlämmapparat ist verschiedentlich von ihm selbst umkonstruiert worden und ähnelt in seiner letzten Ausführung sehr dem von Julius Kühn konstruierten.

Erwähnt werden mag hier noch das Birnbaumsche Bodenklassifikationssystem[1], das mehr als ökonomisches System bezeichnet werden kann und als Grundlage zur Wertschätzung eines Bodens dienen soll. Chronologisch fallen in diesen Zeitraum auch die Untersuchungen Hilgers[2] und seiner Schüler über die Einwirkung der Atmosphärilien auf verschiedene Gesteine.

Die vorerwähnten Arbeiten, Fortschritte, Erkenntnisse, sowohl was die chemische, physikalische und mechanische Zusammensetzung und Eigenschaften, die Entstehung und Bewertung der Böden als auch die geologischen und petrographischen Grundlagen hierzu anbelangt, finden sich zusammenfassend bearbeitet von W. Detmer[3]. Nicht unerwähnt bleiben darf auch die Agrikulturchemie von A. Mayer[4], in der ebenfalls die Veröffentlichungen bodenkundlichen Inhalts jener Zeit in vorbildlicher Weise zur Wiedergabe gebracht sind. Wie sehr die bodenkundlichen Forschungen schon damals Allgemeingut waren, erhellt aus Dammers Handwörterbuch[5], auch die Bodenkunde Paul Oemlers gibt eine gute Übersicht über den damaligen Stand unserer Wissenschaft.

Ein großes Verdienst um die Entwicklung der forstlichen Bodenkunde erwarb sich E. Ebermayer[6], seine Arbeiten besitzen einen großen allgemeinen Wert. Hier seien nur erwähnt seine Untersuchungen über Sickerwasser, über Einfluß der Streu- und Schneedecken auf den Boden und seine Bestimmungen des Kohlensäuregehaltes des Waldbodens und der Waldluft.

Die genannten Werke finden eine wertvolle Vervollständigung durch die von W. Henneberg und Petermann besorgte Übersetzung des „Traité d'analyse des matières agricoles" von L. Grandeau[7]. In diesem Buche sind die gebräuchlichen agrikulturchemischen Untersuchungsmethoden zusammengefaßt, und die bodenkundlichen Kapitel nehmen einen breiten Raum ein. Zu erwähnen ist, daß in dieser deutschen Übersetzung erstmalig die Schlösingsche Methode, die man als kombiniert physikalisch-chemische Analyse bezeichnen kann, veröffentlicht ist. Im übrigen bildet L. Grandeaus Buch eine Ergänzung zu den oben aufgezählten Büchern mehr theoretischer Natur, zu denen auch seine „Chemie

---

[1] Georgika 1, 68 (1869); Kirchbachs Hb. 1, 645 (1873).

[2] Hilger: Jb. agrikult. Chem. 1870/71, 4.

[3] Detmer, W.: Die naturwissenschaftlichen Grundlagen der allgemeinen landwirtschaftlichen Bodenkunde. Leipzig u. Heidelberg 1876.

[4] Heidelberg 1871.

[5] Dammer, O.: Chemisches Handwörterbuch, 142 ff. Berlin 1876.

[6] Ebermayer, E.: Die gesamte Lehre der Waldstreu. Berlin 1876; Die physikalischen Einwirkungen des Waldes auf Luft und Boden. Aschaffenburg 1873.

[7] Grandeau, L., u. W. Henneberg: Handbuch für agrikulturchemische Analysen. Berlin 1879.

und Physik in ihrer Anwendung auf Land- und Forstwirtschaft" (Paris 1879) gehört. Erwähnt werden mag noch, daß L. GRANDEAU[1] Beweise zu erbringen vermochte, daß der Humus zu dem Kohlenstoffbedarf der Pflanze beitrüge, eine Ansicht, die auch heute noch in Frankreich vertreten wird[2]. Die von L. GRANDEAU beschriebene und angewandte Methode zur Bestimmung der „matière noire" wird auch heute noch angewandt[3].

Sehr interessante Beiträge über Versuche und Beobachtungen bezüglich des Einflusses der Bodenbedeckung und Beschattung bringen WOLLNY[4] und EBER-MAYER[5]. Durch die Gründung der Moorversuchsstation zu Bremen (1877) war auch auf dem Gebiete der Moorforschung ein planmäßiges Forschen gesichert,wie dies aus den später noch anzuführenden Veröffentlichungen zur Genüge hervorgeht.

O. NEUSS lenkt u. a. auch die Aufmerksamkeit auf ein Werk S. W. JOHNSONS, betitelt „Studies on the relations of soils to Water" (Hartford 1878), in dem der Autor die Ansicht vertritt, daß die Verdunstung aus dem im festen Zustand befindlichen Boden größer ist als bei lockerer Lagerung desselben. J. H. GILBERT publiziert 1876 seine in Gemeinschaft mit LAWES angestellten Versuche über das Verhalten des atmosphärischen Wassers zum Boden, und der schon vorerwähnte C. FLÜGGE bringt in seinen „Beiträgen zur Hygiene" Versuchsergebnisse über die Porosität des Bodens bei.

Ferner sei noch auf die Arbeit A. S. JULIENS[6] über die Verwitterung des Bodens durch den Einfluß pflanzlicher Organismen erinnert, wie auch die Habilitationsschrift LIEBENBERGS, „Untersuchungen über die Bodenwärme" 1875, die Untersuchungen über die spezifischen Wärmen der Bodenarten enthält, erwähnt sein möge. JULIEN hat auch auf die Tatsache hingewiesen, daß organische Körper häufig zur Ansatzstelle für Kieselsäurekonkretionen werden[7].

Ein neues gewichtiges, wenn auch vorerst noch wenig beachtetes Moment trugen zwei Geographen in die Bodenkunde hinein, nämlich die Bedeutung des Klimas für die Bodenbildung. Es waren dies der Afrikareisende DAVID LIVING-STONE (1813—1873)[8] und FERDINAND FREIHERR V. RICHTHOFEN (1811—1905)[9], wobei noch darauf verwiesen sein möge, daß der Letztgenannte sich besonders mit der Entstehung des Lößes beschäftigt hat, und er es war, der den Vorgang der Einebnung durch die Brandung als Abrasion bezeichnete[10].

Vom Jahre 1878 ab gab EWALD WOLLNY seine bekannten „Forschungen auf dem Gebiete der Agrikulturphysik" heraus. Diese Zeitschrift erlebte 20 Bände bis zum Jahre 1898, in ihr spiegelt sich das Wesen der Bodenforschung jener Zeit wieder. Unter Agrikulturphysik will WOLLNY die Physik des Bodens und der Pflanze sowie der atmosphärischen Vorgänge, soweit sie für das Leben der Kulturpflanzen von Belang sind, verstanden wissen. Wir finden in dieser Zeitschrift eine Reihe der besten Arbeiten auf dem Gebiete der Bodenkunde. VON LIEBENBERG gibt in dem ersten Aufsatz der WOLLNYschen Zeitschrift einen Überblick über den Stand der damaligen Bodenphysik[11]. Er kritisiert, wo es nötig ist, und aus seinen Ausführungen läßt sich erkennen, daß ein rein wissenschaftlicher

---

[1] GRANDEAU, L.: C. r. **74**, 988 (1872).

[2] RUSSEL-BREHM: a. a. O. **13**, 97.   [3] Ann. Stat. agronom. Est. **1872**.

[4] WOLLNY, E.: Einfluß der Bodendecke und Beschattung. Berlin 1877.

[5] EBERMAYER: Lehre von der Waldstreu. Berlin 1876.

[6] JULIEN, A. S.: Proc. amer. Ass. Adv. Sci. **1879**, 311.

[7] Siehe auch E. RAMANN: Bodenkunde, 2. Aufl., 19 (1905).

[8] LIVINGSTONE schrieb u. a.: Narrative of an expedition to the Zambesi (1865).

[9] RICHTHOFEN schrieb u. a.: China, 5 Bde (1877/1912); Führer für Forschungsreisende. Berlin 1886.

[10] RICHTHOFEN: Führer für Forschungsreisende, a. a. O. § 153.

[11] LIEBENBERG, v.: Forschgn Agrikult. Physik **1**, 3 (1878).

Geist in die Bodenlehre eingezogen ist. So werden z. B. Untersuchungen über Bodenbearbeitung angestellt von E. Wollny[1], F. H. King[2] und P. P. Dehérain[3], über die Bodenfeuchtigkeit von E. Wollny[4], H. Hellriegel[5], E. Ramann[6], E. Ebermayer[7], M. Fleischer[8] F. H. King[9], E. Heiden[10], H. Puchner[11], R. Heinrich[12]; ferner wurden Arbeiten über Durchlüftung, Permeabilität, Kapillarität, Kohäreszenz, Hygroskopizität, Zusammensetzung der Bodenluft, Porosität, Wärme- und Wasserverhältnisse des Bodens veröffentlicht, und J. Hazard[13] stellte Versuche über die Abspülung an, ein Vorgang, der eine Zwischenstellung zwischen Massen- und Einzeltransport der Verwitterungsprodukte darstellt. Es ist, wie E. Ramann[14] feststellt, Hazards Verdienst, zuerst eindringlich auf die Wichtigkeit der Abspülung für die Ackerböden hingewiesen zu haben.

Nicht unerwähnt bleiben dürfen die Untersuchungen über Exposition und Inklination der Böden, deren erste wir Eser[15], Wollny[16], und Kerner[17] zu verdanken haben, wie auch die Versuche über die Durchlässigkeit der Luft von Renk[18] und Ammon[19] zu nennen sind.

Außer den schon genannten Autoren waren auf dem Gebiete der Bodenkunde u. a. auch besonders tätig, wobei chronologisch teilweise vorgegriffen sein möge: E. W. Hilgard, J. Soyka, Th. B. Osborne, W. R. Williams, J. v. Fodor, Th. Schlösing, der Ältere und der Jüngere. R. Kissling, A. Mayer, M. Fesca, R. Ulrich, G. Haberland, J. M. van Bemmelen, R. Sachsse, A. Nowacki, A. Müntz, A. Orth, F. Sestini, N. Pellegrini, M. Whitney und A. Baumann. Es ist nicht nötig und auch gar nicht der Zweck unseres Überblicks, alle Einzelarbeiten und jeden Autor hier zu nennen. Es handelt sich nur darum, zu zeigen, in welcher Weise die bodenkundliche Forschung an Interesse, Bedeutung und Erfolg gewann. Der systematische Ausbau der Untersuchungsmethoden und das rein experimentelle Prinzip, das die Forscher jener Zeit durchführten, waren es, welche die Bodenkunde zu einer eigenen naturwissenschaftlichen Disziplin machten, die sich der Methoden der Physik und Chemie, der Kenntnisse der Geologie, Mineralogie und Klimatologie im besonderen bediente und sie zu ihrem Werkzeuge machte.

Im Jahre 1882 erschien R. Heinrichs „Grundlagen zur Beurteilung der Ackerkrume[20]", in der der Verfasser eigene Versuchsergebnisse mit denen anderer Autoren zu einem einheitlichen Ganzen verarbeitet. Wenngleich das genannte Buch mehr die Beziehungen der Bodenlehre zur Pflanzenproduktion behandelt, so sind doch besonders die Untersuchungen des Bodens nach der physikalischen Seite hin sehr beachtenswert und bieten viel Neues und Anregendes.

---

[1] Wollny, E.: Forschgn Agrikult. Physik 13, 63 (1890); 20, 231, 493 (1897/98).
[2] King, F. H.: Forschgn Agrikult. Physik 15, 33 (1892).
[3] Derain, P. P.: Forschgn Agrikult. Physik 19, 424 (1896).
[4] Wollny, E.: Forschgn Agrikult. Physik 3, 117 (1880); 6, 377 (1883); 8, 17 (1885); 16, 381 (1893) u. a. m.
[5] Hellriegel, H.: Forschgn Agrikult. Physik 7, 129 (1884).
[6] Ramann, E.: Forschgn Agrikult. Physik 8, 67 (1885).
[7] Ebermayer, E.: Forschgn Agrikult. Physik 12, 147 (1889).
[8] Fleischer, M.: Forschgn Agrikult. Physik 14, 400 (1891).
[9] King, F. H.: Forschgn Agrikult. Physik 17, 35, 298 (1894).
[10] Heiden, E.: Forschgn Agrikult. Physik 7, 327 (1884).
[11] Puchner, H.: Forschgn Agrikult. Physik 18, 1 (1895).
[12] Heinrich, R.: Forschgn Agrikult. Physik 6, 263 (1883).
[13] Hazard, J.: Landw. Versuchsstat. 24, 248 (1880).
[14] Ramann, E.: Bodenkde, 3. Aufl., 112 (1911).
[15] Eser: Forschgn agrikult. Physik 7, 100 (1884).
[16] Wollny, E.: Forschgn Agrikult. Physik 1, 236 (1878) u. a. m.
[17] Kerner: Z. österr. Ges. Metorol. 6, H. 5, 65 (1871).
[18] Renk: Z. Biol. 15 (1879).
[19] Ammon: Forschgn Agrikult. Physik 3, 209 (1881).   [20] Wismar 1882.

Im besonderen sind die Untersuchungen HEINRICHS über die Wasserkapazität der Böden und der von ihm gemachte Hinweis wichtig, daß die Bestimmung der Wasserkapazität nur richtig in „gewachsenen Böden" ausgeführt werden kann, und daß alle Laboratoriumsuntersuchungen ungenau sind, da der Boden nach der Probenahme aus seiner natürlichen Lagerung kommt. Sehr gut hat sich auch die Methode HEINRICHS der Bestimmung der Durchlüftbarkeit im gewachsenen Boden bewährt.

MAX FESCA berichtet in seiner Abhandlung, „Beiträge zur agronomischen Bodenuntersuchung und Kartierung[1]" über die Ursachen und Wirkungen der Absorptionserscheinungen und über die Methoden der Bestimmung des Absorptionskoeffizienten. Die Absorptionserscheinungen sind nach ihm spezielle Phasen des Verwitterungsprozesses und als solche von hoher Wichtigkeit für die Bodenbildung, und E. A. WÜLFING[2] schlug vor, die Bezeichnung „Bodenzeolithe" zu verwerfen, da sich die Tonerde-Kieselsäure-Gele des Bodens grundsätzlich von den kristallisierten Zeolithen unterscheiden, er schlug dafür den Namen „Geolyte" vor[3], wie STEINRIEDE schon etwas früher dafür das Wort „Argillit" geprägt hatte[4].

Auch war schon seit längerer Zeit die Frage nach der Bestimmung des Düngebedürfnisses der Böden angeschnitten worden und zahlreiche Untersuchungen über die Ermittlung der besten und einfachsten Methode zur Erkennung der Bodenfruchtbarkeit kennzeichnen die Literatur jener Jahre. Im besonderen ist sehr häufig über die Frage, ob das Düngebedürfnis durch die Pflanzenanalyse ermittelt werden könne, diskutiert worden. So kam schon WEINHOLD[5] an Hand von Unkrautanalysen zu dem Schluß, daß eine Pflanze nur normal gedeihe, wenn der Boden chemisch wie auch physikalisch gerade für die betreffende Pflanze geeignet sei. Auch die Untersuchungen von EMMERLING[6] mit verschiedenen Hafersorten, dann die von ATTERBERG[7] mit Haferkörnern und die von HELLRIEGEL[8] mit Gerste angestellten Versuche ergaben keine näheren Beziehungen zwischen Gehalt der Pflanze an Nährstoffen und den Bodenkonstituenten, da die Resultate z. T. unter zu großen Schwankungen leiden.

R. HEINRICH[9] vertrat für den gedachten Zweck den Standpunkt, daß nicht die ganze Pflanze, sondern nur die Wurzeln zu untersuchen seien. Der Gehalt an Nährstoffen in ihnen sollte die Fruchtbarkeit des Bodens anzuzeigen erlauben.

Diese Untersuchungen über die Ermittlung des Düngebedürfnisses nehmen von nun an ständig einen breiten Raum in der Literatur ein, denn dieses ganze Problem ist nicht nur vom Standpunkt der Landwirtschaft, Düngewirtschaft und Pflanzenphysiologie wichtig, sondern verdient vielmehr in bodenkundlicher Hinsicht Beachtung, insofern als die Frage der Methodik eine rein bodenkundliche Angelegenheit ist.

Daß an bodenkundlichen Fortschritten nicht nur Bodenkundler und Agrikulturchemiker beteiligt waren, sahen wir schon früher, und daß Geographie, Geologie, Mineralogie und andere Wissenschaften tätigen Anteil an der Entwicklung der Bodenlehre nehmen mußten, ergibt sich aus der Entstehung des Bodens. Und so muß an dieser Stelle auf ein für verwitterungskundliche Er-

---

[1] FESCA, MAX: T. 1. Berlin 1879; T. 2. Berlin 1882.
[2] WÜLFING, E. A.: Jber. Ver. vaterl. Naturkdl. Württemb. **56**, 1 (1900).
[3] S. a. FRITZ BEHREND u. GEORG BERG: Chemische Geologie, 316. Stuttgart 1927.
[4] STEINRIEDE, F.: Anleitung zur mineralogischen Bodenanalyse, 6, 99, 100. Leipzig 1889.
[5] WEINHOLD, A. : Landw. Versuchsstat. **4**, 188 (1862); **6**, 6, 50 (1864).
[6] Landw. Wbl. f. Schleswig-Holstein **1875**, Nr 24, 25.
[7] Landw. Jb. **1886**, 15; **1887**, 16.
[8] Jber. Agrikult. **1867**, 117.
[9] Grundlagen zur Beurteilung der Ackerkrume, 49. Wismar 1882.

kenntnisse wichtiges Buch hingewiesen werden[1]. Nachdem nämlich G. Bischof die Bedeutung der hydrolytischen Vorgänge bei der Verwitterung hervorgehoben hatte, schuf J. Roth den Begriff „komplizierte Verwitterung", worunter die Umsetzungen durch die Einwirkung löslicher Salze zumeist verstanden werden[2]. Die bei der „komplizierten Verwitterung" und „Bodenabsorption" vorkommenden chemischen Umsetzungen studierte zuerst Lemberg[3] genauer, und Emeis[4] wies auf die Wichtigkeit der Absätze aus verwitterten Gesteinen hin. Reges Interesse wurde auch den unter Wasser gebildeten humosen Ablagerungen entgegengebracht. Es sind von Arbeiten dieser Zeit, und zwar solchen allgemeiner Betrachtungsweise zu nennen: Sendtner[5], Lorenz[6], J. J. Früh[7], wie auch das Werk Wehnens „Boden und Steine" (1883) und dasjenige von Lorenz von Liburnau, „Die geologischen Verhältnisse von Grund und Boden für die Bedürfnisse der Land- und Forstwirte" (1883). Auf rein mineralogisch-petrographischer Grundlage waren „die Grundlagen der Bodenkunde" von L. Milch[8] aufgebaut, auch die rein pflanzengeographische Arbeit Paul Graebners, „Die Heide Norddeutschlands[9]", ist erwähnenswert und von bodenkundlichem Belang, wie auch Salfelds Abhandlung: „Die Kultur der Heideflächen Norddeutschlands" (1882) beachtenswert erscheint.

Über den Zusammenhang zwischen Klima und Bodenbildung haben wir, abgesehen von den Andeutungen bei von Richthofen und Livingstone bis in diese Zeitperiode nichts gehört. Dokutschajew und Sibirzew[10] haben sich nun mit der Feststellung der Verbreitung der Bodenzonen in Rußland und ihrer Abhängigkeit von klimatischen Bedingungen beschäftigt. Die Arbeiten dieser beiden Forscher vereint mit denen der später noch zu erwähnenden Hilgard und Ramann bilden die Grundlagen unserer heutigen Bodenzonenlehre.

Zeitlich hierher gehören auch noch die Untersuchungen Chamberlains und Salisburys[11], die als erste darauf aufmerksam machten, daß das Gletschergesteinsmehl und der durch Abschlämmung aus Moränen hervorgegangene „Ton" sich wesentlich anders verhält als der durch Verwitterung entstandene Ton und mithin auf den Unterschied zwischen der physikalischen und chemischen Verwitterung hinwiesen.

Im Jahre 1882 erschien das für bodenkundliche Forschung bedeutsame Werk Charles Darwins „Die Bildung der Ackererde durch die Tätigkeit der Würmer[12]". Die Bedeutung des Wirkens dieses Forschers für die gesamten Naturwissenschaften ist zur Genüge bekannt[13].

Im Jahre 1838 brachte Ch. Darwin eine kurze Abhandlung „Über die Bildung der Ackererde[14]". Vor dem Erscheinen des genannten Hauptwerkes beschäftigten sich mit dieser Frage Fish (1869)[15], King (1876)[16] und Viktor Hensen (1877)[17]. Fish verwarf die Folgerungen Darwins, während Kings und

---

[1] Roth, J.: Allgemeine und chemische Geologie. Berlin 1879.
[2] Roth, J.: 1, a. a. O. 159.   [3] Lemberg, G.: Z. geol. Ges. 1876, 318.
[4] Emeis, C.: Waldbauliche Forschungen (1875) u. a. m.
[5] Sendtner, O.: Vegetation Bayerns. (1847).
[6] Lorenz: Moore von Salzburg. (1858).
[7] Früh, J. J.: Torf und Dopplerit. Zürich 1883.
[8] Leipzig u. Wien 1899.   [9] Leipzig 1901.
[10] Dokutschajew: Der russische Tschernosem (russ.) (1883).
[11] Ann. Rep. Unit. Stat. Geol. Sur. 1884/85, 249.
[12] Aus dem Englischen übersetzt von V. J. Carus. Stuttgart 1882.
[13] Siehe hierzu Francis Darwin: Leben und Briefe Charles Darwins. Stuttgart 1899.
[14] Proc. geol. Soc. 1, 263. London 1838.
[15] Fish: Gardeners Chronicle, 418. London 1869.
[16] Briefwechsel mit Darwin siehe Francis Darwin: a. a. O. 3, 209.
[17] Hensen, V.: Z. Zool. 28, 361 (1877).

HENSENS Beobachtungen die Lehre von der Bedeutung, welche die Würmer für die Bildung des Bodens haben, vollauf bestätigten. Das DARWINSche Werk stützt sich auf Beobachtungen und Experimente, die sich über einen Zeitraum von mehr als 40 Jahren ausdehnen, und so ist es erklärlich, daß man zur damaligen Zeit das Problem als erschöpft ansah. Die Bildung der lockeren Ackererde führte DARWIN auf die Anhäufung von Ausscheidungen der Regenwürmer zurück, während E. P. MÜLLER[1] den Haupteinfluß der Regenwürmer ihrer wühlenden und grabenden Tätigkeit zuschrieb. In Verfolg dieses Problems sind in jenen Jahren noch eine Anzahl von Arbeiten erschienen, von denen diejenigen E. RAMANNS[2], WOLLNYS[3] und C. KELLERS zu nennen sind. C. KELLER[4] dehnt seien Untersuchungen über den vorliegenden Gegenstand neben solchen in montanen und alpinen Regionen auch auf die Tropengebiete aus und macht wesentliche Angaben über die Beteiligung von Krebsen bei der Bildung des Korallensandes.

Dasselbe Jahr, 1887, bringt noch ein Buch[5], das den Versuch darstellt, eine möglichst umfassende und systematische Darstellung der Bodenverhältnisse nach hygienischen Gesichtspunkten zu geben. J. SOYKA verstand es, die vorhandene Literatur seinen Zwecken gemäß zusammenfassend zu bearbeiten und stellte besonders zwei Momente in den Vordergrund, nämlich 1. die Wechselbeziehungen zwischen Boden und Oberfläche und 2. die Hervorhebung der Gesichtspunkte, die zur Entwicklung von Organismen Veranlassung geben können. Im übrigen ist aus diesem Werke zu entnehmen, daß J. SOYKA eine große Anzahl von Einzelproblemen, so z. B. solche in bezug auf Porosität, Wasserdurchlässigkeit usw., zu lösen versuchte.

E. P. MÜLLERS Werk lenkt unsere Aufmerksamkeit auf das wichtige Gebiet des Humus und seiner Bedeutung für die Bodenlehre. Wir entnehmen dieser Arbeit wichtige Angaben in entwicklungsgeschichtlicher Richtung, so die von W. SCHÜTZE[6] angegebene „Humusreaktion", die durch E. P. MÜLLER aufgestellte Definition der Mullböden und Unterscheidung der Mullarten sowie diejenige des Rohhumus von den „gesunden Humusbildungen", das Vorkommen von Ortstein und die Erklärung der Entstehung des Trockentorfs.

Auch über die Hochmoorbildung unterrichtet uns derselbe sehr ausführlich.

Ebenfalls in das Gebiet der Moorforschung fallen die Arbeiten H. v. POSTS[7] wie auch die Abhandlungen C. G. EGGERTZ[8] und F. SITENSKYS[9], die wertvolle Aufschlüsse und Beiträge zur Kenntnis der Moore und Moorbildung darstellen. HAMPUS V. POST verdanken wir auch die erste grundlegende Arbeit über die Bodenverhältnisse der Seen (1862). Der schwedische Ausdruck „Dy", der durch VON POST eingeführt ist, entspricht am besten unserem Moorboden. Auch die zahlreichen Untersuchungen M. FLEISCHERS[10] und E. RAMANNS[11] über Rohhumus und Moorböden förderten die Einsicht in die genannten Verhältnisse außerordentlich.

---

[1] MÜLLER, E. P.: Die natürlichen Humusformen. Berlin 1887.

[2] RAMANN, E.: Forschgn Agrikult. Physik 11, 318 (1889).

[3] WOLLNY, E.: Forschgn Agrikult. Physik 13, 382 u. a. m. (1891).

[4] KELLER, C.: Humusbildung und Bodenkultur unter dem Einfluß thierischer Thätigkeit. Leipzig 1887.

[5] SOYKA, J.: Der Boden. Leipzig 1887.   [6] SCHÜTZE, W.: Z. Forst- u. Jagdwes. 1873.

[7] POST, H. v.: Landw. Jb. 1888, 405; Bull. geol. Inst. Upsala 1893, 284.

[8] EGGERTZ, C. G.: Studien und Untersuchungen über die Humuskörper der Acker- und Moorerde. 1888. Ref. BIEDERMANN; Zentralblatt 1889, 75.

[9] SITENSKY, F.: Über die Torfmoore Böhmens. Prag 1891.

[10] FLEISCHER, M.: Landw. Jb. 20, 378 (1891) u. zahlr. mehr.

[11] RAMANN, E.: Z. Forst- u. Jagdwes. 1883, und siehe auch besonders E. RAMANN: Die Waldstreu. Berlin 1890.

Das Jahr 1893 bringt uns E. Ramanns „Forstliche Bodenkunde und Standortslehre[1]" und die hochbedeutsame Abhandlung Eug. W. Hilgards „Über den Einfluß des Klimas auf die Bildung und Zusammensetzung des Bodens[2]". E. W. Hilgard beschreibt den Bodenbildungsprozeß in seiner Abhängigkeit vom Klima und führt uns die Bedeutung der physikalischen, mechanischen und chemischen Verwitterungsagenzien vor Augen. Seine dem Zweck seiner Ausführung entsprechende Bodenklassifikation erfolgt in:

1. Sedentäre (sässige) oder rückständige (Verwitterungsböden);
2. verschleppte oder transportierte Böden,
   a) Kolluvialböden,
   b) Alluvialböden oder Schwemmungsböden;
3. Äoloische Böden.

Nach einer kurzen Darlegung der klimatischen Faktoren, die die Bodenbildung beeinflussen, wird deren Einfluß auf die physikalische Natur der Böden besprochen. Ein besonders hervorzuhebendes Kapitel ist das über den Einfluß humider und arider Klimate auf die Tonbildung und auf die Humusbildung, wie auch die Wirkung verschiedener klimatischer Bedingungen auf die chemischen Prozesse im Boden und auf dessen chemische Zusammensetzung gewürdigt wird. Recht wichtige Angaben bietet der Vergleich der Böden der ariden und humiden Regionen der Vereinigten Staaten, wie auch die Beschreibung der Alkaliböden der ariden Klimagebiete, deren Entstehung und Eigenschaften sehr ausführlich geschildert werden. Wir erfahren nicht nur von der Zusammensetzung der Alkaliböden Nord- und Südamerikas, sondern auch Asiens, Afrikas, Australiens, sowie von der der Szikböden Ungarns.

Zur Unterscheidung der meist marinen Salzböden[3] in denen gewöhnlich das Kochsalz und sonstige Bestandteile des Meerwassers enthalten sind, will Hilgard den von Credner geprägten Ausdruck „terrestre Salzböden" beibehalten wissen. Innerhalb dieser Gruppe der terrestren Salzböden bezeichnet er diejenigen, in denen Natriumkarbonat den vorwiegenden oder charakteristischen Bestandteil bildet, als Sodaböden. Den Ausführungen Hilgards sind eine große Anzahl Analysen beigegeben, die zugleich den tiefgehenden Unterschied, welcher zwischen den Bodenarten der feuchten (humiden) und trocknen (ariden) Gebiete besteht, zeigen. Besondere Aufmerksamkeit zollt Hilgard auch der Auswaschung des Bodens.

Im Zusammenhang mit der genannten Veröffentlichung, die im Verein mit den Arbeiten russischer Forscher und dem Wirken Ramanns in der Richtung der Einbeziehung der klimatischen Faktoren in den Bereich der Verwitterungslehre derselben ein ganz neues Gepräge gaben, sei noch auf die Studien F. Wohltmanns[4] hingewiesen, der sich u. a. mit der Entstehung der Salzböden des Laterits der Roterden beschäftigt hat, sowie auch Fescas Arbeiten[5] auf diesem Gebiete nicht unerwähnt bleiben dürfen.

In E. Ramanns vorerwähntem Buch liegt ein Werk von grundlegender Bedeutung vor, insofern, als in ihm die naturwissenschaftlichen Grundlagen der forstlichen Standortslehre dargestellt sind und die Bedeutung dieser Methode im Gegensatz zu anderen in der Forstwirtschaft herrschenden für Theorie und Praxis klar gelegt wird. Man kann die von ihm verfolgte Tendenz als einen weiteren Fortschritt wissenschaftlicher Erkenntnis in der Bodenlehre bezeichnen.

---

[1] Berlin 1893.   [2] Forschgn Agrikult. Physik 16, 82—172 (1893).
[3] Siehe auch E. W. Hilgard: Die Bildungsweise der Alkalikarbonate in der Natur. Ber. dtsch. chem. Ges. 25, H. 19, 3624.
[4] Wohltmann, F.: Die natürlichen Faktoren der tropischen Agrikultur (1892); Handbuch der tropischen Agrikultur (1894).
[5] Fesca, M.: Beitrag zur Kenntnis der japanischen Landwirtschaft.

Vor E. RAMANN und den genannten Forschern haben wir zwar eine ganze Anzahl von Einzeluntersuchungen über klimatische Faktoren, wie auch solche über den Einfluß der Niederschläge, des Frostes, der Wärme, des Windes usw. auf den Boden zu verzeichnen, und in der WOLLNYschen Agrikulturphysik war von Beginn ihrer Herausgabe an schon eine ständige Untergruppe „Agrar-Meteorologie" vorhanden, in der Fragen genannter Art bearbeitet wurden. Von den Autoren jener Zeit, die auf diesem Gebiete besonders tätig waren, sind neben den schon aufgezählten F. SCHUBERT, A. PETIT, A. HENSELE, A. WOEIKOFF zu nennen. Das Besondere in der Auffassung HILGARDs und RAMANNs gegenüber diesen in ihren Details durchaus wichtigen Arbeiten liegt aber in der Erkennung der universellen Bedeutung des Klimas für die Bodenbildung und Bodenumbildung, d. h. aber nichts anderes, als daß sich nunmehr die Bodenlehre aus dem ihr durch Landwirtschaft und Agrikulturchemie vorgezeichneten engen Kreis zu einer am Aufbau und Umbau des Erdganzen teilnehmender Wissenschaft emporhob.

Ein weiterer Fortschritt in bezug auf bodenkundliche Erkenntnisse lag in der systematischen Untersuchung der Anteilnahme der Mikroorganismen, jedoch soll erst am Schluß dieser historischen Übersicht ganz kurz und gesondert der Gang dieser Ereignisse besprochen werden.

Auf dem Gebiete der mechanischen Analyse der Böden haben sich den Methoden, die sich auf den Fall der festen Körper im Wasser gründen (DAVY, SCHÜBLER, SPRENGEL, J. KÜHN, SCHLÖSING, OSBORNE) solche, welche den Stoß aufwärts fließenden Wassers (hydraulischen Druck) verwenden (VON BENNIGSEN-FÖRDER, SCHULZE, NÖBEL, SCHÖNE, HILGARD), angegliedert[1]. Die mineralogische Analyse des Bodens, die ja schon frühzeitig in ihrer Wichtigkeit erkannt wurde, wird eingehend von F. STEINRIEDE[2] behandelt, wie auch ORTH[3] schon Beiträge zu diesem Kapitel beigebracht hatte, während uns WAHNSCHAFFE in seiner „Anleitung zur wissenschaftlichen Bodenuntersuchung" insonderheit mit den chemischen Untersuchungsmethoden vertraut macht.

Inzwischen ist von seiten der Geologischen Landesanstalten die geologisch-agronomische Erforschung und die kartographische Darstellung der Ergebnisse in Angriff genommen worden — ein großzügiges Unternehmen, das z. T. wesentlich zur Vertiefung unserer Kenntnisse über den Boden beigetragen hat[4].

In Verfolgung des Problems „Düngebedürftigkeit des Bodens" haben wir in diesem Zeitabschnitt eine große Anzahl Arbeiten zu verzeichnen, so von W. SCHÜTZE[5], der zu dem Ergebnis kam, daß der Mineralstoffgehalt der zumeist bestimmende Faktor der Fruchtbarkeit sei, dann ferner von THOMS[6], WOHLTMANN[7], LIEBSCHER[8], BIELER[9], BOGDANOW[10] u. a. m.

In diesen Zeitabschnitt fallen auch noch zwei neue, beachtenswerte Bodenklassifikationen, die nicht unerwähnt bleiben dürfen. WAHNSCHAFFE-SCHUCHT schreiben hierüber wie folgt[11]:

„FESCA unterzieht die verschiedenen Systeme, sowohl die ökonomischen als auch die naturwissenschaftlichen, einer kritischen Betrachtung und hebt mit

---

[1] Siehe auch RAMANN: Bodenkunde, 2. Aufl., 218. Berlin 1905.
[2] STEINRIEDE, F.: Anleitung zur mineralogischen Bodenanalyse. Leipzig 1889.
[3] ORTH, A.: Rüdersdorf und Umgebung. Abh. preuß. geol. Landesanst. 1877.
[4] Siehe auch KEILHACK: Einführung in das Verständnis der geologisch-agronomischen Karten des norddeutschen Flachlandes. 1902.
[5] SCHÜTZE, W.: Über märkische Kieferböden. Z. Forst- u. Jagdwes. 1, 560; 3, 367.
[6] THOMS: Wertschätzung der Ackererden auf naturwiss.-stat. Grundlage.
[7] WOHLTMANN, F.: Nährstoffkapital westdeutscher Böden. Bonn 1901.
[8] LIEBSCHER, G.: J. Landw. 1895, 207.   [9] BIELER, B.: Jber. agrikult. Chem. 1896, 146.
[10] BOGDANOW: Exp. Stat. Record 12, 726.
[11] WAHNSCHAFFE-SCHUCHT: Anleitung zur wissenschaftlichen Bodenuntersuchung, 5. Berlin 1924.

Recht hervor, daß auch Senft, welcher bei seiner Bodeneinteilung nicht wie Fallou und Girard das Ursprungsgestein, sondern den Boden selbst in den Vordergrund stellte, in zu einseitig petrographischer Richtung vorgegangen sei, während er die agronomischen Beziehungen des Bodens dabei vernachlässigte. Wir werden dem letzteren Umstande dadurch am besten gerecht, daß wir das Thaersche Ackerklassifikationsprinzip im wesentlichen beibehalten.

„Für die Generalgliederung nimmt Fesca zwei große Hauptgruppen an, deren erste er wiederum in zwei Unterabteilungen trennt. Seine Einteilung ist folgende: I. Verwitterungsböden: A. der Primitivgesteine, B. der deuterogenen Gesteine. II. Schwemmböden.

„Obwohl das geologische Einteilungsprinzip nach der Entstehung der Bodenarten für die Hauptgliederung sehr zweckmäßig ist und deshalb schon mehrfach Anwendung gefunden hat, so ist doch die bisher allgemein gebräuchliche Bezeichnung" ,Schwemmböden' nach dem jetzigen Stande der geologischen Wissenschaft nicht umfassend genug, und man schließt sich heute vielfach — ohne Mängel auch dieser Beziehungsweise zu verkennen — derjenigen an, welche Lorenz von Liburnau[1] gewählt hat, indem er die Bodenarten ebenfalls nach ihrer Entstehung in zwei große Hauptgruppen teilte, in die Primitiv- und Derivatböden. Als Primitivböden (Ur- oder ursprüngliche Böden) können wir diejenigen Bodenarten bezeichnen, welche direkt aus dem anstehenden festen Gestein, durch seine Verwitterung oder, wie der Torf, an Ort und Stelle aus umgewandelten Pflanzenresten hervorgegangen sind. Nach dem Ursprungsgebilde sind Primitivböden der kristallinischen und der sedimentären Gesteine sowie der Torfbildungen zu unterscheiden. Die Derivatböden (abgeleitete oder umgelagerte Böden) sind die Bodenarten solcher meist lockeren Ablagerungen, die in jüngerer geologischer Zeit durch Wasser in fester (Gletschereis) oder flüssiger Form oder auch durch den Wind transportiert worden sind."

Ferner sind eine ganze Reihe von Bestimmungen der Einzelbestandteile im Boden beschrieben worden, so von Schlösing jun.[2], D. Meyer[3], Emmerling[4], Berthelot[5], A. Baumann[6] u. a. m.

. Für verwitterungskundliche Studien war das Erscheinen des Buches „Denudation in der Wüste" von Joh. Walther[7] bemerkenswert insofern, als es ganz eingehende Beobachtungen der physikalischen Verwitterung enthält. Müntz[8] schreibt die chemische Verwitterung hochalpiner Gipfel der Einwirkung von Nitrobakterien zu.

Über den Einfluß pflanzlicher Organismen auf die Verwitterung liegen einige Arbeiten vor[9], wie auch über die Bodenabsorption wichtige und ergebnisreiche Veröffentlichungen jener Zeit entstammen. Hierher gehören in erster Linie die hochbedeutsamen Abhandlungen J. M. van Bemmelens[10] über „Die Absorptionsverbindungen und das Absorptionsvermögen der Ackererde", in der der Autor kurz zusammengefaßt zu folgendem Ergebnis kommt: Die Ackererde enthält

---

[1] Liburnau, L. v.: Die geologischen Verhältnisse von Grund und Boden. Berlin 1883.
[2] Schlösing jun.: Ann. Soc. Agron. 1, 316 (1899); C. r. 130, 422 (1900) u. a. m.
[3] Meyer, D.: Landw. Jb. 29, 913 (1900) u. a. m.
[4] Emmerling, A.: Landw. Versuchsstat. 52, 60 (1899).
[5] Berthelot: C. r. 114, 43 (1892).
[6] Baumann, A.: Über die Bestimmung des im Boden enthaltenen Ammoniakstickstoffes usw. Habilitationsschrift (1886).
[7] Walther, Joh.: Denudation in der Wüste. Leipzig 1890.
[8] Müntz: C. r. 110, 1370 (1890).
[9] Literatur siehe E. Ramann: Bodenkunde, 20, 21, 1905.
[10] Bemmelen, J. M. van: Landw. Versuchsstat. 21, 135; 23, 265; 35, 69 (1888). Eine Zusammenstellung der Arbeiten van Bemmelens findet sich in van Bemmelen-Wo. Ostwald: Die Absorption. Dresden 1910.

kolloide Silikate, Eisenoxyd, Kieselsäure und Humussubstanz. Die Absorptionserscheinungen, die bei der Behandlung von Ackererde mit Lösungen erhalten werden, sind hauptsächlich kolloidalen Substanzen zuzuschreiben, ihr Absorptionsvermögen für vollständige Salze ist ein geringes. Auch die eigentümlichen Absorptionserscheinungen des Humussäuregallerts, dem zahlreiche Salze durch Auswaschen nicht zu entziehen sind, wurden eingehendst von VAN BEMMELEN studiert[1].

Außer VAN BEMMELEN haben noch KÖNIG[2], DIETRICH[3], RÜMPLER[4], SCHLÖSING[5] u. a. Beiträge zu diesem Problem beigebracht.

Das Jahr 1897 bringt uns wiederum ein Standardwerk, nämlich EWALD WOLLNYS „Die Zersetzung der organischen Stoffe und die Humusbildungen mit Rücksicht auf die Bodenkultur"[6]. Der Verfasser stellt in diesem Werke die Ergebnisse eigener und fremder Untersuchungen über die Prozesse bei der Zersetzung der organischen Stoffe und die durch diese Vorgänge entstehenden Humusumbildungen systematisch zusammen, wozu er nicht allein die Forschungen auf chemischem Gebiete, sondern auch jene in den Bereich der Betrachtungen gezogen hat, welche in bakteriologischer, pflanzenphysiologischer und physikalischer Hinsicht bei Beurteilung der in Frage kommenden Naturprozesse Beachtung zu finden verdienen. Er berichtet über die chemischen Vorgänge bei der Zersetzung der organischen Stoffe, die Beteiligung niederei Organismen und Tiere an diesem Prozeß, um dann einen Überblick über die chemischen und physikalischen Eigenschaften der Humusstoffe zu geben, dem eine Klassifikation der verschiedenen Humusbildungen vorausgeht.

Den Beschluß des genannten Werkes bilden Abhandlungen über den Einfluß der Humusstoffe auf die Fruchtbarkeit der Kulturböden und über die künstliche Beeinflussung der Zersetzung der organischen Stoffe

E. WOLLNY hat mit diesem Buche ein Werk geschaffen, dessen Darlegungen nicht nur für die Bodenkultur, sondern auch für die Bodenbakteriologie, Hygiene und nicht zuletzt auch für die Geologie von großem Werte sind. Erwähnenswert ist auch noch, daß WESENBERG-LUND (1901) die Gesichtspunkte H. v. POSTS in bezug auf die Bodenablagerungen der Seen wieder aufnahm. Im Anschluß hieran seien noch einige Werke und Arbeiten genannt, die sich mit der Entstehung der Moore, der Heiden und des Torfs beschäftigen, so diejenigen von ULL[7], FRÜH und SCHROEDER[8], PAUL GRAEBNER[9], RAMANN[10], TSCHAPLOWITZ[11] und C. A. WEBER[12].

Wie schon mehrfach darauf hingewiesen wurde, ist es im Rahmen der vorliegenden Arbeit unmöglich, eine Anführung sämtlicher Autoren vorzunehmen, entweder sind nur die richtunggebenden Veröffentlichungen oder aber solche zugrunde gelegt, die zeigen sollen, in welchem Ausmaße und auf welchem Wege die bodenkundliche Forschung versucht hat, ihre Probleme zu lösen. Es kann somit von dem Erscheinen des genannten WOLLNYschen Werkes direkt zum Jahre 1905, dem Erscheinungsjahr der RAMANNschen „Bodenkunde[13]", die aus der 1895

[1] BEMMELEN, VAN: Landw. Versuchsstat. 28, 115.
[2] KÖNIG, J.: Ber. landw. Inst. Halle 2, 40 (1880).
[3] DIETRICH, M.: Mitt. bad. geol. Landst. 4, H. 3 (1901).
[4] RÜMPLER, A.: Dtsch. Zuckerind. 1901, 585.
[5] SCHLÖSING, Th.: C. r. 137, 1206 (1903).   [6] Heidelberg 1897.
[7] ULL: Die Torfmoore Brasiliens. Englers bot. Jber. 27, 238 (1900).
[8] FRÜH u. SCHROEDER: Die Moore der Schweiz. Bern 1904.
[9] GRAEBNER, PAUL: Handbuch der Heidekultur. Leipzig 1904.
[10] RAMANN, E.: Die Waldstreu und ihre Bedeutung für Boden und Wald. Berlin 1890.
[11] TSCHAPLOWITZ: Humus und Humuserden. Oppeln 1892.
[12] WEBER, C. A.: Über die Vegetation und Entstehung des Hochmoors usw. Berlin 1902.
[13] 2. Aufl. Berlin 1905.

veröffentlichten „Forstlichen Bodenkunde und Standortslehre" hervorgegangen ist, übergegangen werden. Ramann erschien es wünschenswert, infolge der fortschreitenden Entwicklung der Wissenschaft „Bodenkunde" die Lehre von der Entstehung, den Eigenschaften und den Umbildungen des Bodens selbständig zu behandeln. Ramann gebührt unzweifelhaft das Verdienst, die Bodenkunde zur selbständigen Wissenschaft erhoben zu haben[1]. Alle Versuche vor Ramann, es sei an die Werke Trommers und Fallous erinnert, sind zwar gleichfalls wichtige Merksteine in der Entwicklung unserer Wissenschaft insofern, als sie die bodenkundlichen Forschungen losgelöst von den Interessen der Landwirtschaft behandelt wissen wollten, jedoch es fehlt ihnen noch der Geist und die Auffassung von der umfassenderen Vorstellung des Bodens im Sinne Ramanns. Das zuerst sehr ersprießlich scheinende Wirken der agrikulturchemischen Richtung von der Mitte des 19. bis zu Beginn des 20. Jahrhunderts hemmte die Entwicklung der Bodenkunde im Sinne wahrer Wissenschaftlichkeit noch sehr, und so fand die Bodenkunde auch noch nach Fallou als selbständige Wissenschaft nur recht wenig Beachtung.

Ramann weist u. a. darauf hin, daß die Vorgänge der Verwitterung erst dann voll verständlich werden, wenn man die oberste Erdschicht, den Boden, und die Verteilung der Pflanzenwelt unter den Verhältnissen ihrer Einwirkung auf den Boden berücksichtigt.

Das Ziel Ramanns kommt durch folgende Worte zum Ausdruck: „Noch wichtiger schien es, zu zeigen, daß man die Erde als einen großen Organismus betrachten kann, die Umbildungen ihrer obersten anorganischen Schichten sind ebenso durch das herrschende Klima bedingt wie das organische Leben. Einer einheitlichen Auffassung kommt man aber erst näher, wenn man beide zueinander in Beziehung bringt. Stehen wir auch erst ganz im Anfange der Erkenntnis, so treten doch schon große Züge hervor und lassen ahnen, welchen Charakter dereinst die ‚Biologie der Erdoberfläche' tragen wird."

Ramann hat unter weitgehendster Heranziehung der einschlägigen Literatur und bei gleichzeitiger Benutzung zahlreichen eigenen Untersuchungsmaterials ein Werk fundamentalster Bedeutung geschaffen, insofern er das Universelle der Bodenkunde in den Vordergrund seiner Betrachtungen stellte.

Wie es sich aus der Auffassung E. Ramanns über den Boden ergibt, wandte er auch den Hauptteil seiner Ausführungen den Verwitterungsvorgängen zu, denen sich ein Abschnitt über Bildung und Eigenschaften der humosen Ablagerungen anschließt.

Im gleichen Jahre erscheint (1905) E. A. Mitscherlichs „Bodenkunde für Land- und Forstwirte[2]", die in ihrer ersten Auflage eine mehr „physikalische" Bodenkunde darstellt. Es neigt aber diese Erstauflage schon stark zu einer „pflanzenphysiologischen" Bodenkunde hinüber. Aus dem Vorwort geht der Zweck dieses Werkes einwandfrei hervor: „Dadurch nun, daß man bislang fast stets die direkten Beziehungen zwischen den Pflanzenerträgen eines Bodens und seiner geologischen Entstehung aufsuchte und die physikalische und chemische Beschaffenheit des Bodens, welche die Grundlage jeder pflanzenphysiologischen Bodenkunde bilden muß, mehr oder weniger vernachlässigte, kam diese Wissenschaft in ein Stadium, in welchem eine Weiterentwicklung nicht mehr möglich war. Es unterliegt keinem Zweifel, daß viele Forscher, selbst solche, welche wohl den geologischen Aufbau des Bodens fast allein maßgebend für den pflanzenphysiologischen Wert desselben ansahen, dies ahnten und auch teilweise erkannten: jedoch hat es bis heute merkwürdigerweise niemand unternommen,

---

[1] Vgl. E. Blanck: Fühlings Landw. Zg **62**, 462 (1913).
[2] Berlin 1905.

mit kühnem Entschluß scharf mit den alten Traditionen, welche die Wissenschaft unserer land- und forstwirtschaftlichen Bodenkunde nie fördern können, zu brechen."

Man kann E. A. MITSCHERLICH als den Begründer der „pflanzenphysiologischen Bodenkunde" bezeichnen, der es verstanden hat, dem Zwecke seiner Arbeit entsprechend, eigenes und fremdes Untersuchungsmaterial in ihren Ergebnissen zusammenfassend zu behandeln und eine vortreffliche Ergänzung zu dem RAMANNschen Werke zu schaffen. Ganz besonderes Interesse nehmen aber auch MITSCHERLICHs Abhandlungen über die physikalischen Eigenschaften des Bodens, insbesondere aber die über die Versuche zur Bestimmung der Benetzungswärme[1] ein, die auf den theoretischen Vorarbeiten von H. RODEWALD[2] basieren, und die dann durch MITSCHERLICH eine ausgezeichnete Anwendung auf die Ermittlung der Bodenoberfläche und des Hohlraumvolumens des Bodens fanden[3].

Aus MITSCHERLICHs Buch ist der gewaltige Fortschritt der chemischen und physikalischen Untersuchungsmethoden zu ersehen, der in der zweite Hälfte des 19. Jahrhunderts gemacht worden ist.

Ein Jahr nach dem Erscheinen zweier so umwälzender deutscher Bücher erschien E. W. HILGARDs „Soils, their formation, properties, composition and relations to climate and planthgrowth in the humid and arid regions"[4]. Dieses Werk ist den beiden deutschen Büchern ebenbürtig an die Seite zu stellen. Ganz ausgezeichnet behandelt der Verfasser die Grundlagen der Verwitterungslehre, und er versteht es auch entsprechend dem gedachten Zwecke die Erkenntnisse der „wissenschaftlichen" mit denen der „pflanzenphysiologischen" Bodenkunde zu verquicken. Daß natürlich HILGARD infolge seines Wirkens in Kalifornien den Alkaliböden, überhaupt den Salzböden ganz besonderes Interesse widmet, schmälert den Wert des Buches nicht. Die von HILGARD angegebene Bodeneinteilung ist die gleiche, wie wir sie schon aus seiner oben besprochenen Abhandlung über die Bedeutung des Klimas für den Boden her kennen.

Mit diesen grundlegenden Werken schließt an der Wende des 20. Jahrhunderts eine wesentliche Epoche in der Entwicklung der Bodenlehre ab. Zugleich bereiten sie aber eine neue Zeit, die durch intensive Erfassung und Erforschung alles bodenkundlichen Tatsachenmaterials mit dem Rüstzeug neuester experimenteller Forschung gekennzeichnet ist, vor. Denn der in ihnen niedergelegte Gesamtwissensstoff seines Zeitalters enthält schon die Keime und Richtlinien für das Beschreiten der neuen Wege, die insonderheit letzten Endes auf die vollständige Loslösung der Bodenkunde von den ihr nahestehenden Wissenschaften hinweisen und damit die wissenschaftliche Selbständigkeit der Bodenlehre zum Ziele haben.

Der bisher vernachlässigten Bodenbakteriologie haben wir aber noch einige Worte zu widmen. Da die Kenntnis von dem Vorhandensein und der Betätigung der niederen Pflanzenwelt erst verhältnismäßig ganz jungen Datums ist, so nimmt auch die Bodenbakteriologie erst in den letzten Dezennien des vorigen Jahrhunderts Anteil an der Erforschung des Bodens[5]. Die ersten planmäßigen Untersuchungen über Bodenbakterien verdanken wir wohl ROBERT KOCH[6]. Schon MULDER hat

---

[1] MITSCHERLICH, A.: J. Landw. 1898, 1900, 79; Landw. Jb. 1902, 577 u. a. m.
[2] RODEWALD, H.: Z. physik. Chem. 24, 206 (1897); 33, 593 (1900) u. a. m.
[3] RODEWALD, H. u. A. MITSCHERLICH: Landw. Versuchsstat. 1903, 433.
[4] New York 1906.
[5] Eine Zusammenstellung der in Frage kommenden Literatur befindet sich bei F. LÖHNIS: Handbuch der landwirtschaftlichen Bakteriologie. Berlin 1910; auf die im vorliegenden zur Hauptsache Bezug genommen worden ist.
[6] KOCH, ROBERT: Mitt. ksl. Gesdh.amt. 1, 1. Berlin 1881.

darauf hingewiesen, daß im Ackerboden Oxydations- und Reduktionsprozesse im Boden nebeneinander sich abspielen[1] und im Jahre 1877 stellen Schlösing und Müntz[2] fest, daß für die Entstehung der Kohlensäure im Boden Mikroorganismen verantwortlich zu machen seien. Mulder ermittelte, daß Pilze und Bakterien an der Verarbeitung des Humus teilnahmen. Besondere Beachtung haben von jeher die Nitrifikationsvorgänge gefunden. Wie schon erwähnt, war man vormals der Ansicht, die Ursache der Nitrifikation in einem rein chemisch-physikalischen Vorgange zu erblicken, wie dieses auch Berthelot[3] 1871 noch glaubte, trotzdem schon 1862 Pasteur[4] sich dahingehend ausgesprochen hatte, daß dieser Oxydationsprozeß durch Mikroorganismen ausgeführt werde. Diese Ansicht wurde durch Schlösing und Müntz[5] 1877 und vorher schon durch Alexander Müller[6] 1873 bestätigt. Der auf dem Gebiete der Bodenbakteriologie so tätige Winogradsky vermochte dann später die Nitrit- und Nitratbakterien voneinander zu isolieren[7]. Auf diesem Gebiete waren neben den genannten Forschern auch eine ganze Reihe anderer Autoren, wie u. a. Warington, Frankland, Omelianski, Dehérain, F. W. King und aus der neueren Zeit J. G. Lipmann, P. Ehrenberg, Stutzer, P. Wagner tätig. Als die für genannten Fragenkomplex wichtigste Feststellung ist die Tatsache zu verzeichnen, daß die Nitrifikation im Boden ausschließlich der Tätigkeit von Mikroorganismen zuzuschreiben ist[8]. Sehr wichtig erscheint im Anschluß hieran die Nitratreduktion. Löhnis[9] schreibt hierüber folgendes: „Daß aus Salpeter bei Gegenwart organischer Substanzen Ammoniak entstehen kann, scheint zuerst (1846) von Kuhlmann[10] erkannt worden zu sein, der diese Umsetzung speziell für die tieferen Erdschichten als wichtig erachtete, Pelouze[11], Thénard[12], Goppelsroeder[13] waren wie jener Autor der Ansicht, daß speziell die Humussubstanzen desoxydierend wirkten. Daß eine große Zahl verschiedenartiger Mikroorganismen zur Reduktion des Nitrats befähigt ist, und daß bei diesem Prozesse intermediär Nitrit entsteht, hat bereits 1867 Schönbein[14] festgestellt. Auch Béchamp[15] betonte, daß der in Rede stehende Prozeß biologischen Ursprungs sei." Besondere Beachtung verdient auch noch die Bindung des elementaren Stickstoffs, und zwar sowohl durch Mikroorganismen in Symbiose mit höheren Pflanzen als auch durch frei lebende Bakterien. Eine Zuführung von Stickstoff zum Boden kann auch noch durch die Niederschläge stattfinden, worauf schon Boussingault[16] (1858), Knop und W. Wolf[17] (1861), Mulder[18] (1863) und viele andere hingewiesen haben.

Es war schon lange bekannt (schon zu römischen Zeiten), daß die Schmetterlingsblütler eine ertragsteigernde Wirkung ausübten, und schon 1838 glaubte Boussingault auf Grund von Vegetationsversuchen die bodenbereichernde Eigenschaft auf die Bindung des atmosphärischen Stickstoffes zurückführen zu müssen.

---

[1] Mulder G. J.: Chemie der Ackerkrume.
[2] Schlösing u. Müntz: C. r. **85**, 1018 (1877).
[3] Berthelot: Ann. Chim. et Phys. **22**, 87 (1871).   [4] Pasteur: C. r. **54**, 269 (1862).
[5] Schlösing u. Müntz: C. r. **84**, 301 (1877); **85**, 1018 (1877).
[6] Müller, Al.: Landw. Versuchsstat. **16**, 273 (1873).
[7] Winogradsky: Ann. Inst. Pasteur **5**, 577 (1891).
[8] Siehe auch Löhnis: a. a. O. 603.   [9] Löhnis, F.: a. a. O. 623ff.
[10] Kuhlmann: C. r. **23**,1033 (1846).   [11] Pelouze: C. r. **44**, 118 (1857).
[12] Thénard, L. J.: C. r. **52**, 792 (1861).
[13] Goppelsroeder: Ann. Physik u. Chem. (Poggendorff) **115**, 134ff. (1862).
[14] Schönbein: Z. Biol. **3**, 334 (1867).
[15] Béchamp: Bull. Soc. Chim. **11**, 172 (1869).
[16] Boussingault, H.: C. r. **46**, 1175 (1858).
[17] Knop, W. u. W. Wolf: Landw. Versuchsstat. **3**, 120 (1861).
[18] Mulder, G. J.: Chemie der Ackerkrume, a. a. O.

Bei der Klärung dieser Frage waren VILLE[1], MÉNÉ[2], LAWES und GILBERT[3], BRETSCHNEIDER[4], RAUTENBERG und G. KÜHN[5], BERTHELOT[6], SCHULTZ-LUPITZ[7] und besonders HELLRIEGEL und WILFARTH[8] und nach diesen BEIJERINCK[9], PRAZMOWSKI[10], L. HILTNER[11] tätig. Beachtenswert sind auch noch die Beobachtungen, daß die Knöllchenbakterienwirkung auch bei anderen Pflanzen als bei den Leguminosen eintritt, so konnten F. NOBBE und L. HILTNER[12] auf das Vorkommen von Erlenknöllchen und der durch sie bewirkten Stickstoffbindung hinweisen. Dieser ganze Fragenkomplex ist insofern für bodenkundliche Erkenntnisse von Wichtigkeit, als er eng mit den Forschungen über den Stickstoffhaushalt des Bodens verknüpft ist. Daß es sich bei der Stickstoffixierung im Boden um die Tätigkeit stickstoffbindender Mikroorganismen handelt, ist zuerst von M. BERTHELOT[13] erkannt. Seine Versuchsergebnisse wurden im besonderen von SCHLÖSING JUN. und LAURENT[14] sowie durch ALPE und MENOZZI[15] bestätigt, bis auch gerade durch die von WINOGRADSKY[16] (1893) durchgeführten exakten Untersuchungen die Existenz selbständig stickstoffixierender Mikroorganismen erwiesen wurde. Auf diesem Gebiete haben besonders folgende Autoren gearbeitet: BEIJERINCK[17], der uns mit dem Azotobacter chroococum bekannt machte, TH. PFEIFFER[18], A. KOCH[19], H. IMMENDORFF[20], PETERMANN[21], DEHÉRAIN[22], M. GERLACH, J. VOGEL[23], LIPMANN und BROWN[24] und viele andere mehr. Es sei aber auch noch der Tätigkeit der Eisenbakterien gedacht, die ebenso wie gewisse niedere Pilze und Algen, die in den Wässern gelöste Eisensalze als Eisenoxydhydrate niederschlagen. Über diese Bakterien schrieb schon 1863 G. CHR. EHRENBERG[25], der Gyllionella ferruginea eine große Rolle bei der Eisensteinbildung zuschrieb. Es arbeiteten auf diesem Gebiete u. a. noch WINOGRADSKY[26], MOLISCH[27], ADLER[28], BEYTHIEN[29]. Desgleichen sei noch besonders darauf hingewiesen, daß MÜNTZ[30] betont, daß Salpeterbakterien tätigen Anteil an der Gesteinsverwitterung

[1] VILLE: C. r. **31**, 578 (1850).   [2] MÉNÉ: C. r. **32**, 180 (1851).

[3] LAWES, J. u. J. H. GILBERT: Proc. roy. Soc. **10**, 544 (1860).

[4] BRETSCHNEIDER, P.: Jber. agrikult. Chem. **4**, 123.

[5] RAUTENBERG, F. u. G. KÜHN: Landw. Versuchsstat. **6**, 355 (1864).

[6] BERTHELOT: C. r. **85**, 178 (1877).

[7] SCHULTZ-LUPITZ, A.: Landw. Jber. **10**, 777 (1881).

[8] HELLRIEGEL, H. u. H. WILFARTH: Landw. Versuchsstat. **33**, 464 (1886); **34**, 460 (1887).

[9] BEIJERINCK: Bot. Zg **46** (1888); **48** (1890).

[10] PRAZMOWSKI, A.: Landw. Versuchsstat. **37**, 161 (1890).

[11] HILTNER: Arb. dtsch. landw. Ges. **98** (1904).

[12] NOBBE, F. u. L. HILTNER: Naturwiss. Z. Land- u. Forstw. **2**, 366 (1904).

[13] BERTHELOT: C. r. **101**, 775 (1885); **104**, 205 (1887).

[14] SCHLÖSING u. LAURENT: C. r. **111**, 750 (1890); **113**, 776 (1891); Ann. Inst. Pasteur 6, 65, 824 (1892).

[15] ALPE E MENOZZI: Bull. di notiz. agrar. Minist. de Agrikultura etc., Nr. 14 (1892). Ref. Bot. Zbl. **51**, 337 (1892).

[16] WINOGRADSKY: C. r. **116**, 1385 (1893).   [17] BEIJERINCK: Zbl. Bakter. **7** II, 567 (1901).

[18] PFEIFFER, TH.: Mitt. landw. Inst. Breslau **3**, 93 (1904) u. a. m.

[19] KOCH, A.: J. Landw. **55**, 355 (1907) u. a. m.

[20] IMMENDORFF, H.: Landw. Jb. **21**, 309 (1892).

[21] PETERMANN, A.: Bull. Acad. Belg. **25**, 267 (1893).

[22] DEHÉRAIN: C. r. **125**, 279 (1897).

[23] GERLACH, M., u. VOGEL, J.: Zbl. Bakter. **9** II, 891 (1902).

[24] LIPMANN u. BROWN: Ann. Rep. New Jersey Agricult. Exp. Stats. **29**, 131 (1908).

[25] EHRENBERG, C. Ghr.: Poggendorffs Ann. Physik u. Chem. **38**, 217 (1836).

[26] WINOGRADSKY: Bot. Zg **46**, 261 (1888).

[27] MOLISCH, H.: Die Pflanze in ihren Beziehungen zum Eisen (1892).

[28] ADLER: Zbl. Bakter. **11** II, 215, 277 (1903/04).

[29] BEYTHIEN: Z. Unters. Nahrungsmitt. usw. **7**, 215 (1904); **9**, 529 (1905).

[30] MÜNTZ: Ann. Chim. et Physique **11**, 136 (1887); C. r. **110**, 1370 (1890).

nehmen, wie auch Sestini[1] gewissen Mikroorganismen bei der Kaolinisierung des Feldspats eine nicht unbedeutende Rolle zuschreibt. Winogradsky[2] verdanken wir die genauere Kenntnis von Schwefelbakterien; auf diesem Teilgebiet der Bodenbakteriologie, d. h. die Einwirkung vom Mikroorganismen auf Schwefelverbindungen haben besonders gearbeitet: Beijerinck[3], R. Koch[4], Omelianski[5] van Bemmelen[6], der für die Bildung des in Mooren auftretenden Pyrits Diatomeem verantwortlich machte.

---

[1] Sestini, F.: Landw. Versuchsstat. **54**, 147 (1900).

[2] Winogradsky: Bot. Zg **45**, 5, 13, 489, 529, 545, 569, 585, 606 (1887); Beitr. Morph. u. Physiol. Bakter. **1888**, H. 1; Ann. Inst. Pasteur **3**, 49 (1889).

[3] Beijerinck: Zbl. Bakter. **11 II**, 593 (1904).

[4] Koch, R.: Mitt. ksl. Gesdh.Amt **1**, 48 (1884).

[5] Omelianski: Lafars Hb. techn. Mykol. **3**, 239 (1904/06).

[6] Bemmelen, van: Bijdr. tot de Kennis van den alluvialen boden in Nederland. Ref: Zbl. agrikult. Chem. **15**, 795 (1886).

Allgemeine oder wissenschaftliche Bodenlehre.

I. Die Entstehung des Bodens (Bodenbildung).

A. Ausgangsmaterial.

1. Anorganisches Material.

a) Die gesteins- und bodenbildenden Mineralien.
Von F. HEIDE, Göttingen.
Mit 4 Abbildungen.

Zusammenfassende Literatur.

Handbücher: ROSENBUSCH-MÜGGE: Mikroskopische Physiographie der petrographisch wichtigen Mineralien. Stuttgart 1927. — HINTZE-LINCK: Handbuch der Mineralogie. Berlin u. Leipzig. Im Erscheinen. — DOELTER: Handbuch der Mineralchemie. Dresden u. Leipzig. Im Erscheinen. — DANA: The System of Mineralogy, 6. Aufl. Mit 3 Nachträgen. London 1892. — CLARKE: The Data of Geochemistry, 5. Aufl. Washington 1924. Bull. 770 der U. S. A. Geol. Survey.

Lehrbücher: KLOCKMANN: Lehrbuch der Mineralogie, 6. Aufl. Stuttgart 1912. — NIGGLI: Lehrbuch der Mineralogie. II. T. Spezielle Mineralogie, 2. Aufl. Berlin 1926. — REINISCH: Petrographisches Praktikum. I. T. 3. Aufl. Berlin 1914. — TSCHERMAK-BECKE: Lehrbuch der Mineralogie, 8. Aufl. Wien u. Leipzig 1921. — WEINSCHENK: Die gesteinsbildenden Mineralien, 3. Aufl. Freiburg i. Br. 1915.

1. **Art und Mengenverhältnis der gesteinsbildenden Mineralien.** Unter dem Begriff „gesteinsbildende Mineralien" wollen wir diejenigen Mineralien verstehen, die an der Zusammensetzung der die feste Erdkruste bildenden Mineralaggregate, der Gesteine, durch ihre Menge oder durch die Konstanz ihres Auftretens einen wesentlichen Anteil nehmen. Sie sind auch diejenigen Mineralien, die für die Bodenbildung zuvörderst in Frage kommen.

Da die gesteinsbildenden Mineralien Teile der festen Erdkruste sind, wird uns die Kenntnis von deren chemischer Zusammensetzung einen Hinweis geben, welche Arten von Mineralien wir vornehmlich zu erwarten haben, und welches das ungefähre gegenseitige Mengenverhältnis sein wird.

Als Grundeinheiten der die feste Erdrinde bildenden Stoffe sind im geochemischen Sinne die Elemente anzusehen. Chemie und Physik haben uns mit über 90 dieser Elemente bekannt gemacht. Nur die wenigsten davon treten in der Erdrinde in elementarer Form auf und dann auch in verhältnismäßig sehr untergeordneten Mengen. In den meisten Fällen treten 2 oder mehrere Elemente zu Verbindungen zusammen, die weitaus die Hauptmenge der Mineralien darstellen.

Daß von den außerordentlich zahlreichen Kombinationsmöglichkeiten der 90 Elemente unter den natürlichen Bedingungen in der Erdrinde nur eine sehr beschränkte Anzahl möglich ist, zeigt bereits die Anzahl der bekanntgewordenen Mineralien. Es sind von ihnen über 1000 gut definierte Arten festgestellt worden.

Wohl werden noch in jedem Jahr neue Mineralien aufgefunden, doch kann man mit Sicherheit sagen, daß irgendwie in erheblichem Maße am Aufbau der festen Erdrinde beteiligte Mineralien wohl nicht mehr zu finden sein werden.

In welchen Mengenverhältnissen sich die Elemente am Aufbau der Erdrinde beteiligen, zeigen die beiden nachfolgenden Tabellen, die von Washington und Clarke[1] auf statistischem Wege für die obersten 16 km der festen Erdrinde gefunden wurden.

Mittlere Zusammensetzung der festen Erdrinde bis zu ca. 16 km Tiefe.

Atomar	%	In Oxydform	%
O	46,46	SiO_2	59,08
Si	27,61	Al_2O_3	15,23
Al	8,07	Fe_2O_3	3,10
Fe	5,06	FeO	3,72
Mg	2,07	CaO	5,10
Ca	3,64	MgO	3,45
Na	2,75	Na_2O	3,71
K	2,58	K_2O	3,11
Ti	0,62	H_2O	1,30
H	0,14	TiO_2	1,03
P	0,12	MnO	0,12
C	0,09	CO_2	0,35
Mn	0,09	P_2O_5	0,29
S	0,06	Cl	0,05
Cl	0,05	SO_3	0,03
Br	0,04	C	0,04
F	0,03	Alle übrigen Elemente	0,29
Alle übrigen Elemente	0,50		100,00
	100,00		

Aus der Tabelle ergibt sich, daß in weitaus überragendem Maße die ersten 8 Elemente am Aufbau der Erdrinde beteiligt sind und von diesen weit überwiegend der Sauerstoff und das Silizium. Wir werden unter den gesteinsbildenden Mineralien daher vor allem Verbindungen dieser ersten 8 Elemente zu erwarten haben, also Silikate und Aluminiumsilikate des Fe, Mg, Ca, Na und K. Aber auch von den Verbindungen aus diesen häufigsten Elementen finden wir nur eine beschränkte Anzahl in großer Menge an der Zusammensetzung der festen Erdrinde beteiligt, wie die von Clarke auf ähnliche Weise wie oben gewonnene Schätzung der mittleren mineralogischen Zusammensetzung der Eruptivgesteine in nachstehender Tab. zeigt. Da der Anteil der Eruptivgesteine an der Erdrinde etwa 95% ausmacht, können diese Zahlen ohne großen Fehler für den gesamten äußeren Gesteinsmantel der Erde übernommen werden.

Mineralogische Zusammensetzung der Eruptivgesteine.

Feldspäte	59,5 %
Hornblenden und Augite	16,8 %
Quarz	12,0 %
Glimmer	3,8 %
Alle übrigen Mineralien	7,9 %
	100,0 %

Die Zahl der Mineralien, die wir einer näheren Untersuchung unterziehen müssen, schmilzt daher erheblich zusammen.

2. Die Bildungsweisen. Die Untersuchungen in Hinsicht auf die Art der Bildung der Mineralien haben ergeben, daß folgende Bildungsmöglichkeiten in Frage kommen:

---

[1] Clarke, F. W.: The data of Geochem. 5. Aufl., 1924, S. 34 u. 36.

a) *Feurigflüssig.* Die meisten gesteinsbildenden Mineralien sind durch Kristallisieren aus einer schmelzflüssigen Lösung, dem Magma, entstanden. Von den physikalischen Bedingungen, Temperatur und Druck, unter denen die Bildung vor sich geht, ist die Temperatur immer sehr hoch. Der Schmelzpunkt des einzelnen Minerals kann jedoch nicht als Kriterium herangezogen werden, da das flüssige Magma eine Schmelzlösung verschiedener Stoffe darstellt, wodurch die Ausscheidungstemperatur der einzelnen Mineralien oft weitgehend beeinflußt wird. Im allgemeinen kann man sagen, daß die Bildungstemperatur der Hauptmenge der Komponenten der Eruptivgesteine, wie man die Assoziationen dieser Mineralien nennt, bei etwa 1000⁰ und darüber liegt. Durch sehr hohen Druck kann diese Temperatur erhöht werden, andererseits kann besonderer Reichtum des Magmas an sogenannten leichtflüchtigen Bestandteilen — Wasser ist der wichtigste von diesen — die Bildungstemperatur stark erniedrigen. Der Druck kann bei dieser Bildungsweise sehr variabel sein, von vielen Tausenden Atmosphären bei den in großer Tiefe gebildeten Mineralien bis zu einer Atmosphäre bei den sich aus einer Lava an der Erdoberfläche ausscheidenden Mineralien. Als Beispiel für diese Bildungsweise seien z. B. genannt die Plagioklase, Orthoklas, Nephelin, Leucit, Olivin, Biotit und Quarz.

b) *Pneumatolytisch-hydrothermal.* Nach Ausscheidung der Hauptmenge der Mineralien aus dem Schmelzfluß reichern sich mit sinkender Temperatur in den Restlaugen die leichtflüchtigen Bestandteile und diejenigen Stoffe, die im Magma in zu geringer Konzentration vorhanden waren, um zur Ausscheidung zu gelangen, an. Im Anfangsstadium ähneln diese Lösungen noch mehr oder weniger den liquidmagmatischen. Mineralbildungen dieser Periode nennt man pegmatitisch oder pneumatolytisch. In späteren Stadien gehen diese Lösungen allmählich in rein wässerige über. Aus diesen scheiden sich die hydrothermalen Mineralien ab. Die Gase, die fluiden oder wässerigen Restlösungen treten aber auch mit den bereits abgeschiedenen Mineralien oder mit denen der umgebenden Erdrindenteile wechselweise in Reaktion, es kommt zu ausgedehnten Um- und Neubildungen von Mineralien, deren Bildungsweise man metasomatisch im weitesten Sinne nennt. Die Temperatur dieser Mineralbildungen schwankt naturgemäß in weiten Grenzen, zwischen der der feurigflüssigen und der der gewöhnlich wässerigen Bildungen. Im allgemeinen dürfte sie erheblich unter 1000⁰ bis etwa um $\gtrsim$ 100⁰ herab liegen. Der Druck schwankt ebenfalls von sehr hoch bis niedrig. Als Beispiele seien genannt: Orthoklas, Mikroklin, Albit, Turmalin, Quarz für pegmatitisch, Orthoklas, Albit, die Zeolithe, Chlorit, Quarz für hydrothermal, Flußspat, Eisenglanz, Albit, Quarz für metasomatisch.

c) *Wässerig.* Bei der Ausscheidung von Mineralien aus gewöhnlichen wässerigen Lösungen ist die Temperatur niedrig, meist < 100⁰, der Druck ist 1 atm oder nur wenig erhöht. Beispiele für diese Bildungsart sind Steinsalz, Gips, Kalkspat, Quarz.

d) *Metamorph.* Kommt eine Mineralgesellschaft, die innerhalb eines bestimmten Temperaturdruck-Gebietes gebildet worden ist, etwa eine solche wässeriger Entstehung, durch geologische Vorgänge in ein anderes Temperatur-Druck-Gebiet, so tritt ein Zerfall derjenigen Mineralien ein, die unter den neuen Bedingungen nicht bestandfähig sind unter Neubildung von Mineralien, die bei diesen Bedingungen bestandfähig sind. Z. B. das bei niedriger Temperatur gebildete Mineral Kaolin zerfällt bei hoher Temperatur in Andalusit, Quarz und Wasser nach der Gleichung

$$H_4Al_2Si_2O_9 \rightleftharpoons Al_2SiO_5 + SiO_2 + 2\,H_2O\,.$$

Oder zwei Mineralien, die in ihrem ursprünglichen Bildungsgebiet nebeneinander beständig sind, sind es unter den neuen Bedingungen nicht mehr und reagieren miteinander unter Bildung von jetzt beständigen Phasen. Z. B. sind bei niedriger Temperatur Kalkspat und Quarz nebeneinander beständig, nicht aber bei höherer Temperatur, wo sie unter Bildung von Wollastonit miteinander reagieren nach der Gleichung:

$$CaCO_3 + SiO_2 \rightleftarrows CaSiO_3 + CO_2.$$

Umgekehrt muß bei hoher Temperatur gebildeter Wollastonit bei niederer in Gegenwart von Kohlensäure in Quarz und Kalkspat zerfallen. Zu jedem bestimmten Druck gehört eine bestimmte Temperatur, bei der die Reaktion eintritt.

Streng genommen würde auch die Mineralum- und -neubildung hierher gehören, die z. B. eine bei hoher Temperatur und hohem Druck gebildete Mineralassoziation — ein Eruptivgestein — erfährt, wenn sie bei niedriger Temperatur und niedrigem Druck mit wässerigen Lösungen in Berührung kommt.

Bei der metamorphen Mineralbildung ist die Temperatur schwankend zwischen mittelhoch und hoch, der Druck zwischen niedrig und sehr hoch. Als Beispiele metamorpher Mineralbildung seien genannt: Albit, Wollastonit, Andalusit, Quarz.

Wie schon aus den für die einzelnen Bildungsweisen angeführten Beispielen hervorgeht, kann im allgemeinen ein Mineral auf verschiedene Art und Weise entstehen. Einige Mineralien sind auf eine Bildungsweise beschränkt, sie sind für diese typisch. So z. B. Gips für wässerige Entstehung oder Andalusit für metamorphe oder Turmalin für pneumatolytische. Andere Mineralien wiederum können auf zwei- oder dreierlei Art und Weise entstehen, wie z. B. Biotit feurigflüssig, pneumatolytisch und metamorph, aber nicht wässerig, die Chlorite nur hydrothermal und metamorph, nicht feurigflüssig und wässerig. Schließlich können Mineralien auf alle vier Arten gebildet werden, die sogenannten „Durchläufer", wie Quarz (in zwei Modifikationen), Magnetit, Kalkspat.

3. Die wichtigsten gesteinsbildenden Mineralien.

Silikate.

Die Feldspatgruppe. Die Glieder dieser wichtigsten Gruppe der gesteinsbildenden Mineralien können im wesentlichen aufgefaßt werden als Mischkristalle folgender beiden Reihen: Kali-Natron-Feldspäte und Natron-Kalk-Feldspäte oder Plagioklase.

Die einzelnen Endglieder dieser Reihen, die jedoch in der Natur nur selten ganz rein auftreten, sind die Mineralien:

Orthoklas (Sanidin, Adular). Monoklin. $KAlSi_3O_8$ entsprechend $64,7\%$ SiO_2, $18,4\%$ Al_2O_3, $16,9\%$ K_2O. Dichte $= 2,54$. Härte $= 6$. Bruch uneben. Spaltbarkeit vollkommen nach (001) (Perlmutterglanz), weniger gut nach (010). Glasglanz. Farblos, weiß, gelblich, rot, selten grün, tintenschwarz. Strich ungefärbt.

Mikroklin. (Amazonenstein). Triklin. Zusammensetzung, Dichte, Härte usw. sehr ähnlich wie bei Orthoklas.

Albit. Triklin. $NaAlSi_3O_8$ entsprechend $68,8\%$ SiO_2, $19,4\%$ Al_2O_3, $11,8\%$ Na_2O. Dichte $= 2,61$. Härte $= 6,5$. Bruch uneben bis muschelig. Spaltbarkeit vollkommen nach (001) (Perlmutterglanz), weniger gut nach (010). Auf Spaltflächen nach (001) meist Zwillingsstreifung nach (010) zu sehen. Glasglanz. Farblos, weiß, grau, bräunlich, selten rot. Strich ungefärbt.

Anorthit. Triklin. $CaAl_2Si_2O_8$ entsprechend $43,3\%$ SiO_2, $36,6\%$ Al_2O_3, $20,1\%$ CaO. Dichte $= 2,75$. Härte $= 6$—$6,5$. Bruch uneben bis muschelig. Spaltbarkeit vollkommen nach (001) (Perlmutterglanz), weniger gut nach (010). Auf Spaltflächen nach (001) meist Zwillingsstreifung nach (010) zu sehen. Glasglanz. Farblos, weiß, grau, rötlich. Strich ungefärbt.

Die **Kali-Natron-Feldspäte** bilden zwei Reihen von Mischkristallen:

1. eine **monokline** Reihe der **Orthoklase** und **Natronorthoklase.** Die meisten Orthoklase enthalten wechselnde Mengen $NaAlSi_3O_8$. Vollkommene Mischbarkeit scheint nur bei hoher Temperatur zu bestehen, wobei sich nach MÄKINEN[1] von etwa 70% Natronfeldspat an die Mischkristalle in trikliner Form abscheiden. Bei tieferer Temperatur besteht eine Mischungslücke, die eine **Entmischung** der natronreicheren Feldspäte bewirkt. Diese Entmischung ist die Ursache der Opaleszenz und mindestens in vielen Fällen der **perthitischen Struktur** der Kalifeldspäte, wobei natronarmer Kalifeldspat von Schnüren und Lamellen von Albit durchsetzt wird. Sehr geringe Mengen von $CaAl_2Si_2O_8$ sind ebenfalls nicht selten beigemischt, ebenso sehr wenig Ba und Sr.

In bezug auf die Bezeichnungsweise der einzelnen Glieder ist folgendes zu bemerken. Mit **Orthoklas** bezeichnet man ganz allgemein die Glieder dieser Gruppe, speziell die natronärmeren, meist schon etwas zersetzten Feldspäte der geologisch älteren Gesteine. **Sanidin** ist der frische, glasige Kalifeldspat der geologisch jungen Eruptivgesteine. Na-reichere Glieder heißen **Natronortho-klas** oder **Natronsanidin. Adular** sind die natronarmen und -freien, bei verhältnismäßig niedriger Temperatur gebildeten, oft wasserklaren Kalifeldspäte der alpinen Mineralklüfte.

2. Eine **trikline** Reihe der **Anorthoklase,** meist mit vorherrschendem Natronfeldspat. Geringe Mengen von $CaAl_2Si_2O_8$ können ebenfalls beigemischt sein, so daß diese Feldspäte eigentlich richtiger als ternäre Mischkristalle aufzufassen sind. Zuweilen Ba- und Sr-haltig.

Die **Natron-Kalk-Feldspäte** oder **Plagioklase** bilden eine lückenlose Mischkristallreihe, deren Liquidus- und Soliduskurve nach BOWEN[2] in Abb. 1 dargestellt ist. Bemerkenswert ist die starke Konzentrationsverschiebung, die die mittleren Glieder der Mischungsreihe

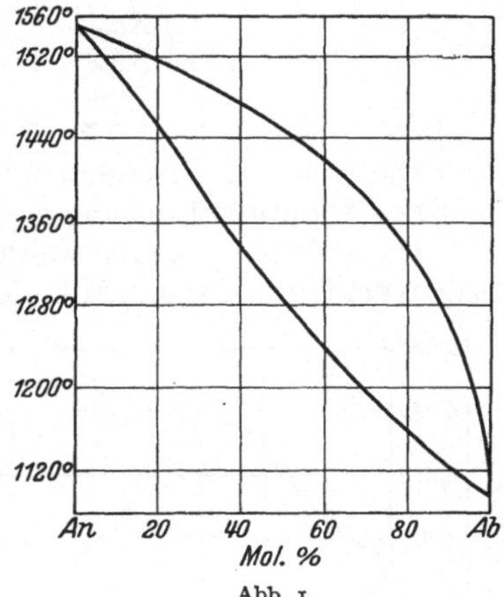

Abb. 1.

aufweisen und die dem Sinne nach mit dem zonaren Bau von schnell erstarrten pyrogenen Plagioklasen (Kern Ca-reicher als die Hülle) übereinstimmt.

Bestimmte Mischungsbereiche hat man von alters her mit bestimmten Namen belegt, wie die Tabelle auf S. 92 angibt, zugleich die gewichtsprozentische Zusammensetzung von 5 zu 5 Mol.-% mit den dazugehörigen Dichten nach ROSENBUSCH-MÜGGE. In der neueren Literatur findet man oft nur die Bezeichnung $Ab_n An_m$, die das molekularprozentische Mischungsverhältnis angibt (Ab = Albit, An = Anorthit).

Es ist nicht ausgeschlossen, daß auch bei den Plagioklasen die vollständige Mischbarkeit nur bei hoher Temperatur möglich ist, und daß bei niederer eine Mischungslücke besteht. Härte, Bruch, Spaltbarkeit, Farbe, Glanz der Mischkristalle ist von den gleichen Eigenschaften der beiden Endglieder kaum verschieden. Zwillingsstreifung nach (010) ist auf der besten Spaltfläche nach (001) ebenfalls meistens zu sehen und dient makroskopisch als Unterscheidungsmerkmal gegenüber den Orthoklasen, die diese Zwillingslamellierung niemals zeigen.

---

[1] MÄKINEN, E.: Geol. Fören. Förh. **39**, S. 121. 1917.
[2] BOWEN, N. L.: Z. anorg. Chem. **82**, S. 283. 1913.

Name	Mol.-% An	Gewichts-% an				Dichte
		SiO_2	Al_2O_3	CaO	Na_2O	
Albit und	An_0	68,81	19,40	0,00	11,79	2,614
Oligoklasalbit	An_5	67,46	20,31	1,06	11,17	2,622
Ab_1An_0—Ab_8An_1	An_{10}	66,12	21,22	2,11	10,55	2,630
Oligoklas	An_{15}	64,79	22,12	3,16	9,93	2,638
Ab_8An_1—Ab_2An_1	An_{20}	63,46	23,01	4,21	9,32	2,646
	An_{25}	62,14	23,90	5,25	8,71	2,654
	An_{30}	60,83	24,78	6,28	8,11	2,662
Andesin	An_{35}	59,53	25,66	7,30	7,51	2,670
Ab_2An_1—Ab_1An_1	An_{40}	58,24	26,53	8,32	6,91	2,678
	An_{45}	56,95	27,40	9,33	6,32	2,686
Labrador	An_{50}	55,67	28,26	10,34	5,73	2,693
Ab_1An_1—Ab_1An_2	An_{55}	54,40	29,12	11,34	5,14	2,701
	An_{60}	53,14	29,97	12,34	4,55	2,709
Bytownit	An_{65}	51,88	30,82	13,33	3,97	2,717
Ab_1An_2—Ab_1An_6	An_{70}	50,63	31,66	14,31	3,40	2,725
	An_{75}	49,39	32,50	15,29	2,82	2,733
	An_{80}	48,16	33,33	16,26	2,25	2,741
Anorthit	An_{85}	46,93	34,16	17,23	1,60	2,749
Ab_1An_6—Ab_0An_1	An_{90}	45,71	34,98	18,19	1,12	2,757
	An_{95}	44,49	35,80	19,15	0,56	2,765
	An_{100}	43,28	36,62	20,10	0,00	2,773

Die von der Zusammensetzung abhängigen optischen Eigenschaften sind in Abb. 2 graphisch wiedergegeben.

Die Bildungsweise weitaus der Hauptmenge der Feldspäte ist die feurig-flüssige. Orthoklas und Mikroklin sind Hauptgemengteile der sauren, granitischen, syenitischen und foyaitischen Eruptivgesteine, in deren Tiefengesteinsfazies sie späte Ausscheidung, in deren Ergußfazies sie Einsprenglinge und Grundmassebestandteile bilden. Die Anorthoklase sind auf die alkalisyenitischen und foyaitischen Eruptivgesteine beschränkt. Eine eigenartige kristallographische Ausbildungsweise haben die Anorthoklase in den Rhombenporphyren des südlichen Norwegens. Nach den charakteristischen Querschnitten haben sie hier den Namen Rhombenfeldspat erhalten. Die Plagioklase treten ebenfalls schon in den sauren kieselsäurereichen Gesteinen auf und werden herrschend in den dioriti

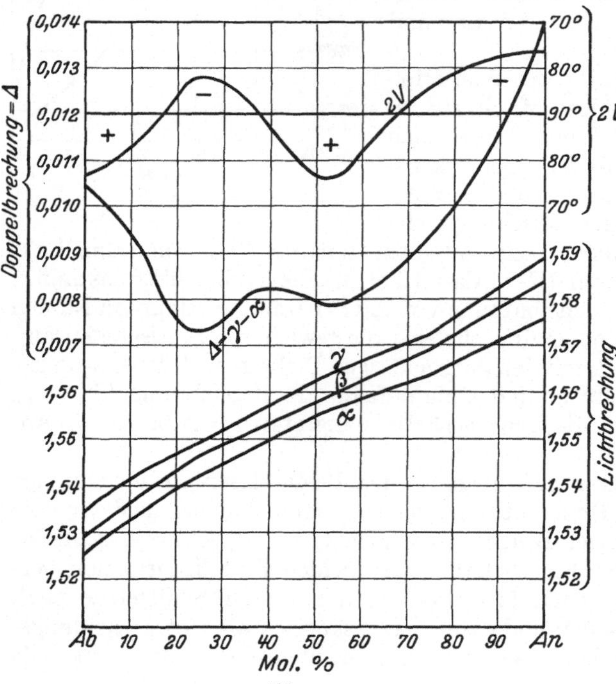

Abb. 2.

schen und gabbroiden Gesteinen und den entsprechenden Alkaligesteinen. Fast nur aus Labrador oder Andesin bestehende Gesteine sind die Anorthosite. Die

Ausscheidung der Plagioklase erfolgt vor der der Kalifeldspäte. Pegmatitisch treten besonders die Kalifeldspäte, nicht selten in riesigen Kristallen, und Albit auf, hydrothermal, z. B. in den Mineralklüften der Alpen, der Adular und Albit. In metamorphen Gesteinen finden sich mit Ausnahme der Anorthoklase die Feldspäte ebenfalls reichlich.

In Sedimenten, die keinerlei Anzeichen einer metamorphen oder hydrothermalen Beeinflussung zeigen, besonders in kalkigen oder dolomitischen, tritt Orthoklas und merkwürdigerweise Albit nicht selten in neugebildeten Kriställchen auf, während die basischeren Plagioklase fehlen. Auch konnte MÜGGE[1] Fortwachsungen an rezenten Bruchflächen von Orthoklasen im Ackerboden feststellen. Die Möglichkeit einer wässerigen Bildung ist damit anscheinend ebenfalls möglich.

Zersetzbarkeit. Von Säuren mit Ausnahme von Flußsäure werden die Kalifeldspäte praktisch nicht zersetzt, desgleichen die saueren Plagioklase bis zum Andesin. Labradorit wird wenig angegriffen, Bytownit und Anorthit völlig unter Abscheidung von Kieselgallerte zersetzt. Von Natronlauge, schwächer von Sodalösung, werden die Feldspäte zersetzt. Die oben gemachte Angabe über die Unzersetzbarkeit hat natürlich nur relativen Wert. Zahlreiche Untersuchungen haben dargetan, daß Orthoklas und die Plagioklase bereits von reinem Wasser bei Zimmertemperatur merklich zersetzt werden. Säuren- und salzhaltige Lösungen bewirken meistens stärkere Zersetzung, ebenso Temperaturerhöhung. SPICHAL[2] fand, daß CO_2-haltiges Wasser, nicht aber starke Säuren (HCl, H_2SO_4, CH_3COOH) den Kalk und die Alkalien viel stärker auslaugen als die Kieselsäure und die Tonerde, daß also die Reaktion in Richtung auf den Kaolin zu verläuft.

Die natürlichen Umbildungs- und Zersetzungsvorgänge durch die gewöhnlichen wässerigen Lösungen der Erdrinde bei gewöhnlicher Temperatur führen bei den Feldspäten im allgemeinen zu einem inhomogenen Produkt, dem Ton, unter den Bedingungen der Lateritverwitterung zu einem Gemenge von Hydrargillit und Aluminiumhydrogel. Die Bildung von reinem Kaolin ist teilweise wohl ebenfalls ein reiner Zersetzungsprozeß durch CO_2-haltige Lösungen, z. T. aber wohl, ebenso wie die Umbildung zu Muskowit (Serizisierung) und die seltenere Zeolithisierung, ein hydrothermaler Vorgang. Metasomatische Umbildungen bei erhöhter Temperatur sind die Vergreisung, Topasierung (Zufuhr von F) und Turmalinisierung (Zufuhr von B). Von den Plagioklasen ist der Albit nur selten zersetzt, bei ihm und bei den Na-reicheren Plagioklasen entstehen durch die Zersetzung ähnliche Produkte wie beim Orthoklas, nur spielen Kalkspat und Quarz als Nebenprodukte eine mit dem Ca-Gehalt zunehmende Rolle. Ein metamorpher Prozeß ist die Umwandlung der Ca-reicheren Plagioklase in ein Gemenge von Albit, Zoisit-Epidot und Quarz, die Saussuritisierung. Metasomatische Vorgänge bei erhöhter Temperatur sind die Skapolithisierung (Zufuhr von Cl, SO_3) und die Albitisierung von basischen Plagioklasen (Zufuhr von Na).

Die Feldspatvertreter. Zu dieser Gruppe faßt man eine Anzahl Mineralien zusammen, die in kieselsäureärmeren Gesteinen die Feldspäte teilweise oder ganz vertreten. Nephelin (Eläolith). Hexagonal. $NaAlSiO_4$ entsprechend 42,29% SiO_2, 35,89% Al_2O_3, 21,82% Na_2O. Dichte $= 2,619$. Härte $= 5,5$—6. Bruch muschelig bis uneben. Spaltbarkeit nach (10$\bar{1}$0) deutlich, nach (0001) undeutlich. Glasglanz bis Fettglanz (Eläolith $=$ Ölstein). Farblos bis graulichweiß, Eläolith auch gelblich, grünlich, rötlich. Die Substanz $NaAlSiO_4$ tritt in

---

[1] MÜGGE, O.: Zentralbl. Min. 1917, S. 121.
[2] SPICHAL, L.: Bull. Acad. Bohème 1913, S. 1.

der Natur niemals rein auf. Die Analysen zeigen einen Überschuß an SiO_2, einen ständig wechselnden Gehalt an K_2O (bis etwa 8%) und meist auch einen an CaO. Man faßt daher die Nepheline jetzt als Mischkristalle folgender Verbindungen auf: $Na_2Al_2Si_2O_8$, $K_2Al_2Si_2O_8$ (Kaliophilit), $CaAl_2Si_2O_8$ (Anorthit) und $NaAlSi_3O_8$ (Albit).

Der Eläolith verhält sich zum Nephelin wie der Orthoklas zum Sanidin. Ihrer Entstehung nach ist weitaus die Hauptmenge der Nepheline feurig-flüssig, als ein Hauptgemengteil der foyaitischen und der noch basischeren Alkaligesteine. Sein seltenes Auftreten in geologisch älteren Eruptivgesteinen hängt vielleicht mit seiner leichten Zersetzbarkeit zusammen. Weitere Bildungsweisen sind die pneumatolytische und die pneumatolytisch-kontaktmetamorphe. In kristallinen Schiefern ist Nephelin sehr selten.

Von Salzsäure wird der Nephelin leicht zersetzt, merklich schon durch Wasser von gewöhnlicher Temperatur, stark durch überhitztes Wasser. Durch Behandeln mit Salzlösung kann das Na weitgehend ausgetauscht werden, auch gelang die Umwandlung in Sodalith und Cancrinit. Die natürlichen Umwandlungen der Nepheline sind sehr mannigfaltig. Am häufigsten ist die „Spreusteinbildung", wobei Aggregate von vorwiegend Hydronephelit und Natrolith entstehen. Weiter sind Umwandlungen in Sodalith, Cancrinit und Analcim bekannt. Alle diese Umbildungen sind wohl hydrothermalen Einwirkungen zu verdanken, die vielleicht auch bei der Umwandlung in dichte Muskowitaggregate mit wirksam gewesen sind.

Der Vertreter des Kalifeldspates ist der Leuzit. Pseudokubisch bei gewöhnlicher Temperatur, oberhalb 620° kubisch. $KAl(SiO_3)_2$ entsprechend 55,0% SiO_2, 23,5% Al_2O_3, 21,5% K_2O. Ein Teil des K ist mitunter durch Na ersetzt. Dichte = 2,45—2,5. Härte = 5,5 — 6. Bruch muschelig. Spaltbarkeit unvollkommen nach (110). Glasglanz; farblos, weiß, grau. Strich ungefärbt.

Die Entstehungsweise des Leuzits ist vornehmlich feurigflüssig als ein Hauptgemengteil hauptsächlich der Ergußformen foyaitischer und theralithischer Magmen (Tephriten, Basaniten, Leuzititen und Leuzitbasalten). In Tiefengesteinen ist er viel seltener und oft in Pseudoleuzit, ein Gemenge von Orthoklas und Nephelin, umgewandelt. Pneumatolytischer Leuzit kommt ebenfalls vor.

Von Salzsäure wird er unter Abscheidung pulveriger Kieselsäuren zersetzt, bereits auch von reinem, kohlensäure- oder essigsäurehaltigem Wasser. Durch Natriumkarbonat- oder -chloridlösungen kann Leuzit in Analcim umgewandelt werden. Natürliche Umbildungsprozesse führen außer zu der erwähnten Pseudoleuzitbildung zu Aggregaten von Orthoklas und Muskowit, häufig ist ferner eine Umwandlung in Analcim, auch solche in Kaolin ist beobachtet. Mit Ausnahme vielleicht der letztgenannten haben alle diese Umwandlungen bei erhöhter Temperatur stattgefunden.

Im Anschluß an die Feldspäte und Feldspatvertreter seien die wichtigsten Zeolithe und der Kaolin angeführt.

Zur Gruppe der Zeolithe gehört eine Anzahl wasserhaltiger Tonerdesilikate des Na und Ca, die der hydrothermalen Schlußphase der Magmenerstarrung angehören — nur der Analcim kann anscheinend z. T. auch als Gemengteil rein magmatischer Gesteine auftreten — und die durch folgende charakteristische Eigenschaften ausgezeichnet sind: 1. ist ihr Wassergehalt wechselnd und abhängig von der Wasserdampftension der umgebenden Luft. Das Wasser entweicht beim Erwärmen kontinuierlich, ohne daß neue Phasen entstehen, und kann den Zeolithen, wenn gewisse Temperaturen nicht überschritten wurden, wieder zugeführt werden. An Stelle von H_2O können in entwässerte Zeolithe andere Flüssigkeiten (Alkohol, Schwefelkohlenstoff, Quecksilber usw.) oder Gase unter Änderung der optischen Eigenschaften eintreten. 2. werden die Zeolithe von Säuren leicht zersetzt. 3. besitzen sie die Fähigkeit, ihre Basen auszutauschen, und zwar nach äquivalenten Mengen. Von den zahlreichen Vertretern der Gruppe seien hier nur die wichtigsten aufgeführt.

Natrolith (Spreustein). Rhombisch $Na_2Al_2Si_3O_{10} \cdot 2H_2O$ entsprechend 47,4 % SiO_2, 26,8 % Al_2O_3, 16,3 % Na_2O, 9,5 % H_2O. Etwas Ca und auch K ist meist vorhanden. Dichte = 2,17 — 2,25. Härte = 5 — $5^1/_2$. Bruch muschelig bis uneben. Deutliche Spaltbarkeit nach (110). Glasglanz. Farblos, weiß, grau, gelblich, bräunlich, rötlich. Der Natrolith findet sich häufig in Spalten und Blasen der phonolithischen und basaltischen Gesteine, mitunter auch in Alkalitiefengesteinen und kristallinen Schiefern.

Chabasit (Phakolith). Trigonal. Zusammensetzung etwas schwankend, gewöhnlich $(Ca, Na_2)Al_2Si_4O_{12} \cdot 6H_2O$ entsprechend $(Ca : Na_2 = 1 : 1)$ 47,2 % SiO_2, 20,0 % Al_2O_3, 5,5 % CaO, 6,1 % Na_2O, 21,2 % H_2O. Geringe Mengen K, auch Ba und Sr sind meist vorhanden. Dichte = 2,08 — 2,16. Härte = 4 — 5. Bruch uneben. Ziemlich deutliche Spaltbarkeit nach (10$\bar{1}$1). Glasglanz. Farblos, weiß, rot. Strich farblos. Der Chabasit kommt ebenfalls in basaltischen und phonolithischen Gesteinen in Spalten und Blasen vor, seltener in Tiefengesteinen und kristallinen Schiefern.

Analcim. Kubisch. $NaAlSi_2O_6 \cdot H_2O$ entsprechend 54,5 % SiO_2, 23,2 % Al_2O_3, 14,1 % Na_2O, 8,2 % H_2O. Geringe Mengen K sind oft vorhanden. Dichte = 2,15—2,26. Härte = 5—$5^1/_2$. Bruch flachmuschelig. Gute Spaltbarkeit nach (100). Glasglanz. Farblos, weiß, gelblich, rötlich grünlich. Der Analcim tritt in basaltischen und phonolithischen Gesteinen in Spalten und Blasen auf, auch in Tiefengesteinen und auf Erzgängen. In manchen basaltischen Gesteinen wird er als aus dem Magma abgeschieden angesehen. Wässerig ist seine Entstehung anscheinend in den Toneisensteinen von Duingen (Hannover) und anderen Fundorten.

Von den sogenannten Tonmineralien, den Hauptverwitterungsprodukten der Feldspäte und Feldspatvertreter, ist mineralogisch nur ein einziges gut definiert. Es ist der Kaolin (Nakrit, Pholerit). Monoklin. $H_4Al_2Si_2O_9$ entsprechend 46,5 % SiO_2, 39,5 % Al_2O_3, 14,0 % H_2O. Dichte = 2,6—2,65. Härte = 2—3. Vollkommene Spaltbarkeit nach (001), die Spaltblättchen sind unelastisch biegsam. Perlmutterglanz auf Spaltblättchen, perlmutterglänzend bis erdig in Aggregaten. Weißgrau, gelblich, bräunlich, rötlich.

Die Entstehung ist teils hydrothermal, teils anscheinend wässerig, als Zersetzungsprodukt vornehmlich der Feldspäte und Feldspatvertreter. Von Salzsäure wird der Kaolin nur sehr schwer, leichter von heißer Schwefelsäure, völlig von Flußsäure zersetzt, ebenso von Natronlauge und Sodalösung.

Die Tone sind Gemenge von Kaolin mit mikroskopisch amorph erscheinenden Massen von gleicher Zusammensetzung und mit SiO_2- und Al_2O_3-Hydrogelen. Dazu treten noch als mechanische Beimengungen Quarz, Körnchen von unzersetztem Feldspat, Glimmerblättchen, z. T. Eisenoxydhydrate und Reste anderer schwer zersetzlicher Mineralien. Die in der Literatur angeführten zahlreichen sog. Tonmineralien, wie der Halloysit, Newtonit, Montmorillonit und andere, sind wasserhaltige Aluminiumsilikate und auch, wenn sie mikroskopisch einheitlich erscheinen, von stark wechselnder Zusammensetzung. Sie scheinen teils amorph zu sein, seltener sind sie deutlich kristallin. Es sind Gemenge von Gelen oder bei den kristallinen, die, wie z. B. der Montmorillonit, röntgenographisch das Kaolingitter zeigen, anscheinend feinste Dispersionen von Gelen in Kaolin.

Die Pyroxengruppe. In dieser unterscheidet man drei Abteilungen: die a) rhombischen Pyroxene, b) monoklinen Pyroxene, c) triklinen Pyroxene.

Allen Pyroxenen ist eine charakteristische Kohäsionseigenschaft zu eigen: sie zeigen eine gute Spaltbarkeit nach zwei Flächen, die einen Winkel von angenähert 90^0 miteinander bilden. Sie sind daran leicht zu erkennen und von den ihnen makroskopisch ähnlichen Hornblenden zu unterscheiden.

a) *Die rhombischen Pyroxene.* Diese bilden eine Mischkristallreihe der beiden Endglieder Enstatit ($MgSiO_3$) und Hypersthen ($FeSiO_3$). Die mittleren Glieder heißen Bronzite.

Enstatit. Rhombisch. $MgSiO_3$ entsprechend 59,93% SiO_2, 40,07% MgO. Dichte = 3,1 zunehmend mit FeO-Gehalt. Härte = 5—6. Bruch uneben. Spaltbarkeit gut nach (110) (Prismenwinkel 92^0). Teilbarkeiten nach (010) und (100). Glasglanz. Grau-, gelblich-, grünlichweiß. Strich ungefärbt.

Bronzit. Rhombisch. (Mg, Fe) SiO_3. Dichte wechselnd mit FeO-Gehalt etwa um 3,3. Härte, Bruch, Spaltbarkeit wie bei Enstatit. Glanz z. T. ins Metallische. Gelblich, bräunlich, grünlich.

Hypersthen. Rhombisch. $FeSiO_3$ entsprechend 45,63% SiO_2, 54,37% FeO. Dichte = 3,3—3,5, je nach FeO-Gehalt. Härte, Bruch, Spaltbarkeit wie bei Enstatit. Glasglanz — Metallglanz. Dunkelbraungrün, dunkelgrünschwarz, dunkelbraunschwarz. Strich braungrau.

Die reinen Endglieder der Reihe kommen in der Natur nicht vor. Die Enstatite mancher Meteorite sind fast eisenfrei. Von einem FeO-Gehalt von 13% etwa rechnet man die Mischungsglieder zum Hypersthen. Etwas Al und Ca ist meistens vorhanden. Die Bildungsweise weitaus der Hauptmenge der rhombischen Pyroxene ist die feurig-flüssige aus Magmen granitischer, gabbroider und peridotitischer Zusammensetzung. Seltener ist die metamorphe oder pneumatolytische Entstehung. Flußsäure greift die rhombischen Pyroxene nur schwer an, Salzsäure die Enstatite praktisch nicht, die Hypersthene teilweise in der Hitze; doch gehen bei längerer Einwirkung merkliche Mengen in Lösung, Sodalösung greift auch in der Hitze nicht merklich an, wohl aber Kalilauge. Von den natürlichen Umbildungsprozessen dürfte die gewöhnliche Verwitterung schließlich zu Gemengen von Karbonaten, Brauneisen mit oder ohne Opal, führen. Bei den sehr häufigen Umwandlungen in Serpentin (Bastit) oder Talk oder Chlorit sind wohl erhöhte Temperatur und z. T. auch erhöhter Druck wirksam gewesen.

b) *Die monoklinen Pyroxene* bilden weitaus die Hauptmenge der gesteinsbildenden Pyroxene. Man unterscheidet drei durch Zwischenglieder verbundene Gruppen: die sesquioxydfreien bis -armen diopsidischen Pyroxene; die sesquioxydreicheren Pyroxene der Augitreihe; die Alkalipyroxene.

Die diopsidischen Pyroxene sind Mischkristalle der beiden Endglieder $CaMg(SiO_3)_2$, Diopsid und $CaFe(SiO_3)_2$, Hedenbergit.

Diopsid (Diallag). Monoklin. $CaMg(SiO_3)_2$ entsprechend 55,6% SiO_2, 25,9% CaO, 18,5% MgO. Dichte = 3,2—3,4, je nach Zusammensetzung. Härte = 5—6. Bruch uneben bis muschelig. Spaltbarkeit nach (110) stets deutlich (Prismenwinkel 87^0), mitunter unvollkommen nach (100) und (010). Absonderung nach (001) und (100) z. T. Glasglanz. Beinahe farblos, grünlichweiß, graugrün, grasgrün, olivgrün, grünschwarz, braun. Strich weiß, grau, graugrün.

Hedenbergit. Monoklin. $CaFe(SiO_3)_2$ entsprechend 48,4% SiO_2, 29,4% FeO, 22,2% CaO. Dichte = 3,5—3,6, je nach Zusammensetzung. Härte, Bruch, Spaltbarkeit, Glanz wie bei Diopsid. Schwarz, schwarzgrün.

Die reinen Endglieder der lückenlosen Mischkristallreihe treten in der Natur nicht auf. Wechselnde Mengen von $CaMg(SiO_3)_2$ und $(Mg, Fe)_2(SiO_3)_2$ sind beigemengt. Mitunter auch Ti und Cr (Chromdiopsid). Zunehmende Mengen an Al_2O_3 und Fe_2O_3 leiten zu den Augiten, zunehmende Alkalien zu den Alkalipyroxenen hinüber.

Die Augite sind isomorphe Mischungen von $CaMg(SiO_3)_2$ mit beträchtlichen Mengen von Al_2O_3 und Fe_2O_3. In welcher Art die letztgenannten Komponenten beigemischt sind, ist Sicheres nicht bekannt.

Augit (Fassait). Monoklin. Als Beispiele für die Zusammensetzung seien zwei Analysen angeführt. I. Augit von Sparbrod (Rhön) nach GALKIN[1]. 2. Fassait vom Fassatal nach DOELTER[2].

	Dichte	SiO_2 %	TiO_2 %	Al_2O_3 %	Fe_2O_3 %	FeO %	CaO %	MgO %	K_2O %	Na_2O %	P_2O_5 %	H_2O %	Sa. %
I.	3,402	48,24	1,44	4,52	6,54	3,26	21,81	12,91	0,36	0,80	0,36	0,11	100,35
II.	—	44,76	—	10,10	5,01	2,09	24,90	13,65	—	—	—	—	100,51

Dichte = 2,97—3,43 wechselnd mit der Zusammensetzung. Härte, Bruch, Spaltbarkeit, Glanz wie bei den diopsidischen Augiten.

Die Alkalipyroxene. Zu diesen gehören der Ägirin und Akmit und der Jadeit. Der Ägirin ist durch die Ägirinaugite mit den Augiten und Diopsiden verbunden.

Ägirin und Akmit. Monoklin. $NaFe^{III}(SiO_3)_2$ entsprechend $52,0\%$ SiO_2, $34,6\%$ Fe_2O_3, $13,4\%$ Na_2O. Dichte = 3,5—3,55. Härte = 6—6,5. Bruch uneben. Spaltbarkeit nach (110) deutlich, weniger gut nach (010). Glasglanz. Bräunlich-schwarz Akmit, dunkelgrün bis grünschwarz Ägirin. Strich gelblich-grau.

Ein geringer Ersatz von Na durch K und Fe durch Al kann eintreten, ebenso eine Beimengung von Diopsidsilikat.

Jadeit. Monoklin. $NaAl(SiO_3)_2$ entsprechend $59,4\%$ SiO_2, $25,2\%$ Al_2O_3, $15,4\%$ Na_2O. Dichte = 3,33. Härte = 6,5—7. Bruch splitterig. Äußerst zähe. Spaltbarkeit gut nach (110). Glasglanz. Grauweiß, apfelgrün, lauchgrün. Strich ungefärbt.

Der Entstehung nach sind die Pyroxene sowohl feurigflüssig, pneumatolytisch und metamorph. Die Diopside und Augite finden sich in den granitisch-gabbroiden Gesteinen, besonders in den basischeren, aber auch in Alkaligesteinen, Ägirine und Ägirinaugite in den Alkaligesteinen, ferner als pegmatitisch und metasomatische Bildungen. In kontaktmetamorphen Gesteinen und in kristallinen Schiefern. Von Flußsäuren werden alle Pyroxene leicht zersetzt, von HCl die Diopside und sesquioxydarmen Augite und Ägirine praktisch nicht oder nur sehr wenig. Die sesquioxydreicheren und die Titanaugite werden stark zersetzt. Bereits Wasser bringt bei gewöhnlicher Temperatur eine geringe Zersetzung hervor. Die natürlichen Umbildungsprozesse führen zu sehr mannigfaltigen Produkten. Eine der verbreitetsten ist die Chloritisierung, die z. T. sicher kein gewöhnlicher Verwitterungsvorgang ist. Ebenfalls verbreitet ist die anscheinend an vornehmlich metamorphe Vorgänge gebundene Umwandlung in feinfaserige Hornblende, die Uralitisierung. Ferner sind Umwandlungen in Serpentin, Talk, Granat, bei den Ägirinen auch in Analcim und Biotit bekannt.

c) *Die triklinen Pyroxene* treten gesteinsbildend sehr zurück. Es sei nur der trikline Rhodonit erwähnt.

Im Anschluß an die Pyroxene sei das jedoch nicht zu dieser Gruppe gehörige Ca-Metasilikat Wollastonit angeführt. Monoklin. $CaSiO_3$ entsprechend

---

[1] GALKIN, X.: N. Jahrb. f. Min. etc. Beilgb. **29**, S. 687, 1910.
[2] DOELTER, C.: Min. Mitt. Beilgb. K. K. geol. Reichsanst. **27**, S. 71, 1877.

$51,7\%$ SiO_2, $48,3\%$ CaO, mitunter mit wenig Mg und Al. Dichte 2,8—2,9. Härte $= 4^1/_2$—5. Bruch uneben bis faserig. Spaltbarkeit vollkommen nach (100), weniger gut nach (001), ($\bar{1}$01), ($\bar{1}$02). Glasglanz bis Perlmutterglanz. Weiß, grau, grünlich, gelblich. Strich weiß. Die Entstehung ist vornehmlich metamorph.

Von HCl wird der Wollastonit leicht unter SiO_2-Gelbildung zersetzt, ebenfalls von CO_2-haltigem Wasser. Bemerkenswert ist die große Reaktionsfähigkeit mit Salzlösungen, z. B. mit Eisen-, Kupfer- und Magnesiumsalzen. Natürliche Umwandlungen sind daher nicht selten, zu Quarz und Opal oder zu Nontronit durch Eisensulfatlösungen.

Die Amphibolgruppe. Ganz analog der Pyroxengruppe kann man bei der Amphibolgruppe drei Abteilungen unterscheiden: die rhombischen, die monoklinen und die triklinen Amphibole.

Alle Amphibole zeigen ebenfalls eine charakteristische Kohäsionseigenschaft: sehr gute Spaltbarkeit nach zwei Flächen, die aber, im Gegensatz zu den Pyroxenen, einen Winkel von etwa 120^0 miteinander bilden. Ein weiterer charakteristischer Unterschied gegenüber den Pyroxenen ist der fast stets vorhandene geringe Gehalt an Wasser (bis über 2%), der nicht durch Zersetzung bedingt ist, und oft auch an Fluor. Dies deutet darauf hin, daß die Amphibole bei höherem Druck oder niedrigeren Temperaturen entstehen. Im übrigen ist der chemische Bestand der Amphibole im großen und ganzen analog dem der Pyroxene.

Die rhombischen Amphibole treten gesteinsbildend wenig hervor. Sie sind Mischkristalle der beiden Komponenten $MgSiO_3$ und $FeSiO_3$.

Anthophyllit. Rhombisch. (Mg, Fe) SiO_3. Dichte $= 3,0$—3,2. Härte $5^1/_3$—6. Bruch uneben. Spaltbarkeit sehr gut nach (110) (Prismenwinkel zirka 125^0), weniger gut nach (010) und (100). Glasglanz. Braun, grün, rötlich. Die Bildungsweise ist metamorph.

Die monoklinen Amphibole sind die gesteinsbildend wichtigsten. Wie die Pyroxene kann man sie in drei Gruppen teilen, und zwar in die sesquioxydfreien bis -armen Amphibole oder Strahlsteine, in die sesquioxydreicheren Amphibole oder Hornblenden und in die Alkaliamphibole.

Die Strahlsteingruppe umfaßt die monoklinen Mineralien Tremolit und Aktinolith. Ein filzigfaseriger Aktinolith ist der als vorzeitliches Werkzeugmaterial und als Schmuckstein bekannte Nephrit, die parallelfaserigen Strahlsteine heißen Asbest.

Die sesquioxydreichereren Amphibole oder Hornblenden können aufgefaßt werden als isomorphe Mischungen der Moleküle $CaMg_3(SiO_3)_4$, $CaFe_3(SiO_3)_4$, $CaMg_2Al_2(SiO_4)_3$ und $Na_2Al_2(SiO_3)_4$ in wechselndem Verhältnis. Mg kann durch Fe^{II} und Mn, Al durch Fe^{III}, Na durch K z. T. ersetzt sein. Ein Gehalt an TiO_2 kann bis auf mehrere Prozent steigen.

Gemeine und basaltische Hornblende. Monoklin. Als Beispiel für die Zusammensetzung seien angeführt I. Hornblende aus Diorit von Schwarzenberg (Vogesen) nach Rosenbusch, II. basaltische Hornblende von Spahl (Rhön) nach Galkin[1].

	SiO_2 %	TiO_2 %	Al_2O_3 %	Fe_2O_3 %	FeO %	CaO %	MgO %	Na_2O %	K_2O %	H_2O %	P_2O_5 %	Sa. %
I.	43,03	—	13,31	9,86	8,21	10,16	10,64	2,00	0,81	2,15	—	100,17
II.	41,47	3,32	13,30	8,86	3,52	13,02	12,59	2,12	1,11	0,40	0,90	100,61

Dichte $= 3,05$—3,47. Glasglanz. Grau, braun, grün, grünschwarz, braunschwarz, schwarz. Strich ungefärbt oder lichter als die Farbe.

---

[1] Galkin, X.: N. Jahrb. f. Min. etc. Beilgb. **29**, S. 694, 1910.

Die Alkaliamphibole zerfallen in zwei Gruppen: die eisenarmen, licht-blauen Glaukophane und die eisenreicheren, dunklen Glieder der Arfvedsonit-Riebeckit-Reihe.

Glaukophan. Wesentlich $NaAl(SiO_3)_2$ mit wechselnden Beimischungen von $NaFe(SiO_3)_2$ und den Aktinolithmolekülen.

Arfvedsonit. Monoklin. Wesentlich $Na_2Fe_3^{II}(SiO_3)_4$.

Riebeckit. Monoklin. Wesentlich $2\,Na_2Fe^{III}(SiO_3)_2$. $FeSiO_3$ entsprechend $50{,}5\%$ SiO_2, $26{,}9\%$ Fe_2O_3, $12{,}1\%$ FeO, $10{,}5\%$ Na_2O.

Die triklinen Amphibole treten gesteinsbildend stark zurück.

Der Entstehung nach sind die Amphibole feurigflüssig, pneumato-lytisch und metamorph. Die Strahlsteingruppe ist vornehmlich metamorpher Entstehung, ebenso die grünen Hornblenden der Amphibolite und von den Alkali-amphibolen die Glaukophane, wobei der F- und z. T. auch der Na-Gehalt auf Mitwirkung pneumatolytischer Vorgänge hinweist. Die Hauptmenge der Am-phibole bilden die grünen und braunen gemeinen und basaltischen Hornblenden der Eruptivgesteine. Man findet sie in den Gesteinen der Granit-Gabbro-Reihe und auch in den Alkaligesteinen, in denen sie z. T. durch die Alkaliamphibole der Arfvedsonit-Riebeckit-Reihe ersetzt sind. In Pegmatiten kommen gemeine und Alkalihornblenden ebenfalls vor.

Die eisenärmeren Tremolite und gemeinen Hornblenden werden außer von Flußsäure von Säuren praktisch kaum, die eisenreicheren von HCl merklich zersetzt. Sodalösung bei erhöhter Temperatur bewirkt ebenfalls Zersetzung, ebenso in geringem Maße CO_2-haltiges Wasser, das ihnen hauptsächlich Eisen und Kalk entzieht, stärker schwefelige Säure. Die Alkaliamphibole werden von Säuren mehr oder weniger stark zersetzt. Umbildungen sind an den Gliedern der Strahlsteingruppe nur selten zu beobachten, z. T. zu Talk oder zu Serpentin. Die basaltische Hornblende ist in den Ergußgesteinen, weil nicht mehr bestand-fähig, häufig ganz oder teilweise in ein Gemenge von Augit und Erz umge-wandelt. Serpentinisierung und Biotitisierung kommen ebenfalls vor. Umwandlungen in Chlorit unter Ausscheidung von Epidot oder Kalkspat und Quarz dürfen vielleicht nicht, wie vielfach angenommen, auf bloße Verwitte-rungsvorgänge zurückgeführt werden. Die weitere Zersetzung des Chlorits führt zu Gemengen von Karbonaten, Quarz und Eisenoxydhydraten. Arfvedsonit ist mitunter in ein Gemenge von Akmit oder Ägirin, Biotit und Erz umgewandelt. Die gewöhnliche Verwitterung liefert viel Eisenkarbonat und Eisenoxydhydrat.

Die Olivingruppe. Die Mineralien dieser Gruppe sind Mischkristalle der beiden Komponenten $MgSiO_4$, Forsterit, und $FeSiO_4$, Fayalit. Kleine Mengen von Mn, Zn, Ca, Al sowie Spuren von Ni und Co sind oft beigemengt.

Forsterit. Rhombisch. $MgSiO_4$, entsprechend $42{,}9\%$ SiO_2, $57{,}1\%$ MgO, der natürliche immer mit geringen Mengen FeO. Dichte $=3{,}21$ (reines $MgSiO_4$). Härte $= 6$—7. Bruch muschelig bis uneben. Spaltbarkeit deutlich nach (010), weniger gut nach (001). Glasglanz. Weiß, gelblich, grau. Strich farblos.

Fayalit. Rhombisch. $FeSiO_4$ entsprechend $29{,}4\%$ SiO_2, $70{,}6\%$ FeO. Dichte $= 4{,}299$. Kohäsionseigenschaften und Glanz wie bei Forsterit. Gelb, dunkel-braun bis schwarz.

Die Olivine (Peridote), $(Mg, Fe)SiO_4$ bilden die mittleren Glieder dieser Mi-schungsreihe. Das Verhältnis Mg:Fe schwankt von etwa 16:1 bis 2:1 (Hyalo-siderit). Die Zusammensetzung ändert sich folgendermaßen:

	SiO_2 %	MgO %	FeO %		SiO_2 %	MgO %	FeO %
Mg:Fe = 9:1	41,0	49,2	9,8	Mg:Fe = 3:1	38,5	38,5	23,0
Mg:Fe = 5:1	39,8	44,3	15,9	Mg:Fe = 2:1	37,2	33,1	29,7

Die Dichte steigt mit dem Gehalt an Fe + Mn, etwa von 3,26—3,57. Kohäsionseigenschaften und Glanz wie bei Forsterit. Grün, bis grünschwarz, auch dunkelbraun.

Der Entstehung nach sind die Olivine vorwiegend feurigflüssig, metamorph oder ganz untergeordnet pneumatolytisch. Sie finden sich meist in den kieselsäureärmeren Gesteinen der Granit-Gabbro-Reihe, deren basischste Endglieder, die Peridotite, z. T. fast allein von ihnen gebildet werden, und auch in entsprechenden Alkaligesteinen, wobei im großen und ganzen die eisenärmeren in den kieselsäureärmeren, MgO-reicheren Gesteinen vorkommen. In aus dolomithaltigen Gesteinen hervorgegangenen kristallinen Schiefern und kontaktmetamorphen Gesteinen treten sie ebenfalls auf. Metamorpher Entstehung ist der Forsterit, meist auch der Fayalit.

Von Säuren werden die Olivine leicht zersetzt, besonders die Fe-reicheren. Bereits Wasser, besonders bei erhöhter Temperatur, greift sie an. Demgemäß sind natürliche Umbildungen sehr häufig. Die gewöhnliche Verwitterung führt zu Gemengen von Karbonaten, Eisenoxydhydraten, Quarz oder Chalcedon bzw. Opal. Am weitesten verbreitet ist die Serpentinisierung, bei der anscheinend erhöhte Temperatur und Lösungen mitgewirkt haben. Seltener sind Umwandlungen in Iddingsit, Pyroxen, Amphibol, Talk, Biotit. Reaktionsränder gegen Nachbarmineralien sind nicht selten.

Im Anschluß an die Olivine sei deren häufigstes Umwandlungsprodukt, der Serpentin, angeführt. Wahrscheinlich rhombisch. $H_4Mg_3Si_2O_9$ entsprechend 43,4% SiO_2, 43,6% MgO, 13,0% H_2O. Etwas Fe ist immer vorhanden. Dichte = 2,5—2,7. Härte 3—4. Bruch flachmuschelig bis uneben. Spaltbarkeit nach einer Fläche, an faserigem nach einem Prisma. Matt oder wenig glänzend. Grau, grün, bräunlich. Blätterige Serpentine heißen Antigorit, Bastit, faserige Serpentinasbest oder Chrysotil.

Der Entstehung nach ist der Serpentin wohl kein bloßes Verwitterungsprodukt, sondern er ist durch pneumatolytische oder hydrothermale resp. metamorphe Prozesse unter Mitwirkung vielleicht von CO_2- und SiO_2-haltigen Lösungen gebildet.

Die Glimmergruppe. In dieser Gruppe können drei Reihen unterschieden werden:

a) die Muskowitreihe, $KH_2(Al, Fe^{III})_3(SiO_4)_3$ mit nicht über 10% der Fe^{III}-Komponente. Muskowit, Paragonit.

b) die Biotitreihe, $KH_2Al(Mg, Fe)_3(SiO_4)_3$, mit einer Beteiligung der Fe^{II}-Komponente von fast 0 — nahezu 100%. (OH) kann durch F ersetzt werden. Phlogopit, Biotit.

c) die Lithionitreihe, $KH_2Al(AlLe, Fe^{II})_3(SiO_4)_3$. Le ist ein dreiwertiger Komplex von Li, Si, F. Lepidolith, Zinnwaldit.

Allen Glimmern gemeinsam sind folgende Eigenschaften: Monoklin. Härte 2—3. Höchstvollkommene Spaltbarkeit nach (001). Die Spaltblättchen sind elastisch biegsam. Glasglanz, perlmutterartig bei den hellen, halbmetallisch bei den dunklen Glimmern. Seidenglanz bei den dichten Aggregaten.

Muskowit. $KH_2Al_3(SiO_4)_3$ entsprechend 45,2% SiO_2, 38,5% Al_2O_3, 11,8% K_2O, 4,5% H_2O. Geringe Mengen Fe_2O_3, FeO, MgO, Na_2O und F beteiligen sich meist an der Zusammensetzung. Dichte = 2,76—3,0. Farblos, grau, gelblich, rosa, bräunlich, grünlich. Dichte Aggregate heißen Serizit.

Paragonit. $NaH_2Al_3(SiO_4)_3$ entsprechend 47,1% SiO_2, 40,1% Al_2O_3, 8,1% Na_2O, 4,7% H_2O. Stets mit etwas K, zuweilen auch F. Dichte 2,8—2,9. Sonst sehr ähnlich dem Muskowit.

b) Phlogopit. Wesentlich $R^I_3Mg_3Al(SiO_4)_3$, $R^I = K$, $Na(MgF)$ und $Mg(OH)$. Dichte 2,78—2,85. Farblos, gelbbraun, bräunlichrot, grünlich. Strich farblos.

Biotit. Wesentlich $KH_2(Mg, Fe)_3 Al(SiO_4)_3$, z. T. mit wenig K, Mn, F. Als Beispiele für die Zusammensetzung seien die Analysen von I. Biotit von ROSSIE und II. Lepidomelan von Miask nach KUNITZ[1] angeführt:

	SiO₂ %	TiO₂ %	Al₂O₃ %	Fe₂O₂ %	FeO %	CaO %	MgO %	K₂O %	Na₂O %	H₂O %	F %	Sa. %
I.	39,98	0,38	16,30	1,36	7,49	—	21,05	8,62	1,16	3,04	1,83	101,21—0,77
II.	33,07	3,84	16,32	5,97	22,46	0,26	5,85	7,92	0,87	3,87	—	100,43

Dichte 2,5—3,81. Gelblich, braun, rotbraun, grün, schwarz. Strich farblos. Abarten heißen Meroxen, Anomit, Lepidomelan.

c) Die Lithionitreihe tritt in ihrer Bedeutung gegenüber den beiden anderen Reihen zurück. Lepidolith. Wesentlich $KH_2Al_2Le(SiO_4)_3$. Dichte = 2,8, mit dem Fe-Gehalt ansteigend. Perlmutterglanz. Farblos, pfirsichblütrot, grünlich. Strich farblos. Zinnwaldit. Lithiumarm, eisenreich. Dichte = 2,8—3,2, je nach Fe-Gehalt. Grauweiß, violettgrau, helldunkelbraun, schwarz.

Der Entstehung nach sind die Glimmer feurigflüssig, pneumatolytisch und metamorph. Vor allem in den granitischen und dioritischen Gesteinen ist Biotit und z. T. auch Muskowit weit verbreitet, ferner in den Gneisen, Glimmerschiefern und Hornfelsen, der Muskowit, feinschuppig als Serizit, auch in den Phylliten. In z. T. großen Kristallen finden sich beide Glimmer in vielen Pegmatiten. Nur pneumatolytisch ist der Lepidolith, auch bei der Zinnwalditbildung haben diese Prozesse mitgewirkt. Ausschließlich metamorph ist der Paragonit der kristallinen Schiefer.

Die reinen Alkaliglimmer werden durch Säuren nicht, die Magnesia-Eisen-Glimmer dagegen sehr erheblich zersetzt, wobei die Auslaugung der Basen so weit getrieben werden kann, daß schließlich fast nur SiO_2-Gel zurückbleibt (Baueritisierung). CO_2-haltiges Wasser entzieht Biotit merkliche Mengen MgO und FeO, Pflanzen können aus Biotit mehr als aus Serizit Kali ausziehen. Gegen natürliche Umbildungsprozesse ist Muskowit sehr widerstandsfähig, während die Biotite oft mehr oder weniger ausgebleicht oder zersetzt sind. Kein gewöhnlicher Verwitterungsvorgang scheint die ebenfalls häufige Chloritisierung und die Epidotisierung der Biotite zu sein. Bei diesen Vorgängen scheiden sich gern Karbonate, Quarz und Eisenerze ab.

Die Chloritgruppe umfaßt eine Anzahl Mineralien, die nach TSCHERMAK[2] aufgefaßt werden können als isomorphe Mischungen der Silikate $H_4Mg_3Si_2O_9$ (Serpentin = Sp) entsprechend 43,4% SiO_2, 43,6% MgO, 13,0% H_2O und $H_4Mg_2Al_2Si_2O_9$ (= At) entsprechend 21,6% SiO_2, 36,6% Al_2O_3, 28,9% MgO, 12,9% H_2O, das rein noch nicht beobachtet ist und im Amesit herrscht. Mg kann durch Fe^{II}, Al durch Fe^{III} und Cr^{III} teilweise vertreten sein. Nach abnehmendem Gehalt an Sp unterscheidet man dann Pennin. Sp_3At_2 — SpAt. Dichte = 2,6—2,85. Klinochlor. SpAt — Sp_2At_3. Dichte = 2,65—2,78. Prochlorit. Sp_2At_3 — Sp_3At_7. Dichte = 2,78—2,96. Korundophilit. Sp_3At_7 — $SpAt_4$. Dichte = 2,90. Amesit. Sp_4 — At. Dichte = 2,71.

Als Beispiel für die Zusammensetzung seien die Analysen I. eines Pennins vom Zillertal nach LUDWIG[3], II. eines Prochlorits vom St. Gotthard nach RAMMELSBERG[4] und III. eines Amesits von Chester (Mass.) nach PISANI[5] angeführt:

---

[1] KUNITZ: N. Jahrb. f. Min. etc. Beilgb. 50, S. 364, 1924.
[2] TSCHERMAK: Sitzber. Ak. d. Wiss. Wien I, 99 (1), S. 174, 1890 u. 100 (1), S. 29, 1891.
[3] LUDWIG: Tschern. Min. Petr.-Mittlg. 12, S. 32, 1891.
[4] RAMMELSBERG: Mineralchemie 1860, S. 538.   [5] PISANI: Compt. rend. 83, S. 166. 1876.

	SiO₂ %	Al₂O₃ %	Fe₂O₃ %	FeO %	MgO %	H₂O %	Sa. %
I.	33,83	12,95	2,25	3,02	34,94	13,11	100,10
II.	25,12	22,26	1,09	28,05	13,57	11,34	100,51
III.	21,40	32,30	—	15,80	19,90	10,90	100,30

In physikalischer Hinsicht ist allen Chloriten gemeinsam: Monoklin. Härte $= 2—2^1/_2$. Spaltbarkeit vollkommen nach (001). Die Spaltblättchen sind im Gegensatz zu den Glimmern nur unelastisch biegsam. Glas- bis Perlmutterglanz. Grau, hellgrün, schwarzgrün, blaugrün, braun, die Cr-haltigen auch rot.

Die Entstehung dieser weitverbreiteten Mineralien, denen viele Gesteine (speziell die „Grünsteine" genannten Diabase) ihre grüne Farbe verdanken, ist wohl nur z. T. auf bloße Verwitterung von Biotiten, Augiten, Hornblenden und Granaten zurückzuführen, sondern mehr auf hydrothermale und metamorphe Prozesse. Außer in den Eruptivgesteinen und ihren Tuffen treten sie in Schiefern (Chloritschiefern, Amphiboliten, Phylliten), ferner auf hydrothermalen und pneumatolytischen Lagerstätten auf.

Von Säuren, besonders von H_2SO_4, werden die Chlorite mehr oder weniger stark zersetzt, auch Natriumkarbonat- und -hydratlösungen greifen sie an. Natürliche Umwandlungsvorgänge liefern Gemenge von Eisenoxydhydrat, Quarz oder Chalcedon bzw. Opal und Karbonaten.

Im Anschluß an die Chloritgruppe möge der Glaukonit folgen. Rundliche bis unregelmäßige Körner, der rezente kolloid. Wesentlich ein Hydrosilikat von Kali, Eisenoxyd und Tonerde mit wechselndem Gehalt an FeO, MgO, CaO, Na₂O. Rezenter Glaukonit aus Grünsand des Stillen Ozeans ergab nach Caspari[1]:

SiO₂ %	Al₂O₃ %	Fe₂O₃ %	FeO %	MgO %	K₂O %	H₂O %	Sa. %
49,12	7,09	25,95	0,89	3,10	7,02	7,12	100,29

Dichte $= 2,2—2,8$. Härte $= 2$. Matt oder schimmernd. Graugrün, gelbgrün, olivengrün, schwarz. Die Entstehung ist wässerig als Absatz des Meeres, in den Sedimenten aller geologischen Epochen. Von kochender HCl wird er zersetzt.

Die Granatgruppe umfaßt eine Anzahl Mineralien von der Zusammensetzung $R^{II}_3R^{III}_2(SiO_4)_3$, worin $R^{II} =$ Ca, Mg, Fe, Mn, $R^{III} =$ Al, Fe, Cr, Mn sein kann. Si kann durch Ti z. T. vertreten sein. Die reinen Verbindungen treten in der Natur wohl kaum auf. Nach der vorherrschenden Komponente unterscheidet man:

Grossular	$Ca_3Al_2(SiO_4)_3$	Spessartin	$Mn_3Al_2(SiO_4)_3$
Pyrop	$Mg_3Al_2(SiO_4)_3$	Andradit	$Ca_3Fe_2(SiO_4)_3$
Almandin	$Fe_3Al_2(SiO_4)_3$	Melanit	$Ca_3Fe_2[(Si, Ti)O_4]_3$

Allen Granaten gemeinsam ist das kubische Kristallsystem. Härte $= 6^1/_2—7^1/_2$. Bruch muschelig. Spaltbarkeit unvollkommen nach (110). Hoher Glasglanz. Strich weiß.

Der Entstehung nach sind die Granaten vorwiegend metamorph, in Granatfelsen, Amphiboliten, Granatgneisen, -glimmerschiefern, Granuliten, Serpentinen usw. Feurigflüssig ist der Melanit in alkalireichen basischen Ergußgesteinen. Sonst deuten die in Eruptivgesteinen auftretenden Granaten meist auf anormale Zusammensetzung durch Assimilationsvorgänge hin. Untergeordnet pneumatolytisch und kontaktmetamorph-pneumatolytisch. Auffällig ist, daß er mitunter in Sedimenten neugebildet aufzutreten scheint.

---

[1] Caspari, W. A.: Proc. roy. Soc. Edinburgh **30**, S. 364, 1910.

Von Säuren, selbst von HF, werden die Granaten praktisch nicht oder nur sehr schwer zersetzt, mit Ausnahme der titanreichen, die schon von HCl z. T. völlig zersetzt werden. Von den natürlichen Umwandlungen ist die Chloritisierung anzuführen und die beim Pyrop häufige Umwandlung in sogenannten Kelyphit, ein Gemenge von meist Pyroxen-Amphibol-Mineralien, Spinellen, auch Feldspat, das als Reaktionsrand gedeutet wird.

Oxyde.

Eis. Trigonal. H_2O entsprechend 11,19% H, 88,81% O. Dichte = 0,9168 bei 0° bezogen auf H_2O von 4°. Härte = 1—2. Bruch muschelig. Undeutliche Spaltbarkeit vielleicht nach (0001). Glasglanz. Farblos, in dickeren Schichten hellblau bis grünlichblau.

Bei niedrigen Temperaturen und erhöhtem Druck geht das Eis in andere Eisarten unter starker Volumenabnahme über, so daß seine Sprengwirkung in Gesteinen begrenzt ist. Das Eis entsteht aus dem Schmelzfluß als Teicheis, Flußeis, Meereis, Bodeneis, meteorisch aus dem Wasserdampf oder aus Nebel als Schnee, Graupel, Hagel, Rauhreif. Gletschereis ist umkristallisierter Schnee.

Quarz. Trigonal. SiO_2 entsprechend 46,7% Si, 53,3% O. Isomorphe Beimengungen sind nicht nachweisbar. Dichte = 2,651. Härte = 7. Bruch muschelig. Spaltbarkeit undeutlich nach dem Grundrhomboeder. Glasglanz, Fettglanz. Farblos, weiß, grau, rauchbraun, schwarz, gelb, rosa, rot, violett, blau, grün. Strich farblos.

Varietäten sind: Bergkristall (wasserklar, farblos), Milchquarz (milchweiß), Rauchquarz (graubraun, durchsichtig), gemeiner Quarz, Granitquarz, Porphyrquarz (weiß, grau, bräunlich usw., meist undurchsichtig), Rosenquarz (rosa), Aventurin (rotschillernd), Eisenkiesel (rot, gelb, undurchsichtig), Amethyst (violett, klar bis undurchsichtig), Saphirquarz (blau), Katzenauge (grüngrau schillernd), Tigerauge (braun schillernd), Prasem (lauchgrün), feinstkristalline Aggregate sind Chalzedon (feinfaserig, weiß, grau, braun, rot [Karneol] schwarz), oft noch mit Resten von Opal, verschieden gefärbte heißen Achate, Chrysopras (apfelgrün), Jaspis (verschieden gefärbt), Hornstein, Kieselschiefer (schwarz), Feuerstein (grauschwarz).

Bei 575° geht der trigonale Quarz reversibel in eine hexagonale Modifikation über. Die Granit-, Porphyr- und ein Teil der pneumatolytischen Quarze sind daher jetzt Paramorphosen von trigonalem nach hexagonalem Quarz. Eine weitere Modifikation des SiO_2 ist der gesteinsbildend sehr zurücktretende Tridymit. SiO_2-Glas tritt in den Blitzröhren auf.

Der Entstehung nach ist der Quarz (trigonale und hexagonale Modifikation) feurigflüssig, pneumatolytisch, wässerig und metamorph. Er ist weit verbreitet in den kieselsäurereicheren Eruptivgesteinen, Pegmatiten, kristallinen Schiefern und Sedimentgesteinen.

Von Säuren, mit Ausnahme von HF, praktisch nicht angreifbar, von Kalilauge und Alkalikarbonatlösungen merklich. Wasser löst ihn bei gewöhnlicher Temperatur nicht, wohl aber etwas bei erhöhter Temperatur. Natürliche Umwandlungen in Speckstein und Zinnstein sind selten.

Opal. Amorph. SiO_2nH_2O. H_2O-Gehalt 1—21%, meist 3—9%. Dichte = 2,1—2,2. Härte = $5^1/_2$—$6^1/_2$. Bruch muschelig. Glasglanz bis Wachsglanz. Farblos (Hyalit), rot-grün und blau opaleszierend (Edelopal), weiß, gelblich, grau, grün, rot (gemeiner Opal). Kieselgur, Tripel sind aus Opalsubstanz bestehende Ablagerungen von Radiolarien- und Diatomeenpanzern.

Die Entstehung ist wässerig. In Wasser wenig löslich, leicht in heißer KOH- und Na_2CO_3-Lösung.

Rutil. Tetragonal. TiO_2 entsprechend 60,0% Ti, 40,0% O, mit wenig Fe und mitunter Sn. Er ist von Bedeutung als Spender des Titangehaltes der Böden.

Bodenkundlich wichtiger als der Korund (Trigonal. Al_2O_3 entsprechend 52,9% Al, 47,1% O) sind der Diaspor und der Hydrargillit. Ersterer rhombisch. AlO(OH) entsprechend 85,0% Al_2O_3, 1,5 % H_2O. Dichte = 3,3—3,5. Härte = 6—7. Bruch muschelig. Vollkommene Spaltbarkeit nach (010), weniger gut nach (210). Glasglanz, auf Spaltflächen Perlmutterglanz. Farblos, weiß, grau, bräunlich, grünlich, bläulich.

Hydrargillit. Monoklin. $Al(OH)_3$ entsprechend 65,4% Al_2O_3, 34,6% H_2O. Dichte = 2,3—2,43. Härte = $2^1/_2$—3. Glimmerähnliche Spaltbarkeit nach (001). Glasglanz, auf Spaltflächen Perlmutterglanz. Farblos, weiß, grau, grünlich, rötlich.

Der Entstehung nach sind beide wässerig, hydrothermal, pneumatolytisch, der Diaspor auch metamorph. Diaspor wird von Säuren praktisch nicht angegriffen, nur von HF langsam. Auch in Kalilaugen ist er erst nach starkem Glühen löslich. Hydrargillit ist in Säuren löslich. Die beiden Hydrate bilden mit Kaolin, Eisenhydroxyd und Feldspatresten, z. T. auch mit Aluminiumhydrogel den Bauxit genannten Zersetzungsrückstand mancher Gesteine. Das Gel ist ebenfalls ein Hauptbestandteil der bei der tropischen Lateritverwitterung entstehenden Böden.

Eisenglanz. (Hämatit). Trigonal. Fe_2O_3 entsprechend 69,9% Fe, 30,1% O. Oft mit etwas Ti, auch Mg. Dichte = 4,9—5,3. Härte = $5^1/_2$—$6^1/_2$. Bruch flachmuschelig bis uneben. Keine deutliche Spaltbarkeit, Absonderung nach (10$\bar{1}$1) und (0001). Metallglanz, Diamantglanz, Glasglanz, matt erdig, je nach Ausbildungsformen. Stahlgrau, eisenschwarz, rot, braunrot. Strich kirsch- bis bräunlichrot. Dichte Aggregate heißen Roteisenerz, faserige roter Glaskopf, erdige roter Eisenocker, feinstblättrige Eisenglimmer.

Der Entstehung nach ist der Eisenglanz feurigflüssig, pneumatolytisch, metamorph und wässerig. Er ist weit verbreitet in der Gesteinswelt und die Ursache der roten Färbung vieler Mineralien und Gesteine. In Säuren ist der Eisenglanz langsam löslich, in HF nur sehr wenig. In Wasser bei wenig erhöhter und in NaCl-Lösung bei gewöhnlicher Temperatur merklich löslich. Natürliche Umwandlungen in Magneteisen, Pyrit, Eisenoxydhydrat u. a. sind nicht selten.

Im Anschluß an den Eisenglanz seien noch folgende Eisenoxydhydrate angeführt.

Goethit. Rhombisch. FeO(OH) entsprechend 62,9% Fe, 27,0% O, 10,1% H_2O. Oft mit etwas Mn. Dichte schwankend = 4,0—4,5. Härte = 5—$5^1/_2$ Bruch uneben. Vollkommene Spaltbarkeit nach (010). Diamantglanz bis Metallglanz. Gelblich, rötlich, braunschwarz, blutrot.

Limonit. (Brauneisenstein.) Kolloid bis feinkristallin. $Fe_2O_3 nH_2O$. Wassergehalt sehr wechselnd, etwa von 19 bis 4%, z. T. abhängig von dem Wasserdampfdruck der Umgebung. Beigemischte oder adsorbierte fremde Substanzen, besonders Mn, P_2O_5 nicht selten. Dichte sehr verschieden, für reinen Limonit etwa = 4.28. Härte (z. T. Aggregathärte) stark schwankend von etwa $2^1/_2$—$5^1/_2$. Halbmetallischer Glanz, matt, erdig, gelb, braun, schwarz. Strich gelb bis braun. Varietäten sind: Brauner Glaskopf, Stilpnomelan, Xanthosiderit, erdiges, mulmiges, dichtes Brauneisenerz, Ocker, Sumpferz, Raseneisenerz, Bohnerz, Ortstein.

Der Entstehung nach sind diese Eisenoxydhydrate wässerig bis hydrothermal. Sie sind, oft nur in geringen Mengen, weit in den Gesteinen und Böden verbreitet und verleihen ihnen die braunen Färbungen. Von Säuren werden sie leicht gelöst. In reinem Wasser bei 20^0 lösen sich im Mittel 0,151 mg im Liter (Ausgangsmaterial künstliches Eisenhydroxyd). Von Bedeutung ist die Peptisierbarkeit von kolloidem Eisenhydroxyd. Es gelingt, Eisenoxydhydrosole mit bis zu 10% Fe_2O_3 herzustellen.

Ilmenit. (Titaneisen.) Trigonal. $Fe^{II}TiO_3$ entsprechend $47,3\%$ FeO, $52,7\%$ TiO_2. Zunehmendes Fe_2O_3 führt über zu Eisenglanz. Oft mit etwas MnO und MgO. Dichte $= 4,5$—$5,3$. Härte $= 5$—6. Bruch muschelig. Ohne deutliche Spaltbarkeit. Absonderung nach ($10\bar{1}1$) und (0001). Metall- bis Halbmetallglanz. Eisenschwarz. Strich schwarz bis braunrot. Opak.

Die Entstehung ist feurigflüssig, indem Ilmenit den Magnetit besonders in den basischeren Eruptivgesteinen (Gabbros, Diabasen) vertritt, und metamorph, seltener pneumatolytisch.

Der Ilmenit wird von heißen Säuren schwer gelöst. Natürliche Umwandlungen finden sich bei dem Ilmenit sehr oft, besonders die zu Titanit (Leukoxen). In Schiefergesteinen findet sich auch Umwandlung in eisenreiche Karbonate und Rutil.

Magnetit. (Magneteisenerz). $FeFe_2O_4$ entsprechend $69,0\%$ Fe_2O_3, $31,0\%$ FeO, z. T. mit beträchtlichen Mengen Ti, Mn, Mg, Al. Dichte $= 4,9$—$5,2$. Härte $= 5^1/_3$—6. Absonderung nach (111). Metallglanz. Eisenschwarz. Strich schwarz. Undurchsichtig. Dis Entstehung ist feurigflüssig, pneumatolytisch, metamorph, vielleicht auch wässerig.

Von Säuren wird der Magnetit schwer angegriffen. Natürliche Umbildungsprozesse führen beim Magnetit zu Eisenoxydhydraten, bei den tihaltigen zu Leukoxen.

Phosphate.

Apatit. Hexagonal. Die allgemeine Formel der gesteinsbildenden Apatite ist $3Ca_3(PO_4)_2Ca(F_2, Cl_2, J_2, (OH)_2, O, CO_3, SO_4)$. Die formelmäßige Zusammensetzung für reinen Cl- und F-Apatit ist:

	P_2O_5	CaO	Cl	F	ab für O $=$ Cl_2, F_2
F-Apatit	42,3	55,5	—	3,8	1,6
Cl-Apatit	41,0	53,8	6,8	—	1,6

In den Gesteinen scheint im allgemeinen der F-Apatit vorzuherrschen. Dichte $= 3,10$—$3,22$. Härte $= 5$. Bruch muschelig bis uneben. Unvollkommene Spaltbarkeit nach (0001) und ($10\bar{1}0$). Glas- bis Fettglanz. Farblos, weiß, gelb, grün, blau, violett, rot, braun. Strich weiß.

Der Entstehung nach ist der Apatit vorwiegend feurigflüssig. Er ist in den Eruptivgesteinen, wenn auch meist in geringerer Menge, weit verbreitet, und nur selten sind solche ganz frei davon. Nach STELZNER[1] ist z. B. im Granit von Nadelwitz b. Bautzen $0,119\%$ Apatit $= 3,2$ kg im Kubikmeter enthalten. Pneumatolytische und metamorphe Entstehung (Spargelstein) ist ebenfalls häufig. Als organische Bildung tritt F-haltiges Ca-Phosphat in den Hartbestandteilen vieler Tiere auf. Die praktisch wichtigen Phosphorite (Osteolith, Staffelit usw.) sind anscheinend ursprüngliche Bildungen von phosphorsaurem Kalk, die mit zunehmendem geologischem Alter unter F-Aufnahme in kristallinen Apatit übergehen.

Von Säuren wird der Apatit gelöst, ebenso in geringem Maße von CO_2-haltigem Wasser. Natürliche Umwandlungen zu Talkapatit, Hydroapatit, Kallait sind selten.

---

[1] STELZNER: Festschrift Isis, S. 44. Dresden 1885.

Vivianit. Monoklin. $Fe_3(PO_4)_2 \cdot 8H_2O$ entsprechend $43{,}0\%$ FeO, $28{,}3\%$ P_2O_5, $28{,}7\%$ H_2O. Ein Gehalt an Fe^{III} rührt von Oxydation her. Dichte $=$ $2{,}58$—$2{,}68$. Härte $= 1^1/_2$—2. Bruch faserig. Vollkommene Spaltbarkeit nach (010), schlechte nach (100). Glas- bis Perlmutterglanz. Farblos, durch Oxydation meist mehr oder weniger dunkelblau bis -grün. Strich farblos bis blau.

Die Entstehung ist vornehmlich wässerig, auch hydrothermal. In Torfmooren ist er weitverbreitet (Blauerde, Eisenblau). Er tritt meist in einer Tiefe von $^1/_2$—1 m auf. In Säuren ist der Vivianit löslich, von KOH und anderen Laugen wird er zersetzt. Während frischer Vivianit farblos ist, tritt bei Berührung mit Luft sehr rasch eine immer intensiver werdende Bläuung ein, die von der Oxydation des Fe^{II} zu Fe^{III} herrührt.

Karbonate.

Die gesteinsbildend wichtigsten Karbonate sind die zu der Gruppe der rhomboedrischen Karbonate gehörigen Mineralien

I.	II. Braunspatreihe	III. Ankeritreihe
Kalkspat $CaCO_3$	Magnesit $MgCO_3$ Eisenspat $FeCO_3$ Braunspat $(Mg, Fe)CO_3$	Dolomit $CaMg(CO_3)_2$ Ankerit $Ca(Mg, Fe)(CO_3)_2$

Die Glieder jeder Reihe mischen sich unter sich, die Reihen untereinander mischen sich fast nicht. In Abb. 3 sind die Verhältnisse in Dreiecksprojektion schematisch nach REDLICH[1] dargestellt. Die ausgezogenen Linien bedeuten Mischbarkeit, die schwachen Nichtmischbarkeit.

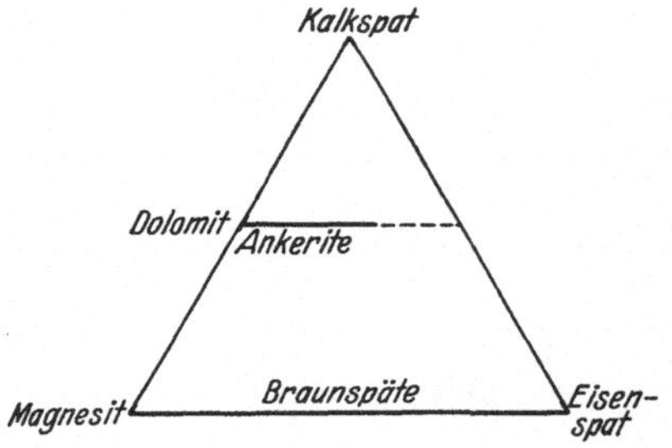

Abb. 3.

Kalkspat. (Calcit.) Trigonal. $CaCO_3$ entsprechend $56{,}0\%$ CaO, $44{,}0\%$ CO_2, mit nur sehr wenig Mg, Fe, Mn, Co, Ba, Pb. Dichte $= 2{,}714$. Härte $= 3$. Bruch muschelig, schwer zu erhalten. Vollkommene Spaltbarkeit nach (10$\bar{1}$1). Glasglanz bis erdig. Farblos, weiß, grau, gelblich, rötlich, violett, braun, schwarz. Strich weiß bis grau. Doppelspat ist eine farblose, klar durchsichtige Abart von Island, die zur Herstellung von optischen Instrumenten gebraucht wird. Über die verschiedenartigen Kalkspataggregate siehe unter Gesteine.

Magnesit. (Bitterspat.) Trigonal. $MgCO_3$ entsprechend $47{,}6\%$ MgO, $52{,}4\%$ CO_2; mit wechselnden Mengen Fe, Mn, Zn, Ni, Co. Dichte $= 2{,}9$—$3{,}13$, zunehmend mit dem Fe-Gehalt. Härte $= 3^1/_2$—$4^1/_2$. Bruch flachmuschelig. Vollkommene Spaltbarkeit nach (10$\bar{1}$1). Glasglanz. Farblos, weiß, gelblich, braun.

Eisenspat. (Siderit.) Trigonal. $FeCO_3$ entsprechend $62{,}1\%$ FeO, $37{,}9\%$ CO_2, mit wechselnden Mengen Mn, Mg, Co. Dichte $= 3{,}63$—$3{,}94$. Härte $= 3^1/_2$—4. Glasglanz bis Perlmutterglanz. Grau, gelblich, bräunlich, schwarz. Strich weiß, wenn frisch. Der Eisenspat ist ein wichtiges Eisenerz. Braunspat nennt man die Mischungen von wesentlich $MgCO_3$ und $FeCO_3$, oft noch mit $MnCO_3$, auch $NiCO_3$, an denen die beiden Hauptkomponenten in stärkerem Maße beteiligt sind.

Dolomit. Trigonal. $CaMg(CO_3)_2$ entsprechend $30{,}4\%$ CaO, $21{,}7\%$ MgO, $47{,}8\%$ CO_2 oder $54{,}35\%$ $CaCO_3$, $45{,}65\%$ $MgCO_3$; Mg wird z. T. durch Fe und Mn, auch Co und Zn ersetzt. Dichte $= 2{,}822$, zunehmend mit dem Fe-Gehalt. Härte $= 3^1/_2$—4. Bruch flachmuschelig. Vollkommene Spaltbarkeit nach (10$\bar{1}$1).

---

[1] REDLICH: Fortschr. Min. etc. **4**, S. 40, 1914.

Glasglanz bis Perlmutterglanz. Farblos, weiß, grau, schwarz, gelblich, rötlich, braun. Die Mischungen des $CaMg(CO_3)_2$ mit stärkerem Anteil des hypothetischen $CaFe(CO_3)_2$ nennt man Ankerite.

Der Entstehung nach sind die rhomboedrischen Karbonate vorwiegend wässerig, hydrothermal und metamorph. Kalkspat kann anscheinend unter besonderen Bedingungen auch aus dem Schmelzfluß kristallisieren. Es ist noch nicht gelungen, die in der Natur weit verbreitete Dolomitbildung unter ähnlichen Bedingungen nachzuahmen. Von Säuren (Kalkspat schon von Essigsäure und verdünnter kalter HCl) werden die Karbonate unter Aufbrausen gelöst. Reines und CO_2-haltiges Wasser sowie Salzlösungen lösen die Karbonate ebenfalls merklich. Für Kalkspat seien einige Zahlen nach ROSENBUSCH-MÜGGE angegeben. Es lösen sich bei 25⁰ in 1 l

in reinem Wasser . . . . 14,33 mg
„ Wasser mit CO_2 von 1 atm gesättigt . . . . . . 1300 mg
„ Meerwasser (17—18⁰) . . . . 191 mg

Der mittlere Gehalt des Meerwassers an $CaCO_3$ ist 121 mg. Die Löslichkeit von Dolomit in mit CO_2 von gewöhnlichem Druck gesättigtem Wasser ist nach LEITMEIER[1] 110 mg in 1 l.

Von viel geringerer Bedeutung für die Gesteinswelt sind die rhombischen Karbonate, von denen hier nur der Aragonit angeführt sei. Rhombisch. $CaCO_3$, z. T. mit wenig Sr. Diese zweite Modifikation des $CaCO_3$ ist gegenüber Kalkspat unbeständig. Die Umwandlungsgeschwindigkeit ist bei gewöhnlicher Temperatur praktisch gleich Null, bei erhöhter Temperatur (etwa von 350⁰ an bei trockener Erhitzung) so groß, daß sich der Aragonit in wenigen Stunden völlig in Kalkspat umlagert. Damit im Einklang steht die Beobachtung, daß sich Aragonit nur in geologisch jungen Bildungen findet. Dichte = 2,937. Härte = $3^1/_2$—4. Bruch flachmuschelig. Deutliche Spaltbarkeit nach (010). Glasglanz. Farblos, weiß, gelblich, grünlich. Strich farblos. Die Entstehung ist wässerig oder hydrothermal.

Sulfate.

Anhydrit. Rhombisch. $CaSO_4$ entsprechend 41,2% CaO, 58,8% SO_3. Dichte = 2,963. Härte = 3—$3^1/_2$. Bruch uneben bis splitterig. Die Spaltbarkeit ist sehr vollkommen nach (001) (Perlmutterglanz), vollkommen nach (010) (Glasglanz), etwas weniger vollkommen nach (100). Glas- bis Perlmutterglanz. Farblos, weiß, grau, rötlich, violett, blau. Strich grauweiß.

Die Entstehung ist vorwiegend wässerig als Ausscheidung aus verdunstenden meerwasserartigen Lösungen. Über die Bildungsbedingungen von Anhydrit und Gips gibt das in Abb. 4 dargestellte p-t-Diagramm Auskunft. Es sind dargestellt die Dampfdruckkurven einer gesättigten reinen $CaSO_4$-Lösung und einer gleichzeitig an NaCl und einer an $MgCl_2$ gesättigten Lösung. Stark ausgezogen ist die Dampfdruckkurve des Gipses. Aus der Abbildung ergibt sich, daß oberhalb

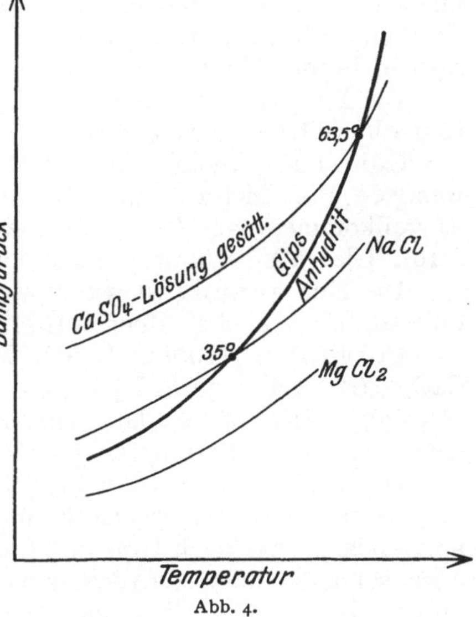

Abb. 4.

---

[1] LEITMEIER: N. Jahrb. f. Min. etc. Beilgb. **40**, S. 698, 1916.

$63,5^0$ Anhydrit, unterhalb $63,5^0$ Gips neben rein wässeriger Lösung stabil ist. Neben einer gesättigten NaCl-Lösung ist Anhydrit aber schon bei 35^0, neben einer gesättigten $MgCl_2$-Lösung bereits oberhalb 0^0 stabil. Die Beobachtung, daß in den Kalisalzlagerstätten Anhydrit und nicht Gips auftritt, erklärt sich demnach aus dem hohen Chloridgehalt der das $CaSO_4$ ausscheidenden Laugen. Hydrothermale und pneumatolytische Entstehung ist selten. Die Löslichkeit im Wasser ist sehr gering, stärker ist sie in HCl-haltigem Wasser. Von den natürlichen Umwandlungen der Anhydrite ist am weitesten verbreitet die in Gips, die unter erheblicher Volumenvermehrung (1 Vol. Anhydrit liefert 1,623 Vol. Gips) vor sich geht.

Gips. Monoklin. $CaSO_4 \cdot 2H_2O$ entsprechend 32,5% CaO, 46,6% SO_3, 20,9% H_2O. Dichte = 2,32. Härte = 2. Bruch muschelig, auf (11$\bar{1}$) faserig infolge von Translationsstreifungen. Die Spaltbarkeit ist höchst vollkommen nach (010) (Perlmutterglanz), vollkommen nach ($\bar{1}$11), weniger vollkommen nach (100). Glas- bis Perlmutterglanz. Farblos, weiß, grau, gelb, rot, braun, schwarz. Strich weiß. Eine feinkörnige durchscheinende Varietät ist der Alabaster.

Die Entstehung ist vornehmlich wässerig (vgl. Anhydrit). Außer aus $CaSO_4$-haltigen Lösungen kann sich Gips auch bei der wechselseitigen Reaktion von Ca-haltigen und H_2SO_4-haltigen Lösungen ausscheiden. Pneumatolytische Bildung findet ebenfalls statt. Gips ist in Wasser löslich, nach Hullet und Allen[1] enthalten 100 g Lösung bei 18^0 0,2016 g. Vermindert wird die Löslichkeit durch Sulfate z. B. des K und Mg, während Chlornatrium und Nitrate sie erhöhen. In kalter HCl ist Gips wenig, in kochender verdünnter vollständig löslich, ferner auch in H_2SO_4- und in CO_2-haltigem Wasser. An natürlichen Umwandlungen sind solche in Anhydrit, Aragonit, Kalkspat und Cölestin beobachtet worden.

Schwerspat (Baryt). Rhombisch. $BaSO_4$ entsprechend 65,7% BaO, 34,3% SO_3. Mitunter mit wenig Sr, Ca, Pb. Dichte = 4,486. Härte = $2^1/_2$—$3^1/_2$. Bruch uneben. Sehr vollkommene Spaltbarkeit nach (001), vollkommen nach (110), deutlich nach (010). Glasglanz bis Perlmutterglanz. Farblos, weiß, grau, gelblich, rötlich, braun, bläulich. Strich weiß.

Die Entstehung ist wässerig bis hydrothermal. In Wasser sehr wenig löslich, stärker in heißer H_2SO_4.

Cölestin. Rhombisch. $SrSO_4$ entsprechend 56,4% SrO, 43,6% SO_3, mit wenig Ca, Pb. Dichte = 3,97. Härte = 3—$3^1/_2$. Bruch uneben. Die Spaltbarkeit ist vollkommen nach (001), etwas weniger vollkommen nach (110), deutlich nach (010). Glas- bis Perlmutterglanz. Farblos, weiß, grau, blau, rötlich. Strich weiß.

Die Entstehung ist wässerig, selten hydrothermal. In Wasser ist der Cölestin in merklichen Mengen löslich.

Polyhalit. Triklin. $K_2SO_4 \cdot MgSO_4 \cdot 2CaSO_4 \cdot 2H_2O$ entsprechend 18,6% CaO, 6,6% MgO, 15,6% K_2O, 53,2% SO_3, 6,0% H_2O. Dichte = 2,775. Härte = $2^1/_2$—$3^1/_2$. Ziemlich vollkommene Spaltbarkeit nach (100), Absonderung nach (010). Glas- bis Fettglanz. Farblos, gelblichgrau, rotbraun. Strich z. T. rot.

Die Entstehung ist wässerig. Er tritt auf fast allen Salzlagerstätten auf, besonders in der sogenannten Polyhalitregion des älteren Steinsalzes. Er kann sich primär nach Gips und Anhydrit und vor Magnesiumsulfat ausscheiden oder sekundär aus Anhydrit hervorgehen. Von Wasser wird der Polyhalit unter Bildung von Gips und Syngenit zersetzt. Der Geschmack ist sehr schwach salzig. Natürliche Umbildungen in ein Gemenge von Anhydrit, Kieserit und Carnallit durch Sickerwässer sind beobachtet.

---

[1] Hullet u. Allen: Amer. J. Chem. Soc. **24**, S. 667, 1902.

Kieserit. Monoklin. $MgSO_4 \cdot H_2O$ entsprechend 29,0% MgO, 58,0% SO_3, 13,0% H_2O. Dichte = 2,573. Härte = 3—3$^1/_2$. Vollkommene Spaltbarkeit nach (11$\bar{1}$) und (11$\bar{3}$), unvollkommene nach (111), (101), (012). Glasglanz. Weiß, grün, gelblich.

Die Entstehung ist wässerig, sehr selten pneumatolytisch. Als primäre Ausscheidung findet er sich auf Salzlagerstätten, besonders in der sogenannten Kieseritregion, wo er mit Steinsalz oder mit Steinsalz und Carnallit den **Kieserit-Halit** oder den **Kieserit-Karnallit-Halit** bildet. Der **Kieserit-Sylvin-Halit** scheint durch salzmetamorphe Prozesse entstanden zu sein. In Wasser löst sich Kieserit nur langsam. Als Bodenkörper ist er von 68⁰ an beständig, in mit NaCl gesättigter Lösung von 35,5⁰ ab. Von etwa 100⁰ ab sinkt die Löslichkeit wieder mit steigender Temperatur. Nimmt an der Luft Wasser auf unter Bildung von Bittersalz.

Kainit. Monoklin. $MgSO_4 \cdot KCl \cdot 3H_2O$ entsprechend 16,1% MgO, 18,9% K_2O, 32,1% SO_3, 14,3% Cl, 21,8 H_2O, ab für O$=Cl_2=$3,2. Dichte$=$2,19. Härte $=2^1/_2$—3. Die Spaltbarkeit ist vollkommen nach (100), deutlich nach (111). Glasglanz. Farblos, gelblich, rot, blau.

Die Entstehung ist wässerig. Primär findet er sich in der Kieseritregion. Als „Hutbildung" aus Kieserit und Karnallit (Kainitit), mit Steinsalz gemengt, verdankt er seine Entstehung wahrscheinlich der Salzmetamorphose. Er ist leicht löslich in Wasser.

Nitrate.

Natronsalpeter. Trigonal. $NaNO_3$ entsprechend 36,5% Na_2O, 63,5% N_2O_5. Dichte = 2,24—2,29. Härte = 1$^1/_2$—2. Bruch muschelig. Spaltbarkeit vollkommen nach (10$\bar{1}$1). Glasglanz. Farblos, weiß, grau, gelblich, rötlich.

Die Entstehung ist wässerig. Er bildet vor allem im nördlichen Chile in hochgelegenen Trockengebieten ausgedehnte Ablagerungen (Caliche) zusammen mit hauptsächlich Gips, Steinsalz und Glaubersalz. In Wasser ist der Natronsalpeter leicht löslich. Sehr viel weniger verbreitet in der Natur ist der **Kalisalpeter**, KNO_3.

Chloride.

Steinsalz. Kubisch. NaCl entsprechend 60,6% Na, 39,4% Cl. Keine merklichen Beimengungen von KCl. Dichte = 2,168. Härte = 2. Bruch muschelig. Vollkommene Spaltbarkeit nach (100), zuweilen Absonderung nach (110). Glasglanz. Farblos, weiß, grau, gelblich, rötlich, blau.

Die Entstehung ist vornehmlich wässerig aus meerwasserähnlichen Laugen. Er tritt in den Sedimenten aller geologischen Formationen auf und bildet das Hauptmineral der Salzlagerstätten. Das Meerwasser, dessen mittlerer Salzgehalt 3,5% ist, scheidet beim Eindampfen weit vorwiegend Steinsalz aus. Nach JOLY[1] würde das in den Meeren gelöste NaCl beim völligen Eindampfen eine solche Menge Steinsalz ergeben, daß die ganze Erde mit einer Schicht von etwa 35 m Dicke bedeckt werden könnte. Pneumatolytische Entstehung (Sublimationen an Vulkanen) ist mehrfach beobachtet worden. Steinsalz ist leicht löslich in Wasser. 100 Teile Wasser lösen 35,68 Teile Steinsalz bei 15⁰.

Sylvin. Kubisch. KCl entsprechend 52,4% K, 47,6% Cl. Mit NaCl ist KCl nur bei höherer Temperatur mischbar, bei Temperaturerniedrigung tritt Entmischung ein. Dichte = 1,989. Härte = 2. Bruch uneben. Vollkommene Spaltbarkeit nach (100). Glasglanz. Farblos, weiß, gelblich, rötlich, blau.

Die Entstehung ist vorwiegend wässerig, untergeordnet pneumatolytisch in Vulkanen. Aus meerwasserähnlichen Laugen kann er sich bei allen

---

[1] JOLY, J.: Sci. Trans. Roy. Soc. Dublin [2] **7**, S. 30, 1899.

in Betracht kommenden Temperaturen ausscheiden. In den deutschen und elsässischen Kalisalzlagerstätten ist er weit verbreitet in Begleitung von Steinsalz. Mit Kieserit und Steinsalz bildet er das sogenannte Hartsalz, das wahrscheinlich durch Salzmetamorphose entstanden ist. Leicht löslich in Wasser, 100 Teile lösen 33,4 Teile KCl bei 15⁰.

Carnallit. Rhombisch. $KCl \cdot MgCl_2 \cdot 6H_2O$ entsprechend 14,7% K, 8,7% Mg, 38,3% Cl, 39,0% H_2O. Dichte = 1,60. Härte = $2^1/_2$. Bruch muschelig. Spaltbarkeit ist nicht wahrnehmbar. Glas- bis Fettglanz.

Die Entstehung ist wässerig. Er ist ein in den deutschen und elsässischen Kalisalzlagerstätten weit verbreitetes Mineral, das gern im Gemenge mit Steinsalz und Kieserit zusammen auftritt. Der Carnallit ist unter KCl-Abscheidung leicht in Wasser löslich, auch in Alkohol. Er zerfließt an der Luft. Der Geschmack ist schwach bitter. Als natürliche Umwandlung, wahrscheinlich durch Salzmetamorphose bewirkt, ist die in Hartsalz (Sylvin mit Kieserit und Steinsalz), das oft als unmittelbare Fortsetzung von Carnallitbänken auftritt, zu betrachten.

Flußspat (Fluorit). Kubisch. CaF_2 entsprechend 51,1% Ca, 48,9% F, mitunter mit etwas Y und Ce. Dichte = 3,18—3,20. Härte = 4. Bruch flachmuschelig. Vollkommene Spaltbarkeit nach (111), z. T. Absonderung nach (100). Glasglanz. Farblos, weiß, sehr verschiedenartig gefärbt, meist grünlich, violett.

Die Entstehung ist vorwiegend hydrothermal-pneumatolytisch, auch wässerig. Säuren und Alkalien greifen Flußspat nur wenig an, nur heiße H_2SO_4 zersetzt ihn unter HF-Entwicklung. In Wasser ist er in sehr geringem Maße löslich.

Sulfide.

Von den zahlreichen Sulfiden und Sulfosalzen treten nur sehr wenige gesteins- und damit bodenbildend hervor.

Pyrit (Schwefelkies, Eisenkies). Kubisch. FeS_2 entsprechend 46,6% Fe, 53,4% S, mit sehr geringen Mengen Mn, Co, Ni, As, z. T. auch Tl. Dichte = 4,9—5,2. Härte = 6—$6^1/_2$. Bruch muschelig bis uneben. Undeutliche Spaltbarkeit nach (100). Metallglanz. Speisgelb. Undurchsichtig. Strich grünlich- bis bräunlichschwarz.

Die Entstehung dieses in Gesteinen aller Art, wenn auch meist in geringer Menge, weitverbreiteten Minerals — die alten Bergleute nannten es „Hans in allen Gassen" — ist wässerig, metamorph, hydrothermal, pneumatolytisch. Die im Eruptivgestein auftretenden nicht sekundären Pyrite sind wohl z. T. durch Einwirkung von H_2S oder anderen Schwefelverbindungen auf die Eisenverbindungen des Magmas entstanden. Die knolligen Schwefelkiesgebilde in den Sedimenten weisen darauf hin, daß sich das FeS_2 wohl ursprünglich als Gel abgeschieden hatte. Solche kolloiden Abscheidungen finden sich rezent anscheinend im Schwarzen Meer. Von HNO_3 wird Schwefelkies zersetzt, von HCl praktisch nicht merklich. Die Löslichkeit in Wasser ist sehr gering. Natürliche Umwandlungen in Hämatit, Goethit oder in anderen Eisenoxydhydraten sind weit verbreitet. Auch solche in Magnetkies kommen vor. Viel weniger und meist nur in jüngeren Bildungen verbreitet ist die zweite Modifikation des FeS_2, der rhombische Markasit.

Magnetkies. Hexagonal. $Fe_n S_{n+1}$, wobei n größer als 5 ist. Für $Fe_{11}S_{12}$ ist die Zusammensetzung 61,6% Fe, 38,4% S. Der überschüssige Schwefel vertritt das Eisen. Oft mit einem geringen Gehalt an Ni. Dichte = 4,58—4,64. Härte = 3—4. Bruch uneben bis flachmuschelig. Unvollkommene Spaltbarkeit nach (1120). Absonderung nach (0001). Metallglanz. Bronzegelb, tombakbraun anlaufend. Strich grauschwarz.

Die Entstehung ist feurigflüssig, pneumatolytisch-hydrothermal und metamorph. Unter den Eruptivgesteinen führen ihn besonders Gabbros, Diabase und Basalte. Wässerig ist die Bildung in Steinsalz und Kainit, in denen er vermutlich aus Eisenchlorür entstanden ist, und in manchen Faulschlammkalken.

Elemente.

Von den über 90 Elementen nehmen in gediegenem Zustand höchstens zwei in etwas stärkerem Maße an dem Aufbau der festen Erdrinde teil. Es sind dies der Graphit und der Schwefel.

Graphit. Trigonal. C. Meist mehr oder weniger verunreinigt. Dichte = 2,09—2,23. Härte = 1—2. Dünne Blättchen unelastisch biegsam. Sehr vollkommene Spaltbarkeit nach (0001). Metallglanz bis erdig. Eisenschwarz bis stahlgrau. Undurchsichtig, nur in sehr dünnen Blättchen grünschwarz durchsichtig. Strich glänzend schwarz.

Die Entstehung ist feurigflüssig, pneumatolytisch oder metamorph. Granitische und nephelinsyenitische Gesteine enthalten ihn, z. T. stammt er wohl aus aufgeschmolzenen kohlenhaltigen Gesteinen. Die Graphitlagerstätten der Ostalpen sind metamorph umgewandelte kohlenführende Sedimente. Die bekannten Graphitlagerstätten im Granulit von Ceylon scheinen pneumatolytisch zu sein. Unter den kristallinen Schiefern führen Graphitgneise und -glimmerschiefer das Mineral in wechselnder Menge. Von Säuren wird der Graphit nicht angegriffen. Mit rauchender Salpetersäure und Kaliumchlorat behandelt, wandelt er sich in die gelbe sogenannte ,,Graphitsäure'' um.

Schwefel. Rhombisch. S. Dichte = 2,05—2,09. Härte = $1^1/_2$—$2^1/_2$. Bruch muschelig bis uneben. Unvollkommene Spaltbarkeit nach (001), (110), (111). Harzglanz. Schwefelgelb, rötlich, grünlich, gelblichgrau. Strich weiß.

Die Entstehung ist pneumatolytisch-hydrothermal oder wässerig, in gipshaltigen Gesteinen durch reduzierende Lösungen oder durch die Tätigkeit von Bakterien. Von Säuren und Wasser wird der Schwefel nicht angegriffen. In Schwefelkohlenstoff ist er löslich.

b) Die Gesteine bzw. das Gesteinsmaterial.

Von F. HEIDE, Göttingen.

Mit 10 Abbildungen.

Zusammenfassende Literatur.

Hand- und Lehrbücher: ROSENBUSCH, H.: Mikroskopische Physiographie der massigen Gesteine, 4. Aufl. Stuttgart 1907. — GRUBENMANN, U., u. NIGGLI, P.: Die Gesteinsmetamorphose. Berlin 1924. Im Erscheinen. — NIGGLI, P.: Gesteins- und Mineralprovinzen. Berlin 1923. Im Erscheinen. — ROSENBUSCH-OSANN; Elemente der Gesteinslehre, 4. Aufl. Stuttgart 1923. — RINNE, F.: Gesteinskunde, 5. Aufl. Leipzig 1920. — REINISCH, R.: Petrographisches Praktikum II, 2. Aufl. Berlin 1912. — WEINSCHENK, E.: Grundzüge der Gesteinskunde, 3. Aufl. Freiburg 1913. — LINCK, G.: Tabellen zur Gesteinskunde, 5. Aufl. Jena 1921. — BOEKE, H. E., u. W. EITEL: Grundlagen der physikalisch-chemischen Petrographie, 2. Aufl. Berlin 1923.

Ein Gestein ist ein Aggregat von gleich- oder verschiedenartigen Mineralien, das geologisch als selbständiger Teil der festen Erdrinde auftritt. Die Mineral- und Erzgänge rechnet man nicht zu den Gesteinen, obwohl sie mitunter der obigen Definition entsprechen. Ein Gestein im geologischen Sinne braucht nicht fest zu sein, wie es der gewöhnliche Sprachgebrauch verlangt. Eine Ablagerung von Ton oder Sand ist, wenn sie den obigen Bedingungen genügt, in diesem Sinne ein Gestein. Ein Gestein, das

sich im wesentlichen nur aus einer Mineralart zusammensetzt, nennt man ein
einfaches Gestein, wie z. B. den nur aus Kalkspatkörnern gebildeten Marmor. Beteiligen sich mehrere Mineralien an der Zusammensetzung des Gesteins, spricht man von einem zusammengesetzten Gestein. Ein Beispiel ist der Granit, der aus Orthoklas, Quarz, Plagioklas und verschiedenen dunklen Gemengteilen besteht.

Da die Gesteine die feste Erdrinde bilden, die ihrerseits im genetischen Zusammenhang mit den liegenden Teilen des Erdkörpers steht, ist es angebracht, einen Blick auf die Zusammensetzung des ganzen Erdballs zu werfen, soweit wir einige Kenntnis davon haben.

Die Erde ist ein Geoid von 6359,9 km Polar- und 6378,4 km Äquatorialradius. Dieser Körper ist jedoch seiner Zusammensetzung nach keinesfalls homogen. Auf Grund geophysikalischer und geochemischer Beobachtungen und Überlegungen kommt V. M. Goldschmidt zu dem in Abb. 5 dargestellten Schema. Danach ist der Erdball in vier verschiedene Schalen von verschiedener Dichte und Zusammensetzung unterteilt. Zu oberst liegt die Silikathülle, die bis zu 120 km Tiefe reicht. Auf diese folgt die Eklogitschale, die aus zusammengepreßten ebenfalls silikatischen femischen Gesteinen besteht und bis zu 1200 km Tiefe reicht, dann die Sulfidoxydschale bis zu 2900 km Tiefe und schließlich der Metallkern, für den ein Radius von 3450 km übrigbleibt. Die Schichtung des Erdballs dürfte sich schon im flüssigen Zustande der Erde gebildet

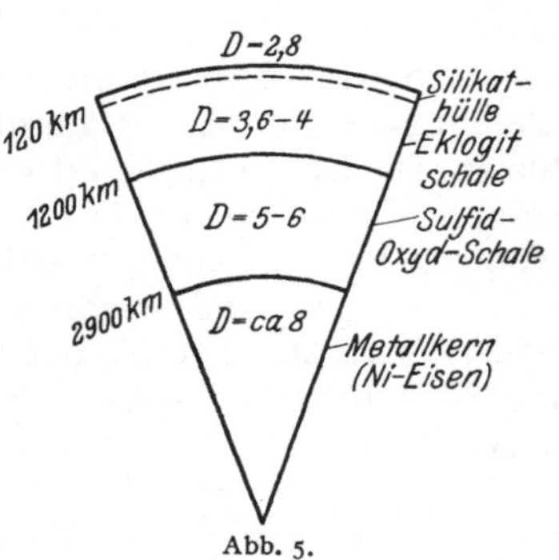

Abb. 5.

haben, wo der Metallkern, die sulfidisch-oxydische und die silikatische Schale anscheinend nicht miteinander mischbare Flüssigkeiten darstellten, entsprechend der metallurgischen „Eisensau", dem „Stein" und der „Schlacke". Von diesen Schalen ist uns nur die oberste Silikathülle bis zu wenigen Kilometern Tiefe unmittelbar zugänglich. Von der Eklogitschale liegen vielleicht Bruchstücke in den diamantführenden Einschlüssen des Kimberlits von Südafrika vor. Aber selbst für die äußerste Silikathülle ist es nicht möglich, genaue Zahlen über ihre mittlere chemische Zusammensetzung zu erlangen. Nur auf statistischem Wege konnten Zahlen erhalten werden, die anscheinend sich nicht allzu weit von der Wirklichkeit entfernen und für die wichtigeren Elemente, zumindest der Größenordnung nach, richtig sein werden. Von Clarke, Washington u. a. sind solche Berechnungen durchgeführt worden. Sie haben für die feste Erdrinde bis zu 16 km Tiefe zu den Zahlen geführt, die bereits auf S. 88 wiedergegeben sind. Darnach sind also ganz vorherrschend Gesteine aus silikatischen Komponenten zu erwarten, während die für uns Menschen oft so wichtigen Gesteine anderer Art, etwa Karbonat- oder Salzgesteine, ganz außerordentlich zurücktreten.

Tritt die vorherrschende Bedeutung, die der Sauerstoff am Aufbau der äußeren Silikathülle nimmt, bereits in der gewichtsprozentischen Zusammenstellung deutlich hervor, so wird dieses Element fast alleinherrschend, wenn man das Volumen betrachtet, das die Atome der sieben wichtigsten Elemente gemäß ihrer Gewichtsmenge einnehmen. V. M. Goldschmidt[1] hat diese Volumenprozente wie nebenstehend berechnet.

	Vol.-%
O	90,81
Si	0,69
Al	0,15
Fe	2,04
Mg	4,83
Ca	0,93
Na	0,48
	99,93

---

[1] Goldschmidt, V. M.: N. Jahrb. f. Min. etc. Beilgb. 57, S. 1119, 1928.

Daraus ergibt sich, daß wir auf einem „Polster von Sauerstoffatomen" herumlaufen, die durch die viel kleineren Metallatome zusammengehalten werden. Wie wir später sehen werden, kann man der Entstehung nach drei Gruppen von Gesteinen unterscheiden: Eruptivgesteine, Sedimentgesteine und metamorphe Gesteine. Die letztgenannten sind ihrerseits aus Eruptiv- oder Sedimentgesteinen hervorgegangen. Den Anteil, den die beiden ersten Gruppen und die auf sie entfallenden Teile der metamorphen Gesteine an der Zusammensetzung der festen Erdkruste bis zu 16 km Tiefe nehmen, ist ebenfalls von mehreren Autoren geschätzt worden. Er ist sehr ungleich hoch. Nach CLARKE[1] machen die Eruptivgesteine 95%, die Sedimentgesteine 5% aus. Die Sedimentgesteine ihrerseits werden geschätzt zu 80% Schiefergesteinen, 15% Sandsteinen, 5% Karbonatgesteinen. Die Naturbeobachtung hat ergeben, daß die Gesteine auf dreierlei Art und Weise gebildet werden können. Es ergeben sich also in bezug auf die Genesis drei Gruppen:

a) *Die Eruptivgesteine.* Sie sind entstanden durch Kristallisation und Erstarrung von glutflüssigem Magma, sei es im Erdinnern oder sei es auf der Erdoberfläche. Man nennt sie auch primäre Gesteine. Die Bildungstemperatur ist daher immer sehr hoch, allermeist über 1000°, der Druck sinkt von sehr hoch bei den in großer Tiefe erstarrten Gesteinen bis zu 1 atm bei den auf der Erdoberfläche erstarrten Gesteinen. Als Beispiele seien genannt Granit, Gabbro, Porphyr, Basalt. Die unter stärkerer Mitwirkung von leichtflüssigen Bestandteilen erstarrten Mineralaggregate, die Pegmatite, rechnet man mit zu den Eruptivgesteinen, die hydrothermalen Mineral- und Erzgänge jedoch nicht.

b) *Die Sedimentgesteine.* Diese sind entstanden einmal durch Auskristallisieren und Absetzen gelöster Substanzen aus wässeriger Lösung — die chemischen Sedimente — oder durch den Lebensprozeß von Organismen — die organogenen Sedimente — oder schließlich durch Absatz ungelöster Bestandteile aus Wasser, Eis oder Luft — die mechanischen Sedimente. Die Bildungstemperatur aller dieser Gesteine ist niedrig, die an der Erdoberfläche herrschende. Der Druck ist ebenfalls sehr niedrig, sie ist von 1 atm bis höchstens etwa 1000 atm. Als Beispiele seien genannt Gips als chemisches, Tripel als organisches und Sandstein als mechanisches Sediment. Die Sedimentgesteine werden auch, da ihr Material meist von zerstörten primären Gesteinen stammt, sekundäre Gesteine genannt. Eine Zwischenstellung nehmen die vulkanischen Tuffgesteine ein. Ihr Material, eine mehr oder weniger fein zerspratzte Lava, ist primär, ihre Gestaltung zu einem geologisch selbständigen Körper erfolgt jedoch durch rein mechanischen Absatz aus Luft oder aus Wasser, also durch einen sedimentären Prozeß. Ihrer engen Verbundenheit in chemischer und mineralogischer Hinsicht mit den Eruptivgesteinen wegen seien sie hier im Anschluß an diese behandelt.

c) *Die metamorphen Gesteine.* Kommt ein Gestein, das in einem bestimmten Temperatur-Druck-Gebiet gebildet wurde, etwa ein Sediment, durch geologische Vorgänge in ein anderes Temperatur-Druck-Gebiet, etwa erhöhte Temperatur und starken Druck, so werden seine Komponenten umgebildet, sobald sie in dem neuen Temperatur-Druck-Bereich nicht bestandfähig sind. Diesen Umbildungsvorgang nennt man Metamorphose, die umgebildeten Gesteine metamorphe Gesteine. Einige der Umbildungsvorgänge unter den Komponenten der Gesteine sind bereits in dem Abschnitt über die gesteinsbildenden Mineralien angeführt. Diese Metamorphose kann bewirkt werden durch Berührung mit glutflüssigem Magma. Dann spricht man von thermo- und kontakt-

---

[1] CLARKE: The data of Geochemistry. 5. Aufl., S. 34. 1924.

metamorphen Gesteinen. Hat durch die Mitwirkung von leichtflüssigen Bestandteilen zugleich ein Stoffwechsel stattgefunden, dann heißt der Vorgang pneumatolytische Kontaktmetamorphose. Auch die sog. metasomatischen Vorgänge gehören z. T. hierher. Als Beispiele kontaktmetamorpher Gesteine seien genannt: Marmor (in der Petrographie werden nur metamorphe Kalksteine „Marmor" genannt, nicht, wie in der Technik, auch nicht metamorphe, schön gefärbte und polierfähige Kalksteine), Hornfelse, Fruchtschiefer usw. Zweitens kann die Metamorphose bewirkt werden durch tektonische Verlagerung von Erdkrustenteilen. Die die Gesteine darstellenden Mineralaggregate kommen daher oft in ganz andere Temperatur-Druck-Gebiete als die zur Zeit ihrer Bildung. Soweit die Mineralien also allein oder in Berührung mit anderen in dem neuen Temperatur-Druck-Gebiet nicht mehr beständig sind, findet eine Umbildung zu nunmehr beständigen Phasen statt. Die „kristallinen Schiefer", so nennt man diese regional- oder dynamo-metamorphen Gesteine, bieten in bezug auf Struktur und Mineralbestand ein interessantes und außerordentlich vielseitiges Bild dar. Diese Vielseitigkeit rührt daher, daß einmal die Temperatur-Druck-Gebiete sehr wechselnd sein können. Zweitens herrscht außer erhöhtem allseitigen Druck meistens ein einseitiger Druck, die Gesteine werden durchbewegt. Drittens stellen sich die neuen Gleichgewichte vielfach nur recht langsam ein, so daß gegebenenfalls ein Gestein noch nicht vollständig umgebildet ist, wenn es durch weitere tektonische Vorgänge aus diesem Temperatur-Druck-Gebiet wieder entfernt wird. Und schließlich viertens können Gesteine eine doppelte oder mehrfache Metamorphose erleiden. Kommen bei dieser tektonischen Verlagerung Erdkrustenteile zugleich noch in Berührung mit glutflüssigem Magma, so treten kontaktmetamorphe Beeinflussungen, sehr oft mit Stoffzufuhr, hinzu. Als Beispiele seien genannt: Gneise, Glimmerschiefer, Chloritschiefer, Amphibolite, Marmore.

A. Die Eruptivgesteine.

Die geologischen Lagerungsverhältnisse sind in struktureller und genetischer Hinsicht für die Eruptivgesteine von großer Bedeutung. Zunächst ist für sie die durchgreifende Lagerung charakteristisch. Je nachdem das glutflüssige Magma die Erdoberfläche erreicht hat oder nicht, unterscheidet man der Lagerung nach folgende Ausbildungsweisen:

1. **Tiefengesteine.** Das Magma ist in mehr oder weniger großer Tiefe zur Erstarrung gekommen. Einen so entstandenen Eruptivgesteinskörper nennt man einen Stock oder Batholith, wenn er sich bis in die ewige Teufe fortsetzt, einen Lakkolith, wenn er von anderen Gesteinsschichten unterlagert ist und nur einen verhältnismäßig engen Zufuhrkanal besitzt. Die Stöcke können sehr große Dimensionen erreichen.

2. **Ganggesteine.** Das Magma füllt Spalten in der Erdkruste aus und bildet nach der Erstarrung plattenförmige Gesteinskörper, die im Querschnitt bandförmig erscheinen. Ein eine solche Spalte ausfüllendes Gestein heißt Ganggestein. Ist das Magma zwischen zwei Schichten von Sedimentgesteinen mit zu diesen parallelen Seitenflächen erstarrt, spricht man von einem Lagergang. Die Dicke (Mächtigkeit) der Gänge kann von Bruchteilen eines Zentimeters bis zu vielen Metern schwanken.

3. **Ergußgesteine.** Das Magma (Lava) hat die Erdoberfläche erreicht und sich dort strom- oder deckenförmig ausgebreitet. Mitunter kann es sich auch kuppel- oder domförmig aufstauen.

Diese Lagerungsverhältnisse sowie der Chemismus sind von maßgebendem Einfluß auf die Struktur der Eruptivgesteine. Bei der Erstarrung eines Tiefengesteins herrscht stets hoher Druck. Die Abkühlung erfolgt langsam. Alle Moleküle des Magmas haben Zeit, sich in kristalliner Form abzuscheiden, die Struktur ist holokristallin. Man findet niemals glasigerstarrte Magmenteile. Dazu kommt, daß die sog. leichtflüssigen Bestandteile der Magmen je nach der Beschaffenheit der umgebenden Erdrindenteile nur langsam oder nur zum Teil entweichen können, was die Kristallisationsfähigkeit ebenfalls erhöht. Bei Gang- oder Ergußgesteinen dagegen ist die Abkühlungsgeschwindigkeit meist viel größer, der Druck kann von hohen Werten bis zu etwa 1 atm sinken, die leichtflüssigen Bestandteile können bei den Ergußgesteinen leicht entweichen. Wir finden daher bei diesen Gesteinen außer holokristallinen auch noch Strukturen, die durch das Auftreten von Gesteinsglas charakterisiert sind. Ist nur ein Teil des Magmas zu Glas erstarrt, spricht man von hypokristalliner Struktur, ist alles zu Glas erstarrt, von glasiger Struktur.

Sind die Hauptkomponenten eines Gesteins von annähernd gleicher Korngröße, heißt die Struktur körnig (riesen-, grob-, mittel- und feinkörnig), dicht, wenn die einzelnen Komponenten nicht mehr mit dem Auge oder der Lupe zu unterscheiden sind. Das Wesentliche dieser Struktur ist, daß von jeder Mineralkomponente nur eine Generation vorhanden ist. Sind die Körner nur von eigenen Kristallflächen begrenzt, nennt man sie idiomorph, sind sie nur von zufälligen Grenzflächen gegen andere Körner eingeschlossen, xenomorph oder allotriomorph. Panidiomorph-körnig heißt ein Gestein, wenn alle Mineralkomponenten annähernd gleichartig ausgebildet sind, hypidiomorph-körnig, wenn sich eine deutliche Ausscheidungsfolge der Mineralien feststellen läßt, die sich darin ausdrückt, daß die zuerst ausgeschiedenen Mineralien idiomorph, die allerletzten xenomorph sind. Die Art von Struktur ist charakteristisch für alle Tiefengesteine. Ein Granit z. B. hat holokristalline hypidiomorph-körnige Struktur.

Anders liegen die Verhältnisse bei den Ergußgesteinen. Hier können wir von allen oder einem Teil der Mineralkomponenten zwei Generationen von Kristallen feststellen. Erstens eine Generation, die intratellurisch ist, also vor der Eruption gebildet worden ist, idiomorph und von verhältnismäßig großen Abmessungen ist. Diese Komponenten heißen Einsprenglinge. Der Rest des Magmas erstarrt nach der Eruption sehr rasch und bildet ein holo- oder hypokristallines Gemenge oder ein Glas. Diesen erstarrten Rest nennt man Grundmasse. Die ganze Struktur heißt porphyrisch. Für Ergußgesteine ist also holo- bis hypokristallin-porphyrische oder vitrophyrische Struktur charakteristisch. Die kristalline Grundmasse ist meist feinkörnig bis dicht. Die Ganggesteine haben zum Teil holokristalin-porphyrische Struktur, zum Teil hypodiomorph-, mitunter auch panidiomorph-körnige Struktur.

Der Einfluß des Chemismus auf die Struktur tut sich dadurch kund, daß zum Teil bestimmte Strukturen an bestimmten Chemismus gebunden sind. Bei einem Granit ist die Ausscheidungsfolge der Hauptgemengteile folgende: Erze, dunkle Gemengteile (Glimmer, Pyroxen, Amphibol), Feldspäte, Quarz. Die dadurch hervorgerufene Struktur nennt man granitischkörnig. Sie tritt in gleicher Weise bei den dioritischen und einem Teil der gabbroiden Gesteine auf. Bei einem anderen Teil der gabbroiden Gesteine jedoch vertauschen der hauptsächlichste dunkle Gemengteil, der Pyroxen und der Feldspat, ihre Rollen, indem sich letzterer zuerst ausscheidet. Diese Struktur ist die diabasischkörnige.

Von der Struktur wird die Textur der Eruptivgesteine unterschieden, obwohl die Trennung nicht immer scharf durchführbar ist. Unter Struktur faßt man dann alle Erscheinungen, die die Ausbildungsweise der Gemengteile, ihre Größe und Form betrifft, zusammen, unter Textur die Erscheinungen, die auf der räumlichen Anordnung der Gemengteile beruhen. Als Beispiele seien angeführt: Massige Textur, die die meisten Tiefengesteine und viele Ergußgesteine zeigen. In der Anordnung der Gemengteile ist dabei keine Richtung bevorzugt. Fluidaltextur, die z. B. manchmal Ergußgesteine aufweisen, zeigen in der Anordnung ihrer Gemengteile ein erstarrtes Strömungsbild. Gesteine mit blasiger Textur nennt man Mandelsteine.

Chemismus und Mineralbestand. In welchen Mengen die Elemente resp. ihre Oxyde am Aufbau der Eruptivgesteine teilnehmen, zeigen die beiden nachfolgenden Zusammenstellungen, deren Zahlen Clarke[1] auf statistischem Wege gewonnen hat.

O 46,42	Ba 0,081	SiO_2 . . . 59,14	F 0,030
Si 27,59	S 0,080	Al_2O_3 . . . 15,34	S 0,052
Al 8,08	Cr 0,068	Fe_2O_3 . . . 3,08	P_2O_5 . . . 0,299
Fe 5,08	Zr 0,052	FeO . . . 3,80	Cr_2O_3 . . . 0,055
Ca 3,61	C 0,051	MgO . . . 3,49	V_2O_3 . . . 0,026
Na 2,83	V 0,041	CaO . . . 5,08	MnO . . . 0,124
K 2,58	Sr 0,034	Na_2O . . . 3,84	NiO . . . 0,025
Mg 2,09	Ni 0,031	K_2O . . . 3,13	BaO . . . 0,055
Ti 0,721	F 0,030	H_2O . . . 1,15	SrO . . . 0,022
P 0,158	Cu 0,010	TiO_2 . . . 1,05	Li_2O . . . 0,008
H 0,130	Li 0,005	ZrO_2 . . . 0,039	Cu 0,010
Mn 0,125	Zn 0,004	CO_2 . . . 0,101	Zn 0,004
Cl 0,097	Pb 0,002	Cl 0,048	Pb 0,002

Die hauptsächlichsten Moleküle treten zu folgenden, ebenfalls von Clarke geschätzten, häufigsten Mineralien zusammen:

Feldspäte	59,5 %
Pyroxene und Amphibole	16,8 %
Quarz	12,0 %
Glimmer	3,8 %
Titanmineralien	1,5 %
Apatit	0,6 %
Alle übrigen mit	5,8 %

Da die Gesteine Aggregate von Mineralien sind, entspricht ihre Zusammensetzung natürlich nicht festen stöchiometrischen Verhältnissen. Andererseits ist die Mischung der Komponenten durchaus nicht willkürlich, sondern es lassen sich bestimmte Gesetzmäßigkeiten feststellen.

Betrachten wir zunächst den SiO_2-Gehalt. Dieser überschreitet nur bei wenigen speziellen Gesteinen wesentlich den Wert von 80% oder unterschreitet den Wert von 30%. Niggli hat nebenstehende Häufigkeitsstatistik der SiO_2 in 1000 Eruptivgesteinen aufgestellt.

SiO_2-Gehalt		
< 30 %	ca.	5
30—40 %	ca.	25
40—50 %	ca.	197
50—60 %	ca.	330
60—70 %	ca.	263
70—80 %	ca.	175
> 80 %	ca.	5

Je nach dem SiO_2-Gehalt unterscheidet man saure (> 65% SiO_2), neutrale (65—52% SiO_2) und basische (< 52% SiO_2) Eruptivgesteine. Da die erstgenannten reich an salischen lichten Mineralien sind, sind sie oft hell oder licht gefärbt. Die letztgenannten sind reich an dunklen femischen Mineralien und sind daher meist dunkel gefärbt. Auch die übrigen Bestandteile zeigen Gesetzmäßigkeiten in der Häufigkeit, wie sie die nachstehende Tabelle, ebenfalls nach Niggli, zeigt:

---

[1] Clarke: a. a. O. 29.

Oxyde	0—1%	1—2%	2—3%	3—4%	4—5%	5—6%	6—7%	7—8%	8—9%	9—10%	10—11%	11—12%	12—13%	13—14%	14—15%	15—16%	16—17%	17—18%	18—19%	19—20%	20—21%	21—22%	22—23%	23—24%	24—25%	25—26%	26—27%	27—28%	28—29%	Mehr als 29%
Al_2O_3	3	2	3	4	3	4	5	3	6	13	20	36	68	93	101	143	136	122	86	52	45	18	12	8	3	1	1	3	2	3
Fe_2O_3	134	208	209	154	104	64	41	28	24	15	4	5	3	1	—	2	—	1	—	—	1	—	—	—	—	—	—	—	—	2
FeO	162	176	147	119	102	79	64	41	43	25	14	8	6	4	3	—	1	1	1	—	—	1	1	—	1	—	—	1	1	0
MgO	324	151	96	96	71	58	43	44	26	12	14	13	8	5	5	4	2	3	2	3	3	2	2	1	1	2	2	1	—	6
CaO	122	132	106	102	75	63	67	71	74	52	49	29	17	12	12	6	4	1	2	1	1	1	1	—	—	—	—	—	—	0
K_2O	172	180	168	147	160	95	36	18	11	7	·2	3	1	—	—	—	—	—	—	—	—	—	—	—	—	—	—	—	—	0
Na_2O	46	87	198	277	183	87	42	31	22	12	4	4	2	—	1	1	1	1	—	—	—	—	—	—	—	—	—	—	—	0
$H_2O +$	447	294	159	51	30	9	4	3	1	—	—	1	—	—	—	—	—	—	—	—	—	—	—	—	—	—	—	—	—	0

Aus ihr ergibt sich, daß diese Bestandteile nur sehr selten den Wert $> 30\%$ überschreiten. Al_2O_3 erstreckt sich zwar über den ganzen Bereich, hat aber ein ausgesprochenes Maximum bei Werten zwischen 10 und 22%. Auch MgO erstreckt sich fast über den ganzen Bereich, hat aber ein starkes Maximum bei sehr niedrigen Werten. Auch andere, in der Tabelle nicht angeführte Stoffe zeigen Vorliebe für bestimmte Gesteine, was oft von großer praktischer Bedeutung ist. So sind z. B. Sn, Mo, U hauptsächlich an sehr saure, Ni-, Cr-, Pt-Metalle vorwiegend an sehr basische Gesteine gebunden. Auch in dem Mengenverhältnis der einzelnen Stoffe untereinander haben sich bestimmte Gesetzmäßigkeiten feststellen lassen. Hoher Gehalt an MgO kommt z. B. nicht vor neben hohem Gehalt an SiO_2 oder an Alkalien, auch nicht hoher CaO-Gehalt neben hohem SiO_2-Gehalt. In frischen, normalen Eruptivgesteinen ist ferner kein Überschuß von Al_2O_3 über die Summe von CaO und Alkalien vorhanden. Ein Beispiel der Abhängigkeit der Mengen der Oxyde vom SiO_2-Gehalt gibt Abb. 6 nach ROSENBUSCH-OSANN[1], die diese Mengenverhältnisse für 6 Gesteine aus dem Brockengebiet graphisch wiedergibt. Desgleichen prägen sich solche Gesetzmäßigkeiten mineralogisch aus. So findet man im allgemeinen in normalen basischen Gesteinen keinen freien Quarz, in sehr sauren Gesteinen keinen Olivin. Ebenso schließen sich freier Quarz und die niedrig silifizierten Feldspatvertreter (Leuzit, Nephelin) gegenseitig aus.

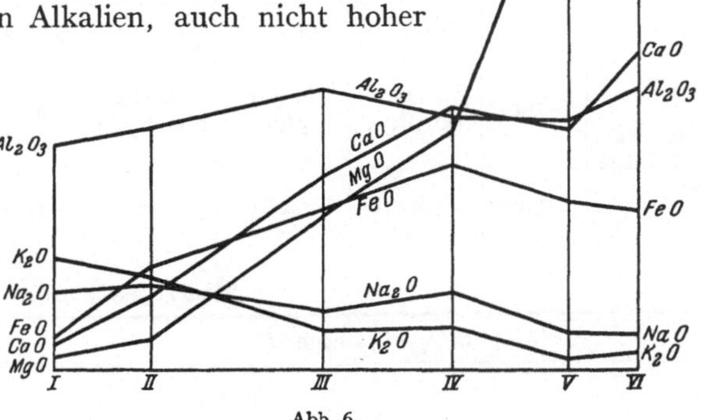

Abb. 6.

I. Ilsesteingranit. $SiO_2 = 81,95$.
II. Grüner Augitgranit, Huyseburger Hän. $SiO_2 = 76,15$.
III. Quarzbiotitaugitdiorit, Grube. $SiO_2 = 66,11$.
IV. Biotitaugitgabbro, Riefenbachtal. $SiO_2 = 58,67$.
V. Glimmernorit, Pferdediebsklippe. $SiO_2 = 51,96$.
VI. Olivinnorit, Oberes Radautal. $SiO_2 = 47,89$.

Diese und andere Gesetzmäßigkeiten ermöglichen, daß man innerhalb gewisser Grenzen entscheiden kann, ob eine vorliegende Analyse als die eines Eruptivgesteins anzusehen ist oder nicht. Sie kommen ferner noch in einer anderen sehr wichtigen Erscheinung zum Ausdruck. Wenn man die Gesamtheit der Analysen überblickt, zeigt es sich, daß man sie in zwei Reihen anordnen kann. Bei der einen Reihe spielen neben Alkali-Tonerde-Silikaten Kalk-Tonerde-Silikate eine quantitativ stark hervortretende Rolle. Bei der zweiten treten bei verhältnismäßig hohem Alkali- und meist auch Tonerdegehalt die Kalksilikate

---

[1] ROSENBUSCH, H., u. A. OSANN: Elemente d. Gesteinsl. 4. Aufl., S. 37. Stuttgart 1922.

118 F. Heide: Die Gesteine bzw. das Gesteinsmaterial.

zurück. Die erste Gesteinsreihe nennt man die der Alkali-Kalk-Gesteine,
die zweite die der Alkaligesteine. Die Unterschiede zwischen beiden Reihen
lassen sich vom sauren bis zum basischen Ende hin verfolgen. Bei den neutralen Gesteinen treten sie am kräftigsten auf. Mineralogisch liegt der charakteristische Unterschied in dem Auftreten von Feldspatvertretern und Alkalipyroxenen bei den Alkaligesteinen, die den Alkali-Kalk-Gesteinen völlig fehlen.
In den nachfolgenden beiden Tabellen sind die Familien der beiden Reihen angeführt. Sie geben zugleich das Gerippe der nachfolgend angewandten Systematik.

Alkali-Kalk-Gesteine.

SiO_2 abnehmend ⟶

Alkalien herrschend

		Granit	Syenit	Quarz-diorit	Diorit	Gabbro	Olivin-gabbro	Pyro-xenit, Peridotit
Tiefengesteine		Granit	Syenit	Quarz-diorit	Diorit	Gabbro	Olivin-gabbro	Pyro-xenit, Peridotit
Gang-gesteine	aschiste	Granit-porphyr	Syenit-porphyr	Quarz-diorit-porphyrit	Diorit-porphyrit	Gabbroporphyrit		
	di-aschiste	Granit-aplit	Syenit-aplit	Tonalit-aplit	Diorit-aplit	Gabbroaplit		
		Malchit u. a.						
		Minette, Vogesit		Kersantit, Spessartit		Odinit		
Erguß-gesteine	ältere	Quarz-porphyr	Ortho-phyr	Quarz-porphyrit	Porphyrit	Diabas, Melaphyr	Olivin-diabas, Olivin-melaphyr	Pikrit
	jüngere	Liparit	Trachyt	Dazit	Andesit	Basalt	Olivin-basalt	

Alkaligesteine.

SiO_2 abnehmend ⟶

Tiefen-gesteine		Alkali-granit	Alkali-syenit	Eläolith-syenit, Leuzit-syenit	Essexit	Shon-kinit, Thera-lith	Missou-rit, Fergusit	Urtit, Ijolith, Melteigit Bekin-kinit,	Alkali-py-roxe-nit
Gang-gesteine	aschiste	Alkali-granit-porphyr	Alkali-syenit-porphyr	Eläolith-, Leuzit-syenit-porphyr		Shon-kinit-porphyr		Ijolith-porphyr	
	di-aschiste	Alkaliaplite Bostonit, Gauteit, Tinguait u. a.							
		Camptonit, Monchiquit, Alnoit							
Erguß-gesteine	ältere	Quarz-kerato-phyr	Kerato-phyr, Rhom-ben-porphyr	Phono-lith	Essexit-diabas, -mela-phyr, -porphy-rit	Nephe-lin-tephrit, -basanit, Leuzit-tephrit, -basanit	Leuzitit, Leuzit-basalt	Nephe-linit, Nephe-linbasalt	
	jüngere	Com-mendit, Pantelle-rit	Alkali-trachyt	Leuzit-phono-lith, Leu-zitophyr	Trachy-andesit, -dolerit				

Die Gesteine eines Eruptionsgebietes gehören vielfach nur einer der beiden Reihen an, während Glieder der anderen Reihe vollständig fehlen. Die Erscheinung solcher gemeinsamen Züge einer derartigen Gesteinsgruppe bezeichnet man als Gauverwandtschaft. In regionalem Sinn spricht man von petrographischer Provinz. Es gibt sehr ausgesprochene Alkali-Kalk- und Alkaliprovinzen, aber auch Übergänge zwischen beiden, gemischte Provinzen. Der Menge nach überwiegen bei weitem die Alkali-Kalk-Gesteine. Zur Erklärung einmal der Verschiedenheit andererseits der deutlichen verwandtschaftlichen Beziehungen der Gesteine sind sehr verschiedene Hypothesen aufgestellt worden. Die wichtigste Ursache scheint die Saigerung (Differentiation) eines ursprünglich einheitlichen Magmas zu sein. Diese Saigerung kann bereits zwischen den flüssigen Phasen vor sich gehen. Ob dieser Vorgang für rein silikatische Magmen von Belang ist, ist fraglich. Viel wichtiger scheint die Kristallisationsdifferentiation zu sein. Die bei der Kristallisation sich zuerst ausscheidenden Kristallarten werden infolge ihrer vom Magma abweichenden Dichte getrennt und führen so zur stofflichen Differentiation. Für diesen Vorgang konnten bereits experimentelle Belege erbracht werden. Ferner kann durch geologische Vorgänge aus einem Brei von bereits ausgeschiedenen Kristallen und flüssigem Magmarest letztgenannter abgepreßt werden (Auspressungsdifferentiation), so daß aus einem ursprünglich einheitlichen Magma ganz verschiedenartige Gesteine entstehen. Außer durch Saigerung kann auch durch Aufnahme fremder Bestandteile die stoffliche Natur des Magmas geändert werden. Diesen Vorgang bezeichnet man als Assimilation. Es können dabei sowohl Teile der das Magma umgebenden Erdkruste, als auch Wasser aus ihnen aufgenommen werden.

Graphische Darstellung der Gesteinsanalysen. Um alle diese Gesetzmäßigkeiten erkennen zu können, bedarf es des Vergleichs einer oft sehr großen Zahl von Analysen. Der gleichzeitige Überblick über eine so große Zahl von Ziffern ist sehr unbequem, die Gesetzmäßigkeiten treten viel drastischer zutage, wenn man die Analysen graphisch zur Darstellung bringt, etwa als Punkte in einem Koordinatensystem. Da die Zahl der wichtigen Komponenten einer Gesteinsanalyse mindestens zehn beträgt, man aber durch einen einzigen darstellenden Punkt in einer Ebene bestenfalls nur die Abhängigkeit von drei Komponenten zur Darstellung bringen kann, so muß man gegebenenfalls zu Zusammenfassungen und Vereinfachungen der Analysenzahlen greifen. Will man durch einen Punkt die Abhängigkeit von mehr als drei Komponenten zum Ausdruck bringen, muß man zu räumlichen Koordinaten greifen, wodurch aber der Vorteil der Übersichtlichkeit sofort stark herabgesetzt wird. Von den verschiedenen Arten der Analysenprojektionen, die im Laufe der Zeit ersonnen worden sind, seien hier nur zwei angeführt, die die zur Zeit gebräuchlichsten sind. Das sind die Dreiecksprojektion nach Osann[1] und die Projektion nach Niggli[2].

Osann faßt die Analysenwerte nach Umrechnung auf Molekularprozente zu drei Gruppen zusammen, nämlich:

Die Alkalien mit einer äquivalenten Menge Al_2O_3 zur Atomgruppe A. Den Rest von Al_2O_3 mit einer äquivalenten Menge CaO zur Atomgruppe C. Den Rest von CaO mit MgO und FeO (Fe_2O_3 zuvor auf FeO umgerechnet) zur Atomgruppe F. Diesen drei Atomgruppen wird die gesamte SiO_2 ($+TiO_2+ZrO_2$) als Atomgruppe s gegenübergestellt. Das Verhältnis $Na_2O:K_2O$ wird durch den Koeffizienten n wiedergegeben, der die molekulare Menge von Na_2O in der auf

<hr>

[1] Osann, A.: Tscherm. Min.-Petr. Mitt. 19, 20, 21. 1900—1902; Die Naturwiss. 1916, S. 127 und Abh. d. Akad. d. Wiss. Heidelberg 1919.
[2] Niggli, P.: Lehrbuch der Mineralogie. Berlin 1926.

die Einheit 10 berechneten Summe der Alkalien angibt. Es ist also $n = \dfrac{10 Na_2O}{Na_2O + K_2O}$.
Das Verhältnis der Gesamtkieselsäure s zu der in A, C, F gebundenen (unter der Voraussetzung, daß A und C nur in Feldspäten, F in Metasilikaten gebunden ist) ergibt den Koeffizienten k. Es ist also $k = \dfrac{s}{6A + 2C + F}$. Dann geben A, C, F ein angenähertes Maß für die Mengen der Alkalifeldspäte (und Feldspatvertreter), der Kalkfeldspäte und der dunklen Gemengteile, die das Gestein zusammensetzen. Aus n läßt sich das Verhältnis von Kali- zu Natronfeldspat übersehen. Aus k kann man einen Rückschluß auf das Auftreten von freiem Quarz und auf das Mengenverhältnis von Ortho- und Metasilikaten ziehen. Ist $k > 1$, so wird in holokristallinen Gesteinen freier Quarz auftreten.

Aus dem eben Dargelegten ergibt sich, daß $s + A + C + F = 100$ ist. Da s in Molekularprozenten angegeben ist, kommt es bei A, C und F nicht auf die absoluten Werte, sondern nur auf ihr Verhältnis an, aus dem jene ja auf Grund dieser Beziehung wieder berechnet werden können. Zur graphischen Darstellung werden A, C und F auf die Summe 30 (mitunter auch 20) berechnet, die erhaltenen Werte werden mit a, c, f bezeichnet. Ein Gestein ist dann charakterisiert durch den Ausdruck $s_v\, a_w\, c_x\, f_y\, n_z$, wozu noch der Hilfskoeffizient k_n kommen kann. Zur graphischen Darstellung werden die Werte a, c, f benutzt. Dazu dient ein gleichseitiges Dreieck. In einem solchen ist die Summe der Abstände eines jeden Punktes von den 3 Seiten konstant und gleich einer Höhenlinie des Dreiecks. Das Verhältnis dieser 3 Größen läßt sich also durch einen einzigen Punkt darstellen. Man teilt die 3 Höhenlinien des Dreiecks demnach in 30 Teile. Die 3 Ecken werden mit A, c, f bezeichnet. In ihnen ist $a_{30}\, c_0\, f_0$, $a_0\, c_{30}\, f_0$, $a_0\, c_0\, f_{30}$. Sucht man z. B. den Punkt $a_{10}\, c_5\, f_{15}$, so zählt man auf der Höhenlinie von a 10 Teile ab, dann auf der Höhenlinie von c 5 Teile. Durch beide Punkte zieht man die Parallele zu den Dreieckseiten, auf denen die entsprechenden Höhenlinien senkrecht stehen. Ihr Schnittpunkt ist der gesuchte Ort. Die Parallele zur 3. Seite durch f_{15} geht dann ebenfalls durch diesen Analysenpunkt. In der hier angegebenen Art kann die Berechnungsweise nur auf frische Gesteine, deren $Al_2O_3 >$ Alkalien und zugleich $<$ Alkalien $+$ CaO ist, angewandt werden. Sind die Gesteine an Al_2O_3 „unter- oder übersättigt", so machen sich Korrekturen notwendig, auf die hier nicht eingegangen werden kann, resp. sind sie zur Berechnung überhaupt nicht verwertbar. Durch ein Beispiel[1] sei der Rechnungsgang erläutert.

Hornblendegranit vom Ilsetal, Harz, hat laut chemischer Analyse nachstehende Zusammensetzung:

	I. Gew. %	II. Mol.-Zahl	III. Mol.-%
SiO_2	60,11	1,0018	67,65
TiO_2	0,82	0,0102	0,69
Al_2O_3	15,93	0,1562	10,55
Fe_2O_3	2,04	—	—
FeO	6,66	0,1181	7,97
MgO	1,22	0,0305	2,06
CaO	3,25	0,0580	3,92
Na_2O	3,65	0,0589	3,98
K_2O	4,18	0,0445	3,00
H_2O	1,78	—	—
P_2O_5	0,37	0,0026	0,18
SO_3	0,27	—	—
	100,28	1,4808	100,00

[1] Vgl. Rosenbusch-Osann: Elemente der Gesteinslehre, 99.

Alles Fe_2O_3 wird auf FeO umgerechnet, H_2O und SO_3 werden nicht berücksichtigt, Aus III ergibt sich

$$
\begin{aligned}
s &= 67{,}65 + 0{,}69 = 68{,}34 \\
A &= 3{,}98 + 3{,}00 = 6{,}98 \\
C &= 10{,}55 - 6{,}98 = 3{,}57 \\
F &= 7{,}97 + 2{,}06 + (3{,}92 - 3{,}57) = 10{,}38 \\
n &= 5{,}70 \\
k &= 1{,}15
\end{aligned}
$$

A, C, F auf 30 umgerechnet ergibt

$$a = 10, \qquad c = 5, \qquad f = 15.$$

Der Granit ist charakterisiert durch

$$s_{68 \cdot 5}\, a_{10}\, c_5\, f_{15}\, n_{5 \cdot 7}.$$

Wie der Unterschied zwischen den Alkali-Kalk- und Alkaligesteinen in dieser graphischen Darstellung zum Ausdruck kommt, zeigt Abb. 7. Die Analysenorte

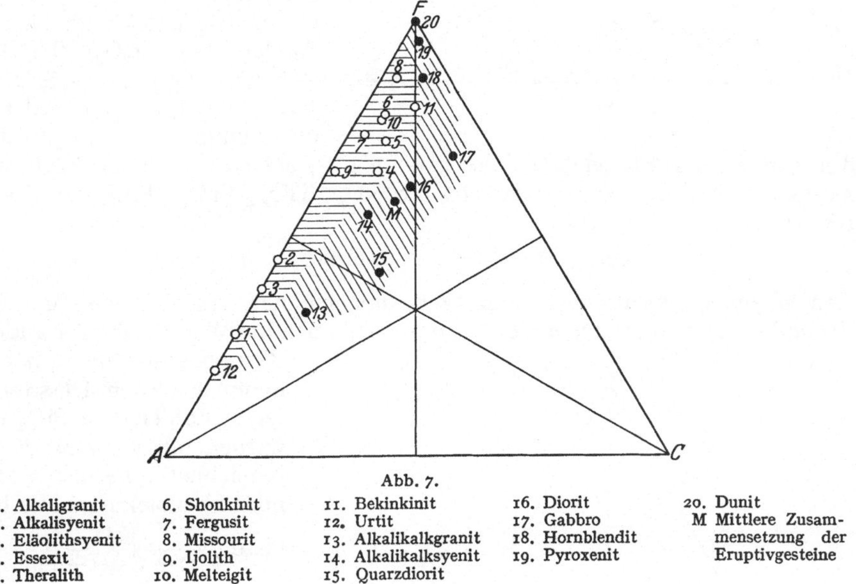

Abb. 7.

1. Alkaligranit	6. Shonkinit	11. Bekinkinit	16. Diorit	20. Dunit
2. Alkalisyenit	7. Fergusit	12. Urtit	17. Gabbro	M Mittlere Zusam-
3. Eläolithsyenit	8. Missourit	13. Alkalikalkgranit	18. Hornblendit	mensetzung der
4. Essexit	9. Ijolith	14. Alkalikalksyenit	19. Pyroxenit	Eruptivgesteine
5. Theralith	10. Melteigit	15. Quarzdiorit		

der Alkaligesteine liegen in einem flach sichelförmigen Gebiet über der Seite a—f, die der Alkali-Kalk-Gesteine dagegen in einem stärker nach der c-Ecke gekrümmten Bogen. In die schraffierten Gebiete sind die Punkte der Mittel einer Anzahl typischer Analysen nach OSANN eingefügt. Zur weiteren Charakterisierung hat OSANN noch die Verhältnisse

$$SiO_2 : Al_2O_3 : (Fe, Mg, Ca)O = SAlF\text{-Verhältnis}$$

$$Al_2O_3 : CaO : (Na, K)_2O \quad = AlCAlk\text{-Verhältnis}$$

$$\frac{10\,Na_2O}{Na_2O + K_2O} = NK\text{-Verhältnis}$$

$$\frac{10\,MgO}{MgO + CaO} = MC\text{-Verhältnis}$$

eingeführt. Im $SAlF$-Dreieck bilden die Eruptivgesteine ein geschlossenes Feld längs der SF-Seite. Im $AlCAlk$-Dreieck fallen die weitaus meisten der Eruptivgesteinsanalysen in den von den Linien $C\text{-}Al_{15}$ und $C_{15}\text{-}Al_{15}$ begrenzten Raum. In Abb. 8 und 9 sind beide Dreiecke dargestellt.

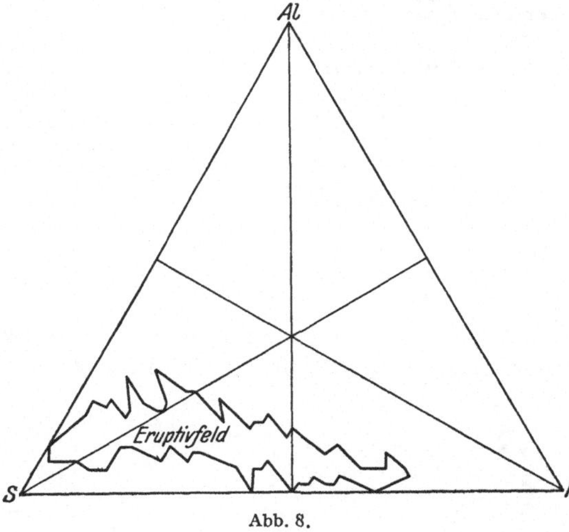

Abb. 8.

Die verschiedenen Verhältnisse, einzeln oder in Kombination, dienen außer zur Unterscheidung von Alkali - Kalk - und Alkaligesteinen noch zur Unterscheidung von Eruptiv- und Sedimentgesteinen. Die Analysenorte der letztgenannten fallen zum großen Teil weit außerhalb der Eruptivgesteinsfelder.

NIGGLI geht ebenfalls von den Molekularzahlen aus. Die für Fe_2O_3 wird in FeO umgerechnet und mit FeO vereinigt. Die Molekularzahlen von Al_2O_3 ($+$ evtl. Cr_2O_3), (Fe, Mn)O $+$ MgO, CaO($+$ BaO$+$SrO) und $K_2O+Na_2O(+Li_2O)$ werden auf die Summe 100 umgerechnet und mit *al, fm, c, alk* bezeichnet, also $al+fm+c+alk=100$. Dieser Stoffgruppe gegenüber stehen die Molekularwerte für SiO_2, TiO_2, ZrO_2, P_2O_5 u. a. Diese werden nach der Gleichung

$$\text{Mol.-Zahl } Al_2O_3 : \text{Mol.-Zahl } SiO_2 = al : x$$

in den *al, fm, c, alk* entsprechenden Wert umgerechnet. An Stelle von Mol.-Zahl Al_2O_3 und *al* können in obiger Formel natürlich auch die Werte einer der anderen

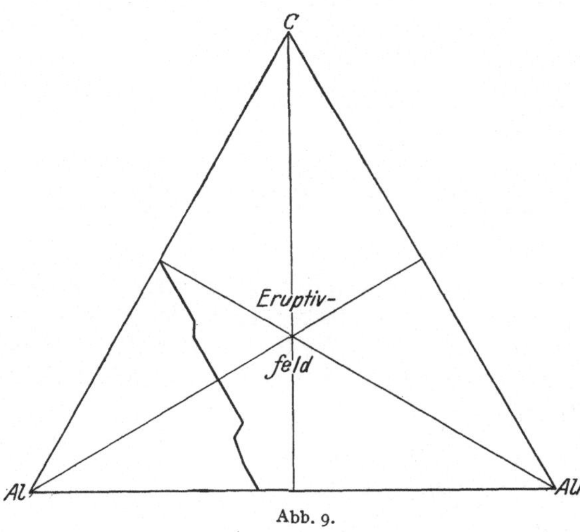

Abb. 9.

Komponenten *fm, c, alk* genommen werden. Die so erhaltenen Zahlen von SiO_2 usw. werden mit *si, ti, zr, p* usw. bezeichnet. Ferner werden noch die molekularen Verhältnisse $\dfrac{K_2O}{K_2O + Na_2O + Li_2O} = k$

und $\dfrac{MgO}{FeO + MnO + MgO} = mg$

bestimmt. Schließlich wird noch die Hilfsgröße $qz =$ Quarzzahl berechnet als Differenz des gefundenen *si* und des zur Sättigung der Basen berechneten *si*. Ist qz positiv, so ist im allgemeinen Quarz als Komponente, ist es negativ, sind niedrig silifizierte

Mineralien zu erwarten. Ein Gestein ist demnach durch den Ausdruck (es genügt im allgemeinen die Angabe von *si*) charakterisiert $si_n \; al_m \; fm_o \; c_p \; alk_q \; k_r \; mg_s$. Zur Erläuterung diene folgendes Beispiel[1] für den Diorit von Traversella:

---

[1] NIGGLI, P.: Die Gesteinsmetamorphose, 29, 30. 1924.

	I. Gewichts-%	II. Mol.-Zahl (mal 100)		III. Kennzahlen
SiO_2	55,90		931,7	$si = 164$
TiO_2	1,99		25	$ti = 4,4$
P_2O_5	0,73		5	$p = 0,8$
Al_2O_3	14,97		147	$al = 26$
Fe_2O_3	2,75	35		
FeO	5,92	82		
MnO	0,15	2	199	$fm = 35$
MgO	3,22	80		
CaO	7,22		129	$c = 22,5$
Na_2O	3,85	62		
K_2O	3,07	33	95	$alk = 16,5$
			570	100,0
H_2O+	0,57			$k = \dfrac{33}{95} = 0,35$
H_2O-	0,13			
	100,37			$mg = \dfrac{80}{199} = 0,40$
				$\dfrac{c}{fm} = 0,65$

Der graphischen Darstellung der Variabilität von al, c, fm, alk dient ein Konzentrationstetraeder mit diesen 4 Komponenten als Eckpunkten, wie Abb. 10 zeigt. In dieses Tetraeder wird in ganz analoger Weise wie im ebenen Dreieck der Analysenort gefunden. Da die Projektion räumlich ist, greift NIGGLI zur Konstruktion von Schnittebenen, die die Darstellung in einer Ebene ermöglichen. Zu dem Zweck wird die Kante c-fm des Tetraeders in 10 gleiche Teile geteilt und das Tetraeder durch 9 Ebenen in 10 gleiche Teilräume zerlegt. Ein Analysenpunkt in einem solchen Teilraum wird auf der Mittelebene dieses Teilraums zur Darstellung gebracht. Diese Mittelebene (vgl. Abb. 10) sind gleichschenklige Dreiecke, deren Schenkellänge aber nur wenig von der Basislänge verschieden sind und die der einfachen Eintragung wegen als gleichseitige Dreiecke angesehen werden. Je zwei dieser Mittelebenen liegen symmetrisch zueinander, so I und X, II und IX, usw. (siehe Abb. 10). Klappt man die 5 Paare

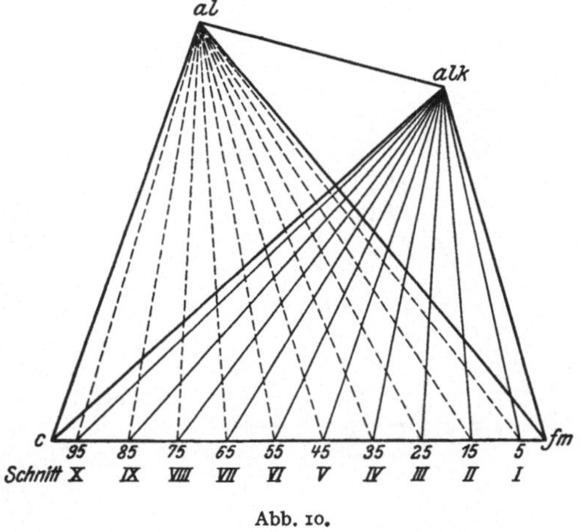

Abb. 10.

um die Kante $al - alk$ auf, erhält man 5 Parallelogramme aus je zwei Dreiecken, die mit der Kante $al - alk$ zusammenstoßen. Die Wahl des Dreiecks wird durch das Verhältnis $\dfrac{c}{fm}$ der Analyse ermöglicht, in die Dreiecke trägt man dann die Werte für $c + fm$, al, alk ein. Die Analysen der Eruptivgesteine bilden ein geschlossenes Feld, wie aus Abb. 11 zu ersehen ist. In die übrigen Felder fallen dann Analysenpunkte der Sedimentgesteine, wie in den Abbildungen angegeben.

Sehr gut lassen sich die NIGGLIschen Werte zur Darstellung der Beziehungen der Typen einer Magmenreihe benutzen durch Gegenüberstellen der $al\ c\ fm\ alk$-

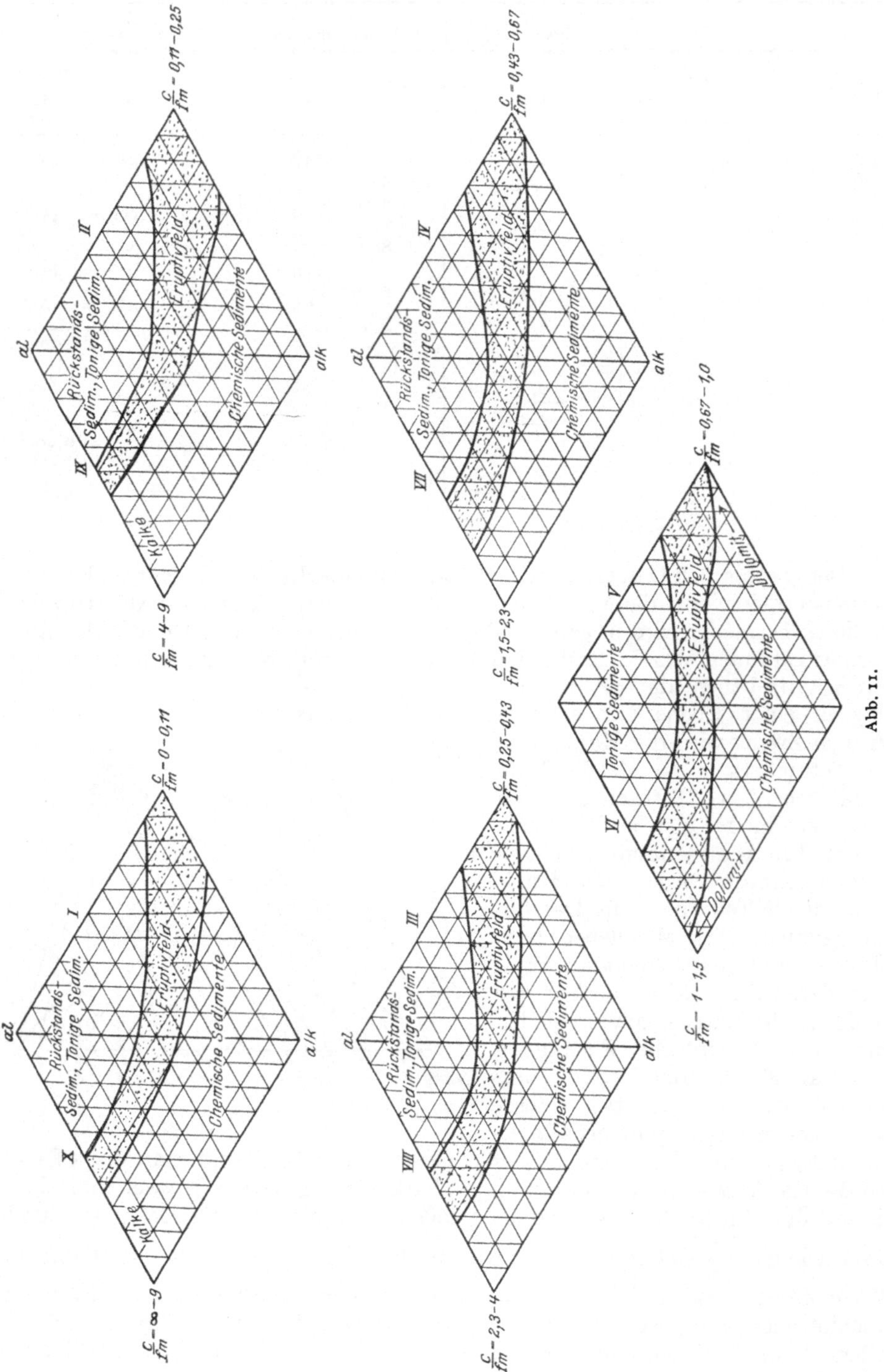

Werte und der *si* — Zahl in den Differentiationsdiagrammen. *si* wird in einem rechtwinkligen Koordinatensystem auf der Abszissenachse abgetragen, die *al c fm alk* in den entsprechenden *si* — Punkten ergeben die Ordinaten. Die gleichnamigen Endpunkte werden durch Kurven verbunden. In Abb. 12 sind diese Beziehungen der Alkali-Kalk-Gesteine nach NIGGLI[1] wiedergegeben.

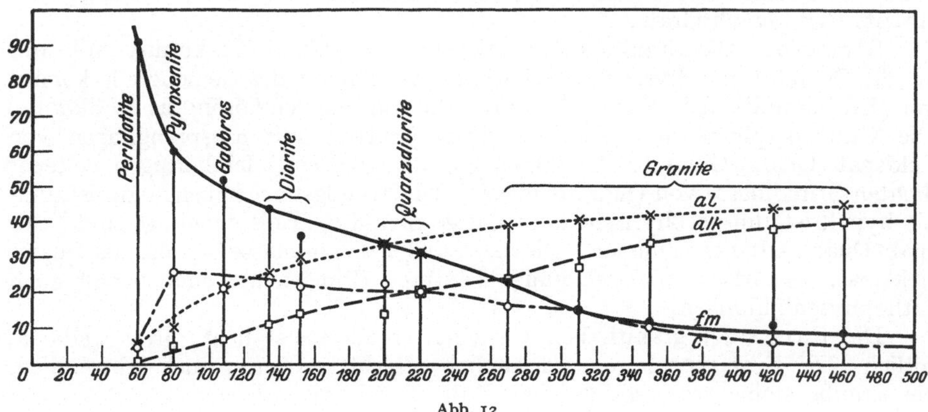

Abb. 12.

Nachfolgend werden die Gesteine der einzelnen Magmentypen kurz charakterisiert.

1. Die Gesteine der alkali-kalkgranitischen Magmen.

Tiefengesteine. Granit (Zweiglimmergranit), Granitit (Biotitgranit), Amphibolgranit, Pyroxengranit.

Ganggesteine. Aschiste: Granitporphyr. Diaschiste: Aplit, Pegmatit, Minette, Vogesit.

Ergußgesteine. Ältere: Quarzporphyr, jüngere: Liparit.

Chemischer Bestand. I. Mittel aus 19 typischen Granitanalysen nach OSANN[2]. II. Mittel aus 50 Quarzporphyren nach DALY[3]. III. Mittel aus 24 Lipariten nach DALY.

	I.	II.	III.
SiO_2	72,02	72,36	72,90
TiO_2	0,34	0,33	0,48
Al_2O_3	13,13	14,17	14,18
Fe_2O_3	1,46	1,55	1,65
FeO	1,77	1,01	0,31
MnO	0,11	0,09	0,13
MgO	0,55	0,52	0,40
CaO	1,48	1,38	1,13
Na_2O	3,50	2,85	3,54
K_2O	4,77	4,56	3,94
H_2O+	0,72	1,09	1,33
P_2O_5	0,15	0,09	0,01
	100,00	100,00	100,00

Mineralbestand[4].

Hauptgemengteile. Kalifeldspäte (Orthoklas, Mikroklin), Albit, Plagioklas (meist Oligoklas-Andesin). Quarz. Biotit, Muskowit, Horn-

---

[1] NIGGLI, P.: Gesteins- und Mineralprovinzen I, S. 198. Berlin 1923.

[2] OSANN, A.: Elemente der Gesteinslehre, S. 116.

[3] DALY, A.: Proceed. Amer. Acad. Arts and Sci. 45, S. 211—240. 1910.

[4] Es ist an dieser Stelle immer der Mineralbestand der Tiefen-, Erguß- und aschisten Ganggesteine angegeben. Der der diaschisten Ganggesteine folgt bei den wichtigeren später.

blende, Pyroxen (rhombischer Pyroxen, Diopsid). Nebengemengteile. Eisenerze (meist Magnetit), Apatit, Zirkon. Übergemengteile. Turmalin, Titanit, Cordierit, Topas, Granat, Orthit. Als sekundäre Mineralien treten auf: Muskowit, Kaolin, tonige und chloritische Substanz, Rutil, Epidot, Kalzit, Eisenoxydhydrate.

Struktur. Die Granite sind holokristallin-hypidiomorph-körnig. Mitunter ist die Struktur porphyrartig. Sphärische Anordnung der Gemengteile kommt vor (Kugelgranit). Die Korngröße schwankt von sehr feinkörnig bis grobkörnig. Die Granitporphyre sind holokristallin-porphyrisch mit Einsprenglingen von Feldspat, Quarz, Glimmer, Amphibol, Pyroxen und einer feinkörnigen, seltener dichten Grundmasse von Quarz-Feldspat. Die Ergußgsteine haben holokristallin- bis hypokristallin-porphyrische oder glasige Struktur. Einsprenglinge sind Feldspat, Quarz, seltener Glimmer. Die meist dichte Grundmasse besteht aus Quarz-Feldspat. Sphärische und schaumige Texturen (Bimsstein) kommen vor, auch Lithophysenbildungen.

Die Farbe der granitischen Gesteine ist allermeist licht; grau, gelblich, rötlich. Die Granitporphyre sind ähnlich gefärbt, mitunter auch schwärzlich, die Ergußgesteine grau, rot (besonders die Porphyre), schwarz (besonders Obsidian und Pechstein).

Die diaschisten Ganggesteine sind durch Spaltung aus dem Stammmagma entstanden. Sie bilden zwei Reihen, eine die saurer ist als das Stammmagma, die aplitische Reihe, und eine, die basischer ist, die lamprophyrische Reihe. Die Granitaplite sind im wesentlichen nur aus Feldspat und Quarz bestehende holokristalline, fein hypidio- oder panidiomorphe (auch panallotriomorphe) körnige, sehr dichte Gesteine. Die Pegmatite sind die oft seltene Mineralien führenden, grob- bis riesenkörnigen Erstarrungsprodukte der an flüchtigen Bestandteilen angereicherten Restmagmen. Von den Lamprophyren seien die Minetten (Orthoklas, Biotit mit oder ohne Augit oder Hornblende) genannt.

2. Die Gesteine der alkali-kalksyenitischen Magmen.
Tiefengesteine. Syenit, Hornblendesyenit, Pyroxensyenit.

	I.	II.
SiO_2	58,97	61,89
TiO_2	0,99	0,85
Al_2O_3	16,33	16,23
Fe_2O_3	2,72	3,12
FeO	4,14	2,43
MnO	0,09	0,10
MgO	2,72	1,89
CaO	4,29	3,44
Na_2O	4,10	3,76
K_2O	4,54	5,13
H_2O	0,87	1,36
P_2O_5	0,24	0,10
	100,00	100,30

Ganggesteine. Aschiste: Syenitporphyr. Diaschiste: Minette, Vogesit.

Ergußgesteine. Ältere: Orthophyr. Jüngere: Trachyt, Biotit-Hypersthen-Trachyt, Hypersthentrachyt, Pechstein, Obsidian, Bimsstein.

Chemischer Bestand. I. Mittel aus 12 Syenitanalysen nach Osann. II. Mittel aus 10 Trachyt- und Orthophyranalysen.

Mineralbestand. Hauptgemengteile: Kalifeldspat (Orthoklas, Mikroklin), Plagioklas (vorwiegend Andesin, Labradorit), Biotit, Hornblende, Diopsid, Hypersthen. Nicht selten Quarz in geringen Mengen. Nebengemengteile. Eisenerze (meist Magnetit), Apatit, Zirkon. Übergemengteile. Titanit, Orthit, Granat. An sekundären Mineralien treten die gleichen wie bei den granitischen Gesteinen auf.

Struktur. Die Syenite sind holokristallin, hypidiomorph-, mitunter porphyrartig-körnig. Die Korngröße ist fein bis grob. Fluidaltexturen treten mitunter auf. Die Syenitporphyre sind holokristallin-porphyrisch. Die Orthophyre und Trachyte sind holohypokristallin-porphyrisch und glasig. Als Einsprenglinge treten Feldspäte, Biotit, Amphibole und Pyroxen in einer Grundmasse von Feldspäten auf, die bei den Trachyten meist leistenförmig angeordnet sind. Feinporöse Textur und Fluidaltextur sind nicht selten.

Die Farbe dieser Gesteine ist der der granitischen Gruppe sehr ähnlich.

Die diaschisten Ganggesteine sind der Syenitaplit (Feldspäte mit sehr wenig Glimmer oder Hornblende) und der Syenitpegmatit. Die lamprophyrischen Ganggesteine sind die gleichen wie beim Granit, das wichtigste ist die Minette.

Im Anschluß an die syenitischen Gesteine seien kurz die Monzonite erwähnt, eine Gesteinsgruppe von sehr wechselnder mineralogischer Zusammensetzung, die eine vermittelnde Stellung zwischen den Alkali-Kalk- und den Alkaligesteinen einnehmen. Feldspäte (Orthoklas und Labradorit-Bytownit, etwa in gleichen Mengen) und dunkle Gemengteile (Biotit, Augit, Hornblende) sind beim normalen Gestein etwa im Gleichgewicht. Außer den erwähnten Mineralien kann einerseits Quarz, andererseits Olivin und auch Nephelin oder Leuzit in die Gesteine eintreten, so daß Übergänge zu den verschiedensten Gesteinsgruppen bestehen. In chemischer Hinsicht ist bemerkenswert, daß die mittlere Zusammensetzung der Monzonite nahe der Durchschnittszusammensetzung der Eruptivgesteine benachbart ist.

3. Die Gesteine der quarzdioritischen und dioritischen Magmen.

Tiefengesteine. Quarzglimmerdiorit, Quarzamphiboldiorit (Quarzdiorit i. e. S.), Quarzglimmerhypersthendiorit, Quarzaugitdiorit. Tonalit, Granodiorit (Trondhjemit, Opdalit). Glimmerdiorit, Amphiboldiorit (Diorit i. e. S.), Hypersthendiorit, Augitdiorit.

Ganggesteine. Aschiste: Quarzdioritporphyrit, Dioritporphyrit. Diaschiste: Tonalitaplit, Dioritaplit, Malchit, Kersantit, Spessartit.

Ergußgesteine. Ältere: Quarzglimmerporphyrit, Quarzporphyrit (mit Amphibol), Quarzhypersthenporphyrit, Quarzaugitporphyrit. Glimmerporphyrit. Hornblendeporphyrit (Porphyrit i. e. S.). Hypersthenporphyrit, Augitporphyrit. Jüngere: Glimmerdazit, Hornblendedazit (Dazit i. e. S.), Hypersthendazit, Augitdazit, Glimmerandesit, Hornblendeandesit (Andesit i. e. S.), Hypersthenandesit, Augitandesit. Obsidian, Pechstein, Bimsstein.

Chemischer Bestand. I. Mittel aus 17 Analysen quarzdioritischer Gesteine nach OSANN. II. Mittel aus 14 Analysen dioritischer Gesteine nach OSANN. III. Mittel aus 30 Analysen dazitischer Gesteine nach DALY. IV. Mittel aus 87 Analysen andesitischer Gesteine nach DALY.

	I.	II.	III.	IV.
SiO_2	67,00	55,46	66,91	59,59
TiO_2	0,51	0,94	0,33	0,77
Al_2O_3	15,19	16,92	16,62	17,31
Fe_2O_3	1,98	2,73	2,44	3,33
FeO	2,17	4,80	1,33	3,13
MnO	0,07	0,13	0,04	0,18
MgO	1,76	4,44	1,22	2,75
CaO	3,55	7,33	3,27	5,80
Na_2O	3,88	3,63	4,13	3,58
K_2O	2,99	2,41	2,50	2,04
H_2O	0,77	0,89	1,13	1,26
P_2O_5	0,13	0,32	0,08	0,26
	100,00	100,00	100,00	100,00

Mineralbestand. Hauptgemengteile. Plagioklas (herrschend Oligoklas-Labradorit), Quarz (in den dioritischen Gesteinen sehr wenig oder ganz fehlend), Biotit, Hornblende, Enstatit-Hypersthen, Diopsid, Augit. Orthoklas mitunter in geringen Mengen. Nebengemengteile: Apatit, Eisenerze, Zirkon. Übergemengteile: Titanit, Orthit, Olivin, Granat, Cordierit. Als sekundäre Mineralien treten auf: Muskowit, Kaolin, tonige und chloritische Substanz, Serpentin, Epidot, Rutil, Kalkspat, Pyrit, Eisenoxydhydrate.

Struktur. Die Tiefengesteine haben holokristallinhypidiomorphkörnige Struktur. Porphyrartige Struktur kommt vor. Kugelbildungen (Kugeldiorit) sind nicht selten, auch fluidale Texturen. Die Korngröße schwankt zwischen fein und grob. Die Quarzdioritporphyrite und die Dioritporphyrite haben holokristallinporphyrische Struktur. Die Ergußgesteine haben holo-hypokristallin porphyrische Struktur oder sind glasig. Einsprenglinge sind Quarz, Plagioklas, Biotit, Hornblende, Pyroxen. Die Grundmasse besitzt Plagioklas mit oder ohne Quarz und mit wenig dunklen Gemengteilen, meist sehr feinkörnig, zum Teil mit wechselnden Mengen Glas. Feinporöse und fluidale Texturen kommen vor.

Die Farbe der Gesteine ist sehr wechselnd. Zum Teil sind sie recht licht (Tonalit, Trondjemit), zum Teil mittelhell, zum Teil dunkelgrün bis fast schwarz. Die Ergußgesteine sind grau, rötlich bis schwarz gefärbt. Der „Porfido rosso antico" ist ein durch roten Epidot gefärbter Porphyrit.

Die diaschisten Ganggesteine sind der Tonalitaplit, Dioritaplit und Malchit. Plagioklas überwiegend, zum Teil mit Orthoklas und Quarz, beim Malchit mit Hornblende, setzen sie zusammen. Dioritpegmatite treten ebenfalls auf. Die wichtigsten Lamprophyre sind der Kersantit (Plagioklas, Biotit) und der Spessartit (Plagioklas, Hornblende, Augit, nicht selten Quarz, kein Biotit).

4. Die Gesteine der gabbroiden und olivingabbroiden Magmen.

Tiefengesteine. Gabbro, Norit, Hornblendegabbro. Olivingabbro, Olivinnorit. Forellenstein. Ganggesteine: Gabbroporphyrite. Ergußgesteine: Ältere: Diabas, Olivindiabas, Hypersthendiabas, Proterobas, Quarzdiabas, Diabasporphyrit. Melaphyr, Olivinmelaphyr, Augitporphyrit u. a. Jüngere: Feldspatbasalt (Basalt schlechthin), Olivinbasalt, Hypersthenbasalt, Quarzbasalt, Basaltglas (jedoch viel seltener als die Gläser saurer Eruptivgesteine).

Chemischer Bestand. I. Mittel aus 24 Analysen von Gabbrogesteinen nach Daly. II. Mittel aus 17 Analysen von Olivingabbrogesteinen nach Daly. III. Mittel aus 20 Analysen von Diabasen nach Daly. IV. Mittel aus 17 Analysen von Olivindiabasen nach Daly. V. Mittel aus 11 Analysen von Melaphyren nach Daly. VI. Mittel aus 161 Analysen von Basalten und Olivinbasalten nach Daly.

	I.	II.	III.	IV.	V.	VI.
SiO_2	49,50	46,49	50,12	50,10	50,60	48,78
TiO_2	0,84	1,17	1,41	1,25	0,68	1,39
Al_2O_3	18,00	17,73	15,68	14,43	17,40	15,85
Fe_2O_3	2,80	3,66	4,55	5,06	4,57	5,37
FeO	5,80	6,17	6,73	6,31	6,29	6,34
MnO	0,12	0,17	0,23	0,25	0,46	0,29
MgO	6,62	8,86	5,85	7,32	4,89	6,03
CaO	10,64	11,48	8,80	9,53	8,09	8,91
Na_2O	2,82	2,16	2,95	2,75	3,23	3,18
K_2O	0,98	0,78	1,38	0,73	1,76	1,63
H_2O	1,60	1,04	1,93	2,00	1,83	1,76
P_2O_5	0,28	0,29	0,37	0,27	0,20	0,47
	100,00	100,00	100,00	100,00	100,00	100,00

Mineralbestand. Hauptgemengteile. Plagioklas (Andesin-Anorthit), Augit, Hypersthen, Hornblende, Olivin. Nebengemengteile. Apatit, Magnetit und Ilmenit, seltener Zirkon, Biotit, saure Plagioklase. Übergemengteile. Quarz, Orthoklas, Chromit und andere Spinelle. Magnetkies. An sekundären Mineralien treten auf: Kaolin und heller Glimmer selten. Epidot, Zoisit, Albit (Saussuritisierung), Tremolit, Granat, Skapolith, Rutil. Uralitische Hornblende (Uralitisierung). Chloritische Substanz (Cloritisierung, Grünsteinbildung). Leukoxen. Serpentin. Karbonate. Quarz, Chalzedon, Opal. Pyrit. Eisenoxydhydrate. Zeolithe.

Struktur. Die Tiefengesteine sind holokristallin hypidiomorphkörnig, zum Teil granitisch, zum Teil diabasisch. Porphyrartige Strukturen treten sehr zurück, ebenso sphärische Anordnungen. Fluidaltexturen kommen mitunter vor. Die Korngröße schwankt von fein bis grob, oft auf kleinem Raum schnell wechselnd. Die Gabbroporphyrite haben holokristallin porphyrische Struktur. Die Ergußgesteine zeigen einmal holo- bis hypokristallin porphyrische und vitrophyrische Struktur, auch rein glasige. Einsprenglinge sind Plagioklase, Augite, Hornblende, Olivine; Grundmasse meist Plagioklas, Augit, Erze, mit oder ohne Glas. Neben diesen Strukturen finden sich besonders bei den Diabasen die diabasischkörnige (ophithische) oder die Intersertalstruktur, Fluidal- und Mandelsteintexturen sind recht häufig.

Die Farbe der Gesteine ist im frischen Zustand ausgesprochen dunkel bis schwarz. Die Diabase (Grünsteine) sind meist graugrün bis schwarzgrün gefärbt. Der „Porfido verte antico" ist ein Diabasporphyrit.

Von den diaschisten Ganggesteinen sind die nicht häufigen Gabbroaplite (Orthoklas, Plagioklas, Pyroxen, Magnetit) und Gabbropegmatite zu erwähnen. Zu den lamprophyrischen gehören der Odinit (Plagioklas, Hornblende, Augit).

Mit den Gabbrogesteinen nahe verknüpft sind nicht selten Eisenerze mit meist beträchtlichem Titangehalt. Auch die Anorthosite stehen in nahen Beziehungen zu den gabbroiden und dioritischen Gesteinen. Sie bestehen im wesentlichen nur aus einem mittelsauren bis basischen Plagioklas.

5. Die Gesteine der pyroxenitischen und peridotitischen Magmen.

Tiefengesteine. Pyroxenit, Websterit u. a. Glimmerperidotit, Amphibolperidotit u. a.

Gang- und Ergußgesteine. Pikrit. Pikritporphyrite.

Chemischer Bestand. I. Mittel aus 4 Analysen pyroxenitischer Gesteine nach DALY. II. Mittel aus 49 Analysen peridotitischer Gesteine nach DALY.

Mineralbestand der Pyroxenite: wesentlich eine oder mehrere Pyroxenarten (Diopsid, Diallag, Bronzit, Hypersthen); als Übergemengteile: Hornblende, Olivin, Eisenerze, Spinelle, geringe Mengen Plagioklas; der Peridotite: Hauptgemengteile Olivin allein oder mit Diallag, Bronzit-Hypersthen, Hornblende, Biotit. Neben- und

	I.	II.
SiO_2	49,82	44,39
TiO_2	1,46	0,88
Al_2O_3	5,12	5,14
Fe_2O_3	1,83	1,88
FeO	7,44	6,70
MnO	0,09	0,19
MgO	19,55	29,17
CaO	13,00	6,31
Na_2O	0,37	0,64
K_2O	0,21	0,76
H_2O	1,06	1,80
P_2O_5	0,05	0,14
	100,00	100,00

Übergemengteile: Eisenerze, Chromit und andere Spinelle, Granat, Korund, wenig Plagioklas, Apatit. Die häufigsten sekundären Mineralien sind Serpentin, Talk, Chlorit.

Die Struktur ist körnig, zum Teil poikilitisch (idiomorpher Olivin durchspießt größere Pyroxenkörner) oder auch porphyrartig. Die Struktur der Pikrite ist ebenfalls körnig, die der Pikritporphyrite hypokristallin porphyrisch mit etwas Glas. Die Farbe der Gesteine ist graugrün, dunkelgrün bis schwarz.

6. **Die Gesteine der alkaligranitischen Magmen** unterscheiden sich meist nur sehr wenig von denen der alkali-kalk-granitischen Magmen.

Tiefengesteine. Alkaligranit (Riebeckitgranit, Arfvedsonitgranit, Ägiringranit).

Ganggesteine. Aschiste: Alkaligranitporphyr. Diaschiste: Alkaliaplite, Alkalipegmatite u. a.

Ergußgesteine. Ältere: Quarzkeratophyr. Jüngere: Comendit.

Chemischer Bestand. I. Mittel aus 13 Analysen alkaligranitischer Gesteine nach Osann. II. Mittel aus 20 Analysen von Comenditen, Pantelleriten und Quarzkeratophyren.

	I.	II.
SiO_2	73,22	72,70
TiO_2	0,20	0,37
Al_3O_3	12,47	11,29
Fe_2O_3	1,92	2,87
FeO	1,30	1,91
MnO	0,07	0,11
MgO	0,21	0,28
CaO	0,49	0,49
Na_2O	4,63	5,20
K_2O	4,86	3,77
H_2O	0,59	0,98
P_2O_5	0,04	0,03
	100,00	100,00

Mineralbestand. Hauptgemengteile: Kalifeldspat (Orthoklas, Mikroklin), Anorthoklas, Albit (basischere Plagioklase treten sehr zurück oder fehlen ganz). Quarz. Biotit. Riebeckit. Arfvedsonit. Ägirin. Wenig Diopsid. Neben- und Übergemengteile: Apatit, Eisenerz (meist Magnetit), Zirkon, Orthit, Titanit, Muskowit u. a. An sekundären Mineralien treten die gleichen wie bei Alkali-Kalk-Graniten usw. auf. In Struktur und Farbe ähneln sie diesen ebenfalls stark. (Die diaschisten Ganggesteine werden bei den Eläolithsyeniten kurz besprochen werden.)

7. **Die Gesteine der alkalisyenitischen Magmen** schließen sich eng an die alkaligranitischen, zum Teil auch an die monzonitischen Gesteine an.

Tiefengesteine. Nordmarkit, Umptekit, Ägirinsyenit. Laurvikit, Sodalithsyenit u. a.

Ganggesteine. Aschiste: Alkalisyenitporphyre (Nordmarkit- usw. Porphyre). Diaschiste: Nordmarkitaplit u. a. Pegmatite. Tinguaite und Bostonite, zum Teil Camptonite und Monchiquite.

	I.	II.
SiO_2	60,78	62,35
TiO_2	0,85	0,40
Al_2O_3	16,62	17,61
Fe_2O_3	2,32	2,89
FeO	3,14	1,34
MnO	0,12	0,09
MgO	0,83	0,57
CaO	2,41	1,10
Na_2O	6,50	6,73
K_2O	5,54	5,93
H_2O	0,64	0,88
P_2O_5	0,25	0,11
	100,00	100,00

Ergußgesteine. Ältere: Keratophyre, Rhombenporphyre. Jüngere: Alkalitrachyte (Arfvedsonit-, Riebeckittrachyt).

Chemischer Bestand. I. Mittel aus 18 Analysen von alkalisyenitischen Gesteinen nach Osann. II. Mittel aus 20 Analysen von Keratophyren und Alkalitrachyten.

Mineralbestand. Hauptgemengteile: Kalifeldspat (Orthoklas, Mikroklin), Anorthoklas, Albit. (Basischere Plagioklase selten oder ganz fehlend, ebenso Quarz). Biotit, Diopsid, Ägirin, Arfvedsonit, Riebeckit. Hypersthen. Neben-

und Übergemengteile: Apatit, Eisenerze, Zirkon, Titanit. Sodalith, Nephelin, Leuzit, Olivin. Korund. Granat. In Struktur und
Farbe sind die Gesteine den Alkali-Kalksyeniten ähnlich.

8. Die Gesteine der eläolith- und leuzitsyenitischen Magmen.

Tiefengesteine. Eläolithsyenit, Leuzitsyenit. Pyroxen-, Glim-
mer-, Amphibolfoyait u. a.

Ganggesteine. Aschiste: Eläolith- usw. Porphyre. Diaschiste:
Foyaitaplite. Pegmatite. Bostonit, Tinguait. Lamprophyrische: Camp-
tonit u. a.

Ergußgestein. Ältere und jüngere werden namentlich nicht unterschieden. Phonolith. Leuzitphonolith. Leuzitophyr.

Chemischer Bestand.
I. Mittel aus 30 Analysen eläo-
lithsyenitischer Gesteine nach
OSANN. II. Mittel aus 20 Analy-
sen phonolitischer Gesteine nach
DALY.

Mineralbestand. Haupt-
gemengteile: Kalifeldspat
(Orthoklas, Mikroklin), Anorthoklas, Albit, Nephelin,
Leuzit, Diopsid, Ägirin-
augit, Ägirin, Biotit. Nebengemengteile: Eisenerze.
Apatit. Zirkon. Übergemeng-

	I.	II.
SiO_2	55,51	57,45
TiO_2	0,90	0,41
Al_2O_3	19,17	20,60
Fe_2O_3	3,95	2,35
FeO	2,33	1,03
MnO	0,37	0,13
MgO	0,61	0,30
CaO	1,66	1,50
Na_2O	9,05	8,84
K_2O	4,55	5,23
H_2O	1,68	2,04
P_2O_5	0,22	0,12
	100,00	100,00

teile: Besonders Titanit und verschiedene seltene Titan- und Zirkon-
silikate. Flußspat. Sodalith, Hauyn, Nosean, Cancrinit. Granat.
An sekundären Mineralien treten besonders häufig auf Zeolithe, die Um-
wandlungsprodukte der Feldspäte, Glimmer und Hornblenden und Augite.
Kalkspat oft ziemlich reichlich, wird zum Teil als primär angesehen.

Die Struktur der Tiefengesteine ist holokristallin hypidiomorphkörnig,
fein bis grob. Porphyrartige Struktur ist nicht selten. Die Textur ist massig,
oft auch fluidal und miarolitisch. Die Struktur der Gang- und Ergußgesteine
ist holokristallin porphyrisch, selten vitrophyrisch. Als Einsprenglinge treten
Orthoklas, Anorthoklas, Nephelin, Leuzit, Sodalith, Hauyn, Pyroxen, Hornblende auf. Mandelsteintextur ist nicht selten. Die Grundmasse besteht vorwiegend aus Sanidin, Nephelin oder Leuzit, Pyroxen.

Die Farbe der Gesteine ist meist licht bis mittelhell, doch treten auch
recht dunkle Vertreter auf. Die Tiefengesteine sind vorwiegend grau, rötlich,
grünlich gefärbt. Die Phonolithe graugrün, oft mit etwas fettigem Glanz.

Die diaschisten Ganggesteine der foyaitischen und der sich nach beiden Seiten anschließenden Magmen sind sehr vielseitig. In der aplitischen Reihe
werden unterschieden: Die Foyaitaplite (Kalifeldspat, Albit, Nephelin, Biotit
oder Ägirin) mit oder ohne Feldspatvertreter. Die Pegmatite dieser Magmen
sind oft sehr reich an seltenen Mineralien. Die Bostonite-Gauteite (Alkalifeldspäte, Plagioklas, wechselnde Mengen Biotit, Hornblende, Augit, auch Glas).
Die Tinguaite (Alkalifeldspat, mit oder ohne Quarz, Nephelin, Ägirin, auch Biotit,
Amphibol). In der lamprophyrischen Reihe werden unterschieden die Camptonite (Biotit, Amphibol, Augit, Plagioklas), die Monchiquite (die Grundmasse
glasig, in der Biotit, Augit und Amphibol als Einsprenglinge stecken. Auch Nephelin und Leuzit, Hauyn, Sodalith). Die Alnöite (Olivin, Biotit, Augit, Meli-

lith, Perowskit). Die Struktur dieser Gesteine ist porphyrisch, vitrophyrisch oder auch panidiomorphkörnig.

9. Die Gesteine der essexitischen Magmen.

Tiefengesteine. Essexit.

Ergußgesteine. Ältere: Essexitdiabas und -melaphyr. Jüngere: Trachydolerit. Alkalibasalte.

Chemischer Bestand. I. Mittel aus 13 Analysen von Essexiten nach Osann. II. Mittel aus 4 Analysen von Trachydoleriten nach Daly.

	I.	II.
SiO_2	48,49	54,81
TiO_2	1,99	0,42
Al_2O_3	17,35	20,01
Fe_2O_3	3,83	3,98
FeO	6,30	1,93
MnO	0,20	—
MgO	3,52	2,32
CaO	7,54	5,60
Na_2O	5,54	5,86
K_2O	2,73	3,13
H_2O	1,24	1,46
P_2O_5	0,78	0,48
	100,00	100,00

Mineralbestand. Hauptgemengteile: Plagioklas (meist Labradorit, Andesin), Orthoklas, etwas Nephelin, Cancrinit oder ein Glied der Sodalithgruppe. Pyroxen, Biotit, Amphibol. Nebengemengteile: Apatit, titanhaltige Eisenerze. Übergemengteile: Olivin, Titanit.

Struktur der Tiefengesteine ist holokristallin hypidiomorphkörnig, massige Textur vorherrschend, feines bis grobes Korn. Die Ergußgesteine haben porphyrische Struktur. Die Farbe der Gesteine ist grau bis fast schwarz, schwarzgrün. Die Trachybasalte kann man z. T. von den echten Plagioklasbasalten oft nur noch der geologischen Stellung, nicht aber nach ihrer Mineralassoziation trennen.

10. Gesteine der shonkinitischen und theralitischen Magmen.

Tiefengesteine. Shonkinit, Leuzitshonkinit, Glimmershonkinit. Theralith.

Ergußgesteine. Nephelintephrit, Nephelinbasanit. Leuzittephrit, Leuzitbasanit. Leuzitnephelintephrite und -basanite.

Chemischer Bestand. I. Mittel aus 12 Analysen shonkinitischer Gesteine nach Osann. II. Mittel aus 4 Analysen theralitischer Gesteine nach Osann. III. Mittel aus 24 Analysen von Tephriten nach Daly. IV. Mittel aus 20 Analysen von Basaniten nach Daly.

	I.	II.	III.	IV.
SiO_2	49,29	45,06	49,14	44,41
TiO_2	1,01	1,72	1,00	1,56
Al_2O_3	13,13	16,56	16,57	15,81
Fe_2O_3	3,11	4,79	3,65	4,66
FeO	5,52	7,04	6,68	5,85
MnO	0,16	0,11	0,30	0,14
MgO	17,46	5,11	3,98	8,20
CaO	10,04	9,27	9,88	10,12
Na_2O	2,68	5,29	2,57	3,81
K_2O	5,27	2,50	3,39	2,37
H_2O	1,23	1,93	2,00	2,42
P_2O_5	1,10	0,62	0,84	0,65
	100,00	100,00	100,00	100,00

Mineralbestand. Hauptgemengteile: Kalifeldspat (Orthoklas, Anorthoklas, bei Shonkinit, Plagioklas (vorwiegend Labradorit) bei Theralith. Nephelin. Sodalith, Hauyn-Nosean. Leuzit. Pyroxen (Diopsid, Augit, Titanaugit, Ägirinaugit), Biotit, Amphibol. Olivin bei den Basaniten. Neben- und Übergemengteile: Apatit. Eisenerze (Ti-haltig), Titanit, Melanit u. a.

Die Struktur der Tiefengesteine ist die normale holokristallin hypidiomorphkörnige, die der Ergußgesteine porphyrisch, holo- bis hypokristallin, seltener vitrophyrisch. Fluidale Texturen und Mandelsteinbildung sind nicht selten. Die Farbe der Gesteine ist mittelhell bis dunkel. Grau, graugrün, grünschwarz.

11. Gesteine der missouritischen und fergusitischen Magmen.

Tiefengesteine. z. B. Missourit.

Ergußgesteine. Leuzitit, Leuzitbasalt.

Chemischer Bestand. I. Analyse des Fergusits. II. Mittel aus 2 Analysen von Missourit nach DALY. III. Mittel aus 7 Analysen von Leuzititen nach DALY. IV. Mittel aus 7 Analysen von Leuzitbasalten nach DALY.

	I.	II.	III.	IV.
SiO_2	51,57	44,27	17,72	46,47
TiO_2	0,23	1,37	0,52	1,33
Al_2O_3	14,52	10,73	18,19	15,97
Fe_2O_3	5,08	3,63	4,74	5,97
FeO	3,58	5,87	3,90	4,27
MnO	Sp.	0,06	0,06	0,01
MgO	4,55	13,05	3,45	5,87
CaO	7,04	11,46	7,27	10,54
Na_2O	2,93	1,07	4,51	1,69
K_2O	7,61	4,43	7,66	4,83
H_2O	2,25	3,23	1,51	2,32
P_2O_5	0,18	0,83	0,41	0,73
	100,14[1]	100,00	100,00	100,00

Mineralbestand. Hauptgemengteile: Leuzit, Pseudoleuzit oder auch Augit. Olivin. Neben- und Übergemengteile: Apatit. Eisenerze. Biotit, Nephelin, Melilith, Hauyn, Melanit, Perowskit, Hornblende, Titanit, Analcim.

Struktur der Tiefengesteine ist holokristallin hypidiomorphkörnig. Die Ergußgesteine sind wenig ausgeprägt bis deutlich porphyrisch, vorwiegend holokristallin. Die Farbe der Gesteine ist grünlich, grau bis schwarz.

12. Die Gesteine der ijolithischen und verwandten Magmen haben als Tiefengesteine nur eine sehr spärliche Verbreitung. Die weiter verbreiteten Ergußgesteine sind Nephelinit, Nephelinbasalt mit mehreren Abarten.

Chemischer Bestand. I. Mittel aus 3 Analysen von Urtiten nach OSANN. II. Mittel aus 3 Analysen von Ijolithen nach OSANN. III. Mittel aus 3 Analysen

	I.	II.	III.	IV.	V.
SiO_2	44,26	43,10	40,19	41,17	39,87
TiO_2	0,22	1,21	2,36	1,35	1,50
Al_2O_3	28,74	19,56	15,34	16,83	13,58
Fe_2O_3	3,30	3,16	6,08	7,61	6,71
FeO	0,88	3,42	5,37	6,64	6,43
MnO	0,08	0,26	0,17	0,16	0,21
MgO	0,20	3,13	4,68	3,72	10,46
CaO	1,62	11,02	15,64	10,12	12,36
Na_2O	15,25	10,09	5,36	6,45	3,85
K_2O	4,27	2,15	2,83	2,49	1,87
H_2O	1,01	1,06	0,71	2,42	2,22
P_2O_5	0,07	1,84	1,27	1,04	0,94
	100,00	100,00	100,00	100,00	100,00

[1] Mit 0,32 BaO, 0,20 SrO, 0,05 SO_3, 0,03 Cl.

von Melteigiten nach Osann. IV. Mittel aus 9 Analysen von Nepheliniten nach Daly. V. Mittel aus 26 Analysen von Nephelinbasalten.

Mineralbestand. Hauptgemengteile: Urtit, Nephelin (auch Sodalith), Ägirin. Ijolith: Nephelin, Ägirinaugit. Cancrinit, Biotit. Nephelinit: Nephelin, Augit, Ägirinaugit. Nephelinbasalt: Nephelin, Augit, Ägirinaugit, Olivin, Eisenerze. Die Zahl der Neben- und Übergemengteile ist sehr groß, es seien nur genannt: Apatit (oft sehr reichlich), Feldspäte, Magnetit, Ilmenit, Hauyn, Nosean, Sodalith, Leuzit, Melilith, Biotit, Hornblende, Melanit, Perowskit u. a.

Die Struktur der Tiefengesteine ist holokristallin hypidiomorphkörnig. Die Ergußgesteine porphyrisch, holo-hypokristallin, mitunter intersertalkörnig. Die Farbe wechselt von ziemlich licht (Urtit) zu sehr dunkel. Grau, grünschwarz, schwarz.

13. **Gesteine der alkaliperidotitischen und -pyroxenitischen Magmen** bilden wie die analogen Gesteine der Alkali-Kalk-Reihe die feldspat- und feldspatvertreterfreien Endglieder der Alkalireihe. Ihre Verbreitung ist gering, außerdem sind sie nach chemischem und mineralogischem Bestand nicht immer von denen der Alkali-Kalk-Gesteine zu trennen. Zu dem Mineralbestand der Alkali-Kalk-Peridotite und -Pyroxenite tritt gegebenenfalls noch Alkalipyroxen und -amphibol, hier und da auch geringe Mengen von Feldspatvertretern.

Tuffe.

Das Material der Eruptivgesteinstuffe sind die aus Luft oder Wasser abgesetzten Lockerprodukte der vulkanischen Eruptionen. Der Korngröße nach teilt man diese Lockerprodukte ein in: Vulkanische Bomben und Auswürflinge, Lapilli, Sand, Asche. Mineralogisch bestehen sie aus Kristallen und Kristallbruchstücken der betreffenden Ergußgesteine, Glasfetzchen und Bruchstücken der bereits verfestigten Lava und der von dieser durchbrochenen Gesteine. Chemisch gleichen sie den zugehörigen Ergußgesteinen, wenn sie nicht bereits bei ihrer Ablagerung oder durch spätere Umlagerung mit fremdem Material gemischt wurden. Man kennt Tuffe von allen wichtigen Ergußgesteinen. Ihre Struktur und ihr Mineralbestand wird mit zunehmendem Alter infolge ihrer großen Reaktionsfähigkeit oft sehr weitgehend verwischt, so daß es nicht immer möglich ist, ihre Tuffnatur mit Sicherheit zu erkennen. Bestimmte Tuffe haben besondere Namen erhalten. Es seien erwähnt: Traß = Trachyttuff, Puzzolan = Trachyttuff, Peperin = Leuzitit- und Leuzitbasalttuff, Schalstein = Diabastuff, die oft durch Beimengungen karbonatischen, quarzigen oder tonigen Materials in die entsprechenden Sedimente übergehen.

B. Die Sedimentgesteine.

Nach der Art des Materials, aus dem die Sedimentgesteine aufgebaut sind, unterscheidet man drei große Hauptgruppen.

a) Das Material wird aus den festen, durch rein physikalische oder chemisch-physikalische Zersetzung von Gesteinen entstandenen Rückstandsprodukten gebildet: Mechanische Sedimente. (Klastische Sedimente, Trümmergesteine.) Diese Gruppe macht schätzungsweise 55% der Sedimente aus. Die Rückstände liegen entweder an dem Ort ihrer Entstehung oder sind durch Wasser, Wind oder Eis kürzere oder längere Strecken transportiert und aus diesen Transportmitteln abgesetzt worden.

b) Das Material wird von den durch physikalische oder chemische Vorgänge in Lösung gegangenen Bestandteilen anderer Gesteine gebildet: Chemische

Sedimente (Präzipitatgesteine). Diese machen schätzungsweise knapp 5% der Sedimente aus. Als Transportmittel kommt nur das Wasser in Frage.

c) Das Material ist durch den Lebensprozeß von Organismen, Tieren oder Pflanzen gebildet worden: Organogene Sedimente. Diese bilden der Menge nach den unbedeutenden Rest der Sedimente. Sie liegen entweder am Ort ihrer Bildung oder haben meist kurzen Transport, vorwiegend durch Wasser, erlitten.

Mischungen von verschieden entstandenem Material finden sich häufig. Es sind z. B. gemischt Ton mit Steinsalz oder Ton oder Sand mit Kohle.

Die geologische Form, in der die Sedimentgesteine auftreten, ist die Schicht. Sie liegt mit ihrer ganzen liegenden Fläche auf der von anderen Gesteinen gebildeten Unterlage auf. Durchgreifende Lagerung findet an ungestörten Sedimenten niemals statt. Die Trennung der einzelnen Schichten erfolgt durch die Schichtfugen. Diese sind entweder entstanden durch Wechsel des Materials oder durch eine Unterbrechung der Sedimentation. Dicke Schichten nennt man Bänke. Von Kohlen und Erzen besonders nennt man die Schichten auch Flöze.

Die Strukturen der Schichtgesteine sind körnig, bei chemischen mitunter auch porphyrartig, trümmerartig. Dadurch, daß sich flächig oder nadlig ausgebildete Gemengteile mit ihrer Hauptausdehnung parallel der Schichtfläche legen, entsteht oft die schichtige Textur. Es ist dann ein Hauptbruch (parallel der Schichtfläche) von einem Querbruch (senkrecht zur Schichtfläche) zu unterscheiden. Gesteine, deren Material durch Aufschüttung abgelagert wurde (Deltabildung, Dünen), zeigen nicht selten Kreuzschichtung. Oolithische, faserige und poröse Ausbildungen kommen ebenfalls nicht selten vor. Der Korngröße nach unterscheidet man Psephite (grobes Korn, Brocken), Psammite (Körner unter Erbsengröße) und Pelite (feinster Detritus). Pelitische Gesteine zeigen im gefalteten Gebirge eine Teilbarkeit in oft dünne Platten, die Schieferung, die mit der Schichtung nicht verwechselt werden darf und zu letztgenannter parallel oder geneigt verlaufen kann. Sie ist das Anfangsstadium der Metamorphose.

Der chemische Bestand dieser Gesteinsfamilie ist natürlich sehr wechselnd. Von bestimmten Gesetzmäßigkeiten, ähnlich wie bei den Eruptivgesteinen, kann man am ehesten bei den chemischen Sedimenten, bes. den Salzgesteinen, sprechen. Deren Zusammensetzung ist eine Funktion der bei der Bildung herrschenden Konzentration, Temperatur und des Drucks. Sulfate und Chloride des Na, K, Mg und Ca herrschen in diesen Gesteinen. Andere Präzipitatgesteine bestehen ganz vorwiegend aus Karbonaten des Ca, Mg und Fe. Kieselsäure und Tonerde fehlt in den reinen Vertretern dieser Gruppen vollständig. Die mechanischen Sedimente können, wenn sie aus nicht oder nur wenig zersetzten Zerstörungsprodukten von Gesteinen aufgebaut sind, die chemische Zusammensetzung dieser Gesteine aufweisen, also z. B. die eines Eruptivgesteins. In den allermeisten Fällen aber geht mit der physikalischen Zerstörung eine chemische Zersetzung des Ausgangsmaterials, eine Fortführung der Alkalien und der alkalischen Erden Hand in Hand. Der Rückstand wird dann vorwiegend von der schwerlöslichen Kieselsäure (Quarz) und Kieselsäure-Tonerde-Hydraten gebildet, den Tonen. In den organogenen Sedimenten schließlich herrschen vorwiegend Karbonate, Kieselsäurehydrat oder kohlige Substanz (wesentlich Gemenge von Kohlenwasserstoffen mit Aschenbestandteilen). Die Beziehungen der drei Hauptgruppen in chemisch-mineralogischer Hinsicht, der Ton-, der Quarz- und der Karbonatgesteine läßt sich nach V. M. GOLDSCHMIDT[1] schematisch durch die in Abb. 13 wiedergegebene Drei-

---

[1] GOLDSCHMIDT, V. M.: Die Kontaktmetamorphose im Kristianiagebiet. Vidensk. Selsk. Skrifter I. Math.-naturw. Kl. 1911, Nr. 11, S. 16.

ecksprojektion darstellen. Die drei Eckpunkte würden die Projektionspunkte von reinem kieseligen, reinem Karbonat- und reinem Tonschiefergestein darstellen. Auf

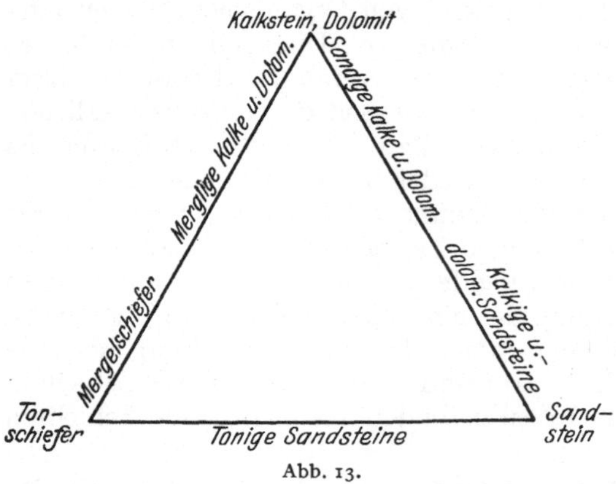

Abb. 13.

der Verbindungslinie zwischen Tonschiefer und Sandstein würden die tonigen Sandsteine liegen, auf der Verbindungslinie von Sandstein und Karbonatgesteinen die kalkigen und dolomitischen Sandsteine, auf der Verbindungslinie Karbonat und Tonschiefer die kalkigen oder dolomitischen Mergel. Innerhalb des Dreiecks schließlich liegen die Projektionspunkte der aus den drei Komponenten gemischten Gesteine.

In dem ersten Stadium ihrer Ablagerung bildet das Material der Sedimentgesteine lose Anhäufung. Mit zunehmendem Alter, wobei oft der Belastungsdruck und gegebenenfalls auch die Temperatur etwas steigt und Trockenlegung stattfindet, tritt eine Verfestigung ein. Das Zusammendrücken durch die überlagernden Gesteine ist dabei von recht untergeordneter Bedeutung. Den Hauptanteil haben vielmehr chemisch-physikalische Vorgänge, die man in ihrer Gesamtheit als Diagenese bezeichnet. Diese umfaßt einmal Absatz von verkittender Substanz aus Lösungen, die im Gestein zirkulieren, dann Neubildung von Mineralien, Umkristallisation, Entwässerung und gegebenenfalls Kristallinwerden von Gelen und anderen Vorgängen. Durch die Diagenese wird ein Sand zu einem Sandstein, ein Ton zu Schieferton und Tonschiefer, ein Kalkschlamm zu einem Kalkstein. Nachfolgend seien die wichtigsten Sedimente kurz charakterisiert.

a) Mechanische Sedimente.

Das Material ohne oder mit nur sehr kurzem Transport. Unverfestigt: Schotter, Gehängeschutt. Verfestigt: Breccien mit eckigen Bruchstücken der Ausgangsgesteine. Geht mit zunehmendem Alter und geringer Metamorphose bei Feldspatgehalt über in Grauwacken.

Material hat längeren Transport durch Wasser, Eis oder Wind erlitten. Bei Wassertransport tritt eine Sichtung des Materials ein. Das Gröbste setzt sich zuerst ab. Unverfestigt heißen diese Ablagerungen Kies oder Schotter. Die Gesteinsbruchstücke sind meist mehr oder weniger abgerundet. Verfestigt: Konglomerate, die wie die Breccien bei Feldspatgehalt in Grauwacken übergehen. Das etwas feinere Material, vornehmlich aus Quarz bestehend, bildet unverfestigt den Sand. Die sehr feinen bis etwa erbsengroßen Körner sind rundlich oder eckig. Außer Quarz finden sich an Mineralien vielfach noch Bruchstücke von schwerer zersetzbaren Komponenten der Ausgangsgesteine. Mitunter sind in ihnen Edelsteine, Erze oder gediegene Metalle angereichert. Sie heißen dann Seifen (z. B. Edelstein-, Gold-, Platin-, Zinnseifen usw.). Verfestigt ergeben die Sande Sandsteine, wenn sie einen Gehalt an Feldspat besitzen, Arkosen. Je nach dem Bindemittel unterscheidet man tonige, kieselige, kalkige oder dolomitische Sandsteine. Durch Alterungs- resp. schwache metamorphe Prozesse gehen die Arkosen in Grauwacken, die Sandsteine in Quarzite über. Die Farbe der Sandsteine ist weiß, grau, gelblich, rot oder grünlich (durch beigemengten Glaukonit). Den chemischen Bestand zeigen die nachfolgenden Analysen (entnommen der Analysenzusammenstellung in Rosenbusch-Osann).

I. Kulmquarzit. Winterberg. Harz (mit $0,37\%$ CO_2). II. Buntsandstein, schwach tonig. Kellerquelle der Heidelberger Wasserleitung. III. Burgsandstein. Bondensbach b. Nürnberg (mit 0,14 $CaCO_3$, 0,07 Cl, Spur SO_3). IV. Braungelber Quadersandstein, Elbtal, Sachsen.

	I.	II.	III.	IV.
SiO_2	96,25	79,66	56,91	98,80
TiO_2	—	—	0,02	—
Al_2O_3	} 2,24 {	9,21	24,46	0,18
Fe_2O_3		3,57	7,42	0,50
FeO	—	0,08	0,49	—
MnO	—	Sp.	0,15	0,02
MgO	0,20	0,67	1,29	—
CaO	0,20	0,10	0,59	Sp.
Na_2O	0,10	0,22	0,24	—
K_2O	0,53	4,49	4,42	—
H_2O	0,46	1,84	3,98	0,50
P_2O_5	—	0,02	Sp.	—
	100,35	99,86	100,18	100,00

Die feinste Schlämme, aus Wasser abgesetzt, bildet den Ton. Außer winzigen Körnchen und Blättchen von Quarz, Muskowit, Feldspat und anderen Mineralien der Ursprungsgesteine setzen sich die Tone der Hauptmenge nach aus Kieselsäure-Aluminiumoxydhydraten zusammen, die meist gelartig, teils wohl auch kristallin sind, und z. T. der Zusammensetzung des Kaolins sehr nahestehen, teils stark davon abweichen. In frischem Zustand sind sie weich und arm an Alkalien und an Kalk. Mit zunehmendem Alter erhärten sie zu Schiefertonen, bei schwacher Metamorphose schließlich zu Tonschiefern und phyllitartigen Gesteinen. Während der Alterung absorbieren sie oft nicht unbeträchtliche Mengen vor allem an Kali und Kalk. Porzellantone sind sehr reine Tone von ungefähr der Zusammensetzung des Kaolins. Lehme sind durch Eisenoxydhydrate gelb- und braungefärbte Tone mit mehr oder weniger Sand. Die Farbe der Tone ist weiß, grau, gelblich, rötlich, die der Tonschiefer grau, bräunlich bis schwarz, rötlich, violett, grünlich. Die chemische Zusammensetzung ist sehr wechselnd. Nachstehend einige Analysen (l. c.). I. Oligozäner Ton. Klingenburg b. Aschaffenburg. II. Oligozäner Ton. Ebernhahn, Nassau, mit $18,29\%$ Quarz. III. Roter Tiefseeton. Mittel aus 51 Analysen aus dem Atlantischen, Pazifischen und Indischen Ozean. IV. Tonschiefer, kambrosilurisch. Material aus 18 Proben gemischt. Stavanger, Norwegen.

	I.	II.	III.	IV.
SiO_2	49,37	64,80	54,48	55,02
TiO_2	—	—	0,98	0,65
Al_2O_3	30,10	24,47	15,94	21,02
Fe_2O_3	3,89	1,72	8,66	5,00
FeO	—	—	0,84	1,54
MnO	0,01	Sp.	1,21	Sp.
MgO	0,01	0,87	3,31	2,32
CaO	0,38	1,08	1,96	1,60
Na_2O	Sp.	Sp.	2,05	0,81
K_2O	Sp.	0,29	2,85	3,19
H_2O	16,24	6,72	7,04	5,65
P_2O_5	—	—	—	0,06
	100,00	99,95	100,00	100,54

Charakteristisch für die chemische Zusammensetzung der Tongesteine ist die Vorherrschaft des Kalis über das Natron (selektive Adsorption) und des MgO über das

CaO. Ihr Chemismus ist so abweichend von dem anderer Gesteinsgruppen, daß man die aus ihnen hervorgegangenen metamorphen Gesteine meist leicht erkennen kann.

Der Wind kommt als Transportmittel nur für feines und feinstes Material in Frage. Ein weiterer wichtiger Unterschied gegenüber dem Wasser ist der Umstand, daß er nicht auslaugend auf das transportierte Material wirken kann. Das gröbere Material setzt sich in Gestalt von Sanden ab, die ebenfalls Sandsteine ergeben können. Das feinste Material, der Staub, bildet den Löß. Dieses tonige Gestein ist im frischen Zustand im Gegensatz zu dem aus Wasser abgesetzten Ton reich an Kalk und Alkalien. Mit zunehmendem Alter wird jedoch der Löß vom Wasser ausgelaugt, er verlehmt, so daß er den anderen Tonen ähnlich wird und die aus ihm hervorgehenden Tonschiefer nicht mehr mit Sicherheit von den gewöhnlichen Tonschiefern unterschieden werden können.

Beim Eistransport findet keine Sichtung des Materials statt, und auch die Auslaugung geschieht nur in geringem Maße. In den losen Ablagerungen, dem Geschiebelehm, sind daher gröbstes und feinstes Material gemengt (Blocklehm), und der Gehalt an Alkalien und Kalk ist im frischen Zustand verhältnismäßig groß. Die Ablagerungen ergeben nach der Verfestigung konglomeratische und grauwackenähnliche Gesteine, die mitunter an der Blocklehmnatur und an dem Vorkommen von gekritzten Geschieben auch bei sehr hohem Alter als Eisablagerungen erkannt werden können.

b) Chemische Sedimente.

Diese werden in vier Gruppen geteilt.

Sulfate und Chloride. Zu diesen gehören vor allem die Gesteine der Salzlagerstätten. Man hat Grund zu der Annahme, daß die großen Salzlagerstätten vom Typus der mittel- und norddeutschen Zechsteinsalzlager durch Eindunstung eines Meeresteiles entstanden sind. Das Meerwasser wird dabei etwa die Zusammensetzung der heutigen Ozeane gehabt haben. Als Temperatur kommt ein Bereich von 15—35⁰ in Betracht. Durch die Untersuchungen von van't Hoff, d'Ans, Jaenecke u. a. sind wir in der Lage, die theoretische Salzfolge, die unter diesen Bedingungen entsteht, wie folgt anzugeben.

$$
\text{Steinsalz mit}
\begin{cases}
\text{Kieserit, Carnallit, Bischofit} & = \text{Bischofitzone} \\
\text{Kieserit, Carnallit} & = \text{Carnallitzone} \\
\left.
\begin{array}{l}
\text{Kieserit, Kainit} \\
\text{Hexahydrat, } MgSO_4 \cdot 6\,H_2O,\ \text{Kainit} \\
\text{Reichardit, Kainit}
\end{array}
\right\} & = \text{Kainitzone} \\
\begin{array}{l}
\text{Reichardit, Leonit} \\
\quad (Mg_2)K_3Na(SO_4)_4 \cdot 8\,H_2O
\end{array} & = \text{K-Mg-Sulfatzone} \\
\left.
\begin{array}{l}
\text{Reichardit } MgSO_4 \cdot 7\,H_2O \\
\text{Astrakanit } Na_2Mg(SO_4) \cdot 4\,H_2O
\end{array}
\right\} & = \text{Kalifreie Mg-Sulfatzone} \\
\text{Polyhalit} & = \text{Polyhalitzone} \\
\text{Anhydrit} & = \text{Anhydritzone} \\
\left.
\begin{array}{l}
\text{Gips} \\
\text{Gips}
\end{array}
\right\} & = \text{Gipszone}
\end{cases}
$$

Von diesem theoretischen Salzprofil weicht das wirkliche der Salzlagerstätten z. T. recht erheblich ab. An Stelle des Gipses z. B. findet sich Anhydrit, andererseits ist die nach dem Kristallisationsschema unmögliche Mineralkombination Kieserit-Sylvin-Steinsalz, das Hartsalz, weit verbreitet und andere Abweichungen mehr. Diese Abweichungen haben einmal ihren Grund in dem von der Norm abweichenden Verlauf der Verdunstung, der sich bei der Austrocknung eines größeren Meeresteiles natürlich ergibt. Anderseits spricht aber das Auftreten von Paragenesen, die nur bei verhältnismäßig hoher Temperatur gebildet sein können, dafür, daß diese Abweichungen ihre Entstehung einer nachträglichen Metamorphose durch geologische Vorgänge nach der Ablagerung verdanken. Von den zahlreichen Reaktionen, die solche Umwandlungen zur Darstellung bringen, seien hier nur zwei angeführt, die die Entstehung des Hartsalzes zeigen. Nach JAE-NECKE ergeben

$$110 \text{ g Kainit} + 1,2 \text{ g Steinsalz} \underset{\longrightarrow}{\overset{83^0}{\longleftarrow}} 33 \text{ g Langbeinit } [(Mg_2K_2(SO_4)_3] + 16 \text{ g Sylvin}$$
$$+ 22 \text{ g Kieserit} + 31 \text{ g Lauge}$$
$$70 \text{ g Kainit} + 30 \text{ g Carnallit} + 0,5 \text{ g Steinsalz} \underset{\longrightarrow}{\overset{72^0}{\longleftarrow}} 29 \text{ g Sylvin} + 38 \text{ g Kieserit}$$
$$+ 33,5 \text{ g Lauge.}$$

Diese Reaktionen sind umkehrbar, falls die Lauge nicht auf irgendeine Art weggeführt wird. Wie diese Reaktionen das theoretische Profil verändern können, zeigt die nachstehend wiedergegebene Tabelle nach RINNE[1].

Theoretisches Profil	durch Metamorphose verändertes Profil
Bischofitzone	—➤ als Lauge verbraucht oder verloren
Carnallitzone	—➤ Carnallitzone bzw. Hartsalzzone
Kainitzone	—➤ Hartsalzzone
K-Mg-Sulfatzone	—➤ Langbeinitzone —➤ Hartsalzzone
Kalifreie Mg-Sulfatzone	—➤ Loeweit-Vanthoffit-Zone —➤ Kieseritzone
Polyhalitzone	—➤ Polyhalitzone
Anhydritzone	—➤ Glauberitzone, Anhydritzone
Gipszone	—➤ Anhydritzone

Die umgewandelte Salzfolge stimmt mit den Beobachtungen in der Natur recht gut überein. Man muß jedoch bedacht sein, die Salzmetamorphose nicht als einzige Ursache für die Abweichungen vom theoretischen Profil anzusehen. Salzlagerstätten finden sich in allen geologischen Formationen. Nur bei den deutschen und elsässischen Lagerstätten ist es dabei zu einer erheblichen Ablagerung von Kalisalzen gekommen. Während bei den nord- und mitteldeutschen Lagerstätten Deszendenzbildungen (Auflösung bereits vorhandener Salze und Wiederabsatz) nur z. T. eine Rolle spielen, soll das Material der elsässischen Lager völlig deszendent sein. Es soll der Dyas in der Gegend der Rhön, des Eichsfeldes und des Vogelsberges entstammen, das zur Tertiärzeit gelöst und in der Rheintalsenke wiederabgesetzt wurde.

Die Struktur der Salzgesteine ist vorwiegend körnig. Porphyrartige, Trümmer- und Faserstrukturen verdanken ihre Entstehung besonderen Bedingungen. Die Korngröße, zumal des Steinsalzes, ist dabei oft recht erheblich, was der ursprünglichen Ablagerung wohl nicht eigentümlich war. Sammelkristallisation scheint bei dieser Umformung wirksam mitgearbeitet zu haben. Frei von Salzmineralien kommt von den Sulfaten in jüngeren Formationen in größerer Menge der Gips vor, teils in mächtigen Ablagerungen, teils in Linsen und dünneren Bänken. Die Struktur ist dabei vorwiegend körnig, seltener porphyrartig (Porphyrgips), faserig oder grobspätig. Ein sehr feinkörniger, durchscheinender Gips ist der Alabaster. Die Gipsablagerungen sind als erste Anfänge oder auch als Torsos von Steinsalzlagerstätten (die leichtlöslichen Salze wurden wieder weggeführt) aufzufassen.

Karbonate. Hierhin zu rechnen sind die Kalkoolithe (Rogensteine), Kalktuff (Kalksinter), manche Kalksteine, Dolomite, Eisenoolithe (Minetten), Spateisenstein. Kalkausscheidungen direkt aus dem Meerwasser finden nur unter bestimmten Umständen statt. So kennt man z. B. rezente Kalkoolithe von Florida und vom Roten Meer bei Suez. Die Gegenwart von Ammoniumsalzen, durch die Zersetzung von organischer Substanz entstehend, scheint dabei

---

[1] RINNE, F.: Fortschr. d. Krist. Mineral. etc. **6**, S. 113 u. 119, 1920.

von Belang zu sein. Die Oolithe bestehen aus etwa mohnkorn- bis erbsengroßen Kalkspatkügelchen, die oft ein winziges Körnchen anderen Materials als Zentrum haben und durch wenig Kalkspat verkittet sind. Die Kalktuffe setzen sich aus stark kalkhaltigen Süßwassern ab. Pflanzen spielen dabei oft, aber nur indirekt, mit. Die Dolomite sind durch nachträgliche Einwirkung von Mg-Salzlösungen aus Kalksteinen entstanden. Auch die Eisenoolithe scheinen vielfach umgewandelte Kalkoolithe zu sein. Dolomite und Kalksteine, dies gilt auch für die organogenen, sind durch Übergänge miteinander verbunden, man spricht dann von **dolomitischen Kalken.** Auch Sand oder Ton kann z. T. in recht erheblichen Mengen beigemischt sein, die Gesteine heißen **Kalksandsteine** oder mit Ton **Mergel** (Kalkmergel, Dolomitmergel). Über den Chemismus orientieren die nachfolgenden Analysen. I. Kalkoolithe des Dogger, Blumenburg bei Kolmar. II. Dolomit, weißer Jura. Staffelburg, Franken. III. Eisenoolith, Minette. Graues Lager. Luxemburg.

	I.	II.		III.
$CaCO_3$	96,97	58,33	SiO_2	7,9
$MgCO_3$	0,50	24,10	Al_2O_3	2,3
Al_2O_3	—	13,17	Fe_2O_3	45,5
Fe_2O_3	0,11	—	FeO	0,4
H_2O	—	4,37	MgO	0,5
Rückstand	0,86	—	CaO	19,0
	100,01	99,97	H_2O	8,0
			P_2O_5	1,7
			SO_3	0,1
			CO_2	14,3
				99,7

Silikate. Von diesen kommen in Betracht Ablagerungen von **Glaukonit,** meist mit Sand oder Ton gemengt (Grünsandstein), ferner solche von **Thuringit** und **Chamosit,** die zum Teil wichtige Eisenerze sind.

Hydrate. Von diesen spielt nur das **Raseneisenerz** und das **Sumpferz,** beides **Eisenoxydhydrate,** meist mit mehr oder weniger Ton und Sand gemengt, eine Rolle. SiO_2-Hydrat, **Kieselsinter,** tritt als Absatz heißer Quellen auf.

c) Organogene Sedimente.

Der Entstehung nach unterscheidet man **zoogene** und **phytogene** Sedimente. Jede Abteilung wird nach dem Material wieder in **kalkige, kieselige** und **organische** untergeteilt. Das Material liefern vor allem Korallen, Muscheln, Brachiopoden. Die zoogenen kalkigen Gesteine sind **Kalksteine,** die mitunter weitgehend umkristallisiert sind. Bestehen sie im wesentlichen nur aus Schalen von Organismen, nennt man sie **Muschelbreccien.** Die Kreiden sind weiße, zerreibliche Kalkgesteine, die im wesentlichen aus Foraminiferengehäusen, Resten von Muschelschalen usw. und äußerst winzigen Scheibchen, den **Kokkolithen,** bestehen. Tonige Substanz oder auch Glaukonit ist oft beigemengt (Kreidemergel). Die phytogenen Kalksteine treten gegenüber den zoogenen sehr zurück, als ihr verbreitetster Vertreter sei der **Lithothamiumkalk** genannt. Zu den organogenen kieseligen Sedimenten gehören zum Teil die **Kieselschiefer** und die **Spongiensandsteine,** die für die Radiolarien und Spongien das Material geliefert haben. **Kieselgur** und **Polierschiefer** sind phytogene Sedimente, die im wesentlichen aus den Panzern von Diatomeen aufgebaut sind. Von den organogenen Sedimenten aus organischem Material sind die **Kohlengesteine** von besonderer praktischer Bedeutung. Man kann genetisch zwei Reihen unterscheiden: die Humuskohlen und die Faulschlammkohlen. Die erstgenannten sind aus Resten vornehmlich von Sumpf- und Landpflanzen entstanden. Diese sind durch spätere Bedeckung von Wasser und weiteren Pflanzenteilen vor der Verwesung geschützt worden und haben einen Inkohlungsprozeß durchgemacht, der zur Entstehung von Torf führt, zerreibliche braune bis schwarze Massen, die oft noch deutlich pflanzliche Reste erkennen lassen. Die fossilen Äquivalente des Torfes sind die Glanzkohlen. Die jüngeren, meist braun gefärbten, zum Teil noch zerreiblichen Kohlen, bezeichnet man als Braunkohlen, die älteren schwarzen, glänzenden als Steinkohlen. Die Unterschiede zwischen Stein- und Braunkohlen sind nicht scharf. In chemischer Beziehung macht sich natürlich die Verschiedenheit des Materials geltend, was sich z. B. in dem besonderen Harzreichtum der Braunkohlen ausdrückt. Im allgemeinen kann man wohl sagen, daß Torf, Braunkohle und Steinkohle nur verschiedene Stadien ein und desselben Prozesses sind.

Das Material der Faulschlammkohlen sind besonders die echten Wasserpflanzen. Deren Reste sind sofort durch das stagnierende Wasser vom Luftsauerstoff abgeschlossen worden und haben einen Fäulnisprozeß durchgemacht, deren Produkte die Faulschlamme sind. Die fossilen Äquivalente sind die Mattkohlen. Sie unterscheiden sich von den Glanzkohlen durch ihre matte Farbe und sind oft sehr zähe. Chemisch zeichnen sie sich durch einen sehr hohen Gehalt an schweren Kohlenwasserstoffen aus. Paläozoische Faulschlammkohlen sind zum Teil die Kannel- und die Bogheadkohle, tertiäre z. B. die Papierkohle (Dysodil). Durch örtliche Bedingungen findet in den rezenten Mooren oft räumlich nebeneinander oder zeitlich nacheinander Torf- und Faulschlammbildung statt. Das fossile Äquivalent der gemischten Bildung scheint die Streifenkohle zu sein, bei der Lagen von Glanz- und Mattkohle abwechseln. Chemisch bestehen die Kohlengesteine aus Gemengen von Kohlenwasserstoffen mit mehr oder weniger anorganischem Material. Das ungefähre Verhältnis von C, H und O in Holz, Torf und den verschiedenen Kohlensorten ist:

	C	H	O
Holz	50	6	44
Torf	55—60	6—5	39—35
Braunkohle	65—78	5	30—17
Steinkohle	80—92	5—4	15—4
Anthrazit	94—98	3—1	3—1
Graphit	100	—	—

Dazu kommt noch ein wechselnder Wassergehalt, der bei Braunkohlen 30 bis 60% ausmachen kann, bei Steinkohlen höchstens etwa 7%. Begleitende Mineralien sind Retinit, Pyropissit, Honigstein (diese besonders in Braunkohlen), ferner vor allem Pyrit und Markasit und deren Zersetzungsprodukte, sodann Quarz, Kalkspat, Aragonit, Schwerspat und Eisenspat, Vivianit, Whewellit (Ca-Oxalat) usw. Anthrazit und schließlich Graphit gehen aus den normalen Kohlen durch Einwirkung metamorpher Prozesse hervor und sind mit ihnen durch alle Übergänge verbunden.

Die Zersetzungsprodukte tierischer Organismen liefern bituminöse und erdölartige Substanzen, die mit tonigem und kalkigem Material gemengt zum Teil die bituminösen Schiefer und Kalke bilden. Die Lagerstätten des Erdöls scheinen wenigstens zum Teil durch Anhäufung von tierischen Zersetzungsprodukten entstanden zu sein.

C. Die metamorphen Gesteine.

Die Temperaturdruckbereiche der verschiedenen Arten der Metamorphose und ihre gegenseitige Stellung bringt recht anschaulich ein Diagramm von V. M. Goldschmidt[1] zur Darstellung, das beifolgend wiedergegeben sei.

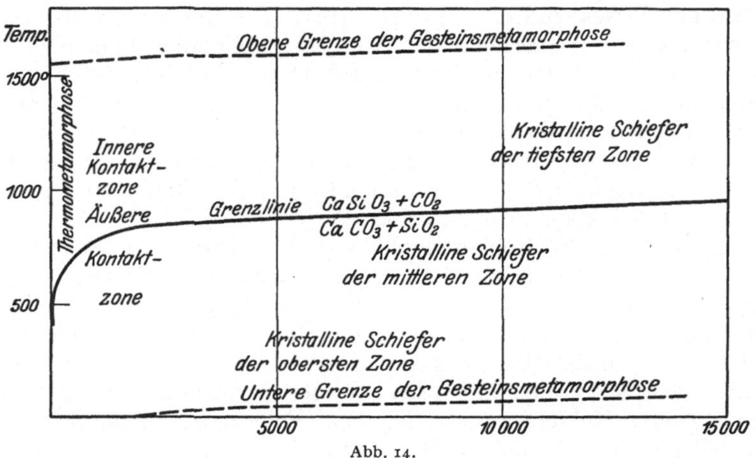

Abb. 14.

Nach oben ist das Gebiet begrenzt durch die Schmelzkurve der Gesteine. Unten ist ebenfalls eine von der Abszissenachse abweichende Grenzlinie vorhanden, da in der Erdrinde mit erhöhtem Druck auch stets erhöhte Temperatur verbunden ist. Zugleich ist in dieses Diagramm die Grenzlinie $CaCO_3 + SiO_2 \rightleftharpoons CaSiO_3 + CO_2$ eingetragen. Bei Temperaturen und Drucken im Gebiet unterhalb der Grenzlinie ist Kalkspat neben Quarz beständig, oberhalb der Grenzlinie Wollastonit und Kohlensäure. Auf der Grenzlinie selbst herrscht Gleichgewicht zwischen $CaCO_3$, SiO_2, $CaSiO_3$ und CO_2.

Die kristallinen Schiefer, die Produkte der Regional- und Dynamometamorphose teilt man nach den Temperatur-Druck-Bereichen, in denen sie gebildet worden sind, in drei Reihen ein: in die Gesteine der oberen oder Epizone, der mittleren oder Mesozone und der untersten oder Katazone.

Der chemische Bestand der metamorphen Gesteine ist in den überwiegenden Fällen, wo keine Stoffzufuhr stattgefunden hat, der der Ausgangsgesteine. Wasserhaltige Sedimente büßen bei der Metamorphose ihren Wassergehalt natürlich großenteils ein. Aus der Analyse resp. dem Analysenort in einer der früher angeführten Projektionsarten läßt sich also in vielen Fällen eindeutig erkennen, ob wir es mit einem ehemaligen Eruptiv- oder Sedimentgestein zu tun haben. Geologische und mineralogische Beobachtungen sind dabei ebenfalls zu Rate zu ziehen. Bei ehemaligen Sedimentgesteinen, die die chemische Zusammensetzung von Eruptivgesteinen haben, versagt aber der chemische Befund. Wenn dann geologischer und mineralogischer Befund ebenfalls keine Entscheidung zulassen, ist die Zuordnung zu einer der beiden anderen Gesteinsgruppen nicht möglich. Dies ist z. B. der Fall bei gewissen Amphiboliten, die sowohl aus einem Gestein gabbroider Magmen wie aus gewissen Mergeln hervorgegangen sein können. Beide haben nach der Metamorphose den gleichen chemischen und mineralogischen Bestand. Bei Metamorphose mit Stoffzufuhr kommt meist die

---

[1] Goldschmidt, V. M.: Vidensk. Selsk. Skrifter, I. Math.-naturw. Kl. 1912, Nr. 22, S. 6.

Zufuhr von H_2O, SiO_2, F, Cl, B, H_2S, Alkalien, Fe, Sn, Zn und anderen Metallen in Betracht.

Der **Mineralbestand** der metamorphen Gesteine ist außerordentlich wechselvoll. Er wird kurz bei den einzelnen Gesteinsgruppen angegeben werden. Im allgemeinen kann man sagen, daß sich bei steigender Temperatur Mineralien bilden werden, die bei ihrer Entstehung Wärme verbrauchen, also negative Wärmetönung haben. So bildet sich z. B. aus Kaolin (positive Wärmetönung) Andalusit (negative Wärmetönung), Quarz (negative Wärmetönung) und Wasser. Ferner werden sich bei Drucksteigerung Mineralien von kleinerem Volumen bilden als das der Komponenten, aus dem sie entstehen. Z. B. hat Olivin das Molekularvolumen 43,9, Anorthit 101,1. 1 Olivin + 1 Anorthit geben 1 Granat vom Molekularvolumen 121, während die Summe der Molekularvolumen von Olivin und Anorthit 145 beträgt.

Die **Struktur** der metamorphen Gesteine ist ganz vorwiegend **holokristallin**. Nur in gefritteten und partiell eingeschmolzenen thermometamorphen kieseligen Gesteinen tritt Glas als Komponente auf. Charakteristisch für metamorphe Strukturen ist, daß die mehr oder weniger ausgesprochene Idiomorphie der einzelnen Gemengteile keinen Rückschluß auf die Bildungsfolge zuläßt wie bei den Eruptivgesteinen. Die durch einen metamorphen Akt gebildeten Mineralien haben gleiches Alter. Die durch solche gleichzeitige Bildung hervorgerufene Struktur nennt man **kristalloblastisch**. Wachsen alle Komponenten annähernd gleichmäßig, dann spricht man von **homöoblastischen** Strukturen (granoblastische Struktur, Pflaster-, Hornfelsstruktur, schuppige und faserige Struktur), eilen einzelne Mineralien im Wachstum voran, von **heteroblastischen** Strukturen. Bei **poikilitischer** Struktur durchspießen kleinere Idioblasten größere Xenoblasten, die ein grobkörniges Grundgewebe bilden. Bei **diablastischer** Struktur durchdringen sich meist stenglige Individuen. Mitunter werden die Strukturen der Ausgangsgesteine nicht vollständig verändert, **Reliktstrukturen**. Hat im wesentlichen nur eine mechanische Zertrümmerung stattgefunden, so spricht man von **Kataklasstrukturen**. Die Texturen sind entweder **massig** oder besonders bei den kristallinen Schiefern **planparallel** (schieferige, faserige, lagenartige Planparalleltextur).

Thermometamorphe Gesteine spielen eine geringe Rolle. Durch Berühren mit Lava werden Tonschiefer rotgebrannt, Sandstein gefrittet und zum Teil verglast, Stein- und Braunkohle in Anthrazit oder Koks umgewandelt. **Kontaktmetamorphe Gesteine** entstehen durch die Einwirkung von intrudierenden Magmen auf die umgebenden Gesteine. Die Zone der merklichen Veränderung heißt **Kontakthof**. Nach außen geht er unmerklich in das unveränderte Gestein über, an der Grenze der Eruptivgesteine finden sich die am stärksten metamorphosierten Gesteine. Auf **Eruptivgesteine** ist die Einwirkung, wenn keine Stoffzufuhr stattfindet, naturgemäß sehr gering, ein näheres Eingehen hierauf erübrigt sich. Viel stärker sind die Einwirkungen auf die **Sedimentgesteine**. Auf die wichtigsten dieser Gesteine, die in dem Dreieck Abb. 13, S. 136 zur Darstellung gekommen sind, wirkt die Kontaktmetamorphose wie folgt ein: Reine Sandsteine ergeben **Quarzite**, reine Kalksteine und Dolomite ergeben **Kalk- und Dolomitmarmore**, reine Tonschiefer ergeben **Hornfelse**. Die Gesteine der Reihe Tonschiefer-Kalkstein konnte V. M. GOLDSCHMIDT in 10 Klassen von Hornfelsen einteilen. Bei den Tonschieferkontaktprodukten kann man mit zunehmender Intensität der Einwirkung von außen nach innen folgende Reihe feststellen: Tonschiefer > Knotenschiefer > Knotenglimmerschiefer (Fruchtschiefer, Garbenschiefer, Chiastolithschiefer) > Hornfels. Die Knoten bestehen meist aus Cordierit oder Pseudomorphosen nach ihm.

Durch Stoffzufuhr bei der Kontaktmetamorphose entstehen sehr wechselvolle Mineralkombinationen. Bei geringer Stoffzufuhr entstehen Kontaktgesteine, die den wiedergegebenen Arten zugerechnet werden können, bei sehr starker, meist örtlich engbegrenzter Stoffzufuhr, Minerallagerstätten, auf die hier nicht näher eingegangen werden kann. Die Veränderungen von Eruptiven durch solche Stoffzufuhr wurden bereits kurz angeführt.

Die dynamo- und regionalmetamorphen Gesteine. Von den mineralogisch und strukturell so verschiedenen Gesteinen seien hier nur die wichtigsten von den 11 Gruppen Grubenmanns mit ihrem hauptsächlichsten Mineralbestand kurz aufgeführt. Es sind bei jeder Gruppe zuerst die Epi-, dann die Meso- und Katagesteine angeführt.

   1. **Kalifeldspatgneise.** Serizitalbitgneise. Quarz, Albit, Serizit, Chlorit, Epidot, Zoisit, Hornblende — Apatit, Magnetit, Zirkon —, Disthen, Granat, Staurolith u. a. Muskowit-, Zweiglimmergneise. Quarz, Kalifeldspat, saurer Plagioklas, Zoisit, Epidot, Muskowit, Biotit — Apatit, Magnetit, Zirkon —, Disthen, Granat, Staurolith u. a. Biotitgneise. Quarz, Kalifeldspat, saurer Plagioklas, Biotit, Augit — Apatit, Magnetit, Zirkon — Sillimanit, Granat, Cordierit. Sowohl die Para- wie die Orthogesteine haben einen granitähnlichen Chemismus.

   2. **Tonerdesilikatgneise.** Serizitalbitgneise, Phyllite. Quarz, Albit, Serizit, Chlorit, Sprödglimmer, Granat, Disthen, Staurolith — Apatit, Magnetit —, kohlige Substanz u. a. Disthen-, Granat-, Staurolith- und gewöhnliche Glimmerschiefer; Disthen-, Granat-, Staurolithgneise. Quarz, Kalifeldspat, Plagioklas, Muskowit, Paragonit, Biotit, Disthen, Granat, Staurolith — Apatit, Magnetit, Zirkon, Rutil —, Hornblende, Zoisit, Epidot u. a. Sillimanit-, Cordierit-, Granatgneise. Quarz, Kalifeldspat, saurer Plagioklas. Biotit. Sillimanit, Granat, Cordierit — Magnetit, Apatit, Zirkon, Rutil—, Graphit, Spinelle u. a. In chemischer Beziehung liegt das charakteristische Merkmal in dem hohen Tonerdeüberschuß über Ca und Alkalien. Die Gesteine dieser Gruppe sind ganz vorwiegend Paragesteine.

   3. **Plagioklasgneise.** Epidot-Albitgneise, Epidotphyllite. Quarz, Albit, Zoisit, Epidot. Chlorit, Serizit, Hornblende — Magnetit, Hämatit, Rutil, Apatit, Zirkon — Granat u. a. Glimmer-, Hornblendegneise, Hornblendegarbenschiefer. Quarz, saurer Plagioklas, Zoisit, Epidot, Biotit, Muskowit, Hornblende — Magnetit, Apatit, Ilmenit, Rutil, Zirkon, Titanit —, Granat, Staurolith u. a. Biotit-, Hornblende- Augitplagioklasgneise. Quarz, saurer Plagioklas, Kalifeldspat, Augit, Hornblende, Biotit — Apatit, Magnetit, Rutil u. a. — Granat u. a. Der Chemismus dieser Gruppe ähnelt dem der dioritischen Gesteine, es kommen sowohl Para- wie Orthogesteine vor.

   4. **Eklogite und Amphibolite.** Albitamphibolite, Epidotchloritschiefer, Glaukophanite. Albit, Epidot, Hornblende, Glaukophan, Chlorit — Apatit, Magnetit, Hämatit, Rutil u. a. — Quarz, Karbonate, Serizit, Talk, Serpentin, Granat u. a. Plagioklas-, Granat-, Zoisitamphibolite. Plagioklas, Zoisit, Hornblende, Biotit, Granat — Apatit, Magnetit, Rutil u. a. — Quarz, Muskowit u. a. Plagioklasaugitfelse, Eklogite. Plagioklas, Augit, Granat — Apatit, Magnetit, Rutil u. a. — Biotit, Disthen, Quarz u. a. Der Chemismus ähnelt dem gabbroider Gesteine. Die Gesteine sind vorwiegend Orthogesteine.

   5. **Magnesiumsilikatschiefer.** Chlorit, Talk- und Serpentinschiefer. Chlorit, Talk, Serpentin, Granat — Magnetit, Rutil, Apatit u. a. — Hornblende, Karbonate u. a. Hornblendeschiefer, Nephrite. Hornblende, Alkalihornblende, Granat — Apatit, Magnetit, Rutil u. a. — Plagioklas, Zoisit, Epidot,

Biotit, Muskowit, Spinelle, Quarz, Karbonate. Olivinschiefer, Augitschiefer. Olivin, Granat, Augit, Hornblende — Apatit, Magnetit, Rutil u. a. — Chromit, Spinelle u. a. Der Chemismus ähnelt dem der peridotitischen Gesteine, von denen diese Gesteine auch meist abstammen. Doch kommen auch Paragesteine vor.

6. Quarzitgesteine. Serizitquarzite. Quarz, Serizit, Chlorit, Albit — Apatit, Magnetit, Rutil u. a. — Granat, Disthen, Strahlstein, Kohle u. a. Gneis- und Glimmerquarzite. Quarz. Wenig Kalifeldspat, Plagioklas, Muskowit, Biotit — Apatit, Magnetit, Rutil u. a. — Hornblende, Epidot, Granat, Graphit u. a. Gneisquarzite. Quarz. Wenig Kalifeldspat, Plagioklas, Biotit — Apatit, Magnetit, Rutil u. a. — Augit, Hornblende, Sillimanit, Cordierit, Granat, Graphit u. a. Der Chemismus ist der sehr quarzreicher Sandsteine, von denen diese Gesteine auch abstammen.

7. Kalksilikatgesteine. Epidot-, Granatgesteine, Kalkphyllite. Granat, Epidot, Serizit, Quarz, Kalkspat — Apatit, Magnetit, Rutil u. a. — Zoisit, Hornblende, Chlorit, Talk, Serpentin, Apatit u. a. Kalksilikatschiefer, Kalkglimmerschiefer. Granat, Strahlstein, Muskowit, Quarz, Karbonate — Apatit, Magnetit, Rutil u. a. — Plagioklas, Hornblende, Epidot, Zoisit, Biotit u. a. Kalksilikatfelse (Augit-, Granat-, Skapolithfelse), basische Plagioklase, Augit, Granat, Vesuvian, Skapolith, Hornblende, Biotit, Phlogopit, mit und ohne Karbonat — Apatit, Magnetit, Rutil, Titanit u. a. — Quarz, Cordierit. Der Chemismus ist der karbonatisch-kieseliger Sedimente, von denen diese Gesteine auch ausschließlich abstammen.

8. Marmore. Die Hauptgemengteile sind in allen drei Zonen Kalkspat oder Dolomit, auch die Nebengemengteile (Magnetit, Pyrit u. a.) sind gleich. Charakteristisch für die Zonen sind nur die Übergemengteile: Quarz, Albit, Serizit, Epidot, Zoisit, Chlorit, Talk, Serpentin = Epizone. Quarz, Feldspäte, Zoisit, Epidot, Biotit, Muskowit, Hornblenden, Graphit = Mesozone. Quarz, Kalifeldspat, Plagioklas, Biotit, Diopsid, Wollastonit, Hornblende, Granat, Skapolith, Vesuvian, Spinelle, Olivin, Graphit = Katazone. Die Marmorarten sind die Abkömmlinge reiner oder nur schwach toniger oder sandiger Kalksteine und Dolomite.

c) Material aus der Atmosphäre.
Von **W. MEIGEN**, Gießen.

Von großer Bedeutung für die Bodenbildung ist der Einfluß der Lufthülle der Erde, der Atmosphäre, auf die oberflächlich zutage tretenden Gesteine. Die atmosphärische Luft ist ein Gemenge verschiedenartiger Gase mit Wasserdampf. Da die Dichte der Luft mit wachsender Höhe mehr und mehr abnimmt, läßt sich eine bestimmte Grenze und damit eine bestimmte Höhe für die Atmosphäre nicht angeben. Meßbar ist jedoch der Gesamtdruck, den die Luft auf jeden in ihr befindlichen Körper, also auch auf die Erdoberfläche, ausübt. Der Luftdruck wird durch die Höhe einer Quecksilbersäule gemessen, die ihm das Gleichgewicht hält (Barometer). Er ist abhängig von den meteorologischen Zuständen der Atmosphäre. An der Meeresoberfläche beträgt er im Mittel 760 mm Quecksilber oder 1,033 kg je Quadratzentimeter. Hieraus kann man die Masse der Atmosphäre berechnen. Sie beträgt noch nicht ein Millionstel der gesamten Erdmasse.

Die Zusammensetzung der trockenen Luft ist abhängig von der Höhe über der Erdoberfläche. Da die einzelnen Bestandteile der Atmosphäre verschiedene Dichte besitzen, würden sie sich dieser Dichte entsprechend in besonderen Schichten übereinander anordnen, wenn die Atmosphäre sich völlig in Ruhe und Gleichgewicht befände. In den unteren Schichten werden aber infolge der ungleichmäßigen Erwärmung durch die Sonne und durch die Erddrehung Strömungen hervorgerufen, die eine ständige Durchmischung bewirken. In diesen Schichten ist daher eine schichtweise Anordnung nicht möglich; wohl aber trifft sie für die höheren Luftschichten (Stratosphäre) zu, die aber für die Bodenbildung nicht in Frage kommen, da auch die höchsten Erhebungen der Erdoberfläche nicht so hoch hinaufreichen. Wenn auch in den unteren Schichten eine wesentliche Trennung nicht eintritt, so fand Wigand[1] doch zwischen 1500—9000 m mit wachsender Höhe eine geringe Abnahme des schwereren Kohlendioxyds und eine Zunahme der leichteren Gase Wasserstoff, Helium und Neon.

Infolge der durch die Luftströmungen veranlaßten Temperaturänderungen geht der in der Luft enthaltene Wasserdampf vielfach in den flüssigen oder festen Zustand über, es bilden sich Wolken. Die Wolkenzone (Troposphäre) hat in mittleren Breiten eine Höhe von etwa 11 km, während sie am Pol nur bis 9, am Äquator dagegen bis etwa 17 km hinaufreicht. In ihr spielen sich die gewöhnlichen meteorologischen Erscheinungen ab.

Die Luft besteht im wesentlichen aus Stickstoff und Sauerstoff, ferner aus Argon, Helium, Neon, Xenon, Krypton, Wasserstoff. Zu diesen in nahezu stets gleichbleibenden Mengen vorhandenen Gasen kommen noch wechselnde Mengen von Wasserdampf, Kohlendioxyd, Ozon, Wasserstoffsuperoxyd, Ammoniak und anderen Stickstoffverbindungen, schwefliger Säure, Schwefelwasserstoff, organischen Stoffen (Kohlenwasserstoffen) und schwebenden festen Stoffen. Besonders der Gehalt an Wasserdampf ist starken örtlichen und zeitlichen Schwankungen unterworfen, wodurch sich natürlich auch die prozentischen Mengen der anderen Bestandteile ändern. Die Zusammensetzung der trockenen Luft ist dagegen sehr gleichmäßig; die örtlichen und zeitlichen Abweichungen sind sehr geringfügig.

Während Wasserstoff und die Edelgase, deren Mengen außer Argon äußerst gering sind, für die Bodenbildung keine Bedeutung haben, sind unter den anderen Bestandteilen einige dafür sehr wichtige, weil chemisch sehr wirksame Stoffe. Bei manchen besteht ein ständiger Austausch zwischen der Atmosphäre und der festen Erdrinde sowie dem Wasser.

Nach den besten Messungen enthalten 100 Teile trockene Luft

	dem Raum nach	dem Gewicht nach
Stickstoff	78,13	75,5
Sauerstoff	20,93	23,2
Argon	0,94	1,3

Das Verhältnis von Sauerstoff zu Stickstoff ist sehr gleichmäßig, aber doch nicht völlig unveränderlich. Die Schwankungen gehen jedoch nur selten über einige Hundertstel Prozente hinaus. Hempel[2] schloß aus seinen Analysen, daß die Luft an den Polen etwas sauerstoffreicher sei als am Äquator. Nach Morley[3] sind die höheren Luftschichten ärmer an Sauerstoff; größere Unterschiede stellen sich jedoch erst oberhalb der Troposphäre ein.

Wo Tiere atmen oder Feuer brennt, wird Sauerstoff verbraucht. Ebenso wird bei der Verwitterung der Gesteine durch Oxydation der Eisenoxydulverbindungen

---

[1] Wigand, A.: Die Änderung der Luftzusammensetzung mit der Höhe. Physik. Z. 17, 396 (1916).

[2] Hempel, W.: Über den Sauerstoffgehalt der atmosphärischen Luft. Ber. dtsch. chem. Ges. 20, 1864 (1887).

[3] Morley, E. W.: On a possible cause of the Variations observed in the amount of the Oxygen in the Air. Amer. J. Sc. III. s. 22, 417 (1881).

Sauerstoff chemisch gebunden. Wachsende grüne Pflanzen machen unter dem Einfluß des Lichtes aus dem Kohlendioxyd wieder Sauerstoff frei. Der Verbrauch ist wohl sicher größer als der Gewinn. Innerhalb meßbarer Zeiten ist die Abnahme aber bei der gewaltigen Ausdehnung der Atmosphäre verhältnismäßig so klein, daß sie sich der Feststellung entzieht.

Der Gehalt der Luft an Wasserdampf kann innerhalb weiter Grenzen schwanken, von Null bis zu einer oberen Grenze, bei der sein Druck gleich dem Sättigungsdruck des Wasserdampfes ist. Dieser hängt von der Temperatur ab; er nimmt mit steigender Temperatur ebenfalls zu. Bei mittleren Temperaturen ist er in Millimetern Quecksilber gemessen annähernd gleich der Anzahl Grade über 0^0. Bei einer bestimmten Temperatur kann die Luft also höchstens die dem Dampfdruck des Wassers für diese Temperatur entsprechende Menge enthalten. Sie ist dann mit Wasserdampf gesättigt. Die Sättigungstemperatur heißt auch Taupunkt. Wird die Luft unter den Taupunkt abgekühlt, so verdichtet sich der überschüssige Wasserdampf zu Nebel, bei größerer Menge zu Regen oder unter 0^0 zu Schnee oder Hagel.

Unter absoluter Feuchtigkeit versteht man den Partialdruck des in der Luft enthaltenen Wasserdampfes in Millimetern Quecksilber. Relative Feuchtigkeit ist das Verhältnis der in der Luft wirklich vorhandenen zu der bei der Sättigung möglichen Dampfmenge. Man erhält die relative Feuchtigkeit, wenn man die absolute durch den der Lufttemperatur entsprechenden Sättigungsdruck teilt; sie wird in Prozenten angegeben.

Der Feuchtigkeitsgehalt der Luft wird meistens mit Hygrometern gemessen. Sie beruhen teils auf der Spannung eines elastischen Fadens, die von der Feuchtigkeit abhängig ist, teils auf der Verdunstungskälte, die um so größer ist, je weniger die Luft mit Wasserdampf gesättigt ist. Bei dem Taupunkthygrometer bestimmt man die Temperatur, bei der sich eine blanke Metallkugel beschlägt. Der Wasserdampfgehalt entspricht dann dem Sättigungsdruck bei dieser Temperatur.

Die Feuchtigkeit kann natürlich auch durch die Gewichtszunahme eines geeigneten Absorptionsapparates beim Durchleiten einer gemessenen Menge Luft bestimmt werden.

Der Stickstoffgehalt der Luft wechselt mit dem Sauerstoffgehalt; nimmt der eine zu, so nimmt der andere ab. Bei Gewittern entstehen durch die elektrische Entladung Stickoxyde, die durch Feuchtigkeit in Salpetersäure übergehen. ARRHENIUS[1] schätzt den Betrag an Stickstoff, der jährlich durch elektrische Entladungen in der Atmosphäre gebunden wird, auf 400 Millionen Tonnen.

Unter Mithilfe von Bakterien vermögen manche Pflanzen (Leguminosen) den Stickstoff zu binden und dadurch der Atmosphäre zu entziehen. Beim Zerfall oder der Verbrennung der organischen Substanz wird ein Teil davon wieder frei, ein anderer bildet gasförmige stickstoffhaltige Verbindungen, die vom Regen gelöst und dem Boden zugeführt werden[2]. Aller organisch gebundene Stickstoff stammt ursprünglich aus der Atmosphäre.

Der Gehalt der Luft an Kohlendioxyd schwankt zwischen 2,5 und 3,5 Teilen in 10000 Raumteilen Luft, beträgt also im Mittel 0,03%. Während über dem Meer kaum ein Unterschied vorhanden ist, ist er über dem Festland nachts durchschnittlich um 0,2—0,3 Teile auf 10000 Teile Luft höher als am Tage. Durch örtliche Verhältnisse kann der Kohlendioxydgehalt stark beeinflußt werden[3]. So ist er in der Luft der Großstädte erheblich höher. Berliner Luft, auf einem 20 m über der

---

[1] ARRHENIUS, Sv.: Das Werden der Welten. 3.—8. Taus., S. 130. Leipzig 1908.

[2] EHRENBERG, P.: Die Bewegung des Ammoniakstickstoffes in der Natur. Berlin: Parey 1907.

[3] LUNDEGARDH, H.: Der Kreislauf der Kohlensäure in der Natur, S. 1—67. Jena 1924.

Straße befindlichen Dach untersucht, enthielt nach Haehnel[1] bis zu 0,2% Kohlendioxyd. Solche durch Verbrennungs- oder Verwesungsvorgänge erzeugten Schwankungen machen sich im allgemeinen nur in nächster Nähe der Ursache bemerklich; nur vulkanische Erscheinungen vermögen den Kohlendioxydgehalt auch auf größere Entfernungen hin zu beeinflussen. Die Luft an den Polen scheint etwas ärmer an Kohlendioxyd zu sein. Müntz und Lainé[2] fanden in den von der Charcotschen Südpolarexpedition mitgebrachten Luftproben im Mittel nur 2,05 Teile Kohlendioxyd auf 10000 Teile Luft.

Regen hat keine merkliche Wirkung auf die Kohlendioxydmenge, obgleich nicht unbeträchtliche Mengen vom Regen aufgenommen werden; ein Liter Regenwasser enthält rund 1,5 ccm Kohlendioxyd. Durch Nebel oder Schnee wird der Kohlendioxydgehalt ein wenig vermehrt, ebenso auch durch starke Abkühlung (-10^0). Es ist dies, wie auch die nächtliche Zunahme, wohl nur eine Folge der langsameren Mischung der dem Erdboden näheren, etwas kohlendioxydreicheren Luftschichten mit den höheren. Die Bodenluft ist wegen der sich im Boden abspielenden Verwesungsvorgänge im allgemeinen etwas reicher an Kohlendioxyd als die Luft der freien Atmosphäre. Aus diesem Grunde veranlaßt auch eine starke Verminderung des Luftdrucks ein Ansteigen des Kohlendioxydgehaltes. In gleichem Sinne läßt eine Druckverminderung auch das im Wasser gelöste Kohlendioxyd zum Teil frei werden.

Alle Schwankungen des Kohlendioxydgehaltes der Luft werden durch den Einfluß des Meeres stark ausgeglichen, das bei einer Zunahme des Kohlendioxyds große Mengen davon aufnimmt, die es bei einer Abnahme ebenso leicht wieder abgibt.

Kohlendioxyd entsteht bei der Atmung der Tiere, bei der Verbrennung von Kohle, bei jeder Zersetzung organischer Stoffe. Ferner gelangen aus Mineralquellen und Vulkanen ungeheure Mengen in die Luft. Der jährliche Verbrauch an Kohlen beträgt über eine Milliarde Tonnen. Das daraus entstehende Kohlendioxyd entspricht rund einem Tausendstel des in der ganzen Atmosphäre vorhandenen. In Tausend Jahren würde sich dadurch allein der Gehalt der Luft an Kohlendioxyd verdoppeln. Da aber noch viele andere Quellen dafür vorhanden sind, müßte dies noch viel schneller gehen. In kurzer Zeit wäre tierisches Leben auf der Erde unmöglich, wenn das Kohlendioxyd nicht immer wieder verbraucht würde.

Dies geschieht einmal durch die Tätigkeit der grünen Pflanzen, die es unter Mitwirkung des Chlorophylls im Sonnenlicht zerlegen und den Kohlenstoff zum Aufbau ihrer organischen Substanz verbrauchen, während der Sauerstoff zum größten Teil in elementarer Form in die Atmosphäre zurückkehrt. Sehr große Mengen von Kohlendioxyd werden auch bei der Verwitterung der Gesteine in Form von Karbonaten festgelegt und der Luft entzogen. Man hat zwar versucht, diese Beträge zu schätzen; tatsächlich wissen wir aber über ihre Größe gar nichts und können daher auch nichts darüber aussagen, ob sich Zufuhr und Verbrauch einigermaßen ausgleichen. Schon verhältnismäßig kleine Änderungen des Kohlendioxydgehaltes der Atmosphäre würden den Wärmehaushalt der Erde stark beeinflussen, da sich dadurch die Durchlässigkeit der Luft für Wärmestrahlen erheblich ändert.

Infolge elektrischer Entladungen können sich Ozon, Wasserstoffsuperoxyd und Stickoxyde bilden. Da diese sich chemisch ähnlich verhalten und es sich nur

---

[1] Haehnel, O: Kohlendioxyd- und Schwefeldioxydgehalt der Berliner Luft. Z. angew. Chem. 35, 618 (1922).

[2] Müntz, A. u. E. Lainé: Der Kohlensäuregehalt in der Luft der antarktischen Regionen. C. r. 153, 1116 (1911).

um sehr kleine Mengen handelt, ist es oft schwer, eine sichere Entscheidung über ihr Vorkommen im einzelnen zu treffen.

Ozon kann auch durch Einwirkung ultravioletter Strahlen entstehen, was sicher in den höheren Luftschichten geschieht; seine Menge nimmt daher mit der Höhe zu. PRING[1] fand in den Alpen in einer Höhe von 2100 m einen mittleren Ozongehalt von 2,5 Teilen auf eine Million, bei 3580 m Höhe dagegen 4,7 Teile. Pariser Luft enthielt in 100 cbm 2,3—2,4 mg Ozon.

Ozon und Wasserstoffsuperoxyd wirken sehr stark oxydierend auf die in der Luft vorhandenen organischen Stoffe und verwandeln sie in Kohlendioxyd, Wasser und vielleicht Ammoniumnitrat. Über das Ausmaß dieser Vorgänge wissen wir nichts.

Die Stickoxyde gehen durch weitere Oxydation in Verbindung mit Wasser schließlich in Salpetersäure über.

Ammoniak gelangt bei der Verbrennung von Steinkohlen in die Luft. Außerdem entsteht es, neben organischen Stickstoffverbindungen, bei der Verwesung und Fäulnis eiweißhaltiger Stoffe. Stadtluft ist reicher an Ammoniak als Landluft.

In der gemäßigten Zone überwiegt der Ammoniakstickstoff den Nitratstickstoff; in den Tropen ist es umgekehrt, wohl eine Folge der häufigen Gewitter.

Nach GAUTIER[2] enthält die Luft freien Wasserstoff und andere brennbare Gase (Kohlenwasserstoffe). Die von ihm gefundenen Mengen sind nach späteren Untersuchungen viel zu hoch. Nach CLAUDE[3] enthalten eine Million Teile Luft weniger als ein Teil Wasserstoff.

Freier Wasserstoff gelangt durch vulkanische Gase in die Atmosphäre. Kohlenwasserstoffe, vor allem Methan (Sumpfgas) entstehen beim Zerfall organischer Stoffe unter Luftabschluß.

Nach HENRIET[4] sind in 100 cbm Luft 2—6 g Formaldehyd enthalten.

Schwefelwasserstoff ist ein Fäulnisprodukt von Eiweiß, gelangt aber auch, ebenso wie Schwefeldioxyd, aus Vulkanen in die Luft. Letzteres entsteht auch bei der Verbrennung von Kohle und findet sich daher besonders in der Luft der Großstädte und Industriegegenden. 100 Teile Steinkohle liefern bei der Verbrennung im Mittel 1,5 Teile Schwefeldioxyd. HAEHNEL[5] fand in 100 Litern Berliner Luft 3,28 mg Schwefeldioxyd. Durch Wasserdampf geht es in schweflige und durch Oxydation in Schwefelsäure über, die entweder als solche oder als Ammoniumsulfat durch den Regen dem Boden zugeführt wird.

Der Gehalt der Luft an Chlorverbindungen ist nicht ganz unerheblich. Es handelt sich dabei hauptsächlich um Natriumchlorid, das bei der Verdunstung der bei der Brandung oder durch Wogenschlag in die Atmosphäre gelangten Seewassertröpfchen zurückbleibt. Seine Menge ist in der Nähe der Küsten am größten; nach dem Innern des Landes zu nimmt das Natriumchlorid schnell ab.

Freie Salzsäure gelangt aus Vulkanen und Fabriken in die Luft, hat aber nur örtlich beschränkte Bedeutung.

Aus dem Meerwasser rühren z. T. auch die sehr geringen Mengen von Jod her, 0,1—0,25 mg in 100 cbm, die sich in der Luft vorfinden und vielleicht

---

[1] PRING, I. N.: Das Vorkommen von Ozon in der oberen Atmosphäre. Proc. Roy. Soc. Lond., Ser. A 90, 204 (1914).

[2] GAUTIER, A.: Die brennbaren Gase der Luft. Ann. Chim. et Physique, VII. ser. 22, 5 (1901).

[3] CLAUDE, G.: Über die Zusammensetzung der atmosphärischen Luft. C. r. 148, 1454 (1909).

[4] HENRIET, H.: Bestimmung des atmosphärischen Formaldehyds. C. r. 138, 203, 1272 (1904).

[5] s. S 147, Anm. 2.

eine gewisse hygienische Bedeutung haben (Kropf). Nach v. FELLENBERG[1] handelt es sich um elementares Jod.

Der in der Luft enthaltene Staub ist mannigfaltigen Ursprungs. Kleinste Teilchen mineralischer oder pflanzlicher Natur bilden auf dem Lande den Hauptanteil, während über dem Meer kleinste Salzteilchen als Reste der durch Seegang oder Brandung verspritzten und dann verdampften Wassertröpfchen die Luft erfüllen. In der Stadtluft besteht er hauptsächlich aus Ruß.

ASSMANN fand in Magdeburg in 31 m Höhe 3—4 mg Staub im Kubikmeter Luft. In einer 50 m hohen Schicht von 1 qkm Grundfläche würden danach rund 150 kg Staub vorhanden sein. Durch Regen wird diese Menge auf ein Zehntel bis ein Zwanzigstel ihres Betrages vermindert.

ASHER[2] bestimmte die in Duisburg auf 1 qm niederfallende Menge Ruß und Staub zu 28—37 g monatlich, entsprechend 280—370 kg aufs Hektar. Ein Drittel davon bestand aus Kohlenstoff.

Nach MONNETT[3] fallen in Salt Lake City auf eine Quadratmeile (engl.) jährlich 250 Tonnen Ruß.

Unter besonderen Umständen, bei Staub- und Sandstürmen, vulkanischen Ausbrüchen u. a., sind die Mengen der in der Luft vorübergehend in Schwebe gehaltenen festen Bestandteile sehr viel größer und gewinnen durch ihre Wiederablagerung geologische Bedeutung (Löß)[4].

Von allen Bestandteilen der Atmosphäre ist der Wassergehalt für die Bodenbildung bei weitem am wichtigsten. Der durch Verdichtung gebildete Regen wirkt nicht nur als Lösungs- und Zersetzungsmittel auf die gesteinsbildenden Mineralien, sondern dient auch als solcher, oder vor allem in Bächen und Flüssen gesammelt, als Transportmittel für die bei der Verwitterung entstehenden Produkte. Im Regenwasser werden alle anderen in der Luft vorhandenen Stoffe gelöst und dem Boden zugeführt.

Die im Regenwasser gelöste Luft ist reicher an Sauerstoff und Kohlendioxyd als die atmosphärische. Sie enthält im Durchschnitt 34% Sauerstoff, 2—3% Kohlendioxyd und 63—64% Stickstoff.

Nach v. BEBBER enthält jedes Liter Niederschlagswasser 1,5 ccm Kohlendioxyd. Bei einer durchschnittlichen Regenhöhe von 70 cm jährlich macht dies für ganz Deutschland über eine Million Tonnen aus.

In der Nähe des Meeres ist die Luft reich an Kochsalz, das vom Regen gelöst wird. An der englischen Küste enthält ein Liter Regenwasser im Mittel 55 mg Chlor, im Innern des Landes 2,2 mg, in Paris 0,46 mg.

Ein Liter Regenwasser enthält nach vielen Einzelbestimmungen durchschnittlich etwa 0,5—3 mg freies Ammoniak, 0,1—0,5 mg Stickstoff in Form von Nitrat oder Nitrit, 0,2 mg organisch gebundenen Stickstoff, 2—7 mg Chlor und 2—3 mg Schwefelsäureanhydrid. In der Stadt sind die gelösten Anteile durchweg höher als auf dem Lande, besonders an Ammoniak und Schwefelsäure.

In Großstädten und Industriegegenden sind die Werte oft sehr viel höher als die angegebenen. RUSSEL fand in London in einem Liter Regenwasser 2,3—2,8 mg Ammoniak, 9,3—13,1 mg Salzsäure, 13,5—24,1 mg Schwefeldioxyd. In München

---

[1] FELLENBERG, Th. v.: Das Vorkommen, der Kreislauf und der Stoffwechsel des Jods, S. 235. München 1926. — Siehe auch K. SCHARRER: Chemie und Biochemie des Jods. S. 50. Stuttgart 1928.

[2] ASHER, Th.: Über den Säuregehalt der Großstadtluft. Z. angew. Chem. 37, 6 (1924).

[3] MONNETT, O.: Bestimmung von atmosphärischen Unreinigkeiten. Chem. Zbl. 1922 I, 402.

[4] LEININGEN, W. GRAF ZU: Über die Einflüsse von äolischer Zufuhr auf die Bodenbildung. Mitt. geol. Ges. Wien III, IV, 1915.

enthielt ein Kilogramm Schnee nach einer Untersuchung von SENDTNER 20—48 mg Schwefeldioxyd. GOPPELSRÖDER bestimmte in Basel 2—7 mg Salpetersäure in einem Liter Schneewasser.

Während bei den übrigen Bestandteilen kein erheblicher Unterschied vorhanden war, fand WIESNER[1] in Mount Vernon (Jowa) im Schnee vielmehr Ammoniak und organisch gebundenen Stickstoff als im Regenwasser; auf 1 kg kamen in Milligrammen im

	Schnee	Regenwassser
Ammoniak	3,35	0,93
Organisch gebundener Stickstoff. . . .	3,84	0,13
Nitratstickstoff	0,19	0,15
Chlor	4,70	4,80

Durch Regen und Schnee werden dem Boden erhebliche Mengen gelöster Stoffe zugeführt. Auf ein Hektar entfallen in Kilogrammen jährlich[2]

Ort	Nitrat	Stickstoff als Ammoniak	zusammen
Rothamsted (England)	1,3	3,0	4,3
Bei Paris	—	—	10,0
Gembloux (Belgien)	—	—	10,3
Kansas	1,2	3,0	4,2
Utah	0,4	5,7	6,1
Barbados	2,7	1,1	3,8
British Guiana	2,1	1,1	3,2
Ottawa (Kanada)	—	—	6,4[3]
Mount Vernon (Iowa[4])	1,6	4,7	6,3

Ort	Chlor in Form von Chloriden, vor allem Natriumchlorid	Ort	Chlor in Form von Chloriden, vor allem Natriumchlorid
Rothamsted	16	Kalkutta.	37
Odessa.	19	Ceylon.	200
Barbados	190	Neu-Seeland	68
British Guiana	145		

Ort	Schwefelsäure
Gießen[5]	100—120
Köln[5]	250—400
Duisburg[6]	250—700

[1] WIESNER, G. H.: Stickstoff und Chlor im Regen und Schnee. Chem. News 109, 85 (1914).

[2] Wo nichts anderes angegeben, sind die Zahlen dem Werk von F. W. CLARKE: Data of Geochemistry, 2. Aufl., S. 49 u. f., Washington 1911, entnommen, aber auf Kilogramm und Hektar umgerechnet; vgl. auch: E. HASELHOFF u. E. BLANCK: Lehrbuch der Agrikulturchemie 1, 176. Berlin 1927.

[3] Davon 58% freies Ammoniak, 11% organisch gebundener Stickstoff, 31% als Nitrat und Nitrit. SHUTT, F. T. u. B. HEDLEY: Die Stickstoffverbindungen im Regen und Schnee. Proc. trans. roy. Soc. Canada (3), 19. Sect. 3, 1 (1925).

[4] FRIES, H. S. I.: In Regen und Schnee gelöste Substanzen. Chem. News 126, 113 (1923).

[5] KAISER, ER.: Die Verwitterung der Gesteine, besonders der Bausteine. Handbuch der Steinindustrie 1, 1913.

[6] s. S. 150, Anm. 1.

2. Organisches Material.

d) Pflanzensubstanz und Tiersubstanz.

Von K. REHORST, Breslau.

Das für die Bodenbildung in Betracht kommende organische Material ist zum allergrößten Teil pflanzlichen Ursprunges; die abgestorbenen Tierkörper, soweit sie überhaupt direkt in den Boden übergehen, sowie die tierischen Stoffwechselprodukte, die übrigens vielfach aus Pflanzenstoffen hervorgegangen sind, spielen der Masse nach nur eine untergeordnete Rolle.

1. Pflanzensubstanz.

Der Körper der Pflanze besteht hauptsächlich aus einem Schutz- und Stützgewebe, der Zellmembran, als deren wichtigste Bestandteile Zellulose, Hemizellulosen, Lignin sowie die Pektinstoffe erkannt sind. Alle übrigen Anteile des Pflanzenkörpers zusammengenommen machen nur einen geringen Prozentsatz der Trockensubstanz aus. Es seien erwähnt: Einfache Zucker (Mono- und Disaccharide), die Reservekohlenhydrate (Stärke, Inulin und Lichenin), organische Säuren, die Eiweißstoffe und deren Bausteine, Fette und fette Öle, Harze, ätherische Öle, Wachse, Sterine und Lezithine (Phosphatide), Glykoside (u. a. Saponine), Gerbstoffe, Phlobaphene, Alkaloide, Farbstoffe, das Chlorophyll, das Chitin u. a. m.

Die pflanzlichen Reservestoffe, die in manchen Organen gelegentlich stark angereichert gefunden werden, kommen für die Bodenbildung nur in den seltensten Fällen in Frage, da sie meist schon von der Pflanze im Stoffwechsel verändert oder von Mensch und Tier zur Ernährung verwendet werden. Von den übrigen in geringer Menge vorkommenden Pflanzenstoffen gehen eine Anzahl, u. a. die Zucker, Säuren, Eiweißstoffe, schon durch ihre Löslichkeit und die dadurch bedingte geringe Resistenz gegen Mikroorganismen für die Bodenbildung verloren. Aber auch die weniger löslichen Stoffe zeigen häufig gegen biochemische Angriffe nur geringe Widerstandsfähigkeit. Sie fallen nach dem Absterben der Pflanze fast restlos der Tätigkeit von Mikroorganismen zum Opfer und sind daher für die Bodenbildung nur indirekt durch ihren Einfluß auf die Lebenstätigkeit der Bodenmikroben von Bedeutung.

Eine ganze Anzahl von diesen spärlicher vorkommenden Pflanzenstoffen jedoch (Harze, Wachse, Sterine, das Chitin, die verkorkten sowie die kutinisierten Zellen u. a.) zeigen gegen chemische und biochemische Einflüsse größere Widerstandskraft. Sie gehen nach dem Tode in den Erdboden über und werden ein Bestandteil desselben. Sie können sich darin mehr oder minder lange unverändert halten und unterliegen nur allmählich und langsam den vereinten Angriffen der Atmosphärilien und der Mikroorganismen. Verglichen mit der von der Zellmembran zur Bodenbildung gelieferten ungeheuren Masse spielt der widerstandsfähige Anteil der Pflanzenmaterialien nur eine verschwindende Rolle. Trotzdem darf, wie ausdrücklich festgestellt sei, die Bedeutung der in Rede stehenden, in geringerer Menge vorkommenden Stoffe nicht nur für das Leben der Bodenmikroben, sondern auch für die ganze Zusammensetzung und Struktur des Erdbodens keineswegs unterschätzt werden. Auf die Erörterung der chemischen Struktur dieser selteneren Substanzen soll aber unter Hinweis auf F. CZAPEK, Biochemie der Pflanzen[1], verzichtet werden. Die Zusammensetzung der Fette

---

[1] CZAPEK, F.: Biochemie der Pflanzen. 2. Aufl. Jena: Fischer 1913.

und Eiweißkörper wird im Abschnitt Tiersubstanz dieses Kapitels kurz behandelt.

Die Zellmembran, das Hauptausgangsmaterial für die organischen Stoffe des Bodens, besteht aus Zellulose, Hemizellulosen, Lignin sowie den Pektinstoffen. Ob diese Bausteine, die zweifellos genetisch miteinander zusammenhängen, für sich, getrennt nebeneinander, in der Pflanze vorkommen, oder, wie es fast den Anschein hat, aus einander hervorgehen und daher chemisch, zum Teil wenigstens, verknüpft sind, sei dahingestellt. Dieser Gesichtspunkt ist für die Erkenntnis ihrer chemischen Struktur sowie für ihr Verhalten chemischen und den meist aufspaltend wirkenden biochemischen Einflüssen gegenüber nebensächlich.

Zellulose.

Der am meisten verbreitete Bestandteil der pflanzlichen Zellmembran, wahrscheinlich die auf der Erde in größter Menge sich vorfindende organische Substanz, die Zellulose, ist zum ersten Male von PAYEN[1] auf recht umständlichem Wege aus dem verschiedensten Pflanzenmaterial isoliert und beschrieben worden. Heute erfolgt die Darstellung des Zellstoffes im großen nach mehreren Verfahren. Zur Papierfabrikation wird entrindetes und zerkleinertes Holz meist im Sulfitaufschluß mit einer Kalziumbisulfit und freie schweflige Säure haltigen Lauge 10—50 Stunden lang unter Druck erhitzt, wodurch die Hemizellulosen und das Lignin in Lösung gebracht werden, während die gegen chemische Agenzien widerstandsfähigere Zellulose selbst übrigbleibt. Seltener findet das Natronverfahren Anwendung, bei dem mit Natronlauge bei Gegenwart von Soda, mitunter noch von Natriumsulfid, ebenfalls unter Druck, die Zellulosebegleiter herausgelöst werden. Bei der Leinenfabrikation erfolgt die Entfernung der Hemizellulosen mit Hilfe eines Röstprozesses bakterieller Natur; es wird hierdurch das pflanzliche Gefüge so weit gelockert, daß der Holzkörper nunmehr auf mechanischem Wege, durch Hecheln, von der Zellulose getrennt werden kann.

Reine Zellulose ist eine amorphe, weiße, in fast allen organischen wie anorganischen Lösungsmitteln unlösliche Substanz. In „Schweizers Reagens[2]", einer ammoniakalischen Kupferhydroxydlösung, kann sie merklich in Lösung gebracht und durch Säuren, allerdings anscheinend nicht ganz unverändert, wieder ausgefällt werden. Auch die aus Zellulosexanthogenatlösungen durch Fällen erhaltene, unter dem Namen Viskose bekannte Kunstfaser spielt eine bedeutende Rolle. Zellulose gibt nach F. SCHULZE[3] mit dem bekannten Chlorzink-Jod-Reagens eine Blaufärbung. Da nun eine ganze Anzahl von pflanzlichen Zellmembranen, in denen Zellulose bestimmt nachgewiesen war, direkt mit dem Reagens negativ reagierten, wurde schon von PAYEN die Ansicht geäußert, daß die Zellulose in ihrem ursprünglichen Vorkommen von Begleitsubstanzen umhüllt oder inkrustiert ist, die das Eintreten der Reaktion verhindern; diese wurden daher unter dem Namen „inkrustierende Substanzen" oder „Inkrusten" zusammengefaßt. Wir wissen heute, daß darunter Hemizellulosen, Pektinstoffe sowie das Lignin zu verstehen sind.

Der Abbau der Zellulose, durch den ein ungefähres Bild ihres chemischen Baues zu erhalten man schon frühzeitig sich bemühte, führte bei H. BRACONNOT[4], der Leinwand mit Schwefelsäure hydrolysierte, zu reduzierenden Stoffen, die willkürlich als Traubenzucker angesprochen wurden, E. FLECHSIG[5], H. OST und

---

[1] PAYEN: C. r. Acad. Sci. **7**, 1052 (1838); **8**, 51, 169; **9**, 149 (1839); **10**, 941 (1840).
[2] J. prakt. Chem. **76**, 109, 344 (1857).   [3] Vgl. RADLKOFER, A.: **94**, 332 (1855).
[4] BRACONNOT, H.: Ann. Chim. et Physique. **12**, 172 (1819).
[5] FLECHSIG, E.: Z. physiol. Chem. **7**, 523 (1883).

L. Wilkening[1] setzten die Versuche fort; sie konnten aus Zellulose d-Glykose als Osazon und kristallisiert abscheiden; durch das Reduktionsvermögen wurde nachgewiesen, daß die Spaltung quantitativ verläuft; mit dieser Ansicht stimmten allerdings die polarimetrischen Beobachtungen nicht überein. R. Willstätter und L. Zechmeister[2] führten ein neues Spaltungsverfahren durch Benützung hochkonzentrierter Salzsäure (Chlorwasserstoffgehalt 40% und darüber) bei gewöhnlicher Temperatur ein, das später auch eine gewisse technische Bedeutung zur Herstellung von Traubenzucker gewonnen hat[3]. Durch die bei der Spaltung von Zellulose nach dem Willstätterverfahren mit dem Reduktionsvermögen übereinstimmende spezifische Drehung wurde zum ersten Male nachgewiesen, daß Zellulose quantitativ in Traubenzucker als einzigen Baustein zerlegt werden kann. Schließlich gelang auch die Isolierung reiner d-Glykose bzw. eines kristallisierten Derivates derselben mit guter Ausbeute. So haben I. C. Irvine und Ch. W. Soutar[4] durch Spaltung mit methylalkoholischer Salzsäure 85% der Theorie an Methylglykosid erhalten. G. W. Monier-Williams[5], E. Heuser und W. Dammel[6] und E. Heuser und E. Boedeker[7] gelang es, durch Schwefelsäurespaltung und Benützung von Methylalkohol als Lösungsmittel die Ausbeute an kristallisierter d-Glykose auf über 90% zu steigern.

Auch auf enzymatischem Wege glückte der Zelluloseabbau bis zur d-Glykose. P. Karrer[8] stellte, auf Beobachtungen von G. Seillière[9] fußend, aus dem Hepatopankreassaft der Weinbergschnecke ein Ferment dar, die Schneckenzellulase, die zwar native Zellulose in vitro nur langsam und unvollständig, vorbehandelte Zellulose jedoch, z. B. Kupferzellulose, Viskoseseide, Kalziumrhodanidbaumwolle bis zu 95% in Traubenzucker umzuwandeln imstande ist. Die chemischen und enzymatischen Abbaureaktionen zeigen also einwandfrei, daß das Zellulosemolekül innerhalb der Versuchsfehler quantitativ in d-Glykose als einzigen niedrigsten Baustein übergeführt werden kann.

Bei der von Z. H. Skraup und Schülern durchgeführten Azetylierung von reiner Zellulose[10] entsteht je nach der innegehaltenen Temperatur in wechselnder Ausbeute, im günstigsten Falle aber bis zu 43%[11], das Oktazetat eines Disaccharides. P. Karrer und Fr. Widmer[12] sowie K. Freudenberg[13] haben nachgewiesen, daß unter den Azetylierungs- und Spaltungsbedingungen ein bestimmter Teil des Oktazetates zersetzt wird. Unter Berücksichtigung dieses Anteiles erhöht sich die Ausbeute auf 50 bis 60% der Theorie der angewandten Zellulose. Aus dem Oktazetat kann das Disaccharid, die Zellobiose, kristallisiert gewonnen werden. Ihr Verhalten gegen

---

[1] Ost, H., u. L. Wilkening: Chem. Zg 34, 461 (1910).

[2] Willstätter, R., u. L. Zechmeister: B. 46, 2401 (1913).

[3] Vgl. dazu R. Willstätter: D.R.P 273800, Kl. 29b vom 25. Mai 1913 (6. Mai 1914), C. 1914 I, 1904. — F. Bergius, u. Th. Goldschmidt: A. G.: D.R.P. 307032, Kl. 12i vom 19. September 1916 (25. Januar 1923). C. 1923 II, 636. — F. Bergius: A.P. 1547893 vom 3. September 1921 (28. Juli 1925), C. 1925 II, 2033.

[4] Irvine, I. C., u. Ch. W. Soutar: J. chem. Soc. Lond. 117, 1489 (1920).

[5] Monier-Williams, G. W.: J. chem. Soc. Lond. 119, 803 (1921).

[6] Heuser, E., u. W. Dammel: Zellulosechemie 5, 52 (1924).

[7] Heuser, E., u. E. Boedeker: Z. angew. Chem. 34, 461 (1921).

[8] Karrer, P.: Z. angew. Chem. 37, 1003 (1924).

[9] Seillière, G.: C. r. Soc. Biol. 63, 515 (1907).

[10] Skraup, Z. H. u. J. König: B. 34, 1115 (1901). — Skraup, Z. H. u. Schliemann: Mh. 22, 1011 (1900).

[11] Ost, H.: A. 398, 335 (1913). — Madsen: Diss. Hannover 1917.

[12] Karrer, P., u. Fr. Widmer: Helvet. chim. Acta 4, 174 (1921).

[13] Freudenberg, K.: B. 54, 767 (1921).

Fermente (Aufspaltung durch Emulsin) sowie die Entstehung von Lävoglykosan bei der Vakuumdestillation (A. PICTET[1]) deutet auf die Zugehörigkeit zu den β-Glykosiden. Ihre Konstitution ist durch die gründlichen Untersuchungen von W. N. HAWORTH, CH. W. LONG und I. H. GEOFFREY[2] eindeutig als ⟨1,5⟩ Glykosido — 4 β ⟨1,5⟩ Glykose festgelegt worden.

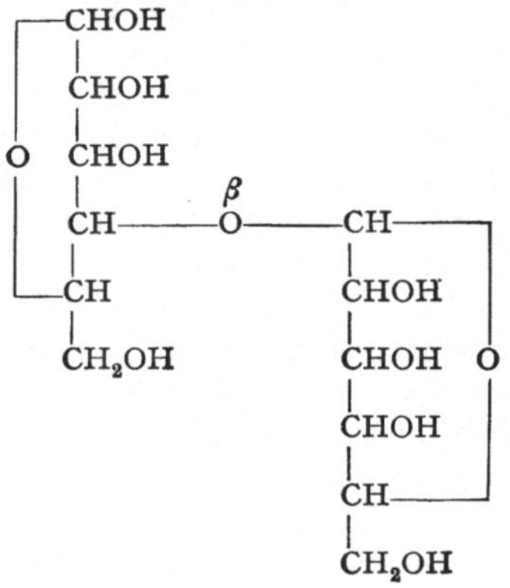

```
    ┌─CHOH
    │
      CHOH
    │
  O   CHOH
    │              β
      CH───────O───────CH─
    │                   │
    └─CH                CHOH
    │                   │
      CH₂OH             CHOH   O
                        │
                        CHOH
                        │
                        CH─
                        │
                        CH₂OH
```

Zellobiose.

Da die Azetylierung und Spaltung einen recht energischen Eingriff in das Zellulosemolekül darstellt, wodurch der Einwurf gerechtfertigt erscheinen könnte, daß die Zellobiose ursprünglich nicht in demselben vorhanden, sondern erst durch Umlagerung entstanden sei, ist es von Wichtigkeit, daß auch auf biochemischem Wege aus Zellulose die Zellobiose erhalten werden konnte. Es gelang H. PRINGSHEIM[3], einen in voller Gärung befindlichen Zelluloseabbau durch eine Auflösung von Jodoform in Azeton derart zu unterbrechen, daß bei niederer Temperatur d-Glykose, bei höherer Temperatur die Zellobiose als Osazone nachgewiesen werden konnten.

Die geringe Ausbeute an Oktazetylzellobiose, die man sich allerdings auch dann noch erklären könnte, wenn das Zellulosemolekül ausschließlich aus Zellobioseresten bestünde, hat natürlich dazu geführt, in den Azetylierungsprodukten nach anderen Spaltkörpern zu fahnden. Es beschreiben H. OST und Mitarbeiter[4] eine „Isozellobiose", W. WELTZIEN und R. SINGER[5] eine „Zelloisobiose", G. BERTRAND[6] ein Trisaccharid „Prozellose". Die Existenz der zuletzt erwähnten drei Spaltprodukte kann nicht als hinreichend gesichert gelten, insbesondere nicht, ob sie im ursprünglichen Zellulosemolekül bereits vorhanden waren oder sich erst im Laufe der Azytelierung und Spaltung gebildet haben, während wohl heute fast allgemein die Zellobiose als echtes Spaltprodukt der Zellulose angesehen wird[7].

Aber nicht nur die geringe Ausbeute an Zellobiose aus Zellulose spricht dafür, daß letztere nicht allein aus Zellobiosemolekülen sich aufbauen kann. Die von P. KARRER und A. P. SMIRNOFF[8] ausgearbeitete Aufspaltung von Azetyl-

---

[1] PICTET, A., u. I. SARASIN: Helvet. chim. Acta 1, 87 (1918).

[2] HAWORTH, W. N., CH. W. LONG, u. I. H. GEOFFREY: J. chem. Soc. Lond. 1927, 2809.

[3] PRINGSHEIM, H.: Z. physiol. Chem. 78, 266 (1912).

[4] OST, H., u. R. PROSIEGEL: Z. angew. Chem. 33, 100 (1920). — OST, H., u. G. KNOTH: Zellulosechemie 3, 25 (1922).

[5] WELTZIEN, W., u. R. SINGER: A. 443, 71 (1925).

[6] BERTRAND, G., u. S. BENOIST: C. r. Acad. Sci. 176, 1583; Bl. (4) 33, 1451 (1923).

[7] Vgl. dagegen K. HESS, u. C. TROGUS: B. 61, 1982 (1928).

[8] KARRER, P., u. A. P. SMIRNOFF: Helvet. chim. Acta 5, 124, 187 (1922).

zellulose mit Phosphorpentabromid führt, wenn auch nur mit geringer Ausbeute, zu Azeto-1,6-dibromglykose, ein Körper, der theoretisch aus Oktazetylzellobiose nicht entstehen kann und auch tatsächlich nicht entsteht. Ein Teil der Glykosegruppen in der Zellulose ist also möglicherweise 1,6-glykosidisch verknüpft.

Über die Größe des Zellulosemoleküls lassen sich bei der völligen Unlöslichkeit in allen Lösungsmitteln und auch bei der Schwierigkeit, kolloide Dispergierungen herzustellen, Angaben nicht machen. Die in organischen Lösungsmitteln löslichen Zellulosederivate, Azetylverbindungen und Alkyläther zeigen durch kaum merkliche Beeinflussung des Siede- bzw. Gefrierpunktes ein hohes Molekulargewicht an. Die Ansicht, daß die Zellulose ein echtes Makromolekül darstellt, das aus einer langen Glykosekette bestehen soll, hatte bis in die letzte Zeit hinein Geltung. Auf der anderen Seite steht die Tatsache, daß die Löslichkeit der Mono-, Di-, Tri- und Tetrasaccharide in Wasser in der angegebenen Reihenfolge, infolge Vermehrung der OH-Gruppen im Molekül im allgemeinen zunimmt, mit der völligen Unlöslichkeit der Zellulose als Polysaccharid in Widerspruch. Auch ist das völlige Unvermögen der Zellulose, Fehlingsche Lösung direkt zu reduzieren, ihre Verbrennungswärme sowie ihr Röntgendiagramm, das für 3 oder 4 Glykosegruppen im Molekül sprechen soll, gegen eine großmolekulare Kettenformel ins Feld geführt worden.

Heute hat sich fast allgemein die Ansicht durchgesetzt, daß das Zellulosemolekül klein ist, daß das Elementarteilchen aus einem Glykoseanhydrid[1] besteht, oder aus zwei[2], drei[3] oder jedenfalls wenigen[4] anhydridartig verbundenen Glykoseresten sich zusammensetzt, die, wenn in Lösung, aus dem Assoziationsbestreben der einzelnen Molekeln heraus, sich zu Molekülaggregaten, sogenannten Mizellen im Sinne C. v. Nägelis[5], zusammenlagern, die das hohe Molekulargewicht ergeben. Es sind auch eine ganze Reihe von Konstitutionsformeln für Zellulose aufgestellt, von denen allerdings keine einzige alle Erscheinungen und Abbauprodukte, insbesondere das Entstehen von Azeto-1,6-dibromglykose zu erklären vermag[6].

Hemizellulosen.

In der pflanzlichen Zellmembran kommen außer der gegen hydrolysierende chemische Einflüsse außerordentlich widerstandsfähigen Gerüstsubstanz Zellulose, die sich ausschließlich aus Glykosemolekülen aufbaut, eine Reihe von Stoffen weit verbreitet vor, die gegen chemische und biochemische Abbaureaktionen unbeständiger sind und dabei ebenfalls quantitativ in Monosaccharide zerfallen: die Hemizellulosen[7]. Während aber der Zellulose ausschließlich die Rolle eines Membranbestandteiles zukommt, gibt es neben Hemizellulosen, die ganz zweifellos als Gerüstsubstanzen anzusprechen sind, noch solche, die durch pflanzliche Fermente in Lösung gebracht und zur Ernährung und zum Aufbau gelegentlich Verwendung finden, die also den Reservestoffen zuzurechnen sind. Physiologisch bilden also die Hemizellulosen den Übergang von den Reserve- zu den Membranbestandteilen der Pflanze.

---

[1] Hess, K.: A. **435**, 1 (1923).   [2] Karrer, P.: Erg. Physiol. **20**, 473 (1922).
[3] Irvine, I. C., u. E. L. Hirst: J. chem. Soc. Lond. **123**, 518.
[4] Hibbert, H.: Industrial Engin. Chem. **13**, 256 (1921).
[5] Nägeli, C. v.: Theorie der Gärung. München 1879.
[6] Anmerkung bei der Korrektur. Von neueren Arbeiten seien erwähnt: Meyer, K. H., u. H. Mark: B. **61**, 593 (1928). — Meyer, K. H.: Z. angew. Chem. **41**, 935 (1928).— Hess, K., u. C. Trogus: B. **61**, 1982 (1928).
[7] Über Zellulose und Hemizellulose vgl. H. Pringsheim: Die Polysaccharide. 2. Aufl. Berlin 1923. — Karrer, P.: Polymere Kohlenhydrate. Leipzig 1925.

Die Hemizellulosen sind amorphe, schwer von den Begleitstoffen zu trennende und zu isolierende Substanzen, für die als Kriterium der Reinheit nach mehrmaligem Umfällen außer der spezifischen Drehung nur ihre quantitative Überführbarkeit in Monosaccharide in Frage kommt. Sie werden nach den bei der Hydrolyse entstehenden Zuckern in Hexosane, Pentosane, Methylpentosane und Hexosanpentosane eingeteilt. Die Hexosane wiederum werden in Glykane, Fruktane, Mannane, Galaktane, Mannogalaktane usw. untergeordnet. Von Pentosanen sind die weit verbreiteten Xylane, Araboxylane, von Hexosanpentosanen Galaktoarabane, Glykoarabane, Galaktoxylane, Glykoxylan, Araboxylan u. a. m. beschrieben. Sofern verschiedene Zucker bei der Aufspaltung entstehen, ist natürlich mit der Möglichkeit zu rechnen, daß in der aufgespaltenen Hemizellulose kein chemisches Individuum, sondern ein Gemisch verschiedener Hemizellulosen vorgelegen hat. Über die Darstellung, die Zusammensetzung und den Abbau der verschiedenen Hemizellulosen liegen sehr zahlreiche Arbeiten vor, die aber wegen der Schwierigkeit der Reindarstellung des Ausgangsmaterials zum Teil nur bedingten Wert haben. Am gründlichsten untersucht von den Hexosanen sind die Mannane aus zahlreichen Pflanzen: Koniferen, Samen verschiedener Palmenarten (Steinnüsse), Johannisbrot u. a., die sich quantitativ zu Mannose abbauen lassen und auch von Mikroorganismen leicht angegriffen werden. Von Pentosanen ist das restlos in Xylose überzuführende Xylan weit verbreitet und am gründlichsten studiert. Es kommt in verschiedenen Hölzern (Rotbuche, Kirschbaum, Nadelhölzer) und in den meisten Strohsorten vor. Da die Mikroorganismen im allgemeinen auf den Abbau der Sechs-Kohlenstoffkette eingestellt sind, zeigen sich von den Hemizellulosen am widerstandsfähigsten gegen bakterielle Eingriffe die Pentosane, die infolgedessen für die Bodenzusammensetzung eine gewisse Rolle spielen.

Lignin.

Während Zellulose sowie die Hemizellusosen durch Hydrolyse quantitativ in Monosaccharide übergeführt werden können, enthält die Zellmembran höherer Pflanzen noch methoxylhaltige Anteile: die Pektinstoffe und das Lignin, das bei der Spaltung einen zuckerfreien Rückstand ergibt. Das Lignin[1] kann in dem ursprünglich vorliegenden Pflanzenmaterial durch eine Reihe von Farbreaktionen nachgewiesen werden. In saurer Lösung geben eine Anzahl von primären und sekundären aromatischen Aminen sowie von Phenolen und Naphtolen typische Färbungen. Am bekanntesten ist die durch die Umsetzung mit Phloroglucin und Salzsäure hervorgerufene Rotviolettfärbung. Ein anderer qualitiativer Nachweis besteht darin, nach Entfetten und Entharzen der fraglichen Substanz die Begleitstoffe des Lignins durch Hydrolyse mit hochkonzentrierten Säuren abzubauen und löslich zu machen. Ein eventuell verbleibender Rückstand kann als Lignin angesprochen werden. Umgekehrt kann durch Erhitzen mit Kalk und schwefliger Säure unter Druck das Lignin in Lösung gebracht und darin nach Dialyse durch die Rotviolettfärbung mit Phloroglucin-Salzsäure festgestellt werden. Auch der nach der klassischen Methode von S. Zeisel[2] bzw. A. Kirpal und Th. Bühn[3] ermittelte Methoxylgehalt kann zum Ligninnachweis verwendet werden. Es ist jedoch zu beachten, daß gegebenenfalls

---

[1] Fuchs, W.: Die Chemie des Lignins. Berlin: Julius Springer 1926.
[2] Zeisel, S.: Mh. Chem. 6, 989 (1885); vgl. auch Houben-Weyl: Die Methoden der organischen Chemie 3, 144. Leipzig 1923.
[3] Kirpal, A., u. Th. Bühn: B. 47, 1084 (1914); Mh. Chem. 36, 853 (1915).

gleichzeitig anwesende Pektinstoffe, wie später gezeigt werden wird, ebenfalls, allerdings in lockerer Esterbindung, Methylalkohol enthalten. Dieser wird durch Erwärmen mit Kalilauge freigemacht, gesondert nach Th. v. Fellenberg[1] und G. Denigès[2] bestimmt und von dem vorhin ermittelten Gesamtmethoxylgehalt in Abrechnung gebracht. Die Differenz gibt schon ein ungefähres Bild der vorhandenen Ligninmenge, die man durch Multiplikation der Methoxylzahl mit einem empirisch gefundenen Faktor (bei Koniferenlignin 6, bei Laubholzlignin 4,2) erhält.

Es hat nicht an Versuchen gefehlt, das in der Pflanze vorkommende genuine Lignin herauszuarbeiten. Dabei ist es in allen Fällen notwendig, das entrindete Holz genügend zu zerkleinern und von Harzen, Fetten, Ölen usw. durch Extraktion mit Alkohol, Äther, Benzol und anderen Lösungsmitteln gründlich zu befreien. Aus dem derart vorbereiteten Material kann das Lignin durch Aufschluß gewonnen werden entweder, indem seine Begleitstoffe, in erster Linie Zellulose und Hemizellulosen, gelöst werden, während es selbst zurückbleibt, oder dadurch, daß das Lignin in Lösung gebracht und aus derselben wieder ausgefällt wird.

In der ersten Kategorie von Prozessen wird das Holz mit starken Säuren, meist bei gewöhnlicher Temperatur, behandelt. Man bedient sich nach P. Klason[3] dazu 70—72%iger Schwefelsäure. Das „Schwefelsäurelignin" wird abfiltriert und ausgewaschen; es hält hartnäckig Schwefelsäure zurück, ist daher dunkel gefärbt, außerdem meist etwas pentosan- und aschehaltig. Heute benutzt man zum Aufschluß mit Mineralsäuren meist nach der Vorschrift von R. Willstätter und L. Zechmeister[4] überkonzentrierte (42%ige) Salzsäure, die bei Zimmertemperatur in 4 Stunden die Begleitstoffe in Lösung bringt. Das Willstätterlignin ist hellbraun, meist etwas zellulose- und pentosan-, manchmal ziemlich aschehaltig. Die von Willstätter angegebene Arbeitsmethode wurde vielfach variiert. So läßt E. Hägglund[5] eine noch konzentriertere Salzsäure vom spezifischen Gewicht 1,225—1,230 15 Min. bei 0° einwirken. A. Wohl[6] und H. Krull[7] bedienen sich gasförmiger Salzsäure. J. König und E. Rump[8] schließen das Holz durch Erhitzen mit 1%iger Salzsäure bei 6 atm auf. Auch wird nach verschiedenen Patenten mit Salzsäure in Salzlösungen, in organischen und anorganischen Lösungsmitteln sowie in organischen Säuren gearbeitet; auch finden Gemische von Salzsäure und Schwefelsäure Anwendung. Beachtenswert ist ein von A. Friedrich und I. Diwald[9] bekanntgegebenes Verfahren, das mit Alkohol, Benzol und Natronlauge vorbehandeltes Holz erst mit verdünnter Salzsäure bei Zimmertemperaturen, dann mit alkoholischer Salzsäure am Rückflußkühler aufschließt. Aus der alkoholischen Lösung kann durch Fällen mit Wasser in geringer Ausbeute ein sehr schwach gefärbtes „Primärlignin" erhalten werden, das in seinen Eigenschaften von allen Ligninpräparaten dem genuinen Lignin am nächsten kommt.

[1] Fellenberg, Th. v.: Mitt. Lebensmittelunters. 7, 42 (1916); 8, 1 (1917); Bern. C. 1916 I, 530; 1917 II, 1154.

[2] Denigès, G.: C. r. Acad. Sci. 150, 529, 832 (1910).

[3] Klason, P.: Hauptversammlungbericht der Zellstoff- und Papierchemiker, S. 52. Berlin 1908. — Ost, H., u. L. Wilkening: Chem. Zg 34, 461 (1910).

[4] Willstätter, R., u. L. Zechmeister: B. 46, 2401 (1913); vgl. auch R. Willstätter u. L. Kalb: 55, 2637 (1922).

[5] Hägglund, E.: Hönig-Festschrift, S. 27, 1923.

[6] Wohl, A., u. H. Krull: Zellulosechemie 2, 1 (1921).

[7] Krull, H.: Diss. Danzig 1916.

[8] König, J., u. E. Rump: Z. Unters. Nahrgsmitt. usw. 28, 188 (1914).

[9] Friedrich, A., u. I. Diwald: Mh. Chem. 46, 31 (1925).

Mit der Darstellung des Primärlignins haben wir bereits ein Aufschluß-
verfahren kennengelernt, bei dem das Lignin in Lösung gebracht und durch
Fällen wiedergewonnen wird. Bei der technischen Zellstoffgewinnung, beim
Sulfitkochprozeß, werden bei Anwesenheit von Kalziumbisulfit und freier schwefeliger Säure große Mengen Lignin aus dem Holz herausgelöst. Aus dieser Lösung
kann das Lignin wahrscheinlich als ein Gemisch von Ligninsulfosäuren durch
Mineralsäuren[1] oder Salzzusatz[2] ausgefällt werden. Auch durch Versetzen der
Sulfitablauge mit Naphthylaminsalzen werden nach P. KLASON[3] etwa $^2/_3$ des Lignins
als α-Ligninsulfosäure ausgefällt, während eine β-Säure in Lösung bleibt. Auch
aus der bei der Gewinnung des Natronzellstoffs abfallenden Schwarzlauge kann
nach E. HÄGGLUND[4] ein Teil des in Lösung gegangenen Lignins durch Säurezusatz
ausgefällt werden. Die so erhaltenen Alkalilignine oder Ligninsäuren werden durch Alkohol in eine darin lösliche und unlösliche Modifikation zerlegt.
Auch durch Phenol bei Gegenwart geringer Säuremengen kann Lignin aus
dem Holzverbande herausgelöst und als Phenollignin zurückgewonnen
werden.

Einige der hier kurz skizzierten Darstellungsweisen verschiedener Ligninpräparate sind auch zu einer quantitativen Bestimmungsmethode für Lignin
verfeinert worden, und zwar der Schwefelsäureaufschluß nach P. KLASON, die Darstellung des Salzsäurelignins nach R. WILLSTÄTTER und L. ZECHMEISTER, deren
Modifikationen von A. WOHL und H. KRULL sowie von J. KÖNIG und E. RUMP.
Es ist beachtenswert, daß alle diese verschiedenen Methoden bei Anwendung
auf gleiches Material annähernd übereinstimmende Resultate, 25—30% Lignin
in verschiedenen Hölzern, geliefert haben.

Trotz dieser Übereinstimmung in quantitativer Beziehung differieren die
verschiedenen Ligninpräparate, wie noch gezeigt werden soll, was Eigenschaften
und Zusammensetzung anbelangt, nicht nur ganz wesentlich untereinander,
sondern es zeigen auch nach einer bestimmten Vorschrift von verschiedenen
Autoren dargestellte Lignine gelegentlich recht bemerkliche Unterschiede. In
keinem der einzelnen Ligninpräparate liegt also das genuine Lignin vor, das
demnach bei dem Isolierungsprozeß eine Veränderung erfahren haben muß.
Diese ist jedoch, wie gleich vorausgeschickt sein und wie noch gezeigt werden
soll, nicht genereller Natur. Es bestehen gute Gründe für die Annahme, daß bei
der Isolierung, von einer geringfügigen Aromatisierung abgesehen, der große
Hauptmolekülkomplex des genuinen Lignins intakt geblieben ist, daß die Veränderungen lediglich auf gut übersehbare unwesentliche Abspaltungen (Methoxyl) oder Anlagerungen (Bisulfit, Phenol) zurückgeführt werden können. Es
kann somit aus dem Studium der Umsetzungen und der Abbauversuche der verschiedenen isolierten Ligninpräparate mit einiger Vorsicht auf wichtige Bausteine des genuinen Ligninmoleküls geschlossen werden.

Um den Kohlenstoff- und Wasserstoffgehalt des genuinen Lignins,
das man ja gar nicht isolieren kann, zu bestimmen, wurde in verschiedenen Holz-
proben das Holz quantitativ in die einzelnen Bestandteile, deren elementare
Zusammensetzung bekannt ist, zerlegt, so daß die prozentuale Zusammensetzung
des allein unbekannten Lignins hieraus und mit Berücksichtigung der durch die
Gesamtanalyse (Verbrennung) des Holzes ermittelten Werte berechnet werden
kann.

---

[1] HÖNIG u. SPITZER: Mh. Chem. 39, 443 (1917).
[2] MELANDER, K. H. A.: Zellulosechemie 2, 41 (1921).
[3] KLASON, P.: 56, 300 (1923).
[4] HÄGGLUND, E.: Zellulosechemie 5, 81 (1924).

Durchschnittliche Elementarzusammensetzung des genuinen Lignins sowie
der Lignine einiger Hölzer.
(Entnommen W. Fuchs: Die Chemie des Lignins [1926].)

		Holzart	C	H	O	OCH$_3$
1.	Genuines Lignin	verschieden	63,1	5,9	31,0	21,5
2.	Lignin Willstätter . . .	Fichte	64,2	5,8	30,0	14,2
3.	,, ,, . . .	Aspe	64,5	6,0	29,5	14,5
4.	,, König, Rump . . .	Tanne	68,7	5,1	26,2	14,2
5.	,, ,, ,, . . .	Buche	68,8	4,9	26,3	16,3
6.	Ligninsäure	verschieden	60,8	5,7	33,5	14,5
7.	,, ...	Ahorn	62,4	5,5	33,1	14,1
8.	Ligninsulfosäure[1]	Fichte	66,3	6,4	27,3	14,8
9.	Primärlignin	,,	63,2	6,5	30,3	21,0

Wie aus der Tabelle hervorgeht, zeigen alle Ligninpräparate einen merklich
geringeren Methoxylgehalt als das genuine Lignin. Eine Ausnahme hiervon
macht allein das Primärlignin, das mit 21% Methoxyl an diesen Wert heran-
reicht. Ein Teil der Methoxylgruppen des Primärlignins ist bemerkenswerter-
weise mit Alkali leicht abspaltbar; das erinnert an die Pektinstoffe mit ihrem
esterartig gebundenen Methylalkohol. Da aber in Ligninpräparaten freie
Karboxylgruppen bisher nicht mit Sicherheit festgestellt sind, ist im
Primärlignin vielleicht mit einer halbazetalartigen Bindung des leicht ab-
spaltbaren Methylalkoholanteiles zu rechnen. Die Darstellung der verschiedenen Ligninpräparate ist also meist mit einer teilweisen Entmethylierung verknüpft. Bei Methylierungsversuchen gelangt man jedoch stets fast überein-
stimmend zu Körpern, die einen Methoxylgehalt von 25% aufweisen. Aus diesen Befunden erhellt, daß der Methylalkohol verschieden fest, und zwar äther-
artig im Ligninmolekül verankert ist, das außerdem noch mindestens eine
freie OH-Gruppe tragen muß.
Das Molekulargewicht eines Alkalilignins aus Winterroggenstroh bestimmten E. Beckmann und O. Liesche[2] aus gefrierendem Phenol und sieden-
dem Eisessig ziemlich regelmäßig zu ungefähr 800. Diese Zahl stimmt mit der
aus dem Reduktionsvermögen gegen Fehlingsche Lösung, das alle Ligninpräparate zeigen, für eine freie Aldehyd- bzw. Ketongruppe berechneten
Molekulargröße annähernd überein. Unter Zugrundelegung eines Molekular-
gewichtes von etwa 800 läßt sich in verschiedenen Ligninpräparaten aus dem
Methoxylgehalt die Anzahl der OCH$_3$-Gruppen, meist drei oder vier, aus der
Menge des einführbaren Methylalkohols die Anzahl der noch freien OH-Gruppen
berechnen. Eigentümlicherweise können durch Azetylieren und Benzoylieren
meist mehr freie OH-Gruppen als durch Methylieren erfaßt werden. Es ist
also mit der Anwesenheit verschiedenartiger freier Hydroxylgruppen zu rechnen. In allen Ligninpräparaten sind Doppelbindungen durch den positiven
Ausfall der Baeyerschen Probe, sowie durch reichliche Addition von Halogen
und schwefliger Säure sichergestellt. P. Klason[3] nimmt auf Grund der letzteren
sowie der Fällbarkeit mit Naphthylaminsalzen im α-Lignin den Akroleinkomplex R — CH = CH — CHO an, aus dem durch Addition von schwefeliger

Säure R — CH$_2$ — CH$\Big\langle{}^{SO_3H}_{CHO}$ entstehen soll, eine Ansicht, die von E. Hägglund[4]
im großen und ganzen geteilt wird.

---

[1] Umgerechnet auf bisulfitfreie Substanz.
[2] Beckmann, E., u. O. Liesche: Biochem. Z. 121, 293 (1921).
[3] Klason, P.: B. 53, 706 (1920).
[4] Hägglund, E.: Zellulosechemie 6, 29 (1925).

Alles bisher zur Diskussion gestellte Tatsachenmaterial gibt jedoch nur kleine Fingerzeige über einzelne in dem großen, stark ungesättigten Ligninmolekül enthaltene Gruppen. Zu welcher Klasse von organischen Verbindungen jedoch das Lignin zu rechnen ist, steht noch aus. Sein genetischer Zusammenhang mit den Kohlenhydraten wird wohl allgemein angenommen, und es sind auch als Spaltprodukte reduzierende Substanzen, Pentosen sowie gärungsfähige Zucker beschrieben worden. Aber es ist keineswegs sicher, und es wird meist bestritten, daß diese immer nur in geringer Menge vorgefundenen Monosaccharide, deren Existenz durch abgespaltenen Formaldehyd[1] z. T. wohl nur vorgetäuscht wurde, wirklich zum Ligninmolekül gehört haben. Es wird vielmehr meist angenommen, daß sie ebenso wie bisweilen in sehr geringer Menge gefundene Essigsäure, durch mangelhaften Aufschluß mitgeschleppt, nur als Verunreinigungen anzusehen sind.

Die ersten Anhaltspunkte, daß zum mindesten Teile des Ligninmoleküls den aromatischen Verbindungen zuzuzählen sind, geben die Farbreaktionen, ganz besonders die Rotviolettfärbung mit Phloroglucin-Salzsäure. F. CZAPEK[2] hat eine große Anzahl der verschiedensten bekannten Körper auf ihr Verhalten gegen dieses Reagens hin untersucht und gefunden, daß bei 1,2,4-substituierten Phenolen besonders dann, wenn in p-Stellung zu einem (wenn auch besetzten) Phenolsauerstoff eine Seitenkette mit Doppelbindung sich befindet, z. B. Safrol, Koniferylalkohol, Ferulasäure, Aldehydkoniferylalkohol, Syringenin u. a., die Reaktion stark positiv ausfällt, z. T. genau wie beim Holz.

$$O{<}^{\,}_{O}{>}CH_2$$

$$CH_2 - CH = CH_2$$

Safrol

$$OH,\ OCH_3$$

$$CH = CH - CH_2OH$$

Koniferylalkohol

$$OH,\ OCH_3$$

$$CH = CH - COOH$$

Ferulasäure

$$OH,\ CHO,\ OCH_3$$

$$CH = CH - CH_2OH$$

Aldehydkoniferylalkohol

$$OCH_3,\ HO,\ OCH_3$$

$$CH = CH - COOH$$

Syringenin

Durch freie Phenolgruppen ist auch der saure Charakter mancher Ligninpräparate, bei denen eine freie Karboxylgruppe bisher einwandfrei nicht nachgewiesen werden konnte, zwanglos zu erklären. Die Einführung der Nitrogruppe durch Salpetersäure (Nitrolignin[3]) ist ebenfalls nur in einen aromatischen Kern möglich. Auch durch die Ergebnisse verschiedener Abbaureaktionen, die meist mit Willstätterlignin ausgeführt wurden, trat die aromatische Struktur deutlich

[1] FREUDENBERG, K., u. M. HARDER: B. 60, 581 (1927).
[2] CZAPEK, F.: Z. physiol. Chem. 27, 154 (1899).
[3] FISCHER, F., u. H. TROPSCH: Abh. Kohle 6, 279 (1923).

zutage. So gelang es F. Fischer und Schülern[1] durch alkalische Druckoxydation, wenn auch in geringer Ausbeute, eine Anzahl von Benzolkarbonsäuren, u. a. Hemimellithsäure, Benzolpentakarbonsäure, Mellithsäure, einwandfrei zu fassen. Bei der katalytischen Reduktion wurden Phenole, bei der Kalischmelze bis 19% Protokatechusäure, in anderen Fällen bis 23% Brenzkatechin, bei der trockenen Destillation Phenole, Phenolkarbonsäuren und Vanillinsäure erhalten.

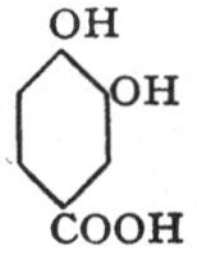

Protokatechusäure 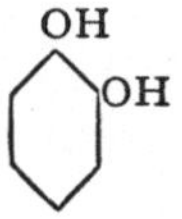   **Brenzkatechin** 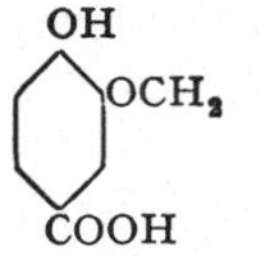   **Vanillinsäure**

P. Klason, wohl der älteste Vertreter der Ansicht von der aromatischen Struktur des Lignins, stellt in einer Reihe neuerer Arbeiten[2] den Koniferylaldehyd in den Mittelpunkt des Ligninmoleküls. Und zwar sollen das den Akroleinkomplex haltige α-Lignin durch Kondensation mit Koniferylalkohol, das β-Lignin durch Kondensation mit Kaffeesäure, unter Bildung eines Flavon- oder Kumaronringes entstanden sein. Auch W. Küster und Mitarbeiter[3] kommen beim Studium ihres Merolignins zu ähnlichen Schlüssen. Wie bereits erwähnt, hatten K. Freudenberg und M. Harder (l. c.) Formaldehyd als Ligninspaltprodukt nachgewiesen und im Lignin eine Bindung desselben an 2 benachbarte Phenolgruppen, ähnlich der Piperonylsäure zur Diskussion gestellt. Das durch β-Naphtholschmelze mit Lignin von W. Küster erhaltene „Merolignin" hatte sich als ein Kondensationsprodukt von 2 Molekülen β-Naphthol mit einem Molekül aus dem Lignin stammenden Formaldehyd erwiesen. Dasselbe Merolignin wurde aber auch durch β-Naphtholschmelze mit dem einen Pyranring enthaltenden Kondensationsprodukt von Resorzin mit Formaldehyd erhalten, woraus W. Küster auf ähnliche Gruppenanordnung im Ligninmolekül schließt. Bei dieser Fülle von Tatsachen besteht kaum noch ein Zweifel, daß das Lignin aromatischen Charakter hat; aber ebenso nachdrücklich muß darauf hingewiesen werden, daß das Lignin nicht allein aus aromatischen Kernen sich aufbauen kann. Die Ausbeute an Benzolderivaten ist bei allen Umsetzungen derart gering, daß nur etwa für 25% des Ligninmoleküls die Struktur eines methylierten Brenzkatechinderivates in Frage kommt.

Schon K. Freudenberg und M. Harder (l. c.) haben darauf hingewiesen, daß im Lignin nicht allzu viele freie Phenolgruppen enthalten sein können, andernfalls es infolge von Kernkondensation nicht möglich gewesen wäre, den Formaldehyd zu fassen. Die Hauptoxydationsprodukte des Lignins sind stets Kohlendioxyd, Ameisensäure, Essigsäure, Oxalsäure, Maleinsäure und Bernsteinsäure; aus diesem Grunde heraus und in Anbetracht des genetischen Zusammenhangs des Lignins mit den Kohlenhydraten ist ein reichlicher Gehalt an Furan-, vielleicht auch an hydroaromatischen Ringen, durchaus im Bereich der Wahrscheinlichkeit. Ein Übergang von Furanringen in solche des Benzols ist gelegentlich von K. G. Jonas[4]

---

[1] Fischer, F., H. Schrader, u. W. Treibs: Abh. Kohle 5, 221 (1922). — Fischer, F., H. Schrader, u. A. Friedrich: Abh. Kohle 6, 1 (1923).

[2] Klason, P.: B. 55, 448 (1922); 58, 1761 (1925); 56, 300 (1923).

[3] Küster, W., u. E. Schnitzler: Z. physiol. Chem. 149, 150 (1925). — Küster, W., u. F. Schoder: Z. physiol. Chem. 170, 44 (1927).

[4] Jonas, K. G.: Z. angew. Chem. 34, 289 (1921).

und W. Schrauth[1] in Betracht gezogen worden. J. Marcusson[2] stellt denselben durch folgendes Schema einleuchtend und anschaulich dar:

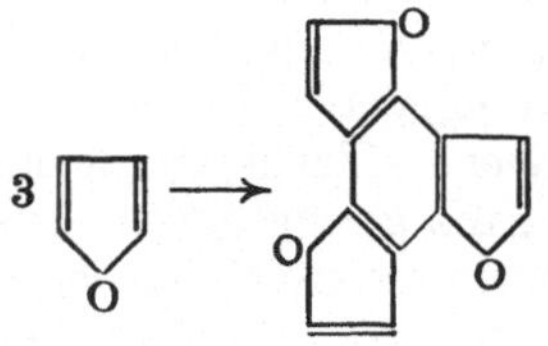

Und noch ein dritter Hauptbestandteil des Ligninmoleküls ist kürzlich aufgefunden worden, wodurch sein stark ungesättigter Charakter eine eigentümliche pflanzenphysiologisch interessante Beleuchtung erfahren hat. W. Fuchs[3] fand nämlich, daß bei der Hydrolyse von Holz die Ausbeute an Zucker erheblich gesteigert werden kann, wenn das Holz vor der Spaltung mit Benzomonopersäure behandelt wird. Nach M. Bergmann und H. Schotte[4] wird auf diesem Wege Glykal in Glykose übergeführt. Aus der Vergrößerung der Zuckerausbeute berechnet

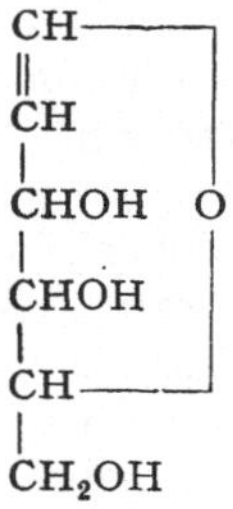

$$
\begin{array}{l}
\text{CH}\!\!-\!\!\!\!\rule{0pt}{0pt} \\
\;\|\\
\text{CH}\\
\;|\\
\text{CHOH} \quad \text{O}\\
\;|\\
\text{CHOH}\\
\;|\\
\text{CH}\!\!-\!\!\!\!\rule{0pt}{0pt}\\
\;|\\
\text{CH}_2\text{OH}
\end{array}
$$

Glykal

W. Fuchs einen ungefähren Gehalt an 25% Glykal im Ligninmolekül. Nun ist Glykal eine Substanz, die man sich durch Abspaltung von Wasserstoffsuperoxyd aus Glykose entstanden denken kann. Die Ligninbildung in der lebenden Pflanze, die mit der Entstehung von Glykal, also auch mit der Abspaltung von Wasserstoffsuperoxyd parallel geht, scheint nach W. Fuchs demnach auf die Wirkung von Atmungsfermenten unter anaeroben Bedingungen bei absterbender Protoplasmatätigkeit zurückzuführen zu sein.

Pektinstoffe.

Während unsere Kenntnisse vom Bau des Ligninmoleküls also noch als recht lückenhaft bezeichnet werden müssen, sind wir über die Zusammensetzung der **Pektinstoffe** im großen und ganzen heute gut unterrichtet. Das Pektin ist ein wichtiger, in allen weichen, nicht verholzten Pflanzenteilen weit verbreiteter Bestandteil der Zellmembran. Trotz zahlreicher sich etwa über ein volles Jahrhundert erstreckender Arbeiten[5] konnte, abgesehen von der Isolierung einiger nur einen kleinen Bruchteil des Pektinmoleküls darstellender Spaltprodukte, der

---

[1] Schrauth, W.: Z. angew. Chem. 36, 149 (1923).
[2] Marcusson, J.: B. 58, 869 (1925).
[3] Fuchs, W.: B. 60, 776 (1927).
[4] Bergmann, M., u. H. Schotte: B. 54, 440 (1921).
[5] Zusammenstellung älterer Pektinarbeiten vgl. v. E. O. Lippmann: Die Chemie der Zuckerarten. Braunschweig: Vieweg. — Tollens, B.: Handbuch der Kohlenhydrate. Leipzig: Barth. — Czapek, F.: Biochemie der Pflanzen. Jena: Fischer. — Sucharipa, R.: Die Pektinstoffe. Braunschweig: Serger u. Hempel 1925.

l-Arabinose[1] und des Methylalkohols[2], erst in allerletzter Zeit durch F. Ehrlich[3] und seine Schule der Aufbau des Pektinmoleküls verschiedener Pflanzen weitgehend aufgeklärt werden.

Zur Untersuchung gelangte vornehmlich das Pektin der Zuckerrübe, über dessen Zusammensetzung im folgenden berichtet werden soll. Die Pektinstoffe anderer pflanzlichen Ursprunges — Flachs, Orangenschalen, Erdbeeren, Johannisbeeren u. a. — zeigten mit ganz geringfügigen Ausnahmen qualitativ etwa die gleichen Spaltprodukte in nur unwesentlich variierten Mengenverhältnissen.

Die Isolierung des in kaltem Wasser unlöslichen genuinen Rübenpektins ist bisher nicht geglückt. Um die Trockenschnitzel von Zucker und anderen wasserlöslichen Bestandteilen zu befreien, werden sie mit Wasser von 60° erschöpfend ausgelaugt, wodurch das Pektin eine Veränderung nicht erleidet. Die so vorbehandelten Schnitzel werden nun mit Wasser ausgekocht; dabei wird das Pektin, wahrscheinlich unter Wasseraufnahme, in zwei in Wasser lösliche Bestandteile, die unter dem Namen Hydratopektin zusammengefaßt werden, aufgespalten. Das Hydratopektin kann durch Eindampfen der wässerigen Lösung als braungelbe Blätter und Krusten in einer Ausbeute von etwa 30%, berechnet auf Trockenschnitzel, gewonnen werden. Durch Ausziehen mit 70 proz. Alkohol wird aus dem Hydratopektin das Araban in Lösung gebracht, während das Kalzium-Magnesium-Salz der Pektinsäure zurückbleibt. Das aus der alkoholischen Lösung gewonnene linksdrehende Araban (etwa 30% vom Hydratopektin) erwies sich als ein Gemisch verschiedener Anhydride der l-Arabinose, aus dem durch öfteres Umfällen ein Tetra-Araban, $C_{20}H_{32}O_{16}$, von $[\alpha]_D = -120°$ gewonnen werden konnte. Die Hauptmenge des Hydratopektins bildet das in 70 proz. Alkohol unlösliche Kalzium-Magnesium-Salz der Pektinsäure, aus dem die Säure freigemacht werden kann. Die Pektinsäure ist rechtsdrehend und wird durch totale saure Hydrolyse in Methylalkohol, Essigsäure, l-Arabinose, d-Galaktose und als Hauptbestandteil in d-Galakturonsäure, $C_6H_{10}O_7$,

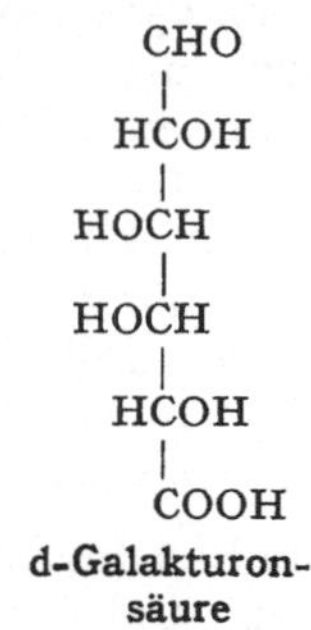

CHO
|
HCOH
|
HOCH
|
HOCH
|
HCOH
|
COOH

**d-Galakturon-
säure**

zerlegt. Letztere, eine von der d-Galaktose sich ableitende Aldehydkarbonsäure, deren Konstitution durch Oxydation zur Schleimsäure nachgewiesen werden konnte, ist zum ersten Male aus Pektinstoffen kristallisiert erhalten worden. Von natürlich vorkommenden Uronsäuren hat sie ihr einziges Analogon in der

---

[1] Scheibler, C.: B. 1, 58, 108 (1868); 6, 612 (1873).

[2] Fellenberg, Th. v.: Mitt. Schweiz. Gesdh.amt 5, 172, 225 (1914); Biochem. Z. 85, 45, 118 (1918).

[3] Ehrlich, F.: Chem.-Ztg. 35, 661 (1911); 41, 197 (1917); Ber. Faserstoffanalysen-Kommission Ver. Zellstoff- u. Papierchemiker, S. 88. Berlin 1920; Dtsch. Zuckerind. 49, 1046 (1924); C. 1924 II, 2797. — Gaertner, H.: Diss. Techn. Hochschule Breslau 1919; Z. Ver. dtsch. Zuckerind. 69, 233 (1919). — Ehrlich, F., u. R. v. Sommerfeld: Biochem. Z. 168, 263 (1926). — Ehrlich, F., u. F. Schubert: Ebenda 169, 13 (1926). — Ehrlich, F.: Z. angew. Chem. 1927, 1305.

im tierischen Organismus seit langem bekannten d-Glykuronsäure, die zum Unterschied von der d-Galakturonsäure durch Oxydation in Zuckersäure übergeht. Quantitativ mit Pektinsäure durchgeführte Spaltungen ergaben die Aufstellung folgender Gleichung:

$$C_{43}H_{62}O_{37} + 10\,H_2O = 4\,C_6H_{10}O_7 + 2\,CH_3OH + 3\,CH_3 \cdot COOH + C_5H_{10}O_5 + C_6H_{12}O_6$$

Rübenpektin- säure	Galakturon- säure	Methyl- alkohol	Essig- säure	l-Arabi- nose	d-Galak- tose

Danach ist die Rübenpektinsäure eine Triacetyl-arabinogalakto-dimethoxy-tetragalakturonsäure. Da der Methylalkohol bereits in der Kälte mit Alkali abgespalten wird, ist er esterartig an zwei Karboxylgruppen der Galakturonsäure geknüpft, das heißt, die Pektinsäure, ist als Estersäure mit zwei freien Karboxylgruppen anzusprechen, was auch durch die Titration bestätigt wird.

Von besonderem Wert für ein Bild von dem Aufbau der Pektinsäure, als dem Hauptteil des Pektinmoleküls, war es, daß es durch geeignet abgestufte saure Hydrolyse gelang, ein größeres Spaltprodukt aus dem riesigen Pektinsäuremolekül (ca. 1400) herauszuschälen: eine Polygalakturonsäure, Diese ist der erste und bisher einzige Vertreter einer Klasse von Naturprodukten, die mit den Hemizellulosen eine gewisse Ähnlichkeit zeigt, und aus der wahrscheinlich die in der Natur vorkommenden Hemizellulosen durch Dekarboxylierung, z. T. wenigstens, hervorgegangen sind. Wie die Hemizellulosen als einzige Bausteine Monosaccharide liefern, so konnte die Polygalakturonsäure restlos in d-Galakturonsäuremoleküle aufgespalten werden nach der Gleichung: $(C_6H_8O_6)_x + XH_2O = XC_6H_{10}O_7$.

Das genaue Studium der Polygalakturonsäure, die übrigens je nach den Arbeitsbedingungen in drei nur wenig verschiedenen, genau charakterisierten und ineinander überführbaren Modifikationen gewonnen werden konnte, ergab, daß es sich in dem einen Falle um eine vierbasische Tetragalakturonsäure $C_{24}H_{32}O_{24}$ mit verdeckten Aldehydgruppen handelt (Tetrasäure a). Das Auffinden der Tetrasäure wirft ein eigenartiges Licht auf das Ineinanderübergehen verschiedener Körper in den lebenden Pflanzen. Durch Abspalten von 4 Molekülen CO_2 — die Dekarboxylierung ist, wie wir aus anderen biochemischen Arbeiten[1] wissen ein durchaus natürlicher Vorgang — gelangt man von der Tetragalakturonsäure zu einem Tetraaraban $C_{24}H_{32}O_{24} = C_{20}H_{32}O_{16}+4\,CO_2$, und die Ansicht ist wohl naheliegend, daß das im Pektin vorgefundene Tetraaraban mit der in demselben Molekül nachgewiesenen Tetragalakturonsäure genetisch zusammenhängt.

Bei alkalischer Hydrolyse von Pektinsäure entstehen dieselben Produkte wie bei der sauren Spaltung: in erster Linie eine Tetrasäure, ferner Methylalkohol, Essigsäure, sowie als neues Spaltprodukt: Galaktoaraban, wahrscheinlich ein Disaccharid, das sich in d-Galaktose und e-Arabinose zerlegen ließ.

Aus den bisher vorliegenden Arbeiten über die Zusammensetzung des Pektins der Zuckerrübe geht deutlich hervor, daß der Hauptkern von der Tetragalakturonsäure gebildet wird, und daß die Spaltprodukte des Pektinmoleküls wohl restlos erfaßt sind. Es ist kaum damit zu rechnen, daß ein etwa übersehener Baustein und dieser höchstens von nebensächlicher Bedeutung und in untergeordneter Menge, noch aufzufinden sein wird. Auch alle bisher untersuchten Pektine anderen pflanzlichen Ursprunges zeigten, wie bereits bemerkt, ähnliche Eigenschaften, insbesondere wurde bei allen als Kernstück eine Tetragalakturonsäure

---

[1] Vgl. dazu E. SALKOWSKI. u. C. NEUBERG: Z. physiol. Chem. 36, 261 (1902); 37, 464 (1903).

gefunden; beachtenswert ist, daß bei schon etwas verholzten Membranen gelegentlich noch Xylose als Spaltprodukt angegeben wird[1].

Die Zusammensetzung des großen Pektinmoleküls kann somit im wesentlichen als geklärt gelten.

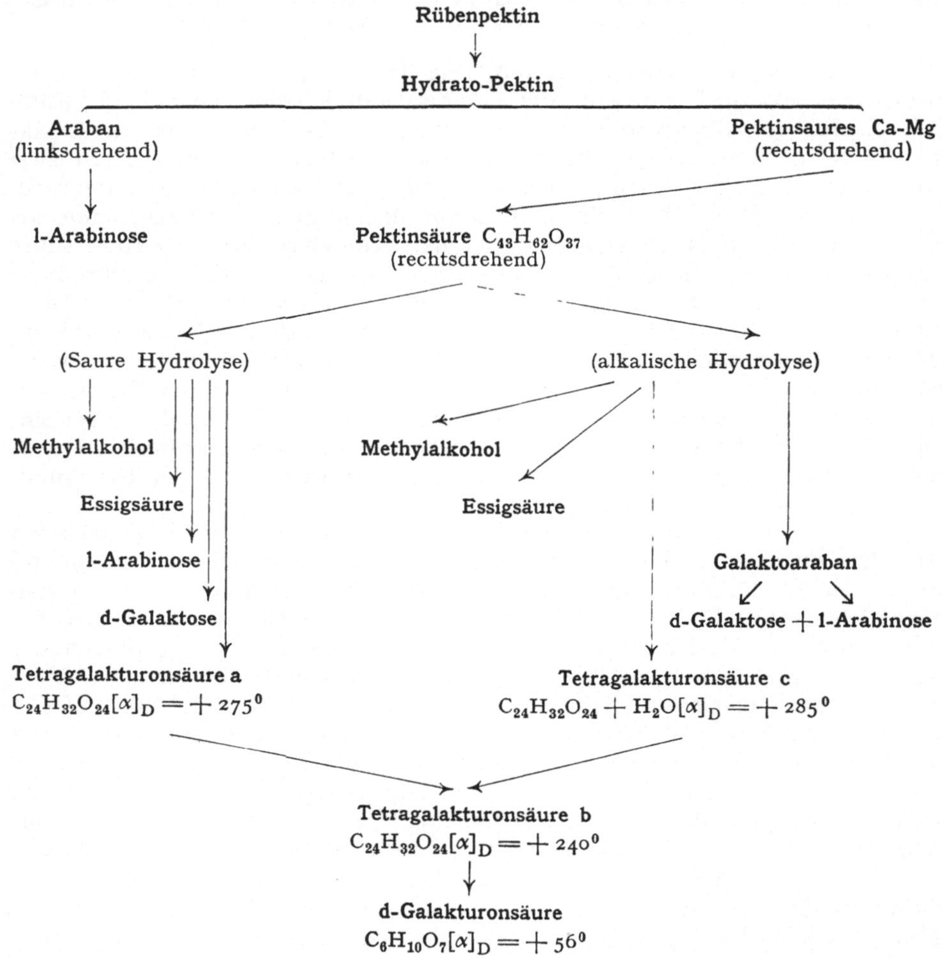

2. Tiersubstanz.

Die Bausteine des abgestorbenen Tierkörpers — Kohlenhydrate, Fette, Eiweißverbindungen, Knorpelstoffe, Mukine, die organischen Bestandteile der Knochen u. a. — spielen ihrer Masse nach, verglichen mit dem von der Pflanze gelieferten Material und wegen ihrer meist leichten Zersetzlichkeit, für die Bodenbildung direkt nur eine untergeordnete Rolle. Sie dienen hauptsächlich zur Ernährung von Tieren und Mikroorganismen und kommen so meist als Stoffwechselendprodukte, als Dünger, dem Boden zugute. Ihre chemische Zusammensetzung soll daher nur kurz gestreift werden.

---

[1] Ehrlich, F., u. F. Schubert: Xylose, ein Bestandteil des Flachspektins. Biochem. Z. 169, 13 (1926).

Fette.

Die im Tier- und Pflanzenkörper weit verbreiteten Fette und Öle sind zur Klasse der Ester gehörige Reservestoffe. Die Alkoholkomponente ist in allen Fällen das Glyzerin, während als Säurebestandteile in erster Linie Palmitinsäure $C_{15}H_{31} \cdot COOH$ und Stearinsäure $C_{17}H_{35} \cdot COOH$, aber auch in untergeordneter Menge Buttersäure $C_3H_7 \cdot COOH$, Laurinsäure $C_{11}H_{23} \cdot COOH$, Myristinsäure $C_{13}H_{27} \cdot COOH$ und noch einige andere gesättigte Säuren mit einer geraden Anzahl von Kohlenstoffatomen und mit unverzweigter Kohlenstoffkette zu nennen sind.

Von ungesättigten Säuren, die in der Natur überwiegend zur Fettbildung herangezogen werden, und die namentlich in pflanzlichen Ölen vorkommen, seien die Ölsäure $C_{17}H_{33} \cdot COOH$, ferner die Erukasäure $C_{21}H_{41} \cdot COOH$, die Linolsäure $C_{17}H_{31} \cdot COOH$, sowie die Linolensäure $C_{17}H_{29} \cdot COOH$ erwähnt, deren Vorhandensein durch flüssige Beschaffenheit des Fettes schon äußerlich angezeigt wird. Gewöhnlich ist das Fett eines Individuums kein chemisch einheitlicher Körper, sondern stellt ein Gemisch von Glyzerinestern mehrerer Fettsäuren dar. Auch hat sich als wahrscheinlich herausgestellt, daß an einem Glyzerinmolekül gelegentlich verschiedene Fettsäuren haften können.

An dieser Stelle sei des Lezithins Erwähnung getan, einer esterartigen Verbindung von Cholin mit Glyzerinphosphorsäure, welche mit Stearinsäure und Palmitinsäure zu einem Glyzerid verbunden ist. Das Lezithin ebenso wie die tierischen Wachse, deren bekanntester Vertreter, das Bienenwachs, einen Ester aus Myricylalkohol und Palmitinsäure darstellt, gelangen zwar immer nur in sehr geringen Mengen in den Boden, erweisen sich aber hier als auffallend widerstandsfähig.

Eiweißverbindungen.

Die auch im Pflanzenreich verbreiteten Eiweißverbindungen, hochmolekulare, meist amorphe Substanzen, pflegen in zwei große Untergruppen eingeteilt zu werden: in eigentliche Eiweißkörper oder Proteine und in zusammengesetzte Eiweißverbindungen oder Proteide, Verbindungen einfacher Eiweißkörper mit nicht eiweißartigen Bestandteilen.

Die eigentlichen Eiweißverbindungen oder Proteine werden nach ihrem Vorkommen, ihrer verschiedenen Löslichkeit und Fällbarkeit nach in zahlreiche Abteilungen untergeordnet: Albumine, Globuline, Getreideeiweiß, Protamine, Albuminoide, Kollagen, Fibroin, Spongin u. a. m. Sie haben alle eine ähnliche Zusammensetzung: 50—55% C, 6,5—7,3% H, 15—17,6% N, 19—24% O, 0,3—3,4% S, und zeigen u. a. die gleichen für Eiweißstoffe typischen Farbenreaktionen. Beim Erwärmen mit Salpetersäure Gelbfärbung (Xanthoproteinreaktion), mit Millons-Reagens Rotfärbung; mit Alkali und einer Spur Kupfersulfat entsteht bei gewöhnlicher Temperatur Blauviolettfärbung (Biuretreaktion). Aus wässeriger Lösung werden sie durch Azeton, Alkohol, Ferrocyanwasserstoffsäure, konzentrierte Salzlösungen, Phosphorwolframsäure, Tannin und andere Fällungsmittel, ferner durch Kochen, mehr oder minder verändert ausgeschieden (koaguliert).

Bei vollständiger Hydrolyse mit starken Säuren (A. Kossel und E. Fischer) zerfällt das Eiweiß in eine Anzahl von α-Aminosäuren, die nach Veresterung durch fraktionierte Vakuumdestillation getrennt werden können. Es sind bis jetzt etwa 20 Aminosäuren als Bausteine des Eiweißmoleküls bekannt geworden.

1. Glykokoll (Aminoessigsäure) $CH_2(NH_2) \cdot COOH$.
2. Alanin (Aminopropionsäure) $CH_3 \cdot CH(NH_2) \cdot COOH$.
3. Serin $CH_2(OH) \cdot CH(NH_2) \cdot COOH$.
4. Zystin $COOH \cdot CH(NH_2) \cdot CH_2 \cdot S \cdot S \cdot CH_2 \cdot CH(NH_2) \cdot COOH$.

5. Valin $(CH_3)_2CH \cdot CH(NH_2) \cdot COOH$.
6. Leuzin $(CH_3)_2CH \cdot CH_2 \cdot CH(NH_2) \cdot COOH$.
7. Isoleuzin $\begin{matrix} CH_3 \\ \\ C_2H_5 \end{matrix}\!\!>\!\!CH \cdot CH(NH_2) \cdot COOH$.
8. Norleuzin $CH_3 \cdot (CH_2)_3 \cdot CH(NH_2) \cdot COOH$.
9. Asparaginsäure $COOH \cdot CH_2 \cdot CH(NH_2) \cdot COOH$.
10. Glutaminsäure $COOH \cdot (CH_2)_2 \cdot CH(NH_2) \cdot COOH$.
11. β-Oxyglutaminsäure $COOH \cdot CH_2 \cdot CHOH \cdot CH(NH_2) \cdot COOH$.
12. Ornithin $CH_2(NH_2) \cdot (CH_2)_2 \cdot CH(NH_2) \cdot COOH$.
13. Arginin $NH_2 \cdot C \cdot NH \cdot (CH_2)_3 \cdot CH(NH_2) \cdot COOH$.
$$\|$$
$$NH$$
14. Lysin $CH_2(NH_2) \cdot (CH_2)_3 \cdot CH(NH_2) \cdot COOH$.
15. Prolin
$$CH_2\!-\!CH_2$$
$$||$$
$$CH_2CH \cdot COOH$$
$$\diagdown\diagup$$
$$NH.$$
16. Oxyprolin $HO \cdot CH\!-\!CH_2$
$$||$$
$$CH_2CH \cdot COOH$$
$$\diagdown\diagup$$
$$NH.$$
17. Phenylalanin $C_6H_5 \cdot CH_2 \cdot CH(NH_2) \cdot COOH$.
18. Tyrosin (p) $HO \cdot C_6H_4 \cdot CH_2 \cdot CH(NH_2) \cdot COOH$.
19. Histidin
$$CH$$
$$\diagup\diagdown\!\!\|$$
$$NHN$$
$$||$$
$$CH\!=\!=\!C \cdot CH_2 \cdot CH(NH_2) \cdot COOH.$$
20. Tryptophan $C\!-\!-\!CH_2 \cdot CH(NH_2) \cdot COOH$
$$\diagdown CH$$
$$|$$
$$NH.$$

Die einzelnen Aminosäuren im Eiweißmolekül, deren Konstitution auch durch Synthese bekannt ist, scheinen hauptsächlich durch eine amidartige Verknüpfung der Aminogruppe des einen Moleküls mit der Karboxylgruppe des anderen Moleküls verbunden zu sein. Es geht das aus der Identität von synthetischen Di-, Tri- und Tetrapeptiden mit den durch vorsichtige Spaltung aus natürlichem Eiweiß oder Peptonen gewonnenen Präparaten hervor. Doch scheint, wenn auch vielleicht nur in geringerem Umfange, die Vorbildung von Diketopiperazinkomplexen im Eiweißmolekül in Frage zu kommen.

Von zusammengesetzten Eiweißstoffen oder Proteiden seien das Hämoglobin und das Kasein, sowie die am Aufbau der Zellkerne beteiligten Nukleoproteide erwähnt. Letztere bestehen aus einer Verbindung von Eiweiß mit Nukleinsäure, d. h. mit einer Phosphorsäure, Zucker und eine organische Base haltigen Substanz. Wir haben es hier also mit einer Verbindung von Eiweiß mit Zuckern zu tun. In diesem Zusammenhange ist vielleicht ein anderer Übergang von α-Aminosäuren in Zucker zu erwähnen: das α-Glykosamin, ein Aminozucker, der als Polysaccharid, als Chitin, in Tieren (Chitinpanzer), aber auch Pflanzen weit verbreitet sich vorfindet und durch seine Resistenz gegen chemische und bakteriologische Eingriffe für die Bodenzusammensetzung, insbesondere seinen Stickstoffgehalt, an manchen Orten eine gewisse Rolle spielt.

Die stickstoffhaltigen Eiweißstoffe werden im Organismus im Magen durch das Ferment Pepsin in saurer Lösung zu den Peptonen abgebaut, die durch das aus der Bauchspeicheldrüse stammende Trypsin in alkalischer Lösung im Dünndarm eine weitere Molekülverkleinerung zu den Polypeptiden erleiden. Diese werden durch das Erepsin bis zu den zur Resorption gelangenden Aminosäuren abgebaut. Das Hauptendprodukt des Eiweißstoffwechsels ist bei Säugetieren der Harnstoff

$$CO{<}^{NH_2}_{NH_2}.$$

Von der dem Erdboden durch den tierischen Harn täglich zugeführten Stickstoffmenge, die letzten Endes aus dem Nahrungseiweiß stammt, kann man sich ein ungefähres Bild machen nach einer dem Lehrbuch der Nahrungsmittel-Chemie von Röttger[1] entnommenen Tabelle. Der normale erwachsene Mensch scheidet danach täglich 21,5—34 g Harnstoff, 0,2—1,25 g Harnsäure, 0,6—1,3 g Kreatinin, 0,7 g Hippursäure und Spuren von Xanthinstoffen ab. Eigenartigerweise wird bei Vögeln und Reptilien der Stickstoff hauptsächlich in Form von Harnsäure, die bei den Säugetieren nur eine untergeordnete Rolle einnimmt,

$$
\begin{array}{l}
NH—CO \\
\;|\qquad\; | \\
CO\quad C—NH \\
\;|\qquad\; \|\qquad\; {>}CO \\
NH—C—NH
\end{array}
$$

Harnsäure

abgeschieden. Durch den Kot (Fäzes) werden dem Erdboden in Form von Dünger täglich namhafte Mengen organischen Materials, unverdaute Nahrungsreste, Zellulose, Muskelfasern, Horn, Haargebilde, Verdauungssäfte, Schleim und Gallenfarbstoffe zugeführt. Auch im Darm gebildete aber nicht resorbierte Zersetzungsprodukte, Indol, Skatol, flüchtige Fettsäuren gelangen auf diesem Wege in den Boden, besonders aber zahlreiche Mikroorganismen, in erster Linie Spaltpilze.

---

[1] Röttger, H.: Lehrbuch der Nahrungsmittelchemie, 4. Aufl. Leipzig: Barth 1910.

B. Naturwissenschaftliche Grundlagen zur Beurteilung der Bodenbildungsvorgänge (Faktoren der Bodenbildung).

1. Die physikalisch wirksamen Kräfte und ihre Gesetzmäßigkeiten.

Von H. FESEFELDT, Göttingen.

Mit 5 Abbildungen.

Im nachfolgenden Kapitel sollten die Gesetze, die der Einwirkung der Temperatur auf die anorganische Körperwelt bei der Aufbereitung des Gesteinsmaterials zugrunde liegen, ebenso wie die Gesetze, die den Einfluß des Spaltenfrostes in gleicher Richtung regeln, und schließlich die Gesetze, die für den Absatz der Körper aus Wasser und Luft beim Transport des Gesteinsmaterials gelten und für die Verteilung und Anordnung der Detritate in Frage kommen, ihre Behandlung finden. Von der Wiedergabe letzterer Verhältnisse konnte jedoch abgesehen werden, da in Teil B3 vorliegenden Bandes und in Band 4 eingehende Rücksicht auf diese genommen worden ist bezw. genommen werden wird. Infolgedessen ist im vorliegenden Abschnitt eingehend nur auf die Wärmeleitung in Mineralien und Gesteinen (a), auf die thermische Ausdehnung der Mineralien und Gesteine (b) und ganz kurz auf das Gefrieren des Wassers und des Eises (c) eingegangen worden.

a) Wärmeleitung in Mineralien und Gesteinen[1].

Die verschiedenen Arten des Wärmeaustausches. Wärme kann einem Körper durch Strahlung oder Leitung zugeführt werden. In jedem Falle tritt eine Wärmezunahme bzw. -abgabe durch eine Erhöhung bzw. Erniedrigung der Temperatur in Erscheinung. Für die Wärmeaufnahme durch Strahlung ist eine Art Fernwirkung und Wechsel der Energieform charakteristisch. Unter Wärmeleitung versteht man den unmittelbaren Übergang von Wärmenergie zwischen sich berührenden festen, flüssigen und gasförmigen Körpern verschiedener Temperatur. Er äußert sich darin, daß, von der Berührungsstelle ausgehend, der wärmere Körper sich abkühlt und der kältere sich erwärmt. Ob bei dem noch ungeklärten Mechanismus der Wärmeleitung eine innere Strahlung zwischen Molekülen stattfindet, soll hier nicht erörtert werden. Sieht man von der Betrachtung der Art des Wärmeüberganges zwischen sehr kleinen Teilen (Poren) eines Körpers ab, so sind im allgemeinen solche inneren Strahlungsvorgänge in dem Begriff der Wärmeleitung mit eingeschlossen. Nur beim Wärmeübergang von einem Körper zum anderen durch größere Gas- oder Flüssigkeitsschichten muß zwischen Wärmestrahlung und Wärmeleitung unterschieden werden. Noch ein anderes kommt hinzu: Da die Dichte erwärmter Gase und Flüssigkeiten im allgemeinen mit steigender Temperatur kleiner wird, so steigen bei Erwärmung die erwärmten Teile nach oben, während die kühleren herabsinken. Diese mit dem Wärmetransport verbundene Bewegung nennt man Wärme-

---

[1] Vgl. hierzu JAKOB, M.: Handb. d. Physik, Bd. 11. Berlin: Julius Springer 1926.

konvektion. Die Wärmekonvektion ist daher untrennbar mit der Wärmeleitung verbunden. Sie spielt jedoch meist nur eine untergeordnete Rolle und ist nur bei der Betrachtung der Wärmefortpflanzung zwischen festen Körpern und Flüssigkeiten und Gasen zu berücksichtigen.

Das Grundgesetz der stationären Wärmeströmung und das Wärmeleitungsvermögen. Ein gerader Stab von der Länge l und dem Querschnitt f, der aus einem einheitlichen Stoff besteht, wird an seinem einen Ende dauernd auf der Temperatur ϑ_1, an dem anderen Ende auf der niedrigeren Temperatur ϑ_2 gehalten. Die übrige Oberfläche soll gegen Wärmeaufnahme und gegen Wärmeverluste vollkommen geschützt sein. Dann geht, wie die Erfahrung lehrt, Wärme von dem heißeren nach dem kälteren Ende über. Nach einiger Zeit (genau genommen nach unendlich langer Zeit) tritt ein stationärer Zustand ein, d. h. es fließt in jedem Zeitintervall die gleiche Wärmemenge Q durch den Stab, und die Temperatur ändert sich an keiner Stelle mehr. Die Wärmemenge Q kann man aus der folgenden, von I. B. Biot bereits vor Fourier aufgestellten und in der Folge durch zahllose Versuche bestätigten Gleichung berechnen:

$$Q = \lambda \cdot f \cdot \frac{\vartheta_1 - \vartheta_2}{l}\, t. \tag{1}$$

Die Größe λ ist je nach dem Material des Stabes verschieden und offenbar ein Maß dafür, wie gut es die Wärme leitet. Man nennt sie Wärmeleitfähigkeit, Wärmeleitvermögen oder die Wärmeleitzahl des Stoffes. Nach Gleichung (1) ist die Dimension von λ

in physikalischem Maß:

$$[\lambda] = [\text{cal} \cdot \text{cm}^{-1} \cdot \text{s}^{-1} \cdot \text{Grad}^{-1}, \tag{1a}$$

in wärmetechnischem Maß:

$$[\lambda] = [\text{kcal} \cdot \text{m}^{-1} \cdot \text{h}^{-1} \cdot \text{Grad}^{-1}, \tag{1b}$$

in elektrotechnischem Maß:

$$[\lambda] = [W \cdot \text{cm}^{-1} \cdot \text{Grad}^{-1}] . \tag{1c}$$

Alle drei Maße werden in der Literatur nebeneinander gebraucht. Auf das wärmetechnische Maß kommt man durch Multiplikation des in physikalischem Maß ausgedrückten Zahlenwertes von λ mit 360, auf das elektrotechnische Maß durch Multiplikation mit 4,184.

Das Wärmeleitvermögen ist im allgemeinen nicht unabhängig von der Temperatur eines Stoffes. Es kann mit zunehmender Temperatur steigen oder fallen. In der Nähe des Eispunktes ist das Wärmeleitvermögen gegeben durch die Gleichung

$$\lambda = \lambda_0 (1 + \beta \vartheta), \tag{2}$$

worin λ und λ_0 die Wärmeleitzahlen bei ϑ und 0° C bedeuten. β nennt man den Temperaturkoeffizienten der Wärmeleitfähigkeit.

Wir wollen die Gleichung (1) für den Fall stationärer Wärmeströmung in einem beliebig geformten Körper verallgemeinern.

Abb. 15 zeigt eine „Wärmestromröhre" mit dem sehr kleinen Querschnitt df senkrecht zu der krummen x-Achse, längs der die Wärme strömt. In dem differentiellen Raumelement von x bis $x + dx$ strömt dann axial in der Zeit t nach Gleichung (1) die Wärmemenge

$$dQ = -\lambda \cdot df \cdot \frac{d\vartheta}{dx} \cdot t. \tag{1d}$$

Auf der Strecke x bis $x + dx$ nimmt die Temperatur von ϑ auf $(\vartheta - d\vartheta)$ ab. Da aber die dabei hindurchströmende Wärmemenge positiv sein soll, setzen wir ein Minuszeichen. Gleichung (1d) ist die für die ganze Wärmeleitung grundlegende Definitionsgleichung. Integriert man über die Fläche f, so bekommt man die Wärmemenge Q. Den Differentialquotienten $-d\vartheta/dx$ nennt man das

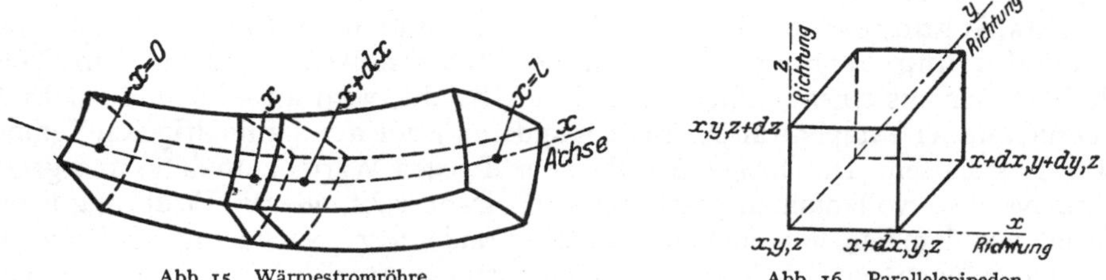

Abb. 15. Wärmestromröhre.   Abb. 16. Parallelepipedon.

„Temperaturgefälle" oder den „Temperaturgradienten", die krummen Flächen f „Niveauflächen" und die in der Richtung der Wärmeströmung gezeichneten Kanten „Wärmestromlinien". λ kann sowohl längs der x-Achse als auch im Querschnitt f örtlich variabel sein.

Die Grundgleichung der veränderlichen Wärmeströmung und die Temperaturleitzahl. Aus einem homogenen und isotropen Körper, der die Wärme gleich gut nach allen Richtungen leiten soll, schneiden wir uns das in Abb. 16 dargestellte Parallelepipedon heraus und legen in die Richtung seiner Kanten die Achsen eines rechtwinkligen Koordinatensystemes. Wir betrachten die in einer beliebigen Richtung durch diesen Körper hindurchtretende veränderliche Wärmeströmung. Denkt man sich diese nach drei Komponenten zerlegt, so ist nach Gleichung (1d) die im Zeitelement dt in der Richtung der x-Achse in den Körper einströmende Wärmemenge:

$$dQ_1' = -\lambda \cdot (dy \cdot dz) \cdot \frac{\partial \vartheta}{\partial x} \cdot dt$$

und die herausströmende Wärmemenge:

$$dQ_2' = -\lambda \cdot (dy \cdot dz) \cdot \frac{\partial}{\partial x}\left(\vartheta + \frac{\partial \vartheta}{\partial x} dx\right) \cdot dt = -\lambda (dy \cdot dz) \cdot \left(\frac{\partial \vartheta}{\partial x} + \frac{\partial^2 \vartheta}{\partial x^2} dx\right) \cdot dt.$$

Durch zyklische Vertauschung von x, y und z erhält man die Gleichungen für die in den Richtungen der y- und z-Achse ein- bzw. ausströmenden Wärmemengen dQ_1'', dQ_2'' und dQ_1''', dQ_2'''. Die Summe $dQ_1 = dQ_1' + dQ_1'' + dQ_1'''$ bedeutet die gesamte in der Zeit dt in das Parallelepipedon eingetretene Wärmemenge, die Summe $dQ_2 = dQ_2' + dQ_2'' + dQ_2'''$ die gesamte aus ihm ausgetretene Wärmemenge. In dem Körperelement wird ferner in der Zeit dt, während der die Temperatur um $d\vartheta$ zunimmt, eine Wärmemenge dQ_3 aufgespeichert. Ist ϱ die Dichte des Materials, c seine spezifische Wärme, so ist

$$dQ_3 = \varrho \cdot c \cdot (dx \cdot dy \cdot dz) \cdot \frac{\partial \vartheta}{\partial t} \cdot dt.$$

Endlich soll in dem unendlich kleinen Parallelepipedon die Wärmemenge

$$dQ_4 = q \cdot (dx \cdot dy \cdot dz) \cdot dt$$

erzeugt werden. Nach dem Gesetz von der Erhaltung der Energie ist nun

$$dQ_1 + dQ_4 = dQ_2 + dQ_3.$$

Setzt man hierin die oben gefundenen Ausdrücke ein, so erhält man die allgemeine Differentialgleichung der Wärmeleitung

$$\frac{\partial \vartheta}{\partial t} = \frac{\lambda}{\varrho \cdot c}\left(\frac{\partial^2 \vartheta}{\partial x^2} + \frac{\partial^2 \vartheta}{\partial y^2} + \frac{\partial^2 \vartheta}{\partial z^2}\right) + \frac{q}{\varrho \cdot c}, \tag{3}$$

die man auch unter Einführung des LAPLACEschen Operators Δ für

$$\Delta\vartheta = \frac{\partial^2\vartheta}{\partial x^2} + \frac{\partial^2\vartheta}{\partial y^2} + \frac{\partial^2\vartheta}{\partial z^2}$$

und des Buchstabens a für $\dfrac{\lambda}{\varrho \cdot c}$ in der abgekürzten Schreibweise

$$\frac{\partial\vartheta}{\partial t} = a\,\Delta\vartheta + \frac{q}{\varrho \cdot c} \tag{3a}$$

findet. Sie setzt die zeitliche Änderung der Temperatur an irgendeiner Stelle eines Körpers in Beziehung zu der örtlichen Änderung beim Fortschreiten um eine beliebige Strecke $ds = \sqrt{dx^2 + dy^2 + dz^2}$. Zur Lösung dieser partiellen Differentialgleichung müssen Randbedingungen gegeben sein. Bestehen in der Nähe der betrachteten Stelle keine Wärmequellen, ist also $q = 0$, so fällt das zweite Glied rechts weg, und es ergibt sich die besonders häufige Form der Differentialgleichung

$$\frac{\partial\vartheta}{\partial t} = a\,\Delta\vartheta. \tag{3b}$$

Die Größe $a = \dfrac{\lambda}{\varrho \cdot c}$ nennt man die **Temperaturleitfähigkeit** oder die **Temperaturleitzahl**. Sie spielt bei nichtstationärer Wärmeströmung dieselbe Rolle wie λ bei der stationären.

Die Dimension der Temperaturleitzahl a ist nach Gleichung (3a)
in physikalischem und elektrotechnischem Maß

$$[a] = [\mathrm{cm^2 \cdot s^{-1}}], \tag{3c}$$

in wärmetechnischem Maß

$$[a] = [\mathrm{m^2 \cdot h^{-1}}]. \tag{3d}$$

Vom physikalischen kommt man auf das wärmetechnische Maß durch Multiplikation mit 0,36.

Gleichung (3) oder (3b) enthält auch den vorhin angeführten Fall der stationären Wärmeströmung. In diesem Falle ist $\dfrac{\partial\vartheta}{\partial t} = 0$, und die Gleichung (3b) reduziert sich auf die LAPLACEsche Differentialgleichung

$$\frac{\partial^2\vartheta}{\partial x^2} + \frac{\partial^2\vartheta}{\partial y^2} + \frac{\partial^2\vartheta}{\partial z^2} = 0. \tag{3e}$$

Betrachten wir den Fall des geraden Stabes, bei dem die Wärme in der x-Richtung strömen, jede Längsfläche vollkommen isoliert sein soll, so ist $\dfrac{\partial^2\vartheta}{\partial y^2} = 0$ und $\dfrac{\partial^2\vartheta}{\partial z^2} = 0$, und die Integration der Gleichung (3e) ergibt

$$\vartheta = A\,x + B. \tag{3f}$$

Das Temperaturgefälle ist also linear, was wir schon aus der Definitionsgleichung (1d) wissen.

Die Grundgleichung des Wärmeaustausches zwischen festen Körpern und Flüssigkeiten oder Gasen und die Wärmeübergangszahl. Die exakte Behandlung des Wärmeaustausches zwischen festen Körpern und Flüssigkeiten oder Gasen stößt selbst in den einfachsten Fällen auf die größten Schwierigkeiten. Das kommt daher, daß in dem für die Praxis sehr geeigneten sog. NEWTONschen Abkühlungsgesetz

$$Q = \alpha \cdot f \cdot (\vartheta_1 - \vartheta_2) \cdot t, \tag{4}$$

worin Q die von der Fläche f einer Wand an die gasförmige oder flüssige Umgebung in der Zeit t übergehende Wärme, ϑ_1 die Wandtemperatur, ϑ_2 die Temperatur der Umgebung und α die „äußere Wärmeleitfähigkeit" bedeutet, α gar nicht die Dimension einer Wärmeleitfähigkeit hat. Wir gebrauchen daher nur die in der Technik übliche Bezeichnung „Wärmeübergangszahl".

Aus Gleichung (4) folgt für die Dimension von α

in physikalischem Maß:

$$[\alpha] = [\text{cal} \cdot \text{cm}^{-2} \cdot \text{s}^{-1} \cdot \text{Grad}^{-1}] , \tag{4a}$$

in wärmetechnischem Maß

$$[\alpha] = [\text{kcal} \cdot \text{m}^{-2} \cdot \text{h}^{-1} \cdot \text{Grad}^{-1}] , \tag{4b}$$

in elektrotechnischem Maß

$$[\alpha] = W \cdot \text{cm}^{-2} \cdot \text{Grad}^{-1}] . \tag{4c}$$

Vom physikalischen kommt man zum wärmetechnischen Maßsystem durch Multiplikation mit 36000, zum elektrotechnischen durch Multiplikation mit 418,4.

Gleichung (4) ist die **Grundgleichung für die Berechnung des Wärmeaustausches zwischen festen Körpern und Flüssigkeiten oder Gasen** geworden, obwohl man sich darüber klar sein muß, daß α weder eine Konstante ist, wie man zuerst annahm, noch überhaupt eine einfache physikalische Größe, sondern eine komplizierte Funktion vieler Variablen[1].

Grundgleichungen der Wärmeleitung in Kristallen. Die theoretischen Grundlagen der Wärmeleitung in Kristallen sind von Duhamel[2] gegeben worden. Sénarmonts[3] experimentelle Ergebnisse brachten bedeutende Stützen seiner Theorie. Verallgemeinert wurde seine Theorie von Lamé[4]. Stokes[5] stellte das folgende Gleichungssystem auf unter der Annahme, daß der Wärmestrom in einem Punkt nur von der örtlichen Veränderlichkeit der Temperatur abhängt, und daß die Komponenten des Wärmestromes lineare Funktionen der Komponenten des Temperaturgefälles sind:

$$\left. \begin{aligned}
Q_x &= -\lambda_{11} \frac{\partial \vartheta}{\partial x} - \lambda_{12} \frac{\partial \vartheta}{\partial y} - \lambda_{13} \frac{\partial \vartheta}{\partial z} \\
Q_y &= -\lambda_{21} \frac{\partial \vartheta}{\partial x} - \lambda_{22} \frac{\partial \vartheta}{\partial y} - \lambda_{23} \frac{\partial \vartheta}{\partial z} \\
Q_z &= -\lambda_{31} \frac{\partial \vartheta}{\partial x} - \lambda_{32} \frac{\partial \vartheta}{\partial y} - \lambda_{33} \frac{\partial \vartheta}{\partial z}
\end{aligned} \right\} \tag{5}$$

Q_x, Q_y, Q_z sind die Komponenten des Wärmestromes, die neun Werte λ_{11} bis λ_{33} Materialkonstanten. Diese neun Werte sind jedoch nicht unabhängig voneinander[6], sondern reduzieren sich auf sechs, wenn man von den sog. „rotatorischen" Effekten absieht, auf die wir gleich zu sprechen kommen. Man kann dann das Gleichungssystem für die Wärmeströmung auch in der einfacheren Form schreiben

$$\left. \begin{aligned}
Q_x &= -\lambda_1 \frac{\partial \vartheta}{\partial x} - \omega_3 \frac{\partial \vartheta}{\partial y} + \omega_2 \frac{\partial \vartheta}{\partial z} \\
Q_y &= -\lambda_2 \frac{\partial \vartheta}{\partial y} - \omega_1 \frac{\partial \vartheta}{\partial z} + \omega_3 \frac{\partial \vartheta}{\partial x} \\
Q_z &= -\lambda_3 \frac{\partial \vartheta}{\partial z} - \omega_2 \frac{\partial \vartheta}{\partial x} + \omega_1 \frac{\partial \vartheta}{\partial y}
\end{aligned} \right\} \tag{5a}$$

---

[1] Näheres vgl. bei M. Jakob: Wärmeleitung. Handb. d. Physik, Bd. 11, S. 132ff. Berlin: Julius Springer 1926; Gröber, H.: Die Grundgesetze der Wärmeleitung und des Wärmeüberganges. Berlin: Julius Springer 1921. Hier auch weitere Literaturangaben.

[2] Duhamel, J. M. C.: J. de l'école polyt. **13**, 356—399 (1832).

[3] Siehe Seite 176.

[4] Lamé, G.: Leçons sur la théorie analytique de la chaleur. Paris 1861.

[5] Stokes, G. G.: Coll. Papers. **3**, 203.

[6] Vgl. E. W. Hobson u. H. Diesselhorst: Enzykl. d. math. Wiss. **4** (1), 178ff.

Analog den früheren Betrachtungen kann man nunmehr schreiben

$$c \cdot \varrho \cdot \frac{\partial \vartheta}{\partial t} = - \frac{\partial Q_x}{\partial x} - \frac{\partial Q_y}{\partial y} - \frac{\partial Q_z}{\partial z}. \tag{6}$$

Setzt man aus (5a) die Werte für Q ein, so erhält man

$$c \cdot \varrho \frac{\partial \vartheta}{\partial t} = \lambda_1 \cdot \frac{\partial^2 \vartheta}{\partial x^2} + \lambda_2 \frac{\partial^2 \vartheta}{\partial y^2} + \lambda_3 \frac{\partial^2 \vartheta}{\partial z^2} \tag{6a}$$

oder

$$a_1 = \frac{\lambda_1}{c \cdot \varrho}, \qquad a_2 = \frac{\lambda_2}{c \cdot \varrho}, \qquad a_3 = \frac{\lambda_3}{c \cdot \varrho}$$

gesetzt,

$$\frac{\partial \vartheta}{\partial t} = a_1 \frac{\partial^2 \vartheta}{\partial x_2} + a_2 \frac{\partial^2 \vartheta}{\partial y^2} + a_3 \frac{\partial^2 \vartheta}{\partial z^2}. \tag{6b}$$

$\omega_1, \omega_2, \omega_3$ nennt man die „rotatorischen Wärmeleitzahlen". Aus Symmetriegründen bei einzelnen Kristalltypen müssen sie in gewissen Fällen gleich Null sein. Es liegt die Vermutung nahe, daß rotatorische Wärmeleiteffekte überhaupt nicht bestehen, da sie bisher überhaupt noch nicht nachgewiesen worden sind. VOIGT[1] weist jedoch darauf hin, daß es vielleicht nur eines glücklichen Zufalles bedarf, um diese Erscheinungen zu entdecken. Über die experimentellen Methoden zur Bestimmung von ω muß ebenfalls auf VOIGT hingewiesen werden. Vernachlässigt man die Glieder mit den rotatorischen Wärmeleitzahlen, so nimmt das Gleichungssystem (5a) folgende einfache Form an:

$$\left. \begin{aligned} Q_x &= - \lambda_1 \frac{\partial \vartheta}{\partial x} \\ Q_y &= - \lambda_2 \frac{\partial \vartheta}{\partial y} \\ Q_z &= - \lambda_3 \frac{\partial \vartheta}{\partial z} \end{aligned} \right\} \tag{5b}$$

In einer beliebigen Richtung n ist die Wärmeströmung

$$Q_n = - \lambda_n \frac{\partial \vartheta}{\partial n}. \tag{5c}$$

Hierin ändert sich λ_n mit der Richtung n wie das reziproke Quadrat des Radiusvektors eines bestimmten Ellipsoids von der Gleichung

$$\lambda_1 x^2 + \lambda_2 y^2 + \lambda_3 z^2 = 1 \tag{7}$$

oder

$$\frac{x^2}{\left(\sqrt{\frac{1}{\lambda_1}}\right)^2} + \frac{y^2}{\left(\sqrt{\frac{1}{\lambda_2}}\right)^2} + \frac{z^2}{\left(\sqrt{\frac{1}{\lambda_3}}\right)^2} = 1, \tag{7a}$$

wenn x, y, z die Hauptachsen des Ellipsoids sind. Die Achsen des durch Gleichung (7) oder (7a) dargestellten Ellipsoids nennt man auch Hauptachsen der Leitfähigkeit und $\lambda_1, \lambda_2, \lambda_3$ die Hauptleitfähigkeiten. Wie aus Gleichung (7) hervorgeht, sind die Halbachsen des Ellipsoids gleich den reziproken Werten der Quadratwurzeln aus den Hauptleitfähigkeiten.

Einteilung der Kristalle nach ihrer Wärmeleitfähigkeit. Auf Grund der Voraussetzungen der vorigen Betrachtungen können wir nach der Symmetrie des Wärmeleitvorganges fünf Klassen unterscheiden:

1. Klasse. Die Kristalle des kubischen Systems (und die homogenen amorphen Körper). Es lassen sich unendlich viel Tripel von aufeinander senk-

---

[1] VOIGT, W.: Lehrbuch der Kristallphysik, S. 403. Leipzig u. Berlin: B. G. Teubner 1910.

recht stehenden Richtungen finden, die als Hauptachsen des Ellipsoids genommen werden können. Das Ellipsoid wird eine Kugel. Kubische Kristalle und amorphe Körper sind also charakterisiert durch einen einzigen Wert für λ. 2. Klasse. Die Kristalle des hexagonalen, rhomboedrischen und tetragonalen Systems. Das Ellipsoid ist ein Rotationsellipsoid. Eine Achse ist ausgezeichnet und fällt mit der optischen Achse des Kristalls zusammen. Die Kristalle sind durch zwei Werte, λ_1 und λ_3, charakterisiert. 3. Klasse. Die Kristalle des rhombischen Systems. Die Achsen des Ellipsoids fallen mit den kristallographischen Achsen zusammen. Für die Kristalle des rhombischen Systems sind drei Werte λ_1, λ_2, λ_3 charakteristisch. 4. Klasse. Die Kristalle des monoklinen Systems. Eine der Hauptachsen fällt mit einer der kristallographischen Achsen zusammen. Die beiden anderen liegen in der dazu senkrechten Ebene. Anzugeben sind die drei Werte λ_1, λ_2, λ_3 und die Lage einer der auf der kristallographischen Achse senkrecht stehenden Hauptachsen zu einer der beiden anderen kristallographischen Achsen. 5. Klasse. Die Kristalle des triklinen Systems. Die Kristalle sind hinsichtlich ihrer Wärmeleitung charakterisiert durch die Angabe von λ_1, λ_2, λ_3 und die Lage der drei Hauptsachen der Wärmeleitfähigkeit zu den drei kristallographischen Achsen.

Experimentelle Bestimmungen der Wärmeleitfähigkeit fester Körper nach der Isothermenmethode. Die Bestimmung der Hauptleitfähigkeiten λ_1, λ_2, und λ_3 als den Achsen eines Ellipsoids ist praktisch nicht ohne weiteres möglich, da es experimentell unmöglich ist, in einem Kristall durch eine punktförmige Wärmequelle isothermische Ellipsoide zu erzeugen. Man greift daher auf Vergleichsverfahren zurück, indem man aus dem zu untersuchenden Stoffen Platten schneidet und die Wärmeströmung an ihnen als zweidimensionales Problem studiert. Das älteste dieser Verfahren stammt von Sénarmont[1]. Aus dem zu untersuchenden Material wurde eine dünne Platte geschnitten, diese mit einem feinen Überzug von reinem Wachs oder einem Gemenge von Öl und Wachs überzogen, in der Mitte durchbohrt und durch dieses ungefähr 2 mm weite Loch ein Rohr aus Silber geführt, das man an einem Ende erhitzt, während an dem anderen Ende ein Luftstrom hindurchgesaugt wird. Später hat Sénarmont dieses Rohr durch einen an einem Ende erhitzten Silberdraht ersetzt. Nach dem Erkalten der Platte sieht man deutlich, wie weit das Wachs geschmolzen ist. Die Grenzlinie ist offenbar eine Isotherme, die um so schärfer begrenzt ist, je weniger gut die Platte die Wärme leitet und je dünner sie ist. Die Isothermen stellen Ellipsen dar. Sind a und b die Halbachsen einer solchen Isothermenellipse, so gilt für die Wärmeleitzahlen λ_a und λ_b in diesen Richtungen

$$\frac{\lambda_a}{\lambda_b} = \frac{a^{2\,*}}{b^2}\,.$$

Jannettaz[3] erwärmte die Platte durch Aufsetzen der Spitze eines erhitzten Drahtes oder durch Berühren mit einer heißen Platinkugel und vermied dadurch die durch die Durchbohrung der Platte bedingten Fehlerquellen. Zur Ausmessung der gefundenen Ellipsen benutzte er ein von ihm für seine Zwecke

---

[1] Sénarmont, H. de: C. R. 25, 459, 707 (1847); 26, 501 (1848); Ann. chim. phys. 21, 457 (1847); 22, 179 (1848); 23, 257 (1848); 28, 279 (1850); Pogg. Ann. 73, 191 (1848); Bd. 74, 190 (1848); 75, 50, 482 (1848); 76, 119 (1849); 80, 175 (1850).
* Vgl. G. Kirchhoff: Vorlesungen über die Theorie der Wärme, S. 48 ff.
[3] Jannettaz, E.: Ann. chim. phys. (4) 29, 5 (1873); vgl. auch „Notice sur les travaux scientifiques de Mons. E. Jannettaz." Meulan 1882; Auszug in den Beibl. z. d. Ann. d. Physik 7, 277 (1883); vgl. ferner „Notices sur les travaux scientifiques de Mons. E. Jannettaz". Paris 1892.

konstruiertes „Ellipsometer", wegen dessen auf die zitierten Arbeiten hingewiesen werden muß. Die Untersuchungen JANNETTAZ' erstreckten sich auf die Frage, ob die Spaltbarkeit der Mineralien in einem Zusammenhang mit der Leitfähigkeit stehe. Er fand seine Vermutungen bestätigt. Die Richtung, in der sich der Kristall am leichtesten spalten läßt, ist oft auch die Richtung der größten Wärmeleitfähigkeit. Bei den spaltbaren hexagonalen, rhomboedrischen und tetragonalen Kristallen liegt die große Achse des isothermen Rotationsellipsoids parallel der Ebene, nach der das Mineral spaltbar ist bzw. am besten spaltbar ist, wenn mehrere Spaltungsrichtungen vorhanden sind. Ähnliches gilt bei den spaltbaren rhombischen, monoklinen und triniklinen Mineralien, wofür Baryt ein Beispiel ist. Eine Ausnahme von der Regel bilden z. B. Kalkspat und Beryll.

Bei den Untersuchungen von Gesteinen mit Schichtung und solchen mit Schieferung beobachtete JANNETTAZ, daß bei ersteren die Gestalt der Isotherme stets ein Kreis ist. Bei einem echt schieferigen Gestein entsteht dagegen auf einer Ebene, die senkrecht zur Schieferungsebene verläuft, eine elliptische Isotherme, deren große Achse parallel der Schieferungsebene ist.

Beobachtungen der Wärmeleitfähigkeit an Stoffen, die unter hohem Druck stehen, ergeben ebenfalls, wie die Schiefer, eine senkrecht zur Druckrichtung stehende große Achse der Isotherme. Die nachfolgende Tabelle[1] gibt einige Beobachtungsresultate von JANNETTAZ wieder:

Tabelle 1.

Stoff	Druck in Atm.	Achsenverhältnis, bezogen auf die kleine Achse als Einheit
Kupfer, sehr fein gepulvert	8000	3,5
Kupferfeilspäne	8000	1,5
Antimon	8000	1,2
Zinnober	8000	1,05
Graphit	8000	5
Dasselbe	4000	2,7
Dasselbe	2000	1,5
Ton, mehrere Jahre getrocknet, zerrieben	8000	1,25
Dasselbe	4000	1,18
Dasselbe	2000	1,034

RÖNTGEN[2] hat das Verfahren von SÉNARMONT abgeändert, um den Isothermen eine genauer meßbare Gestalt zu geben. Die Platten werden nicht durchbohrt, sondern in der Mitte ein erwärmter zugespitzter Kupferstab aufgesetzt. An die Stelle der Wachs-Öl-Schicht tritt eine durch Anhauchen erzeugte Schicht feiner fester Wassertröpfchen. Die nach dem Verdunsten der Hauchschicht hervortretende Isotherme fixiert man durch Aufstreuen von Lykopodiumsamen, den man nachher wieder abklopft.

Eine dritte Methode zur Bestimmung der Isothermen stammt von VOIGT[3]. Sie unterscheidet sich grundsätzlich von den bisher besprochenen Verfahren von SÉNARMONT und JANNETTAZ. Handelt es sich um einen Kristall des rhombischen, trigonalen, tetragonalen oder hexogonalen Systems, so schneidet man aus dem Kristall eine dünne rechteckige Platte $ABCD$ parallel zu einer der thermischen

---

[1] SCHULZ, K.: Die Wärmeleitung in Mineralien, Gesteinen und den künstlich hergestellten Stoffen ähnlicher Zusammensetzung. Fortschr. d. Min., Krist. u. Petr. 9, 247 (1924).

[2] RÖNTGEN, W. C.: Pogg. Ann. 151, 603 (1874); Z. f. Krist. 3, 17 (1879).

[3] VOIGT, W.: Nachr. d. Ges. d. Wiss. Göttingen, Math.-physik. Kl. 1896, 236; 1897, 184; Wied. Ann. 60, 350 (1897); 64, 95 (1898); J. de phys. (3) 7, 85 (1898).

Symmetrieebenen heraus, so daß die Kanten dieser Platte einen zunächst als bekannt vorausgesetzten Winkel φ gegen die Richtungen der Hauptleitzahlen λ_1 und λ_2 bilden (Abb. 17 oben). Alsdann halbiert man die Platte durch einen senkrechten Schnitt $O\,x$, dreht die in der Zeichnung untere Hälfte um die Achse MN um 180° und kittet dann beide Platten zu einer rechteckigen „Zwillingsplatte" zusammen, wie es in der Abb. 17 unten zu sehen ist. Erwärmt man jetzt eine der Schmalseiten, z. B. AC, gleichmäßig — etwa durch Anlegen an einen heißen Kupferklotz — so entsteht in der Platte ein Wärmestrom, der in der Nähe der $O\,x$-Achse aus Symmetriegründen parallel zu dieser verlaufen muß. Die ihm entsprechende Isotherme muß also in der Schnittlinie einen Knick zeigen, und es wird, wie Voigt beweist:

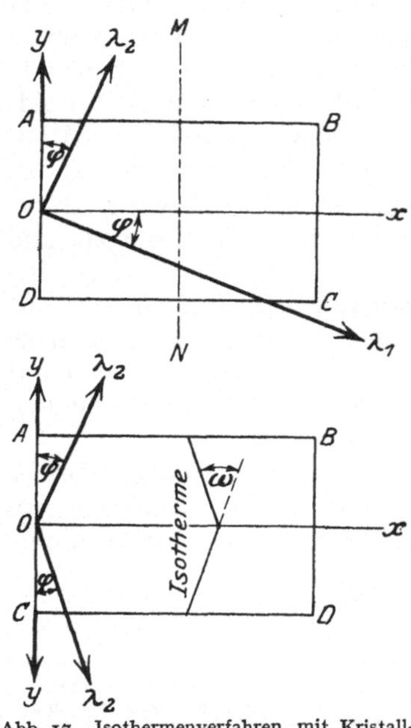

Abb. 17. Isothermenverfahren mit Kristallzwillingsplatte nach Voigt.

$$\frac{\lambda_1}{\lambda_2} = \operatorname{ctg}\varphi \cdot \operatorname{tg}\left(\varphi + \frac{1}{2}\,\omega\right).\qquad(9)$$

Hierin ist ω positiv zu rechnen, wenn bei einem Wärmestrom im Sinne der positiven x-Achse die Isotherme ihre Spitze voranschiebt. $\omega > 0$ setzt $\lambda_1 > \lambda_2$ voraus. Bei der oben gemachten Annahme, daß die Richtungen der Hauptleitfähigkeiten und die Größe des Winkels φ bekannt sind, hat man noch die Freiheit, über den Winkel φ so zu verfügen, daß der Knickwinkel ω der Isothermen möglichst groß wird. Es läßt sich zeigen, daß bei kleinen Winkeln ω der günstigste Wert für φ bei 45° liegt.

Bei Kristallen des monoklinen Systems ist die Lage der Achse von λ_1 und λ_2 nicht bekannt. Die Voigtsche Methode in der obigen einfachsten Form also nicht anwendbar. Man muß dann den Winkel φ in Gleichung (9) als unbekannt einführen und bedarf zweier verschieden in der xy-Ebene orientierter Zwillingsplatten, um λ_1/λ_2 aus φ zu bestimmen[1]. Leiss[2] hat einen Apparat zur Ausführung von Versuchen nach dem Verfahren von Voigt beschrieben und Hess[3] hat Verfahren zur Demonstration von Isothermen auf Platten vor einer großen Zuschauerschaft ausführlich beschrieben.

Das Isothermenverfahren ist nicht nur für Kristalle anwendbar, sondern von verschiedenen Forschern auch mit Erfolg für schlechte Wärmeleiter benutzt worden. So hat schon Sénarmont mit seiner Methode versucht, den Einfluß innerer Spannungen auf das Wärmeleitvermögen von Glas und Porzellan zu bestimmen, indem er die Versuchskörper während der Erzeugung der Isothermen in einen Schraubstock spannte. Badior[4] setzte diese Versuche an Glas, Schiefer und Gummi fort. Schmaltz[5] hat nach der Methode von Voigt die Wärmeleitzahl von Knochen und von Glas verglichen.

Experimentelle Bestimmungen der Wärmeleitfähigkeit nach der Stabmethode. Bereits bei der theoretischen Besprechung der Wärmeleit-

---

[1] Näheres W. Voigt: Lehrbuch der Kristallphysik, S. 392—397.

[2] Leiss, C.: Die optischen Instrumente der Firma R. Fueß, S. 103—104. Leipzig 1899.

[3] Hess, O.: Phil. Diss. Marburg 1906.

[4] Badior, A.: Diss. Marburg 1908. Ann. d. Physik 31, 737 (1910).

[5] Schmaltz, G.: Pflügers Arch. f. d. ges. Physiol. 208, 424 (1925).

fähigkeit im auf Seite 170ff. wurde die Stabmethode erwähnt. Sie ist ihrer einfachen Hilfsmittel wegen noch älter als die soeben angeführten Isothermen-
methoden. Sie knüpft sich an die Namen INGENHOUSS[1], BIOT[2], DESPRETZ[3]
und führt zu dem sog. WIEDEMANN-FRANZschen Gesetz, das eine Beziehung
zwischen der elektrischen und der Wärmeleitfähigkeit eines Körpers angibt. Das
Verfahren beschränkt sich in seiner Anwendung im wesentlichen auf Metalle
und Metallegierungen und soll deswegen hier nicht im einzelnen diskutiert werden.
Es interessieren uns lediglich seine Anwendungen auf das Wärmeleitvermögen
von Gesteinen und Böden.

Zur Bestimmung des relativen Wärmeleitungsvermögens von Bodenarten
benutzte A. v. LITTROW[4] Kästen von 30 cm Länge und 10 cm Breite, die bei den
Versuchen mit verschiedenen Bodenarten senkrecht zu ihrer Längsrichtung aufgestellt waren. Im Abstande von je 6 cm befanden sich 4 Quecksilberthermo-
meter. Das obere Ende des Kastens wird durch Aufsetzen von Kupfergefäßen
mit Wasser verschiedener Temperatur erwärmt. Aus den Beobachtungen an den
4 Thermometern können alsdann Schlüsse über die relative Wärmeleitfähigkeit
der Böden gezogen werden. Handelt es sich um Untersuchungen von feuchten
Böden, so ist das untere Ende des Kastens mit 3 Löchern versehen, die ihrerseits wieder, um ein Durchfallen der Proben zu verhindern, mit einer Lage Leinwand verschlossen sind. Zur gleichmäßigen Durchnässung der im feuchten Zustand untersuchten Bodenarten wird von oben auf sie so lange Wasser auf-
gegossen, bis am unteren Ende des Kastens das Wasser stets gleichmäßig abtropft.
Die Ergebnisse stimmen gut mit Kontrollversuchen überein, bei denen sich die
Wärme in dem Kasten von unten nach oben ausbreitete, oder bei denen dessen
Längsachse horizontal gelagert ist. Allgemein ergab sich, daß die Wärmeleitfähigkeit der untersuchten Bodenarten um so geringer ist, je feinkörniger
diese sind; daß der Gehalt an Magnesium und Kalk das Wärmeleitvermögen
herabsetzt, daß reines Wasser die Wärme besser leitet als jeder trockene Boden,
und daß feuchter Boden die Wärme besser leitet als trockener Boden. Er
fand folgende nach abnehmender relativer Wärmeleitfähigkeit geordnete
Reihen:

a) Für trockene Böden: 1. Wasser, 2. grober Diluvialsand, 3. diluvialer
Mischsand, feinkörnig, 4. grober Quarzsand („Kristallsand"), 5. Tertiärsand, feinkörnig, 6. Malmlehm, 7. Auelehm, 8. Glimmersand, 9. Malmmergel, 10. Kalksand,
11. luftfeuchter, gemeiner Mergel, 12. feinster Dolomitsand, 13. lufttrockener gemeiner Mergel, 14. Sandmoorboden, 15. feinster Quarzstaub, 16. gröberer Dolomitsand, 17. Röt, 18. geschlämmte Porzellanerde, 19. Eisenmoorboden, 20. Luft.

b) Für nasse Böden: 1. Tertiärsand, 2. feinster Quarzsand, 3. gemeiner Mergel,
4. geschlämmte Porzellanerde, 5. Kalk, 6. Rötboden, 7. grober Dolomitsand,
8. Wasser, 9. Eisenmoorboden (7 und 8 „fallen völlig zusammen").

F. HABERLANDT[5] berichtet über Messungen von Wärmeleitvermögen an
Bodenarten und Gesteinen auf folgende Weise: vier an einem Ende verschlossene
Holzröhren wurden mit vier miteinander zu vergleichenden Stoffen beschickt (feiner
Quarzsand, kalkhaltige, sehr feinkörnige Lehm- (Acker-) Erde, Kompost, Moor-

---

[1] INGENHOUSS, I.: J. de phys. **34**, 68 (1789).
[2] BIOT, J. B.: Traités de physic **4**, 669. Paris 1816.
[3] DESPRETZ, C. M.: Ann. chim. phys. **19**, 97 (1822); **36**, 422 (1827); vgl. ferner den
Bericht von FOURIER: ebenda **19**, 99 (1822); Pogg. Ann. **12**, 281 (1828) u. G. WIEDEMANN
u. R. FRANZ: Pogg. Ann. **89**, 497—531 (1853).
[4] LITTROW, A. v.: Sitzgsber. Akad. Wiss. Wien **71**, II, 99—151 (1872).
[5] HABERLANDT, F.: Wissenschaftlich-praktische Untersuchungen auf dem Gebiete
des Pflanzenbaues. Mitt. Landw. Lab. Hochsch. Bodenkultur Wien **1**, 33—63 (1875). —
SCHULZ, K.: Die Wärmeleitung in Mineralien usw. l. c.

erde, und zwar locker, festgestampft, trocken und feucht; ferner Prismen aus Sandstein mit kalkhaltigem Bindemittel, Leithakalk, Marmor, Granit). Das andere Ende der Röhre wurde mit Stanniol verschlossen und dieses Ende in je einen von vier Kupferringen eingesetzt, die auf einem kochendes Wasser enthaltenden Kasten aus Kupferblech befestigt waren. Die Röhren waren zur besseren thermischen Isolierung mit Watte umgeben. Jede Röhre trug in gleichem Abstand drei Thermometer, die stündlich während des 24stündigen Versuches abgelesen wurden. Es ergab sich, nach absteigendem Wärmeleitvermögen geordnet, für die Gesteine die Reihenfolge Granit, Marmor, Leithakalk, Sandstein; für die trockenen, lockeren oder festgestampften Böden die Anordnung Ackererde, Sand, Moorerde, Kompost; für die feuchten, lockeren oder festgestampften Böden die Reihenfolge Sand, Ackererde, Kompost, Moorerde.

Endlich seien noch zwei Versuchsergebnisse nach der Art von Littrows erwähnt. E. Pott[1] findet, wiederum nach absteigendem Wärmeleitvermögen geordnet, folgende Reihe: 1. Quarz, naß, pulverförmig und locker; 2. feiner Quarzsand I, naß, locker; 3. feiner Quarzsand I, feucht, locker; 4. Kaolin, naß, pulverförmig und locker; 5. Kreide, naß, desgl.; 6. Ton I, pulverförmig und locker, mit hühnereigroßen Quarzsteinen; 7. Ton I, desgl., mit haselnußgroßen Kalksteinen; 8. grober Quarzsand III, locker; 9. Ton I, pulverförmig und locker, mit hühnereigroßen Kalksteinen; 10. Ton I, pulverförmig und locker, mit haselnußgroßen Quarzsteinen; 11. mittelfeiner Quarzsand, locker; 12. Quarz, pulverförmig und festgestampft; 13. feiner Quarzsand I, locker; 14. Ton II, feine Bröckchen und locker; 15. Ton III, grobe Bröckchen und locker; 16. Quarz, pulverförmig und locker; 17. Humus I, pulverförmig und festgestampft; 18. Kaolin, desgl.; 19. Humus I, pulverförmig und locker; 20. Ton I, pulverförmig und locker; 21. Kreide, pulverförmig und festgestampft; 22. Humus III, in groben Bröckchen und locker; 23. Kaolin, pulverförmig und locker; 24. Humus II, in feinen Bröckchen und locker; 25. Humus I; 26. Kreide, pulverförmig und locker. Falls nichts anderes angegeben, befinden sich die Stoffe in lufttrockenem Zustand. Eine Bestätigung der angeführten Arbeiten erbringt F. Wagner[2]. Seine Untersuchungen erstrecken sich zum Teil auf im Freien befindliche Böden.

Absolute Methoden zur Bestimmung der Wärmeleitfähigkeit. Absolutmessungen der Wärmeleitfähigkeit erfordern in der Regel die Bestimmungen von Wärmemengen. Hierfür kommt die **kalorimetrische** oder die **elektrische** Energiemessung in Frage. Erstere ist besonders bei hohen Temperaturen beliebt, letztere wird neuerdings bei stationären Meßverfahren fast ausschließlich angewandt.

Das kalorimetrische Verfahren zur Bestimmung des Wärmeleitvermögens geht auf Péclet[3] zurück. Wologdine[4] hat in Anlehnung an diese Methode den plattenförmigen Versuchskörper von unten mit Gas geheizt und ihm an seiner oberen Fläche die Wärme durch ein aufgesetztes Kalorimetergefäß entzogen. Aus der Menge des zu- und abströmenden Kühlwassers und seiner Temperaturzunahme erhält man dann die aus der Versuchsplatte austretende Wärmemenge Q; außerdem mißt man den Temperaturabfall $(\vartheta_1 - \vartheta_2)$ in der Versuchsplatte. λ gewinnt man dann aus Gleichung (1). Die Wärmeverluste am Rand der Platte wurden nicht berücksichtigt. Goerens[5] vermied diese Fehlerquelle, indem er Heizfläche,

[1] Pott, E.: Landw. Versuchsstat. **20**, 272—355 (1877).

[2] Wagner, F.: Wollnys Forsch. a. d. Geb. d. Agrikulturphysik **6**, 1 (1883).

[3] Péclet, E.: Ann. chim. phys. **2**, 107 (1841); Pogg. Ann. **55**, 167 (1842).

[4] Wologdine, S.: Rev. de métallurg. **1909**, 767.

[5] Goerens, P.: Ber. d. Ver. dt. Fabriken feuerfester Produkte **34**, 92 (1914). — Goerens, P., u. J. W. Gilles: Ferrum **12**, 1 (1914); Stahl und Eisen **12**, 500 (1914).

Versuchsplatte und Kühlfläche viel größer machte als die zur Wärmemessung benutzte Grundfläche des Kalorimeters. Als Versuchskörper dienten aus je 4 Steinen vom Normalformat der Bauziegel zusammengesetzte quadratische Platten von 50 cm Kantenlänge, während die zur Messung der Wärmemenge dienende mittlere Kammer des Kalorimeters eine quadratische Grundfläche von nur 100 cm² hatte.

Das Gegenstück zu der kalorimetrischen Energiemessung ist die elektrische. Während man bei der kalorimetrischen Methode die Wärmeenergie nach dem Austritt aus dem Versuchskörper bestimmt, wird bei dem elektrischen Verfahren die Energie entweder vor Eintritt in den Versuchskörper gemessen, nämlich dann, wenn man die Energie in einem besonderen elektrischen Heizkörper erzeugt und dann dem Versuchskörper zuführt, oder beim Durchgang durch den Probekörper, nämlich dann, wenn die Wärmeenergie in dem Versuchskörper selbst erzeugt wird. Die Versuchskörper können dabei Hohlkugel-, Hohlwürfel-, Hohlzylinder- oder Plattenform haben. Letztere Form ist besonders wichtig, weil die meisten Stoffe am einfachsten in Plattenform zu haben sind oder in Plattenform gebracht werden können. Das übliche Versuchsverfahren besteht nun darin, die Wärme in einem ebenfalls plattenförmigen Körper zu erzeugen und dann möglichst genau senkrecht zu den flachen Flächen durch die Versuchsplatte hindurchzutreiben. Je nachdem man zwei gleiche Versuchsplatten den Heizkörper umschließen läßt oder nur eine Platte verwendet, spricht man von einem „Zweiplattenverfahren" oder einem „Einplattenverfahren"[1].

EUCKEN[2] hat Messungen nach einer vereinfachten Zweiplattenmethode für Versuchskörper von 3—5 cm Kantenlänge ausgeführt und dabei eine große Menge Kristalle, kristallinischer und amorpher Substanzen untersucht. Auf die dabei zutage getretenen Gesetzmäßigkeiten wird weiter unten eingegangen werden. Auch die Wärmeleitfähigkeit ganz kleiner Versuchsobjekte wurde von EUCKEN[3] bis herab zur Temperatur — 252° (Bad von flüssigem Wasserstoff) annähernd richtig bestimmt.

Zahlenwerte und Gesetzmäßigkeiten. Die Ergebnisse sowohl der relativen wie der absoluten Wärmeleitfähigkeitsbestimmungen haben die Theorie durchaus bestätigt. Bei Kristallen des regulären Systems zeigen die Wärmeleitzahlen für verschiedene Richtungen keine Unterschiede. Kristalle mit drei aufeinander senkrecht stehenden Achsen unterscheiden sich also thermisch ebensowenig wie optisch von amorphen Substanzen. Bei den Kristallen des hexagonalen und des quadratischen Systems ist die Isothermenfläche ein Rotationsellipsoid, wobei die Rotationsachse mit der optischen Achse des Kristalls identisch ist. Das Ellipsoid kann länglich oder abgeplattet sein, wie das des außerordentlichen optischen Strahles; im ersteren Falle nennt man den Kristall thermisch positiv, im letzteren heißt er thermisch negativ. Oft sind das optische und das thermische Ellipsoid beide abgeplattet oder beide länglich. Es kommt aber auch das Gegenteil vor. Kalkspat und Beryll z. B. haben längliche thermische und abgeplattete optische Ellipsoide, und der Korund hat ein kurzes thermisches und ein längliches optisches Ellipsoid. Bei den zweiachsigen Kristallen des rhombischen und monoklinen Systems hat die Hauptleitfähigkeitsellipse drei verschieden große Achsen. In denjenigen zweiachsigen Kristallen, in welchen die drei Hauptschwingungsrichtungen für alle Farben des Lichts zusammenfallen, liegen auch die drei Hauptachsen des Isothermenellipsoids in diesen Richtungen.

---

[1] Vgl. M. JAKOB: Handb. d. Physik 11, 98—107. Berlin: Julius Springer 1926.
[2] EUCKEN, A.: Ann. d. Physik 34, 185 (1911).
[3] EUCKEN, A.: Physik. Z. 12, 1005 (1911).

Auch die Größenfolge ist die der ausgezeichneten Lichtgeschwindigkeiten. Man kann also aus Wärmeleitungsmessungen an einer parallel zu einem optischen Hauptschnitt geschnittenen Platte nach einem der Isothermenverfahren die beiden Hauptschwingungsrichtungen ermitteln, die der betreffenden Ebene parallel laufen. Nach dieser Methode kann man also unter Umständen, wenn wegen der Undurchsichtigkeit der Substanz eine optische Untersuchung unmöglich ist, die Klasse eines Kristalls thermisch ermitteln.

Auf die Beobachtungen Jannettatz über eine Beziehung zwischen der Spaltbarkeit der Kristalle und der Orientierung ihrer Hauptwärmeleitfähigkeiten ist bereits (S. 176) hingewiesen worden. Die Richtung in der sich ein Kristall am leichtesten spalten läßt, ist oft auch die der größten Wärmeleitfähigkeit. So ist die Isothermenfläche solcher optisch einachsigen Kristalle, die senkrecht zur Achse vollkommen spaltbar sind, oft ein sehr plattgedrücktes Rotationsellipsoid. Das ist auch sehr einleuchtend; man kann sich leicht vorstellen, daß die Wärme senkrecht zu den Spaltflächen große Wärmeübergangswiderstände findet. Wie man beim Tunnelbau erkannt hat, haben solche Verschiedenheiten in der Wärmeleitfähigkeit Einfluß auf die Temperatur im Berginnern. Bei steiler Schichtenführung kann die Erdwärme leicht parallel der Schichtung mach außen abgeführt werden, und die Temperatur erweist sich daher niedriger als bei flacher Schichtstellung in derselben Tiefe, wo die oberen Schichten die unteren vor Wärmeabgabe schützen.

Über die Abhängigkeit der Wärmeleitfähigkeit der Kristalle von der Temperatur macht Eucken[1] einige Angaben. λ nimmt bei sinkender Temperatur bedeutend zu. Neuerdings haben Grüneisen und Goens[2] dieses Resultat an Kadmium- und Zinkkristallen bestätigt. Nach Eucken nimmt ferner bei amorphen Substanzen die Wärmeleitfähigkeit unter 0^0 stark mit der Temperatur ab. Die Wärmeleitzahl amorpher Körper liegt stets unter der von Kristallen gleicher chemischer Zusammensetzung.

Der Einfluß des Druckes auf die Wärmeleitfähigkeit ist vielfach untersucht worden. Im allgemeinen ist er nicht sehr erheblich. Hopkins[3] fand bei den von ihm untersuchten Stoffen Wachs, Walrat, Ton und Kalk einen wesentlichen Einfluß nur bei Ton, dessen Wärmeleitung durch Druck gesteigert wird. Nach Lees[4] übt Druck bei Granit und Marmor einen sehr geringen, bei Schiefer einen größeren und bei Sandstein einen Einfluß bis zu $3\,\%$ aus. Im allgemeinen steigt auch hier die Wärme mit dem Druck.

In den folgenden Tabellen (nach Landolt-Börnstein) sind einige Werte für die Hauptwärmeleitzahlen λ_1, λ_2 und λ_3 und ihre Verhältnisse zusammengestellt. In diesen Tabellen bezieht sich bei optisch einachsigen Kristallen der Index 3 auf die Richtung der Hauptachse, 1 auf die Basis, bei geraden Prismen des rhombischen Systems 3 auf die Richtung der Vertikalachse, 1 auf die kurze, 2 auf die lange Diagonale der Basis, bei Prismen des monoklinen Systems 2 auf die Richtung der zur Symmetrieebene senkrechten Achse (horizontale Achse der geneigten Basis), 1 bzw. 3 auf diejenige Achse der in der Symmetrieebene liegenden Isothermenellipse, welche der geneigten Diagonale der Basis bzw. der vertikalen Achse am nächsten kommt.

---

[1] Eucken, A.: Physik. Z. **12**, 1005 (1911).

[2] Ber. über die Tätigkeit der Phys.-Techn. Reichsanstalt im Jahre 1925. Z. f. Instrumentenkd. **1926**.

[3] Hopkins, W.: Proc. roy. Soc. Lond. **147**, 805 (1857); Phil. Mag. (4) **15**, 310 (1858).

[4] Lees, Ch. H.: Mem. and Proc. Lit. and Phil. Soc. Manchester **43**, Nr. 8, 1 (1898/99); zit. nach K. Schulz.

Wärmeleitzahl einiger Kristalle in verschiedenen Raumrichtungen.

Name des Kristalls	λ_3	$\lambda_1 = \lambda_2$
Steinsalz	0,015	0,015
Kalkspat	0,010	0,009
Quarz	0,03	0,017

Verhältnis der Hauptwärmeleitzahlen einiger optisch einachsiger Kristalle.

Name des Kristalls	$\dfrac{\lambda_1}{\lambda_3} = \dfrac{\lambda_2}{\lambda_3}$	Name des Kristalls	$\dfrac{\lambda_1}{\lambda_3} = \dfrac{\lambda_2}{\lambda_3}$
Anatas	1,8	Wismut	1,4
Kalkspat	0,9	Beryll	0,8
Rutil	0,6	Tellur	0,7
Scheelit	0,9	Apatit	0,74
Antimon	2,5	Hämatit	1,1
Korund	0,85	Dolomit	1,12
Quarz	0,58		

Verhältnis der Hauptwärmeleitzahlen einiger Kristalle ohne Isotropieachse.

Name des Kristalls	$\dfrac{\lambda_1}{\lambda_3}$	$\dfrac{\lambda_2}{\lambda_3}$	Name des Kristalls	$\dfrac{\lambda_1}{\lambda_3}$	$\dfrac{\lambda_2}{\lambda_3}$
Feldspat (Orthoklas) . . .	0,6	0,9	Gips	0,6	0,4
Hornblende	0,5	0,6	Anhydrit	0,9	0,9
Baryt	1,1	1,0	Glimmer (Mittelwert für		
Zölestin	1,1	1,2	verschiedene Sorten) . .	5,6	6,1
Epidot	0,8	1,2			

b) Thermische Ausdehnung der Mineralien und Gesteine[1].

Linearer und Volumausdehnungskoeffizient. Wird ein Körper erwärmt und dehnt er sich dabei der Temperaturänderung proportional nach allen Richtungen gleichmäßig aus, so nennt man linearen Ausdehnungskoeffizienten β eines festen Körpers die Verlängerung seiner Längeneinheit, kubischen oder Volumausdehnungskoeffizienten 3β die Volumzunahme seiner Volumeinheit bei der Temperaturerhöhung um 1^0. Bezeichnet man mit t die vom Eispunkt an gerechnete Temperatur, sind l_0 und v_0 die Länge bzw. das Volumen des Probekörpers bei 0^0, so sind seine Länge bzw. sein Volumen bei t^0

$$l_t = l_0\,(1 + \beta\,t) \qquad v_t = v_0\,(1 + 3\,\beta\,t)\,. \tag{10}$$

Größeren Temperaturunterschieden ist die Ausdehnung nicht mehr genau proportional. Man fügt noch Glieder höherer Ordnung hinzu und drückt die Länge aus als:

$$l_t = l_0\,(1 + \beta_1\,t + \beta_1\,t^2 + \beta_3\,t^3 + \cdots)\,. \tag{10a}$$

Die Konstanten $\beta_1, \beta_2, \beta_3, \ldots$ werden aus mehreren Beobachtungen bestimmt. Man beschränkt ihre Anzahl natürlich nach Möglichkeit. Der lineare Ausdehnungskoeffizient bei der Temperatur t ist dann:

$$\frac{1}{l_0}\frac{d\,l}{d\,t} = \beta_1 + 2\,\beta_2\,t + 3\,\beta_3\,t^2 + \cdots. \tag{11}$$

---

[1] Vgl. hierzu E. GRÜNEISEN: Zustand des festen Körpers. Handb. d. Physik 10, 1—59. Eine ausgezeichnete und sehr sorgfältige Zusammenstellung der bis zum Jahre 1920 erschienenen Literatur und Zahlenmaterial findet man bei K. SCHULZ: Die Koeffizienten der thermischen Ausdehnung der Mineralien und Gesteine und der künstlich hergestellten Stoffe von entsprechender Zusammensetzung. Fortschr. d. Min., Krist. u. Petr. **4**, 337 (1914); **5**, 293 (1916); **6**, 137 (1920); **7**, 327 (1922).

Als mittleren linearen Ausdehnungskoeffizienten zwischen den Temperaturen t' und t'' bezeichnet man die Größe:

$$\bar{\alpha} = \frac{1}{l_0} \frac{l_{t''} - l_{t'}}{t'' - t'} = \beta_1 + \beta_2 (t'' + t') + \cdots. \tag{12}$$

Bei tiefer Temperatur versagt Gleichung (10a). Eine für manche Stoffe brauchbare Interpolationsformel hat Thiesen[1] angegeben. Bedeuten l_1, l_2 die Längen bei den absoluten Temperaturen T_1 und T_2 und sind A und k Konstanten, so ist:

$$l_2 - l_1 = A\,(T_2^k - T_1^k). \tag{13}$$

Es ist jedoch zu beachten, daß die Richtung, in der eine der Längen bei einer bestimmten Temperatur (z. B. bei 0^0) gemessen wurde, infolge der durch die Temperaturänderungen bewirkten Deformation des Körpers ihre Lage im Raum ändern kann, so daß neben der Bestimmung der neuen Länge geprüft werden muß, ob und um welchen Betrag diese Richtungen gegen die Richtung verschoben sind, in der die ursprüngliche Länge gemessen wurde.

Einteilung der Kristalle nach ihrer thermischen Ausdehnung. Der Vorgang der thermischen Ausdehnung homogener Körper folgt den Gesetzen der homogenen Deformationen. In jedem festen homogenen Körper gibt es, solange sich trotz der Änderung der Temperatur der physikalische Zustand des Körpers nicht ändert, drei aufeinander senkrechte Richtungen, die während der thermischen Ausdehnung ihre Lage im Raum ändern können, jedoch nach der Deformation wieder in ihre alte Stellung zurückkommen und aufeinander senkrecht stehen. Es sind dies die Hauptachsen des Deformationsellipsoids, das aus einer Kugel mit dem Radius Eins durch die Änderung der Temperatur hervorgegangen ist. Sie heißen thermische Achsen oder „Hauptachsen der thermischen Dilatation". Einer jeden Achse entspricht ein besonderer „Hauptausdehnungskoeffizient".

Bei den Kristallen des regulären Systems und bei den amorphen Körpern gibt es unendlich viele Tripel von aufeinander senkrecht stehenden Richtungen, die als thermische Achsen genommen werden dürfen, da in ihnen für bestimmte Temperaturen und Temperaturintervalle die linearen Ausdehnungskoeffizienten sowie deren Veränderlichkeit mit der Temperatur von der Richtung unabhängig sind. Ebenso bleibt die Lage einer bestimmten Bezugsrichtung während der thermischen Ausdehnung dieselbe. Das Deformationsellipsoid ist eine Kugel; es erfolgt also nur eine Änderung des Volumens und nicht eine Änderung der Gestalt. Bei den Kristallen, die nicht dem regulären System angehören, sind die linearen Ausdehnungskoeffizienten von der Richtung abhängig. Diese Abhängigkeit entspricht der Symmetrie des Kristalls. In den Kristallen des hexagonalen, trigonalen und tetragonalen Systems ist die Lage der thermischen Achsen stets dieselbe. Eine der thermischen Achsen und die zugehörigen linearen Ausdehnungskoeffizienten sind vor den beiden anderen ausgezeichnet; ihre Richtung fällt mit der der kristallographischen c-Achse zusammen. Zu den beiden anderen thermischen Achsen dürfen je zwei beliebige aufeinander und auf der mit der c-Achse zusammenfallenden Richtung senkrechte Achsen gewählt werden, da in der zu dieser Achse senkrechten Ebene die linearen Ausdehnungskoeffizienten und ihre Änderungen von der Richtung unabhängig sind. Das Deformationsellipsoid ist ein Rotationsellipsoid.

Bei den Kristallen des rhombischen, monoklinen und triklinen Systems sind die Hauptausdehnungskoeffizienten voneinander alle verschieden. Das Deformationsellipsoid ist ein dreiachsiges ungleichachsiges Ellipsoid.

---

[1] Thiesen, M.: Verh. d. Dt. Physik. Ges. **10**, 410 (1908).

In den Kristallen des rhombischen Systems ist die Lage der thermischen Achsen von der Temperatur unabhängig, da sie bei jeder Temperatur mit den kristallographischen Achsen zusammenfallen. In den Kristallen des monoklinen Systems hat nur eine der thermischen Achsen eine von der Temperatur unabhängige Lage, sie fällt mit der kristallographischen b-Achse zusammen. Die beiden anderen Achsen liegen in der zur b-Achse senkrechten Ebene. Ihre Lage muß für jedes Temperaturintervall besonders ermittelt werden. Bei den Kristallen des triklinen Systems ist die Lage aller drei thermischen Achsen für jedes Temperaturintervall eine andere. Sie muß bei jeder Änderung der Temperatur besonders ermittelt werden.

Bei inhomogenen Körpern erhält man bei Anwendung der üblichen Methoden nicht Einzelwerte, sondern nur Mittelwerte der linearen Ausdehnungskoeffizienten in der betrachteten Richtung bei allen Körpern, in denen die linearen Ausdehnungskoeffizienten von der Richtung abhängig sind.

Der Volumausdehnungskoeffizient $\dfrac{1}{v_0}\dfrac{dv}{dt}$ ist bei den amorphen Körpern und den Kristallen des regulären Systems gleich dem dreifachen Werte des linearen; bei den Kristallen des hexagonalen, trigonalen und tetragonalen Systems ist er gleich dem linearen Ausdehnungskoeffizienten in der c-Achse, vermehrt um das Zweifache des linearen Ausdehnungskoeffizienten in der zur c-Achse senkrechten Richtung. Bei den Kristallen des rhombischen, monoklinen und triklinen Systems ist der Volumausdehnungskoeffizient gleich der Summe der drei Hauptausdehnungskoeffizienten. Es ist also der Volumausdehnungskoeffizient

für das reguläre System $\qquad\qquad\qquad\qquad\qquad 3\beta$
für das hexagonale, trigonale, tetragonale System $\quad 2\beta_x + \beta_z$
für das rhombische, monokline, trikline System $\quad \beta_x + \beta_y + \beta_z$.

Auch die Summe des linearen Ausdehnungskoeffizienten in drei beliebigen aufeinander senkrechten Richtungen ergibt[1]

$$\frac{1}{v_0}\frac{dv}{dt}.$$

Der lineare Ausdehnungskoeffizient in irgendeiner Richtung, welche mit den Hauptdilatationsachsen x, y, z die Winkel φ_x, φ_y, φ_z bildet, ist gegeben durch die Formel[2]

$$\beta = \beta_x \cos^2 \varphi_x + \beta_y \cos^2 \varphi_y + \beta_z \cos^2 \varphi_z. \tag{14}$$

Die thermische Ausdehnung ist also vollständig bestimmt, wenn man die drei Konstanten $\beta_x, \beta_y, \beta_z$ kennt, oder im Falle des hexagonalen, trigonalen und tetragonalen Systems die zwei $\beta_x = \beta_y$ und β_z, aus denen dann:

$$\beta = \beta_x \sin^2 \varphi_x + \beta_z \cos^2 \varphi_z \tag{14a}$$

zu berechnen ist.

Absolute und relative Ausdehnungsmessungen. Bei den relativen Messungen des Ausdehnungskoeffizienten werden der Probe- und Vergleichskörper gemeinsam auf verschiedene Temperaturen gebracht und der Unterschied ihrer Längenänderung gemessen. Dabei ist es wichtig, den Vergleichskörper aus einem solchen Stoff zu wählen, dessen Ausdehnung durch die Wärme einmal genau bekannt und wenn möglich auch sehr klein ist. Zwei Stoffe, die die eben gestellten Bedingungen sehr gut erfüllen, sind Quarzglas und das Jenaer Glas 1565 III. Für Quarzglas sind folgende Interpolationsformeln aufgestellt worden:

---

[1] Voigt, W.: Lehrbuch der Kristallphysik, S. 290 ff. Leipzig 1910.
[2] Planck, M.: Thermodynamik, § 285.

Bereich	Formel	Beobachter
-253^0 bis $+100^0$	$l_t = l_0(1 + 0,0_6362\,t + 0,0_8181\,t^2 - 0,0_{10}0340\,t^3)$.	SCHEEL u. HEUSE[1]
0^0 bis $+100^0$	$l_t = l_0(1 + 0,0_6353\,t + 0,0_8131\,t^2)$	CHAPPUIS[2]
0^0 bis $+500^0$	$l_t = l_0(1 + 0,0_6395\,t + 0,0_81282\,t^2 - 0,0_{10}01698\,t^3)$	SCHEEL[3]
$+100^0$ bis $+1000^0$	$l_t = l_0(1 + 0,0_655\,t)$	HOLBORN u. HENNING[4].

Man sieht also, daß die Ausdehnung des Quarzglases[5] sehr klein ist im ganzen Bereich von -253^0 bis $+1000^0$. Sie bewirkt meistens nur eine ganz geringfügige Korrektion. Es muß aber beachtet werden, daß das Quarzglas bei etwa -60^0 C ein Dichtemaximum hat, sich also bei weiterer Abkühlung wieder ausdehnt um Beträge, die gerade in tiefsten Temperaturen, wo die Ausdehnungskoeffizienten aller Stoffe sehr klein werden, stark ins Gewicht fallen.

Für das Jenaer Glas 1565 III gilt nach SCHEEL[6] zwischen 0^0 und 500^0 C die Formel:

$$l_t = l_0(1 + 0,0_53306\,t + 0,0_814574\,t^2).$$

GRÜNEISEN und GOENS geben für den mittleren linearen Ausdehnungskoeffizienten bei tiefer Temperatur folgende Werte[7]:

$$\frac{t_1}{t_2} = \frac{-185,2^0}{-139,8^0} \quad \frac{-139,8^0}{-99,1^0} \quad \frac{-99,1^0}{-50,6^0} \quad \frac{-50,6^0}{+19,6^0} \quad \frac{+18,9^0}{+99,4^0}.$$

$$\bar{\alpha} \cdot 10^6 = +\ 0,67 \quad +\ 1,48 \quad +\ 2,37 \quad +\ 2,66 \quad +\ 3,4$$

Die Messungen der durch die Wärme bedingten Längenänderungen kann auf verschiedene Weise gemacht werden. Die Verlängerung kann an einem Komparator direkt abgelesen oder mit Hilfe eines Kontakthebels auf eine vorher geeichte Skala übertragen werden. Exakter sind aber die mikrometrischen Messungen. Dazu wird der Probekörper etwa an seinen Enden mit kurzen Teilungen versehen, welche mittels zweier feststehender, zweckmäßig auf einer Schiene aus Invar ($\beta = 1,6 \cdot 10^{-6}$) befestigter Mikroskope mit Okularmikrometern anvisiert werden. Die Temperatur wird längs des Stabes mit einem Thermoelement abgetastet. Zu Messungen bei hoher Temperatur wird der Probestab, Teilungen nach unten, in ein längeres elektrisch geheiztes Porzellanrohr gelegt[8]. Zu Messungen in tiefer Temperatur liegt der Stab, Teilung nach oben, in einem Metallrohr, das ganz in ein Flüssigkeitsbad taucht, etwa in flüssige Luft[9]. Auf diese Weise mißt man die absolute Ausdehnung des Stabes, wenn man nicht noch eine Korrektur wegen der eventuellen Ausdehnung der Invarschiene anbringen muß.

Eine Anordnung für relative Ausdehnungsmessungen geben HENNING[10] und HOLBORN und HENNING[11] an. Der Probestab befindet sich auf einer Spitze in einem Rohr aus Quarzglas (oder Jenaer Glas 1565 III) und trägt an seinem oberen Ende einen mit einer Spitze versehenen Stab aus demselben Material, aus dem das umhüllende Rohr besteht. Aus den Verschiebungen der angebrachten Teilungen gegeneinander kann man auf die relative Ausdehnung des Probestabes gegen ein Glasrohr gleicher Länge schließen.

[1] SCHEEL, K., u. W. HEUSE: Verh. d. dt. Physik. Ges. 16, 1 (1914).
[2] CHAPPUIS, P.: Verh. d. naturf. Ges. Basel 16, 173 (1903). — SCHEEL, K.: Verh. d. dt. Physik. Ges. 5, 119 (1903).
[3] SCHEEL, K.: Z. f. Physik 5, 167 (1921).
[4] HOLBORN, L., u. HENNING, F.: Ann. d. Physik 10, 446 (1903).
[5] Literatur s. bei KAYE: Phil. Mag. 20, 718 (1910).
[6] SCHEEL, K.: Z. f. Physik 5, 167 (1921).
[7] GRÜNEISEN, E., u. E. GOENS: Z. f. Physik 29, 144 (1924).
[8] HOLBORN, L., u. A. DAY: Ann. d. Physik 2, 505 (1900); 4, 104 (1901). — HOLBORN, L., u. S. VALENTINER: Ann. d. Physik 22, 1 (1907).
[9] SCHEEL, K., u. W. HEUSE: Verh. d. dt. Physik. Ges. 9, 449 (1907).
[10] HENNING, F.: Ann. d. Physik 22, 631 (1907).
[11] HOLBORN, L., u. F. HENNING: Z. f. Instrumentenkd. 32, 122 (1912).

Die Längenmessung mit Lichtinterferenz stammt von FIZEAU[1]. Das Prinzip besteht darin, daß die durch thermische Ausdehnung hervorgerufene Längenänderung zwei geschliffene spiegelnde Flächen, zwischen denen eine Interferenzerscheinung erzeugt ist, parallel gegeneinander nähert oder entfernt und dadurch eine Wanderung der Interferenzstreifen bewirkt. FIZEAU selbst benutzte noch NEWTONsche Ringe, jetzt sind die fast geraden, äquidistanten Interferenzstreifen gleicher Dicke im Gebrauch, die zwischen planen, schwach gegeneinander geneigten spiegelnden Flächen in monochromatischem Licht entstehen. ABBE und PULFRICH[2] beschreiben eine Anordnung nach FIZEAU, wie sie noch heute im wesentlichen unverändert benutzt wird[3]. Im folgenden werden nach SCHULZ einige Zahlenwerte wiedergegeben.

Linearer und Volumausdehnungskoeffizient einiger Kristalle
des regulären Systems.

Name des Kristalls	Linearer Ausdehnungs-koeffizient	Volumausdehnungs-koeffizient
Diamant	0,0000 0118	0,0000 0354
Zinkblende	0670	2010
Eisenkies	0913	2739
Bleiglanz	2014	6042
Fahlerz (Dauphine)	0733	2199
Periklas (künstlich)	1043	3129
Rotkupfererz (Chessy)	0093	0279
Steinsalz	4039	1 2117
Flußspat	1911	5733
Spinell (roter, Ceylon)	0593	1790
Magnetit	0846	2538

Optisch einachsige Kristalle.

Name des Kristalls	Linearer Ausdehnungskoeffizient	Volumausdehnungskoeffizient
Magnetkies	$\beta_x =$ 0,0000 3120 $\beta_z =$ 0235	0,0000 6455
Zinnober	$\beta_x =$ 1791 $\beta_z =$ 2147	5729
Pyrargyrit	$\beta_x =$ 2012 $\beta_z =$ 0091	4115
Rotzinkerz (Spartalit)	$\beta_x =$ 0539 $\beta_z =$ 0316	1394
Korund (blau, Indien)	$\beta_x =$ 0543 $\beta_z =$ 0619	1705
Eisenglanz (Elba)	$\beta_x =$ 0836 $\beta_z =$ 0829	2501
Dolomit	$\beta_x =$ 0415 $\beta_z =$ 2060	2890
Eisenspat (Sideroplesit)	$\beta_x =$ 0605 $\beta_z =$ 1918	3128
Turmalin (grün, Brasilien)	$\beta_x =$ 0379 $\beta_z =$ 0905	1663
Anatas	$\beta_x =$ 0468 $\beta_z =$ 0819	1755
Rutil (Limoges)	$\beta_x =$ 0714 $\beta_z =$ 0919	2347
Zinnstein (Sachsen)	$\beta_x =$ 0321 $\beta_z =$ 0392	1034
Vesuvian (Wilui)	$\beta_x =$ 0839 $\beta_z =$ 0740	2418

[1] FIZEAU, A.: Ann. chim. phys. (4) **2**, 143 (1864); **8**, 335 (1866); Pogg. Ann. **119**, 87 (1863); **123**, 515 (1864); **128**, 164 (1866); ferner R. BÉNOIT: Trav. et Mém. du Bur. internat. **1** (1881); **6** (1888).

[2] PULFRICH, C.: Z. f. Instrumentenkd. **13**, 365, 401, 437 (1893). — REIMERDES, E.: Inauguraldiss. Jena 1896.

[3] Über einige Verbesserungen s. K. SCHEEL: Ann. d. Physik **9**, 837 (1902).

Kristalle ohne Isotropieachse.

Name des Kristalls	Linearer Ausdehnungs- koeffizient		Volumausdehnungs- koeffizient
Aragonit	$\beta_x =$ 0,0000 1016 $\beta_y =$ 1719 $\beta_z =$ 3460		0,0000 6195
Chrysoberyll.	$\beta_x =$ 0516 $\beta_y =$ 0601 $\beta_z =$ 0602		1719
Topas (Australien)	$\beta_x =$ 0484 $\beta_y =$ 0414 $\beta_z =$ 0592		1490

c) Gefrieren des Wassers und Schmelzen des Eises.

Das Zustandsdiagramm Eis-Wasser. Es ist eine bekannte Tatsache, daß Wasser beim Gefrieren sich ausdehnt. Wasser hat seine größte Dichte bei 4^0 C, bei weiterer Abkühlung (unterhalb von 0^0 unter Druck) wird die Dichte geringer, das Volumen also wieder größer. Die Abb. 18 gibt ein Bild über die

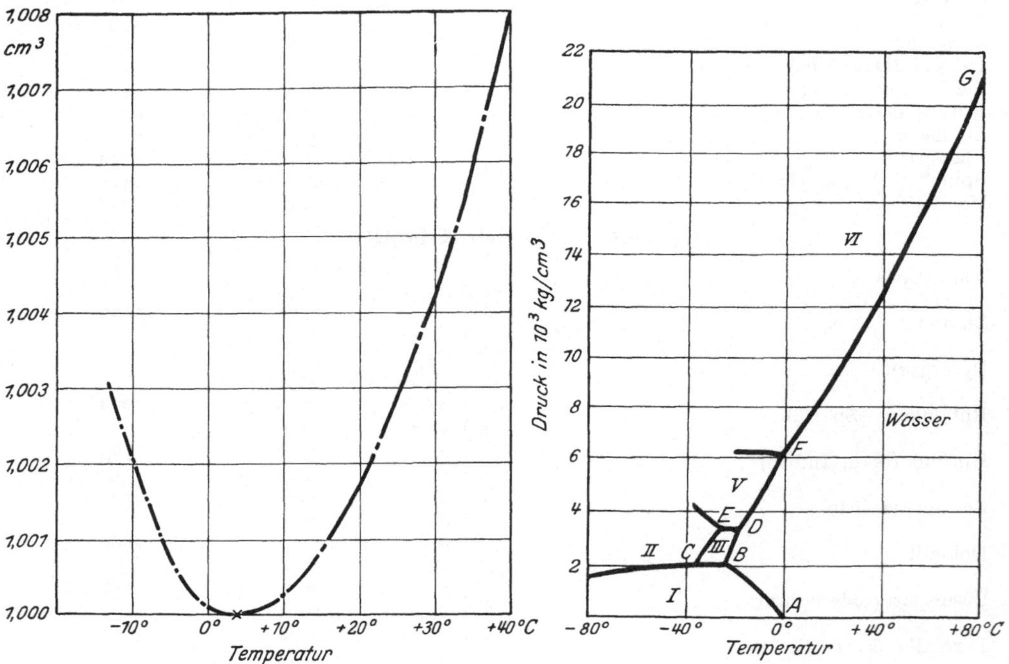

Abb. 18. Ausdehnung des Wassers.   Abb. 19. Zustandsdiagramm Eis-Wasser.

Größenordnung der Volumänderung. Sie ist gezeichnet nach Werten, die den International Critical Tables entnommen sind. Das Volumen unter 0^0 C ist von Mohler[1] bestimmt worden. Bei dem in der Kurve gezeichneten letzten Wert bei — 13^0 C (und unter dem entsprechenden Druck) hat 1 g Wasser also ungefähr dasselbe Volumen wie dieselbe Menge bei + 25^0 C. Das durch Unterkühlung bei hohem Druck entstehende Eis hat, wie aus dem Zustandsdiagramm Eis-Wasser (Abb. 19) zu ersehen ist, nicht immer dieselbe Modifikation. In einem Bereich von ca. 20000 Atm. bis zu Temperaturen von — 80^0 C gibt es fünf verschiedene

---

[1] Mohler, J. F.: J. Am. Chem. Soc. 35, 236 (1912).

Eismodifikationen[1], die mit Eis I, Eis II usw. bezeichnet werden. Aus der Richtung der Kurve AB geht hervor, daß das Eis nur bis zu — 22° C und etwa 2050 kg/cm² zu der weniger dichten Modifikation Eis I kristallisiert. Eben bis zu dem Punkt geht die Sprengwirkung des Eises. Ist die Zerreißfestigkeit eines Gesteins bis zu diesem Punkt nicht überschritten, so wird auch bei weiterer Abkühlung unter höherem Druck keine „physikalische Verwitterung" des Gesteins eintreten, da die übrigen Modifikationen unter Kontraktion kristallisieren.

Regelation. Aus den Abbildungen und dem eben Gesagten geht hervor, daß sich Eis unter Druck verflüssigt. Der Versuch zeigt, daß man einen in einem Messingrohr befindlichen Eiszylinder unter großem Druck aus dem Rohr pressen kann, wenn es unten eine Verengung besitzt. Dasselbe zeigt sich bei Gletschern, die ihre Beweglichkeit dieser Tatsache verdanken. Unter dem Druck seines eigenen Gewichts bildet sich aus dem Gletscher Wasser, und das Gemisch Wasser-Eis folgt den natürlichen Formen des Bodens. Sowie der Druck nachläßt, also sowie der Gletscher sich wieder erweitern kann, gefriert das Wasser wieder. Dieser Vorgang wird Regelation genannt. Wechsel von Druckverflüssigung und Regelation verleihen dem körnigen Eis einen gewissen Grad innerer Beweglichkeit. Auf die weitere geologische Wirkung der Regelation wird an anderer Stelle dieses Handbuches eingegangen werden.

Spaltenfrost. Die, wie wir gesehen haben, geringe Wärmeleitfähigkeit der Gesteine und Mineralien hat noch einen anderen wichtigen Einfluß als Faktor der Bodenbildung.

Gesteine, die von Rissen durchsetzt werden und die unter dem Einfluß von Wasser stehen, sei es, daß es sie durchrieselt, sei es, daß es klimatischen Bedingungen entspringt, stehen unter besonderer Wirkung des Frostes. Das Wasser wird bei Sinken der Temperatur unter den Nullpunkt an der Oberfläche gefrieren. Infolge der schlechten Wärmeleitfähigkeit der Gesteine bleibt das sich noch in den Spalten befindliche Wasser flüssig. Die an der Oberfläche befindliche Eisschicht übt nun aber auf das darunter befindliche Wasser einen starken Druck aus. Da Flüssigkeiten wegen der freien Verschieblichkeit ihrer Atome bzw. Moleküle den Druck aber nach allen Seiten weitergeben, kann sich die Spalte erweitern. Die Wirkung des Spaltenfrostes geht also viel tiefer, trotzdem die Temperatur im Inneren noch über dem Gefrierpunkt liegt. Näheres über diese Verhältnisse s. unter „Wirkung des Eises" von H. PHILIPP.

2. Die chemisch wirksamen Kräfte und ihre Gesetzmäßigkeiten.
Von G. HAGER, Bonn.

a) Massenwirkungsgesetz.

Neben physikalischen Kräften spielen bei der Bodenbildung und Bodenveränderung auch chemische Vorgänge eine große Rolle. Teils handelt es sich hierbei um molekulardisperse Reaktionen, wie die Umsetzungen zwischen Ionen, teils aber auch um kolloiddisperse Reaktionen. Denn je feinerde- und humusreicher ein Boden ist, um so höher ist der Gehalt an Kolloiden. Was unter Kolloiden zu verstehen ist, wird später erläutert werden.

Der Verlauf der Umsetzungen im Boden bzw. in der Bodenlösung folgt nun zum Teil dem Massenwirkungsgesetz. Nicht nur die Reaktionen zwischen Molekülen unterliegen ihm, sondern auch die sog. Ionenreaktionen.

---

[1] TAMMANN, G.: Kristallisieren und Schmelzen, S. 315. Leipzig 1903. — BRIDGEMAN, P. W.: Proc. Am. Acad. **47**, 441 (1912); Z. anorg. Chem. **77**, 394 (1912).

Es ist daher zweckmäßig, vor der Besprechung des Massenwirkungsgesetzes und der sich aus ihm ergebenden Folgerungen, erst, soweit es das Verständnis der folgenden Ausführungen notwendig erscheinen läßt, auf die Theorie der elektrolytischen Dissoziation einzugehen, weil das Massenwirkungsgesetz gerade für die Ionenreaktionen von größter Bedeutung ist.

Theorie der elektrolytischen Dissoziation. Verbindet man die Pole einer elektrischen Batterie durch einen metallischen Draht, so fließt ein Strom durch ihn. Er erleidet dabei keine chemische Veränderung. Höchstens findet, sofern der Strom stark und der Draht dünn ist, eine Erwärmung statt. Man hat alle Stoffe, welche bei der Stromleitung keine chemische Veränderung erfahren, als Leiter erster Klasse bezeichnet.

Taucht man die Polenden der elektrischen Batterie in reines Wasser ein, dann findet praktisch überhaupt keine Stromleitung statt, ebensowenig beim Einschalten eines trockenen Salzkristalles zwischen die Polenden. Löst man aber dieses Salz in dem nichtleitenden Wasser auf, so wird die entstandene Lösung für den elektrischen Strom leitend. Ist das benutzte Salz z. B. Chlornatrium, so findet gleichzeitig eine Zersetzung dieses Salzes durch den Strom statt. An der positiven Elektrode scheidet sich Chlor, an der negativen Natriummetall ab. Die sekundär eintretenden Reaktionen, z. B. die Umsetzung des Natriums mit Wasser zu Natriumhydroxyd und Wasserstoff, interessieren uns hier nicht und sollen deshalb unberücksichtigt bleiben.

Die elektrische Stromleitung erfolgt also in diesem Falle unter Bewegung und chemischer Veränderung des gelösten Stoffes. Man nennt alle Substanzen, welche sich in der Lösung ebenso verhalten und den Strom nur unter Bewegung und chemischer Zersetzung der Substanz leiten, Leiter zweiter Klasse. Zu diesen gehören vor allem die Salze sowie die starken Säuren und Basen. Diese Stoffe werden also in der wässerigen Lösung zu sogenannten Elektrolyten oder Stromleitern. Streng genommen ist übrigens die Lösung und nicht der Stoff an sich der Elektrolyt. Im allgemeinen Sprachgebrauch wird aber auch die chemische Verbindung so bezeichnet. Die Fähigkeit einer Lösung, stromleitend zu sein, hängt sowohl von der Art des Lösungsmittels als auch der gelösten Substanz ab. So z. B. leitet eine wässerige Rohrzuckerlösung den Strom nicht besser als reines Wasser. Mäßige bzw. schlechte Leiter sind die schwachen Säuren und Basen, z. B. Essigsäure und Ammoniak. — Welche Ursachen bewirken nun das verschiedene Leitvermögen der genannten Stoffe?

Von großer Bedeutung für die Beantwortung dieser Frage ist die Tatsache, daß die Lösungen von Substanzen, welche den elektrischen Strom gut leiten, wie z. B. Kochsalz, ganz abnorme Gefrier- und Siedepunkte zeigen. Die auf Grund dieser Zahlen berechneten Molekulargewichte betragen nur wenig mehr als die Hälfte der sich aus der Formel NaCl ergebenden Werte. Eine normale Rohrzuckerlösung gefriert bei —1,87°, eine entsprechende Chlornatriumlösung aber bei —3,46°. Es müssen also in letzterer mehr Moleküle vorhanden sein als in der ebenfalls normalen Zuckerlösung.

Ähnliche anormale Zahlen findet man nun auffallenderweise nur bei den gut leitenden Elektrolyten. Schlechte Leiter geben dagegen ungefähr normale Gefrier- und Siedepunkte. Die sich hieraus ergebende Folgerung, daß die gute Leitfähigkeit gewisser Substanzen und die abweichenden Werte der aus der Gefrierpunktserniedrigung bzw. Siedepunktserhöhung berechneten Molekulargewichte die gleichen Ursachen haben müssen, wird auch durch die Tatsache gestützt, daß die wässerigen Lösungen der starken Säuren und Basen sowie der Salze ebenfalls abnorme Werte im osmotischen Druck zeigen. Übrigens zeigen Stoffe mit abnormen Dampfdichten häufig auch abweichende osmotische

Drucke in wässeriger Lösung. Da isosmotische Lösungen im gleichen Volum bei gleicher Temperatur die gleiche Anzahl von Molekülen des gelösten Stoffes enthalten, so müssen wir die hier angeführten gesetzmäßigen Abweichungen auf eine Änderung des Molekularzustandes zurückführen.

Erhitzt man Phosphorpentachlorid im geschlossenen Glasrohr, dann zerfällt es mit steigender Temperatur in Phosphortrichlorid und Chlor. Das Gas färbt sich daher grün. Bei einer bestimmten Temperatur hat der Zerfall den höchsten Wert erreicht. Die Dichte beträgt dann nur noch die Hälfte ihres theoretischen Wertes, weil die Anzahl der Moleküle sich verdoppelt hat.

St. Claire Deville hat einen solchen Zerfall Dissoziation genannt.

In ähnlicher Weise müssen auch die starken Säuren und Basen, sowie die Salze in wässeriger Lösung zerfallen sein. — Um übrigens aus dem normalen Wert der Gefrierpunktserniedrigung den tatsächlichen Wert zu erhalten, muß ersterer mit einem Faktor multipliziert werden, der von van't Hoff als i bezeichnet worden ist. Beim Chlornatrium beträgt die beobachtete Gefrierpunktserniedrigung 3,46° gegenüber dem normalen Wert von 1,87°, den man bei allen nichtleitenden Stoffen in wässeriger Lösung festgestellt hat.

i ist dann $$\frac{3,46}{1,87} = 1,85.$$

Bei allen Stoffen, die nur in zwei Teilprodukte zerfallen, kann dieser Faktor nicht größer als 2, bei drei Teilprodukten nicht größer als 3 sein. Die Bedeutung dieses Faktors i werden wir später noch kennenlernen.

In der Chlornatriumlösung sind also Teilstücke vorhanden. Es können dies natürlich nur Natrium und Chlor sein. Die Salzsäurelösung muß Wasserstoff und Chlorteilchen enthalten, Kaliumhydroxyd in wässeriger Lösung Kalium und Hydroxylteilchen.

Wasserstoff und Chlor sind uns nun als gasförmige Stoffe mit einer Molekülzusammensetzung H_2 und Cl_2 bekannt. In dieser Form können also der Wasserstoff und das Chlor in der Salzsäure nicht vorhanden sein, da eine Gasentwicklung weder in der Kälte noch in der Wärme in der Lösung zu beobachten ist. Elementares Chlor wäre auch leicht an seiner grünen Farbe und seinem eigentümlichen Geruch zu erkennen.

Nun ist bereits oben gesagt, daß die Leiter zweiter Klasse die Elektrizität nur unter Fortbewegung der Stoffteilchen zu leiten vermögen. In der wässerigen Lösung wandern die Metalle und metallähnlichen Radikale sowie der Wasserstoff der Säuren zum negativen Pol der Batterie. In entgegengesetzter Richtung bewegen sich die Säureradikale, die Halogene und das Hydroxyl der Basen. Das Faradaysche Gesetz besagt, daß durch die gleichen Elektrizitätsmengen, die durch eine Reihe von Elektrolytlösungen geschickt werden, äquivalente Mengen der Bestandteile an den Polen ausgeschieden werden. Die Teilchen haben also, bildlich gesprochen, für die Elektrizität den gleichen Fassungsraum (Ostwald[1]). Wir müssen uns daher den Elektrolyten als aus negativ und positiv geladenen Atomen bestehend vorstellen. Faraday hat sie als Ionen bezeichnet. Die Leitung des Stromes erfolgt in der Weise, daß die positiven Ionen, die Kationen, zur Katode, die negativen Ionen, die Anionen, zur Anode wandern. An den Elektroden wandeln sich die Ionen unter Abgabe der elektrischen Ladung in die Elemente bzw. die Radikale um und scheiden sich in dieser Form ab.

---

[1] Ostwald, W.: Grundl. d. allg. Chemie. — Die wissenschaftl. Grundlagen der analytischen Chemie. Leipzig: Engelmann 1894.

Grotthus nahm an, daß die Moleküle an den Elektroden durch den elektrischen Strom in die positiv und negativ geladenen Ionen aufgespalten werden. Diese leiten dann den Strom. Diese Annahme ist jedoch irrig, da für einen solchen Aufspaltungsvorgang ein Teil der elektrischen Energie bereits verbraucht würde, was aber nicht der Fall ist. Die Messungen zeigen nämlich, daß die elektrolytischen Lösungen dem Ohmschen Gesetz ebenso folgen wie die metallischen Leiter. Ferner aber scheiden sich die Ionen unter Abgabe der elektrischen Ladung an den entgegengesetzt geladenen Elektroden nach dem Schließen des Stromes sofort ab, ganz unabhängig von der Entfernung der Elektroden voneinander. Die Ionen können aber auf Grund unserer Erfahrungen größere Entfernungen nicht in Sekunden zurücklegen.

Clausius folgerte 1857 aus seinen Versuchen, daß die Elektrolyte bereits zu einem geringen Teil in der Lösung in die Ionen zerfallen.

Der Auffassung dieses Forschers nach bewegen sich die Moleküle der gelösten Substanz in der Flüssigkeit regellos nach allen Richtungen. Es kommt daher vereinzelt zu Zusammenstößen und so zu einem Zerfall der Moleküle. Ein Teil dieser so entstandenen Ionen wird durch erneute Zusammenstöße wieder zu den ursprünglichen Molekülen zurückgebildet. Es ist daher in der wässerigen Lösung zu jeder Zeit ein gewisser Bruchteil der Moleküle in die Ionen aufgespalten. Diese besorgen dann die Leitung des elektrischen Stromes. Durch den ständigen weiteren Zerfall von Molekülen werden die an den Elektroden abgeschiedenen Ionen ersetzt. Über den Grad des Zerfalls bei den verschiedenen Elektrolyten macht Clausius[1] keine Angaben. Er läßt diese Frage offen.

Da war es nun Arrhenius[2], der 1887 auf Grund von Untersuchungen über die Leitfähigkeit bei verschiedener Verdünnung zu dem für die weitere Entwicklung der Chemie so wichtigen Schluß kam, daß in der gut leitenden Elektrolytlösung bei größerer Verdünnung der größte Teil der Moleküle in die Ionen dissoziiert ist. Es ist dies die Theorie der elektrolytischen Dissoziation.

Unter Leitfähigkeit versteht man den reziproken Wert des Widerstandes, also $\frac{1}{W}$. Der spezifische Widerstand wird auf einen zylindrischen oder prismatischen Körper von 1 cm² Querschnitt und 1 cm Länge bezogen. Bei Lösungen ist noch die gelöste Stoffmenge zu berücksichtigen, da die Leitfähigkeit unter anderem auch von der Konzentration der Lösung abhängig ist. Denkt man sich einmal ein Gefäß aus zwei parallelen Elektrodenflächen von 1 cm Abstand und beliebiger Größe und den nötigen nichtleitenden Wänden gebildet und gibt von der Lösung in dieses Gefäß so viel hinein, daß gerade 1 g des Elektrolyten darin enthalten ist, so zeigt dieses Gebilde beim Durchleiten des elektrischen Stromes einen gewissen Widerstand in Ohm und eine entsprechende Leitfähigkeit $\left(\frac{1}{W}\right)$.

Man nennt diese die äquivalente Leitfähigkeit. Ist in dem Gefäß gerade ein Mol gelöst vorhanden, ist die Leitfähigkeit die molare oder molekulare (Ostwald). So zeigt Chlornatrium bei verschiedenen Konzentrationsverhältnissen bei 18⁰ folgende Leitfähigkeit:

Verdünnung (Kohlrausch)

1 Liter	. . .	74,4	2000 Liter	. . .	107,2
10 ,,	. . .	92,0	5000 ,,	. . .	107,8
100 ,,	. . .	102,0	10000 ,,	. . .	108,1
1000 ,,	. . .	106,5			

---

[1] Clausius: Poggendorfs Ann. 101, 338 (1857).
[2] Arrhenius: Z. f. physik. Chem. 1, 631 (1887).

Nach KOHLRAUSCH setzt sich die Leitfähigkeit der verdünnten Lösungen der Neutralsalze additiv aus zwei Werten zusammen, von denen der eine nur von dem Kation, der andere nur von dem Anion abhängt. Die Stromleitung in der Lösung der Elektrolyte erfolgt also durch die dissoziierten Ionen der Moleküle. Die obige Zusammenstellung der Leitfähigkeit des Chlornatriums bei verschiedener Verdünnung nach KOHLRAUSCH zeigt, daß die molare Leitfähigkeit mit der Verdünnung ansteigt und bei sehr großer Verdünnung sich praktisch nicht mehr ändert. Hieraus ergibt sich, daß der Zerfall in die Ionen mit fortschreitender Verdünnung zunimmt, bis alle Moleküle in die Ionen aufgespalten sind. Denn die Ionen sind ja die Träger des elektrischen Leitvermögens der Elektrolytlösung. Schon jetzt können wir aus dem Gesagten weiterfolgern, daß Stoffe, die den Strom in der wässerigen Lösung nicht leiten, keine Ionen bilden.

Das abnorme Verhalten der Salze, starken Säuren und starken Basen, die ja in der wässerigen Lösung gute Elektrolyte sind, in bezug auf Siedepunktserhöhung, Gefrierpunktserniedrigung und osmotischen Druck findet so eine befriedigende Erklärung. Molare Lösungen solcher Stoffe enthalten eben infolge der Dissoziation der Moleküle in die Ionen eine größere Anzahl von Einzelteilchen, als der molaren Konzentration entspricht. Dadurch werden die abnormen Werte verursacht.

Der VAN'T HOFFsche Faktor i (S. 191) muß sich daher auch aus der molaren Leitfähigkeit berechnen lassen, wenn der Dissoziationsgrad des Elektrolyten bekannt ist.

Die folgende Zusammenstellung gibt für eine Reihe von Stoffen in wässeriger Lösung je zwei Werte von i an, die einmal aus der Gefrierpunktserniedrigung und dann aus dem Dissoziationsgrad der Elektrolyte, aus der Leitfähigkeit abgeleitet, berechnet sind:

	n	c	i_1	i_2
Rohrzucker[1] . .	0	0,3	1,08	1,00
KCl	2	0,14	1,93	1,86
$MgSO_4$	2	0,38	1,20	1,35
LiCl	2	0,13	1,94	1,84
$Ca(NO_3)_2$	3	0,18	2,47	2,46

n bedeutet die Zahl der Dissoziationsprodukte eines Moleküls, c die molare Konzentration.

Die Übereinstimmung der Werte für i ist eine gute. Damit ist die Idendität der Dissoziationsprodukte und der Ionen bewiesen. Es ist bereits oben (S. 191) bemerkt, daß die Ionen in der wässerigen Lösung von dem Dissoziationsprodukt eines Gases in der Beschaffenheit abweichen. Denn in einer Salzsäurelösung kann auf Grund des Gesagten kein elementares Chlor und kein elementarer Wasserstoff vorhanden sein. Die Ionen sind, wie bereits erwähnt ist, elektrisch geladen, und zwar tragen die positiven und negativen Ionen die gleiche Menge positiver und negativer Elektrizität. Die Gesamtladung der Ionen an positiver und negativer Ladung ist daher gleich Null, das Molekül, aus dem die Ionen entstanden sind, also elektrisch neutral. Auf Grund der Forschungen über den Bau der Atome[2] ist anzunehmen, daß die bei der Dissoziation entstehenden entgegengesetzten freien Ladungen aus den Atomen stammen. Jedes Atom besteht aus einem Kern mit positiver Ladung. Dieser Kern wird von (negativen) Elektronen umkreist.

---

[1] NERNST, W.: Theoretische Chemie. 7. Aufl., S. 289. 1913.
[2] Vgl. L. MICHAELIS: Die Wasserstoffionenkonzentration. Teil I, S. 6 u. 7. Berlin: Julius Springer 1922.

Wenn z. B. HCl in das positive Wasserstoff- und das negative Chlorion dissoziiert, so nimmt das Chlor ein Elektron mehr mit als seiner Elektroneutralität entspricht, es erhält so die negative Ladung. Dieses Elektron entstammt dem Wasserstoffatom. Letzteres wird daher positiv aufgeladen.

Durch das Zeichen · wird die positive, durch das Zeichen ' die negative Ladung der Ionen angedeutet, z. B.

$$HCl = H^{\cdot} + Cl'.$$

Schwefelsäure dissoziiert nach folgender Gleichung

$$H_2SO_4 = H^{\cdot} + H^{\cdot} + SO_4''$$

Das Sulfation hat demnach die doppelte Ladung wie ein Wasserstoffion

$$H_3PO_4 = H^{\cdot} + H^{\cdot} + H^{\cdot} + PO_4'''$$

Säuren sind chemische Verbindungen, die in wässeriger Lösung als Kationen ausschließlich H-Ionen abspalten. Man unterscheidet je nach der Anzahl der Wasserstoffionen ein-, zwei- und mehrbasische Säuren. Alle Basen dissoziieren nach folgenden Beispielsgleichungen:

$$NaOH = Na^{\cdot} + OH'$$
$$Ca(OH)_2 = Ca^{\cdot\cdot} + OH' + OH'$$

Basen sind daher chemische Verbindungen, welche in wässeriger Lösung ausschließlich Hydroxylionen (OH') als Anionen abscheiden.

Chlornatrium dissoziiert in Na- und Cl-Ionen, also

$$NaCl = Na^{\cdot} + Cl'$$

oder
$$CaCl_2 = Ca^{\cdot\cdot} + Cl' + Cl'$$

oder
$$Fe_2(SO_4)_3 = Fe^{\cdots} + Fe^{\cdots} + SO_4'' + SO_4'' + SO_4''$$

Neutrale Salze sind Verbindungen, die aus Säuren durch Ersatz der Wasserstoffionen durch Metallatome oder sie vertretbare Radikale entstanden sind. Man kann auch unter neutralen Salzen die Stoffe verstehen, die aus Basen durch Ersatz der Hydroxylgruppen durch Säureradikale entstanden sind.

Wenn es auch nicht möglich ist, die entgegengesetzt geladenen Ionen infolge der Kräftewirkung der starken Ladung voneinander zu trennen, haben die Spaltungsprodukte doch eine voneinander unabhängige Existenz. Auf Grund neuerer Forschungen nimmt man an, daß die Ionen hydratisiert sind, also Wassermoleküle gebunden haben. Die Anzahl der Moleküle wechselt. Das Wasserstoffion ist am wenigsten hydratisiert.

Die Ionen der Alkalimetalle und der alkalischen Erden sind farblos. Die Schwermetalle dagegen bilden zum Teil farbige Ionen. So ist das Kupferion blaugrün, das Nickelion grün gefärbt. Alle Bariumsalze geben mit schwefelsäurehaltigen Lösungen unlösliches Bariumsulfat. Das Bariumion ist also in der wässerigen Lösung unabhängig von dem zugehörigen Anion vorhanden. Ebenso bildet sich in allen Cl-Ionen enthaltenden Lösungen, wie NH_4Cl, $NaCl$, KCl usw., mit Silbernitratlösung unlösliches Chlorsilber.

Die Eigenschaften der Salzlösungen sind additiv. Sie verhalten sich wie ein binäres Gemisch verschiedener Stoffe (OSTWALD).

Die Reaktionen, welche wir in der analytischen Chemie zum Nachweis von Metallen, Säuren usw. benutzen, sind zum größten Teil Ionenreaktionen.

So z. B. verläuft die Umsetzung von Chlorkalium und Silbernitrat nach folgender Ionengleichung:

$$K^{\cdot} + Cl' + Ag^{\cdot} + NO_3' = AgCl + K^{\cdot} + NO_3'.$$

Es beteiligt sich an der Reaktion also nur das Chlor- und Silberion, indem beide zu schwer löslichem Chlorsilber zusammentreten. Man kann daher auch einfach schreiben

$$Cl^{\cdot} + Ag' = AgCl.$$

Der Neutralisationsvorgang einer Säure durch eine Base verläuft nach folgender Gleichung:

$$H^{\cdot} + Cl' + Na^{\cdot} + OH' = H_2O + Na^{\cdot} + Cl'.$$

Die Umsetzung besteht also nur in dem Zusammentreten der H-Ionen mit den Hydroxylionen zu undissoziiertem Wasser.

Die Ionenreaktionen verlaufen im Gegensatz zu vielen Molekülreaktionen, die langsam ablaufen, ungemein rasch.

Nun ist es von großer Wichtigkeit, Näheres über den Grad der Dissoziation zu erfahren. Wie bereits früher gesagt (s. Tab. S. 192), nimmt die molekulare Leitfähigkeit mit steigender Verdünnung zu. Bei den Salzen erreicht die Leitfähigkeit bei einer Verdünnung von rund 2000 Litern einen Höchstwert, der sich bei weiterer Verdünnung praktisch nicht mehr ändert. Da die Wanderungsgeschwindigkeit der Ionen, die für jedes Ion eine spezifische Größe ist, bei abnehmender Konzentration sich nicht ändert und die Viskosität der Lösung unter denselben Verhältnissen ebenfalls konstant bleibt, kann das Wachsen der molaren Leitfähigkeit nur durch Zunahme der Ionen bedingt werden. Denn die Größe der molekularen Leitfähigkeit hängt von der Wanderungsgeschwindigkeit der Ionen im elektrischen Strom und der Anzahl der Ionen ab. Sind sämtliche Moleküle in die Ionen dissoziiert, so hat die molare Leitfähigkeit den Höchstwert erreicht. Dieser wird als molekulare Leitfähigkeit bei unendlicher Verdünnung $= \mu_{\infty}$ bezeichnet.

Der Dissoziationsgrad (m) ist der Quotient der molaren Leitfähigkeit bei einer gewissen endlichen Verdünnung (v) und der molaren Leitfähigkeit bei unendlicher Verdünnung, also

$$m = \frac{\mu_v}{\mu_{\infty}}.$$

Die folgende Tabelle gibt den Dissoziationsgrad des Chlornatriums[1] bei 18° bei verschiedener Verdünnung nach F. KOHLRAUSCH an:

Verdünnung = v Liter	Molekulare Leitfähigkeit = μ	Dissoziationsgrad = m	Verdünnung = v Liter	Molekulare Leitfähigkeit = μ	Dissoziationsgrad = m
10	92,5	0,843	1000	107,8	0,983
20	95,9	0,874	5000	109,2	0,995
100	102,8	0,937	10000	109,7	—
500	106,7	0,972	∞	110,3	—

Der Dissoziationsgrad einer $\frac{1}{10}$ molaren NaCl-Lösung ist $\frac{92,5}{110,3}$ = rund 0,84. In einer solchen Lösung sind also bei 18° 84% des Salzes dissoziiert.

Bei Stoffen, die praktisch vollständig erst bei abnorm großer Verdünnung dissoziiert sind, ist die Bestimmung der molaren Leitfähigkeit bei unendlicher Verdünnung experimentell unmöglich. Die Änderung der Leitfähigkeit wird dann sehr klein und die gefundenen gegenseitigen Abweichungen liegen innerhalb der Fehlergrenze. Man bestimmt bei solchen Stoffen die molare Leitfähigkeit indirekt auf Grund des Gesetzes von KOHLRAUSCH, daß μ_{∞} eine additive Größe ist, die sich bei binären Elektrolyten aus zwei Einzelwerten zusammensetzt[2]. Es ist nämlich $\mu_{\infty} = u + v$; u und v sind Zahlen, die den relativen Geschwindigkeiten der positiven und negativen Ionen proportional sind.

---

[1] Nach I. WALKER: Physikalische Chemie. Braunschweig 1921.
[2] Weiteres siehe u. a. I. WALKER, a. a. O., S. 290.

Der Dissoziationsgrad der Säuren und Basen unterliegt großen Schwankungen. Während die Salze in verdünnteren Lösungen weitgehend in die Ionen zerfallen sind, gibt es bei den Säuren und Basen die größte Mannigfaltigkeit. Die starken Säuren und Basen, wie HCl, HNO_3, KOH, NaOH, sind in $\frac{1}{10}$ molarer Lösung zu 90 % und noch mehr dissoziiert; die Schwefelsäure, welche sog. Stufendissoziation zeigt ($H_2SO_4 = H^{\cdot} + HSO_4'$; $HSO_4' = H^{\cdot} + SO_4''$), ist nicht ganz so weit zerfallen, weil das zweite H-Ion nicht so stark abdissoziiert wie das erste. Die schwachen Säuren und Basen, wie die Essigsäure und das Ammoniak, sind in $\frac{1}{10}$ n Lösung nur wenig zerfallen, die genannten Stoffe z. B. zu 1,3 %.

Läßt man auf Phosphortrichlorid in der Kälte Chlor einwirken, bildet sich Phosphorpentachlorid nach folgender Gleichung:

$$PCl_3 + Cl_2 = PCl_5.$$

Erhitzt man nun diese Substanz, so zerfällt sie wieder in PCl_3 und Chlor. Während die bekannten Fällungsreaktionen, wie z. B. die Umsetzung zwischen SO_4-Ionen und Ba-Ionen zu Bariumsulfat, wenigstens praktisch in einer Richtung, nämlich bis zur vollständigen Ausscheidung des Umsetzungsproduktes verlaufen, ist die obenangeführte Reaktion anderer Art.

Sie verläuft je nach den Bedingungen von links nach rechts, wie von rechts nach links. Man nennt solche Reaktionen **umkehrbare Reaktionen** und schreibt sie in folgender Weise:

$$AB \rightleftarrows A + B$$

oder auf das gewählte Beispiel bezogen

$$PCl_5 \rightleftarrows PCl_3 + Cl_2.$$

In ähnlicher Weise vollzieht sich die Umsetzung

$$H_2 + J_2 \rightleftarrows 2\,HJ.$$

Die Affinität des Wasserstoffs zum Jod ist nur gering; bei höherer Temperatur vereinigen sich die Moleküle der beiden Elemente daher unvollständig, weil das gebildete HJ zum Teil wieder in seine Bestandteile zerfällt.

Leitet man in eine neutrale Lösung von Zinkchlorid H_2S ein, so entsteht nur ein geringer Niederschlag von Zinksulfid. Die vollständige Fällung unterbleibt aber auch bei längerer Einwirkung von Schwefelwasserstoff, weil die entstandene Salzsäure sich mit Schwefelzink wieder zu Zinkchlorid und Schwefelwasserstoff umsetzt.

$$ZnCl_2 + H_2S \rightleftarrows ZnS + 2\,HCl.$$

Unter gleichbleibenden Bedingungen kommen solche Reaktionen nach gewisser Zeit zum Gleichgewichtszustand. Anfangs verlaufen sie verhältnismäßig rasch, dann wird die Geschwindigkeit immer geringer, weil die Konzentration, d. h. die Anzahl der in der Raumeinheit vorhandenen wirkenden Stoffe zurückgeht und die Rückbildung der ursprünglich vorhandenen Moleküle aus den Umsetzungsprodukten mit steigender Geschwindigkeit einsetzt. **Gleichgewicht herrscht dann, wenn in der Zeiteinheit die gleiche Substanzmenge entsteht und zerfällt.** Die Umsetzungen kommen also im Gleichgewichtszustand nicht zur Ruhe.

Wird eine der Versuchsbedingungen geändert, z. B. die Temperatur oder die Konzentration nur eines der reagierenden Stoffe, so ist das Gleichgewicht gestört. Es bildet sich deshalb in dem Reaktionsgemisch ein neuer Gleichgewichtszustand heraus.

GULDBERG und WAAGE[1] haben sich besonders mit der Untersuchung solcher Gleichgewichtsreaktionen befaßt und im Jahre 1867 das sog. Massenwirkungsgesetz aufgestellt. Es ist dies das Grundgesetz der chemischen Statik.

Nehmen wir einmal den einfachsten Fall an: 2 Moleküle A und B reagieren miteinander unter Bildung der Substanz C. Diese zerfällt jedoch wieder zu A und B, also

$$A + B \rightleftarrows C.$$

$[a]$ ist die molare Konzentration von A, $[b]$ von B und $[c]$ von C. Im Gleichgewichtszustand ist die Geschwindigkeit (v) der Umsetzungen auf beiden Seiten der Gleichung dieselbe, also $v = v_1$; dann ist $v = [a] \cdot [b] \cdot k$, wobei k einen Proportionalitätsfaktor bedeutet

$$v_1 = [c]\, k_1.$$

Da nun $v = v_1$, ergibt sich

$$[a] \cdot [b]\, k = [c]\, k_1$$

oder

$$\frac{[a] \cdot [b]}{[c]} = \frac{k_1}{k} = K;$$

K heißt die Gleichgewichtskonstante.

Bezeichnen wir in der Formel $H_2 + J_2 \rightleftarrows HJ + HJ$ die molare Konzentration von H_2 mit $[c_1]$, von J_2 mit $[c_2]$, von HJ mit $[c_3]$, so ist

$$K = \frac{[c_1] \cdot [c_2]}{[c_3] \cdot [c_3]} = \frac{[c_1] \cdot [c_2]}{[c_3]^2}.$$

In Worten ausgedrückt sagt diese Formel: **Die Gleichgewichtskonstante ist gleich dem Produkt der Konzentrationen sämtlicher Moleküle der einen Seite, dividiert durch das Produkt der Konzentrationen sämtlicher Moleküle der anderen Seite der Gleichung.**

Wird das Massenwirkungsgesetz auf die allgemeine umkehrbare Reaktionsgleichung

$$n_1 A_1 + n_2 A_2 + n_3 A_3 + \cdots \rightleftarrows m_1 B_1 + m_2 B_2 + m_3 B_3 + \cdots$$

bezogen und die Konzentration von A_1, A_2, A_3 und B_1, B_2, $B_3 = c_1, c_2, c_3$ und c_1', c_2', c_3' genannt, so ist

$$K = \frac{c_1^{n_1} \cdot c_2^{n_2} \cdot c_3^{n_3}}{c_1'^{m_1} \cdot c_2'^{m_2} \cdot c_3'^{m_3}}.$$

Als ein einfaches praktisches Beispiel des Massenwirkungsgesetzes sei die Umkristallisation des Carnallits erwähnt. Der Carnallit zerfällt in wässeriger Lösung nach folgender Formel:

$$MgCl_2, KCl \rightleftarrows MgCl_2 + KCl.$$

Es scheidet sich daher beim Kristallisationsvorgang aus Wasser Chlorkalium als schwer lösliche Substanz ab. Nach dem Massenwirkungsgesetz besteht nun die Gleichung:

$$\frac{[MgCl_2] \cdot [KCl]}{[MgCl_2, KCl]} = k.$$

Um daher Carnallit unzersetzt umzukristallisieren, ist entweder $[KCl]$ oder $[MgCl_2]$ zu vergrößern. Dadurch wird, da K eine konstante Größe ist, auch

---

[1] GULDBERG und WAAGE: J. prakt. Chem. [2] **19**, 69 (1879). Ferner Ostwalds Klassiker Nr. 104.

[$MgCl_2$, KCl] vermehrt. Chlorkalium kommt nicht in Frage, da es weniger löslich als der Carnallit ist. Man benutzt daher zum Umkristallisieren dieses Doppelsalzes eine 23proz. Chlormagnesiumlösung.

Soll PCl_5, das beim Erhitzen leicht in PCl_3 und Cl_2 zerfällt, vergast werden, es muß dies in einer Atmosphäre von Chlorgas oder Phosphortrichlorid erfolgen; denn entsprechend der Gleichung

$$\frac{[PCl_3] \cdot [Cl_2]}{[PCl_5]} = k$$

muß (bei gleicher Temperatur) durch die Vergrößerung von $[PCl_3]$ oder $[Cl_2]$ auch $[PCl_5]$ größer werden, da ja k konstant ist.

Ein besonderer Fall des Massenwirkungsgesetzes ist das OSTWALDsche Verdünnungsgesetz. Es wurde bereits (S. 192) festgestellt, daß die elektrolytische Dissoziation von Salzen, Säuren und Basen mit fortschreitender Verdünnung zunimmt. Ist α der Dissoziationsgrad $\left(\frac{\mu_v}{\mu_\infty}\right)$ eines binären Elektrolyten in molarer Konzentration, so ist die Konzentration der Kationen und Anionen, da sie einander äquivalent sind, $\frac{\alpha}{v}$, die des nichtdissoziierten Anteiles $\frac{1-\alpha}{v}$. Nach dem Massenwirkungsgesetz ist dann

$$\frac{\dfrac{\alpha}{v} \cdot \dfrac{\alpha}{v}}{\dfrac{1-\alpha}{v}} = \frac{\alpha^2}{(1-\alpha)\,v} = k\,.$$

k wird allgemein als Dissoziationskonstante bezeichnet. Der Beweis der Gültigkeit dieses Gesetzes wurde am Ammoniak und an der Essigsäure erbracht. In der folgenden Zusammenstellung finden sich die entsprechenden Zahlen für die Essigsäure[1].

Da die Dissoziationskonstante mit dem Dissoziationsgrad wächst, ist sie ein Maß für die Stärke der Säuren und Basen. Für starke Elektrolyte gilt das OSTWALDsche Verdünnungsgesetz nicht. Der Grund für dieses abweichende Verhalten ist der folgende: Konzentriertere Lösungen starker Elektrolyte sind ionenreich, da sie ja fast vollständig

v	μ	$100\,\alpha$	$100\,k$
8	4,63	1,193	0,0018
16	6,50	1,673	0,00179
32	9,20	2,380	0,00182
64	12,90	3,33	0,00179
128	18,10	4,68	0,00179
256	25,40	6,56	0,00180
512	35,30	9,14	0,00180
1024	49,00	12,66	0,00177
	Mittel:		0,00180

dissoziiert sind. Infolgedessen können sich die Ionen nicht so frei bewegen wie in den ionenarmen Lösungen schwacher Elektrolyte. Die Anziehungskräfte der elektrisch geladenen Ionen beeinflussen die Ionen gegenseitig und hemmen ihre Beweglichkeit. Deshalb setzt sich die Leitfähigkeit eines starken Elektrolyten nicht additiv aus der Leitfähigkeit der beteiligten Ionen zusammen, wie es bei den verdünnten Lösungen der Fall ist. Die Leitfähigkeit gibt daher über den Dissoziationsgrad der starken Elektrolyte keinen Aufschluß. Es wird ein zu geringer Dissoziationsgrad vorgetäuscht (MICHAELIS). Im folgenden sind die Dissoziationsskonstanten einiger wichtigen Säuren und Basen[2] zusammengestellt.

---

[1] WALKER, I., a. a. O., S. 289.

[2] KOLTHOFF, S. M.: Der Gebrauch von Farbenindikatoren. Berlin: Julius Springer 1923.

Name	Temperatur	Konstante	Name	Temperatur	Konstante
Borsäure	25^0	$6,6 \times 10^{-10}$	Zitronensäure . . .	25^0	$8,2 \times 10^{-4}$
Kohlensäure . . .	18^0	$3,04 \times 10^{-7}$	2. Stufe	18^0	5×10^{-5}
2. Stufe	18^0	6×10^{-11}	3. Stufe	18^0	$1,8 \times 10^{-6}$
Phosphorsäure . . .	25^0	$1,1 \times 10^{-2}$	Cyanwasserstoff . .	25^0	$7,2 \times 10^{-10}$
2. Stufe	25^0	$1,95 \times 10^{-7}$	Essigsäure	25^0	$1,86 \times 10^{-5}$
3. Stufe	25^0	$3,6 \times 10^{-13}$	Milchsäure	25^0	$1,55 \times 10^{-4}$
Schwefelwasserstoff	18^0	$5,7 \times 10^{-8}$	Oxalsäure	25^0	$3,8 \times 10^{-2}$
2. Stufe	18^0	$1,2 \times 10^{-15}$	2. Stufe	18^0	$3,5 \times 10^{-5}$
Ameisensäure . . .	18^0	$2,05 \times 10^{-4}$	Ammoniak	18^0	$1,75 \times 10^{-5}$

Anwendung der Dissoziationstheorie und des Massenwirkungsgesetzes. Die Neutralisation. Versetzt man eine verdünnte starke Säure, z. B. Salzsäure, mit einer wässerigen Lösung einer starken Base, z. B. Natriumhydroxyd, tritt bekanntlich folgende Umsetzung ein:

$$HCl + NaOH = NaCl + H_2O$$

oder als Ionengleichung geschrieben:

$$H^\cdot + Cl' + Na^\cdot + OH' = Na^\cdot + Cl' + H_2O \,.$$

Der Neutralisationsvorgang besteht also nur in dem Zusammentreten von H- und OH-Ionen zu undissoziierten oder richtiger gesagt zu kaum dissoziiertem Wasser (s. S. 195). Die Na- und Chlorionen nehmen an der Reaktion überhaupt nicht teil. Bei der Neutralisation von 1 Mol einer starken Säure mit 1 Mol einer starken Base werden in verdünnteren Lösungen bei ungefähr 20^0 13700 cal frei. Da der Neutralisationsvorgang nur in der Bildung von Wasser besteht, können wir daraus folgern, daß die Wärmetönung bei dem Neutralisationsvorgang aller starken Säuren und Basen die gleiche sein muß. Die Messungen haben dies bestätigt. Man findet stets die Zahl von ungefähr 13750 cal (Neutralisationswärme).

Neutralisiert man aber eine starke Base mit einer schwachen Säure, z. B. Essigsäure, in verdünnter Lösung, so findet man eine andere Wärmetönung. Das gleiche beobachtet man bei der Neutralisation aller schwachen und daher wenig dissoziierten Säuren und Basen. Teils ist die beobachtete Wärmetönung eine größere, teils eine kleinere als 13750 cal. Wie bereits oben ausgeführt ist, sind die schwachen Säuren und Basen nur wenig dissoziiert. Für die Essigsäure gilt auf Grund des Massenwirkungsgesetzes folgende Dissoziationsgleichung:

$$\frac{[H^\cdot] \cdot [CH_3COO']}{[CH_3COOH]} = k \,.$$

Wird nun durch die Natronlauge der dissoziierte Anteil der Wasserstoffionen neutralisiert, so ist das Gleichgewicht gestört. Ein Teil der undissoziierten Essigsäure zerfällt in seine Ionen. Nach Vereinigung der H-Ionen mit den Hydroxylionen zu Wasser dissoziieren weitere Anteile der Essigsäure, die durch die Natronlauge ebenfalls neutralisiert werden. Der Vorgang verläuft so bis zur völligen Neutralisation der Essigsäure. Die Wärmetönung beträgt in diesem Falle nur 13400 cal.

Was ist nun die Ursache dieser abweichenden Wärmetönung bei der Neutralisation der schwachen Säuren und Basen? Die Aufspaltung des undissoziierten Säure- und Basenanteiles ist mit dem Verbrauch oder der Abgabe von Wärme verbunden. Bei der Essigsäure sind ungefähr 300 cal Dissoziationswärme. Bei der Neutralisation der Flußsäure mit Natronlauge werden 16270 cal frei, also 2570 cal entstammen der Dissoziationswärme dieser Säure.

Wahre und scheinbare Dissoziationskonstante. Der Gehalt einer wässerigen Kohlensäurelösung an H_2CO_3 ist uns nicht bekannt, sondern nur der an CO_2, weil es keine Methode gibt, sie getrennt zu bestimmen. Auf jeden Fall ist nur ein Bruchteil des gesamten CO_2 als H_2CO_3 vorhanden. Letztere dissoziiert in H- und HCO_3-Ionen. Die wahre Dissoziationskonstante wäre also:

$$k = \frac{[H^\cdot] \cdot [HCO_3{}']}{[H_2CO_3]},$$

nun ist uns aber nicht der Gehalt an H_2CO_3, sondern nur der an CO_2 bekannt. Es ergibt sich daher für die sog. **scheinbare Dissoziationskonstante** k die Gleichung:

$$k_1 = \frac{[H^\cdot] \cdot [HCO_3{}']}{[CO_2]}.$$

Die auf S. 199 angegebene Konstante für die Kohlensäure ist die scheinbare. Die wahre Konstante[1] ist bedeutend größer und dürfte mindestens $5 \cdot 10^{-4}$ betragen. Die Kohlensäure ist danach eine stärkere Säure als die Ameisensäure. Da erstere ihrer Konstitution nach Oxyameisensäure ist, dürfte diese Stärke verständlich sein.

Auch die Dissiozationskonstanten der Basen sind nur die scheinbaren. Die wahren sind uns nicht bekannt.

Dissoziation schwacher Säuren und Basen in Gegenwart ihrer Salze. Wir haben bereits erfahren, daß die schwachen Säuren und Basen nur wenig dissoziiert sind, daß aber die Salze dieser Säuren und Basen ganz oder fast vollständig zerfallen sind. Während der Dissoziationsgrad einer starken Säure, z. B. der Salzsäure, oder einer starken Base z. B. des Natriumhydroxydes durch die Zugabe von Chlornatrium praktisch wenig verändert wird, wird die Dissoziation schwacher Säuren und Basen durch anwesende Salze mit dem gleichen Anion bzw. Kation stark beeinflußt. Der Gleichgewichtszustand einer nur z. T. dissoziierten Säure ist durch die Gleichung

$$a \cdot b = c \cdot k$$

gegeben. a ist die Konzentration des Anions, b die des Kations und c die des nichtdissoziierten Anteiles. c ist bei schwachen Säuren gegen a und b groß. Durch die Zugabe von Natriumazetat zu Essigsäure wird a stark vermehrt, b muß entsprechend kleiner werden, da sich c praktisch nicht ändert. Die H-Ionen treten daher z. T. mit den CH_3COO-Ionen zu nichtdissoziierter Essigsäure zusammen, und damit nimmt die Essigsäure den Charakter einer schwächeren Säure, als sie an und für sich ist, an. In ähnlicher Weise wird der Dissoziationsgrad einer Ammoniaklösung durch Salze dieser Base herabgesetzt. — Das Dissoziationsgleichgewicht der Essigsäure ist durch die Gleichung

$$\frac{[H^\cdot] \cdot [CH_3COO{}']}{[CH_3COOH]} = k$$

definiert. c_1 ist die molare Konzentration der Essigsäure, c_2 die des Natriumazetates. Durch das Natriumazetat wird die Dissoziation der Essigsäure stark zurückgedrängt; es ist daher praktisch $c_1 = [CH_3COOH]$. Ferner können wir die Konzentration von $[CH_3COO{}']$ gleich c_2 setzen, da ja das Natriumazetat so gut wie vollständig in verdünnterer Lösung dissoziiert ist. Es ist also

$$[H^\cdot] = k \frac{c_1}{c_2}.$$

---

[1] Thiel, A., u. R. Strohecker: Ber. d. dt. Chem. Ges. **47**, 945 (1914). — Strohecker, Z. f. Unters. d. Nahr.- u. Genußmitt. **31**, 121 (1916).

Man kann auf diese Weise Lösungen von geringem, aber bestimmtem Gehalt an Wasserstoffionen erhalten. Wollte man solche Lösungen einfach durch Verdünnung der starken Säuren herstellen, würde es kaum möglich sein, die Wasserstoffionenkonzentration in ihnen auf der gewünschten Höhe zu halten, da schon Spuren von Alkali aus dem Glase des Aufbewahrungsgefäßes genügen, sie völlig zu ändern. Ähnliches gilt von der Kohlensäure der Luft.

In den Lösungen von schwachen Säuren mit ihren Salzen bleibt die Wasserstoffionenkonzentration dagegen stets die gleiche. Wird z. B. durch das Alkali des Glases ein Teil der H-Ionen gebunden, so ist das Gleichgewicht gestört, aus der undissoziierten Säure dissoziieren H-Ionen ab, bis die Anzahl der H-Ionen wieder dieselbe ist.

Man nennt Gemische schwacher Säuren und ihrer Salze oder auch schwacher Basen und ihrer Salze, die sich ebenso verhalten, Puffergemische oder Regulatoren. Solche Puffergemische spielen heute in der Physiologie eine große Rolle.

Für die Vorgänge im Boden ist das Puffergemisch Kohlensäure-Salze dieser Säure von größter Bedeutung. Allerdings wird dieser Regulator in seinem Gehalte an H-Ionen noch durch die Gegenwart der feinen Bodenteilchen beeinflußt.

Die Dissoziationskonstante des Wassers und die Hydrolyse. Das Wasser ist zu einem ganz geringen Teil in H· und OH′ dissoziiert. Nach dem Massenwirkungsgesetz ist nun

$$\frac{[H·] \cdot [OH′]}{[H_2O]} = k \, .$$

Die Konzentration des Wassers kann man praktisch als konstant ansehen. Dann ist

$$[H·] \cdot [OH′] = k \, ,$$

k ist die Dissoziationskonstante des Wassers. Sie ändert sich stark mit der Temperatur. k beträgt:

Temperatur	k_{H_2O}	Temperatur	k_{H_2O}
0^0	$0,12 \cdot 10^{-14}$	50^0	$5,66 \cdot 10^{-14}$
18^0	$0,59 \cdot 10^{-14}$	100^0	$58,2 \cdot 10^{-14}$
25^0	$1,04 \cdot 10^{-14}$		

In reinem Wasser ist die Anzahl der H-Ionen stets der der OH-Ionen äquivalent. Es ergibt sich daraus:

$$[H·] = [OH′] = 10^{-7} \, .$$

In 10 000 000 Liter Wasser sind also 1 g Wasserstoff und 17 g Hydroxyl in Ionenform vorhanden.

Ist [H·] größer als 10^{-7}, hat die Lösung eine saure Reaktion, ist [H·] kleiner als 10^{-7}, ist die Reaktion alkalisch. Bei 10^{-7} liegt neutrale Reaktion vor. Vorausgesetzt ist hierbei, daß die Temperatur des Wassers bzw. der Lösung 23^0 beträgt; dann ist $k_{H_2O} = 10^{-14}$.

Da das Arbeiten mit solchen kleinen Zahlen unvorteilhaft ist, drückt man jetzt die Konzentration der Wasserstoffionen nach dem Vorschlage von Sörensen[1] durch den negativen dekadischen Logarithmus des Gehaltes an H-Ionen aus und nennt diese Zahl den Wasserstoffexponenten (P_H) (auch Wasserstoffzahl)

$$P_H = -\log[H·]$$

$$[H·] = 10^{-P_H} \, .$$

Wenn also [H·] $= 10^{-7}$ ist, dann ist $P_H = 7$.

---

[1] Sörensen, S. P. L.: Enzymstudien II. Biochem. Z. **21**, 131 (1909).

Lösungen mit einem P_H kleiner als 7 sind sauer, solche mit einem größeren P_H als 7 alkalisch.

Wie bereits mehrfach betont, sind die Salze in verdünnter Lösung so gut wie vollständig dissoziiert. Chlornatrium zerfällt in Na· und Cl'. Die Ionen des Wassers treten nicht in Reaktion, weil die Ionen H· und Cl' sich nicht miteinander zu undissoziierter Salzsäure vereinigen. Denn die Säure ist ja in verdünnter Lösung ebenfalls fast vollständig in die Ionen aufgespalten. Bei Salzen schwacher Säuren und Basen nehmen die Ionen des Wassers jedoch an der Reaktion teil, weil die vorhandenen H-Ionen das Bestreben haben, mit den Anionen eines Salzes einer schwachen Säure zu undissoziierter Säure, die OH-Ionen mit den Kationen eines Salzes einer schwachen Base zu der undissoziierten Base sich zu vereinigen.

Die Reaktion Säure + Base = Salz + H_2O verläuft daher z. T. in entgegengesetzter Richtung, also

$$\text{Salz} + H_2O = \text{Säure} + \text{Base}.$$

Je nachdem der entstehende Säure- oder Basenanteil stärker dissoziiert ist, erhält die Lösung eine saure bzw. alkalische Reaktion. Man nennt diesen Vorgang Hydrolyse.

1. Hydrolyse von Salzen schwacher Säuren mit starken Basen. Die infolge der hydrolytischen Dissoziation entstandene Base, z. B. NaOH bei CH_3COONa, ist nahezu vollständig, die Säure, in diesem Falle Essigsäure, nur ganz wenig gespalten. Die Lösung reagiert daher alkalisch. Natriumazetat hat in molarer Lösung ein P_H von 9,5, in 0,1 molarer Lösung ein solches von 9,0.

2. Hydrolyse von Salzen starker Säuren mit schwachen Basen. Die bei der Hydrolyse·des Salzes entstehende Säure ist zum größten Teil dissoziiert, die Base dagegen nur zu einem kleinen Teil. Die Lösung reagiert daher sauer. Eine molare Lösung von Ammoniumchlorid zeigt ein P_H von 4,63. Die saure Reaktion der sog. basenaustauschsauren Böden beruht auf der Hydrolyse der bei der Wechselwirkung mit Neutralsalzen (z. B. NaCl, KCl) entstandenen Aluminiumsalze. Aluminiumhydroxyd ist eine schwache Base und daher kaum dissoziiert, die zugehörige Säure (HCl, H_2SO_4) eine starke Säure und daher zum größten Teil in die Ionen zerfallen. Das Aluminiumsalz reagiert daher stark sauer. Nach H. Kappen[1] zeigen Aluminiumlösungen verschiedener Konzentration folgende P_H-Werte:

	$0,1^0/_{00}$	$0,25^0/_{00}$	$0,50^0/_{00}$	$1,0^0/_{00}$	$5,0^0/_{00}$
P_H	4,36	4,20	4,08	3,96	3,77

3. Hydrolyse von Salzen schwacher Säuren mit schwachen Basen. In diesem Falle sind die entstehende Säure und Base nur wenig dissoziiert. Ist die Säure stärker dissoziiert als die Base, reagiert die Lösung schwach sauer, im entgegengesetzten Falle schwach alkalisch. Sind Säure und Base gleich dissoziiert, zeigt die Lösung neutrale Reaktion. So z. B. reagiert eine Lösung von Ammoniumazetat neutral; denn die Dissoziationskonstante der Essigsäure und des Ammoniaks beträgt $10^{-4,75}$.

Das Löslichkeitsprodukt. Zum Schluß sei noch als letzte Anwendung des Massenwirkungsgesetzes das sog. Löslichkeitsprodukt erwähnt. In einer gesättigten Kochsalzlösung ist ein zusammengesetztes Gleichgewicht vorhanden. Denn auf der einen Seite befindet sich der Bodenkörper, nämlich festes Salz mit dem nichtdissoziierten Anteil des gelösten Chlornatriums im Gleichgewicht und auf der andern Seite letzterer im Gleichgewicht mit dem dissoziierten Anteil.

---

[1] Kappen, H.: Ursachen der Azidität und der Ionenaustausch saurer Böden. Landw. Vers. **89**, 73.

Für dieses Gleichgewicht in der Lösung gilt das Massenwirkungsgesetz. Bezeichnen wir mit a die Konzentration der Na-Ionen, mit b die der Cl-Ionen und mit c die des undissoziierten Anteiles des Salzes, so ist

$$a \cdot b = c \cdot k.$$

Das Produkt $a \cdot b$ nennt man das Löslichkeitsprodukt. Zwischen dem Bodenkörper und der Lösung besteht Gleichgewicht, und zwar, wenn das Löslichkeitsprodukt, also $a \cdot b$, eine bestimmte Größe hat. Ändern wir diese, erfährt der Gleichgewichtszustand eine Störung. Entweder geht Salz in Lösung oder es scheiden sich Kristalle des Chlornatriums aus. Leitet man z. B. in die gesättigte Salzlösung Salzsäuregas ein, wird b vermehrt, a muß entsprechend kleiner werden, Chlor- und Na-Ionen treten zu undissoziiertem Chlornatrium zusammen, das sich ausscheidet.

In der analytischen Chemie macht man von der Regel, die Löslichkeit einer nicht ganz unlöslichen Verbindung durch Zusatz eines anderen Elektrolyten, welcher ein Ion mit dem Niederschlag gemeinsam hat, zu verringern, ausgiebig Gebrauch.

b) Gesetze der Kolloidchemie.

Systematik der Kolloide.

THOMAS GRAHAM[1] beobachtete 1861 bei Untersuchungen über die Diffusionsgeschwindigkeit gelöster Stoffe, daß gewisse Substanzen, wie Kochsalz, Zucker u. a., aus dem Lösungsmittel schneller in reines Wasser hineindiffundieren als andere Stoffe, wie Leim, Eiweiß usw. Erstere vermochten durch Pergamentmembranen zu wandern, letztere nicht. Aus einer Lösung, die z. B. Zucker und Leim enthält, diffundiert nur der erstere durch die Wandung des Pergamentes, so daß es mit Hilfe eines Dialysators ein Leichtes ist, beide Stoffe voneinander zu trennen. GRAHAM hat für die nichtdiffundierenden Substanzen die Bezeichnung Kolloide eingeführt. Die Kolloide mit Wasser als Lösungsmittel nannte er Hydrosole, mit Alkohol Alkosole. Die aus vielen kolloiden Lösungen durch Salze u. a. Stoffe, sowie bei Entfernung des Lösungsmittels sich ausscheidenden gallertartigen Massen werden als Hydrogele bezeichnet. Sie gehen bei weiterer Abgabe des Lösungsmittels in die glasigen oder krümeligen Gele über.

Die Ausscheidung einer kolloidgelösten Substanz aus dem Lösungsmittel wird Koagulation oder Pektisation, auch Ausflockung, genannt. Peptisation oder Zerteilung bedeutet das Gegenteil, also die Auflösung einer kolloiden Substanz.

Die alte GRAHAMsche Einteilung Kristalloide-Kolloide ist heute nicht mehr haltbar. Wir haben gelernt, daß viele Stoffe kristalloid und kolloid auftreten können. Die Art des Lösungsmittels, die Verunreinigungen des Kolloids und die Herstellungsmethode der Lösungen spielen dabei eine bedeutsame Rolle. Man spricht daher heute richtiger von kolloiden Systemen und einem kolloiden Zustand als von einem kolloiden Stoff. Man kann deshalb mit VON WEIMARN[2] den kolloiden Zustand als einen allgemein möglichen Zustand der Materie bezeichnen.

Was ist nun unter „Lösung" zu verstehen? In welcher Hinsicht unterscheidet sich eine kolloide Lösung von einer kristalloiden? — Meist glaubte man früher, daß eine kristalloide Lösung homogen sei, und daß sich die kolloide Lösung da-

---

[1] GRAHAM, TH.: Diffusion gelöster Körper durch tierische Membranen. Philos. Trans. 157, 183 (1861).
[2] v. WEIMARN, P. P.: Zur Lehre von den Zuständen der Materie. Dresden und Leipzig: Steinkopff.

durch von der ersteren unterscheide, daß ihr die Homogenität fehle. Heute wissen wir, daß die kristalloiden Lösungen ebensowenig homogen sind wie die kolloiden. Es fehlten eben früher die Mittel, um die räumliche Unstetigkeit in ersteren nachzuweisen. Beide sind also Mischungen. Sie unterscheiden sich nur durch die Größe der gelösten Teilchen. Eine scharfe Grenze zwischen kolloiden und kristalloiden Lösungen gibt es also nicht.

R. Zsigmondy[1] deutet daher Lösungen als homogen erscheinende Mischungen zweier oder mehrerer Stoffe.

Die Kolloide unterscheiden sich durch den speziellen Wert des Zerteilungsgrades von den Suspensionen oder Aufschwemmungen einerseits und den molekularen Lösungen andererseits. Sie gehören alle zu den sog. dispersen Systemen. Scharfe Grenzen zwischen Kolloiden und den groben Suspensionen bestehen nicht, ebensowenig zwischen ersteren und den molekulardispersen Lösungen. Die Kolloide stellen ein aus praktischen Gründen abgegrenztes Gebiet von einer Teilchengröße von einem zehntausendstel bis zu einem millionstel Millimeter aus einer kontinuierlichen Reihe verschieden disperser Systeme dar (Wo. Ostwald).

Aus folgender von Wo. Ostwald[2] angegebenen Darstellung läßt sich ersehen, wie sich die Eigenschaften der Systeme mit ihrer Dispersität ändern.

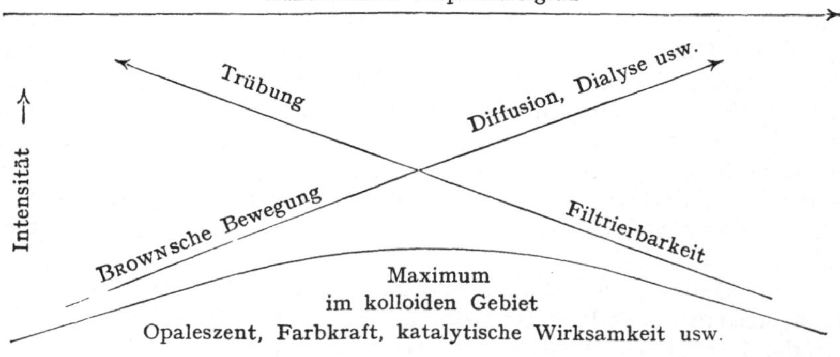

Die Eigenschaften der Teilchen ändern sich also mit ihrer Größe.

R. Zsigmondy[3] gibt folgende Abgrenzungen an:

Echte Suspensionen mit Teilchen bis herab zu etwa 2,0 μ, Hydrosole (kolloide Lösungen und Trübungen) mit Teilchen zwischen 0,001 μ bis 0,2 μ, Moleküle der Kristalloide mit Teilchen zwischen 0,1 $\mu\mu$ bis 1 $\mu\mu$.

Die kolloiden Lösungen gehören also zu den Zerteilungen oder dispersen Systemen

Wo. Ostwald bezeichnet das Medium, in welchem die Teilchen sich vorfinden, als „Dispersionsmittel" und die verteilte Materie als die „disperse

---

[1] Zsigmondy, R.: Kolloidchemie, 5. Aufl., 1, 5 (1925).
[2] Ostwald, W.: Die Welt der vernachlässigten Dimensionen, 9. u. 10. Aufl., S. 55. Dresden und Leipzig: Th. Steinkopff 1927.
[3] Zsigmondy, R., l. c., 17.

Phase". In einer wässerigen Tonaufschwemmung z. B. bildet das Wasser das Dispersionsmittel und der Ton die disperse Phase.

Für den gewachsenen Boden, der den Bodenkundler natürlich ganz besonders interessiert, liegen die Verhältnisse etwas anders. Hier bildet das Wasser meistens die disperse Phase und der Boden das Dispersionsmittel.

Der obengenannte Forscher hat die dispersen Systeme nach dem Aggregatzustand des Dispersionsmittels und der dispersen Phase eingeteilt. Bei dieser Einteilung ist aber zu berücksichtigen, daß der Aggregatzustand bei feinster Zerteilung sich nicht mehr feststellen läßt.

Es ergeben sich, wenn der feste Aggregatzustand mit F, der flüssige mit Fl, der gasförmige mit G bezeichnet wird, folgende 9 Klassen von Systemen:

1. $F + F$ (gefärbtes Steinsalz).
2. $F + Fl$ (Mineralien mit flüssigen Einschlüssen).
3. $F + G$ (Mineralien mit gasförmigen Einschlüssen).
4. $Fl + F$ (Suspensionen und Hydrosole mit festen Teilchen).
5. $Fl + Fl$ (Emulsionen und Kolloide mit flüssigen Teilchen).
6. $Fl + G$ (Schaum).
7. $G + F$ (Rauch).
8. $G + Fl$ (Nebel.)
9. $G + G$.

Eine Bodenaufschwemmung gehört demnach in Klasse 4.

Die obige Einteilung läßt erkennen, daß ein prinzipieller Unterschied zwischen dem Sol und dem Gel nicht vorhanden ist. Wir werden später erfahren, daß die Gesetzmäßigkeiten, die bei den flüssigen dispersen Systemen beobachtet werden, sich auch abgestuft bei den festen dispersen Systemen wiederfinden. Das Gel verhält sich also nicht anders als das Sol. Es ist das Verdienst G. Wiegners[1], hierauf hingewiesen zu haben.

Wie bereits oben erwähnt, unterscheidet Wo. Ostwald zwischen kolloiden Lösungen, bei denen die disperse Phase fest oder flüssig ist, und nennt sie Suspensoide im ersteren Falle, Emulsoide im letzteren Falle. Ist die disperse Phase nicht von kolloider Größenordnung, sondern gröber, spricht der genannte Forscher von Suspensionen und Emulsionen. Eine Bodenaufschwemmung ist also eine Suspension, in Wasser verteiltes Öl eine Emulsion.

Andere Bezeichnungen sind: Lyophobe und lyophile Kolloide. R. Zsigmondy teilt die Kolloide nach ihrem Verhalten beim Eintrocknen ein und unterscheidet resoluble und irresoluble Kolloide. Die ersteren hinterlassen beim Eintrocknen einen kolloidlöslichen Rückstand, die letzteren nicht.

Charakteristische resoluble Kolloide sind Gelatine, Gummiarabikum, Albumin u. a.

Zu den irresolublen Kolloiden gehören die, welche trotz eines nur geringen Gehaltes an der dispersen Phase leicht koagulieren (kolloide Metalle) und pulverförmige Sedimente liefern; ferner die Kolloide, welche erst aus konzentrierterer Lösung gallertartig ausfallen, z. B. Kieselsäure, Zinnsäure, Tonerde, Eisenoxyd u. a.

Nach Siedentopf[2] werden die Teilchen von Solen und Gelen, die im Mikroskop nicht mehr sichtbar sind, Ultramikronen genannt. Submikronen heißen Teilchen, die mit Hilfe des Ultramikroskopes erkannt werden können; Amikronen dagegen die, welche auch das Ultramikroskop nicht mehr erkennen läßt.

---

[1] Wiegner, G.: Boden und Bodenbildung in kolloidchemischer Betrachtung, S. 21 f. Dresden und Leipzig: Th. Steinkopff 1918.
[2] Siedentopf, H., und R. Zsigmondy: Drudes Ann. 10 (1903).

Die kolloiden Lösungen.

Dialyse und Ultrafiltration. Auf die Eigenschaften tierischer und pflanzlicher Membranen, die Kolloide durch die Wandungen nicht hindurchwandern zu lassen, ist bereits hingewiesen. Der alte Grahamsche Dialysator arbeitet verhältnismäßig langsam. Andere Forscher, wie Kühn, Zsigmondy[1], haben deshalb Dialysatoren hergestellt, die den Vorzug schnelleren Arbeitens haben. Als Membran wird meist Pergament benutzt. In neuerer Zeit wird mit gutem Erfolg auch Kollodiummembran verwendet. Man kann sie sich selbst in den verschiedensten Formen und Größen herstellen. Das Dialysieren durch diese Häute geht außerordentlich rasch vonstatten. Auch für Messungen des osmotischen Druckes sind sie gut verwendbar. Um solche Kollodiumsäcke zu erhalten, gießt man Kollodiumlösung z. B. in Glasgefäße von der gewünschten Form, wie Reagenzgläser, Erlenmeyer usw., läßt nach Benetzung der Glaswandungen mit der Flüssigkeit den Überschuß ablaufen und gießt nach dem Verdunsten des Äthers, was durch Absaugen der Dämpfe beschleunigt werden kann, Wasser in das Gefäß. Die gebildete Kollodiummembran löst sich dann leicht von der Wandung des Gefäßes. Durch Übung findet man bald den richtigen Grad des Eintrocknens. Die fertige Membran soll klar und durchsichtig sein. Durch Filtrieren einer kolloiden Goldlösung überzeugt man sich dann von der Dichtheit.

Ultrafilter verschiedener Dichte können nach den Angaben Bechholds[2] durch Tränken von Papier mit Eisessig-Kollodium hergestellt werden. Je nach dem Gehalt der Kollodiumlösung erhält man Filter größerer oder geringerer Dichte

Mit Hilfe solcher Ultrafilter gelingt es nicht nur, die Kolloide von den Kristalloiden, sondern auch Kolloide verschiedenen Dispersitätgrades voneinander zu trennen.

Bechhold fand z. B. folgende Reihe der Filtrierbarkeit:

Suspensionen	1 proz. Hämoglobinlösung
Berlinerblau	Serumalbumin
Platinsol	Protalbumosen
Koll. Eisenoxyd	Koll. Kieselsäure
Kasein der Milch	Deuteroalbumosen A
Koll. Arsensulfid	Dextrin
Kollargol	Kristalloide
1 proz. Gelatinelösung	

Die Suspensionskolloide, zu denen die ersten Glieder der Reihe mit Ausnahme des Kaseins zu rechnen sind, enthalten also meist gröbere Teilchen als die Emulsoide. Allerdings darf man aus der Filtrierbarkeit allein noch nicht auf die Teilchengröße schließen, da andere Einflüsse, vor allem solche der Adsorption, die Versuchsresultate trüben können.

Brownsche Bewegung. Kleinste Teilchen zeigen unter dem Mikroskop eine regellose Bewegung, die nach R. Brown[3], der sie 1827 zuerst näher beschrieb, Brownsche Bewegung genannt wird. Je kleiner die Teilchen, desto lebhafter die Bewegung. Sie hält Monate, ja Jahre lang an. Bereits Chr. Wiener[4] kam 1863 auf Grund seiner Beobachtungen zu dem Schluß, daß die regellosen Stöße der umgebenden Flüssigkeitsmoleküle gegen die kleinen Teilchen diese hin und her bewegen. Die kinetische Theorie der Brownschen Bewegung ist aber erst in

---

[1] A. a. O., S. 23f.

[2] Bechhold: Z. f. physik. Chem. 60, 257f.; 64, 328f.

[3] Brown, R.: Edinb. New Phil. Journ. 4, 358, 41 (1828); Phil. Mag. 5, 101 (1828); 6, 161 (1829).

[4] Wiener, Chr.: Poggendorffs Ann. d. Physik u. Chem. 118, 79f. (1863).

neuerer Zeit von EINSTEIN und v. SMOLUCHOWSKI[1] entwickelt worden. THE SVED-BERG[2] hat dann die Formel von EINSTEIN nachgeprüft und experimentell bestätigt gefunden. PERRIN[3] konnte sogar nachweisen, daß die Teilchen einer Mastix- und Gummiguttemulsion die gleiche kinetische Energie besitzen wie die Gas-moleküle. Damit ist also die WIENERsche Theorie bestätigt worden.

Diffusions- und Konzentrationsschwankungen in den dispersen Systemen ergeben sich als eine Folge der BROWNschen Bewegung. Da die Teilchen einer kolloiden Lösung die gleiche kinetische Energie besitzen wie Gasmoleküle, diffundieren sie ebenso wie die Moleküle in der Lösung. Damit gehen Änderungen in der Konzentration Hand in Hand, die THE SVEDBERG[4] im Ultramikroskop zahlenmäßig festlegen konnte. In dem optisch abgegrenzten Raum des Ultra-mikroskopes waren in Zeitabständen von je 2 sek an Teilchen vorhanden:

1 2 0 0 0 2 0 0 1 3 2 4 1 2 3 1 0 2 1 1 1 1 3 1 1 2 5 1 1 1 0 2 3 3 3 usw.

Da die Teilchen der Kolloide meist verhältnismäßig groß sind, ist die Dif-fusionsgeschwindigkeit nur gering. Als Diffusionskonstante wird die Stoffmenge bezeichnet, die in der Zeiteinheit (1 sek) einen Zylinder von 1 cm^2 Querschnitt und 1 cm Länge bei dem Konzentrationsgefäll 1 durchwandert. Während die Konstante $\times$ 10^7 für viele Kristalloide 40—100 beträgt, liegt sie bei manchen Kolloiden (Eiweiß) ungefähr zwischen 4 und 5.

Osmotischer Druck. Schließen wir eine kolloide Lösung in ein Gefäß mit halbdurchlässigen Wänden ein, werden die Teilchen in ihrer Bewegungsfreiheit gehemmt, sie üben infolgedessen einen gewissen Druck auf die Wandung aus, dessen Größe von der Anzahl und der kinetischen Energie der Teilchen abhängig ist. Man nennt ihn bekanntlich den osmotischen Druck. Der von den Suspen-sionskolloiden ausgeübte osmotische Druck ist meist sehr gering, weil die Teilchen verhältnismäßig groß sind, erheblicher ist er dagegen bei den Emulsionskolloiden. Sofern die Teilchen sich wirklich unabhängig voneinander bewegen, ist der osmotische Druck der Teilchenzahl proportional. Es ist aber fraglich, ob sich die Teilchen in der Lösung kräftefrei bewegen können. Denn einmal nehmen sie einen gewissen Raum ein, dann aber ist mit der Wirkung von anziehenden oder abstoßenden Kräften zu rechnen, die natürlich den osmotischen Druck beein-flussen müssen. Besonders gilt dies für die Emulsionskolloide, deren Gehalt an der dispersen Phase erheblich sein kann. Geringe Mengen von Elektro-lyten, die in den Kolloidlösungen fast immer vorhanden sind, können den Dis-persitätsgrad der Kolloidlösung verändern. Die Teilchenzahl erhöht oder er-niedrigt sich infolgedessen. Schließlich kann noch der sog. DONNANsche Gegen-druck und bei konzentrierten hydrophilen Kolloiden (Emulsionskolloiden) der Quellungsdruck den osmotischen Druck beeinflussen. Die Versuche ergeben da-her meist keine strenge Proportionalität. Immerhin ist es in einigen Fällen ge-lungen, Proportionalität zwischen osmotischem Druck und Konzentration in ge-nügender Übereinstimmung festzustellen.

Optische Eigenschaften. Bereits in der Einleitung wurde erwähnt, daß sich die kolloiden Lösungen nur durch den Grad der Dispersität von den kristal-loiden Lösungen und den Suspensionen bzw. Emulsionen unterscheiden. Auch die molekulardispersen Lösungen sind inhomogen.

Kolloide Lösungen können klar erscheinen oder mehr oder minder opales-zieren. Teils sind sie gefärbt, teils farblos.

---

[1] EINSTEIN, A.: Drudes Ann. d. Physik 17, 549f. (1905); 19, 371f. (1906). — SMO-LUCHOWSKI, M. v.: Drudes Ann. d. Physik 21, 756f. (1906); 25, 205f. (1908).
[2] SVEDBERG, THE: Studien zur Lehre von den kolloiden Lösungen. Upsala 1907.
[3] PERRIN, übersetzt von J. DONAU: Kolloidchem. Beih. 1910.
[4] SVEDBERG, THE: Z. physik. Chem. 77, 147 (1911).

Läßt man ein feines Lichtbündel in eine solche Lösung einfallen, so opalesziert die Flüssigkeit in dem vom Lichtkegel betroffenen Teil der Flüssigkeit. Das abgebeugte Licht ist linear polarisiert. Man nennt diese Erscheinung das Tyndallphänomen. Daß sich die kolloiden Lösungen nicht scharf von den kristalloiden Lösungen unterscheiden, ergibt sich daraus, daß manche Kolloide das Tyndallphänomen kaum noch zeigen, während man es bei den Lösungen hochmolekularer Verbindungen wie des Rohrzuckers, der Raffinose und anderer Verbindungen findet. Einen tieferen Einblick in den Zerteilungsgrad kolloider Lösungen erhält man erst mit dem Ultramikroskop von Siedentopf und Zsigmondy[1]. Mit Hilfe eines Objektives wird ein feines Lichtbündel durch eine kolloide Lösung geschickt. Von den kolloiden Teilchen wird ein Lichtkegel abgebeugt und mit Hilfe eines Mikroskopes beobachtet. Man sieht dann die hellen sog. Beugungsscheibchen. Man kann so Teilchen bis zu $4\,\mu\mu$ Größe herab nachweisen. Ultramikroskopisch erkennbare Teilchen werden, wie bereits auf S. 205 erwähnt, Submikronen, nicht mehr nachweisbare Teilchen Amikronen genannt. Man muß sich aber vor der irrtümlichen Anschauung hüten, daß die Sichtbarmachung allein von der Teilchengröße abhinge. Die optischen Eigenschaften des Verteilungsmittels und der dispersen Phase sind hierfür auch von größter Bedeutung. Die Erkennung der Teilchen von Metallsolen ist noch bei einer Größe von ungefähr $5\,\mu\mu$ möglich. Dagegen werden gewisse Emulsionskolloidteilchen erst bei einer Mindestgröße von ungefähr $35\,\mu\mu$ dem Auge erkennbar. Die Ursache hierfür liegt in dem Gehalt der Teilchen an Wasser; infolgedessen weicht der Brechungsexponent der dispersen Phase und des Dispersionsmittels nur wenig voneinander ab. Die Größe der Teilchen einer kolloiden Lösung wird durch Auszählen der Teilchen in einem bekannten Raum des Hydrosols und nachfolgender Berechnung nach einer gewissen Formel festgestellt.

Viskosität. Die Zähigkeit kolloider Lösungen, oder allgemeiner gesagt, kolloider Systeme ist ein vorzügliches Erkennungsmittel von eingetretenen Zustandsänderungen. Die Emulsionskolloide sind meist auch in verdünnteren Lösungen durch eine hohe Viskosität charakterisiert. So zeigt eine Gelatinelösung von 0—2% Durchschnittswerte von denen des Wassers bis zu denen einer festen Gallerte. Rizinusölseifen bilden unter gewissen Bedingungen schon in einer Konzentration von 0,1% eine zähe Gallerte. Die Temperatur hat einen ganz außerordentlich großen Einfluß auf die Viskosität. Bei der Seifenlösung verursacht die Bildung amikroskopischer, später submikroskopischer Fäden die Klebrigkeit. Bei der Gelatine dagegen bedingen Flocken mit hohem Wassergehalt die gallertartige Beschaffenheit des kolloiden Systems. Schütteln oder Rühren solcher lyophilen Kolloide setzt die Viskosität stark herab. Die Fäden der Seifenlösung, welche dem Kolloid die große Zähigkeit verleihen, werden zerrissen und damit sinkt die Zähigkeit. In ähnlicher Weise geht bei der Gelatinelösung die Viskosität infolge Zerstörung der großen Flocken und Freiwerdens des eingeschlossenen Wassers zurück. Ähnliche Erscheinungen der Viskositätsänderung können Elektrolyte hervorrufen. Sulfate, Zitrate, Phosphate usw. erhöhen die Klebrigkeit vieler wässeriger, der Gelatine ähnlichen Kolloide, Jodide, Bromide, Cyanide erniedrigen sie. Auch längeres Stehenlassen beeinflußt oft den Zustand des Kolloids und damit die Viskosität.

Die Bestimmung der Viskosität wird meist mit dem Ostwaldschen Viskosimeter[2] ausgeführt.

Elektrische Eigenschaften der Kolloide. Die disperse Phase als Träger elektrischer Ladungen. Schon seit längerer Zeit ist bekannt,

---

[1] Siedentopf, H., und R. Zsigmondy, Drudes Ann. d. Physik [4] 10, 1 f. (1903).
[2] Michaelis, L.: Praktikum der physik. Chemie, 3. Aufl. Berlin: Julius Springer 1926.

daß die Kolloide in den meisten Fällen eine elektrische Ladung tragen, und daß sie je nach der Art der elektrischen Ladung zum positiven oder negativen Pol wandern. Man kann den Ladungssinn der Teilchen entweder makroskopisch mit Hilfe des CoEHNschen Überführungsapparates oder ultramikroskopisch feststellen. — Die Kolloidteilchen verhalten sich also ähnlich wie Ionen.

Im allgemeinen wandern Eisenoxyd, Aluminiumoxyd, Chromoxyd u. a. zur Kathode, sind also positiv geladen. Zur Anode wandern u. a. die kolloiden Metalle, die Kieselsäure und die reine Humussäure. Jedoch können die Kolloide unter gewissen Umständen auch entgegengesetzt geladen sein. Vor allem sind hier Elektrolyte bzw. Ionen zu nennen, welche die Ladungsart beeinflussen. Die Wanderungsgeschwindigkeit der Kolloid- und Suspensionsteilchen ist eine ähnliche wie die der Ionen. Nach WHITNEY, BLAKE[1] u. a. beträgt die Wanderungsgeschwindigkeit bei einem Potentialgefälle von 1 Volt/cm für verschiedene Kolloide $10 — 40 \times 15^{-5}$ cm/sek. Die Na- und Chlorionen z. B. besitzen eine absolute Wanderungsgeschwindigkeit von 46×10^{-5} bzw. 68×10^{-5}.

Wie haben wir uns nun die Teilchenladung vorzustellen? Selbstverständlich können die Teilchen aus elektrostatischen Gründen keine freie Ladungen tragen, ebensowenig wie das eine Ion ohne das andere bzw. die anderen Ionen mit der entgegengesetzten Ladung existenzfähig ist. Das Teilchen ist also der Träger der einen Ladung, sei es nun positive oder negative Elektrizität, die entgegengesetzte Ladung haben abdissoziierte Ionen inne, welche das Teilchen in der angrenzenden Flüssigkeit umschwirren. Welcher Art diese Ionen sind, hängt von verschiedenen Umständen, wie den Eigenschaften der Teilchen, der adsorbierten Ionen oder der vorhandenen Elektrolyte ab. Je mehr sich die Kolloidteilchen in ihren Größenmaßen den Ionen nähern, um so mehr ähneln sie mit den abgespaltenen Ionen dissoziierten Elektrolyten.

Bei hochmolekularen Verbindungen, die infolge ihrer Molekülgröße kolloide Eigenschaften besitzen, kann elektrolytische Dissoziation die Ursache einer solchen elektrischen Aufladung sein. In vielen anderen Fällen bedingt die Abgabe oder die Aufnahme von Ionen, evtl. auch von Elektronen, die Ladung. Teilchen sauren Charakters werden unter Umständen H-Ionen abspalten, basische dagegen OH-Ionen. So kommt es zur Bildung einer elektrischen Doppelschicht, die als Sitz der beiden elektrischen Ladungen zu betrachten ist. Andere Kolloide, wie z. B. die Metalle, sind chemisch indifferent und können deshalb keine Ionen aufnehmen und abgeben. Nun pflegen aber die Teilchen bei der Herstellung der Sole infolge Adsorption Verunreinigungen zu enthalten, welche dann die Träger der elektrischen Aufladung sind, und die man deshalb als die Stabilisatoren der Kolloidlösung ansehen kann. So enthält kolloides Eisenhydroxyd stets Verunreinigungen. Schließlich laden sich auch Stoffe mit höherer Dielektrizitätskonstante positiv gegen einen Stoff mit niedrigerer Dielektrizitätskonstante um (CoEHNsche Regel). Während früher die Ladung der dispersen Phase als gering angenommen wurde, wissen wir heute, daß sie gegenüber der eines einwertigen Ions sehr groß ist.

Die Elektrolytkoagulation[2]. Während nun für die Beständigkeit der Emulsionskolloide die elektrische Ladung bedeutungslos oder unwesentlich ist, erhalten die Suspensionskolloide erst durch die elektrische Aufladung ihre Beständigkeit. HARDY[3] zeigte als erster die Bedeutung der Teilchenladung für die Beständigkeit der lyophoben Kolloide. Wird das elektrische Grenzpotential ver-

---

[1] HÖBER, R.: Physikal. Chemie der Zelle und der Gewebe, 6. Aufl., S. 171.
[2] Über die WIEGNERschen neuen Arbeiten sowie die Anschauung derselben bezüglich der Koagulation und Peptisation wird in Bd. 7 näher berichtet werden.
[3] HARDY: Proc. roy. Soc. Lond. **66**, 110 (1900).

mindert, geht die Beständigkeit der kolloiden Lösung zurück. Ist der isoelektrische Punkt, wo die Teilchen elektrisch neutral sind, erreicht, vereinigen sich diese zu größeren Aggregaten, es erfolgt also Koagulation oder Ausflockung. Auf Grund neuerer Untersuchungen wissen wir, daß die Vereinigung der Teilchen zu größeren Gebilden sogar schon vielfach vor der Erreichung des isoelektrischen Punktes erfolgt. Man muß daher annehmen, daß zwischen den Teilchen Anziehungskräfte tätig sind, die zur Koagulation treiben. Sind sie größer als die der Abstoßung durch die elektrische Ladung, tritt die Ausflockung ein, das sog. kritische Potential ist erreicht. Die elektrisch neutralen Teilchen wandern natürlich im elektrischen Potentialgefälle nicht mehr. Bei weiterem Elektrolytzusatz kann es unter Umständen zu einer Umladung kommen; die Beständigkeit des Kolloids nimmt mit der Elektrolytmenge infolge stärkerer Aufladung wieder zu. Man hat diesen Vorgang die Erscheinung der unregelmäßigen Reihe genannt. Die folgenden Versuchsresultate, die von Burton[1] an einem Silbersol gefunden wurden, geben ein anschauliches Bild von den geschilderten Vorgängen:

Zusatz von $Al_2(SO_4)_3$ in Millimol pro Liter	Wanderungsgeschwindigkeit	Beständigkeit des Sols
0	-22.4×10^{-5}	lange beständig
0.0052	$-\ 7{,}2 \times 10^{-5}$	nach einigen Stunden ausgefallen
0.0140	$+\ 5.9 \times 10^{-5}$	ebenso
0.0284	$+13.8 \times 10^{-5}$	ungefähr 4 Tage beständig

Die Ionen des Elektrolyten, welche die Entladung bzw. auch Umladung der dispersen Phase verursachen, gehen in die Flocken hinein, werden von ihnen adsorbiert. So beobachteten Picton und Linder[2], daß kolloides Schwefelarsen bei der Fällung mit Kalziumchlorid Kalziumionen aufnimmt; Wasserstoff wird in äquivalenter Menge in Freiheit gesetzt. Durch Auswaschen läßt sich das Kalzium nicht entfernen, wohl aber auf dem Wege des Austausches mit einer anderen Base.

Durch allmählich gesteigerten Elektrolytzusatz wird die Ladung der Teilchen langsam herabgesetzt. Die Elektrolytkonzentration, deren Überschreitung die Koagulation auslöst, heißt der Schwellenwert. Ganz genau läßt er sich nicht feststellen, weil die Schnelligkeit der Elektrolytzugabe und die Lebhaftigkeit der Durchmischung u. a. Einfluß auf die Ausflockung haben. Der Vorgang der schnellen Koagulation verläuft einfach und eindeutig, nicht aber der der langsamen. Im allgemeinen erfolgt die schnelle Zusammenballung verhältnismäßig rasch. Gibt man z. B. zu einem Eisenoxydsol Salzsäure, so flockt das Eisenoxyd aus, um sich dann erst langsam in der Säure aufzulösen. Im Verlauf der Vergröberung der dispersen Phase werden die adsorbierten Elektrolyte frei. Auch die ausgefällten Flocken unterliegen nämlich noch weiteren Dispersitätsveränderungen. Sie „altern". So kann man bei Sulfid- und Hydroxydsolen beobachten, daß die Flocken zuerst gallertartig und voluminös sind. Nach mehreren Tagen werden sie körnig. Gleichzeitig ist das Volumen kleiner geworden.

Gesetzmäßigkeiten bei der Elektrolytfällung. Bei dem Studium der Koagulationsvorgänge hat sich nun ergeben, daß sie gewissen Gesetzmäßigkeiten unterliegen. Freundlich[3] fand z. B. bei Fällungsversuchen an Schwefelarsen folgende Wirkungswerte der verschiedenen Elektrolyte:

---

[1] Höber, R.: Physik. Chemie der Zelle, S. 175. Leipzig 1926.
[2] Picton, H., u. S. E. Lindner: J. Chem. Soc. **67**, 63 (1895).
[3] Freundlich: Z. f. physik. Chem. **73**, 385 (1910); **44**, 135 (1903). — Freundlich u. Schucht: Ebd. **80**, 564 (1912).

Fällungswerte für das negativ geladene As_2S_3 in Millimol pro Liter.

$\dfrac{K_3\text{-Zitrat}}{3}$ . . . . . . >240		NH_4Cl 42,3	
K-Azetat 110		$MgCl_2$ 0,717	
LiCl 58,4		$MgSO_4$ 0,810	
NaCl 51,0		$CaCl_2$ 0,649	
KCl 49,5		$SrCl_2$ 0,635	
$\dfrac{K_2SO_4}{2}$ 65,6		$ZnCl_2$ 0,685	
		$AlCl_3$ 0,093	
		$Al(NO_3)_3$ 0,095	

Die Zusammenstellung zeigt, daß der Wirkungswert der Elektrolyte z. T. außerordentlich wechselt. Die Kationen sind ausschlaggebend für das Koagulationsvermögen der Elektrolyte. Die größte Wirksamkeit zeigen die dreiwertigen Kationen, es folgen die zweiwertigen und zuletzt in weitem Abstand die einwertigen Kationen. Die organischen Anionen hemmen die Fällungskraft der Kationen.

Das entgegengesetzte Bild zeigen positiv geladene Suspensionskolloide. Hier gibt die Wertigkeit des Anions den Ausschlag. Die chemischen Eigenschaften sind also gegenüber der elektrischen Ladung für den Wirkungswert meist von geringer Bedeutung.

Die HARDYsche Regel lautet: Die Anionen bedingen hauptsächlich die Koagulation der positiven Kolloide, die Kationen im wesentlichen die der negativen Kolloide. H. SCHULZE erkannte zuerst, daß der Fällungswert der wirksamen Ionen von der Zahl ihrer elektrischen Ladungen, also der Wertigkeit, abhängt.

Aus den weiteren Versuchen FREUNDLICHs geht freilich noch hervor, daß der Fällungswert der Elektrolyte durch starke Adsorbierbarkeit der ausschlaggebenden Ionen begünstigt wird. Er fand für einige Elektrolyte folgende Werte:

Elektrolyt	Fällungwert Millimol im Liter	
NaCl	51,0	
Guanidinnitrat	16,4	Die Stoffe sind
Strychninnitrat	8,0	nach steigender
Anilinchlorhydrat . . .	2,52	Adsorbierbarkeit
Morphinchlorid	0,425	geordnet.
Neufuchsin	0,114	

Morphinchlorid und Neufuchsin wirken also stark fällend, trotzdem sie einwertige Kationen bilden! Ähnliches beobachtet man auch bei den Kationen der Schwermetallsalze; die SCHULZEsche Wertigkeitsregel hat daher in vielen Fällen nur bedingte Gültigkeit. FREUNDLICH hat durch Benutzung der Adsorptionsisotherme (s. Abschnitt Grenzflächenerscheinung) am Arsensulfid den Beweis erbringen können, daß die berechneten Fällungswerte mit den experimentell gefundenen übereinstimmten, also Adsorbierbarkeit und Fällungswert der Ionen in engster Beziehung zueinanderstehen.

Die Irreversibilität der Fällungen der Suspensionskolloide (daher auch irresoluble Kolloide genannt) wird durch den Gehalt der

Elektrolyt	Fällungswert	
	berechnet	gefunden
NH_4Cl . . .	56	51
$UO_2(NO_3)_2$.	0,39	0,63
$Ce(NO_3)_3$ . .	0,020	0,017

Flocken an den fällenden Ionen, die beim Koagulationsvorgang von ihnen adsorbiert werden, bedingt. Die Koagulationsaggregate enthalten daher auch die fällenden Ionen in äquivalentem Verhältnis, wie u. a. Versuche von SVEN ODÉN[1]

---

[1] ODÉN, SVEN: Der kolloide Schwefel. Kgl. Soc. der Wissensch. Upsala (Ser. 4) 3, Nr. 4 (1912).

es bestätigt haben. Durch verschiedene Chloride ausgefällter kolloider Schwefel enthielt in 100 g an Kationenäquivalenten

$$
\begin{array}{ll}
\text{Na} \ldots 1{,}9 & \text{Cs} \ldots 2{,}1 \\
\text{K} \ldots 1{,}9 & \text{Ba} \ldots 1{,}8 \\
\text{Rb} \ldots 1{,}7 & \text{Fe} \ldots 1{,}4
\end{array}
$$

Es ist bereits früher angedeutet, daß die Entladung der Teilchen der dispersen Phase, die ja für die Koagulation über den kritischen Wert hinaus notwendig ist, verschiedene Ursachen haben kann. Es kommen hier vor allem in Frage: Ionenadsorption, elektrische Anziehung, chemische Reaktion, Zurückdrängung der Abdissoziation von Ionen z. B. durch Zusatz gewisser Elektrolyte. Interessant ist, daß die H- und OH-Ionen von den einwertigen anorganischen Ionen besonders stark adsorbiert werden. Es liegt hier natürlich nahe, der dispersen Phase Basen- bzw. Säurecharakter zuzuschreiben. Man wird im allgemeinen von Fall zu Fall entscheiden müssen, welche Ursache für die Teilchenentladung in Frage kommt. Vielleicht ist diese Frage gar nicht einmal so wichtig wie die nach dem Ion, welches für die Entladung verantwortlich zu machen ist. Denn es ist heute nicht mehr zeitgemäß, eine zu scharfe Grenze[1] zwischen den in Frage kommenden Kräften zu ziehen und z. B. Adsorption in Gegensatz zu der chemischen Bindung zu bringen. Besonders gilt dies auch für die Bodenlehre, wo z. T. ein unfruchtbarer Kampf darüber geführt ist, ob die zeolithähnlichen Verbindungen des Bodens als Adsorptionsverbindungen oder als chemische Verbindungen zu betrachten sind.

Gegenseitige Fällung der Kolloide. Kolloide werden nun nicht allein durch Elektrolyte, sondern auch durch Kolloide mit entgegengesetzter Ladung gefällt, und zwar um so vollständiger, je mehr sich die Ladungen der beiden Kolloide aufheben. Die Fällung gelingt daher nur bei einem bestimmten Mengenverhältnis der beiden Lösungen. Wenn daher verschiedene Forscher eine solche gegenseitige Fällung nicht beobachten konnten, lag dies nur an der Versuchsanordnung. Die Mischungsverhältnisse waren eben nicht so gewählt, daß Entladung unter dem kritischen Wert, wo erst der Zusammentritt der Teilchen zu Flocken stattfindet, erfolgte.

Innerhalb eines bestimmten Mischungsverhältnisses findet die Ausfällung, wenn evtl. auch nur langsam, statt; außerhalb desselben bleibt das Kolloid beständig. Ersteres heißt die Fällungszone. BILTZ[2], der sich eingehend mit diesen Erscheinungen befaßte, beobachtete bei der Vermischung von Schwefelantimon- mit Eisenoxydsol folgendes:

mg Fe_2O_3	Nach dem Mischen ergab die sofortige Beobachtung	mg Fe_2O_3	Nach dem Mischen ergab die sofortige Beobachtung
20,8	trübe, aber keine Ausflockung	4,8	mäßige Ausflockung
12,8	trübe, aber keine Ausflockung	3,2	geringe Ausflockung
8,0	langsame Ausflockung	0,8	trübe, keine Ausflockung
6,4	vollständige Fällung		

Bei dem Versuch wurden je 2 cm³ Schwefelantimonsol = 0,56 mg Sb_2S_3 mit je 13 cm³ Eisenoxydsol wechselnden Gehaltes vermischt.

B. AARNIO[3] fand bei dem Vermischen von Eisenoxydsol mit Humussol folgendes:

---

[1] Siehe L. MICHAELIS: Die Wasserstoffionenkonzentration, S. 207. Berlin: Julius Springer 1922.

[2] BILTZ: Ber. d. deutsch. chem. Ges. 37, 1095 (1904).

[3] AARNIO, B.: Experimentelle Untersuchungen zur Ausfällung des Eisens in Podsolböden. Internat. Mitt. Bdk. 3, 134 (1913).

Menge des Eisenoxydsoles	Menge der Humuslös.	Erfolg
0,5— 6,5 cm³	5 cm³	keine Füllung
7,0—17,5 ,,	5 ,,	Fällung
18,0—20,0 ,,	5 ,,	keine Fällung

Die bei weiterem Zusatz von Eisenoxydsol (18—20 cm³) ausbleibende Fällung hat natürlich darin ihren Grund, daß die Humusteilchen nicht nur der negativen Ladung beraubt, sondern durch die positiven Eisenoxydteilchen sogar über den kritischen Wert hinaus positiv aufgeladen wurden. Dadurch wurde das Solgemisch wieder beständig. Selbstverständlich spielt bei der gegenseitigen Fällung der Kolloide der Dispersitätsgrad eine große Rolle, da ja in dem Kolloid höheren Verteilungsgrades auf die Masseneinheit der dispersen Phase größere elektrische Ladungen kommen als in dem gröberen Kolloid.

Aber auch bei Kolloiden mit gleichsinniger Ladung ist gegenseitige Fällung beobachtet worden, nämlich dann, wenn die Bildung einer chemischen Bindung stattgefunden hat.

Schutzkolloide. Gibt man zu Suspensionskolloiden, z. B. Goldsol, ein Emulsionskolloid in nur ganz geringen Mengen, z. B. Gelatinelösung, dann kann das Gold nicht oder nur schwierig zur Koagulation gebracht werden. Gold mit nur 3% Gelatine gibt die Reaktionen des letzteren, ist daher durch Kochsalzlösung nicht mehr auszufällen, wohl aber durch Gerbsäure. Das Gold ist also durch die Gelatine geschützt; diese wirkt als Schutzkolloid. Bei Bodenbildungs- und Umbildungsvorgängen haben Schutzkolloide oft eine große Bedeutung. So tritt Rohhumuslösung vielfach als Schutzkolloid auf und vermag andere Kolloide, wie Ton, Eisenoxyd, Aluminiumoxyd zu lösen und in den Untergrund zu waschen.

Man unterscheidet zwei Arten von Schutzwirkung: nämlich einmal eine Schutzwirkung in dem Sinne, daß die Ausflockung des geschützten Kolloids verhindert wird, und ferner in dem Sinne, daß die Peptisation eines Kolloids durch Zusatz eines Schutzkolloids erleichtert bzw. erst ermöglicht wird. So enthält z. B. das medizinische Präparat Kollargol eine organische Verbindung, die auf das Silber schützend einwirkt und so eine leichte Auflösung des kolloiden Silbers sowie die Beständigkeit des erhaltenen Sols gewährleistet.

Zur näheren Bestimmung der Wirkung der Schutzkolloide dient die sog. Goldzahl. Man versteht unter ihr die Anzahl Milligramme Schutzkolloid, die eben nicht mehr genügen, den Farbenumschlag von 10 cm³ hochroter Goldlösung Au gegen Violett oder dessen Nuancen zu verhindern, welcher ohne Kolloidzusatz durch 1 cm³ 10proz. Kochsalzlösung hervorgerufen wird[1].

Die Wirkung des Schutzkolloids kommt erst durch die Vereinigung der Teilchen dieses mit denen des zu schützenden Kolloids zustande. Den Untersuchungen R. Zsigmondys nach vereinigt sich ein Teilchen Gold mit mehreren Teilchen des Schutzkolloids oder ein Teilchen des Schutzkolloids mit mehreren Teilchen des Goldes. Verschiedene Forscher haben angenommen, daß das Schutzkolloid die Teilchen der anderen dispersen Phase einhüllt. Für gröbere Verteilungen, wie Suspensionen, mag dies zutreffen. Bei Ultramikronen kann diese Auffassung aber unmöglich richtig sein, weil ja auch die Schutzkolloidteilchen eine gewisse Größe haben und es daher nicht einzusehen ist, wie die geringen Mengen des Schutzkolloids, die zur Stabilisierung des anderen Kolloids notwendig sind, die Teilchen des letzteren einhüllen sollen. Eine solche Hüllenbildung wäre nur bei flüssiger Beschaffenheit des Schutzkolloids möglich. Eine solche Anschauung ist aber unserem Wissen nach ganz unhaltbar. Bei Teilchen kolloider

---

[1] Zsigmondy, R.: Kolloidchemie 1, 228f. (1925).

Größenordnung ist deshalb eine einfache Anlagerung der Teilchen aneinander im Sinne der oben wiedergegebenen Vorstellung Zsigmondys wahrscheinlicher.

Peptisation. In dem vorhergehenden Abschnitt ist die Bedeutung der Schutzkolloide für die Peptisation irreversibler Kolloide besprochen worden. Es gibt aber auch Gele, die eines Schutzkolloids zur Zerteilung nicht bedürfen, sondern nur der elektrischen Aufladung, z. B. die Oxyde, Sulfide, Salze, Ton u. a.

Diese sind meist wasserreich und von lockerer, z. T. gallertartiger Beschaffenheit. Die Zerteilung muß trotz der Koagulation immer noch weit gehen, damit die elektrische Aufladung die Anziehungskraft der Teilchen aufeinander durch die abstoßende Wirkung der Aufladung überwinden kann. Denn die Ursache der Peptisation durch elektrische Aufladung ist die Abstoßung der Teilchen infolge der gleichsinnigen Ladung. Bei der Koagulation vereinigen sich die Teilchen nicht zu neuen, einheitlich zusammengesetzten Gebilden, sondern treten nur zu einer Vielheit von Teilchen zusammen. So konnten Sven Odén und Ohlon[1] beobachten, daß Silbersole nach mehrmaliger Fällung und Peptisation die gleiche Teilchenanzahl enthielten wie das ursprüngliche Sol. Die Peptisation wird dadurch erleichtert, daß die Einzelteilchen der Gele im frischgefällten Zustand von Wasserhüllen umgeben sind und so die Wirkung der gegenseitigen Teilchenanziehung gemildert wird. Je mehr dieses gebundene Wasser verschwindet und je näher und fester die Teilchen aneinanderhaften, um so schwieriger wird die Peptisation.

Ferner ist für die Zerteilungsfähigkeit der Flocken die Natur des Ions, das die Koagulation verursacht hat, von Bedeutung. Die mit den einwertigen, nur schwach fällenden Ionen ausgeflockten Kolloide lassen sich meist leicht durch Auswaschen mit Wasser zerteilen. Bei höherer Wertigkeit der fällenden Ionen wird die Peptisation durch einfaches Auswaschen schwieriger. Denn die mehrwertigen fällenden Ionen sind in den Flocken meist fester als die einwertigen gebunden und lassen sich daher mit Wasser nur schwer herauslösen. Die durch die mehrwertigen Ionen gefällten Flocken sind daher auch gröber und körniger als die durch die einwertigen Ionen koagulierten. Die Zusammenballungen des As_2S_3-Sols u. a., die durch einwertige anorganische Kationen erzeugt sind, haben eine mehr lockere bzw. gallertartige Beschaffenheit als die durch mehrwertige stark adsorbierbare Ionen gefällten. Die Vergröberung der dispersen Phase ist also mit der Ausflockung nicht beendet, sondern schreitet in dem Gel noch fort. Das Gel verhält sich prinzipiell nicht anders als das Sol (Wiegner[2]).

Die nachfolgende Zusammenstellung[3] gibt ein anschauliches Bild von der wechselnden Peptisierbarkeit der durch verschiedene Elektrolyte gefällten Flocken eines Mo_2O_5-Sols.

Koagulator	Peptisierung bei 18—20°
NaCl	Die Flocken werden völlig im 1. Aufguß zerteilt
NH_4Cl	,, ,, ,, ,, ,, 1. ,, ,,
KCl	,, ,, ,, ,, ,, 2. ,, ,,
Anilinsulfat . .	,, ,, ,, ,, ,, 1. ,, ,,
$\frac{Tl_2SO_4}{2}$	,, ,, ,, spurenweise ,, 7. ,, ,,
$Sr(NO_3)_2$	,, ,, ,, völlig ,, 6. ,, ,,
$BaCl_2$	,, ,, ,, spurenweise ,, 7. ,, ,,
$\frac{Al_2(SO_4)_3}{2}$ . . .	,, ,, ,, ,, ,, 7. ,, ,,

[1] Odén, Sven, und Ohlon: Z. f. physik. Chem. 82, 78 (1913).

[2] Wiegner, G.: Boden und Bodenbildung in kolloidchem. Betrachtung. Dresden u. Leipzig: Th. Steinkopff.

[3] Freundlich, H.: Kapillarchemie, S. 649. Leipzig 1922.

Unter dem Ultramikroskop beobachtet man nach Zugabe des Zerteilungsmittels flimmernde Bewegungen der Flockenteilchen, die vom Rande der Aggregate langsam in das Innere fortschreiten. Kleinere Flöckchen lösen sich aus dem Verbande, zeigen BROWNsche Bewegung und zerfallen in der Flüssigkeit weiter. Je nach dem Grade der elektrischen Aufladung geht die Peptisation mehr oder minder weit, bei vollkommener Aufteilung bis zur Bildung von Primärteilchen.

Wie erfolgt nun die elektrische Aufladung?

Die Kolloidteilchen tragen gemäß der COEHNschen Regel in reinem Wasser z. T. schon eine geringe elektrische Ladung. Zur Peptisation, also zur Überwindung der gegenseitigen Anziehungskräfte der Teilchen (S. 210) genügt sie nicht. Die weitere Aufladung kann durch Ionenadsorption und Ionenabdissoziation, also Ionisierung der Oberflächenmoleküle, verursacht werden.

Die aufladenden Ionen wechseln natürlich mit der Art der dispersen Phase. Reine Oberflächenanziehung kann ebenso wie chemische Bindung die Ursache der Adsorption sein. Die H- und OH-Ionen wirken infolge ihrer starken Adsorbierbarkeit besonders kräftig. Da sie chemisch außerordentlich reaktionsfähig sind, ist die Entstehung neuer Ionen, welche die Peptisation verursachen, durchaus möglich. Diese Anschauung wird dadurch gestützt, daß basische Gele sich leicht durch Säuren, also Träger von H-Ionen, saure Gele durch Alkalien mit Hydroxylionen zerteilen lassen.

Da Peptisationsvorgänge für die Strukturveränderungen unserer Böden von größter Bedeutung sind, soll die Theorie der Peptisation unter besonderer Berücksichtigung chemischer Gesichtspunkte[1] im folgenden eingehend erläutert werden. Eine solche chemische Einstellung bei der Beurteilung von Vorgängen im Boden erscheint durchaus berechtigt, da durch viele Untersuchungen die säureartige Bindung der Basen in den zeolithähnlichen Verbindungen und den Humaten des Bodens bewiesen ist.

Dem Vorschlage ZSIGMONDYS, dessen Anschauung wir hier folgen, entsprechend, wird das kolloide Teilchen mit einem Rechteck ☐ bezeichnet. Das die Ladung verursachende Ion wird an dieses Rechteck angehängt. Ein negatives Teilchen würde also allgemein durch das Formelbild ☐Anion, ein positives durch ☐Kation dargestellt werden. In das Rechteck wird die Formel des wesentlichsten Glührückstandes der dispersen Phase eingesetzt.

An der Zinnsäure soll die Deutung des Peptisationsvorganges im chemischen Sinne erfolgen: Die Zinnsäure wird durch Alkali im Überschuß zu molekulardispersem Kaliumstannat gelöst. Gibt man zu dem Gel jedoch nur wenig Alkali, z. B. Kaliumhydroxyd, so wird es von ersterem adsorbiert und verschwindet aus der Lösung. Es soll angenommen werden, daß das aus dem Kaliumhydroxyd gebildete Kaliumstannat von dem überschüssigen Zinnsäuregel adsorbiert wird. Dann ergibt sich für ein Oberflächenteilchen des Gels mit dem gebundenen Kaliumstannat die Formel

$$\boxed{SnO_2}\,SnO_3K_2\,.$$

Kommt es nun infolge irgendeines Umstandes, z. B. Verdünnens der mit mäßigen Mengen Kaliumhydroxyd versetzten Flüssigkeit zu einer Abdissoziation des Kaliumions, erhält das Teilchen eine negative Ladung

$$\boxed{SnO_2}\,SnO_3K_2 = \boxed{SnO_2}\,SnO_3'' + 2\,K^{\cdot}.$$

Infolgedessen erfolgt durch gegenseitige Abstoßung der gleichsinnig geladenen Zinnsäureteilchen mehr oder minder weitgehende Peptisation. Durch weitere Zugabe von Kaliumhydroxyd zu dem peptisierten Zinnsäurekolloid fällt die

---

[1] ZSIGMONDY, R., a. a. O., S. 175 f.

Zinnsäure aus. Denn durch Bildung undissoziierten Kaliumstannates an der Oberfläche der Teilchen werden diese wieder entladen und flocken aus.

$$\boxed{SnO_2}\,SnO_3'' + 2\,K^{\cdot} = \boxed{SnO_2}\,SnO_3K_2\,.$$

Bei Zugabe anderer Kalisalze tritt der gleiche Vorgang ein. Auch geringe Mengen Säure flocken die Zinnsäure aus

$$\boxed{SnO_2}\,SnO_3'' + 2\,H^{\cdot} = \boxed{SnO_2}\,SnO_3H_2\,.$$

Es bildet sich also an der Oberfläche der Teilchen undissoziierte Zinnsäure.

An der Grenze der beiden Phasen, fest-flüssig, entsteht bei der Aufladung eine elektrische Doppelschicht. Die positiven Kationen des Kaliums umschwirren das negativ geladene Teilchen[1].

Durch Zugabe eines Neutralsalzes oder einer starken Base mit dem gleichen Kation werden die abdissoziierten Kationen zur verstärkten Adsorption durch die disperse Phase gebracht[2]. Es entsteht also die undissoziierte Verbindung an der Oberfläche der Teilchen. Damit ist die elektrische Doppelschicht zerstört, die Teilchen sind elektrisch neutral.

Verbindet sich das adsorbierte Ion mit einem anderen Ion, z. B. Cu$^{\cdot\cdot}$, zu einer unlöslichen Verbindung, deren Kation nicht abdissoziierbar ist, kann das Gel nach Entfernung des Elektrolyten mit dem betreffenden Kation nicht wieder peptisiert werden.

$$\boxed{SnO_2}\,SnO_3'' + Cu^{\cdot\cdot} = \boxed{SnO_3}\,SnO_3Cu\,.$$

In ähnlicher Weise läßt sich nach ZSIGMONDY die Peptisation vieler Oxyde, Sulfide und Salze anschaulich machen.

Bei der Zerteilung des Eisenoxydes ist die Ladung der Teilchen auf adsorbierte Ferriionen zurückzuführen.

$$\boxed{Fe_2O_3} + Fe^{\cdot\cdot\cdot} = \boxed{Fe_2O_3}\,Fe^{\cdot\cdot\cdot}\,.$$

Sind die Gele stark eingetrocknet, ist eine Peptisation mit den geeigneten Elektrolyten in geringer Konzentration nicht mehr möglich. —

Wie bereits erwähnt, brauchen die hydrophylen Kolloide, wie Leim, zu ihrer Zerteilung keine elektrische Aufladung. Sie lösen sich nach der Quellung zu einem homogen erscheinenden Hydrosol auf.

Die Form und Bauart der Teilchen kolloider Lösungen. In den vorhergehenden Abschnitten ist bereits verschiedentlich auf die Bauart der dispersen Phase in den Solen und den ausgefällten Flocken hingewiesen worden. Es erscheint jedoch zweckmäßig, in einer besonderen Abhandlung dieses für das Verständnis der Vorgänge im Boden wichtige Gebiet des Aufbaues der Materie in den kolloiden Lösungen und Flocken zusammenhängend zu behandeln. Derjenige Forscher, der vorausschauend ohne Ultramikroskop bereits richtig die Struktur der Kolloide erkannt hat, ist C. v. NÄGELI[3] gewesen. Er nahm an, daß die Kolloide aus kleinen Molekülanhäufungen, die er Mizelle nannte, bestehen. Eine kolloide Lösung enthält also Mizellen, und zwar je nach dem Zustand als Einzelteilchen oder Teilchenanhäufungen. Einen näheren Einblick in den Aufbau der Sole und Flocken gestattete aber erst das Ultramikroskop, mit dem es möglich ist, je nach der Beschaffenheit und den optischen Eigenschaften des Dispersionsmittels und der dispersen Phase, Teilchen bis zu einer Größe von 40—6 $\mu\mu$ hinab dem Auge sichtbar zu machen. Aus Untersuchungen an den ausgefällten Flocken erkannte man denn auch bald, daß diese sich aus einem Aggregat von

---

[1] Vgl. S. 209.   [2] Vgl. S. 227.
[3] NÄGELI, C. v.: Stärkekörner 1858; Theorie der Gärung. München 1879.

Einzelteilchen zusammensetzten. Man unterschied Primär- und Sekundärteilchen. Goldsole mit verschiedenen Farbennüancen unterscheiden sich nicht durch die Masse, aus denen die Teilchen aufgebaut sind, sondern nur durch die wechselnde Anordnung im Raum. Bei der Dispersitätsvergröberung dieser Sole treten die Teilchen zu Flocken zusammen. Die Anlagerungsart und die Zahl der Teilchen in diesen Zusammenballungen wechselt bei den Kolloiden ungemein. R. Zsigmondy[1] hat vorgeschlagen, die Primärteilchen Protone oder Monone und die Sekundärteilchen Polyone zu nennen. Die ersteren sind ultramikroskopischer Größenordnung und von massiger Beschaffenheit. Die Polyone sind aneinandergelagerte Monone. Je nach der Zahl der Protone, der Art der Anlagerung, dem Vorhandensein von Wasserhüllen wechseln die Beschaffenheit und die Eigenschaften der Polyone. Die Monone können flüssig, kristallinisch und amorph sein. Mikroskopisch erkennbare Teilchen bestehen bei den dispersen Systemen kolloider Größenordnung bereits aus einer sehr großen Zahl von Primärteilchen. Sie kann das Vielfache einer Million betragen! Von welchem großen Einfluß die Abstände der Teilchen in den Polyonen auf die Eigenschaften der Sole und Flocken sein können, ergibt sich daraus, daß bei Goldsolen die Farben- und sonstigen Eigenschaften mit dem Abstand der Protone in den Polyonen unter Umständen sehr stark wechseln können. Eingetrocknete Gele von Kieselsäure, Zinnsäure u. a. lassen sich nur deshalb so schwer wieder zerteilen, weil die Teilchen in den Gelen fest aneinandergelagert sind. Mit mehrwertig stark adsorbierten Ionen gefällte Flocken sind körnig im Gegensatz zu denen, die mit einwertigen nur schwach adsorbierten Ionen koaguliert sind. Diese besitzen oft eine schwammige, gallertartige Struktur (S. 214). Auch hier ist der Teilchenabstand neben Wassereinlagerungen die Ursache der wechselnden Eigenschaften.

Die Protone von flüssiger Beschaffenheit zeigen infolge der Oberflächenspannung das Bestreben, sich miteinander zu größeren Primärteilchen zu vereinigen. Daher lassen sich beständige Emulsionen meist nur mit Hilfe von Schutzkolloiden herstellen.

Die Monone oder Primärteilchen können die verschiedensten Formarten zeigen. Im flüssigen Zustande werden sie infolge der wirksamen Oberflächenspannung meist Kugelgestalt annehmen. Bei den festen Mononen ist die Art der Form fast unbegrenzt. In vielen Fällen haben sie kristallinische Struktur.

Auf Grund des Mitgeteilten wird es verständlich, daß selbst bei derselben Stoffart der dispersen Phase die Eigenschaften der Sole und Gele so wechseln können, daß man in besonders charakteristischen Fällen geglaubt hat, stofflich verschiedene Substanzen vor sich zu haben, während tatsächlich nur verschiedene Inhomogenität des gleichen Stoffes im Raum die Ursache der abweichenden Eigenschaften gewesen ist! —

Zum Schluß seien noch einige Bemerkungen über den Einfluß des Gefrierens auf die Struktur der Kolloide gemacht. Im allgemeinen äußert sich Gefrieren des Dispersionsmittels auf die Struktur der dispersen Phase nicht in gleicher Weise.

Die durch Frost ausgefällten Suspensionskolloide verhalten sich ähnlich wie die durch Elektrolyte ausgeflockten. Durch das Gefrieren wird das Kolloid konzentrierter, die Teilchenabstände vermindern sich, gleichzeitig steigt der prozentische Gehalt des Dispersionsmittel an Fremdstoffen, wie z. B. Elektrolyten. Ist der Schwellenwert erreicht, wird Koagulation eintreten. Genügt hierfür die Menge der Verunreinigungen nicht, werden die Teilchen zwischen

---

[1] Zsigmondy, R., a. a. O. S. 37.

entstehenden Eiskristallen sich einlagern, evtl. unter dem Druck des Eises, der die Teilchen sich fest aneinanderlegen läßt, ausflocken. Je dichter sie aneinandergepreßt sind und je länger der Frost einwirkt, desto schwieriger wird unter sonst gleichen Verhältnissen die Peptisation. Manche Kolloide finden sich daher nach dem Auftauen als trockene Gallerte oder lockeres Pulver vor. Während die Metallhydrosole ohne Schutzkolloid irreversibel ausgefällt werden, lassen sich geschützte Kolloide dieser Art nach dem Auftauen leicht peptisieren. Die Sole der Sulfide und Oxyde sind um so widerstandsfähiger, je beständiger sie sich gegen Elektrolytzusatz verhalten. Eisenoxyd z. B. wird daher nur in reinem Zustand, in dem es also gegen Elektrolyte sehr empfindlich ist, durch Gefrierenlassen irreversibel ausgeflockt.

Die Emulsionskolloide sind, wie zu erwarten, gegenüber dem Gefrieren wenig empfindlich. Wohl werden die Mizellen durch den Gefriervorgang des Dispersionsmittels zusammengepreßt und in Flocken feiner Struktur ausgeschieden, doch bietet das Peptisieren dieser Zusammenballungen keine oder nur geringe Schwierigkeiten. Erwärmen genügt, um sie in dem Dispersionsmittel wieder zu verteilen.

Die Gele.

Im Boden haben wir es nicht mit Solen, sondern im wesentlichen mit Gelen und massigen Teilchen zu tun. Da nun die Teilchen kolloider Größenordnung um so mehr gegenüber den anderen Bodenbestandteilen zurücktreten, je humus- und feinerdearmer ein Boden ist, spricht man mit G. WIEGNER[1] richtiger von einer Dispersoidchemie als von einer Kolloidchemie des Bodens. Im übrigen gelten für alle dispersen Systeme die gleichen Gesetze, nur in verschiedenem Maße. Die Unterschiede sind mehr quantitativer als qualitativer Art.

Da also die Gele — soweit Kolloide in Frage kommen — im Boden überwiegen und sie sich auch prinzipiell nicht anders verhalten als die Sole, also Zustandsänderungen im Sinne einer Vergröberung oder Verfeinerung des dispersen Systems unterliegen, sei im folgenden noch etwas näher auf die Gele eingegangen.

Unter einem Gel sollen hier im engeren Sinne die kolloiddispersen Gebilde[2] verstanden sein, die aus einer festen und flüssigen Phase oder vielleicht auch aus zwei zähflüssigen Phasen bestehen und die trotz eines unter Umständen sehr hohen Gehaltes an flüssigem Dispersionsmittel Elastizitätseigenschaften zeigen.

Voraussetzung für die Ausscheidung eines Gels gemäß obiger Definition ist eine gewisse Konzentration des Kolloids. Die Zähigkeit ändert sich beim Übergang eines Sols in das Gel sprunghaft. Ferner ist die Art der vorhandenen Elektrolyte von Bedeutung. Ihre Wirkung setzt sich additiv aus den einzelnen Ionen zusammen. Bei den Kolloiden nach Art der Gelatine äußert sich der Einfluß der Anionen in der Reihe

$$SO_4 > \text{Azetat} > Cl > NO_3 > Br > J > SCN \,.$$

Während die SO^4-Ionen die Gelbildung begünstigen, wirken die SCN-Ionen so stark aufteilend, daß 0,5 molare KCNS-Lösung die Gelatinierung eines Gelatinesols bei 25° verhindert.

Im Boden gehen kristallisierte Gesteinsteilchen, soweit ihr Feinheitsgrad groß ist, durch Wasser und Kohlensäureeinwirkungen in Stoffe mit kolloiden Eigenschaften, wie Kieselsäure und Aluminiumkieselsäure, über, während andere Substanzen des Gesteins ausgewaschen werden oder der Adsorption unterliegen.

---

[1] WIEGNER, G., a. a. O.
[2] FREUNDLICH, H.: Kapillarchemie, S. 905f. 1922.

Wir haben es hier also auch mit Gelbildungen zu tun. Ein Laboratoriumsbeispiel der Gelbildung aus einem makrokristallinischen Stoff ist die Umwandlung des kristallinischen basischen Aluminiumazetats[1] durch Behandlung mit destilliertem Wasser in kolloides Aluminiumhydroxyd. Durch weitere Einwirkung von reinem Wasser kann dieses Gel sogar in Wasser peptisiert werden. Natürlich verläuft die Zersetzung der Gesteine verwickelter als es bei diesem Schulbeispiel der Fall ist. Immerhin gestattet es doch, sich einen Begriff von der Umwandlung eines grobkristallinischen Stoffes des Bodens in ein Gel zu machen.

Über die Struktur der Gele haben sich lange Zeit zwei Ansichten gegenübergestanden, bis es mit Hilfe des Ultramikroskopes gelang, einen tieferen Einblick in den Aufbau der Gele zu erhalten. Denn die im gewöhnlichen Mikroskop sichtbaren Teilchen stellen schon Aggregate einer Unzahl von Primärteilchen dar. Die sog. Wabentheorie von BÜTSCHLI[2], nach der die Gele aus zwei Flüssigkeiten, einer dünnflüssigen und einer zähen, bestehen, kann keine erschöpfende Auskunft über die Struktur der Gele geben, da diese Waben sich bereits aus kleineren Teilchen aufbauen, also völlig inhomogen sind. Der Nachweis von Ultramikronen in den Gelen hat die Ansicht NÄGELIs bestätigt, daß die Gele sich aus kleinsten, mikroskopisch nicht erkennbaren kristallinischen Teilchen zusammensetzen. Im wasserhaltigen Zustand der Gele sind diese Teilchen durch Wasserhüllen voneinander getrennt, werden aber durch die gegenseitige Anziehung zusammengehalten. Durch Untersuchung mit Hilfe des Ultramikroskops konnte ZSIGMONDY[3] feststellen, daß die wassergefüllten Gele optisch leer sind, also aus Amikronen bestehen. Beim Eintrocknen des Gels tritt im Gebiet des Umschlages[4] das Tyndallphänomen schwach auf. Gibt das Gel weiter Wasser ab, wird der Lichtkegel stärker. Gleichzeitig werden ultramikroskopisch dicht gelagerte Submikronen sichtbar. BACHMANN[5] konnte bei der ultramikroskopischen Untersuchung überhaupt keinen Unterschied im Aufbau der Kieselsäuresole und -gele feststellen! Auch die Gelatine verhält sich nicht viel anders. Die Gele bestehen also nicht aus Waben, sondern aus einer unzähligen Zahl von Amikronen und Submikronen.

Nebenbei sei bemerkt, daß einige Gele einen von dem eben geschilderten völlig abweichenden Aufbau besitzen. Dies gilt besonders für die Seifengele, die aus Fäden kristallinischer Gebilde oder Kristallnadeln radialer Anordnung bestehen. — Während nun das Gelatine- und Kieselsäuregel in stark wasserhaltigem Zustande, also als Gallerte, einen gleichen Aufbau zeigen und sich auch sonst in ihren äußeren Eigenschaften ähneln, verhalten sie sich bei der weiteren Wasserabgabe völlig verschieden. Während das Gelatinegel beim Eintrocknen dauernd einschrumpft, bis eine hornartige, feste Masse übrigbleibt, die bei Wasserzusatz wieder quillt und an Volumen zunimmt, beobachtet man bei der Kieselsäuregallerte einen Volumenrückgang nur bis zu einem gewissen Punkt, dann bleibt der Rauminhalt unverändert und für das verdunstete Wasser tritt Luft in die vorhandenen Hohlräume. Bei Wasserzugabe unterbleibt die Quellung; nur die Hohlräume füllen sich wieder mit Wasser.

Ähnlich der Gelatine verhalten sich andere organische Kolloide sowie von den Bodenkolloiden die Humussäure und der kolloide Ton. Das Eisen- und Aluminumhydroxyd zeigt dagegen die Eigenschaften der Kieselsäure. Die ersteren sind also quellbar, die letzteren nicht. Wie kommt nun die Quellung zustande? Sie ist gekennzeichnet durch Aufnahme von Flüssigkeit

---

[1] FREUNDLICH, H., a. a. O., S. 978.
[2] BÜTSCHLI, O.: Untersuchungen über die Mikrostruktur künstlicher und natürlicher Kieselsäuregallerten, S. 305. Heidelberg 1900.
[3] ZSIGMONDY, R., u. H. SIEDENTOPF: Drudes Ann. d. Physik 10, 1 f. (1903).
[4] Siehe S. 220.   [5] BACHMANN: Inaug.-Diss. Göttingen 1911.

in das Innere des quellfähigen Stoffes. Beim Quellungsvorgang nimmt die Substanz an Rauminhalt zu, ebenso wächst die Elastizizät, während infolge des gelockerten Zusammenhanges der Teilchen die Festigkeit abnimmt. Man unterscheidet eine begrenzte Quellfähigkeit und eine unbegrenzte. Bei letzterer geht das Gel ohne weiteres in das Sol über. Mit Katz[1] fassen verschiedene Forscher die Quellung als eine Lösung auf. Ein gequollenes Kolloid wäre demnach als ein System zu betrachten, bei dem die Flüssigkeit in dem Kolloid fest gelöst ist. Nach Wo. Ostwald[2] muß als Ursache der Wasseraufnahme in das Innere des Stoffes Molekularattraktion zwischen den Flüssigkeitsmolekülen und den Molekülen des quellenden Körpers angenommen werden. Bei der Quellung geht ein kleiner Teil des quellenden Körpers in das Dispersionsmittel als kolloide Lösung über. Gleichzeitig findet eine Erhöhung des Dispersitätsgrades des ersteren statt. Die gröberen Sekundärteilchen (Polyone) zerfallen in die Primärteilchen (Monone oder Protone), die das Quellungsmittel z. T. aufnehmen und unter Vergrößerung peptisieren. Im großen und ganzen scheinen die Einwirkungen, welche die Zerteilung begünstigen, auch die Quellung zu fördern. Der Zusammenhang der Teilchen in den quellbaren Gelen hemmt trotz der dichten Lagerung die Zerteilung bei dem Quellungsvorgang nicht. Die Anziehung zwischen Teilchen und Flüssigkeit ist also eine außerordentlich große. Die gewaltigen Druckerzeugungen bei der Quellung sind daher verständlich.

Das nichtquellbare Gel verhält sich ganz anders.

Das durch Elektrolyte oder Konzentrieren der Lösung ausgefällte Hydrogel ist ebenfalls reich an Wasser. Durch Abpressen läßt sich nur ein gewisser Teil desselben entfernen, ein weiterer Anteil durch Eintrocknen. Die letzten Wasserreste sind erst in der Glühhitze auszutreiben. Ein Versuch van Bemmelens[3], der sich eingehend mit dem Studium des Kieselsäuregels befaßt hat, gibt ein anschauliches Bild über die Beziehungen der Eigenschaften dieses Gels zu dem Wassergehalt.

Gehalt an H_2O in Mol pro Mol SiO_2	Beschaffenheit des Hydrogels
40—30	Das Gel läßt sich schneiden
20	„ „ ist ziemlich steif
10	„ „ wird bröcklig
6	„ „ läßt sich zu einem feinen anscheinend trockenen Pulver zerreiben

Beim weiteren Eintrocknen nimmt das Volumen nur bis zu einem gewissen Punkte ab. Dieser ist von van Bemmelen als Umschlagspunkt bezeichnet worden. Jetzt trübt sich das vorher wasserklare Gel und wird weiß. Ist der Wassergehalt ungefähr unter 1 Mol gesunken, verschwindet die Trübung wieder. — Im Gegensatz zu den quellbaren Gelen kann das Wasser der nichtquellbaren Gele durch andere Flüssigkeiten, wie Alkohol, Benzol, Schwefelsäure ersetzt werden. Praktisch tritt hierbei keine erhebliche Volumenveränderung ein. Das Gerüst des Gels, das aus Amikronen und Submikronen besteht, hat also eine gewisse Festigkeit.

Der erwähnte Umschlagspunkt, von dem ab also das Gel keinen weiteren Volumenrückgang erleidet und sich trübt, kommt in folgender Weise zustande: In dem eintrocknenden Gel, z. B. Benzolgel, bilden sich kleinste Hohlräume, die mit Benzoldampf angefüllt sind. Diese mit Dampf gefüllten Räume nehmen mit der fortschreitenden Eintrocknung zu. Wir erhalten also so ein disperses

---

[1] Katz: Die Gesetze der Quellung. Dresden u. Leipzig 1916.

[2] Ostwald, Wo.: Die Welt der vernachlässigten Dimensionen, S. 76, 91 f. Dresden u. Leipzig 1927.

[3] Bemmelen, I. M. van: Z. f. anorg. Chem. 59, 225 (1908).

System: Kieselsäure-Gas. Seine optischen Eigenschaften sind andere als die des Systems Kieselsäure-Benzol-flüssig.

Es treten daher Beugungserscheinungen auf, die unter gewissen Umständen sogar die Sichtbarmachung von Submikronen im Ultramikroskop ermöglichen. So konnte BACHMANN[1] ultramikroskopisch in einem eintrocknenden Benzol-Kieselsäure-Gel Submikronen in Massen auftreten und verschwinden sehen. Die fortschreitende Benzoldampfbildung in den Hohlräumen ist natürlich die Ursache dieser Erscheinung. Ist das Benzol verdampft, verschwindet die Trübung des Gels. Es ist jetzt nur noch das disperse System Gel-Gas vorhanden. Das ultramikroskopische Bild des Gels ist also wieder fast optisch leer, wie es anfangs bei dem mit Benzol völlig erfüllten Gel der Fall war.

Da das Kieselsäuregel sich aus zahllosen Amikronen und Submikronen zusammensetzt, müssen die zwischen den Teilchen vorhandenen Hohlräume ungemein klein sein. Über ihre Größe haben die Arbeiten R. ZSIGMONDYS[2] und seiner Schüler Klarheit geschaffen. Dieser Forscher hat mit Hilfe einer auf Grund der Kapillaritätstheorie gegebenen Formel aus der Dampfdruckerniedrigung, welche eine Flüssigkeit in zylindrischen Kapillaren erfährt, den Krümmungsradius berechnet. Darnach beträgt der Radius der Kapillaren im Kieselsäuregel nur ungefähr $4\ \mu\mu$. Kapillaren ähnlicher Größenordnung enthalten Permutit, Hydrophan, Kokosnußkohle und mit Alkohol gehärtetes Gelatinegel. Beim Altern des Kieselsäuregels treten noch Änderungen in der Zerteilung ein. Es erfolgt Teilchenvereinigung und damit eine Vergröberung der Struktur. Dadurch wird das Gelgerüst verfestigt, und die Hohlräume werden vergrößert. Einige Versuchsresultate VAN BEMMELENS[3] zeigen diese Veränderungen im Aufbau des Gels sehr anschaulich. Das Volumen der Hohlräume betrug, auf 1 Volumen Gelsubstanz berechnet:

$$\begin{array}{ll}\text{A frisch} \ldots \ldots \ldots & 0{,}71 \\ \text{A 6 Monate alt} \ldots \ldots & 0{,}94 \\ \text{A 5 Jahre alt} \ldots \ldots & 1{,}25\end{array}$$

Infolge der Feinheit der Kapillaren hat das Gel der Kieselsäure die Eigenschaft, Wasser schnell aufzusaugen, wohl Kristalloide passieren zu lassen, dagegen den größeren Kolloidteilchen das Eindringen zu verwehren. Daher geben Kolloidlösungen Wasser an das Gel ab, während die Oberfläche des letzteren sich mit einer halbfesten Schicht der Kolloidteilchen bedeckt. Das Gel wirkt also als Ultrafilter. Schwaches Glühen verändert die Struktur um so weniger, je reiner und freier das Gel von Alkalisalzen ist. Bei starkem Glühen sintert es, die Kapillaren verschwinden unter Kristallisation. Damit verliert das Gel die Eigenschaft, Wasser aufzusaugen, fast vollständig.

Während früher der Wassergehalt der in der Natur vorkommenden Zeolithe auf echtes Hydratwasser zurückgeführt wurde, ist man heute der Ansicht, daß das Wasser ebenfalls nur in den feinsten Kapillaren dieser Gele adsorbiert ist. Der Durchmesser der Hohlräume ist aber noch kleiner als bei der Kieselsäure, dem Permutit u. a. und bewegt sich innerhalb molekularer Größenordnung. Daher vermögen Flüssigkeiten mit größeren Molekülen, wie Benzol, nicht mehr in das Gerüstwerk dieser Gele einzudringen und die Hohlräume auszufüllen.

Über den Aufbau der zeolithähnlichen Verbindungen des Bodens, die neben Humusverbindungen die Träger des Basenaustauschvermögens der Böden sind, ist Näheres nicht bekannt, da die Gewinnung dieser Stoffe in reiner Beschaffenheit große Schwierigkeiten bereitet[4].

---

[1] BACHMANN: Ebd. **73**, 165 (1911).　　[2] Vgl. R. ZSIGMONDY, a. a. O. **2**, 80f.
[3] BEMMELEN, I. M. VAN: Z. f. anorg. Chem. **18**, 114 (1898).
[4] Vgl. jedoch Bd. 7 und 8.

Grenzflächenerscheinungen.

Der Boden ist ein disperses System. Er besteht daher aus mehreren Stoffen, die durch Trennungsflächen gegeneinander abgegrenzt sind. In solchen Gebilden ändern sich die physikalischen und chemischen Eigenschaften periodisch im Raum (Wo. OSTWALD[1]). Die Bestandteile eines solchen Systems nennt man Phasen. Wir haben daher im vorhergehenden Kapitel bei kolloiden Lösungen die disperse Phase und das Dispersionsmittel unterschieden. Die Erscheinungen an Grenzflächen treten um so mehr hervor, je größer die Oberfläche im Verhältnis zum Inhalt ist.

Mit fortschreitender Zerkleinerung irgendeiner Substanz wächst die Oberfläche ganz außerordentlich. Die folgende Zusammenstellung nach P. EHRENBERG[2] zeigt dies anschaulich:

Seitenlänge des einzelnen Würfels	Es sind Würfel vorhanden	Steigerung in dreifachen Potenzen	Gesamtoberfläche
1 mm	einer	1	6 mm^2
0,1 mm	tausend	$1 \times 10^{3 \times 1}$	60 mm^2
0,01 mm	eine Million	$1 \times 10^{3 \times 2}$	600 mm^2
0,001 mm od. 1 μ	eine Milliarde	$1 \times 10^{3 \times 3}$	60 cm^2
0,1 μ	10^{12}	$1 \times 10^{3 \times 4}$	600 cm^2
0,01 μ	10^{15}	$1 \times 10^{3 \times 5}$	6000 cm^2
0,001 μ	10^{18}	$1 \times 10^{3 \times 6}$	6 cm^2

Während die Masse der Teilchen bei der Zerkleinerung nach den Kubikwerten von 10 abnimmt, vermindert sich die Oberfläche nur nach den Quadraten von 10. Die an den Grenzflächen auftretenden Erscheinungen aller Art werden daher erst auffällig bei den dispersen Systemen kolloider Größenordnung sich bemerkbar machen. Welcher Art sind denn nun diese Grenzflächenerscheinungen?

Es sind Konzentrationsveränderungen an den Grenzflächen, die nach den jeweiligen Verhältnissen und Anschauungen als Adsorption, Sorption und auch Absorption bezeichnet worden sind.

Unter Absorption sollen im folgenden die Vorgänge verstanden sein, bei denen Stoffteilchen in das Innere der dispersen Phase eindringen. Daher ist die Auflösung von Gasen in Flüssigkeiten, soweit sie dem HENRYschen Gesetz folgt, als Absorption zu bezeichnen. Dieses Gesetz sagt aus, daß eine Flüssigkeit bei konstanter Temperatur ein Gas proportional dem Druck löst. Reagiert das Gas mit der Flüssigkeit oder bildet es Ionen im gelösten Zustand, dann gilt dies Gesetz nicht mehr.

Die Auflösung des Wasserstoffs in Palladium ist ebenfalls ein Absorptionsvorgang. Verschiebt sich dagegen die Konzentration eines Stoffes nur an der Grenzfläche zweier Phasen, so liegt Adsorption vor. Diese Adsorptionserscheinungen können durch verschiedene Ursachen bedingt sein:

Schließlich können Teilchen noch chemisch an der Oberfläche des zerteilten Stoffes gebunden werden. Dann liegt eine Chemosorption vor. In diesem Falle reagieren die gebundenen Teilchen mit Molekülen der dispersen Phase unter Bildung eines neuen Körpers. Der Nachweis einer solchen chemischen Sorption ist schwierig, weil die Isolierung der oberflächlich gebildeten Verbindung zwecks Untersuchung unmöglich ist. Denn nicht das ganze Teilchen, das sich ja nach früheren Ausführungen[3] aus einer großen Zahl von Einzelteilchen,

---

[1] OSTWALD, WO., a. a. O., S. 14.

[2] EHRENBERG, P.: Bodenkolloide, S. 4. Dresden und Leipzig: Steinkopff 1918. Siehe auch Wo. OSTWALD: Grundriß der Kolloidchemie, S. 85. Dresden 1909.

[3] Vgl. S. 217.

Atomen oder Molekülen zusammensetzt, reagiert mit den Molekülen oder Ionen der adsorbierten Materie, sondern nur die Oberflächenmoleküle und Ionen nehmen an der Umsetzung teil. Erst bei maximaler Zerteilung der dispersen Phase in Ione oder Moleküle haben wir es mit chemischen Reaktionen im alten, bekannten Sinne zu tun, wo das Gesetz der konstanten Proportion strenge Gültigkeit hat. In vielen Fällen scheint der chemischen Sorption physikalische Oberflächenverdichtung vorauszugehen.

Nun gibt es auch eine sog. Austauschadsorption. Bei dieser wird ein an der Oberfläche gebundenes Teilchen, Molekül oder Ion sekundär durch ein anderes ersetzt, während das erstere aus der Grenzfläche entweicht. Die austauschfähigen Moleküle usw. können rein physikalisch, physikalisch-chemisch oder rein chemisch gebunden werden. Der erste Fall liegt bei einem in Wasser eingetauchten, lufthaltigen Gel vor. Das adsorbierte Gas wird durch Wassermoleküle ersetzt; das erstere entweicht. Mit Zsigmondy[1] kann man ferner noch von einer elektrischen Sorption sprechen.

Bei Körpern poröser Beschaffenheit, die also neben der äußeren noch eine große innere Oberfläche haben und von feinsten Kanälen durchzogen sind, wirkt nicht nur die Gesamtoberfläche, sondern in den Kapillaren noch die Oberflächenspannung. Infolgedessen füllen sich die Hohlräume mit Flüssigkeiten. Gase und Dämpfe werden verdichtet. In solchen Fällen ist es unmöglich, festzustellen, inwieweit die Oberflächenwirkung und die Kapillarwirkung quantitativ an den Konzentrationsverschiebungen in den Kapillaren der Gele beteiligt sind.

Die Einteilung der Grenzflächenerscheinungen nach den angeführten Gesichtspunkten ist theoretisch verhältnismäßig einfach, ungleich schwieriger ist es aber, im Einzelfall zu entscheiden, welcher Art die Konzentrationsverschiebung in der Grenzfläche nun ist, ob sie als reine physikalische Adsorption anzusprechen ist oder ob eine chemische Bindung vorliegt. Wo die disperse Phase Basen- oder Säurecharakter zeigt, wird man ohne Zwang der letzteren den Vorzug geben. Die Bindung von Basen sowie Kationen aus den Salzen von starken Basen mit schwachen Säuren durch das Kieselsäuregel ist deshalb mit Recht als Chemosorption anzusehen.

Früher pflegte man die Adsorptionsisotherme zur Unterscheidung zwischen Adsorption, Chemosorption und Absorption bzw. fester Lösung zu benutzen.

Der quantitative Verlauf der Aufnahme von Stoffen in Abhängigkeit von der Endkonzentration der Lösung läßt sich annähernd durch die Freundlichsche Adsorptionsisotherme ausdrücken:

$$\frac{x}{m} = \alpha \cdot c^{\frac{1}{n}}.$$

Hierin bedeutet $\frac{x}{m}$ die adsorbierte Menge gelösten Stoffes, bezogen auf die Mengeneinheit des Adsorbens, α und $\frac{1}{n}$ sind Konstanten, die von der Natur der beteiligten Substanzen abhängig sind, c bedeutet die Endkonzentration der Lösung. Zsigmondy[2] betont mit Recht, daß sie eine recht schmiegsame Interpolationsformel mit zwei Koeffizienten darstellt, und daß daher ihre Auswertung für die Unterscheidung der verschiedenen Adsorptionserscheinungen begrenzt ist.

Wird die Adsorptionsisotherme logarithmiert, so erhält man

$$\log \frac{x}{m} = \frac{1}{n} \log c + \log \alpha.$$

[1] Zsigmondy, R., a. a. O., S. 88f.
[2] Zsigmondy, R., a. a. O., S. 90f.

Diese Formel ist eine Gleichung ersten Grades. Man muß daher eine gerade Linie erhalten, wenn die Logarithmen von c auf der Abszisse, die Logarithmen von $\frac{x}{m}$ auf der Ordinate aufgetragen werden. Falls sich eine solche gerade Linie z. B. bei der Eintragung auf Logarithmenpapier ergibt, folgt der Vorgang der Adsorptionsisotherme.

W. Mecklenburg[1] definiert als Adsorption eine nicht nur von der Natur, sondern auch von der Größe der Grenzfläche abhängige Verteilung eines Stoffes zwischen zwei Phasen. Die Feststellung einer affinen Kurve[2] ist als Beweis für Adsorption im Sinne Mecklenburgs anzusehen. Als affine Adsorptionskurven bezeichnet Mecklenburg solche Kurven, von denen die eine (die abgeleitete) aus der anderen (der Einheitskurve) durch Multiplikation der Ordinaten mit dem Faktor f hervorgeht. f ist die Konstante der abgeleiteten Kurve. Allerdings läßt sich mit ihrer Hilfe noch nicht feststellen, ob der Vorgang eine rein physikalische Oberflächenverdichtung oder eine chemische Reaktion darstellt.

Als Adsorbens kommen beim Boden massige Teilchen mit äußerer Oberfläche und poröse Stoffe mit äußerer und innerer Oberfläche vor. Bei letzteren liegen, wie bereits früher auseinandergesetzt wurde, die Verhältnisse sehr verwickelt, weil neben der reinen Oberflächenbindung Kapillarwirkung bei der Adsorption ebenfalls eine große Rolle spielt.

Da im Boden als Adsorbens nur feste Stoffe vorhanden sind, sollen im folgenden die nichtfesten dispersen Phasen unberücksichtigt bleiben.

Zur Adsorption bzw. Sorption können gelangen:

1. Gase und Dämpfe,
2. Flüssigkeiten,
3. kristalloidgelöste Stoffe,
4. Kolloide.

Adsorption von Gasen und Dämpfen. Feste Körper aller Art adsorbieren an der Oberfläche Gas, und zwar findet dabei eine Verdichtung des letzteren statt. Daher lassen sich diese Gase nur schwierig entfernen. Die Größe der Adsorption hängt von der Art und der Oberfläche des Adsorbens, vor allem aber von der Verdichtbarkeit des Gases ab. Stoffe, wie Holzkohle, Meerschaum, Kieselsäuregel, vermögen erhebliche Gasmengen zu binden. Das Adsorptionsgleichgewicht wird meist in mehreren Sekunden oder höchstens Minuten erreicht. Erfolgt die Bindung des Gases nicht so schnell, kommen vermutlich andere Gründe für die Oberflächenverdichtung, wie Lösung des Gases im Innern des Stoffes oder chemische Bindung, in Frage. Die Adsorption nimmt meist mit steigender Temperatur ab, wohl eine Folge des Rückganges der Oberflächenspannung bei steigender Temperatur. Selbstverständlich kann die Verdichtung der Gase an der Grenzfläche auch durch Anziehung durch die Moleküle des Adsorbens verursacht sein.

Langmuir[3] z. B. sieht die Adsorption als eine Folge der Wirkung von sog. Restvalenzen an, infolgedessen sich das Gas in einer Schichthöhe von einem Molekül auf der Oberfläche verdichtet. Andere Forscher, wie Polanyi[4] nehmen die Anlagerung der Moleküle in mehreren Lagen an. Im Boden werden vermutlich Ammoniak und Kohlensäure besonders der Adsorption unterliegen.

[1] Mecklenburg, W.: Z. physik. Chem. 83, 609 (1913).
[2] Zsigmondy, R., a. a. O. S. 92.
[3] Langmuir: Journ. roy. Soc. Edinb. 38, 23 (1918); 39, 48 (1919).
[4] Polanyi: Ber. d. deutsch. Physik. Ges. 16, 1012 (1914); 18, 55 (1916); Z. Elektrochem. 26, 370 (1920).

Liegt ein Gasgemisch vor, so wird das stärker adsorbierbare Gas auch stärker gebunden als das weniger stark adsorbierbare. Beide werden aber schwächer an der Oberfläche des festen Stoffes verdichtet als wenn sie bei gleichem Partialdruck in reinem Zustand vorhanden wären. Ein stark adsorbierbares Gas vermag daher ein anderes, das weniger fest gebunden wird, in der Grenzfläche zu verdrängen. Diese Gesetzmäßigkeit gilt übrigens auch für andere Stoffe. Eine große Rolle spielt die Gasadsorption bei der Unbenetzbarkeit der Böden. Während bis in die neuere Zeit verschiedene Forscher Harzüberzüge zur Erklärung dieser Erscheinung angenommen haben, ist nach den Untersuchungen von PAUL EHRENBERG und K. SCHULTZE[1] die Adsorption von Luft die tatsächliche Ursache der Unbenetzbarkeit stark ausgetrockneter Böden. Infolge der Austrocknung wird Luft adsorbiert und an der Oberfläche der Teilchen stark verdichtet. Die Bodenteilchen nehmen dann selbst bei schweren Regengüssen kaum Wasser wieder an. Erst ein Ersatz der Lufthüllen durch solche von Wasserdampf beseitigt die Unbenetzbarkeit. Der ungesättigte Wasserdampf vermag infolge seiner starken Adsorbierbarkeit die Luft leicht zu verdrängen. An der Oberfläche wird er dann infolge der Anziehungskräfte oder der Oberflächenspannung zu flüssigem Wasser verdichtet.

Adsorption von Flüssigkeiten. Als flüssige Phase ist ausschließlich Wasser im Boden vorhanden. Auf Grund der Erfahrungen müssen wir annehmen, daß sich um die festen Teilchen eines Systems fest-flüssig eine Schicht verdichteten Wassers legt. Es zeigen daher auch trockene Stoffe mit großer Oberfläche beim Befeuchten mit Wasser eine sog. Benetzungswärme. E. A. MITSCHERLICH[2] hat diese zur Beurteilung der Böden benutzt. Die Annahme von Wasserhüllen um die Teilchen wird auch dadurch gestützt, daß neueren Untersuchungen nach die Auflösung aller Stoffe, vor allem die der Elektrolyte, durch die Bindung von Wassermolekülen eingeleitet bzw. verursacht wird. Die Zahl der assoziierten Moleküle muß recht groß sein, so daß man eigentlich nicht mehr von Hydratation sprechen kann. Auch die Ionen sind mit Wassermolekülen vereinigt.

Die Adsorption von Wasser durch die festen Teilchen kann verschiedene Ursachen haben. Die Oberflächenspannung ist nicht das allein mögliche Energiepotential. Chemische und elektrische Potentialunterschiede sind ebenfalls an der Entstehung von Wasserhüllen oder Wasseranlagerungen beteiligt. Diese Wasserhüllen sind wahrscheinlich auch die Träger der elektrischen Doppelschicht. Bei den hydrophilen Kolloiden beruht die Quellung, Auflösung und die Beständigkeit auf der Ausbildung solcher Hüllen. Die Dicke derselben wie auch die Festigkeit der Bindung wechselt bei den verschiedenen Kolloiden.

Die obengenannten Kolloide (z. B. Gelatine, Eiweiß) halten das Wasser außerordentlich fest im Gegensatz zu den hydrophoben Kolloiden. Aber auch bei denselben Kolloidteilchen kann die Stärke der Wasserhülle schwanken, je nach dem Grade der elektrischen Ladung. Verstärkte elektrische Aufladung bedingt Vermehrung des gebundenen Wassers. Im einzelnen muß zwischen massigen und porösen festen Teilchen unterschieden werden. Denn bei den letzteren ist noch die Kapillarwirkung als wasserbindender Umstand zu berücksichtigen.

Die Quellung ist eine Folge der Aufnahme von Wasser durch die festen Teilchen. Da bereits an anderer Stelle Näheres über sie mitgeteilt ist[3], können hier weitere Ausführungen unterbleiben. Es mag nur noch erwähnt werden, daß neueren Untersuchungen von J. R. KATZ[4] nach das Wasser sich zwischen die Teilchen infolge Molekularattraktion intermizellar einlagert und so die Abstände

---

[1] EHRENBERG, PAUL, und K. SCHULTZE: Kolloid. Z. 15, 183 f. (1914).
[2] MITSCHERLICH, E. A.: J. Landw. 46, 255.
[3] Siehe S. 219.　　[4] KATZ, J. R., a. a. O.

der Teilchen voneinander vergrößert. Die Teilchen der festen Phase erleiden selbst keine Veränderung. Wohl bilden sich Wasserhüllen um die Teilchen aus, ein Eindringen des Wassers in das Innere der letzteren scheint jedoch nicht stattzufinden.

Adsorption von kristalloidgelösten Stoffen. Unter den kristalloidgelösten Stoffen finden sich solche, die überhaupt nicht in wässeriger Lösung ionisiert sind, und solche, die zu einem geringeren oder größeren Teil in Ionen aufgespalten sind. Bei den ersteren liegen die Verhältnisse insofern einfach, als sie meist entsprechend der Gibbsschen Regel negativ oder positiv adsorbiert werden. Diese Regel sagt, daß Stoffe, welche die Oberflächenspannung erniedrigen, positiv, solche, welche sie erhöhen, negativ adsorbiert werden. Selbstverständlich unterliegen die Elektrolyte ebenfalls der Adsorption infolge der Wirkung der Oberflächenspannung, sofern dadurch die Oberflächenspannung beeinflußt wird. Allerdings ist die Gültigkeit der Gibbsschen Regel für feste Stoffe noch nicht bewiesen, weil die Oberflächenspannung bei diesen noch nicht bestimmt ist. Daß sie aber tatsächlich vorhanden ist, ergibt sich u. a. daraus, daß kleinere Kristalle eine größere Löslichkeit und einen größeren Dampfdruck zeigen als größere. Es ist bereits früher erwähnt, daß außer der Oberflächenspannung noch andere Energiepotentiale, z. B. chemische und elektrische, die Adsorption verursachen.

Im folgenden soll die Adsorption der Elektrolyte einer eingehenden Betrachtung unterzogen werden, weil sie für Bodenbildungsvorgänge und Strukturveränderungen der Böden von größter Bedeutung ist.

Da die Elektrolyte in wässeriger Lösung in die Ionen dissoziieren, haben wir es eigentlich mit der Adsorption mehrerer Stoffe zu tun, nämlich der Kationen, Anionen und der nichtdissoziierten Moleküle.

Wir können mit Michaelis[1] Äquivalentadsorption und Basenaustauschadsorption unterscheiden.

Bei ersterer werden die Kationen und Anionen durch das Adsorbens in äquivalentem Verhältnis gebunden. Das folgende, von Michaelis und Rona[2] bei Versuchen an Kohle erhaltene Ergebnis zeigt dies anschaulich.

Die Adsorptionsfähigkeit eines Elektrolyten setzt sich additiv aus der der Kationen und Anionen zusammen (Michaelis[3]). Adsorptionsversuche mit verschiedenen Salzen eines Kat-

	Adsorbierte Äquivalente in mg	
	Kation	Anion
NH_4Cl	0,0935	0,0925
$(NH_4)_2SO_4$ . . .	0,0933	0,0935
KCl	0,0980	0,0973
$CuSO_4$	0,0783	0,0760

ions, z. B. NaCl, $NaNO_3$ usw., geben nämlich gewisse Unterschiede in der Adsorption. Die gleichen Salze eines anderen Kations, z. B. des Kaliumions, liefern wohl zahlenmäßig andere Werte, aber die Unterschiede zwischen den einzelnen Werten treten auch in dieser Reihe in demselben Maße auf wie in der Natriumsalzreihe.

Michaelis stellt auf Grund seiner Versuche an Kohle folgende Reihen für die Kationen und Anionen gemäß ihrer Adsorbierbarkeit auf[4]:

$$\left.\begin{array}{l} Na \\ K \\ NH_4 \end{array}\right\} < Ca < Mg < Al,\ Cu \Big\langle {\begin{array}{l} H \\ \\ Ag \end{array}}$$

$$SO_4 < Cl < Br < J < CNS < OH.$$

Die H- und OH-Ionen unterliegen also der stärksten Bindung.

Um Mißverständnisse zu vermeiden, sei bemerkt, daß selbstverständlich aus elektrostatischen Gründen ein Adsorbens niemals die eine Ionenart allein adsor-

---

[1] Michaelis, L., a. a. O. S. 209.
[2] Michaelis und Rona: Biochem. Z. 94, 240 (1919); 97, 85 (1919).
[3] Michaelis, L., a. a. O., S. 201.   [4] Michaelis, L, a. a. O., S. 202.

bieren kann, sondern nur die gesamte Verbindung. Die Adsorption z. B. der H-Ionen geht deshalb nicht bis zu dem tatsächlichen Gleichgewicht, weil sie von den zugehörigen weniger absorbierbaren Anionen in der Lösung zurückgehalten werden. Auf der andern Seite werden mehr Anionen an die Oberfläche des Adsorbens geschleppt als ihrer Adsorptionsfähigkeit entspricht. Das experimentell gefundene Gleichgewicht ist also eine Resultante aus den Adsorptionsgleichgewichten der beiden Ionen. Durch Zusatz von Elektrolyten, welche die Gegenwirkung der Anionen aufheben, kann man das wahre Gleichgewicht für die H-Ionen finden. In ähnlicher Weise wird für NaOH durch Zugabe von NaCl das tatsächliche Adsorptionsgleichgewicht (MICHAELIS[1]) festgestellt. Die Kohle ist nun ein Stoff, der nach allgemeiner Auffassung chemisch indifferent ist. Es ist deshalb von Interesse, Näheres über das Verhalten von Stoffen Elektrolyten gegenüber zu erfahren, die als Säure bzw. Base aufgefaßt werden können, z. B. Kieselsäure und Eisenhydroxyd. Hier steht der Annahme nichts im Wege, daß die Adsorption ein chemischer Vorgang ist, indem sich eine Verbindung auf der Oberfläche der festen Teilchen bildet. Bei der Einwirkung von $Ca(OH)_2$ oder $CaH_2(CO_3)_2$ auf Kieselsäuregel bildet sich auf der Oberfläche der Kieselsäureteilchen bzw. auch in den Kapillaren derselben schwer lösliches Kalziumsilikat. Das Kalziumbikarbonat erfährt dabei eine Zersetzung unter Abgabe der Kohlensäure. Ebenso verhält sich Kieselsäure oder ein entbaster Permutit einer Natriumazetatlösung gegenüber. Aus dem essigsauren Natrium entzieht die Kieselsäure das Natrium unter Bildung von kieselsaurem Natrium. Essigsäure wird in entsprechender Menge frei. In den beiden letzteren Fällen handelt es sich um die Zersetzung eines hydrolytisch gespaltenen Salzes[2]. Nach den Versuchen VAN BEMMELENs und H. KAPPENs[3] ist sogar Mangansuperoxyd sowie auch Humussäure imstande, Neutralsalze, also Salze von starken Säuren mit starken Basen, unter Bindung der Base und Bildung von Humaten und Manganiten und Freiwerden einer entsprechenden Menge Säure zu zersetzen. H. KAPPEN[4] ist der Anschauung, daß die durch die Gegenwart der Salze erhöhte Adsorption der OH-Ionen die Umsetzung einleitet. Mit den OH-Ionen werden die zugehörigen Kationen an die Grenzfläche geschleppt. Hier geht dann die Adsorption bald in die chemische Bindung unter Bildung von Humaten und Manganiten über. Natürlich kann eine solche Bindung nicht als Äquivalentadsorption bezeichnet werden, da ja Anionen und Kationen nicht im äquivalenten Verhältnis adsorbiert werden.

Wo das Adsorbens und das vorzugsweise adsorbierbare Ion entgegengesetzt geladen sind, kann die Adsorption auch unter dem Gesichtspunkte des elektrischen Potentials betrachtet werden.

Wenn auch aus elektrostatischen Gründen niemals eine Ionenart allein adsorbiert werden kann, wird sehr oft doch das eine Ion stärker adsorbiert als das andere. Es kommt dann zur Entstehung einer elektrischen Doppelschicht, die adsorbierenden Teilchen laden sich gegen das Dispersionsmittel auf. An der Grenzfläche bestehen dann zwei Schichten freier Elektrizität, eine positive und eine negative. Die eine bildet ein dem festen Stoff anhaftender Beleg, die andere befindet sich in dem flüssigen Medium (der Flüssigkeitshülle[5]).

Ein elektrischer Potentialsprung kann auch dadurch zustande kommen, daß sich oberflächlich eine chemische Verbindung bildet, deren weniger stark gebundenen Ionen abdissoziieren. Dadurch wird die disperse Phase entgegengesetzt

---

[1] MICHAELIS, L., a. a. O., S. 203.   [2] Siehe S. 202.
[3] VAN BEMMELEN: Journ. f. prakt. Chem. **23**, 324 u. 379. — KAPPEN, H., u. W. HÜMMELCHEN: Z. f. Pflanzenernähr. u. Düng. A. **1924**, 289f.
[4] KAPPEN, H.: Z. f. Pflanzenernähr. u. Düng. A. **1924**, 217.
[5] Vgl. auch S. 209.

aufgeladen. Nehmen wir z. B. einmal an, daß an der Oberfläche der Kiesel-säureteilchen sich in Spuren SiO_3H_2 vorfindet, die unlöslich ist und auch keine Wasserstoffionen abspaltet. Lassen wir nun auf die Teilchen NaOH einwirken, bildet die Metakieselsäure (SiO_3H_2) mit den Na-Ionen SiO_3Na_2. Dieses Salz dissoziiert nun Na-Ionen ab, und damit werden die Teilchen negativ aufgeladen. Peptisation ist die Folge.

$$\boxed{SiO_2}\,SiO_3H_2 + 2\,OH' + 2\,Na^{\cdot} = \boxed{SiO_2}\,SiO_3'' + 2\,Na^{\cdot} + 2\,H_2O\,.$$

Schließlich unterscheidet Michaelis noch eine polare und apolare Adsorption. Zu letzterer ist die Adsorption von Nichtelektrolyten und schwachen Elektrolyten zu rechnen, dann ferner die Äquivalentadsorption stark dissozi-ierter Elekrolyte durch Kohle. Polare Adsorption liegt dann vor, wenn die Kationen und Anionen nicht aquivalent gebunden sind.

Wir müssen annehmen, daß im Boden Adsorption bzw. Chemosorption von Elektrolyten und Ionen eine große Rolle spielen und u. a. Strukturveränderungen bedingen. Durch vorwiegende Adsorption einer Ionenart oder durch Ionisierung der Teilchenoberfläche erfolgen Aufladungen der Bodenteilchen, die eine Ver-schlechterung der Bodenstruktur bedingen. Umgekehrt können durch Bildung nichtdissoziierfähiger Oberflächenverbindungen oder durch Zurückdrängung der Dissoziation abgespaltener Ionen Potentialsprünge der festen Phase gegen die flüssige verschwinden mit der Wirkung, daß die Bodenstruktur sich verbessert. Hierbei muß nochmals betont werden, daß Veränderungen der Zerteilung nicht nur beim Sol, sondern auch beim Hydrogel bzw. Gel auftreten[1].

Da im Boden bzw. der Bodenlösung Hydrosole kaum vorhanden sind, können die Strukturveränderungen der Böden nur durch Änderung der Zertei-lung der vorhandenen Flocken, Krümel, Gele usw. verursacht sein[2].

Ein sinnfälliges Beispiel hierfür sei mitgeteilt. Bei Versuchen des Verfassers über die Adsorption von $Ca(OH)_2$ durch gefälltes Eisenhydroxyd wurde immer wieder die Beobachtung gemacht, daß trotz augenscheinlich gleicher Beschaffen-heit der unbehandelten und mit Kalkwasser behandelten Eisenhydroxydflocken die ersteren sich kaum absaugen ließen, während die letzteren infolge grö-berer Struktur der Flocken beim Absaugen kaum Schwierigkeiten verursachten. Die fest adsorbierten Ca-Ionen sind natürlich die Ursache für die körnige Be-schaffenheit der mit Kalkwasser behandelten Flocken. Die Ca-Ionen haben die Zerteilung des bereits mit Ammoniak gefällten Eisenhydroxydes weiter ver-ringert. Wahrscheinlich ist übrigens auch, daß der Dispersitätsgrad des gefällten Eisenhydroxydes durch die Behandlung mit reinem Wasser infolge Ionenabdisso-ziation sich gleichzeitig wieder erhöht hat. — Über die Adsorption der ver-schiedenen Ionen durch Bodenbestandteile sei kurz folgendes mitgeteilt: Die positiven Wasserstoff- und Schwermetallionen werden sehr stark adsorbiert und wirken daher auf die negativen Tonteilchen fällend. Von den hydrolytisch ge-spaltenen Eisen- und Aluminiumsalzen scheinen nach den Kappenschen[3] Ver-suchen weniger die Ionen als die kolloiden Oxydteilchen adsorbiert zu werden. Am schwächsten ist die Bindung der einwertigen Alkaliionen, besonders der Na-triumionen. Die negativen OH-Ionen unterliegen einer sehr starken Adsorption. Daher ihr großer Einfluß auf die Zerteilung und die Struktur des Bodens. Die organischen Anionen werden mit steigendem Atomgewicht in zunehmendem Maße gebunden und wirken daher ebenfalls peptisierend. So wirkt nach den Versuchen H. Kappens zitronensaures Eisen nicht mehr fällend auf Tontrübungen ein.

---

[1] Siehe auch G. Hager: Bodenstruktur u. Kolloidchemie, Z. f. Pflanzenernähr. u. Düng. Jg. 2, Teil A. S. 292.
[2] Vgl. S. 214.   [3] Kappen, H.: Landw. Vers. 88, 29 (1916).

Von größter Bedeutung für die Böden ist ebenfalls die **Austauschadsorption**. Auch diese Art der Adsorption kann physikalische und chemische Ursachen haben. Das Wesen dieser Austauschadsorption ist, daß Stoffe, die mit fremden Molekülen oder Ionen auf der äußeren und inneren Oberfläche bedeckt sind, diese durch andere Moleküle und Ionen bestimmter Art auszutauschen vermögen. Die in der Natur vorkommenden kristallisierten Zeolithe, ferner die Permutite, welche durch Zusammenschmelzen von Quarz, Kaolin und Alkalikarbonat und Auswaschen der Schmelze hergestellt werden, sowie die zeolithähnlichen Verbindungen des Bodens zeigen u. a. die Austauschadsorption in charakteristischer Weise. Der Austausch erfolgt schnell und im äquivalenten Verhältnis. Läßt man z. B. auf einen feinerdereichen Boden eine Chlorkaliumlösung einwirken, so wird ein Teil des Kalis vom Boden adsorbiert und andere Basen, vorwiegend Kalk, gehen in äquivalenten Mengen in Lösung. Nach den Versuchen G. WIEGNERS[1] erfolgt die Adsorption gemäß der FREUNDLICHschen Adsorptionsisotherme $\frac{x}{m} = \alpha \cdot c^{\frac{1}{n}}$.

Damit ist auf Grund des früher Gesagten noch nicht entschieden, in welcher Art die austauschfähigen Kationen nun gebunden sind. Auffallend ist, daß diese Stoffe, die von FREUNDLICH Permutoide genannt sind, bei Ersatz der Kationen durch andere ihre Eigenschaften kaum ändern. So z. B. bleibt die Form erhalten. Der Träger des Basenaustausches (eine wasserhaltige Verbindung von Kieselsäure und Tonerde), nimmt an der Reaktion überhaupt nicht Teil. Man muß, um die starke Reaktionsfähigkeit dieser Stoffe zu verstehen, annehmen, daß die Kationen in irgendeiner Weise ionisiert sind. Nach den Versuchen von HISSINK[2] sind die Kationen in den austauschfähigen Stoffen des Bodens und den Permutiten in folgender Reihenfolge gebunden:

$$Mg > Ca > NH_3 > K > Na.$$

Auch Schwermetalle werden auf dem Wege des Basenaustausches gebunden, ferner organische Basen, wie Strychnin, Nikotin usw.

Ein für die Bodenkunde und die landwirtschaftliche Praxis sehr wichtiger Spezialfall der Austauschadsorption ist die **Basenaustauschazidität** (H. KAPPEN). Da sie an anderer Stelle dieses Handbuches eingehend zur Behandlung gelangt, sei an dieser Stelle nur so weit darauf eingegangen, als es im Rahmen dieses Kapitels notwendig ist. Gewisse sauer reagierende Böden liefern bei der Behandlung mit Neutralsalzlösung, z. B. KCl, eine Lösung, die Aluminiumsalze z. B. $AlCl_3$, enthält. Da die Salze dieser Base hydrolytisch gespalten sind[3], reagiert die Flüssigkeit infolge Vorhandenseins freier Salzsäure sauer. Ein Bruchteil des Salzes ist im Aluminiumhydroxyd und Säure zerfallen. Während nun H. KAPPEN[4] und mit ihm der Verfasser annehmen, daß solche basenaustauschsauren Böden adsorbierte Aluminiumionen in austauschfähiger Form enthalten, die also jederzeit durch andere Kationen ersetzt werden können, sind andere Forscher der Ansicht, daß diese Böden nur austauschbare H-Ionen enthalten. Bei der Einwirkung von Neutralsalzen werden sie ausgetauscht. Es bildet sich also in der Lösung freie Säure, die se kundär neben anderen Basen auch Aluminium und Eisen aus dem Boden löst.

---

[1] WIEGNER, G.: Zum Basenaustausch in der Ackererde, Journ. f. Landw. **60**, 111 f. (1912).

[2] HISSINK, J. D.: Beiträge zur Kenntnis der Adsorptionserscheinungen im Boden. Chem. Weekblad **16**, 1128 (1919); Internat. Mitt. f. Bodenkde **10**, 20 (1920).

[3] Vgl. S. 202.

[4] KAPPEN, H.: Landw. Vers. **88**, 13 f.; **89**, 39 f.; **96**, 277 f.; **99**, 191 f; Z. f. Pflanzenernähr. u. Düng. A. **3**, 209; **7**, 174; **8**, 345. — Nach einem Vortrag auf dem Kongreß der Naturforscher u. Ärzte, Sept. 1928 in Hamburg ist es H. KAPPEN gelungen, den Beweis zu erbringen, daß auch Wasserstoffionenaustausch im Boden erfolgt.

3. Die geologisch wirksamen Kräfte für die Aufbereitung des Gesteinsmaterials.

a) Die Tätigkeit des fließenden Wassers.

Von L. RÜGER, Heidelberg.

Mit 4 Abbildungen.

Bei dem Begriff „fließendes" Wasser denkt man in erster Linie an oberirdische Wasserläufe. Wasserströmungen kommen auch in marinen Räumen (Meeresströmungen) und innerhalb der Gesteine (Grundwasserströmungen) zustande; sie scheiden jedoch für die weitere Betrachtung aus.

Die geologische Auswirkung des fließenden Wassers besteht in Zerstörung und Aufschüttung. Das Verbindende ist der Transport. Neben den Massenbewegungen kommt dem Massentransport durch das Wasser die Hauptrolle für die Ausgestaltung des Landschaftsbildes zu.

1. Hydrodynamische Vorbemerkungen.

Die Wasserbewegung.

Die Bewegung des Wassers kann sich auf zwei Arten vollziehen: durch Fließen und durch Stürzen. Fließen ist jede Bewegung, die durch eine Wandung ganz oder teilweise begrenzt ist (Röhren, Kanäle). Bei dem Stürzen fehlt die Führung durch eine Wandung, die Wassermassen bewegen sich frei durch den Raum (Wasserfälle[1]).

Bei der Fließbewegung des Wassers unterscheidet die Hydrodynamik wiederum zwei verschiedene Bewegungsvorgänge. In einem Fall legt jedes Wasserteilchen auf kürzestem Wege die Laufstrecke zurück, die Bewegungslinien aller Teilchen sind untereinander parallel. Dies wird als gleitende Bewegung (= Laminarbewegung, = Parallelbewegung, = direktes Fließen) bezeichnet. Im anderen Falle beschreibt das Wasserteilchen gewundene, komplizierte Bahnen. Es ist das Strömen (= wirbelnde Bewegung, = pulsierende Bewegung). Ein beständiger, schneller und unregelmäßiger Geschwindigkeitswechsel ist die Folge („pulsierend"); die Bewegung ist ungleichmäßig, da sie in verschiedenen Querschnitten verschieden ist, und variabel, da die Komponenten der Geschwindigkeit von der Zeit abhängig sind.

Ein Gleiten findet vor allem in Röhren und Kanälen kapillarer Dimensionen statt und unterhalb einer bestimmten Geschwindigkeit („kritische" Geschwindigkeit). Nur in seltenen Fällen scheint ein Gleiten auch bei größeren Wasserläufen zeitweilig einzutreten, wie dies von REHBOCK[2] z. B. am Rio de la Plata im Bereich des Flutwassers angenommen wird. Im übrigen ist das Strömen, die turbulente Bewegung, die normale Bewegungsweise in den oberirdischen Wasserläufen.

Der Sprachgebrauch unterscheidet Flüsse und Bäche, eine Unterscheidung, die auch hydrodynamisch durchaus begründet ist. Die Unterscheidung ist aus dem Verhalten langer Wellen in dem fließenden Wasser ableitbar. Bedeutet g die Schwerkraftsbeschleunigung, p die Wassertiefe, so beträgt die Fortpflanzungsgeschwindigkeit langer Wellen $\sqrt{gp}$. Bezeichnet man Vm als die mittlere Geschwindigkeit des Wasserlaufes, so kann $Vm \lessgtr \sqrt{gp}$ sein. Ist $Vm > \sqrt{gp}$, so kann sich keine Welle vom Unterlauf dem Oberlauf mitteilen. Dies ist das Verhalten

---

[1] Vgl. TH. RÜMELIN: Wie bewegt sich fließendes Wasser? Dresden 1913.

[2] REHBOCK, TH.: Betrachtungen über Abfluß, Stau- und Walzenbildung bei fließenden Gewässern. Festschrift zur Feier des 60. Geburtstages des Großherzogs von Baden. Berlin 1917.

im Bach. Im umgekehrten Fall wird der Oberlauf von den Störungen beeinflußt, die im Unterlauf auftreten; dies ist in Flüssen der Fall. Der Fluß verlangsamt in Annäherung an ein Hindernis (z. B. bei einem Wehr) seine Geschwindigkeit, der Wasserspiegel hebt sich, die Tiefe nimmt zu. Das Hindernis wird gewaltlos gewonnen; dahinter bildet das Wasser stehende Wellen. Liegt in der Sohle eine Vertiefung, so bildet bei Flüssen die Wasseroberfläche eine Erhöhung; einer Erhöhung in der Sohle entspricht eine Vertiefung der Oberfläche.

Anders das Wasser des Baches. Es behält seine Geschwindigkeit bis unmittelbar an das Hindernis bei, welches keinerlei Beeinflussung strömungsaufwärts bewirkt. Die Wirkung tritt erst unmittelbar vor dem Hindernis ein, das Wasser wird zurückgeworfen, bildet lebhafte Wirbelbewegungen und überwindet unter stark sprudelnder Bewegung das Hindernis, um dahinter sofort normal weiterzufließen. Wo eine Vertiefung in der Sohle vorhanden ist, stellt sich beim Bach eine Vertiefung der Wasseroberfläche ein; einer Erhöhung auf der Sohle entspricht eine Erhöhung der Wasseroberfläche.

Eine besondere Art der wirbelnden Bewegung stellen die stationären Wirbel dar, die „Wasserwalzen"; ihre Erforschung ist ein hervorragendes Verdienst von

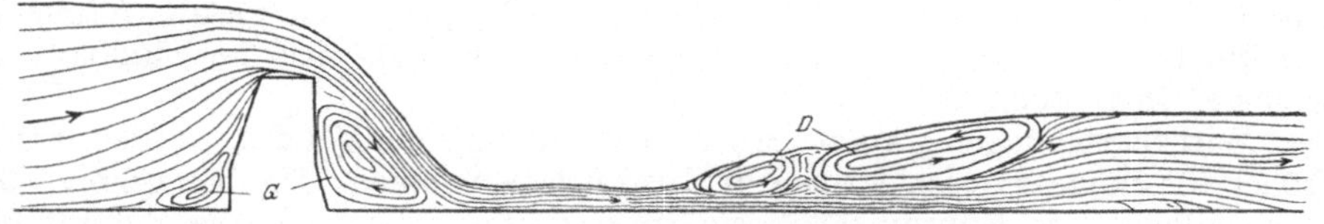

Abb. 20. Schematische Darstellung von Grund- (G) und Deckwalzen (D). (Nach REHBOCK.)

HOFBAUER und REHBOCK[1], die neue, wassertechnisch höchst bedeutsame Ergebnisse hatten. Da es sich um Vorgänge handelt, deren Arbeitsleistung auch geologisch von großer Bedeutung ist, wie SALOMON[2] in einem Referat (1926) nachdrücklich hervorhob, sei hier näher darauf eingegangen. Plötzliche Änderungen im Querschnitt oder den Tiefenverhältnissen des Wasserlaufes bedingen Ablösungen größerer Wassermassen aus dem Stromverband, in welchem nun die einzelnen Wasserteilchen eine rotierende Bewegung beginnen. Je nach den Verhältnissen kann die Achse, um welche die Bewegung stattfindet, ungefähr horizontal oder ungefähr vertikal sein. Als ein erstes Beispiel diene der Typus der „Grundwalze" (Abb. 20). Sowohl vor, besonders hinter dem Hindernis, liegt gewissermaßen ein „toter" Winkel, in dem die Wassermassen in rotierende Bewegung gesetzt werden. Sie drehen sich gleich einem oberflächlichen Mühlrad und können hierbei eine starke auskolkende Wirkung auf den Untergrund erzeugen, deren Bekämpfung ein wichtiges wasserbautechnisches Problem ist[3].

Als zweites Beispiel mögen die „Uferwalzen" dienen (Abb. 21), welche sich bei Querschnittsänderungen einstellen (plötzliche Erweiterung des Tales durch Zurücktreten der Ufer, Vorsprung von Felsmassen vom Ufer her, Inseln,

---

[1] REHBOCK, TH.: Die Wasserwalzen als Regler des Energiehaushaltes der Wasserläufe. Proc. of the intern. congr. for applied mechanics. 1925. — Die Bekämpfung der Sohlenauskolkung bei Wehren durch Zahnschwellen. Festschrift anläßlich des 100jährigen Bestehens der Techn. Hochschule Fridericiana zu Karlsruhe 1925. — Ferner REHBOCK, a. a. O. 1917. — HOFBAUER, R.: Ein Mittel zur Bekämpfung der Wirbelbewegung und Kolkbildung unterhalb Stauwehre. Z. d. österr. Ing. u. Architekten Ver. 1915.

[2] SALOMON, W.: Die Rehbockschen Wasserwalzen und ihre Bedeutung für die Erosion und Akkumulation. Geol. Rundsch. 17, 1926. Vgl. I. STINY: Technische Geologie, S. 435. Stuttgart 1922.

[3] REHBOCK, TH., a. a. O. 1925.

Kiesbänke usw.). Auch hierbei entstehen ebenfalls Räume mit „totem Wasser", dessen Teilchen sich in rotierender Bewegung befinden. Die Rotationsachse steht nun annähernd senkrecht. Die Uferwalze des rechten Ufers dreht sich im Sinne des Uhrzeigers, die des linken gerade entgegengesetzt. Wie Salomon (1926) mit Recht hervorhebt, hat man gerade in diesen Uferwalzen einen sehr wichtigen Faktor der Seitenerosion zu erblicken, welcher bisher noch nicht betont wurde. Solche Uferwalzen können ihrerseits „Nebenwalzen" erzeugen, deren Antrieb durch die Uferwalzen direkt erfolgt. Die Dimensionen der Uferwalzen nebst Nebenwalzen erreichen oft ganz beträchtliches Ausmaß, nach Rehbock bis mehrere Kilometer.

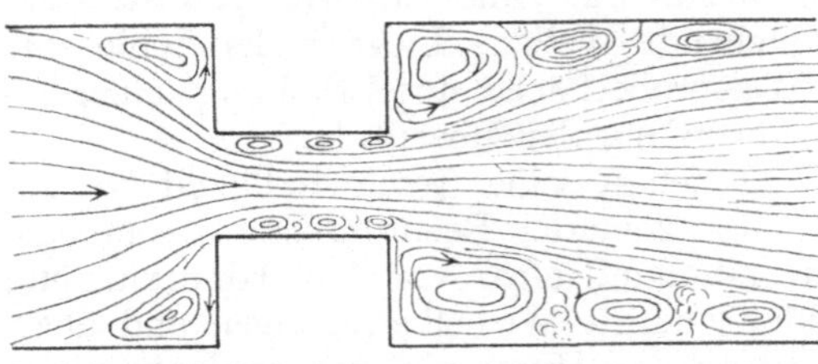

Abb. 21. Entwicklung von Uferwalzen bei Verengerung des Bettes. (Nach Rehbock.)

Ein Sonderfall der Wasserwalzen sind die „Deckwalzen" (Abb. 20). Es sind Zirkulationen über dem strömenden Wasser (daher „Deckwalzen"). Sie besitzen eine indirekte Bedeutung auch für geologische Vorgänge, da sie als Vernichter der kinetischen Energie von Bedeutung sind, was z. B. auch im Flußbau von höchster Bedeutung ist[1].

Wirbelströmungen stationärer Art, also im Sinne der Walzen, wurden bereits früher für einige Erosionsformen in Anspruch genommen. Hierher gehören die „tourbillons" von Brunhes[2]. Noch früher hatte E. Geinitz[3] die Bildung der Strudellöcher auf Kosten von stationären Wirbelbewegungen („Evorsion") gesetzt.

Von den Wasserwalzen sind die „Fließwirbel" zu unterscheiden: Wirbel nichtstationärer Art, welche mit der Fließrichtung abwandern.

Der Energiehaushalt.

Jedes Wasserteilchen in einem fließenden Gewässer besitzt potentielle und kinetische Energie. Die potentielle Energie ist das Produkt aus dem Gewicht des Wasserteilchens und seiner Höhe über dem Meeresspiegel: $m \cdot g \cdot h$ (m = Masse, g = Schwerkraftsbeschleunigung, h = Höhe). Bei der Einmündung in das Meer ist $h = 0$, die potentielle Energie also zu Ende. Die kinetische Energie (lebendige Kraft) beträgt $\frac{m\,v^2}{2}$, wobei v die augenblickliche Geschwindigkeit ist. Die Arbeitsleistung hängt von der Größe der kinetischen Energie ab; diese ist, wie man ersieht, von der Größe der sich bewegenden Masse und von der Geschwindigkeit abhängig. Die Umwandlung von potentieller in kinetische Energie oder umgekehrt tritt ein, wenn eine Beschleunigung bzw. Verzögerung des Fließens stattfindet (z. B. durch Erweiterung oder Verengerung des Querschnittes). Zudem findet die wasserbautechnisch sehr wichtige Umwandlung von kinetischer Energie zu Wärmeenergie statt, besonders durch die bremsende Wirkung von Deckwalzen[4]. Für die geologische Wirkung interessiert hier nur die Tatsache, daß auf diesem Wege große Mengen kinetischer Energie vernichtet werden und damit die Arbeitsleistung herabgesetzt wird.

---

[1] Siehe Rehbock 1925.
[2] Brunhes, B. u. I.: Les analogies des tourbillons atmosphériques et des tourbillons des cours d'eau etc. Annales de geographie 13 (1904).
[3] Geinitz, E.: Die Seen, Moore und Flußläufe Mecklenburgs. Güstrow 1886.
[4] Vgl. Rehbock: 1917 u. 1925.

Für den Transport des groben Festmaterials („Geschiebetrieb") ist die Stoßkraft des Wassers von Bedeutung[1]. Es beträgt die Stoßkraft S des fließenden
Wassers $\gamma \cdot h \cdot J$, wobei γ die Wasserdichte, h die Höhe der Wassersäule (über
einer Flächeneinheit der Sohle) und J das Gefälle des Spiegels ist. Es ist also
S eine der Sohle parallele Teilkraft, welche einen Körper — etwa ein Geröll —
zu bewegen sucht, der jedoch verschiedene Reibungswiderstände entgegenstehen,
die teils im Wasser selbst, vor allem aber in dem zu bewegenden Körper liegen.
Dieser „Sohlenwiderstand" muß überwunden werden, damit die Bewegung beginnt, es muß also die Stoßkraft S einen bestimmten Grenzwert erreichen.

Bei der vom Fluß transportierten Geschiebemenge unterscheidet man in der
Hydraulik je nach der Zeit zwischen „Geschiebetrieb" (pro Sekunde transportiert)
und der „Geschiebefracht" (transportiertes Material pro Monat oder Jahr).

Die Bewegungsart der Flußgeschiebe ist im einzelnen eine komplizierte.
Außer der angreifenden Wirkung des Wassers treten noch indirekte Impulse
infolge der Stoßwirkung anderer Geschiebe hinzu. Nach RUDZKI[2] stellt sich,
kinematisch betrachtet, „die Bewegung der einzelnen Körner als eine Kombination des Gleitens und Rollens" dar.

Die Gestaltung des transportierten Materials hängt neben den Transport-
faktoren von den petrographischen Eigenschaften des Gesteins ab. Hiervon hängt
auch die Geschiebeabnützung ab, welche schließlich zu Dimensionen führt, bei
welchen das Material sich schwebend im Wasser erhalten kann (der „Schweb").
Die Bewegungsart — Gleiten, Hüpfen, Rollen — bedingt naturgemäß eine starke
Abnützung und gibt damit die Grundlage zu der seigernden Wirkung fließender
Gewässer.

Ein Sonderfall des Geschiebetransportes liegt vor, wenn das Wasser an Geschieben gewissermaßen „gesättigt" ist, d. h. die Menge des Festmaterials die des
Wassers erreicht. In Form einer zähflüssigen Masse geht das Ganze zu Tal, es
sind die „Muren".

Die Geschwindigkeitsverteilung im fließenden Wasser.

Die innere Reibung bei den Flüssen, die Wand- und Sohlenreibung und die
Oberflächenreibung (gegen die Luft) bedingen in den fließenden Gewässern verschiedene Geschwindigkeiten. Die größte Geschwindigkeit — Stromlinie, dynamische Achse — liegt bei einem geraden Flußlauf von symmetrischem Querschnitt
in der Mitte über der tiefsten Stelle, und zwar etwa $^1/_3$ der Gesamttiefe unter der
Wasseroberfläche. Sie nimmt gegen die Sohle und die Wand ab. Verbindet man
die Punkte gleicher Geschwindigkeiten (verstanden ist hierbei stets die mittlere
Geschwindigkeit als Zeitmittel eines bestimmten Querschnittes, nicht die augenblickliche Geschwindigkeit), so folgen diese „Isotachen" etwa annähernd dem
Querschnitt.

Die Unebenheiten in der Bettgestaltung der Wasserläufe bedingen Verlagerungen der Stromlinie, aus der geradlinigen Bewegung wird eine krumm-
linige. Hierbei tritt eine Zentrifugalbeschleunigung ein, welche senkrecht auf die

---

[1] Vgl. A. PENCK: Morphologie der Erdoberfläche. Stuttgart 1894. — M. SINGER: Das
Rechnen mit Geschiebemengen. Z. f. Gewässerkunde 11 (1911). — A. SCHOKLITSCH: Über
Schleppkraft und Geschiebeführung. Leipzig 1914. — G. K. GILBERT: The transportation
of debris by running water. Geol. Surv. prof. paper 86 (1914). — F. SCHAFFERNACK: Neue
Grundlagen für die Berechnung der Geschiebeführung in Flußläufen. Leipzig und Wien
1922. — I. STINY: Die Muren. Innsbruck 1910, a. a. O. 1922; Randbemerkungen zur
Schurf- und Aufschüttungsfrage. Mittlgn. d. geol. Ges. Wien 16 (1923); Der „Schweb" der
Mur. (Steiermark.) · Z. f. Geomorphol. 1 (1925). — PH. FORCHHEIMER: Hydraulik. 2. Aufl.
Leipzig 1924.

[2] RUDZKI, M.: Physik der Erde. Leipzig 1911.

Bahntangente und parallel dem Krümmungsradius nach außen wirkt. Für das Flußbett bedeutet dies also, daß die Verlagerung der Stromlinie nach der konkaven Seite des Bettes erfolgt. Hier ist dann die Arbeitsleistung des Flusses am größten, die Ufer werden am stärksten unterwaschen und der Schutt weggeführt. Es entsteht der „Steilhang" = „Prallhang" im Gegensatz zu dem gegenüberliegenden „Flachhang" = „Gleithang", dem Gebiet der Aufschüttung.

Die Stromlinienverlagerung, im einzelnen durch zahlreiche Faktoren bestimmt, wie Widerstandsfähigkeit der Gesteine, deren Klüftung, eigene Aufschüttung u. a., ist die Hauptursache der Seitenerosion und damit der Bettverlegung. Der Fluß „mäandriert". Dem Wachsen der Windungen ist jedoch eine Grenze gesetzt, die Windungen gehen schließlich durch „Selbstmord" (Rudzki) zugrunde. Es beträgt die Zentrifugalbeschleunigung $\dfrac{v^2}{\varrho}$, wobei v die Geschwindigkeit, ϱ der Krümmungsradius der Bahn in einem Punkte bedeutet. Es soll der Fluß zunächst das Bogenstück bei b (Abb. 22) durchfließen. Der zugehörige Mittelpunkt dieses Bogenstückes ist 1. Die weiteren Bettverlagerungen sind durch die Punkte b^1, b^2 usw. gegeben, deren zugehörige Kreismittelpunkte 2, 3 usw. sind. Es nimmt der Krümmungsradius zunächst ab, bis der Krümmungsmittelpunkt bei 4 anlangt; bei weiterem Wachsen der Windung nimmt der Krümmungsradius jedoch wieder zu.

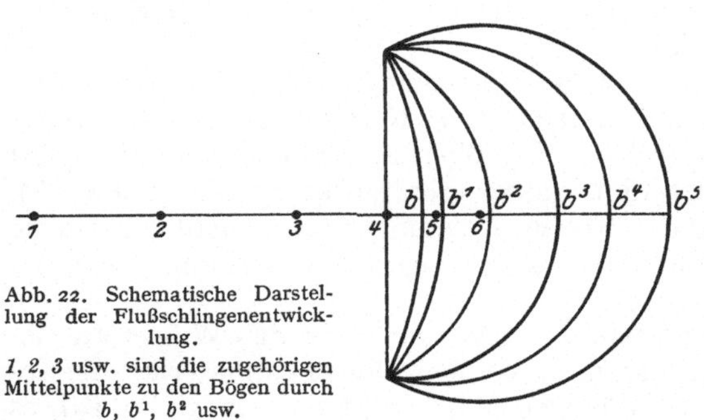

Abb. 22. Schematische Darstellung der Flußschlingenentwicklung.
1, 2, 3 usw. sind die zugehörigen Mittelpunkte zu den Bögen durch *b*, *b*¹, *b*² usw.

Es nimmt aber in dem Ausdruck $\dfrac{v^2}{\varrho}$ die Geschwindigkeit mit Vergrößerung der Laufstrecke — Krümmung — dauernd ab, d. h. die Zentrifugalkraft nimmt zunächst zu, erreicht ein Maximum (bereits bevor der Krümmungsradius ein Minimum erreicht) und nimmt dann beständig ab. Die Folge ist, daß die Stromlinie damit keinen Impuls mehr besitzt, der sie nach der konkaven Bettseite verlagert. Die größte Arbeit liegt nun da, wo der Fluß nach der Krümmung abbiegt. Hier geht die Erosionsarbeit der Stromlinie weiter, die Sekante wird also immer verkleinert, bis schließlich die Schlinge abgeschnitten ist: die bisherige Windung wird zum „Altwasser"[1].

Zeiten von Hochwasser erzwingen oft sehr rasch Verlagerungen von Flußbetten. Der „Pendelbereich" der Flüsse kann daher in geeigneten Gebieten oft Areale von mehreren 1000 km² betragen. Als bekanntestes Beispiel von riesigen Flußverlagerungen dient der Hoangho, welcher seine Mündung im Laufe der historischen Zeit um 700 km verlegte. Zwischen 1875 und 1887 bildete der gleiche Fluß ein neues Bett von etwa 1300 km Länge[2].

Als fossiles Beispiel der arealen Auswirkung von Flußaufschüttungen könnte der Buntsandstein gelten, dessen Material mindestens zum großen Teil vom Flusse verfrachtet und ausgebreitet wurde.

---

[1] Weitere Literatur siehe O. Baschin: Die Entstehung der Flußmäander. Pet. Mitt. 1916.

[2] Weitere Beispiele siehe bei B. Doss: Über einen bemerkenswerten Fall von Erosion durch Stauhochwasser usw. Z. d. D. geol. Ges. 54 (1902); und L. N. Morscher: Corrading action of river water during high floods. Kansas University geol. surv. Min. res. for 1902. 1904.

Krustenbewegung und Erosion.

Das Ende jeder Erosions- und Transporttätigkeit ist durch den Meeresspiegel gegeben. Er ist die allgemeine Erosionsbasis für sämtliche fließende Gewässer. Jedes Einzelgewässer besitzt aber außerdem seine eigene lokale Erosionsbasis. Würde die Höhendifferenz zwischen Quelle und Erosionsbasis stets gleichbleiben, so würde das Einschneiden des Flusses schließlich einen Moment erreichen, bei welchem gerade noch genügend Gefälle vorhanden ist, damit das Wasser abfließt, jedoch keinerlei Arbeit verrichten kann: die „Erosionsterminante" ist erreicht[1]. Eine Neubelebung der erosiven Tätigkeit kann erst dann wieder eintreten, wenn durch tektonische Bewegung das Gefälle vergrößert wird. In Wirklichkeit ist die Erreichung der Erosionsterminante und noch vielmehr ein längeres Verbleiben in dem Gleichgewichtszustand sehr selten. Es sind daher die Krustenbewegungen letzten Endes die Ursache für alle erosive Tätigkeit; die mannigfaltige, oft intensive Interferenz zwischen erosiver Tätigkeit und Krustenbewegungen bedingt schließlich den Formschatz der Erdoberfläche[2].

2. Die geologischen Auswirkungen des fließenden Wassers.

Es handelt sich, wie schon erwähnt, um eine Ausgleichsarbeit an einem bestehenden Relief: Erosion — Transport — Akkumulation. Die Art der Arbeit wechselt auf der Laufstrecke des Flusses, so daß die sprachliche Einteilung in Oberlauf, Mittellauf und Unterlauf im großen und ganzen auch die vorwiegende Arbeitsart charakterisiert. Jeder Fluß ist aber letzten Endes ein Individuum und trägt als solches seine „Belastung durch den Lebensraum", d. h. seine Charakterisierung kann nur durch Bewertung aller direkten und indirekten Beeinflussung durch das durchflossene Gebiet erfolgen.

Die Erosion.

Der Begriff „Erosion" ist stillschweigend in erster Linie auf die mechanische Tätigkeit eines bewegten Mediums — Wasser, Eis, Luft — vorbehalten, also den mechanischen Auswirkungen der Massentransporte im Gegensatz zur Korrosion. Zu der mechanischen Tätigkeit der Flüsse tritt noch eine chemische Tätigkeit hinzu, die jedoch untergeordnet ist. Die Hauptspeisung der Flüsse erfolgt durch das oberflächig abfließende Wasser, welches weniger Zeit hat, sich mit gelösten Stoffen zu beladen als das in den Boden versickernde Wasser. Damit stimmt auch die Beobachtung überein, daß vielfach der Gehalt an gelösten Substanzen im Oberlauf unter Einwirkung des Quellwassers größer ist als im Mittel- und Unterlauf. Es gilt aber nicht als Regel; wo die Laufstrecke besonders leicht lösliche Gesteine quert, das Grundwasser in größerem Maße angeschnitten wird oder besondere Verwitterungsvorgänge leicht lösliche Produkte zur Verfügung stellen, erfolgen häufig Abweichungen. Obwohl zahlreiche Analysen von Flußwässern vorliegen, die meist praktischen Bedürfnissen entsprangen, so kommt ihnen nur lokale Bedeutung zu. Ein vollständiges Analysennetz über die ganze Laufstrecke fehlt fast ganz; erst dann wäre es möglich, sich unter Berücksichtigung klimatischer und geologischer Daten ein Bild über etwaige allgemeingültige Zu-

---

[1] Über die Auffassung der unteren Grenze der Erosion siehe ferner O. Baschin: Die Erosion und ihre untere Grenze. Pet. Mitt. 1919. Hier wird die größte Meerestiefe als Erosionsbasis betrachtet. — Zur Frage des Gleichgewichtsprofiles siehe ferner A. Philippson: Ein Beitrag zur Erosionstheorie. Pet. Mitt. 1886.

[2] Zusammenfassend unter Betonung historischer Gesichtspunkte siehe A. Hettner: Die Oberflächenformen des Festlandes. Leipzig 1921. — Ferner: Soergel, W.: Diluviale Flußverlegungen und Krustenbewegungen. Fortschritte der Geol. u. Pal. 1923, Heft 5. Berlin: Bornträger.

sammenhänge zu machen. Das große Material, welches sich in den Archiven behördlicher und privater Interessen befindet, ist ja leider nur zum kleinsten Teil bekannt geworden.

Als Menge der gelösten Substanzen in den Flüssen (vor allem unserer Klimate) werden Durchschnittswerte von $^1/_{5000}$—$^1/_{8000}$ der Wassermenge angegeben, wobei die Zahlen jahreszeitlich schwanken. In Trockenzeiten ist die Menge an gelösten Stoffen größer (stärkerer Einfluß des Bodenwassers), in niederschlagsreichen Zeiten entsprechend dem starken Zutritt von oberflächig ablaufendem Wasser geringer. Ein Beispiel an Hand der Donau oberhalb Wiens[1] zeigt dies (in Gramm pro Kubikmeter):

	Januar	Februar	März	April	Mai	Juni	Juli	August	September	Oktober	November	Dezember
Wasserstand in Meter .	+1,70	—0,04	2,56	1,66	1,80	1,70	1,90	1,20	1,28	0,34	0,28	—0,22
Schwebend .	240	106	219	102	104	227	338	132	190	16	13	10
Gelöst . . .	203	210	136	159	158	129	130	155	172	177	194	207

Neuere Analysen von Flußwässern verschiedener Gebiete finden sich bei Clarke[2] und für Rußland zusammengestellt bei Arnoldow[3]. Fast immer herrscht Kalziumkarbonat unter den gelösten Substanzen vor. Die Kieselsäure erreicht hohe Werte in tropischen Flüssen (Uruguay 46 %, Demerara in Britisch-Guyana 55,9 %, Amazonas 18—28,5 %). Durch hohen Sulfatgehalt sind die Flüsse des südlichen Nordamerikas ausgezeichnet, vor allem auf ihrer Laufstrecke durch Texas. Da zugleich der Chloridgehalt auffallend steigt, ist es fast sicher, daß diese Stoffe dem gips- und salzführenden Tertiär der Golfregion entstammen.

Soweit sich die Analysen auf die ganze Laufstrecke verteilen, scheinen die kleinen Flüsse unserer Klimate sehr deutlich folgende Verschiebungen der gelösten Stoffe von der Quelle zur Mündung zu zeigen: Karbonate zunehmend, Sulfate zunehmend, Natriumchlorid konstant bis schwach abnehmend, Kali indifferent, Kieselsäure scharfe Abnahme. Selbst Flüsse mit großer Laufstrecke zeigen dies noch deutlich (Elbe, Main)[4]. Auf diese Erscheinungen wäre bei späteren Untersuchungen noch mehr zu achten.

Einen erheblichen Anteil nehmen organische Substanzen, ihrem Charakter nach vorwiegend Humussol, in tropischen Flüssen ein (in Prozent aller gelösten Substanzen): Uruguay 59,6, Rio Negro (Name!) 53,89, Amazonas 15,03. In unseren Klimaten bilden sich die humussolreichen Schwarzwasser in moorreichen Gebieten bei Kalkarmut des Bodens (der schwarze Regen, schwarze Korös, die Moldau im Böhmer Wald usw.)[5].

Für eine Reihe fossiler Erscheinungen dürften die exzeptionell hohen Kieselgehalte vorzeitlicher Flüsse eine Rolle gespielt haben, so z. B. für die Bildung von Feuerstein[6] und Hornstein. Humussole werden von einigen (vor allem amerikanischen) Autoren als Ausgangsmaterial der Petrolea betrachtet, und es ist in der Tat auffallend, daß man in den Erdöllagern geradezu von einer Paragenese von

---

[1] Nach Penck, a. a. O., S. 307, 1894, aus Wolfbauer.

[2] Clarke, F. W.: Water analysis from the laboratory of the United States geol. survey. U. St. geol. surv. Water supply paper 1914, 366; The data of chemistry. 3. Aufl. U. St. geol. surv. Bull. 1916, S. 616; ebenda Bull. 1920, 695.

[3] Arnoldow, W.: Angaben über die Zusammensetzung des Wassers der Wolga und ihrer wichtigsten Nebenflüsse. Journ. du XI. congr. des nat. et des med. russes No. 6. 1901.

[4] Vgl. auch: Ehrlich, F., u. Kolkwitz: Chemisch-biologische Unters. d. Elbe u. Saale. Z. d. Ver. d. Deutsch. Zucker-Industrie 56, 478.

[5] Weiteres siehe bei I. Reindl: Die schwarzen Flüsse Südamerikas. Natw. Mschr., N. F. 4 (1905).

[6] Wetzel, W.: Sedimentpetrographische Studien. N. J. f. Min. usw. 1922, Beilgbd. 47.

Erdöl und Kieselsäuresediment sprechen kann, wie denn auch in den heutigen tropischen Flüssen der hohe Gehalt an Kieselsäure mit einem solchen von Humussol konform geht[1].

Anhangsweise sei ferner auf das Verhalten der Flüsse in abflußlosen Gebieten verwiesen, wo das Wasser entweder versickert oder verdunstet oder in lokalisierten Räumen endet: Trockenseen, Salzpfannen usw. Hier kommt es zur Ausscheidung der gelösten Substanzen noch auf dem Lande, und diese Erscheinungen verleihen den ariden und semiariden Gebieten ihr besonderes Gepräge. Diese Vorgänge dürfen zur Erklärung einer Reihe Salzlagerstätten herangezogen werden.

Die Hauptmenge des gelösten Materials wird dem Meere zugeführt; A. PENCK schätzt sie auf die gewaltige Menge von rund 4 Milliarden Tonnen jährlich. Diese sind zunächst für den Stoffkreislauf des Landes entzogen. Sie treten erst wieder hierin ein, wenn durch tektonische Vorgänge Meeresboden zu Landboden wird.

So erheblich diese Zahlen auch sind, so spielt doch die lösende Wirkung bei den erosiven Vorgängen eine relativ geringe Rolle. Weit größer ist die mechanische Arbeit und entsprechend der Anteil ihrer Produkte an transportiertem Material.

Die erosive Tätigkeit vollzieht sich in verschiedener Weise je nach den Verhältnissen. Die stets vorhandenen Inhomogenitäten auch eines felsigen Untergrundes (Klüfte z. B.) bieten auch dem Wasser allein zahlreiche Angriffsmöglichkeiten. Die lebendige Kraft reicht dann aus, um schließlich Stücke des Gesteins loszureißen. Aber diese Vorgänge sind immer noch untergeordnet gegenüber der indirekten erosiven Tätigkeit, die das Wasser mittels des mitgeführten Festmaterials ausführt. Dieses entlehnt seine kinetische Energie dem Wasser. Rollendes und schiebendes Festmaterial schleift, wetzt und splittert den Felsuntergrund, das hüpfende und schwebend mitgeführte Material wirkt projektilartig (Bildung sehr typischer „Schlagflecke", die besonders gut auf dichtem Gestein zu sehen sind). Das Material nutzt sich dabei selbst ab und führt zur Zerstörung des Flußbettes, wodurch immer neues Material zur Verfügung gestellt wird. Seigerungsvorgänge und erosive Vorgänge sind daher eng verbunden.

Die Arbeitsleistung ist von der kinetischen Energie des Flusses abhängig. In ihrer Formel erscheint die Masse und Geschwindigkeit, Faktoren, welche in weitgehendem Maße variabel sind. Entsprechend ist die größte Arbeitsleistung auch vorwiegend episodisch und periodisch, die dann jedoch für die Geschichte des Flusses wegen ihrer vielfach katastrophalen Ausmaße von größerer Bedeutung ist als die dazwischenliegenden ruhigen Arbeitszeiten[2].

Die Normalkurve eines Flusses zeigt Abb. 23. Im idealsten Falle — der nie realisiert ist — mag sie vielleicht einer geometrischen Kurve entsprechen (man dachte an Parabeln, Cykloide u.a.).

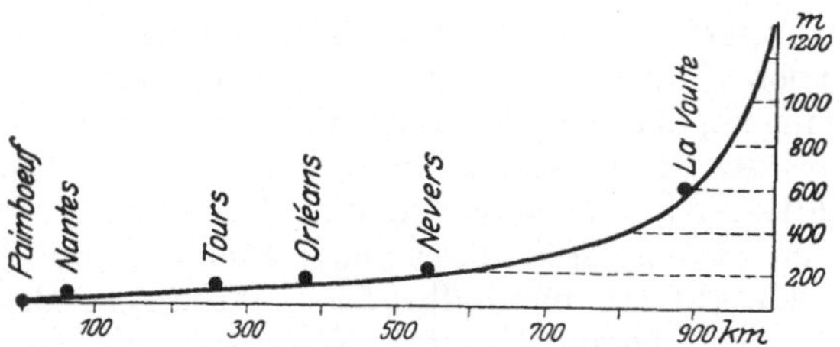

Abb. 23. Schema eines Längsprofils eines Flusses. (Die Loire nach DE MARTONNE: Traité de géographie physique 1909.)

Aber da der Flußlauf nicht auf einem unbeweglichen, sondern durch die tektonischen Vorgänge beweglichen Untergrund zur Ausbildung kommt, ist eine geometrische Gestaltung des ganzen Laufweges gar nicht zu erwarten, im besten

---

[1] Näheres bei W. LOZINSKI: Die geol. Bedingungen und die Prognose des karpathischen Erdölvorkommens in Polen. Z. d. Oberschles. Berg- u. Hüttenmann. Ver. Kattowitz 1925, daselbst weitere Literatur.

[2] DOSS 1902, MORSCHER 1903, STINY 1923.

Falle setzt sich die Kurve aus Teilstücken zusammen, welche man formelmäßig ausdrücken kann. Damit wird auch bis zu einem gewissen Grade der Begriff Ober-, Mittel- und Unterlauf variabel, sofern man in jedem Falle immer wieder die gleichen Arbeitsvorgänge anzutreffen erwartet. Eine Verbiegung, welche z. B. den Flußlauf auf halber Strecke quert, kann hier Bedingungen schaffen, die zu Arbeitsleistungen führen, die eigentlich nur dem Oberlauf typisch sind.

Der Oberlauf, das Gebiet des stärksten Gefälles, ist vorwiegend das Gebiet der Vertiefung. V-Täler mit steilen Wänden herrschen vor, die flächenhaft abtragende Wirkung, welche zu den Talhangverflachungen führen, treten hinter die vertiefende Erosionswirkung zurück. Die Unausgeglichenheit solcher Talstücke bedingt turbulente Strömungen — Wasserwalzenbildungen —, die zur Bildung von Kolken und Strudeltöpfen führen. Diese Vorgänge vollziehen sich, wie aus zahlreichen Beispielen bekannt ist, sehr rasch. (In Kalksteinen bei Freiburg in der Schweiz 3 m tiefe Strudeltöpfe innerhalb 18 Monaten, im Granit bei Heidelberg 1,5 m tiefe Strudeltöpfe in rund 70 Jahren usw.[1])

Auf solche ausstrudelnde Tätigkeit werden auch einige Großformen der Erosion zurückgeführt, so die Bildung der Klammen (Aareschlucht usw.); hierbei denkt man besonders an die Tätigkeit der Schmelzwässer unter Gletscherbedeckung.

Typisch für Oberläufe — aber durchaus nicht immer — sind die Wasserfälle, deren Entstehungsbedingungen mannigfaltiger Art sind, so daß sich verschiedene „Typen" aufstellen lassen. Der Niagarafall stellt z. B. den Wasserfalltypus in horizontalem Schichtgebirge dar. Die abstürzenden Wassermassen erzeugen Sohlen- und Wandkolkwirkung, die schließlich die höheren Gesteinsgesimse zum Absturz bringen (dazu kommt noch die Begünstigung durch den Wechsel verschieden widerstandsfähiger Schichten). Der Wasserfall schneidet sich so unter Erhaltung der steilen Sturzwand nach rückwärts ein. Wo zwei verschieden widerstandsfähige Gesteine aneinanderstoßen, beginnt die Kolkwirkung in weichem Material; die so entstehenden Wasserfälle (oder Stromschnellen, je nach der Schnelligkeit der Ausschurfwirkung in beiden Gesteinen) werden z. B. durch den Schaffhausener Typus repräsentiert. Im weiteren Sinne gehören zu den Wasserfällen auch die Stromschnellen, welche z. T. die letzten Reste eines Wasserfalles sein können. Andere Stromschnellen werden durch tektonische Bewegungen an Verwerfungen immer aktiv gehalten (Neckar bei Heidelberg als ein kleines, aber gutes Beispiel).

War bis jetzt vorwiegend von den Kolkwirkungen als Faktor der erosiven Tätigkeit die Rede, so tritt sie doch hinter der Wirkung zurück, die der Geschiebetrieb auf den Untergrund ausübt und auch auf felsigen Boden eine scheinbar geringere, aber langdauernde Wirkung ausübt und so lange zum Einschneiden führt, bis die Erosionsterminante erreicht ist. E. BRITTLEBANK[2] führt für australische Flüsse Abnützung von 1 cm in folgenden Gesteinen und Zeiten an: im Basalt in 100 Jahren, in Sandstein 66 Jahre, in Granit 50 Jahre. Nach HÄBERLE[3] hat der Glan (Pfalz) innerhalb 1800 Jahren sein Bett um 3 m vertieft (Tonschiefer). Für den Semna Katarakt (Ägypten) gibt BALL[4] eine Vertiefung von rund 8 m in 4200 Jahren an (Gneise und Syenite). Wo vollends weiches oder lockeres Material (z. B. eigene Aufschüttungen des Flusses, die wieder ausgeräumt werden,

---

[1] BRUNHES 1905. — ESCHER, B. G.: Beobachtungen der quantitativen Erosionstätigkeit. Schweizer. Wasserwirtschaft. 1910. Nr. 12. — STINY 1910, 1912. — HOFFMANN, A.: Die Bedeutung der Evorsion für die Ausbildung der Erosionsrinnen. Z. f. Gewässerkde. 11 (1911).
[2] BRITTLEBANK, E.: The rate of erosion of some river valleys. Geol. Magazine. 1900.
[3] HÄBERLE, D.: Zur Messung der Fortschritte der Erosion und Denudation. N. J. f. Min. usw. 1 (1907).
[4] BALL, J.: The Semna cataract. Quart. journ. of geol. soc. 59 (1903).

u. a.) den Untergrund bilden, steigert sich die Wirkung um ein Erhebliches. Davon wird in anderem Zusammenhang noch zu sprechen sein[1].

Im Mittellauf der Flüsse beginnt infolge der abnehmenden Geschwindigkeit die Neigung zur Mäanderbildung. Die Seitenerosion (Seitenschurf) tritt nun gegenüber dem im Oberlauf herrschenden Tiefenschurf durchaus hervor. Schon geringe Hindernisse (eigene Aufschüttung, Ufervorsprünge) erzwingen eine Verlagerung der Stromlinie und damit Verlagerung der Erosionstätigkeit. Stromänderungen sind also weniger das Ergebnis des Eigenimpulses des Hauptflusses, sondern durch fremde Einflüsse erzwungen (STINY).

Die Talformen des Mittellaufes sind breiter als die des Oberlaufes, Aufschüttungsmaterial des Flusses selbst nimmt am Aufbau der Talsohle schon einen wesentlichen Anteil.

Entsprechend der allgemeinen Abnahme der kinetischen Energie flußabwärts hört schließlich das Einschneiden fast ganz auf. Hier ist nun das Gebiet der Aufschüttung, von dem später die Rede ist.

Im einzelnen ist der Ablauf der Schurftätigkeit naturgemäß im weitesten Maße von der Beschaffenheit und Lagerung der Gesteine abhängig. Dies gilt sowohl für die Kleinformen als für die Großformen und damit für die Herausbildung des gesamten hydrographischen Netzes. So sind z. B. wasserundurchlässige Gesteine für die Erosionstätigkeit geeigneter als wasserdurchlässige, in denen infolge rascher Versickerung die erosive Wirkung zurücktritt. Im ersten Falle wird sich eher ein engeres hydrographisches Netz entwickeln, im zweiten Fall ein weiteres. Hier wird sich aber die erosive Tätigkeit stärker linear konzentrieren und dementsprechend eher zu steil eingesenkten Hohlformen führen. Im Lebenslauf des Flusses sind es aber in erster Linie die Hochwasserzeiten, die die heftigste Arbeitsleistung — Erosion und damit Aufschüttung — auslösen[2].

Anhangsweise sei noch auf das umstrittene BAERsche Gesetz verwiesen[3]. Unter Einfluß der Erdrotation soll das fließende Wasser eine Ablenkung erfahren, wobei diese auf der nördlichen Halbkugel nach rechts (bezogen auf die Laufrichtung, also die nach Norden fließenden gegen Osten, die nach Süden fließenden gegen Westen), auf der südlichen Halbkugel nach links erfolgt. Diese Beeinflussung dürfte in der Tat zu Recht bestehen, wenngleich nicht so einfach, wie es v. BAER annahm, der nur die meridionale Komponente berücksichtigte. Die Auswirkungen sind vor allem bei großen Flüssen in der Ebene feststellbar, und es ist kein Zufall, daß die ersteren Erörterungen darüber (bereits vor v. BAER) an sibirische Flüsse anknüpften.

Transport und Akkumulation.

Das Problem des Transportes und der Akkumulation, welches ja auch für die Bedürfnisse des Wasserbaues von grundlegender Bedeutung ist, wird durch eine sehr umfangreiche Literatur unter verschiedensten Gesichtspunkten behandelt[4].

---

[1] Vgl. STINY 1912 und andere Arbeiten.

[2] Gute Beispiele und theoretische Erörterungen finden sich bei Doss 1902; MORSCHER 1903; REUSCH: Norske geogr. Selsk. Aarbog. 1904; HETTNER: Die Arbeit des fließenden Wassers. Geogr. Z. 16 (1910); ESCHER 1910 und STINY 1923.

[3] Kritische Darstellung bei RUDZKI 1911; PENCK 1894.

[4] PENCK, A., 1894. JAGGAR T. A.: Experiments illustrating erosion and sedimentation. Harvard coll. mus. comp. zool. 49 (1908). STINY 1910: Versuche über Schwemmkegelbildung. Geol. Rundsch. 8 (1917); Wiener geogr. Ges. 1920; 1922 l. c. Mitt. d. geol. Ges. Wien 16 (1923), (1924), (1925). HETTNER 1920. RUDZKI 1911. SINGER 1911. SCHOKLITSCH 1914. HETTNER 1921. SCHAFFERNACK 1922. BULLE: Unters. über die Geschiebeableitung usw. V. d. I. Verlag in Berlin. 1926. FORCHHEIMER 1924 u. a.

Die Transporttätigkeit — wie die Erosion — hängt von der lebendigen Kraft des Wassers ab. Sie steigt mit der Geschwindigkeit, die mit zunehmendem Gefälle und mit der Wassermenge zunimmt. Durch letztere ist die Abhängigkeit vom Klima gegeben, indem größere (besonders kurze aber reichliche) Niederschläge zu einer zeitweise sehr kräftigen Arbeitsbelebung führen, die in ihrer Wirkung unter Umständen von größerer Bedeutung ist als die dazwischenliegenden ruhigen Arbeitszeiten.

Entsprechend der verschiedenen Arbeitstätigkeit — chemisch und mechanisch — findet der Abtransport in gelöster oder fester Form statt. Von den gelösten Stoffen war bereits die Rede. Letztere — die Schwerstoffe (Feststoffe) — teilt man meist in Schwebstoffe (der „Schweb" der Flüsse, Flußtrübe) und Geschiebe (Gerölle) ein. Die Schwebstoffe werden, wie ihr Name andeutet, schwebend mitgeführt, besitzen also die gleiche Geschwindigkeit wie das Wasser selbst; die Fortbewegung der Geschiebe erfolgt durch die Stoßkraft des Wassers auf die schon angedeutete Weise. Quantitativ überwiegen unter den Feststoffen die Schwebstoffe meist erheblich den „Geschiebetrieb". Als Beispiele seien einige Werte aus den neueren Arbeiten Stinys (1920) angeführt. Der Raab (Steiermark) befördert jährlich (Mittelwerte) 51000 m³ Schweb und 19500 m³ Geschiebe. Auf das Abtragungsgebiet verteilt, würde dies einer jährlichen Abtragung von $^1/_{10}$ mm entsprechen, ein Wert, der auch bei anderen Flüssen gewonnen wurde. Auch über die Korngröße des Materials im Schweb und seine Schwankungen gibt eine Untersuchung Stinys Auskunft (1925).

Sand (0,2—2 mm) von 1,2—19,7 %, d. i. Schwankung um rund das 16fache.

Mo (0,02—0,2 mm) von 37,1—78,1 %, d. i. Schwankung um rund das 2fache.

Schluff (0,002—0,02 mm) von 9,5—46,5 %, d. i. Schwankung um rund das 5fache.

Rohton (0,002 mm) von 2,6—42,7 %, d. i. Schwankung um rund das 16fache.

Verglichen mit den Pegelständen, also den Wassermengen, sind nicht in allen Fällen Zusammenhänge erkennbar. Am ehesten noch beim Mo.

Das größte Ausmaß der Schuttführung wird naturgemäß da erreicht, wo der Boden aus leicht angreifbarem Material besteht. Sind in solchen Gebieten bei großem Gefälle fließende Wasser vom Charakter der Bäche, so sind die Bedingungen für die berüchtigten Wildbäche der Gebirge gegeben (im Gegensatz dazu die Gießbäche, welche in festem, widerstandsfähigem Gestein fließen). Bei Trockenzeiten oft völlig verschwunden, genügen intensive Niederschläge, um in wenigen Stunden Hochwasser zu erzeugen. Der Geschiebetrieb setzt ein; durch scharfe Erosion der Ufer und Sohle sowie durch Nachbrüche der Ufer wird die Geschiebemenge rasch vergrößert. Es entsteht ein förmlicher Brei, dessen Dichte bis 1,5 steigen kann. Das Gewicht der Festmassen übertrifft das des Wassers, die Massen sind einander annähernd gleich. Schließlich setzt sich die ganze Masse in Bewegung und geht mit rasender Geschwindigkeit zu Tale: es sind die Muren, deren gefährliche Auswirkungen bekannt sind. Sie stehen gewissermaßen an der Grenze zwischen Massenbewegungen und Massentransporten; sie sind jedoch noch den letzteren zuzurechnen, da ihre Bewegung nicht spontan, sondern durch den direkten Antrieb des Wassers erfolgt. Die Wege ihrer Bekämpfung werden in einer ausgedehnten geologischen und technischen Literatur behandelt. Voraussetzung hierbei ist vor allem den Charakter des Geschiebeherdes zu erforschen, d. h. des Gebietes, welches als Schuttlieferer in Frage kommt. Darauf stützt sich auch die Einteilung der Muren, welche in mehreren inhaltsreichen Arbeiten von Stiny aufgestellt wurde. Von den zum Transport gelangenden Mengen geben Angaben aus Stinys Zusammenstellungen Auskunft (in Kubikmeter):

Gallruttbach (1890)	50000
Greifenburger Mur (1851)	210000
Ganderbach (1891)	475000
Dendelser Mure (Oberinntal, 1874) .	330000

Die Aufschüttungsformen der Wildbäche, soweit es sich um Vollformen handelt, werden als Schwemmkegel bezeichnet (im Gegensatz zu den Schuttkegeln bei der akkumulativen Tätigkeit der Massenbewegungen). Auch hierüber liegen sehr subtile Untersuchungen Stinys vor (1910a, 1917). Sie besitzen Formen, welche ziemlich genau einem neiloidähnlichen Körper entsprechen.

Besitzt das Ablagerungsgebiet weite Flächen bei geringem Gefälle, so entstehen die oft ausgedehnten, allseitig stark abfallenden Schwemmfächer (z. B. der der Schwarza [60 km²]).

Im Schema der schon mehrfach verwendeten Normalgefällskurve eines Flusses ist der Mittellauf und vor allem der Unterlauf das Gebiet der Ablagerung. Mit abnehmender Transportkraft — und damit Erosionskraft — geht verstärkte Ablagerung zusammen. Abgesehen von den Aufschüttungen in der Talsohle, in welche sich der Fluß erneut einschneidet und bei Tieferlegung des Bettes seitlich Reste der einstigen Aue als Terrassen stehen läßt, beginnt im Flußbett selbst so weitgehende Aufschüttung, daß es schließlich zur Inselbildung kommt. Die Bildung solcher Sand- oder Kiesablagerungen führt wieder zur Teilung oder Abdrängung des Flusses und damit zur Verlagerung des Bettes. Im Extrem führt die Aufschüttung schließlich zu der vielen Flüssen typischen Betterhöhung, d. h. der Fluß fließt auf der von ihm selbst geschaffenen Aufschotterung höher als seine Umgebung. Naturgemäß handelt es sich hierbei um ganz labile Erscheinungen, die durch jedes Hochwasser zerstört werden und die katastrophale Auswirkung verstärkt. Das schon erwähnte Pendeln des Hoangho mit seinen furchtbaren Verheerungen gehört hierher; die hierbei bewirkten flächenhaften Massentransporte gehören zu den größten überhaupt. Die Bekämpfung dieser Erscheinung besteht darin, daß der Durchbruch verhütet wird und dies durch Verstärkung des Dammes. Da aber der Fluß ständig sein Bett ausfüllt, muß zugleich der Damm erhöht werden: man wehrt damit letzten Endes die Katastrophe nur zeitweilig ab, die dann jedoch bei einem etwaigen Eintreten noch viel erheblicher einsetzt. Ein klassisches Beispiel für die Betterhöhung bietet der Po, auf deutschem Boden die Unstrut bei ihrem Austritt aus der Sachsenburger Pforte in die goldene Aue[1].

Bisher war nur von dem Transport die Rede, der durch den Fluß direkt erfolgt. Es kann auch ein indirekter Transport von Feststoffen durch andere Feststoffe des Flusses, z. B. Eis oder Pflanzen, stattfinden, die unter Umständen eine nicht zu unterschätzende Vergrößerung der Flußtransportkraft darstellen, da oft viel größere Blöcke verfrachtet werden als es durch die Stoßkraft des Wassers möglich wäre. So können schwimmende Eisschollen Blöcke bis zu $^1/_{15}$ ihres Volumens mitverfrachten und auf größere Entfernungen transportieren. Auch fossile Beispiele sind dafür bekannt geworden: aus dem Diluvium durch Bernauer[2], aus dem Oberkarbon durch Rüger[3]. Ähnliche Transportkraft können auch Pflanzen entwickeln, die auf tropischen Flüssen oft förmlich schwimmende Inseln (Gras- und Bauminseln, die „Rafts" des Mississippi) bilden.

---

[1] Kayser, E., Lehrbuch der Geologie, 4. Aufl. Stuttgart 1921.
[2] Bernauer, F.: Gekritzte Geschiebe aus dem Diluvium von Heidelberg. Jb. d. oberrhein. geol. Ver., N. F. 5 (1915).
[3] Rüger, L.: Beiträge zur Geologie der Umgebung von Vytun Merklin. Jb. der čechoslowak. geol. Staatsanstalt 6 (1926).

Wo Flüsse in Seebecken oder in das Meer münden, kann es unter bestimmten Voraussetzungen zu Deltabildungen kommen (Mississippi, Nil, Euphrat-Tigris u. a.). Vor allem wird die Deltabildung durch Landhebungen begünstigt, während Landsenkung sie im allgemeinen unterdrückt. Ausnahmen davon sind jedoch bekannt[1].

3. Die morphologischen Auswirkungen des fließenden Wassers.

Sie sind das Ergebnis aller Arbeitsvorgänge sowie der Sonderbedingungen, welchen der Flußlauf durch Klima, Gesteinsbeschaffenheit, lokale und regionale Tektonik und geologische Geschichte des Gebietes unterliegt. Da es sich hierbei in erster Linie um rein morphologische Fragen handelt, so muß im Rahmen des vorliegenden Abschnittes von einem näheren Eingehen darauf abgesehen werden, und es sei nur auf einige größere zusammenfassende Darstellungen verwiesen[2].

b) Die Tätigkeit des Meeres und der Brandungswelle.

Von L. RÜGER, Heidelberg.

Mit 4 Abbildungen.

1. Der Schauplatz.

Die Gesamtfläche der Erde beträgt rund 510 Millionen km², wovon 135 Millionen (26,5 %) auf Land, 375 Millionen (73,5 %) auf das Meer entfallen. Dies wäre ein Verhältnis von 1 : 2,4, wobei sich die Zahlen noch etwas verschieben können, da die Ausdehnung der Landmassen in den arktischen Regionen noch nicht genügend bekannt ist. Über die zonare Verteilung der Land- und Wassermassen gibt untenstehende Zusammenstellung nach Krümmel[3] Auskunft:

Breitengrade	Land	Wasser	Land	Wasser
	in Mill. km²		in Prozenten	
90 — 70 N	3	12	22	78
70 — 45 N	37	23	61	39
45 — 20 N	39	54	42	58
20 N — 35 S	54	179	23	77
35 — 65 S	2	83	3	97
65 — 90 S	14	10	59	41

Die mittlere Tiefe der Weltmeere, einschließlich der Nebenmeere, wird von Kossina[4] nach den neuesten Zusammenstellungen auf 3795 ± 100 angegeben, die mittlere Tiefe der Ozeane allein zu 4117 m.

Als mittlere Tiefe für die Einzelozeane gibt Kossina folgende Zahlen:

Atlantischer Ozean . . . . . 3926 m
Indischer Ozean . . . . . . 3963 m
Pazifischer Ozean . . . . . . 4282 m

In dem Gegensatz Land — Meer prägt sich ein Merkmal im Erdantlitz aus, welches zu den wichtigsten, wenn auch noch umstrittenen Erscheinungen gehört,

---

[1] Credner, G. H.: Die Deltas. Pet. Mitt. 1878, Ergänzungsheft 56; Genthe, S.: Der Persische Meerbusen. Diss. Marburg 1896. — Andrée 1920.

[2] Penck 1894. Davis-Braun: Die erklärende Beschreibung der Landformen. Leipzig 1912. S. Passarge: Physiologische Morphologie. Hamburg 1912. I. Sölch: Die Formen der Erdoberfläche. Handb. d. geogr. Wiss. Hrsg. v. O. Kende. Abschn. 4. 1914. Hettner 1921. Philippson: Grundzüge der allg. Geographie. 1924. A. Supan: Grundfragen der physischen Erdkunde. 7. Aufl. Leipzig 1927.

[3] Krümmel, O.: Handb. d. Ozeanographie. 2. Aufl. Stuttgart 1911.

[4] Kossina, F.: Die Tiefen des Weltmeeres. Veröff. d. Inst. f. Meereskunde a. d. Univ. Berlin 1921.

nämlich der prinzipielle Unterschied zwischen den Kontinenten und den Arealen der Tiefsee. Trägt man in ein rechtwinkliges Koordinatensystem auf der Ordinate Höhe bzw. Tiefe, auf der Abszisse die zu den Höhen bzw. Tiefen zugehörenden Flächenareale, so erhält man die hypsographische Kurve, wie sie in Abb. 24 dargestellt ist. Man sieht, daß auf dem Land die Höhen von etwa 1100 m aufwärts (die „Gipfelung") nur ein kleines Areal einnehmen. Von da senkt sich die Kurve langsam zum Meeresniveau, taucht unter NN und behält auf geringe Entfernung (wenige 100 m) noch das gleiche Gefälle bis ungefähr —200 m bei. Dieser Teil ist das vom Meer überflutete Land, der Schelf, welcher sich in wechselnder Breite als ein Saum um das Festland legt. Bei etwa —200 m bricht die Kurve stark abwärts, um bei etwa — 2440 m sich wieder zu verflachen und von da an die weitere Region des eigentlichen Tiefseebodens zu bilden. An der — 2440 m Linie überschreitet man die für die vertikale Gliederung der festen Erdkruste

so wichtige Grenze zwischen Kontinentalblock und Tiefseeboden. Beide stehen sich als wesensfremde Gebiete gegenüber, die sich auch in ihrem geophysikalischen Verhalten grundsätzlich unterscheiden, und zwar vor allem dadurch, daß der Kontinentalblock leichter, der Tiefseeblock schwerer ist. Die Erklärung geht bekanntlich dahin, daß der Kontinentalblock aus leichten Gesteinen (vorwiegend Silizium - Aluminium - Verbindungen, dem „Sial") besteht, der Tiefseeboden dagegen aus schwerem Material (vorwiegend Silizium-Magnesium-Verbindungen, dem „Sima"). Der Sial-block schwimmt daher mit einer gewissen Eintauchtiefe in dem Sima. Jede Bewegung des Sialblockes äußert sich in Vorstößen bzw. Rückzügen des Meeres. Die Grundfrage ist nun, ob es sich bei dem Gegensatz Kontinental-block—Tiefseeboden um eine Erscheinung handelt, welche zu den primärsten Gliederungen des Erdkörpers überhaupt gehört, und ob weiter im Verlauf der Erdgeschichte Tiefseeboden zu Land, Land zu Tiefseeboden wurde. Die Frage nach der Permanenz der Ozeane und Kontinente wird in verschiedener Weise beantwortet, wobei wieder abweichende Ansichten über die einzelnen Ozeane selbst bestehen. Die Entscheidung könnte erfolgen, wenn man echte fossile Tiefseesedimente finden würde. Dies ist bisher nicht gelungen. Die von vielen Autoren als Tiefseebildungen gedeuteten Sedimente, insbesondere innerhalb der Faltengebirgsregionen, sind zweifellos teilweise in großen Tiefen gebildet, aber ihre Unterlage ist kein Tiefseeboden von dem Charakter, wie man ihn in der heutigen Tiefsee erwarten müßte. Sieht man von solchen zweifelhaften Sedimenten ab, so ist es für sämtliche andere absolut sicher, daß sie die Bildungen des Schelfs sind. Schelf ist ein Raumbegriff und sagt (in seiner erdgeschichtlichen Abwandlung) nichts über die Tiefe aus, was meist vergessen wird. Eine Senkung kann das heutige Land um mehrere hundert Meter unter Wasser bringen; dieses über-

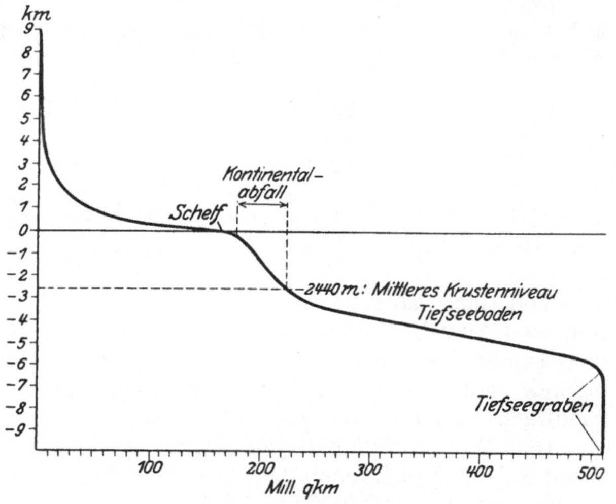

Abb. 24. Hypsographische Kurve der Lithosphärenoberfläche. (Nach KOSSINA 1921.)

flutete Land ist dann aber immer noch ein Schelf im geophysikalischen Sinne, wenngleich die großen Tiefen zu Sedimentbildungen führen, wie sie heute etwa nur auf dem Kontinentalabfall entwickelt sind.

Zusammenfassend darf also gesagt werden, daß es in allererster Linie der Schelf ist, der den Schauplatz der Meeresbewegungen — Transgression und Regression — darstellt. Die hier sich bildenden Gesteine sind es, welche den Aufbau des Landes bedingen und welche durch die epirogenen Bewegungen in den Stoffkreis des Landes eintreten oder diesem entzogen werden.

Zweckmäßig erfolgt die Behandlung unter dem anthropozentrischen Gesichtspunkt der Zerstörung und des Aufbaues, wenngleich es letzten Endes die gleichen Kräfte sind, welche an einer Stelle zerstören, an anderen aufbauen.

2. Das Meerwasser[1].

Der Salzgehalt des offenen Meeres beträgt ziemlich gleichmäßig 3,5 %, wobei die Zusammensetzung (Mittel aus 77 Analysen der Challenger-Expedition) errechnet durch C. Dittmann ist:

$$
\begin{array}{ll}
\text{NaCl} & 77{,}758\ \% \\
\text{MgCl}_2 & 10{,}878\ \% \\
\text{MgSO}_4 & 4{,}737\ \% \\
\text{CaSO}_4 & 3{,}600\ \% \\
\text{K}_2\text{SO}_4 & 2{,}465\ \% \\
\text{CaCO}_3 & 0{,}345\ \% \\
\text{MgBr}_2 & 0{,}217\ \% \\
\hline
& 100{,}000\ \%
\end{array}
$$

$\left.\begin{array}{l} \\ \\ \end{array}\right\}$ einschl. aller anderen in Spuren enthaltenen Salze

Von den bisher bekannten Elementen sind 32 im Meerwasser direkt bzw. in dessen Ausscheidungen und Organismen nachgewiesen. Außerdem enthält das Meerwasser einen gewissen Gehalt an Gasen: Sauerstoff, Kohlendioxyd und Ammoniak, wobei besonders Sauerstoff und Kohlendioxyd für manchen geologisch wichtigen Vorgang von Bedeutung sind.

Den Hauptanteil der gelösten Salze bilden Chloride, denen in weitem Abstand Sulfate und Karbonate folgen. Ein Vergleich dieser Verhältnisse mit Flußwässern ist von Interesse:

	Karbonate	Sulfate	Chloride
Flußwasser	80 %	13 %	7 %
Meerwasser	0,2 %	10 %	89 %

Für die Auffassung des Stoffkreislaufes sind diese Zahlen bedeutungsvoll, wobei sie besonders das vielerörterte Problem der Herkunft des Natriumchlorids im Meerwasser berühren. Sie zeigen, daß der Gehalt der Chloride im Meerwasser unmöglich durch die Flüsse vom Land hergeführt werden kann. Dies würde eine ständige Änderung des Salzgehaltes im Meerwasser im Verlauf der erdgeschichtlichen Entwicklung bedeuten, mit welchem einige Forscher auch rechnen. Doch stehen dieser Annahme gewichtige Bedenken biologischer Art entgegen. Auf der anderen Seite steht die von E. Suess und F. v. Richthofen vertretene Auffassung, daß der Chloridgehalt der Ozeane das Erbe aus der Zeit ihrer ersten Entstehung darstellt.

Geringer als in den offenen Ozeanen ist der mittlere Salzgehalt in den Mittelmeeren (Rotes Meer, Mittelmeer, Schwarzes Meer, Amerikanisches Mittelmeer, Arktisches Mittelmeer u. a.): 3,0 %. In den Randmeeren (Beringsmeer, Japanisches Meer, Nordsee u. a.) beträgt der Gehalt rund 3,2 %[2].

---

[1] Siehe O. Krümmel a. a. O., M. Rudzki, Physik d. Erde. 1911. K. Andrée in W. Salomon: Grundzüge der Geologie. Stuttgart 1924. — K. Andrée: Geologie des Meeresbodens 2. Berlin 1920.

[2] Sämtliche Angaben nach Krümmel.

Über die vertikale Verteilung des Salzgehaltes ist bisher relativ wenig bekannt. Er schwankt in den ersten 40 m (unter Zunahme), um von da an ziemlich konstant zu bleiben (Schwankungen innerhalb 1—2 Einheiten in der ersten Dezimale). Die neuesten, erst zum kleineren Teil ausgewerteten Ergebnisse der Meteorexpedition stellen die ersten in dieser Richtung systematisch angestellten Untersuchungen dar. Sie führten zu einer wesentlichen Erweiterung unserer Vorstellung über den Verlauf der tieferen Meeresströmungen und damit zu Schlüssen über die Morphologie des Tiefseebodens[1].

Das spezifische Gewicht des Meerwassers hängt von zwei unabhängigen Variabeln ab: von der Temperatur und vom Salzgehalt. Bei gleichbleibender Temperatur steigt das spezifische Gewicht mit zunehmendem Salzgehalt, bei gleichbleibendem Salzgehalt nimmt das spezifische Gewicht bei steigender Temperatur ab. Meerwasser mit 3,5 % Salzgehalt und bei 17,5° C besitzt ein spezifisches Gewicht von 1,02541.

Auf die Anführung weiterer physikalischer Konstanten des Meerwassers (Lichtverhältnisse, Temperatur, Gefrierpunkt, Siedepunkt, Wärmekapazität usw.) muß hier verzichtet werden, soweit erforderlich, werden Angaben noch erfolgen.

3. Die zerstörende Tätigkeit des Meeres (Meereserosion).

Die Kräfte[2].

Es handelt sich sowohl um eine chemische wie mechanische Tätigkeit.

Das Meerwasser wirkt als Lösungsmittel für zahlreiche Substanzen, indessen handelt es sich nur um wenige Massenstoffe, bei denen diese Wirkung praktisch stark in Erscheinung tritt. Am bedeutendsten ist in dieser Hinsicht die Kalkauflösung, die mit zunehmendem Kohlensäuregehalt des Wassers zunimmt. An Kalksteinküsten äußert sich die Auflösung durch Bildung von Karren (Brandungskarren); schöne Beispiele dafür bietet die dalmatische Küste[3]. Starke Anätzung findet ferner in der Spritzwasserzone der Brandung statt.

Stark wirkt sich ferner die lösende Wirkung des Wassers auf den Kalk in größerer Tiefe aus (Kalkarmut bis -freiheit der Tiefseesedimente). Aber außer diesen Auswirkungen zeigte es sich immer mehr, daß die lösende Arbeit des Meerwassers auf dem Meeresgrund selbst auch eine recht erhebliche Rolle spielt, was in einer Reihe von Arbeiten in den letzten Jahren betont wurde. Lösungsvorgänge zur Erklärung einiger Schichtungsvorgänge wurden schon mehrfach herangezogen und ganz besonders in den schönen Arbeiten ANDRÉEs[4] ausführlich unter dem Gesichtspunkt behandelt. In neuerer Zeit haben vor allem HUMMEL[5] und HEIM[6] die Frage der chemischen Meereserosion behandelt und daran eine Reihe interessanter Erörterungen geknüpft. Die früher herrschende Vorstellung, daß das Meer im Gegensatz zum Land das ausschließliche Reich der Aufschüttung sei, daß seine Ebenheit durch das völlige Fehlen aller Vorgänge bedingt wäre, die das Relief des Landes verursachten, also Erosion, Denudation usw., besteht

---

[1] „Meteor". Ber. über d. deutsche atlantische Expedition. Z. d. Ges. für Erdkde. Berlin 1927; und G. SCHOTT: Geographie des Atlantischen Ozeans. Hamburg 1926.

[2] Literatur: KRÜMMEL 1911, RUDZKI 1911.

[3] GÖTZINGER: Morphologische Bilder von der nördlichen Adria. Geol. Charakterbilder 5. Berlin 1911.

[4] ANDRÉE, K.: Über stetige und unterbrochene Meeressedimentation usw. N. J. f. Min. usw. 1908, Blgbd. 23. — Wesen, Ursachen und Arten der Schichtung. Geol. Rundsch. 6, 1915; 1920.

[5] HUMMEL, K.: Die Entstehung eisenreicher Gesteine durch Halmyrolyse (= submarine Gesteinszersetzung). Geol. Rdsch. 13 (1922).

[6] HEIM, A.: Über submarine Denudation und chemische Sedimente. Geol. Rdsch. 15 (1924).

nicht zu Recht. Besonders Hummel und Heim wiesen darauf hin, daß der Meeresboden einer Ausgestaltung unterworfen ist, die bis zu einem gewissen Grade sich den exogenen Kräften des Landes vergleichen läßt, wenngleich ihre Auswirkung zu anderem Ziele führt. Beide Forscher schlugen deshalb auch eine Terminologie für diese Vorgänge vor, deren Anwendung durchaus zweckmäßig erscheint, so daß sie hier angeführt sei. Als Halmyrolyse bezeichnet Hummel die submarine chemische Gesteinszersetzung, welche der Verwitterung des Landes entspricht. Heim möchte als entsprechenden Oberbegriff die Bezeichnung Exesion verwendet wissen und je nach dem Raum zwischen fluviatiler, lakustrer und mariner Exesion trennen. Den Begriff der Denudation (im Sinne der Abtragung) übernimmt er mit dem Zusatz „subaquatisch", wobei er je nach Vorgang weiter unterscheidet:

1. subaquatische Dissolution (= subaquatische Denudation unter Auflösung);

2. subaquatische Dereption (= subaquatische Denudation durch mechanische Wirkung der Strömungen);

3. subaquatische Solifluktion (= Rutschung von Sediment auf geneigter Unterlage).

Diesen Begriffsfassungen ist durchaus beizustimmen, besonders da sie für viele Fragen der Sedimentpetrographie eine wünschenswerte straffe Bezeichnung ermöglichen.

Weit größer als die chemische Erosionstätigkeit des Wassers ist die mechanische Tätigkeit durch Wasserbewegung. Sie ist zweierlei Art: entweder ein Strömen, d. h. das einzelne Wasserteilchen bewegt sich von einem Ort an einen anderen, oder eine Wellenbewegung, bei welcher die Bewegungsform fortschreitet, das Wasserteilchen jedoch in bestimmter Art um seine Ruhelage schwingt. Da die Tätigkeit des fließenden Wassers schon an anderer Stelle zur Erörterung gelangt ist, so braucht hier nur die Wellenbewegung selbst behandelt zu werden.

Die soeben erwähnte Bewegung des Wasserteilchens in der Welle besteht darin, daß es in einer Vertikalebene auf kreisförmiger oder elliptischer Bahn um eine Ruhelage schwingt: Orbitalbewegung. Das Profil der fortschreitenden Wellenform selbst entspricht sehr genau einer gestreckten Zykloide, einer Trochoide. Die Gestaltung dieser Kurve zeigt Abb. 25, wobei die Bewegung an einer Wellen-

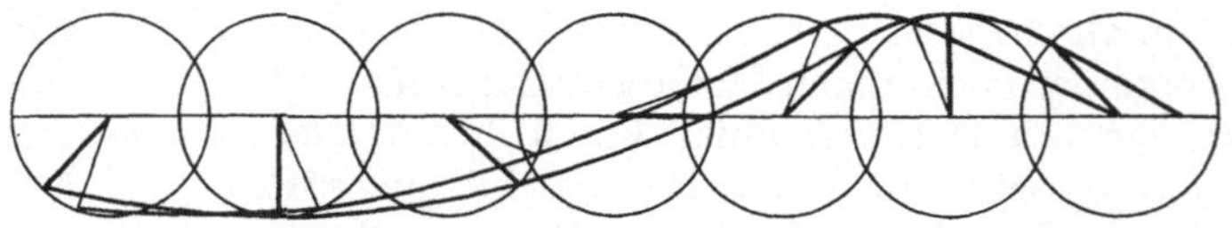

Abb. 25. Schema von trochoidalen Wellen.

Die Wellen wandern von links nach rechts. Die Orbitalbewegung erfolgt entgegengesetzt dem Uhrzeigersinn (Ruhepunkt ist jeweils der Kreismittelpunkt). Man sieht, daß im Wellenberg die Wellenbewegung gleichsinnig mit der Orbitalbewegung des Wasserteilchens erfolgt, im Wellental dagegen entgegengesetzt. (Nach Krümmel 1911.)

maschine dargestellt wird. Bei Kenntnis einer der drei Hauptmaße der Wellen, nämlich der Wellenlänge L (Entfernung von einem Wellenkamm zum anderen), der Periode T (Zeitdauer zwischen zwei aufeinanderfolgenden Wellenbewegungen) und der Fortpflanzungsgeschwindigkeit der Welle in der Sekunde (C) lassen sich nach den Trochoidgleichungen die anderen Werte bestimmen:

$$T = \frac{L}{C} = \sqrt{\frac{2\pi}{g}} \, L = \frac{2\pi}{g} \, C \, .$$

Setzt man π (3,142) und g (9,806) ein, so ergeben sich nach Schott[1] folgende Gleichungen:

$$C = 1,25 \ \sqrt{L} = 1,56 \ T,$$
$$L = 0,64 \ C^2 = 1,56 \ T^2,$$
$$T = 0,80 \ \sqrt{L} = 0,64 \ C.$$

Nach dem Vorschlag Krümmels unterscheidet man verschiedene Wellenformen. Als Kapillarwellen bezeichnet man die erste Kräuselung der Wasseroberfläche bei eintretendem Winde. Ihre Bildung unterliegt gewissen Zuständen der Oberflächenspannung. So interessant und wichtig sie für die Grundfragen der Wellenentstehung sind — die klassische Untersuchung von Helmholtz über den Einfluß des Windes als Erreger der Wellen gingen von den Kapillarwellen aus — spielen sie keine Rolle für die Arbeitskraft des Meeres. Die wirksamen Wellen sind die Windwellen = Seen und die durch tektonische oder vulkanische Kräfte erzeugten Dislokations- und Explosionswogen (hierher gehören die oft furchtbare Ausmaße annehmenden Erdbebenwellen, die „Tsunamis“) und die Gezeitenwellen (kosmischer Impuls). Unter verschiedenen Bedingungen erleiden die fortschreitenden Wellen starke Umformungen (so bei zunehmendem Winde, bei Veränderung der Wassertiefe und sonstigen Änderungen des Raumes). Sie sind es, welche zur Bildung der Sturzseen und der geologisch wichtigsten Meerestätigkeit, der Brandung, führen. Eine dritte Gruppe der Wellen sind die stehenden Wellen (= „seiches“, nach der Volksbezeichnung dieser im Genfer See häufigen und auffälligen Wellen). Ihrem Wesen nach handelt es sich um Wellen, bei welchen die Form nicht fortschreitet, sondern ein Wellenberg durch vertikale Bewegung zum Wellental wird und umgekehrt. Es ist eine häufige Wellenform innerhalb kleiner Wasserflächen, vor allem in Landseen und innerhalb von Meeresbuchten. Sie treten bisweilen auch auf großen Wasserflächen ein, wobei Teile der Wassermassen stehende Wellen bilden können (Mittelmeer). Vor allem stark entwickeln sich stehende Wellen an Riasküsten oder tiefen Buchten (Flußmündungen), wo sie teilweise ankernden Schiffen durch Losreißen gefährlich werden können. Über ihre geologische Auswirkung speziell ist wenig bekannt, obwohl sie sicher vorhanden sein dürfte.

Der Vorgang der Wellenumformung sei zunächst erörtert und dabei von der Annahme ausgegangen, daß die landwärts anlaufenden Wellen eine Flachküste mit sanftem Abfall vorfinden.

Die Geschwindigkeit der Flachwasserwellen beträgt nach Lagrange $c = \sqrt{gp}$, wobei c die Fortpflanzungsgeschwindigkeit, p die Wassertiefe und g die Schwerkraftbeschleunigung ist. Sie nimmt also bei abnehmender Tiefe ab.

Auch die Wellenlänge wird verringert, da in der Formel für die Wellenlänge auch die Wassertiefe erscheint ($\lambda = \tau\sqrt{gp}$, worin τ die Periode der Welle ist). Bei Annäherung an den Strand drängen sich die Wellen zusammen.

Da die Wellen vom tieferen ins seichtere Wasser übertreten, erfolgt bei jeder Welle eine gleiche Verzögerung. Die Wellenperiode bleibt also gleich.

Eine Zunahme erfährt die Wellenhöhe, wodurch besonders bei den Steilküsten die außerordentliche Kraftleistung hervorgeht. Auf der Flachküste erzeugen die brandenden Wogen gewissermaßen einen Überschuß an Wasser, welcher wieder als Grundstrom seewärts fließt (Soogstrom).

Alle diese Wellenumformungen sind von den Veränderungen der Orbitalbewegung abhängig. Die Bewegungsbahn ist zunächst eine kreisförmige bis

---

[1] Schott, A.: Wissenschaftliche Ergebnisse einer Forschungsreise zur See 1891/92. Pet. Mitt. 1893.

elliptische Bahn. Schon bei der Strandbrandung (auf einer Flachküste im Gegensatz zur Klippenbrandung bei der Steilküste) nimmt, wie erwähnt, die Wellenhöhe zu. Die Ursache ist darin zu suchen, daß bei abnehmender Tiefe die Achsen der bei der Orbitalbewegung beschriebenen Bahnen sich ändern. Das freie Ausschwingen in einem Kreis oder in schwach elliptischen Bahnen wird immer stärker unterdrückt. Infolge des Soogstromes sowie der dadurch und durch andere Ursachen bedingten Asymmetrie der Wellen beim Anlaufen des Strandes (welches übrigens verschieden erklärt wird) wird die horizontale Amplitude der Schwingung verkürzt. Die Einwirkung findet also auf der Vorderseite (Richtung Strand) der Horizontalachse statt. Als Ausweichrichtung bleibt für das Wasserteilchen dann nur die vertikale Richtung, und zwar nach oben, d. h. die Wellenhöhe muß zunehmen. Dies kann so weit führen, daß schließlich vom Wellenkamm sich selbständige Wassermassen lösen und frei in die Luft geschleudert werden.

Das größte Ausmaß der Strandbrandung findet in Form der Kalema statt, wie sie z. B. an der Guineaküste auftritt. Unter Einfluß der Passatwinde entwickeln sich auf offener See lange, rasche Wellen (ca. 350 m lang bei einer Sekundengeschwindigkeit von rund 24 m), die schließlich in hohen sich überstürzenden Wellen das Land erreichen.

Bei der Klippenbrandung an Steilküsten erfahren die anrollenden Wogen eine Reflexion (wie bei Licht- und Schallwellen). Die reflektierten Wellen interferieren mit den ankommenden Wellen. Bei der Klippenbrandung erreicht die vertikale Kraftleistung ihr höchstes Ausmaß. Die horizontale Amplitude der Orbitalschwingung wird rasch durch die reflektierten Wellen unterdrückt, und der nach oben gerichtete Impuls tritt ausschließlich in Erscheinung. Am klarsten zeigt dies die Auswirkung. Der Vertikaldruck des Klippenbrandungswassers beträgt in einem beobachteten Fall auf 1 m² bis zu 11 500 kg, der Horizontaldruck dagegen nur 137 kg. Bis 50 m über Mittelwasser kann das Wasser bei der Klippenbrandung emporgeschleudert werden, und dieser nach oben gerichtete Angriff ist es, dem der Hauptanteil an der Zerstörung der Steilküste zukommt.

Bei den bisher erörterten Erscheinungen war stillschweigend angenommen, daß der Wind die Ursache der Wellen war (Windwellen). Genau die gleichen Erscheinungen treten naturgemäß auch bei anderen als durch Wind erzeugten Wellen auf, also den durch Erdbeben, Vulkane[1] oder Gezeiten erzeugten Wellen. Es handelt sich daher nur darum, noch kurz deren Entstehung zu streifen. Die Auslösung der erstgenannten Wellen (durch Erdbeben und Vulkane) erfolgt auf dem Meeresgrund. Es entstehen nun außer den transversalen Wellen (alle Windwellen waren transversal) auch longitudinale Wellen, die der Beobachter auf Schiffen als scharfe Stöße bei oft völlig ruhiger See verspürt. Von größerer Bedeutung wegen ihrer Auswirkungen sind jedoch wieder die transversalen Wellen. Wo durch ein Erdbeben plötzlich Niveauveränderungen des Meeresbodens erfolgen (auch indirekt, so etwa durch Auslösung von subaquatischen Abrutschungen), können Wellen entstehen, deren Wirkungen zu den katastrophalsten Vorgängen gehören: es sind die Flutwellen der Erdbeben, die Tsunamis, welche meist mehr Opfer fordern als das Beben auf dem Lande selbst. Aus jedem Küstengebiet, welches Erdbeben unterworfen ist, sind solche Verheerungen bekannt geworden (Japan, Chile, Lissabon 1755 usw.). Das größte Ausmaß erreichen die Tsunamis vor allem im Pazifik. Das japanische Beben 1854 löste Flutwellen aus, die nach 12½ Stdn. durch die Mareogramme an der kalifornischen Küste registriert wurden. Wohl die größte Flutwelle erzeugte der Ausbruch des Krakatau 1883. Die am Katastrophenort über 15 m hohen Wogen erreichten noch an der ceylonischen Küste

---

[1] Rudolph: Über submarine Erdbeben und Eruptionen. Gerlands Beiträge zur Geophysik 1 (1887); 2 (1895); 3 (1898).

fast $2^1/_2$ m, in Westaustralien 1,5 m. Selbst an der westeuropäischen Küste ließen sich die letzten Ausläufer durch Störungen in den Gezeitenwellen nachweisen. Große Geschwindigkeiten (bis 800 m/sek), lange Perioden ($^1/_4$—2 Stdn.) und Wellenlängen (bis mehrere 100 km) charakterisieren derartige Riesenwellen. So furchtbar ihre Auswirkungen bei ihrer Umformung zu Brandungswogen für den Menschen sind, geologisch spielen sie kaum eine Rolle, da es sich doch nur um exzeptionelle Vorgänge handelt.

Von größter Bedeutung sind dagegen die Gezeitenwogen als permanent wirkender Faktor. Für die Theorie der Gezeitenentstehung muß auf die Spezialliteratur und zusammenfassenden Werke — insbesondere auf KRÜMMEL — verwiesen werden. Hier interessieren zunächst nur die unmittelbaren Voraussetzungen für die Arbeitsleistung. Diese bestehen vor allem im Gezeitenhub, der Differenz zwischen Hochwasser (= höchster Wasserstand einer Tide) und dem Niedrigwasser. Hierdurch wird die Ausdehnung der Angriffsfläche bestimmt, welche z. B. den Brandungswellen bei dem verschiedenen Wasserstand an der Küste zur Verfügung steht. Die größte Hubhöhe ist von der Küste Neuschottlands bekannt geworden (bis 15,4 m); Portishead (Bristolkanal) zeigt einen Tidenhub von 12,8 m, Granville (Ärmelkanal) 11,5 m usw.

Von ebenso großer Bedeutung sind die durch die Flutwellen erzeugten Gezeitenströme, welche als wichtige Faktoren an zahlreichen Küsten den Materialtransport beeinflussen und in breiten Flußmündungen den Fluß weit aufwärts (bis zur ,,Flutgrenze") beeinflussen. Der Beeinflussungsbereich der Gezeiten in Flußmündungen, das Flußgeschwelle, ist im einzelnen durch zahlreiche morphologische Modifikationen bedingt. Im Amazonas, der das größte Flußgeschwelle besitzt, beträgt dieses 870 km. Im Kongo nur 170 km, da hier Stromschnellen das weitere Wandern der Beeinflussung unterdrücken. Ferner ist die Ausdehnung des Flußgeschwelles von der Wasserführung des Flusses selbst abhängig, und zwar derart, daß bei Hochwasser das Flußgeschwelle eingeengt wird.

Wo ein sehr rasches Eindringen des Flutstromes in das Flußgeschwelle stattfindet, erfolgt dies in Form der Sprungwelle (= Stürmer = Bore), d. h. das Flutwasser läuft mit wallartiger Front stromaufwärts, wobei die Höhe bis zu 8 m steigen kann. Sie spielen für eine Umlagerung der Sedimente in Ästuarien eine Rolle.

Als geologisch wichtiger Faktor treten weiter die Meeresströmungen auf, wofür an anderer Stelle noch Beispiele zu geben sind.

Die geologische Auswirkung der zerstörenden Kräfte: Meereserosion.

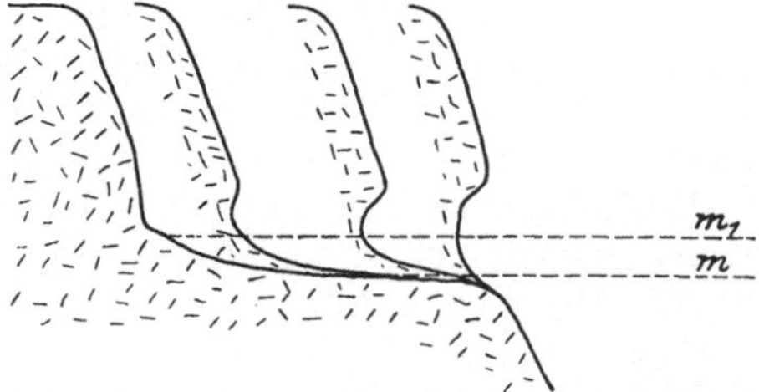

Abb. 26. Schema der Zurücklegung einer Steilküste durch Brandungswirkung.

m = Niedrigwasser; m_1 = Hochwasser.

Wie schon mehrfach erwähnt, äußert sich die zerstörende Tätigkeit des Meeres am stärksten in der Brandung. Es sei zu näherer Betrachtung von den Verhältnissen einer Felssteilküste ausgegangen. Das aufgearbeitete Material unterliegt zunächst einer gewissen Seigerung dergestalt, daß die kleinen Teilchen durch die Strömungen verfrachtet werden. Die Brandungswoge schafft sich in der Steilküste einen Kolk von der Gestaltung in Abb. 26, eine Brandungshohlkehle. Die erosive Kraft des Wassers wird noch durch zahlreiche Faktoren verstärkt. Gerölle und Geschiebe von oft ganz beträchtlichen Dimensionen können von der Brandungswoge als Projektile verwendet werden und die Zerstörung beschleunigen.

Die lösende Wirkung des Meerwassers und die Tätigkeit der auf den Felsen lebenden Organismen arbeiten der mechanischen Zerstörung vor. Der Boden der Brandungshohlkehle wird schließlich mehr oder weniger abgeschliffen und fällt sanft gegen das Meer. Das Land wird also abgenagt, eingeebnet, und bereits 1846 erklärte der englische Forscher Ramsay gewisse Verebnungen der Landoberfläche als Folge der einebnenden Meeresbrandung. Bei diesem im Grundkern richtigen Gedanken vergaß Ramsay ein Moment, nämlich, daß bei unveränderter Lage des Meeresspiegels der Erosion der Brandungswelle bald ein Ziel gesetzt ist, da bei einer gewissen Ausdehnung der Brandungsböschung die anrollenden Wogen sich schließlich wie auf einem Flachstrand verhalten und die abschließende Steilküste nicht mehr erodieren können. Unabhängig von Ramsay hatte v. Richthofen[1] in ostasiatischen Gebieten ebenfalls die Bedeutung der „abhobelnden" Wirkung der Meereswoge erkannt und diesen Vorgang als marine Abrasion bezeichnet. Über Ramsay hinausgehend, erkannte er zugleich, daß für die große Verbreitung der Abrasionsfläche die Veränderung des Meeresspiegels notwendig sei, und zwar durch Senkung des Landes. Hierdurch wird der Meeresbrandung die Möglichkeit gegeben, immer weiter landeinwärts vorzudringen und hierbei schließlich eine Verebnung zu schaffen, die Abrasionsfläche (Abb. 27).

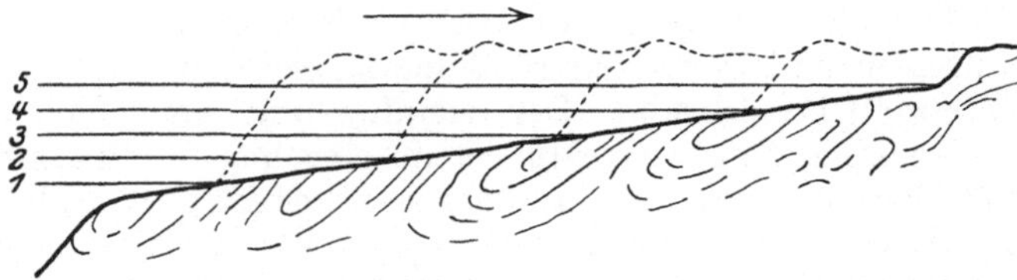

Abb. 27. Schema der Entwicklung einer Abrasionsfläche infolge Landsenkung.

1—5: Meeresniveau zu verschiedenen Zeiten bei fortschreitender Landsenkung. Das Meer stößt vor (Richtung des Pfeiles): Transgressionsrichtung. Punktiert: Abgetragener Teil des Landes mit den den Meeresständen entsprechenden Steilküstenlagen.

Anhangsweise unter gleichzeitigem Verweis auf Abschnitt B 3e sei erwähnt, daß neben der marinen Abrasion auch die von Penck, Hettner, Davis u. a. vertretene subaërische Abrasion (durch Massenbewegung und Massentransport) stattfindet, welche ebenfalls zu einer Verebnung des Landes führt.

Ganz analog wie für die Tätigkeit der fluviatilen Erosion ist auch für die marine Erosion das Hinzutreten von tektonischen Bewegungen notwendig, um die Wirkungen zu vergrößern. Unter den zahlreichen Beispielen rezenter und fossiler Art, die sich in der Literatur finden, sei auf das besonders schöne Beispiel der nordalgerischen Abrasionsterrassen verwiesen[2].

Das Verhalten der Küste ist naturgemäß im höchsten Maße von der Gesteinsbeschaffenheit abhängig. Von Interesse hierzu sind die experimentellen Untersuchungen, welche Hagen[3] zu diesen Fragen geliefert hat und bei verschiedenem Material und von einer bestimmten Böschung desselben ausgehend die Wirkung der Brandung untersuchte. Die experimentell gewonnenen Ergebnisse stimmten auch recht gut mit den tatsächlichen Verhältnissen überein. Unter den zahlreichen Einzelbeispielen seien die Untersuchungen von Philippson[4], Wheeler[5],

[1] Richthofen, F. v.: China 2. 1884.
[2] Fischer, Th.: Küstenstudien und Reiseeindrücke aus Algerien. Z. d. Ges. f. Erdkde. Berlin 1906.
[3] Hagen, Th.: Handb. d. Wasserbaukunst. 1878.
[4] Philippson, A.: Über die Typen der Küstenformen. Richthofen-Festschr. 1893.
[5] Wheeler: The sea coast. London 1903.

BRAUN[1] und BRÜCKMANN[2] genannt. Im festen Gestein selbst modifizieren die Lagerungsverhältnisse und Klüftung weitgehend das Küstenprofil der Brandungszone.

Zur Kenntnis der zahlreichen Einzelformen der Zerstörung: Brandungshöhlen, -tore, Pilzfelsenbildung, Pfeilerbildung, Strudelkessel u. a. sei auf die zusammenfassende Darstellung ANDRÉEs verwiesen (1920)[3].

Kurz sei der Tätigkeit der Brandungswirkungen zur Zeit der Sturmfluten gedacht, die gewissermaßen das Äquivalent der Flußerosion zu Hochwasserzeiten darstellt, und von deren Wirkungen unsere Küsten ja häufig betroffen werden. Gute Beispiele liefern OTTO[4], TORNQUIST[5] sowie GEINITZ[6].

Die Tiefenwirkungen der Brandungswellen sowie der Windwellen überhaupt sind mit wenigen Ausnahmen gering. Noch bis 50 m Tiefe wird bei schwerem Wellengang der Meeresgrund aufgerührt (Sand in den Sturzseen). Nach KRÜMMEL werden Durchscheuerungen von Kabel infolge hin und her bewegter Steine bis zu 1800 m Tiefe beobachtet, woraus auf bisweilige Wellenwirkungen in diesen Tiefen geschlossen wurde. Dies stellt jedenfalls seltene Ausnahmen dar. Immerhin darf angenommen werden, daß im Bereich des Schelfs, also bis 200 m Tiefe, der Wellengang noch eine gewisse aufreibende Wirkung auf den lockeren Meeresgrund besitzt[7].

Die Erosionswirkungen von Gezeitenströmungen und Meeresströmungen bestehen vor allem in der Ausräumung von Lockermaterial. Von zahlreichen Stellen ist bekannt, daß (oft bis zu großer Tiefe) Strömungen den felsigen Meeresboden förmlich freifegen. Sie unterdrücken an solchen Stellen die Sedimentation und geben damit zu lückenhafter Sedimentation Veranlassung. Darauf scheint sich die erosive Tätigkeit im allgemeinen zur Hauptsache zu beschränken. Von einigen Stellen, besonders Meeresstraßen, ist jedoch auch starke erosive Tätigkeit bekannt, so daß ANDRÉE geradezu von „Erosionsstraßen" spricht (Beispiel: Straße von Dover).

Wichtig werden die Gezeitenströmungen in den Wattenmeeren und den Ästuarien. Zerstörende und aufbauende Tätigkeit sind hier auf das engste verbunden und kaum getrennt zu behandeln[8]. Die Ästuarien würden bald an dem vom Flusse beigeführten Schlamm ersticken, wenn nicht das Flutwasser für eine ständige Ausräumung sorgte. Dieses Material gelangt in die See, wo es (wenn nicht etwaige Küstenströme eine weitere Verfrachtung bewirken) schließlich zur Ablagerung kommt. In solchen Ablagerungen, welche bis nahe an die Niederwassergrenze und selbst noch darüber wachsen, halten sich die Flut- und Ebbewasser durch erosive Wirkung Rinnen frei, durch welche der Ein- und Auslauf des Wassers erfolgt (Flut- und Ebberinne). Verschärfte Einwirkungen der Ge-

---

[1] BRAUN, G.: Entwicklungsgeschichtliche Studien an Flachlandsküsten. Veröff. d. Inst. f. Meereskde d. Univ. Berlin 15 (1911).

[2] BRÜCKMANN, A., und EVERS: Beobachtungen über Strandverschiebungen des Samlandes. Tl. 1, 2 u. 3. Schrift. d. physik.-ökon. Ges. Königsberg 1911.

[3] Vergl. auch K. v. SEEBACH: Über die Wellen des Meeres und die geologische Bedeutung. Berlin 1872.

[4] OTTO u. Mitarb.: Geol. Mitteilungen der Sturmflut des Jahres 1913/14. Jb. d. preuß. geol. Landesanst. 35 (1914).

[5] TORNQUIST: Die Wirkung der Sturmflut 1914 auf Samland. Schrift. d. physik.-ökon. Ges. Königsberg. 1915.

[6] GEINITZ, E.: Der Landesverlust der mecklenburgischen Küste. Mitt. a. d. Großherzogl. Mecklbg. Geol. Landesanstalt XV. Rostock 1903.

[7] Siehe KRÜMMEL 1911 und ANDRÉE 1920, S. 13 ff.

[8] KRÜMMEL, O.: Über Erosion durch Gezeitenströme. Pet. Mitt. 35 (1889). — Über die Umformung der Küsten durch Meeresströmungen. Mitt. d. Geogr. Ges. Hamburg 1890. — PENCK, A.: Morphologie der Erdoberfläche. Stuttgart 1894. — SCHUCHT, F.: Das Wasser u. seine Sedimente im Flußgebiet d. Elbe. Jb. d. pr. geol. Landesanst. 25 (1904).

zeitenströme treten schließlich auf, wo eine Flußmündung rasche Änderungen des Querprofils zeigt[1].

Prinzipiell die gleichen Auswirkungen zeigen die Gezeitenströmungen in den Schlicken der Wattenmeere, welche von einem förmlichen Netz von Kanälen für das Flut- und Ebbewasser durchzogen sind.

Ähnlich wie die Flüsse unterliegen auch die Gezeitenströme Verlagerungen durch die Erdrotation (Baersches Gesetz, s. Abschnitt B 3a).

4. Die aufbauende Tätigkeit des Meeres.

Dieses gewaltige Gebiet und die zahlreich sich daran knüpfenden Fragen auch nur annähernd erschöpfend zu behandeln, ist innerhalb des zur Verfügung stehenden Raumes nicht möglich. Seit J. Walther[2] zum erstenmal die organischen und anorganischen Vorgänge im Meere für historisch-geologische Zwecke einer systematischen Behandlung unterwarf, erkannte man, daß die Kenntnis des Meeres die Grundlage für das Verständnis der fossilen Sedimente bildet. Eine Reihe von Forschern führten diesen Gedanken weiter, und wir haben Philippi, Andrée, Richter, Weigelt, Wetzel und vielen andern zahlreiche zusammenfassende Darstellungen und feinsinnige Untersuchungen zu verdanken, durch welche ganz neue Betrachtungsweisen der fossilen Sedimente eingeführt wurden, wie sich dies denn auch in vielen neueren stratigraphischen und paläogeographischen Arbeiten auswirkte. Das besondere Verdienst Andrées war es, eine fast lückenlose Verarbeitung der sehr zerstreuten ozeanographischen Literatur hinsichtlich der geologisch wichtigen Daten vorzunehmen. Ein enorm reiches Material brachte schließlich das erste nach dem Kriege entsandte deutsche Vermessungsschiff „Meteor" mit, von welchem die ersten für geologische Fragen interessanten Darstellungen von Pratje und Correns vorliegen[3].

Der Meeresraum als Vorplatz der verschiedenartigsten anorganischen Vorgänge sowie als unerschöpflicher Lebensraum verleiht den sich hier bildenden Sedimenten ihre große Mannigfaltigkeit, was sowohl ihre stofflichen als räumlichen Verhältnisse anlangt. Hinzu kommt, daß eine Reihe von Sedimenten nach ihrem Absatz schon sehr bald verschiedenen Veränderungen chemischer und physikalischer Art unterworfen sind, welche man mit dem Sammelbegriff „Diagenese" bezeichnet. Es ist gewissermaßen das „Altern" der Gesteine, die Vorgänge, welche schließlich das fossile Gestein schaffen. Es handelt sich vor allem um verschiedene Kristallisationsvorgänge, die je nach den Voraussetzungen verschieden verlaufen[4]. Kolloidales Ausgangsmaterial, z. B. Kieselsäuregele, unterliegen einer spontanen Kristallisation (Chalzedon, Quarz[5]). Der wenig stabile Aragonit wandelt sich in stabileren Kalzit um, der in manchen Fällen (z. B. in Korallenriffen) nachträglich dolomitisiert wird. Erhärtungsvorgänge gehen meist mit den diagenetischen Vorgängen zusammen. Die organische Substanz in ihren verschiedenen Zersetzungsstadien beeinflußt ihrerseits wieder den Ablauf der diagenetischen Vorgänge in einer z. T. noch wenig bekannten Weise.

Die Einteilung der marinen Sedimente erfolgt in Anlehnung an Krümmel und Philippi nach chorologischen Gesichtspunkten: 1. litorale Ablagerungen (Strandablagerungen und Schelfablagerungen), 2. hemipelagische Ablagerungen (Sedimente des Kontinentalabfalles), 3. eupelagische Ablagerungen (Sedimente der Tiefsee und der Tiefseegräben). Wiederum sollen aus den schon eingangs erwähnten Gründen vor allem die litoralen Ablagerungen behandelt werden.

---

[1] Z. B. die Gezeitenkolke, Krümmel 1889.
[2] Walther, J.: Einleitung in die Geologie als historische Wissenschaft. Jena 1893.
[3] Lit. „Meteor" 1927.
[4] Andrée, R.: Die Diagenese der Sedimente. Geol. Rdsch. 2 (1911).
[5] Siehe Wetzels Untersuchungen von Feuersteinen. N. J. f. Min. usw. 1922, Blgbd. 47.

Entsprechend dem Bildungsraum und biologischen Milieu enthalten die Sedimente zunächst ihren besonderen Charakter durch die Art und Herkunft ihrer Komponenten. Eine Zusammenstellung der möglichen Komponenten gab ANDRÉE (1920), welche hier in gekürzter Form folgt.

	Minerogene Komponenten		Biogene Komponenten		
	Halmyrogen (Ausscheidung)	Klastisch	Benthogen	Nektogen	Planktogen
Autochthone Komponenten	Kalke z. T. (einige Oolithe?)	Das Material entstammt aus aufgearbeitetem Meeresboden	Riffe.	Anhäufungen nektonisch lebender Organismen mit fallweiser Einzelentscheidung, ob als autochthon oder allochthon zu betrachten	Globigerinenschlamm, Pteropodenschlamm, Radiolarienschlamm u. ä. (Hochseeplankton!)
Allochthone Komponenten	Strandsalze	Chersogen (= vom Land stammend) Kosmogen (Meteoreisen usw.)	Verschwemmte Landpflanzen u. Landtiere		

Beispiele einiger Sedimente mögen nun folgen, und zwar zunächst Ablagerungen des Strandes, d. h. des Gebietes, welches durch Hoch- und Niedrigwasser bald Land- bald Meeresgrund wird. Die Strandbreite wechselt naturgemäß je nach den Schwankungen sowie dem Gefälle. Vor felsigen Steilküsten schafft die Brandung Blocklager aus den losgerissenen Gesteinen, wobei klimatische Vorgänge (Spaltenfrost z. B.) die Zerstörung begünstigen. Aus den Geschiebemergelkliffs wäscht die Brandungswelle das feine Material aus, die Blöcke sacken zusammen und bilden den Blockstrand, wie er von vielen Stellen der Ostsee bekannt ist. Es ist der „Vorstrand", wie ihn BRAUN[1] bezeichnete. Im einfachsten Fall zeigt er eine einseitige (seewärts) gerichtete Böschung. Tritt der Fall ein, daß Abfuhr durch das Meer und Zufuhr vom Land annähernd gleich groß sind, entwickelt sich aus dem Vorstrand ein Strandwall mit see- und landwärts ausgebildeter Böschung, wie er für den Flachstrand vor allem typisch ist. Biologische und petrographische Voraussetzungen modifizieren den Aufbau der Strandwälle im einzelnen (vor allem durch pflanzliche, seltener tierische Reste). Alles in allem stellen Strandwälle naturgemäß sehr veränderliche Aufschüttungsformen dar.

Stärkere Verfrachtung des Sandmaterials an den Küsten entsteht infolge der Küstenversetzung[2]. Die Nehrungen der Ostseeküste, die Lidi der Adria, die Peressips und Strielki des Schwarzen und Asowschen Meeres sind das Ergebnis derartiger Küstenversetzungen. Mit diesen Verfrachtungen erfolgen oft weitgehende Seigerungsvorgänge, welche vielfach zu Seifenbildungen führen, die praktisch wichtig werden (Goldseifen, Zinnseifen usw.).

Eine besondere Rolle spielen die Schlickablagerungen des Strandes. Für den Absatz dieses Materials ist das salzhaltige Meerwasser als Elektrolyt nicht unwesentlich, da es den Niederschlag beschleunigt und damit eine Sonderung nach Korngrößen herabsetzt. Am bekanntesten sind die Schlicke der Nordseewatten, welche durch einen hohen Gehalt an organischer Substanz und Schwefeleisen eine dunkle bis blauschwarze Färbung besitzen. Ein recht interessantes Ergebnis zeitigten die Untersuchungen PRATJES[3], der durch mechanische Analysen des Wattenschlickes nachwies, daß der Tongehalt — den man nach dem schmierigen und bindigen Verhalten des Wattenschlickes als groß anzu-

---

[1] BRAUN, G., a. a. O. 1911.   [2] PHILIPPSON, A., a. a. O. 1893.
[3] PRATJE, O.: Alte und junge Sedimente am Grunde der Nordsee. Z. d. dt. geol. Ges.
76 (1925).

nehmen geneigt ist — recht gering ist. Rohton ($< 0{,}003$ mm) tritt im Durchschnitt nur etwa mit Mengen von 5—10% auf. Die Wattenschlicke zeigen im übrigen lokale Verschiedenheiten. Über das Verhalten der aus Schlicken entstandenen Marschböden und ihrer vielfachen Veränderungen siehe Schucht, welcher zugleich die Schlickversetzungen in den Flußwindungen untersuchte[1].

Kurz sei auf die schwefeleisenreichen Schlicke der südrussischen Limane und den „heilsamen Meeresschlamm" der Ostseeprovinzen verwiesen[2]. Über die sehr interessante Frage der Schwefeleisenverbindungen — Einfachschwefeleisen, Eisensulfidhydrat, Melnikowit, Pyrit — in den rezenten und fossilen Schlicken geben die Untersuchungen von Doss[3] Auskunft.

Von besonderem Interesse ist der unter Einwirkung von Schwefelbakterien sich vollziehende Schwefelkreislauf[4]. Die Schwefelbakterien oxydieren Schwefelwasserstoff (als Produkt der Fäulnis tierischer Substanzen) zu Schwefelsäure, wobei aber ein Teil des Schwefels zunächst in Form ölig weicher Tropfen in den Zellen aufgespeichert wird. Die bei der weiteren Oxydation des Schwefels frei werdende Energie dient den Bakterien als fast alleinige Quelle für die Lebenserhaltung. Die entstehende Schwefelsäure muß, sofern die Bakterien lebensfähig bleiben sollen, neutralisiert werden (Gipsbildung!). Die weitere Untersuchung zeigt, daß diese Schwefelbakterien (Sulfobakterien) z. T. abhängig sind von einer Gruppe, die Schwefelwasserstoff erzeugt (desulfurierende Bakterien).

Schneiderhöhn[5] gelang es, im Kupferschiefer des Zechsteins fossile Schwefelbakterien nachzuweisen, was für die Entstehung derartiger Sedimente von höchstem Interesse ist. Das gleiche gilt auch für die bituminösen Schiefer des Lias[6].

Für Schlickbildung begünstigend kann die Vegetation werden (Mangrovewälder, Seegras- und Tangwiesen), die als Schlickfänger wirken. In neuester Zeit glaubt Abel[7] ein fossiles Äquivalent im Flysch zu sehen.

Von den Schelfablagerungen seien zunächst kurz die Riffbildungen genannt, speziell die Korallenriffe als Musterbeispiel eines biogenen Sedimentes, deren aufbauende Formen benthonisch sind. Sie sind die typischen biogenen Aufbauformen der tropischen Meere. In erster Linie kommen als Riffbildner die Korallen, Kalkalgen und (beschränkt) Serpuliden in Betracht, denen sich als Riffbildner der erdgeschichtlichen Meere noch zahlreiche andere Formen anschließen, vor allem Schwämme (im deutschen Malm) und Bryozoen (im mitteldeutschen Zechstein).

---

[1] Schucht, F.: Beiträge zur Geologie der Wesermarschen. Z. f. Naturw. **76** (1903).

[2] Zusammenfassend bei Doss: Über den Limanschlamm des südlichen Rußlands. Korrespbl. d. Naturw. Ver. Riga **43** (1900) und Andrée 1920.

[3] Doss, B.: Über die Natur und Zusammensetzung des in miozänen Tonen des Gouv. Samara auftretenden Schwefeleisens. N. J. f. Min. usw. **1912**, Blgbd. **33**, und: Melnikowit, ein neues Eisenbisulfid und seine Bedeutung für die Genesis der Kieslagerstätten. Z. f. prakt. Geol. **20** (1912).

[4] Winogradsky: Über Schwefelbakterien. Botan. Ztg. **45** (1887). — Jegunow, M.: Schwefeleisen und Eisenoxydhydrat in den Böden der Limane und des Schwarzen Meeres. Annuaire geol. et min. de la Russie **2** (1897). — Weinberg, W.: Zur Frage und Kenntnis der Bakterien und des Schlammes des Kubjalnitzki-Limans. Arb. d. Komm. z. Erf. d. Limane. Schriften d. neuruss. naturw. Ges. **22** (1898). — Silberberg, L.: Zur Frage der Schwefelwasserstoffgärung in den Odessaer Limanen und im Schwarzen Meer. Ebd. **23** (1899).

[5] Schneiderhöhn, H.: Chalkographische Untersuchungen des Mansfelder Kupferschiefers. N. J. f. Min. usw. **1922**, Blgbd. **57**.

[6] Frebold, G.: Der Stand des Problems der Entstehung des Mansfelder Kupferschiefers. Geol. Rdsch. **14** (1923). — Haas, P.: Monographie d. Ölschiefer des deutschen Lias „Braunkohle". Halle 1922. — Pompeckj, I. F.: Das Meer des Kupferschiefers. Branka-Festschr. 1914 und Z. d. dt. geol. Ges. **72** (1921). — Abel, O.: Lebensbilder aus der Tierwelt der Vorzeit. Jena 1922.

[7] Abel, O.: Ein Lösungsversuch des Flyschproblems. Wiener Akad. d. Wiss. 1925.

Rezente Serpulidenriffe, oft in morphologisch gleichen Bauten wie Korallenriffe (Atolle, Barriereriffe, Saumriffe) sind u. a. aus den Bermudas beschrieben. An anderer Stelle treten Serpulidenriffe mehr rasenförmig auf. Als fossiles Analogon sei der Serpulit des obersten Malms Norddeutschlands genannt. Vorwiegend rasenförmig, seltener eigentliche Riffe bildend, treten die Kalkalgen auf. Sie bilden außerdem vielfach einen wesentlichen Bestandteil in der Fauna der Korallenriffe. Dank ihrer viel größeren Anpassungsfähigkeit an verschiedene Temperaturen und Tiefen (bis zu 200 Faden = etwa 360 m) finden sich die Kalkalgen in allen Meeren verbreitet, wo sie teilweise erheblichen Anteil an der Sedimentbildung haben (Lithothamnium glaciale im südlichen Eismeer, Halimedasande und -kalke der Südsee usw.) Auch fossil erreichen zeitweilig die Kalkalgen große Bedeutung, so z. B. in der alpinen Trias (Gyroporella und Diplopora der südalpinen Dolomiten).

Die größten Riffe der Jetztzeit werden von den Korallen gebildet, wobei aber innerhalb der Lebensgemeinschaft des Riffs die Korallen durchaus nicht immer quantitativ das herrschende Element zu sein brauchen. Vielmehr liegt ihre Bedeutung darin, daß sie die Rolle einer Bühne spielen und den Lebensraum für andere Formen abgeben. Die wichtigsten Riffbildner unter den Korallen — man denkt hierbei in erster Linie an die Riffe der tropischen Meere — gehören den Madreporen, Asträen, Poriten, Mäandrinen an. Sie alle sind ausgesprochen stenohalin und stenotherm, zudem empfindlich gegen mancherlei andere Einflüsse (z. B. Schlammtrübung), so daß der mögliche Lebensraum beschränkt ist. Die maximale Tiefe für das Leben der Riffkorallen beträgt 40 m, die Temperatur darf nicht unter 20° sinken. Daraus resultiert die horizontale Verbreitung der Korallenriffe, die zwischen 32° nördlicher und südlicher Breite liegt. Weitere Bedingungen des Auftretens sind ferner durch die Verhältnisse der Nahrungsaufnahme gegeben (die Polypen nähren sich von kleinstem Plankton).

Die morphologische Gestaltung der Riffe wurde seit CH. DARWINS klassischen Untersuchungen an den Korallenriffen der Südsee (der in A. v. CHAMISSO einen vorzüglich beobachtenden Vorgänger hatte) Gegenstand zahlreicher Erörterungen. Es entwickelte CH. DARWIN die Vorstellung, daß die auch jetzt noch unterschiedenen Riffarten, nämlich Saumriff (an das Land anlehnend), Wallriff (vom Lande durch eine Lagune getrennt) und Atoll (mehr oder weniger ringförmige Riffe ohne Land) das Ergebnis von Senkungsvorgängen des Meeresbodens seien. Untersuchungen vor allem durch nordamerikanische Forscher (besonders AGASSIZ) in den westindischen Meeren ergaben, daß die gleichen Rifformen auch ohne Senkungen sich bildeten. Um dieses Problem, welches lange Zeit als das umstrittenste für die Riffbildung überhaupt galt, zu klären, wurde auf der Koralleninsel Funafuti (Australien) eine Bohrung niedergebracht, welche bei 213 m Tiefe noch im Korallenkalk stehenblieb. Damit war für die Korallenriffe der Südsee die Richtigkeit der DARWINschen Senkungstheorie erwiesen. Auch die gegensätzliche Annahme für die westindischen Riffe besteht zu Recht. Das Wachstum wird zwanglos durch die stärkere periphere Nahrungszufuhr an einem Riff erklärt, wobei die Polypen im Innern des Stockes benachteiligt sind, schließlich zugrunde gehen und das Kalkskelett nach Abfaulen der Weichteile aufgelöst wird.

Es ist von gewissem Interesse, daß man in den letzten Jahren auch Korallenbänke aus tiefem und kaltem Wasser kennenlernte[1]. So wird die ganze norwegische Küste von Korallenbänken in ca. 900 m Tiefe begleitet, die Formen selbst gehören den Madreporarien an. Die dadurch erwiesene weitgehende Anpassungsfähigkeit der Korallen warnt vor allem, die Korallen der früheren Erdperioden als eindeutige Klimaindikatoren zu verwerten.

---

[1] PRATJE, O.: Korallenbänke in tiefem und kühlem Wasser. Zlbl. f. Min. usw. 1924.

Ein Sonderproblem sedimentpetrographischer Art, welches sich ebenfalls an die Riffe knüpft, ist die nachträgliche Dolomitisierung. Die Funafutibohrung zeigt eine vertikale Gliederung des Riffs in drei Zonen: bis 30 m (also bis innerhalb der Lebenszone) bestand das Material aus Aragonit (bei Bildung von Kalkhartteilen durch Organismen wird das Kalkkarbonat meist in der rhombischen Modifikation des Aragonits, selten als Kalzit ausgeschieden). Von rund 30—194 m folgt die Kalzitzone (Umwandlung des Aragonits zu Kalzit). Die Probe aus 194 m zeigt 3,23 % $MgCO_3$. Dann erfolgt ein scharfer Sprung im Gehalt von Magnesiumkarbonat: die Probe aus 195 m enthielt 26,49 % $MgCO_3$, der nun dauernd anstieg, um bei der größten erreichten Tiefe rund 40 % zu betragen. Die Dolomitisierung dürfte als eine Umwandlung aufgefaßt werden, die durch die Einwirkung der im Meerwasser gelösten Mischsalze von Kalzium-Magnesium-Karbonat auf das Kalkriff erfolgt (zusammenfassende Darstellung des Dolomitproblems bei Meigen[1]).

Über Phosphoritisierungsvorgänge von Koralleninseln unter Einfluß von Guano liegen Untersuchungen von Elschner[2] vor.

Eine umstrittene Bildung stellen ferner die Oolithe dar, welche auch in fossilen Ablagerungen vielfach weit verbreitet sind. Rezente Oolithe sind an zahlreichen Stellen tropischer Meere bekannt, besonders J. Walther lenkte die Aufmerksamkeit auf den Oolithsand des Roten Meeres bei Suez[3].

Die Frage nach der Kalkentstehung beginnt sich nach den Untersuchungen von Bütschli, Drews, Linck u. a. in manchen Zügen zu klären[4]. Prinzipiell sind zwei Fälle denkbar: eine anorganische und organische Kalkausscheidung, wobei jede dieser Vorgänge mehrere Möglichkeiten enthält[5]. Eine anorganische Bildung wäre denkbar durch Übersättigung und Ausfällung (scheidet für das Meer aus) oder durch ein (anorganisch) entstandenes Fällungsmittel, welches aus dem Meerwasser die Kalksalze als Karbonate ausfällt. Auch dafür ist keinerlei Beispiel bekannt. Eine andere Auffassung für eine anorganische Kalkentstehung nimmt in neuester Zeit A. Heim a. a. O. speziell für die Kalke der Alpen ein. Infolge der verschiedenen Lösungsfähigkeit und Beständigkeit von Kalkbikarbonat bei verschiedenen Kohlensäuredrucken kann es bei nachlassendem Druck (oder Erwärmung) zur Ausscheidung von Kalkkarbonat kommen. Die Bedingung kann auch im Meer realisiert sein (z. B. durch Meeresströmungen, die aus der Tiefsee auf den Schelf in wärmere Wasserregion gelangen[6]). Zahlreiche Fragen der fossilen Kalkentstehung würden damit gut erklärt.

Unter den organisch bedingten Kalkausfällungen sind ebenfalls mehrere Fälle möglich. Verwesendes Eiweiß tierischer Substanzen entwickelt Ammoniumkarbonat, welches, wie Linck zeigt, aus Meerwasser Kalkkarbonat in Form von Aragonit ausfällen kann („Verwesungsfällungskalk" Andrées). Durch die assimilierende Tätigkeit von Pflanzen kann einem bikarbonatreichen Wasser Kohlensäure entzogen und dadurch eine Übersättigung von Kalkkarbonat erzielt werden, der zur Ausfällung gelangt (Kalktuffbildung auf dem Land). Für das Meer scheidet diese Bildung aus („physiologischer Übersättigungskalk" Andrées). Schließlich

[1] Meigen, W.: Neuere Arbeiten über die Entstehung des Dolomits. Geol. Rdsch. 1 (1910).

[2] Elschner, K.: Beitrag zur Kenntnis der Koralleninseln des Stillen Ozeans. Z. prakt. Geol. 31 (1923). — Korallogene Phosphatinseln Austral-Ozeaniens. Lübeck 1913.

[3] Walther, J., 1924, ferner bei Andrée 1920: Zusammenstellung weiterer rezenter Oolithsande.

[4] Vergl. E. Köhler: Über die Dolomitisierung der Bryozoenriffe des Zechsteins i. d. Umgebung v. Pößneck i. Th. Chem. d. Erde 4, 42 (1929).

[5] Andrée 1920.

[6] Johnston, J., und E. D. Williamson: The role of inorganic agencies in the deposition of Calcium carbonate. Journ. of Geol. 24 (1916). Journ. of amer. chem. Soc. 38 (1916) u. 37 (1915). — O. Haehnel: Journ. prakt. Chem. 107, 165 (1924).

kann der Stoffwechsel mancher Bakterien ein Fällungsmittel erzeugen. So zeigte H. DREWS[1] (daselbst weitere Literatur), daß die von ihm als Bacterium calcis bezeichnete Form den Salpetergehalt des Meerwassers in Nitrit, Ammoniak und freien Stickstoff zerlegt und hierdurch zur Ausfällung von Kalziumkarbonat führt („physiologischer Fällungskalk" ANDRÉES). SALOMON[2] wies auf die Bedeutung der DREWSschen Untersuchungen für die Bildung dichter Kalke hin. Die echte organische Kalkausscheidung, d. h. die Ausscheidung des Kalkes im Körper des lebenden Tieres, ist bisher noch wenig bekannt[3].

Auch unmittelbare Anhäufung von Kalkskeletten verschiedener Organismen können zur Bildung von Kalkstein führen. Durch die Diagenese können derartige fossile Kalke unter Umständen so starke Umkristallisation erfahren, daß von der einstigen Skelettstruktur nichts mehr erhalten ist. So können die winzigen Hartteile der planktonischen Flagellate Coccolithophora beträchtliche Schichten bilden, wie dies von verschiedenen fossilen und rezenten Sedimenten nachgewiesen wurde (über rezente Coccolithophoriden siehe die Monographie von LOHMANN[4] und VOELTZKOW[5]).

Für die weitere Kenntnis der hemipelagischen und pelagischen Ablagerungen, welche quantitativ den Hauptteil der marinen Neubildungen darstellen, muß aus schon erwähnten Gründen auf die Spezialliteratur hingewiesen werden (insbesondere auf die Darstellungen ANDRÉES, 1920).

c) Die Wirkungen des Eises.
Von H. PHILIPP, Köln.

Die abtragende Wirkung des Eises ist als „Exaration" im Gegensatz zu anderen denudierenden Prozessen bezeichnet worden; da sich aber bei näherem Eingehen zeigt, daß das Eis in sehr verschiedener Weise den Untergrund bearbeitet, seine „auspflügende" Wirkung also nur einen Bruchteil seiner Gesamtwirkung ausmacht, so erscheint es zweckmäßiger, den neutralen Ausdruck Glazialerosion beizubehalten, zumal dieser Begriff als Sammelbegriff sich vollkommen eingebürgert hat. Zu beachten ist dabei, daß „Glazial" in diesem Zusammenhang sich nicht einseitig auf die Gletscher, sondern überhaupt auf das Eis als geologischen Faktor bezieht.

Für die folgenden Betrachtungen kann es sich im Rahmen dieses Handbuches nur um diejenigen Wirkungen des Eises auf den Untergrund handeln, die sich auf dem festen Lande vollziehen. Auszuschließen sind daher die Einwirkungen des Meereises sowie des Eises der Flüsse und Seen. Andererseits gehört in den Kreis unserer Betrachtungen nicht nur das kompakte Eis der Gletscher, sondern auch die losen Eismassen des Schnees und Firns, sowie das z. T. diskontinuierlich und kapillar verteilte, gefrorene Wasser der Felsspalten und des Frostbodens.

Die Meinungen über die Einwirkung des Eises auf den Untergrund gehen noch weit auseinander; namentlich über die Größe der Eiserosion stehen sich die Lehrmeinungen z. T. noch völlig schroff gegenüber; aber auch über den Wirkungs-

---

[1] DREWS, H.: On the precipitation of Calcium carbonate in the sea by marin bacteria. Carnegie Inst. Washington Publ. **1914**, Nr. 182.

[2] SALOMON, W., a. a. O. 1915.

[3] BÜTSCHLI, O.: Untersuchungen über organ. Kalkgebilde. Abt. d. Kgl. Ges. d. Wiss. zu Göttingen. Math.-phys. Kl. N. F. 6 (1908).

[4] LOHMANN, H.: Die Coccolithophoriden. Eine Monographie der coccolithenbildenden Flagellaten usw. Arch. Protistenkde. I (1901).

[5] VOELTZKOW, B.: Über Coccolithen und Rhabdolithen. Abh. d. Senckenberg. naturf. Ges. **31**, 26. Frankfurt 1901.

grad selbst herrscht noch vielfach Unklarheit. Der Grund liegt darin, daß die Diskussion über Qualität und Quantität der Eiserosion bisher weniger von dem unmittelbaren Studium des als Hauptträger der Eiserosion in Betracht kommenden Gletschers ausgegangen ist, als vielmehr deduktiv von der Analyse der sog. Glazialformen. So ist die Literatur über die Entstehung dieser Formen zwar außerordentlich umfangreich, die gesicherten Ergebnisse dagegen relativ gering. Zudem sind die Vorgänge, die sich unter dem Eis abspielen, der direkten Beobachtung und Messung so gut wie völlig entzogen, und die direkte Beobachtung muß sich daher auf die Randgebiete eines vorstoßenden Gletschers beschränken. Da aber in den letzten Dezennien unsere europäischen Gletscher fast durchweg im Rückzug begriffen sind, so erstrecken sich die unmittelbaren Beobachtungen hier auch nur auf wenige Einzelfälle; vielfach muß die exakte Forschung sich damit begnügen, Vorrichtungen zu treffen, die erst nach dem Ablauf einer Vorstoßperiode und erneutem Rückgang des Gletschers es gestatten, die Veränderung des Untergrundes im Verlauf einer solchen Schwankungsperiode festzustellen. Fast noch ungünstiger liegen die Verhältnisse bei den exakten Beobachtungen über die Wirkung der losen und diskontinuierlichen Eismassen, da diese sich zumeist in der Hochregion oder in arktischen Gebieten abspielen.

Zur Würdigung der Rolle, die das Eis als bodenbildendes oder -bewegendes Agens spielt, muß man von zwei Gesichtspunkten ausgehen: von dem Eise selbst, als dem aktiv wirkenden Faktor, und dem sich passiv verhaltenden Gestein des Untergrundes. Nach einer kurzen Besprechung beider Faktoren soll versucht werden, aus den bisher bekanntgewordenen Beobachtungen ein gewisses System der Glazialerosion aufzustellen und einen positiven Anhalt über ihre Gesamtwirkung zu gewinnen.

1. Faktoren des Eises und des Untergrundes.

Das Eis[1]: Schnee und Firn. Alles Eis, das als bodenbildender oder -umbildender Faktor in Betracht kommt, schlägt sich unmittelbar aus der Atmosphäre nieder oder entsteht durch Frosteinwirkung auf das im Boden zirkulierende oder stagnierende Wasser. Neben dem Schnee kommt als atmosphärischer Niederschlag in den Bereichen erhöhter Luftfeuchtigkeit, vor allem also in den wolken- und nebelreichen Hochregionen sowie an den Küsten arktischer Provinzen, der Rauhreif ganz wesentlich in Betracht. Untersuchungen von Hamberg[2] im Sarekgebirge und zahlreiche gelegentliche Abbildungen aus den Mittel- und Hochgebirgen zeigen, daß der Anteil des Rauhreifs an der Bildung der jährlichen festen Niederschlagsdecke bisher meistens unterschätzt worden ist. Durch Sammelkristallisation und partielles Schmelzen und Wiedergefrieren gehen Schnee und Reif in den lockeren, körnigen Firn über, dessen spezifisches Gewicht je nach Alter etwa 0,4—0,8 gegenüber dem des lockeren frisch gefallenen Schnees von etwa 0,06—0,1 beträgt. Schnee leitet die Temperaturen weit schlechter als atmosphärische Luft. Nach Okadas[3] Beobachtungen waren die täglichen Temperaturschwankungen, die an der Oberfläche einer Schneeschicht fast 19^0 betrugen, in 30 cm Tiefe schon fast verschwunden. Schneebedeckung kann also, was für die Frage des Spaltenfrostes wichtig ist, vor starken und schnellen Temperaturschwankungen schützen. Entgehen die lockeren Schnee- und Firnmassen der

---

[1] Vgl. auch den Artikel „Eis" von H. Hess im Handwörterb. d. Naturwiss. 3, 40—54. Jena 1913.

[2] Hamberg, A.: Die Eigenschaften der Schneedecke in den lappländischen Gebirgen. Stockholm 1907.

[3] Okada: Wärmeleitung des Schnees. Z. Glk. III, 71—73 (1908/09).

sommerlichen Abschmelzung, so können sich an besonders geschützten Stellen die sog. „perennierenden" Schneeflecken bzw. oberhalb der Schneegrenze zusammenhängende Firnmassen bilden, deren Einwirkung auf den Untergrund von F. E. Matthes[1] in den Bighorn Mts., von Davis[2] in Wales, von Gavelin[3] in Schweden und Norwegen und neuerdings von Bowman[4] in den Anden, von Allix[5] in den französischen Alpen nachgewiesen und von dem ersteren als „nivation" bezeichnet wurde. Liegen diese losen Massen auf geneigtem Gelände, so können sie eine langsame Bewegung vollziehen. Bowman[6] hat zahlreiche Beobachtungen über die Bewegung loser Schneemassen in den südperuanischen Kordilleren veröffentlicht und eine geometrische Kurve aufgestellt, die den Grenzfall der Schneemächtigkeit angibt, bei dem diese Massen auf einer gegebenen Neigung in Bewegung geraten. Bei einer Böschung von 20^0 beträgt diese Mächtigkeit etwa 15 m, bei steilen Böschungen von 40^0 genügen bereits 7—8 m, umgekehrt ist bei 5^0 die erforderliche Mächtigkeit etwa 25 m. Da sich mit zunehmender Mächtigkeit die Dichte der losen Schneemassen bzw. Firnmassen in der Tiefe vergrößert, so genügt schon eine geringe Neigung, um sie nicht nur zur Bewegung talabwärts, sondern sogar zur Aufwärtsbewegung am Gegenhang zu bringen, falls dessen Neigung 5^0 nicht übersteigt. Über den Mechanismus der Bewegung in diesen losen Massen ist noch wenig bekannt. H. Philipp[7] glaubt an ähnliche Gesetze wie bei der Gletscherbewegung. Geraten diese losen Massen in plötzliche und schnelle Bewegung, als Staub- oder Grundlawinen, so können, namentlich im letzteren Falle und bei Wiederholung des Vorganges an der gleichen Stelle, ihre Einwirkungen auf den Untergrund beträchtlich sein. Wesen, Entstehung und Häufigkeit der Lawinen haben Heim[8] sowie Coaz[9] eingehend erörtert. Nicht zu den Lawinen im engeren Sinne gehören die Gletscherlawinen, bei denen nicht loser Firn und Schnee, sondern Teile der kompakten Gletscherzunge auf zu steiler Unterlage sich von dem übrigen Gletscher loslösen und mit z. T. katastrophalen Wirkungen, wie sie gleichfalls von den vorgenannten Autoren beschrieben sind, zu Tal fahren.

Gletschereis. Den Hauptteil an sämtlichen Glazialbildungen hat das Gletschereis, sei es als Kargletscher, als große, mächtige Talgletscher, als weniger stark bewegtes, den Talgletschern zufließendes Flankeneis oder als, alle Geländeunebenheiten gleichmäßig umhüllendes, Inlandeis. Häufig hat man bezüglich ihrer erodierenden Wirkung die Kargletscher von den Schnee- und Firnflecken nicht scharf genug getrennt, obwohl erstere bereits zu den echten Gletschern gehören. Während im Schnee- und Firnfleck wesentlich lockeres Material herrscht, durch das sich Schmelzwasser auf feinen Infiltrationskanälen seinen Weg bis auf den Untergrund bahnt und diesen daher während der Abschmelzzeit ständig feucht halten kann, tritt bei stärkerer Akkumulation, wie sie in den Kargletschern vorliegt, in den tieferen Lagen eine Umbildung des Firns

---

[1] Matthes, F. E.: Glacial Sculpture of the Bighorn Mountains Wyoming U. St. of Am. Geol. Survey **XI**. Ann. Rep. **1900**.

[2] Davis, W. M.: Glac. erosion in North Wales. Quart. J. Geol. Soc. **LV**, 281 (1909).

[3] Gavelin, A.: Über die Gletscher des Norra Storfjället. Aus: Die Gletscher Schwedens im Jahre 1908. Sver. geol. Unders. Abh. **4.** Ser. Stockholm 1908.

[4] Bowman, I.: The Andes of Southern Peru. Am. Geogr. Soc. of N. York **1916**, 336.

[5] Allix, A.: Nivation et sols polygonaux dans les Alpes françaises. La Geographie **39**, 431—38 (1923).

[6] Bowman, I., a. a. O.

[7] Philipp, H.: Geologische Untersuchungen über den Mechanismus der Gletscherbewegung und die Entstehung der Gletschertextur. N. J. f. Min. usw. **1920**, Blgb. **XLIII**.

[8] Heim, Alb.: Handbuch der Gletscherkunde. Stuttgart 1885.

[9] Coaz, I.: Die Lawinen der Schweizeralpen. 2. Aufl. Bern 1888. — Statistik und Verbau der Lawinen in den Schweizeralpen. Bern 1910.

zu festem Firneis und im weiteren Stadium der Umkristallisation zu Gletschereis ein. Dieses aber ist, soweit es sich nicht durch beginnende Schmelzung oder Sonnenbestrahlung (vgl. z. B. Buchanan[1]) nach den Korngrenzen desaggregiert oder auf Spalten, Bewegungsrissen und inglazialen Kanälen das Schmelzwasser dem Boden zuführt, wasserundurchlässig. Eine Beschreibung der anderen Gletschertypen erübrigt sich an dieser Stelle, dagegen muß auf das physikalische Verhalten des Gletschereises und seinen Bewegungsmechanismus näher eingegangen werden, da das Gletschereis, abgesehen von dem oberhalb der sog. Schwarz-Weiß-Grenze wirkenden Spaltenfrost, unbedingt die bedeutendste Eiserosionsarbeit leistet. Maßgebend für seine Einwirkung auf den Untergrund sind einmal seine allgemeinen physikalischen Verhältnisse, sodann der Mechanismus und die Geschwindigkeit seiner Bewegung und schließlich seine Mächtigkeit.

Die physikalischen Verhältnisse. Von diesen kommen in erster Linie in Betracht: Struktur, Schmelzpunkt, Temperatur, Härte, Plastizität und Verhalten gegen Druck.

Die Struktur des Gletschereises ist holokristallin-körnig, vergleichbar etwa einem Marmor. Die Größe der einzelnen Körner ist in den oberen Teilen des Gletschers gering, etwa erbsengroß, und wächst durch Sammelkristallisation gegen das Gletscherende gelegentlich bis zu über faustgroßen Kristallen; die äußerste Zone eines einzelnen Gletscherkornes zeichnet sich nach Quincke[2] durch einen gewissen Salzgehalt aus und hat demzufolge einen etwas tieferen Schmelzpunkt als das reine Eiskorn. Der Schmelzpunkt des reinen Eises unter normalen Druckverhältnissen liegt bei 0^0; infolge seiner geringen Dichte von 0,9168 tritt bei allseitigem Druck eine Schmelzpunktserniedrigung, also bei gleichbleibender Temperatur eine Verflüssigung ein. In der Nähe des normalen Schmelzpunktes bewirkt der Druck einer Atmosphäre ($1 kg/cm^2$) eine Schmelzpunktserniedrigung von $0,0073^0$. Nach den Versuchen von Tarr und Rich[3] nimmt bei sinkender Temperatur der erforderliche Druck sehr schnell zu und erreicht bald einen kritischen Punkt, bei dem Druckverflüssigung nicht mehr eintritt. Nach den Untersuchungen von Hagenbach-Bischoff[4], Forel[5], Hess[6] und Blümcke[7] herrscht im Innern des Eises bei normalen Verhältnissen die dem betreffenden Druck entsprechende Schmelztemperatur, so daß nur die Oberflächenschichten des Gletschers eine Temperatur von 0^0, dagegen die tieferen Teile entsprechend tiefere Temperaturen aufweisen. So ergaben Messungen am Hintereisferner in 148 m Tiefe eine Temperatur von — 0,137 (berechneter Wert 0,100). Modifiziert wird diese Regel durch die im Wechsel der Jahreszeiten von außen eindringende Kälte. Neuere Messungen von J. P. Koch[8] in Nordgrönland ergaben bei einer Oberflächentemperatur von — 40^0 noch in 24 m Tiefe

---

[1] Buchanan, J. G.: In and around the Morteratsch glacier. Scott. geol. mag. 1912.

[2] Quincke, G.: Über Eisbildung und Gletscherkorn. Ann. d. Physik, 4. Folge 18, 80—160 (1905).

[3] Tarr, R. S., u. G. L. Rich: The properties of ice-experimental studies. Z. Glk. 1911/12, 225—249.

[4] Hagenbach-Bischoff, E.: Das Gletscherkorn. Verh. d. naturh. Ges. i. Basel 7, 192—216 (1882). — Weiteres über Gletschereis Verh. d. naturh. Ges. i. Basel 8, 821 bis 832 (1890), und Forel, F. A.: La temperature de la glace dans l'interieur du glacier. Arch. d. sc. phys. et nat. 21. Genf 1889.

[5] Forel, F. A.: Etudes glaciaires. V.: Erosion ou excavation glaciaire. Arch. d. sc. phys. et nat. 30, 229—254. Genf 1910.

[6] Hess, H.: Die Gletscher. Braunschweig 1904.

[7] Blümcke, A., und H. Hess: Untersuchungen am Hintereisferner. Z. d. Dt. u. Ö. A.-V. 1899, Wiss. Erg.-H. 2.

[8] Koch, J. B.: Glaciolog. Jagttagelser paa den danske Forskningsrejse tværs over Nordgrönland 1912—13. Medd. fra Dansk. geol. For. 1914, 311—360.

Temperaturen bis — 14°, so daß dort erst bei einer Tiefe von 200—300 m die Schmelztemperatur zu erwarten wäre. Andererseits ergibt sich hieraus, daß unter arktischen Verhältnissen die tiefen negativen Temperaturen bei weniger mächtigen Gletschern durch den Gletscher hindurch in den Boden eindringen können. Diese Temperaturverhältnisse beeinflussen sowohl die Härte des Eises als auch seine Plastizität. Die Härte des Eises, die bei geringen Temperaturen 1—2 der MOHSschen Skala beträgt, steigt bei tieferen Temperaturen an, und zwar bei — 15° auf 2—3, bei — 40° auf 4, bei — 50° auf etwa 6, also auf die Härte des Stahles bzw. des Feldspates. Es ist dies außerordentlich wichtig für die später zu erörternde Frage nach der rein mechanischen schleifenden, bzw. polierenden Wirkung des Eises. Die Druckfestigkeit beträgt etwa 25 kg/cm², die Zugfestigkeit etwa 7 kg/cm², der lineare Ausdehnungskoeffizient 0,00013. Wird Gletschereis einem Druck ausgesetzt, so tritt, wie wir oben sahen, Schmelzung ein, und zwar zunächst in den salzhaltigen Außenzonen der einzelnen Gletscherkörner. Hört der Druck auf, so gefriert das entstandene Schmelzwasser von neuem. Dieser Wechselprozeß von Druckverflüssigung und Wiedergefrieren heißt Regelation. Auf ihn wird z. T. die Plastizität des Eises zurückgeführt. Ein anderer Faktor der Plastizität sind die von MÜGGE[1] in Fortsetzung der MACCONNELschen[2] Versuche näher untersuchten „Translationsflächen", d. h. Flächen leichter Verschiebbarkeit innerhalb des einzelnen Eiskristalles, die senkrecht zur kristallographischen c-Achse angeordnet sind; auf Druck gestatten sie eine Deformierung des Gletscherkornes ohne Bruch. Äußerlich treten diese Translationsflächen als „FORELsche Streifen" in Erscheinung. Die Plastizität des Gletschereises ist wie die Härte gleichfalls abhängig von der Temperatur; sie findet ihren sichtbaren Ausdruck in der gelegentlichen Faltung der Bändertextur, den sog. „REIDschen Kämmen". Daß sie an sich nicht groß sein kann, zeigen die interessanten Beobachtungen DE QUERVAINS[3] vom vorstoßenden Oberen Grindelwaldgletscher[4].

Neben diesen allgemeinen physikalischen Eigenschaften sind vor allem der Mechanismus und die Geschwindigkeit der Gletscherbewegung von ausschlaggebender Bedeutung für die Eiserosion. Abgesehen von den älteren Geschwindigkeitsmessungen von AGASSIZ[5], FORBES[6], TYNDALL[7], den Brüdern SCHLAGINTWEIT[8] u. a. sind am bekanntesten die neueren Messungen vom Vernagtgletscher und Hintereisferner von FINSTERWALDER[9], BLÜMCKE und HESS[10]

---

[1] MÜGGE, O.: Über die Plastizität der Eiskristalle. N. J. f. Min. usw. **1895** II, 211 bis 228. — Über die Struktur des Grönländischen Inlandeises usw. Ebd. **1899** II, 123—136. — Weitere Versuche über die Translationsfähigkeit des Eises usw. Ebd. **1900** II, 80 bis 98.

[2] CONNEL, MC J. C., und KIDD, D. A.: On the plasticity of Glac. and other Ice. Proc. Roy. soc. **XLIV**, 331—337 (1888). — CONNEL, MC J. C.: On the plasticity of Ice. Proc. Roy. soc. **XLIX** (1890/91).

[3] QUERVAIN, A. DE: Über Wirkungen eines vorstoßenden Gletschers. Viertelj. Z. Naturf. Ges. Zürich **LXIV**, Heimfestschr. 336—349 (1919).

[4] Über die Abhängigkeit der Viskosität des Eises von der Temperatur vgl. auch G. W. EVANS: The wearing down of the Rocks. P. geol. ass. **1913**, 241—300.

[5] AGASSIZ, L.: Untersuchungen über die Gletscher. Solothurn 1841. — Nouvelles études et expériences sur les glaciers actuels. Paris 1847.

[6] FORBES, J.: Reisen in den Savoyer Alpen. Stuttgart 1845. — Occasional papers on the theory of glaciers. Edinburgh 1859.

[7] TYNDALL, J.: Die Gletscher der Alpen. Braunschweig 1898.

[8] SCHLAGINTWEIT, H. u. A.: Untersuchungen über die physikalische Geographie der Alpen. Leipzig 1850 u. 1854.

[9] FINSTERWALDER, S.: Der Vernagtferner. Z. d. Dt. u. Ö. A.-V. **1897**, Wiss. Erg.-H. 1.

[10] BLÜMCKE, A., u. H. HESS: Untersuchungen am Hintereisferner. Z. d. Dt. u. Ö. A.-V. **1899**, Wiss. Erg.-H. 2.

sowie die von Mercanton[1] herausgegebenen, seit über 40 Jahren durchgeführten Vermessungen des Rhonegletschers. Die Geschwindigkeit nimmt von den Rändern bzw. der Sohle gegen die Mitte des Gletschers zu, und zwar erreicht die Zunahme ihre größten Beträge in der Nähe des Randes[2]. Sehr verschieden sind die maximalen Beträge der Geschwindigkeit. Größere Alpengletscher erreichen Geschwindigkeiten von 30—150 m im Jahre, im Himalaja sind solche von 700—1300 m festgestellt worden, und von grönländischem Inlandeis kennt man Geschwindigkeiten bis zu 1000 m im Jahre und bis zu 18 m innerhalb 24 Stunden. In Betracht kommen ferner die starken Schwankungen der Eisgeschwindigkeit am gleichen Gletscherpunkt, über die u. a. Blümcke und Finsterwalder[3] berichtet haben, und zwar zeigen sich[4] sowohl jahreszeitliche Schwankungen als auch Schwankungen von der Dauer weniger Jahre und schließlich Großperioden mit entsprechenden Änderungen in den Größenverhältnissen der Gletscher. Überwiegt die Ernährung des Gletschers oder die Geschwindigkeit seiner Bewegung den Betrag der Abschmelzung, so kann die Gletscherzunge vorstoßen und hierbei in besonderer Weise auf den Untergrund einwirken. Gelegentlich können solche Vorstöße sich relativ rasch vollziehen. So wurden bei einer Vorstoßperiode des Vernagtferners tägliche Verschiebungen des Stirnrandes bis über 12 m beobachtet, und am Malaspinagletscher ein Betrag von 1,8 km in 10 Monaten. Die einem Vorstoß folgende Rückzugsperiode entblößt das zuvor vom Gletscher überschrittene Gebiet und läßt die durch ihn hervorgerufenen Veränderungen erkennen. Solche aus Vorstoß und Rückzug sich zusammensetzenden „Gletscherschwankungen" haben eine gewisse Periodizität, die eine Abhängigkeit von den von Brückner[5] nachgewiesenen ungefähr 35 jährigen Klimaschwankungen zeigen. Großschwankungen des Klimas verursachen entsprechende Gletschervorstöße (vgl. „Eiszeiten"). Andererseits sind Gletschervorstöße keineswegs immer an Klimaverschlechterungen gebunden, sondern können lokal durch vermehrte Ernährung als Folge von Erderschütterungen und diese begleitenden Lawinenniedergängen oder aber, und das scheint ein bisher zu wenig beobachteter Faktor zu sein, auf tektonische Hebungen und dadurch bedingtes, relatives Abwärtswandern der Schneegrenze zurückgeführt werden.

Sehr weit gehen die Meinungen noch über die Mechanik der Gletscherbewegung auseinander. Zwar besitzen wir in der Finsterwalderschen Strömungstheorie[6] eine ausgezeichnete mathematische Formulierung der bei der Bewegung auftretenden geometrischen Veränderungen der Gletscheroberfläche. Diese Theorie besagt aber nur insoweit etwas über den Bewegungsvorgang selbst, als sie von der Voraussetzung ausgeht, daß diese Bewegung eine stetige sei, sich also, wie bei einer zähen Flüssigkeit, von Punkt zu Punkt kontinuierlich ändert. Diese Vorstellung des Gletschers als einer zähen Flüssigkeit ist bisher die allgemein

---

[1] Mercanton, P. L.: Vermessungen am Rhonegletscher 1874—1915. Neue Druckschr. d. Schweiz. Natf. Ges. LII, 1916.

[2] Vgl. die Diagramme in H. Hess: Die Gletscher, Braunschweig 1904, Fig. 17, S. 124 u. Fig. 19, S. 136, abgedruckt in W. Salomon: Grundzüge der Geologie 1, 610 u. 611. Stuttgart 1922—24.

[3] Blümcke, A., und S. Finsterwalder: Zeitliche Änderung in der Geschwindigkeit der Gletscherbewegung. Sitzgsber. bayer. Akad. Wiss., Math.-physik. Kl. XXXV, 109—131 (1905).

[4] Vgl. H. Hess: a. a. O., S. 247 ff.

[5] Brückner, E.: Klimaschwankungen seit 1700 usw. Pencks Geogr. Abh. IV, 2. Wien 1890.

[6] Finsterwalder, S.: Der Vernagtferner. Z. d. dt. u. österr. A.-V. 1897, Wiss. Erg.-H. 1.

gültige gewesen. Der Vorgang des Fließens selbst findet seine Erklärung zumeist durch die oben dargelegte Annahme ständigen Wechsels von Druckverflüssigung und Regelation an den Korngrenzen bzw., wie DRYGALSKI[1] annimmt, durch ein Fortpressen des druckverflüssigten Wassers zu druckfreien Punkten oder aber nach den Gesetzen der Translation[2] innerhalb des einzelnen Gletscherkornes. Demgegenüber vertritt H. PHILIPP[3] die Auffassung einer unstetigen Bewegung im relativ starren Zustand. Seinen an mehr wie 20 größeren und kleineren Gletschern der Ostalpen, Westalpen und Spitzbergens gewonnenen Beobachtungen zufolge, treten im Gletscher eine Anzahl durchlaufender bzw. sich ablösender Scherflächen auf, die der Form des Untergrundes angepaßt sind, soweit nicht Gefällsknicke des Untergrundes eine besondere Anordnung bedingen. Diese Scherflächen treten in der Regel in bestimmten, gegen die Gletschermitte von ca. $^1/_4$ bis über 2 m zunehmenden Abständen auf, und zwar wesentlich in den tieferen bzw. seitlichen Teilen des Gletschers, also dort, wo auch die schnellste Geschwindigkeitszunahme (vgl. S. 262) zu verzeichnen ist; soweit der Gletscher nicht von Spalten und Klüften gestört wird oder durch Moränenbedeckung der Beobachtung entzogen ist, lassen sie sich von der äußersten Gletscherzunge bis in das Firngebiet verfolgen. An ihnen findet die Auslösung der Bewegung nach Art einer Laminarbewegung, also mit sprungweiser Zunahme der Geschwindigkeit, statt. Nach Verkittung einer Scherfläche durch Gefrieren des auf ihr durch Reibung erzeugten oder von oben infiltrierten Schmelzwassers zu einem „Blaublatt" reißen neue solcher Scherflächen auf. Der Verlauf dieser Scherflächen ist von PHILIPP im einzelnen immer wieder untersucht worden. Sie sind der Ausdruck der im Gletscher wirksamen Druckverteilung und Schubkräfte, und ihr Auftreten und Verlauf ist infolgedessen maßgebend für die Beurteilung der Erosionsarbeit des Gletschers. Mit Recht hat AMPFERER[4] darauf hingewiesen, daß bei einer Bewegung an Gleitflächen die Hauptreibung gar nicht zwischen Eis und Fels, sondern im Eise selbst sich vollzieht[5]. Die Folge der Laminarbewegung ist auch das Fehlen einer Wirbelbildung, selbst bei relativ schneller Bewegung, so daß hier ein ganz wesentlicher Unterschied gegenüber der Erosionswirkung des Wassers liegt. Während die Scherflächen im großen und ganzen der Unterseite des Gletschers angepaßt sind, weisen neueste Beobachtungen auf gewisse lokale Abweichungen hin, die mit Gefällsänderungen der Unterseite zusammenhängen. So können unter Umständen am oberen Ende eines Gefällsbruches die flacher liegenden Scherflächen des höheren Gletscherteiles über den Knickpunkt hinaus ihre Richtung zunächst noch beibehalten, andererseits zeigt sich am Fuße von Gefällsknicken eine Stauwirkung und demzufolge ein Ausweichen der Scherflächen gegen oben. Die Lage der Scherflächen gibt also ganz bestimmte Anhaltspunkte für die Richtung der

---

[1] DRYGALSKI, E. v.: Grönland-Expedition d. Ges. f. Erdkd. zu Berlin 1891—1893. Berlin 1897.

[2] Vgl. S. 261.

[3] PHILIPP, H.: Geol. Untersuchungen über den Mechanismus der Gletscherbewegung und die Entstehung der Gletschertextur. N. J. f. Min. usw. 1920, Blgb. XLIII. — Beitrag zur Kenntnis der Bewegungsvorgänge in hochviskosen geologischen Flüssigkeiten. Zbl. f. Min. usw. 1921, 679—687. — Die geologische Tätigkeit in W. SALOMON: Grundzüge der Geologie I, 2, 597—652 (1924). — Neuere Beobachtungen zur Mechanik der Gletscher. Pet. Mitt. 1928, Heft 1 u. 2.

[4] AMPFERER, O.: Über die Bedeutung der Überschiebungen für die Bewegung der Gletscher. Z. Glk. IX, 270—276 (1914/15).

[5] Auch von anderer Seite, z. B. FINSTERWALDER: Beobachtungen über die Art der Gletscherbewegung, Sitzgsber. bayer. Akad. Wiss., Math.-physik. Kl. 1912; A. HAMBERG: Über die Parallelstruktur des Gletschereises, IX. Internat. Geogr. Kongr. Genf 1910; J. P. KOCH: Glaciol. Jaktt. p. d. danske Forskningsrejse tv. ov. Nordgrönland 1912—1913, Medd. fr. dansk. geol. For. 1914 sind solche Scherflächen gelegentlich beobachtet worden.

Schubkräfte im Gletscher. So wird an den distalen Enden eines Rundhöckers oder eines Riegels sich ein besonders wirksamer horizontaler Schub entfalten können. Diese Beobachtungen scheinen dem Verfasser im Hinblick auf die von Iv. Högbom[1] angestellte und von Stiny[2] letzthin aufgenommene Erwägung wichtig. Iv. Högbom denkt sich den Druck des bewegten Eises zerlegt in eine Vertikal- und Horizontalkomponente; die vertikale soll proportional der Dicke des Eises sein, die horizontale bestimmt durch die Oberfläche des Eises. Beide Komponenten geben eine schief abwärts gerichtete Resultante, dessen Größe und Richtung sich in der Vertikalebene kontinuierlich mit der Tiefe ändert. Gegen die Oberfläche nähert sich die Resultante der Horizontalen, gegen die Tiefe stellt sie sich immer steiler. Stiny sucht diesen Satz mathematisch zu formulieren:

Die Wirkung des Eises ist abhängig von der Bewegungsgröße (Wucht) $= \dfrac{m\,v^2}{2}$;

sei H die Höhe, b die Breite und l die Länge der betreffenden Masse, so ergibt

sich die Bewegungsgröße $= H \cdot b \cdot l \cdot \dfrac{v^2}{2}$; je kompakter die Masse, desto größer

die Wucht; eine Zerlegung der Bewegungsgröße im Sinne Högboms in zwei Teilkräfte, eine mit der Neigung des Eisstromes gleichgerichtete, eine andere senkrecht dazu, ergäbe für die erstere $H \cdot b \cdot l \cdot \sin\alpha$ und $H \cdot b \cdot l \cos\alpha$ für diejenige senkrecht zur Neigung. Hieraus leiten Stiny und Högbom ab, daß eine vergleichsweise dünne Eisscholle hauptsächlich in der horizontalen, also mehr schiebend und stoßend, eine mächtigere Eismasse mehr vertikal durch ihren Druck auf den Untergrund wirkt. Mit dem tatsächlich beobachteten Verlauf der Scherflächen, wie sie oben dargelegt sind, scheinen diese Berechnungen nicht übereinzustimmen. Jedenfalls hat Verfasser eine Abhängigkeit der Schubrichtung von der Dicke des Eisstromes nicht feststellen können, sondern nur von den Gefällsverhältnissen des Untergrundes. Zu beachten sind ferner die sehr sorgfältigen Berechnungen von Hess[3] über die Verteilung von Vertikaldruck zum Bewegungsdruck im Hintereisferner auf Grund der zwanzigjährigen Messungen von 1893—1922 sowie die an gleicher Stelle durchgeführte Berechnung über die Energieverteilung im Rhonegletscher, die sehr bedeutsame Hinweise zur rechnerischen Erfassung der Glazialerosion und zur Bewertung ihrer Abhängigkeit von den Schwankungsperioden enthalten.

Im Anschluß sei kurz die Frage eines vertikalen Anteiles bei der Gletscherbewegung gestreift, weil sie von Drygalski[4] zur Lösung der Trogfrage mit herangezogen wurde. Er kam auf Grund seiner Messungen in Grönland am Rand des Inlandeises und am Karajakgletscher zur Annahme einer Aufwärtsbewegung des Eises in den Randpartien. Diesen vertikalen Anteil glauben Blümcke und Finsterwalder[5] aus ihren Messungen am Hintereisferner ebenfalls feststellen zu können. Während Drygalski diese Erscheinung durch Fortpressen des Schmelzwassers aus den mittleren Gletscherteilen und Wiedergefrieren desselben in den Randzonen (vgl. S. 263 oben) zu erklären sucht, sehen Blümcke und Finsterwalder wohl mit Recht die Ursache in einer durch randliche Reibung bewirkten Stauung der Eismassen und hierdurch bedingtem Aufsteigen an den Bergwänden.

---

[1] Högbom, Ivar: Der Berg Luppio. Z. Glk. **XIX**, 223 (1925).

[2] Stiny, J.: Zur Frage des Gletscherschurfes. Der Geologe, Nr. 41. Leipzig **1927**.

[3] Hess, H.: Der Hintereisferner 1893—1922. Z. Glk. **XIII**, 145—203 (1923/24).

[4] Drygalski, E. v.: Die Entstehung der Trogtäler zur Eiszeit. Pet. Mitt. **1912**, 8—9.

[5] Blümcke, A., und S. Finsterwalder: Die Gletscherbewegung mit Berücksichtigung ihres senkrechten Anteiles. Z. Glk. I, 4—20 (1906/07).

Schließlich sei noch auf eine erst in letzter Zeit durch DE QUERVAIN[1], MERCANTON[2] und PHILIPP[3] schärfer betonte Erscheinung hingewiesen, daß gelegentlich die vordere Gletscherstirn keine normale Eigenbewegung mehr zeigt, sondern, entweder als Gesamtblock, oder in Teilblöcke zerspalten, von den dahinterfolgenden Massen vorwärtsgeschoben wird. Hieraus müssen sich Unterschiede in bezug auf die Bearbeitung des Untergrundes ergeben, da in solchen Blöcken keine Auslösung des Druckes durch die Scherflächen stattfindet und infolgedessen der vertikale Druck auf die Unterseite wesentlich beträchtlicher sein muß.

Da von der Mächtigkeit des Gletschers nicht nur die Geschwindigkeit, sondern auch sein Druck auf die Unterseite abhängt, so sei kurz bemerkt, daß über effektive und maximale Mächtigkeiten des Gletschereises noch sehr wenig exakte Beobachtungen vorliegen, wie z. B. die direkten Bohrungen am Hintereisferner[4]. Neuerdings hat MOTHES[5] auch versucht, geophysikalische, und zwar seismische Methoden anzuwenden. In der Hauptsache ist man aber auf theoretische Erwägungen angewiesen, die sich einerseits auf der FINSTERWALDERschen Theorie, andererseits auf der Schmelzpunktserniedrigung des Eises aufbauen. Auch die Morphologie der vom Eise verlassenen Gebiete, die Höhe der Schliffgrenze und die Verbreitung von Moränenmaterial hat man herangezogen. Angaben, die auf letzteren Methoden beruhen, sind deswegen mit Vorsicht aufzunehmen, weil sie vielfach die während des Verlaufs einer Vereisung stattfindende Tieferlegung des Gletscherbettes durch die Erosion nicht berücksichtigen. Angaben, die namentlich auf Schätzung der Dicke des Inlandeises oder früherer Vereisungen von 1000 m weit übersteigenden Mächtigkeiten sprechen, sind aus dem Grunde unwahrscheinlich, weil experimentelle Studien von E. H. L. SCHWARZ[6] und Untersuchungen von HESS[7] ergeben haben, daß die maximale Dicke eines Gletschers etwa bei 5—600 m liegt, eine Mächtigkeit, die mit der beobachteten maximalen Mächtigkeit von Inlandeisbergen der Antarktis und Grönlands übereinstimmen würde.

Spalteneis. Dieses tritt dort auf, wo der felsige Untergrund ein Eindringen von atmosphärischem oder Schmelzwasser auf Klüften, Spalten und anderen Hohlräumen gestattet und die Bedingungen zu dessen Gefrieren gegeben sind, z. T. also, unter den S. 260 bemerkten Verhältnissen, unter dem Gletscher, vor allem aber im „periglazialen" Gebiet; dieses kann sich unter arktischen Verhältnissen bis zum Meere erstrecken, ist aber in den gemäßigten Zonen im wesentlichen beschränkt auf die Hochregion, also vor allem auf die Steilwände oberhalb der kompakten Firn- und Eismassen. In letzteren Gebieten hat man dieser Grenze den bezeichnenden Ausdruck Schwarz-Weiß-Grenze gegeben. Über ihr wirken zunächst jene, durch die erhöhte Insolation bei Tage und die entsprechend starke

---

[1] QUERVAIN, A. DE, a. S. 261 a. O.

[2] MERCANTON, P. L.: Quelques lignes rectificatives a propos des „Mensurations au glacier du Rhone". Z. Glk. **XIII**, 135—138 (1923/24).

[3] PHILIPP, H.: Neuere Beobachtungen zur Mechanik der Gletscher. Pet. Mitt. **1928**, Heft 1 u. 2.

[4] Vgl. A. BLÜMCKE u. H. HESS: Untersuchungen am Hintereisferner. Wiss. Erg.-H. 2 Z. d. Dt. u. Ö. A.-V., **1899**; — H. HESS: Der Hintereisferner 1893—1922. Z. Glk. **XIII**, 145—203 (1923/24).

[5] MOTHES, H.: Dickenmessungen von Gletschereis mit seismischen Methoden. Geol. Rdsch. **XVII**, 397—400 (1926). Ähnliche Versuche sind in diesem Sommer (1928) durch die Reichsanstalt für Erdbebenforschung in Jena am Hintereisferner vorgenommen worden, während am Vernagtferner elektrische, in der gleichen Richtung gehende Versuche durch die Herren STERN und TEICHMÜLLER aus Göttingen in die Wege geleitet worden sind.

[6] SCHWARZ, E. H. L.: The Thickness of the Ice-Cap in the various glac. periods. Geol. Mag. **III**, 120—124 (1906).

[7] HESS, H.: Probleme der Gletscherkunde. Z. Glk. **I**, 241—254 (1906/07).

Ausstrahlung bei Nacht, besonders großen Temperaturschwankungen, die das Gestein unter Bildung kapillarer Spalten und Spältchen lockern. Bei der starken Kondensation im Hochgebirge und der fortschreitenden Ausaperung während des Sommers findet ein ständiges kapillares Aufsaugen der Feuchtigkeit durch die feinen Lockerungsspalten statt, so daß hier bei den bekannten Dichtigkeitsunterschieden zwischen Wasser und Eis eine ständige Frostsprengung wirkt[1]. Ähnlich liegen die Verhältnisse in arktischen Gebieten.

Bodenfrost. Unter Bodenfrost soll im Gegensatz zum Spalteneis das diffus als Bodenfeuchtigkeit, Sickerwasser oder eigentliches Grundwasser im Boden auftretende Wasser im gefrorenen Zustand verstanden sein. Während es sich im gemäßigten Klima nur um eine temporär auftretende, an die obersten Bodenschichten gebundene Erscheinung handelt, wird dort, wo das Jahresmittel der Temperatur wesentlich tiefer als 0^0 liegt, dieses Bodenwasser bis zu einer bestimmten Tiefe stets gefroren sein und nur die oberste Schicht hier zeitweilig auftauen. Über die geologische Bedeutung dieses als Tjäle (schwedisch) bezeichneten Bodenfrostes verdanken wir B. Högbom[2] eine ausgezeichnete Untersuchung. Die jahreszeitlichen Temperaturschwankungen reichen im allgemeinen bis zu einer Bodentiefe von 15—20 m, darunter folgt die neutrale Wärmezone, deren Temperatur etwas höher als das Jahresmittel der Lufttemperatur der betreffenden Gegend liegt. In Sibirien bei Irkutsk reicht bei einer mittleren Jahrestemperatur von $—10^0$ der dauernde Bodenfrost (perenne Tjäle) bis gegen 200 m, in anderen Gegenden Sibiriens, entsprechend den mittleren Jahrestemperaturen bis $—15^0$, wohl noch tiefer. In Spitzbergen wird die Tiefe des dauernden Bodenfrostes zu 150—300 m veranschlagt. Auch in einigen Teilen Skandinaviens tritt perennierende Tjäle auf, und ebenso müssen wir ihre Existenz für weite Teile Europas und Nordamerikas während der Eiszeit annehmen, worauf Blockströme und andere Erscheinungen in unsern Mittelgebirgen hinweisen.

Um etwas wesentlich anderes handelt es sich bei dem „Steineis" oder „Bodeneis" in Ostsibirien, auf Nowaja Semelja, den neusibirischen Inseln und anderen Regionen mit arktischem Klima; nach neueren Untersuchungen sind es Schnee- und Firnansammlungen in den Talniederungen und an Küsten, die von sandigtonigen oder torfigen Ablagerungen bedeckt sind oder mit diesen wechsellagern. Eine besondere Bedeutung in dem Prozeß der Bodenbewegung scheint ihnen nicht zuzukommen.

Der Untergrund: Dieser kann wesentlich kürzer behandelt werden, da die meisten für die Eiserosion in Betracht kommenden Faktoren in den geologischen Lehrbüchern näher behandelt sind. Im allgemeinen wird man die Angreifbarkeit des Untergrundes nach drei Richtungen hin prüfen müssen. Erstens nach der mineralogischen Zusammensetzung des Untergrundgesteins, wobei vor allem die Verbandsverhältnisse zwischen den einzelnen Komponenten und deren Härte in Betracht zu ziehen sind, zweitens nach den geologischen Strukturelementen, drittens nach den allgemeinen morphologischen Verhältnissen des Untergrundes.

Die mineralogische Zusammensetzung. Hier spielt hinsichtlich der Angreifbarkeit durch das Eis selbst bzw. durch die von ihm mitgeschleppten Partikel vor allem die Härte der einzelnen Mineralien eine bedeutende Rolle. Von den wichtigeren gesteinsbildenden Mineralien hat zwar der Quarz die Härte 7, wird also kaum, auch unter den extremsten Temperaturen, vom Eise selbst angegriffen werden können, sondern nur von anderen im Eise eingeschlossenen oder

---

[1] Vgl. hierzu das Sonderkapitel: „Der Spaltenfrost als physikalisch wirksamer Faktor" in dem Abschnitt I B 1 dieses Handbuchs.

[2] Högbom, Bert.: Über die geologische Bedeutung des Frostes. Bull. geol. Inst. Upsala **XII**, 257—389 (1914).

unter ihm bewegten Quarzpartikeln. Dagegen unterliegen unter den Mineralien der kristallinen Gesteine bereits die Feldspäte (Härte 6), die Augite und Hornblenden (5—6), vor allem aber die Glimmer (2—3), der Serpentin (3—4), die Chlorite (1,5—3) und der Talk (1—3) der ausschleifenden Wirkung nicht nur der „Schleifmittel", sondern unter Umständen auch des Eises selbst (vgl. S. 261), wenn dieses in den Randzonen stark durchkältet ist. Bei den Sedimenten kommen als wichtigste hinzu der Dolomit (Härte 3,5—4,5), der Kalk (Härte 3) und die sehr weichen Tonmineralien. Auch die Spaltbarkeit der Mineralien spielt bei der Angreifbarkeit mit. Infolge der Zusammensetzung der meisten Gesteine aus verschiedenen Mineralien mit verschiedener Härte und Spaltbarkeit entstehen ungleichmäßige Angriffsflächen, deren Rauheit nicht nur von der mineralogischen Zusammensetzung an sich, sondern auch von der Größe der einzelnen Komponenten, der Körnerverwachsung und Körnerbindung abhängt. Es handelt sich also um die gleichen Verhältnisse wie bei der technischen Eignung natürlicher Straßenbaustoffe gegenüber der Abnutzung, die neuerdings z. B. durch ZELTER[1] und NIGGLI[2] erhöhte Aufmerksamkeit erfahren haben. Daß sich in einem und demselben Gesteinskomplex, z. B. bei einem granitischen Tiefengestein, durch randliche oder schlierige Differenzierung oft weitgehende Unterschiede in bezug auf die obenstehenden Faktoren bilden können und dadurch auch die Angreifbarkeit von Ort zu Ort stark wechseln kann, ist jedem petrographisch vorgebildeten Geologen geläufig. Außerdem können beispielsweise in einem äußerlich homogen erscheinenden Sandstein zeitweise durch Wechsel in der Korngröße und in der Kornverkittung wesentliche Unterschiede bestehen, die erst durch die angreifenden Agenzien in Erscheinung treten. Auch die häufig durch die Feinheit des Materials bedingte Splittrigkeit und der sog. muschelige Bruch wären hier anzuführen.

Struktur und Textur. Hier handelt es sich zunächst darum, ob das Gestein fest ist oder lose, z. B. Sand, Kies, Moräne, Verwitterungsschutt usw. Hiervon hängt nicht nur die leichte Ausräumung, sondern auch das Porenvolum für die Aufnahme des Wassers bzw. bei tonigen und verwandten Gesteinen die Adsorptionsfähigkeit für dieses ab. Bei dem festen Gestein sind vor allem die Strukturfugen von größter Bedeutung. Bei den Sedimenten steht hier an erster Stelle der Grad der Schichtigkeit. Alle Übergänge von feinstblättrigen Sedimenten bis zu grob und klotzig gebankten und zu völlig massigen, z. B. manchen Korallenkalken, sind bekannt. Je nach dem Grade der Diagenese und dem Wechsel des Materials findet leichteres oder schwereres Ablösen nach den Schichtflächen und -fugen statt. Hinzu tritt bei den Sedimenten die Beeinflussung durch die Tektonik. Steilheit des Einfallens und der Winkel ihres Streichens gegen die Bewegungsrichtung und die Stoßkraft des Eises sind maßgebend für den Arbeitseffekt des letzteren[3].

Von ganz besonderer Bedeutung aber erweist sich mehr und mehr die Klüftung der Gesteine, und zwar einerseits die infolge tektonischer Beanspruchung entstandenen Klüfte der Sedimentgesteine, andererseits diejenigen der Eruptivgesteine. Besonders nachdrücklich hat SALOMON[4] auf die Bedeutung der letzteren für die Glazialerosion hingewiesen. Sie entstehen entweder durch Kontraktion

---

[1] ZELTER, W.: Petrograph. Untersuchung über die Eignung von Graniten als Straßenmaterialien. Abh. z. prakt. Geologie u. Bergwirtschaftslehre 12 (1927).

[2] NIGGLI, P.: Neuere Untersuchungen über Straßenbaustoffe und ihre Bewertung. Schweiz. Z. f. Straßenwesen 1928.

[3] WERENSKIOLD, W.: Om is-erosion. Norsk Geol. Tidskrift 1911 II.

[4] SALOMON, W.: Können Gletscher in anstehendem Fels Kare, Seebecken und Täler erodieren? N. J. f. Min. usw. 1900 II, 117. — Die Adamellogruppe. Abh. K. K. geol. R.-A. XXI (1908—1910). — Der Einbruch des Lötschbergtunnels. Verh. Nat. Math. Ver. Heidelberg 1909. — Disc. Glaz.-Erosion. Int. Geol. Kongr. Stockholm 1910. C. R., S. 480.

wie die bekannten Absonderungsklüfte der Basalte, Diabase, Porphyre, Phonolite usw. oder aber sie stehen in Zusammenhang mit den Zug- und Druckverteilungen beim Aufstieg des Magmas, wie dies Cloos[1] an granitischen Tiefengesteinen für einen Teil der Klüfte wahrscheinlich gemacht hat. Andererseits glaubt Philipp[2] die Entstehung zum mindesten eines Teiles dieser Klüfte auf ähnliche Laminarbewegung, wie sie beim Gletscher auftreten, zurückführen zu sollen. Häufig sind die Klüfte zunächst nur latent vorhanden („Klüftbarkeit" nach Salomon) und finden erst nachträglich ihre Auslösung. Anordnung der Kluftsysteme und Häufigkeit, seien sie nun primär durch den Bewegungs- und Erstarrungsprozeß oder sekundär tektonisch bedingt, werden von ausschlaggebender Bedeutung für die Glazialerosion sein, wie weiter unten auszuführen sein wird. Daß Schieferung und Streckung, Zermalmungs- und Trümmerzonen von ähnlichem Einfluß sein können, versteht sich von selbst.

Morphologie des Untergrundes. Es genügt, auf den maßgebenden Einfluß der Geländeformen hinzuweisen, die eine Vereisung als „präglaziale" Formen bereits vorfindet. Es ist ausschlaggebend, ob sich ein bestimmtes Eisquantum gleichmäßig auf eine Ebene oder fast ebene Fläche verteilen kann oder ob es von vornherein gezwungen ist, gewisse Bewegungsbahnen einzuschlagen bzw. sich in vorgezeichneten Vertiefungen anzuhäufen. Gefällsknicke und Brüche, Windungen, Verengungen oder Erweiterungen gegebener Talzüge wirken ihrerseits nicht nur hemmend oder beschleunigend auf die Bewegung, sondern auf die Verteilung der Eismassen; sie ändern die Druckverhältnisse im Eise und sind maßgebend für das Auftreten von Spalten und Klüften in diesem. Diese Hinweise mögen hier genügen. Auf den vom Eise selbst geschaffenen Formschutz wird zum Schluß kurz einzugehen sein.

2. Arten der Glazialerosion.

Zwei große Gruppen lassen sich unterscheiden. Die erste umfaßt die Wirkung der kohärenten Eis- und Firnmassen, also der Gletscher im weiteren Sinne, wobei wiederum die erodierende Wirkung der Gletscherstirn von derjenigen zu unterscheiden ist, die sich am Boden der Gletscher- und Firnmassen vollzieht. Die zweite, kürzer zu behandelnde, geht unabhängig vom Gletscher vom Spalteneis und Bodenfrost aus.

Wirkung der Gletscherstirn: Die an sich nicht sehr zahlreichen Beobachtungen über die Einwirkung vorstoßender Gletscher unmittelbar an ihrem äußeren Stirnrande scheinen sich fast zu widersprechen. Der vorrückende Glacier du Tour hat, Charpentier[3] zufolge, im Jahre 1818 nach Überschreiten einer 80 Fuß breiten kiesigen Bodenfläche die dahinterliegenden Weiden vollständig umgepflügt[4]. Im gleichen Jahr verschleppte der Schwarzenberggletscher den großen „Blaustein", einen Serpentinblock von 8000 cbm, quer über das Tal, und der Trientgletscher zerstörte, ebenfalls nach dem Bericht Charpentiers, einen Wald, indem sich seine Stirn zwischen Fels und Waldboden einbohrte und ähnlich einem Pfluge den Wald umwarf. Diese Berichte sind von Heim in seine Gletscherkunde aufgenommen und durch weitere vermehrt, nach denen der vor-

---

[1] Cloos, H.: Mechanismus tiefvulkanischer Vorgänge. Braunschweig 1920.

[2] Zum Teil bereits ausgeführt in Philipp, H.: Beitrag zur Kenntnis der Bewegungsvorgänge in hochviskosen geologischen Flüssigkeiten. Zbl. f. Min. usw. 1921, 679—687.

[3] Charpentier, de I.: Essai sur les glaciers. Lausanne 1841.

[4] Dieser Fall des vorrückenden Tourgletschers wird von Heim und ihm folgend von Wahnschaffe-Schucht (Geologie und Oberflächengestaltung des norddeutschen Flachlandes. Berlin 1921) so dargestellt, als ob im Gegenteil der Gletscher ohne jede Zerstörung über den Rasenboden hinausgegangen wäre. Dagegen steht bei Charpentier in der Fußnote S. 41 ausdrücklich, daß der Weideboden „fut entièrement soulevé et bouleversé".

stoßende Gletscher die vor ihm liegende Moräne aufstaut und vor sich herschiebt. Andererseits berichtet HEIM selbst von Fällen, in denen der vorrückende Gletscher so gut wie keine Veränderung hervorrief. CREDNER[1] hatte im Sommer 1878 Gelegenheit, sehr eingehende Beobachtungen an der Stirn des energisch vorgehenden Buersbrä in Norwegen anzustellen; bis 10 m lange Felsblöcke wurden gewälzt und z. T. von dem Gletscher vorwärtsgeschoben; die Rasendecke vor dem Gletscher wurde zusammengepreßt, gefaltet und überkippt, z. T. direkt aufgepflügt und Endmoränenmaterial keilförmig unter diese eingepreßt, ähnlich, wie CHARPENTIER es vom Trientgletscher beschrieben hatte. Hierbei wurden Schollen bis über 3 m hoch aufgepreßt und gekippt. Dies Aufpflügen geschah z. T. unmittelbar durch den vorrückenden Eisfuß, z. T. indirekt durch größere, vor dem Gletscher hergeschobene Steine und Blöcke. Von der Arbeit der vorstoßenden Stirn des Oberen Grindelwaldgletschers verdanken wir DE QUERVAIN[2] äußerst wertvolle Beobachtungen. Der Gletscher begann 1913 langsam vorzustoßen; dabei schob er die Moränenwälle vor sich her; eine vor der Moräne liegende Rasendecke wurde in Runzeln gelegt und gestaucht. Daneben zeigte sich ein zunächst allerdings nur wenige Zentimeter tief reichendes Aufpflügen „mit der Nase im Boden"; fest im Boden verankerte Moränenblöcke wurden zertrümmert und zentnerschwere Bruchstücke abgeschoben. Viel bedeutsamer ist die Wirkung vorstoßender Gletscher, die GRIPP und TODTMANN[3] in Spitzbergen beobachtet haben. Vor dem Green-Bay-Gletscher und, nach den letztjährigen Reiseergebnissen, auch vor anderen Gletschern ist der Boden zu mächtigen Staumoränen in Sättel und Mulden aufgefaltet, die ungefähr parallel dem Gletscherrand streichen. So beträgt am Green-Bay-Gletscher die Breite der Staumoräne 240—300 m, ihre Höhe zwischen 50—80 m; 30—40 m hohe, in Quertälern aufgeschlossene Profile zeigen die hintereinander gelegenen Aufpressungsfalten der ursprünglich horizontal vor dem Gletscher gelegenen Meeressedimente. Die Höhe der Aufpressung bis zu 80 m beweist die außerordentliche Kraft der vorstoßenden Stirn.

Die Wirkung am vorderen Stirnrand eines vorstoßenden Gletschers kann somit, trotz gelegentlich abweichender Beobachtungen, nicht in Frage gestellt werden. Worauf im einen Falle das ruhige Hinweggleiten ohne Störung, im anderen Falle die starke, aufpflügende und aufstauende Wirkung beruht, wissen wir noch nicht. Daß es nicht eines besonderen, durch die Morphologie bedingten Widerstandes bedarf, zeigen die Beispiele aus Spitzbergen, wo der Boden vor dem Gletscher vollständig eben war. Dagegen hat natürlich die Wucht des Vorstoßes und die Mächtigkeit der vorstoßenden Stirn einen wesentlichen Einfluß. Unter arktischen Verhältnissen stehende Gletscher mit steiler hoher Stirn wuchten in anderer Weise gegen das Vorland als die in der Regel unter flachem Winkel ansteigenden Stirnen unserer alpinen Gletscher, zumal wenn der Vorstoß nicht aus einem steiler gewölbten stationären Zustand, sondern aus einem Rückzugsstadium mit besonders flacher Stirn heraus erfolgt[4]. Des weiteren spielt der Bewegungsmechanismus der äußeren Stirn mit. Wir sahen oben, daß normalerweise der Gletscher sich an einer Reihe, seinem Bett parallel verlaufender Scherflächen bewegt, daß aber unter Umständen (vgl. S. 265) die vorderste Stirnpartie anormale Bewegungsvorgänge zeigt, indem gelegentlich ein Vorschieben des äußersten Randes in einem geschlossenen oder an Längsspalten aufgelösten Block

---

[1] CREDNER, H.: Über Schichtenstörungen im Untergrunde des Geschiebelehmes. Z. D. G. G. **XXXII**, 75—110 (1880).

[2] QUERVAIN, A. DE, a. S. 261 a. O.

[3] GRIPP, K., und E. TODTMANN: Die Endmoränen des Green-Bay-Gletschers auf Spitzbergen. Mitt. Geogr. Ges. Hamburg **XXXVII**, 43—75.

[4] Vgl. hierzu das Diagramm der Längsprofile des Vernagtferners von FINSTERWALDER, abgebildet bei H. HESS: Die Gletscher. a. a. O., S. 299, Fig. 58.

stattfindet. Auch tritt nach den Beobachtungen des Verfassers der Fall nicht selten ein, daß die Hauptzone der Bewegung erst über einer basalen Platte von relativ bewegungslosem oder weniger bewegtem Eis einsetzt, so daß der aktivste Teil der vorstoßenden Gletscherstirn zunächst nicht unmittelbar mit dem Boden in Berührung tritt. Jedenfalls muß die Wirkung an der Stirn eine ganz andere sein, je nachdem sich der Druck längs einer bestimmten Summe von Scherflächen auslösen kann oder ob die Stirn mit ihrer ganzen Masse auf dem Untergrund wuchtet. Auch die Materialbeschaffenheit des Untergrundes, dessen Durchfrostung usw. spielen mit.

Da die Arbeit des Stirnrandes sich in zweierlei Weise äußert, einerseits schiebend und zusammenstauchend, andererseits den Boden wie ein Pflug bearbeitend, so ist, streng genommen, nur auf diese letztere Form der viel gebrauchte Ausdruck „Exaration" anwendbar. Es dürfte sich aber empfehlen, ihn für die Gesamtwirkung der Stirn in Anwendung zu bringen.

Aus den vorliegenden Beobachtungen ist man berechtigt, einen großen Teil der aus dem norddeutschen und dem anliegenden Diluvialgebiet bekannten Störungen, soweit sie nicht ausgesprochener tektonischer Natur sind, der Wirkung des vorstoßenden Eisstromes zuzuschreiben, wie dies Credner im Anschluß an seine obenstehenden Beobachtungen bereits getan hat. Zahlreiche Fälle solcher „Staumoränen" und verwandter diluvialglazialer Störungen sind von Berendt[1], v. Calker[2], Deecke[3], Frech[4], Geinitz[5], Haas[6], Jaekel[7], Keilhack[8], v. Linstow[9], K. Richter[10], Schmierer[11], Tornquist[12], Wahnschaffe[13] u. a. beschrieben und die meisten von Wahnschaffe-Schucht[14] zusammengestellt worden. Da die Störungen dort verstärkt auftreten, wo sich ihnen ein Widerstand entgegenstellt, so ist es leicht verständlich, daß eiszeitliche tektonische Störungen und glaziale Druck- und Stauerscheinungen sich häufig vereint finden, indem die durch die Tektonik geschaffenen Geländeunebenheiten gewissermaßen zur Entfaltung besonders starker glazialer Störungserscheinungen am Stirnrand des Gletschers Veranlassung gegeben haben. Besonders deutlich sind diese Zusammen-

---

[1] Berendt, G.: Kreide und Tertiär in Finkenwalde bei Stettin. Z. D. G. G. **XXXVI**, 866ff. (1884).

[2] v. Calker: Über glaziale Erscheinungen im Hondsrug. Z. D. G. G. **1888**.

[3] Deecke, W.: Geologie von Pommern. Berlin 1907.

[4] Frech, F.: Über glaziale Druck- und Faltungserscheinungen im Odergebiet. Z. Ges. f. Erdkd. Berlin **XXXVI**, 219—225 (1901).

[5] Geinitz, E.: Das Diluvialproblem der Stoltera. Güstrow 1913.

[6] Haas, H.: Über die Entstehung der Föhrden. Mittlg. a. d. Min. Inst. d. Univ. Kiel, Bd. 1.

[7] Jaekel, O.: Über Diluvialablagerungen im nördlichen Schlesien. Z. D. G. G. **1887**, 277 ff. — Über ein diluviales Bruchsystem in Norddeutschland. Z. D. G. G. **LXII**, 605 bis 615 (1910). — Neue Beiträge zur Tektonik des Rügener Steilufers. Ebd. **LXIX**, 81—176 (1917).

[8] Keilhack, K.: Geologische Beobachtungen während des Baues der Brandenburgischen Städtebahn. Jb. Pr. geol. L.-A. **1903**, 1—21. Berlin 1907. — Lagerungsverhältnisse des Diluviums in der Steilküste von Jasmund. Ebd. **XXXIII** (1912).

[9] Linstow, O. v.: Die Entstehung der Buchheide bei Stettin. Jb. Pr. geol. L.-A. **XXXV**, 251—268 (1914).

[10] Richter, K.: Stratigraphie und Entwicklungsgeschichte mittelpommerscher Tertiärhöhen. Abh. u. Ber. Pommer. Naturf. Ges. Stettin **1926/27**.

[11] Schmierer, Th.: Über ein glazial gefaltetes Gebiet a. d. westl. Fläming. Jb. Pr. geol. L.-A. **1910**, 105—135.

[12] Tornquist, A.: Zur Auffassung der östlich der Weichsel gelegenen Glaziallandschaft. N. J. f. Min. usw. **1910** I, 37—48.

[13] Wahnschaffe, F.: Über einige glaziale Druckerscheinungen im norddeutschen Diluvium. Z. D. G. G. **1882**. — Die glazialen Störungen in den Kreidegruben von Finkenwalde bei Stettin. Ebd. **LVI**, M. B., 24—35 (1904). — Über das Quartär und Tertiär bei Fürstenwalde an der Spree. Jb. Pr. geol. L.-A. **XXXVI**, 343—395 (1915).

[14] Wahnschaffe-Schucht, a. a. O.

hänge in den Finkenwalder Aufschlüssen bei Stettin und an vielen Stellen der Rügenschen Kreideküste erkennbar. Daß auch Einpressungen von Moräne auf gelockerten horizontalen Strukturfugen, in Analogie zu den von CREDNER beschriebenen eingepreßten Moränenkeilen, vorkommen können, zeigen die, auch von MARTIN[1] zitierten, wenn auch anders gedeuteten Beobachtungen von GU-MÄLIUS[2] in Schweden. In dem glazialen, aufgelockerten Gneisboden fanden sich noch bis 8 m Tiefe Zwischenlagen von Moräne. Ob letztere Erscheinung allerdings, strenggenommen, hierher gehört oder mehr zu den auf Seite 278 zu besprechenden Richkbildungen, sei dahingestellt. Eine andere Frage ist die, ob auch die großen, im Diluvium schwimmenden Schollen präglazialer Gesteine auf die Exaration der Gletscherstirn zurückzuführen sind; hierauf soll in anderem Zusammenhang auf Seite 277 eingegangen werden.

Wirkung am Boden des Gletschers. Während die Wirkung am Stirnrand wesentlich nur auf dessen mechanischer Stoßkraft beruht, ist diejenige am Boden des Gletschers, also unter dem Eise, komplizierterer Natur. Zu einer rein mechanischen Wirkung des vertikalen und horizontalen Druckes tritt diejenige des Frostes bzw. des Temperaturwechsels um den Gefrierpunkt. Letztere soll zunächst besprochen werden.

BLÜMCKE[3] hat auf Grund seiner Versuche 1885 und 1889 gezeigt, daß schon bei einmaligem Gefrieren ein Gestein an seiner Oberfläche einen wägbaren Materialverlust erleidet, und zwar proportional seiner Oberfläche. Der Verlust schwankt je nach der Gesteinsart. Es ergab z. B. auf den Quadratdezimeter ein bestimmter gelber Sandstein 0,341 g, ein Kalkstein 0,135 g, ein Granit 0,014 g Gewichtsverlust. Wiederholtes Gefrieren verstärkte die Erscheinung. Dabei handelt es sich zunächst nur um ein allerfeinstes staubförmiges Abwittern, ein „Abfrieren" der Oberfläche; erst bei wiederholtem Gefrieren stellen sich unregelmäßiges Abbröckeln und Abblättern festerer gröberer Teile ein, wobei die Proportionalität mit der Oberfläche aufhört. Nach den Angaben HIRSCHWALDS[4] ist die Widerstandsfähigkeit der Gesteine gegen die Frostwirkung abhängig: erstens von dem Maße der Porenfüllung des Gesteins bei seiner Wassersättigung unter gewöhnlichem Druck, zweitens von dem Grade der Erweichungsfähigkeit des Gesteins im Wasser, drittens von der durch die Anordnung der Gesteinsporen bedingten regellosen oder schichtförmigen Verteilung des aufgenommenen Wassers im Gestein. Daneben kommen in besonderen Fällen in Betracht: die Festigkeit des Gesteins, die Tenazität und die Zusammensetzung des Gesteins aus grobkörnigen Gemengteilen, welche vermöge ungleicher Wasseraufsaugefähigkeit ein ungleiches Frostverhalten erwarten lassen. FINSTERWALDER und BLÜMCKE[5] haben nun gezeigt, wie qualitativ und quantitativ die gleiche Frostwirkung nicht nur durch einfache Temperaturänderung, sondern durch Druckänderungen des im Schmelzpunkt sich befindenden Eises hervorgerufen werden kann, wobei sich ergibt, daß, wenn am Boden des Gletschers die dem lastenden Druck entsprechende Schmelztemperatur herrscht, eine Ver-

[1] MARTIN, J.: Zur Frage der Entstehung der Felsbecken. Jber. Nat. Ver. Bremen. XXXIV, 407—417 (1899). — Zum Problem der glazialen Denudation und Erosion. Abh. Nat. Ver. Bremen XXVI, 461—480 (1927).

[2] GUMÄLIUS, O.: Ett par iakttagelser om inlandsisens verkan ... Geol. Fören. Förh. Stockh. VII, 389—392 (1884/85); u. Meddelanden fran Kantorp. Ebd. XI, 248—262 (1889).

[3] BLÜMCKE, A.: Über die Frostbeständigkeit von Baumaterialien. Zbl. d. Bauverwaltung 1885 u. 1889.

[4] HIRSCHWALD, I.: Die Prüfung der natürlichen Bausteine auf ihre Wetterbeständigkeit. Berlin 1908; u. Handb. d. Bautechn. Gesteinsprüfung. Berlin 1912.

[5] FINSTERWALDER, S.: Wie erodieren die Gletscher? Z. d. Dt. u. Ö. A.-V. XXII, 75 bis 86 (1891). — BLÜMCKE, A.: Zur Frage der Gletschererosion. Sitzgsber. bayer. Akad. d. Wiss., Math.-phys. Kl. XX, 435—444 (1890).

ringerung des Druckes Frost, eine Vermehrung wiederum Auftauen hervorrufen muß. Da nun bei lebhafter Bewegung, beim Auftreten von Hindernissen, Aufreißen von Spalten usw. die Druckunterschiede im Gletscher und speziell an seiner Unterseite sich dauernd ändern, so folgern beide Autoren hieraus eine energische Frostabwitterung unter dem Gletscher, und zwar sollen die meisten Bewegungsstörungen und damit Druckänderungen an der Grenze der Firnsammelmulde zum oberen Ende der Gletscherzunge zu erwarten sein. Ein gewisser Beweis für solche Frostabwitterung durch Druckänderung stellen die von Hess[1] mitgeteilten Beobachtungen von Blümcke dar, nach denen ein rings im Eis eingeschlossener Stein, bei dem also normale Temperaturschwankungen von außen her kaum in Frage kommen, von feinem Verwitterungsstaub umgeben war. Frostabwitterung durch einfache Temperaturschwankungen wird aber auch im Wechsel der Jahreszeiten dort auftreten können, wo der Winterfrost durch das Eis bis in den Boden eindringt und nur im Sommer die normale Schmelztemperatur an seinem Grunde herrscht. Wenn von Martin[2] den von Blümcke und Finsterwalder gezogenen Schlüssen entgegengehalten wird, daß diesem Abfrieren die allenthalben zu beobachtenden Gletscherschliffe zum Opfer gefallen sein müßten, die gerade am Rand von Stufen und Riegeln, wo Druckänderung am ehesten zu erwarten ist, oft besonders gut entwickelt sind, so kann man andererseits auch so argumentieren, daß dort, wo durch Abfrieren der Boden gelockert ist, die später zu behandelnde Schleifwirkung am ehesten einwirken kann, beide Faktoren also in Wechselwirkung auftreten können.

Wesentlich intensiver als durch reines Abfrieren wirkt der Frost dort, wo Schmelzwasser den feinen Strukturflächen, seien es Kluft- oder Schichtflächen, des Untergrundes folgen und dort seine Sprengkraft beim Gefrieren entfalten kann. Hierbei kommt es zunächst zum Absplittern und Absprengen kleiner oder auch größerer Fragmente, ähnlich wie bei der Frostsprengung oberhalb der Schwarz-Weiß-Grenze. Balzer[3] spricht von einem Absplittern meist kleinerer, aber auch größerer eckiger Fragmente durch den „Eisdruck, unterstützt von Frost und Verwitterung", einem Vorgang, den er direkt als „splitternde Erosion" bezeichnet. Seine an Hand von Abbildungen gegebene Darstellung ist in die Lehrbücher übergegangen. Balzer betont, daß die „splitternde Erosion" vom Gestein abhängig ist und in der Nachbarschaft des Unteren Grindelwaldgletschers dort auftritt, wo statt des massigen, grobbankigen Kalkes schiefriger Kalk sich einstellt, ferner dort, „wo das Gefüge des Gesteins durch Fältelung und Clivage gestört ist". Daß eine dieser Balzerschen „splitternden Erosion" entsprechende Sprengung auch unter dem Gletscher bzw. an seinen Flanken eintreten kann, ist bei gegebenem Gesteincharakter durchaus möglich. Verfasser möchte aber nach eigenen Beobachtungen am gleichen Gestein und in unmittelbarer Nähe der von Balzer beobachteten Punkte eher dazu neigen, sie als reine winterliche Frostsprengung anzusehen, die sich an der freien, nicht mehr vom Eis bedeckten Gesteinsoberfläche nachträglich vollzogen hat. Jedenfalls zeigte ein winterlicher Besuch der Petronellen-Balm dicht neben dem Gletscher (vgl. S. 279), wie stark der winterliche Frost in diesen, infolge ihrer Klüftigkeit stark wasserhaltigen Kalken, fort und fort arbeitet. Somit könnten die Balzerschen Musterbeispiele sehr wohl auch später, nach dem Rückzug des Eises, in geeigneten Bänken entstanden sein. Da außerdem aus den Balzerschen Ausführungen nicht hervorgeht, welcher von beiden Faktoren, die Frostsprengung oder der mechanische Druck, der ausschlaggebende ist, so ist der Ausdruck „splitternde Erosion"

---

[1] Z. Glk. 1916/17, H. 10, 152.   [2] Martin, J. a. S. 271 a. O. 1899.
[3] Balzer, A.: Studien am Unter-Grindelwaldgletscher usw. Denkschr. Schweiz. naturf. Ges. 1898, 33.

kein eindeutiger. Nach Ansicht des Verfassers ist es daher auch nicht angängig, ihn auf die Fälle zu übertragen, wo weniger die sprengende und splitternde Frostwirkung, sondern in erster Linie die schiebende und stoßende Kraft des Gletschers in Frage kommt.

Nach dem derzeitigen Stande unserer Kenntnis ist die rein mechanische, unmittelbare Einwirkung auf den Untergrund der stärkste Faktor der Glazialerosion, obwohl sie von so maßgebender Seite, wie ALB. HEIM[1], immer noch in Abrede gestellt wird. SEDERHOLM[2] hat für sie den Ausdruck Detraktion eingeführt, den wir im folgenden beibehalten wollen. Zunächst nur vereinzelt, in der Folge aber immer häufiger, ist die Tatsache erkannt worden, daß der Gletscher imstande ist, aus seinem Untergrund größere Blöcke auszubrechen und abzuschleppen, weshalb man auch von „ausbrechender" und „aushebender" Erosion gesprochen hat. RICHTER[3] macht darauf aufmerksam, daß schon LORANGE 1868 die Ansicht geäußert hat, daß der Gletscher einzelne Blöcke des Grundes wie mit einer Brechzange fasse und hinauswerfe. SIMONY[4] erwähnt 1871 neben der Schleifwirkung des Gletschers die von ihm losgerissenen kantigen Massen. PENCK[5] betont 1894 in seiner Morphologie der Erdoberfläche ebenfalls neben der abschleifenden die ausbrechende Tätigkeit des Eises, um dann später[6] der letzteren den Hauptanteil an der Entstehung der glazialen Großformen zuzuschreiben. Die Beobachtungen bezogen sich zunächst auf die Fälle, wo man auf dem vom Eise verlassenen Fels größere polygonale Gesteinsplatten und Quader fand, die sich unschwer in unmittelbare Beziehungen zu ihren benachbarten Ausbruchsnischen bringen ließen. PENCK, SALOMON[7] u. a. haben solche Fälle beschrieben oder abgebildet. Eine der bekanntesten Stellen ist die auch von PHILIPP[8] abgebildete, unmittelbar vor dem zurückgewichenen Hornkees im Zillertal. FINSTERWALDER[9] hat bei der starken Ausaperung des heißen Jahres 1911 von einer unmittelbar vom Eis verlassenen Felsinsel im Sammelbecken des Vernagtferners das treppenartige Herausbrechen von Gesteinsblöcken erwähnt, und DE QUERVAIN[10] hat direkt beobachtet, wie der vorstoßende Obere Grindelwaldgletscher von einem großen, tief im Boden wurzelnden Moränenblock eines grünen schiefrigen Gneises ein großes Fragment von 1 m Breite und 40 cm Dicke ausbrach, vorschob und in weitere Einzelstücke zerlegte; außerdem beobachtete LÜTSCHG[11] das Abreißen eines $^1/_2$ m³ großen Felsstückes durch den vorstoßenden Allalingletscher, so daß tatsächlich jeder Zweifel an dieser Detraktion hinfällig erscheinen muß. Während der Drucklegung, im September 1928,

---

[1] HEIM, ALB.: Geologie der Schweiz. Leipzig 1919.

[2] SEDERHOLM, J. J.: Disc. Glaz. Erosion. Int. Geol. Kongr. Stockholm. C. R., S. 479.

[3] RICHTER, E.: Morphologische Untersuchungen in den Hochalpen. Pet. Mitt. 1901, Erg.-H. 132.

[4] SIMONY, F.: Die Gletscher des Dachsteingebirges. Sitzgsber. K. Akad. Wiss., Math.-nat. Kl. 63, 501—35. Wien 1871. — Gletscher und Flußschutt als Objekt wissenschaftlicher Detailforschung. Mitt. K. K. geograph. Ges. Wien 15 (1872). Vgl. hierzu auch A. BÖHM: Geschichte der Moränenkunde, S. 32. Wien 1901.

[5] PENCK, A.: Morphologie der Erdoberfläche. Stuttgart 1897.

[6] PENCK, A.: Über glaziale Erosion in den Alpen. Int. Geol. Kongr. Stockholm 1910. — Discussion Gl. Erosion ebd. C. R., S. 478 u. 487—489.

[7] SALOMON, W.: Können Gletscher in anstehendem Fels Kare, Seebecken und Täler erodieren? N. J. f. Min. 1900 II, 117. — Die Adamellogruppe. Abh. K. K. Geol. R.A. XXI, 603 (1908—10).

[8] PHILIPP, H., in W. SALOMON: Grundzüge der Geologie I, S. 631, Fig. 29.

[9] FINSTERWALDER, S.: Beobachtungen über die Art der Gletscherbewegung. Sitzgsber. bayer. Akad. d. Wiss., Math.-phys. Kl. 1912.

[10] QUERVAIN, A. DE: a. S. 261 a. O.

[11] LÜTSCHG, O.: Über Niederschlag und Abfluß im Hochgebirge. Sonderdarstellung des Mattmarkgebietes. Zürich 1926. — Beobachtungen über das Verhalten des vorstoßenden Allalingletschers in Wallis. Z. Gkd. XIV, 257—265 (1925/26).

gelang es dem Verfasser im Sammelgebiet des Waxegggletschers (Zillertal) unmittelbar unter dem Schönbichlerhorn ein weiteres Beispiel aktiver Detraktion festzustellen. Der Sommer 1928 zeichnete sich ähnlich wie der von 1911 durch außerordentliche Ablation und Rückgang der Gletscher nicht nur an der Stirn, sondern auch im Firngebiet aus, so daß in den Ostalpen fast sämtliche Randklüfte ausgeapert waren und es möglich war, an einigen Stellen von oben bzw. von der Seite unter den Gletscher zu kriechen und seine Einwirkung auf den Untergrund unmittelbar zu studieren. Letzterer besteht an der untersuchten Stelle aus grobgebanktem, plattigem Tonalit, dessen Hauptabsonderungsfläche mit mäßigem Einfallen ungefähr der Neigung des Gletscherbodens parallel verläuft. Es ließ sich einwandfrei feststellen, wie hier das Eis die großen Platten nicht nur eine nach der anderen stufenförmig hinausschiebt, sondern offenbar mit größter Kraft herausreißt, so daß an den kurzen steilgestellten Querbrüchen das völlig frische Gestein direkt zersplittert war. Da eine etwas tiefer, ungefähr an der Grenze der Sammelmulde gegen die Zunge gelegene, ebenfalls ganz frisch ausgeaperte Felsfläche den stufenförmigen Abbau mit der gleichen Schärfe zeigt, die obenerwähnten Stellen des unmittelbar benachbarten Hornkees und die von DE QUERVAIN und LÜTSCHG beschriebenen Beispiele aber vom Zungenende des Gletschers stammen, so ist hiermit die gleichbleibende Wirkung der Detraktion durch den ganzen Verlauf eines Gletschers hindurch von der Randkluft bis zur Stirn erwiesen.

Es war das Verdienst SALOMONS[1], auf die Rolle hinzuweisen, die für diesen ausbrechenden Prozeß nicht nur die in allen kristallinen Gesteinen auftretenden offenen Klüfte, sondern auch die latent vorhandene Klüftbarkeit, spielt, welch letztere vielfach erst infolge der oben besprochenen, durch Druckschwankungen entstehenden Frostsprengungen zur Auslösung kommt. SALOMON hat überdies in seinem Adamellowerk betont, wie gerade infolge des verschiedenen Grades der Zerklüftung und der Klüftbarkeit auch in einem an sich petrographisch gleich entwickelten Gebiet eine ausgezeichnete Selektion der Gletschererosion stattfinden kann, was auch MATTHES[2] anläßlich seiner Yosemitestudien betont. Nur geht SALOMON wohl insofern zu weit, als er der Frostsprengung den Hauptanteil gegenüber der mechanischen Ausräumungsarbeit zuweist, denn wie z. B. die tiefen von CLOOS[3] beschriebenen Granitaufschlüsse von Strehlen zeigen, geht die offene Klüftung so tief, daß auch ohne besondere Frostsprengung ein Ausräumen nach dem Kluftsystem erfolgen kann. Auch eine Kältesprengung unter dem Eise in der Art, wie sie MARTIN[4] neuerdings vertreten hat, dürfte in dem angenommenen Ausmaß abzulehnen sein, zumal die Voraussetzungen (Mächtigkeiten von weit über 1000 m und erhöhte Plastizität des Eises) nicht durch Tatsachen gesichert erscheinen. Eher dürfte vielleicht auf orogenetische latente Spannungen hinzuweisen sein, welche die Klüftbarkeit in dem Maße in Erscheinung treten lassen, als durch Auflockerung und Erosion der lastende Druck sich vermindert, ähnlich dem Vorgang, der bei Tunnelbauten und in Bergwerken zu dem Losbrechen und dem zum Teil heftigen Abspringen des „Druckgebirges" führt.

Bei der Bedeutung dieser Detraktion für die ganze Frage der Glazialerosion und bei dem Widerstand, den so angesehene Forscher wie HEIM ihr immer noch entgegensetzen, ist es nötig, auf einige weitere Beispiele einzugehen. In den Alpen kann man zahlreiche ausgezeichnete Fälle von Detraktion in den zum Teil längst vom Gletscher verlassenen kristallinen Zentralgebieten feststellen. Schon früh hat das obere Haslital durch die Ablösung großer Protoginplatten nach

---

[1] SALOMON, W.: a. a. O. 1900 und Adamellogruppe.
[2] MATTHES, FR. E.: Studying the Yosemite problems. Sierra Club IX, 136—147 (1914).
[3] CLOOS, H.: a. S. 268 a. O.
[4] MARTIN, J.: Abh. Nat. Ver. Bremen 1927.

der Klüftung die Aufmerksamkeit auf sich gezogen[1], ohne daß dieser Prozeß in seiner ganzen Bedeutung für die Glazialerosion zunächst völlig erkannt worden wäre. An der Gotthardstraße, an den Wänden seitlich des Rhonegletschers, am Unteraar- und Aletschgletscher, im oberen Engadin, am Morteratsch- und Fornogletscher, um nur einige wenige Punkte hervorzuheben, zeigt sich überall die Ablösung der Platten und Quadern nach den Kluftflächen; und wenn auch manche dieser Platten erst nach dem Schwinden des Gletschers durch Frostsprengung im Wechsel der Jahreszeiten abgesprengt sein mögen, so ist doch zweifellos, namentlich wenn solche Quadern auf horizontalen oder sogar ansteigenden Flächen ausgebrochen sind, diese Wirkung vor allem dem ehemaligen Gletscher zuzuschreiben. So hat PHILIPP[2] letzthin die eben erst von dem zurückgehenden Aletschgletscher freigegebene Felskuppe beschreiben und abbilden können, die durch den Gletscher in mächtigen, ganz scharfkantigen, an einen frischen Steinbruch erinnernden Stufen abgebaut ist, indem längs der Kluftsysteme Quader auf Quader herausgebrochen und herausgeschoben sind. Eine andere Einwirkung als die durch den Gletscher kann auch hier nicht in Frage kommen, vielmehr entspricht dieser Fall völlig dem oben beschriebenen Beispiel aktiver Detraktion unter dem Waxegggletscher. SALOMON zitiert Beispiele aus dem Adamello und anderen Orten und neuerdings hat STINY[3] auf die starke, den Kluftsystemen folgende Gletscherarbeit in Kärnten hingewiesen. Ganze „Kluftgassen" bis zur Breite von 25 m und darüber sind dort ausgebrochen und der kleine Mühldorfer See, bei großer Schmalheit, bis zu 38 m Tiefe, der Klüftung folgend, ausgekolkt; der Betrag der Ausräumung aus der Stoder Alpenwanne wird auf $2 \cdot 10^6 \, \mathrm{m}^3$ berechnet. Ähnliche „Kluftgassen" sind dem Verfasser aus dem Bornholmer Granit bekannt; LAWSON[4] hat sie als 10—40 Fuß tiefe aus granitischen Rundhöckern glazial ausgebrochene Tröge mit senkrechten Wänden vom Upper Kernbasin beschrieben, und zwar liegen die Kluftgassen an den oberen und mittleren Teilen der Rundhöcker transversal, an den distalen Enden longitudinal in der Richtung des Eises. Ganz ausgezeichnete Beispiele diluvialer Detraktion sind aus Skandinavien und Finnland bekanntgeworden. In der Diskussion über die Glazialerosion auf dem Internationalen Geologen-Kongreß in Stockholm 1910 hatten A. G. HÖGBOM[5] und SEDERHOLM[6] auf Bruchliniensysteme und Zerklüftungsrichtungen in Fennoskandia hingewiesen, die lokal eine bedeutende Verstärkung der Eiserosion bedingen, und ersterer hatte bereits 1902/03[7] an den Felskernen nordschwedischer Drumlinlandschaften die starke glaziale Erosion durch Losbrechen von Gesteinsblöcken im Gegensatz zu der geringen ausschleifenden Wirkung hervorgehoben. LEIVISKÄ[8], HELAAKOSKI[9] und SEDERHOLM[10] haben

---

[1] HORNSTEIN: Beobachtungen im oberen Haslital. Z. D. G. G. **XXXV**, 647—649 (1883).

[2] PHILIPP, H.: Neuere Beobachtungen zur Mechanik der Gletscher. Pet. Mitt. **1928**, H. 1 u. 2.

[3] STINY, J.: Einiges über Gesteinsklüfte und Geländeformen in der Reisseckgruppe (Kärnten). Z. f. Geomorph. **1925**, 254—275. — Zur Frage des Gletscherschurfes, Der Geologe, Nr. 41. Leipzig **1927**.

[4] LAWSON, A. C.: The Geomorphology of the Upper Kern Basin. Bull. Dep. of Geol. Univ. of California III, 352—353.

[5] HÖGBOM, A. G.: Über die Glazialerosion im schwedischen Urgebirgsterrain. XI. Int. Geol. Kongr. Stockh. **1910**, 429—441.

[6] SEDERHOLM, J. J.: Ebd.

[7] HÖGBOM, A. G.: Studien in nordschwedischen Drumlinlandschaften. Bull. geol. Inst. Upsala **VI**, 175—198 (1902/03).

[8] LEIVISKÄ, J.: Über die Oberflächenbildungen Mittel-Ostbottniens und ihre Entstehung. Fennia **XXV** (1907).

[9] HELAAKOSKI, A. R.: Beobachtungen über die geomorphologischen Einflüsse der Gefriererscheinungen. Medd. of. geogr. För. i. Finland IX.

[10] SEDERHOLM, J. J.: Weitere Mitteilungen über Bruchspalten mit besonderer Beziehung zur Geomorph. v. Fennoskandia. Fennia **XXXIV**, 66 (1913/14).

dann speziell die starke morphogenetische Abhängigkeit der Eiserosion von dem Kluftsystem und den Zerrüttungszonen in Finnland betont. Zum Teil ganz schmale, zum Teil breitere Seenrinnen, oft mit scharfen Konturen, sind herauspräpariert. Besonders charakteristisch sind die Querrinnen des Päijännesees, von denen z. B. die nördliche, bei einer Breite von 200—300 m, eine absolute Tiefe von 200 m und eine Länge von 20 km erreicht. Ähnliche Rinnen treten im Schärenhof der Provinzen Nyland und Åbo auf. In allen diesen Fällen handelt es sich um nichts anderes als die vorerwähnten Kluftgassen, nur im größeren Maßstabe. Die oft hohen Gesteinsschwellen an beiden Enden solcher Rinnen, also Kennzeichen einer „Übertiefung" im strengen Sinne der Pencktschen Auffassung, weisen zu eindeutig auf glaziale Entstehung hin, als daß an ein anderes erodierendes Agens gedacht werden könnte. Bezüglich Schwedens sei außer auf die älteren Arbeiten[1] von Törnebohm[2] und Gumälius und die jüngeren von A. G. Högbom, Sahlström[3], Ahlmann[4], Nelson[5] und Martin[6] noch besonders auf die außerordentlich sorgfältigen Beobachtungen von Iv. Högbom[7] vom Luppioberg in Schwedisch-Lappland hingewiesen. Letzterer hat die Richtung der Gesteinsklüfte genau gemessen, kartiert und gefunden, daß 90 % der 50 auf dem Kartenblatt Övertornea 1 : 200 000 eingezeichneten Berge ihre Längsrichtung in der der Eisbewegung haben und daß die Herausmodellierung den Klüften gefolgt ist. In ganz hervorragender Weise zeigen vor allem die Flanken und das distale Ende des Luppioberges in ihren bis 8 m hohen treppenartigen Stufen die glaziale Detraktion in ganz analoger nur noch verstärkter Art, wie die vorerwähnte Kuppe am Aletschgletscher. Auch der bekannte aus Cambrium, Silur und Deckdiabas aufgebaute Kinnekulle in Mittelschweden zeigt nach Holm und Munthe[8] ausgezeichnet den glazialen Abbau nach Schichtfugen und Klüften. Schließlich sei noch auf Grönland verwiesen, wo Drygalskis[9] Klufttäler den vorbesprochenen „Kluftgassen" entsprechen dürften. Das Auftreten der Detraktion ist also, wie die zahlreichen Beispiele zeigen, gebunden an Kluftsysteme und Schichtfugen. Je zahlreicher sie vorhanden sind, je günstiger ihr Streichen und Einfallen zur Bewegungsrichtung des Gletschers angeordnet ist, um so stärker die Auswirkung der Detraktion. Sie tritt sowohl in gut gebankten und klüftigen Sedimenten (vgl. die Orthocerenkalke des Kinnekulle) als auch in Eruptivgesteinen und kristallinen Schiefern auf, wo sie bisher vorzugsweise beobachtet worden ist. Morphologisch äußert sie sich einerseits in der Schaffung von Hohlformen (Kluftgassen, Rinnen, Trögen und Becken), andererseits in der besonderen Art des stufenförmigen Abbaues an der Leeseite und den Flanken von Riegeln, Rundhöckern, Stufenrändern usw.). Der Abbauprozeß hängt außerdem

---

[1] Törnebohm, A. E.: Grundlagen of Sveriges geologi. 1884.

[2] Gumälius, O.: Ett par iakttagelser om inlandsisens verkan. Geol. Fören. Forh. Stockholm **VII**, 389—292 (1884/85). — Meddelanden från Kantorp. Ebd. **XI**, 248—262 (1889).

[3] Sahlström, K. E.: Glacial skulptur i. Stockholms yttre skärgord. Sver. Geol. Unders. Årsbok **VII**. Stockh. 1914.

[4] Ahlmann, H. W.: Die fenno-skandinavischen Endmoränenzüge auf und neben dem Billingen in Vester-Götland, Schweden. Z. Glk. **X**, 65—113 (1916/17). — Geomorph. Studies in Norway. Geogr. Annaler. Stockh. 1919, H. 1 u. 2.

[5] Nelson, H.: Om förhållandet mellan tektonik och glacialerosion inom Säveåns flodområde. K. Fys. Sällsk. Handl. N. F. **XXXIV**, Nr. 3.

[6] Martin, J.: Zur Frage der Entstehung der Felsbecken. Jahresb. d. nat. Ver. z. Bremen **XXXIV**, 407—417 (1899).

[7] Högbom, Ivar: Der Berg Luppio. Bull. geol. Inst. Upsala **XIX**, 223 (1925).

[8] Holm, G., und H. Munthe: Kinnekulle dess Geol. och den tekniska anvend. af dess Bergarter. Sver. geol. Unders. Ser. C. Afh. **172**. Stockh. 1901.

[9] Drygalski, E. v.: Grönland-Expedition der Gesellschaft für Erdkunde zu Berlin 1891—1893. Berlin 1897.

eng mit der Bewegungsmechanik des Gletschers zusammen (s. S. 264). Entsprechend den der Unterseite des Gletschers angepaßten Scherflächen wird im allgemeinen eine horizontale, nach auswärts gerichtete Schubkraft auch auf der Sohle des Gletschers herrschen, die sich namentlich an den freien distalen Enden und den Flanken von Hindernissen in ganz großzügiger Weise auswirken muß. Also weniger Verdünnung oder Verstärkung der Eismasse, wie Iv. Högbom und Stiny annehmen, sondern freie Schermöglichkeit am distalen, andererseits Stauwirkung am proximalen Ende des Hindernisses dürfte den Ausschlag geben.

Wenn die Detraktion ein so starker Faktor der Glazialerosion ist, dann muß auch das ausgehobene Material als solches deutlich kenntlich in den Moräneablagerungen vorhanden sein; das ist auch der Fall. Aus dem norddeutschen Diluvium bekannt sind die großen, im Geschiebemergel steckenden kantengerundeten Blöcke, die sich dadurch als vom Untergrund des Gletschers stammend erwiesen haben, daß sie im Gegensatz zu anderen, allseitig und kreuz und quer gekritzten Geschieben vielfach nur auf einer Seite und außerdem in der gleichmäßigen Form paralleler bis subparalleler Rillen geschrammt sind. Die oft sehr ansehnliche Größe solcher „Erratischen Blöcke" gibt einen Maßstab für die Intensität der Detraktion. Während es sich bei den großen Geschieben des alpinen Diluviums z. T. auch um von oben auf den Gletscher gefallenes und als Oberflächenmoräne transportiertes Material handeln kann, ist dies bei dem Inlandeischarakter der nordischen Vereisung ausgeschlossen. Hier stammt das Moränenmaterial fast ausschließlich von der Unterseite des Gletschers. Deecke[1] und Wahnschaffe[2] bringen Zusammenstellungen über die größten dieser Geschiebe, von denen wohl das gewaltigste der Granitgneisblock von Gr. Tychow bei Belgard mit den Größenverhältnissen von rund $17 \times 11 \times 6$ m und einem auf 30 bis 40000 Zentner geschätzten Gewicht ist.

Die Größe solcher Detraktionsblöcke führt zu der Überlegung, wie weit auch die großen, im Glazialdiluvium schwimmenden Sedimentschollen auf Detraktion zurückzuführen sind. Nach der Zusammenstellung von G. Petersen[3] kennt man bisher in Norddeutschland einschließlich eines Teiles von Dänemark ·459 solcher Glazialschollen präglazialer Sedimente. Ihre Abmessungen sind z. T. ganz gewaltige. Manche Vorkommen, z. B. Senoner Schreibkreide, die früher als anstehend galten und in mächtigen Brüchen abgebaut wurden, haben sich bei fortschreitendem Abbau oder durch Bohrungen als „schwimmend" erwiesen. Mächtigkeiten bis über 100 m sind festgestellt; andere sind bei großer Ausdehnung auf Bruchteile von Metern ausgewalzt. Die große Senonscholle von Swinemünde ist 113 m, die Oligozänscholle von Lubzin bei Gollnow 121 m mächtig. Die turone Kreidescholle von Lebbin hat bei einer Dicke von über 30 m eine Länge von über 500 m. Die Ausdehnung der Oligozänscholle von Züllchow beträgt ca. 50 ha bei 2—36 m Dicke. Die Katharinenhofscholle bei Finkenwalde mit ihren bekannten Kreidebrüchen hat bei 2 km Länge, 500 m Breite und 25 m Höhe einen Inhalt von 25000000 m^3 und die Steinittenscholle (Senon-Miozän) bei etwa 4×2 km (800 ha) Ausdehnung und 14—20 m Dicke einen Rauminhalt von 50—80000000 m^3, Dimensionen, die man sich dadurch verdeutlichen kann, daß eine unserer größten deutschen Talsperren, die Urftalsperre ca. 50000000 m^3 enthält. Zur Vorstellung der Kräfte, die dazu gehören, solche gewaltigen Massen, auch wenn

[1] Deecke, W.: Geologie von Pommern. Berlin 1907.
[2] Wahnschaffe, F.: Die Oberflächengestaltung des norddeutschen Flachlandes. 3. Aufl. 1909. — Große erratische Blöcke im norddeutschen Flachlande. Geol. Charakterbilder Nr. 2. Berlin 1910.
[3] Petersen, G.: Die Schollen der norddeutschen Moränen usw. Fortsch. d. Geol. u. Pal. IX, 180—274. Berlin 1924.

es sich bei manchen nur um geringen horizontalen Schub handelt, zu transportieren, fehlen uns die Vergleichsmöglichkeiten. Andererseits ist nach ihrem ganzen geologischen Auftreten kein Zweifel darüber möglich, daß sie tatsächlich glazial transportiert sind; daß sie z. T. durchfroren waren, beweist ihr teilweiser Aufbau aus lockeren Sanden und Kiesen. Als sicher müssen wir annehmen, daß derartige enorme Transporte nur bei einerseits starken Niveauunterschieden des Untergrundes, andererseits beim Vorhandensein flach liegender als Scherflächen auslösbarer Schichtfugen möglich waren. Die Frage ist nur die, ob es sich um eine Wirkung der Gletscherstirn, also um Exaration im engeren Sinne, oder um Detraktion handelt. Petersen[1] und auch K. Richter[2] nehmen das erstere an; Petersen mit dem Argument, daß nur in den Randzonen des Gletschers eine, z. B. für den Transport loser Kiesschollen erforderlich starke Durchkältung des Untergrundes möglich sei. Immerhin wissen wir (s. S. 260) durch die Kochschen Untersuchungen in Grönland, daß die Durchkältung eines Gletschers eine recht intensive, also unter Umständen bis tief unter die Basis reichende sein kann, mit anderen Worten, daß eine Durchkältung des Bodens nicht an die Randzonen gebunden sein braucht[3].

Da die Großschollen nicht nur in Endmoränengebieten sondern auch in der Tiefe der normalen Grundmoränen auftreten[4], scheint ihre Verschleppung sowohl durch Exaration als durch Detraktion möglich.

Eine subglaziale Aufarbeitung im kleinen zeigen die zuerst von F. Schmidt[5] aus Estland beschriebenen und von Kupffer[6] abgebildeten sog. Richkbildungen, eine Auflösung des Anstehenden bis über 3 m Tiefe in kleine, eckige Fragmente, wie sie sich namentlich auf der Oberfläche von Rundhöckern oder verbunden mit der Aufrichtung von Schichtenpaketen findet. Auch der von Gumälius beschriebene „Trasberg" scheint etwas Ähnliches zu sein. Bei ihm handelt es sich[7] um eine auf viele Hektar sich erstreckende über 8 m tiefe subglaziale Auflockerung eines Gneises nach Kluftflächen mit stellenweise zwischengeklemmter Moräne. Von der Richkbildung zur Lokalmoräne, wie sie Wahnschaffe-Schucht[8] von vielen Stellen auch des norddeutschen Flachlandes angeben, sind alle Übergänge vorhanden.

Weitaus am längsten und besten ist man über die im allgemeinen als schleifende Erosion oder „Detersion" bezeichnete Erosionsart unterrichtet. Charpentier[9] und Agassiz[10] haben bereits ihre wesentlichen Züge erkannt. Es genügt,

---

[1] Petersen, G.: a. S. 277 a. O.

[2] Richter, K.: Stratigraphie und Entwicklungsgeschichte mittelpommerscher Tertiärhöhen. Abh. u. Ber. Pomm. Naturf. Ges. Stettin 1926/27.

[3] Ein Hinweis auf die Bildung solcher Schollen und ihre Abscherung nach Schichtflächen sieht der Verfasser in dem in der baltischen Literatur bekannten, auch von B. Doss (Über einen Gletscherschliff bei Kunda in Estland. N. J. f. Min. usw. 1913 I, S. 43—55) beschriebenen „Gletscherschliffe von Kunda". Nach persönlicher Inaugenscheinnahme tritt dort im gut gebankten Vaginatenkalk bei Arro auf mindestens 50 m Länge im Liegenden einer stellenweise bis 1 m mächtigen Gesteinsplatte eine ausgezeichnete Schlifffläche auf, die durch eine etwa 2—4 cm dicke Sandschicht mit Kalkbrocken von der Hangendschicht getrennt ist. Nach Ansicht des Verfassers war die Hangendplatte fest durch Frost mit der Basis des Gletschers verkittet und wurde über die Liegendplatte abgeschert, wobei die dünne Sandschicht durch irgendwelche Klüfte der dünnen Hangendschicht eingedrungen und mitgeschleppt sein kann.

[4] Vgl. die Verteilungskarte bei Petersen.

[5] Schmidt, F.: Einige Mitteilungen über die gegenwärtigen Kenntnisse der glazialen und postglazialen Bildungen im silurischen Gebiet von Estland usw. Z. D. G. G. XXXVI (1884).

[6] Kupffer, K. R.: Baltische Landeskunde. Riga 1911.

[7] Gumälius, O.: a. S. 276 a. O.

[8] Wahnschaffe, Fr., und Fr. Schucht: Geologie und Oberflächengestaltung des norddeutschen Flachlandes. Berlin 1921.

[9] Charpentier, I. de: a. S. 268 a. O.   [10] Agassiz, L.: a. S. 261 a. O.

sie an dieser Stelle kurz zu behandeln, da jedes geologische Lehrbuch nähere Angaben über sie enthält.

Ehemalig vom Gletscher bedeckte Felspartien erweisen sich oft auf große Flächen hin als z. T. glatt poliert, z. T. von einem oder auch mehreren sich kreuzenden Systemen in sich paralleler bis subparalleler Schrammen bedeckt. Glättung und Politur sind verschieden, je nach dem Gestein; bei härterem Material herrscht, HEIM[1] zufolge, die Politur, bei weichem die Schrammung vor. So finden sich in der Regel die besten Schrammen auf Kalk und Serpentin. Von dem Gestein hängt auch die mehr oder weniger schnelle Verwischung von Politur und Schrammen ab. Das Fehlen von Schrammen und Politur ist andrerseits noch kein Beweis dafür, daß das betreffende Gebiet nicht vergletschert war. Die schleifende Wirkung geht weniger vom Eis selbst, als von den von ihm mitgeführten feinen und gröberen Fragmenten der Innenmoräne aus, doch kann, wie oben gezeigt, das Eis bei tiefer Temperatur auch eine solche Härte annehmen, daß es bestimmten Gesteinen gegenüber polierend und schrammend wirken kann, ganz abgesehen davon, daß, wie v. BÖHM[2] mit Recht betont, ja auch das weichere Material auf das härtere schleifend und polierend einwirken kann. Wo der Gletscher von unten her schmilzt und sich eine meist nur dünne Lage von Grundmoräne zwischen Gletscher und Fels einschaltet, wirkt diese am Schleifprozeß mit. Daß diese keineswegs immer unter dem Gletscher vorhanden ist, hat u. a. VALLOT[3] festgestellt, der ziemlich weit unter das Mer de glace vorgedrungen ist, ohne eine Spur von Grundmoräne entdeckt zu haben. Kreuzung von Schrammensystemen weist auf lokal bedingte zeitweilige Änderung in der Bewegungsrichtung des Gletschers hin. Gelegentlich wird der Boden durch größere, an der Unterseite des Eises gefaßte Fragmente in tiefen Streifen gefurcht. Auch die Grundmoräne selbst kann solche Furchen zeigen. Am besten ausgeprägt finden sich die Schliffflächen auf der Oberseite und den proximalen Enden von Rundhöckern, weil hier, wie schon oben erwähnt, der schleifende Druck am stärksten sein muß; aber auch die Seitenwände des Taltroges sind oft in ausgezeichneter Weise poliert und geschliffen. HEIM hat in seiner Geologie der Schweiz gute Beispiele von Schliffflächen beschrieben und abgebildet und aus den Ostalpen seien die prachtvoll geschliffenen Wände des Rofentales (Ötztal) erwähnt. Bei WAHNSCHAFFE-SCHUCHT finden sich die entsprechenden Beispiele aus dem Bereich des norddeutschen Diluviums. Eine ausgezeichnete Darstellung der Schleifwirkung auf den Kalkfelsen zu beiden Seiten des Unteren Grindelwaldgletschers hat BALZER[4] veröffentlicht. Hier hat der Gletscher seitliche Hohlkehlen mit Tiefen bis ca. 80 cm bei einer Breite von 60 cm und mehr eingeschliffen. Am Pojabach in der Adamellogruppe hat SALOMON Hohlschliffkehlen von ca. 3 m Höhe und 1 m Tiefe beobachtet. H. PHILIPP möchte auch die etwa 25 m tiefe, nach außen z. T. durch Moräne blockierte Höhlung der Petronellenbalm bei Grindelwald, die nach den BALZERschen Einzeichnungen noch von dem letzten großen Vorstoß des unteren Gletschers erreicht sein dürfte, auf seitlich ausschleifende Erosion, vielleicht in Verbindung mit Detraktion, zurückführen. Zwar sind dort die Wände nicht geschliffen, aber bei dem hier sehr fein geschichteten und stark klüftigen Jurakalk dürfte die Glättung durch nachträgliche Frostsprengung verlorengegangen sein, zumal zahlreiche Splitter jüngeren Datums am Boden liegen[5].

---

[1] HEIM, ALB.: Geologie der Schweiz Leipzig 1919.
[2] BÖHM, A. v.: Die alten Gletscher der Enns und Steyr. Jb. k. k. R.-A. **XXXV** (1885).
[3] VALLOT, J.: La moraine de fond et l'erosion glac. Ann. de l'observation du Mt. Blanc **III**, 153—182 (1898).
[4] BALZER, A.: a. S. 272 a. O.
[5] Dem Verfasser erscheint speziell diese Stelle wichtig im Hinblick auf die in der Diluvialliteratur so viel umstrittenen Lagerungs- und Altersverhältnisse zwischen Höttinger

Besteht über diese Detersion als wesentlichen Faktor der Glazialerosion auch kaum mehr eine Meinungsverschiedenheit, so fehlen positive Angaben über deren Größenordnung fast ganz. Den ersten Versuch in dieser Hinsicht hat Balzer in Erwartung eines kommenden größeren Vorstoßes mit der Anbringung von 15 genau eingemessenen, etwa 1—2 m tiefen Bohrlöchern im Malmkalk vor dem unteren Grindelwaldgletscher unternommen. Der vorübergehende Vorstoß des letzten Dezenniums hat die betreffenden Löcher nach einer freundlichen Mitteilung von Prof. Lütschg nicht erreicht. Voskule[1] hat ähnliche Marken am Hüfigletscher angelegt, gleichfalls ohne daß bisher Resultate zu erzielen gewesen wären. Dagegen haben Lütschg[2] am vorstoßenden Allalingletscher und de Quervain[3] beim Vorstoß des oberen Grindelwaldgletschers bereits gewisse Ergebnisse erzielt. Ersterer brachte vor dem 1912 vorrückenden Gletscher auf dem Felssporn „auf der Schanz" zwei mit Wachs gefüllte Bohrlöcher nieder und legte die Höhenlage der Profillinie zwischen beiden Punkte durch exaktestes Einnivellieren auf $1/_2$ mm genau fest. 1917 erreichte der Gletscher den Felsen, 1920 war dieser völlig eingedeckt und im folgenden Jahr durch starke Ablation wieder freigegeben. Das Resultat der dreijährigen Abnutzung ergab einen Mittelwert von 30,1 mm, einen Maximalwert von 184 mm, also einen mittleren Jahresbetrag von ca. 10 mm, wobei allerdings auch größere und kleinere Gneisstücke abgesprengt waren. Bei den de Quervainschen Versuchen wurde außer 6 Bohrlöchern eine gleichfalls durch Lütschg einnivellierte 20 m lange Profillinie eingemessen. Als Teilresultat ergab sich nach 6 Monaten eine Abnutzung von 0,5—1,5 mm; eine völlige Einmessung kann aber zur Zeit wegen Eis- und Moränebedeckung noch nicht erfolgen, wie Herr Lütschg dem Verfasser freundlichst mitteilte. Einen anderen Anhaltspunkt zur Bestimmung der Größenordnung hat man aus der Schlammführung der Gletscherbäche zu gewinnen versucht, wobei allerdings zu berücksichtigen ist, daß dieser feine Schlamm nicht nur durch Detersion am Boden des Gletschers, sondern auch durch gegenseitiges Abschleifen der Geschiebe in der Innen- und Grundmoräne erzeugt wird. Dollfuss-Ausset hat bereits 1841—45 am Unteraargletscher solche Messungen durchgeführt[4]. Später sind dann in den Alpen, in Schweden, Norwegen, Island, Grönland und Alaska mehrfach solche Versuche unternommen worden, die Gogarten[5] kritisch zusammengestellt hat, die aber seiner Auffassung nach keine eindeutigen Schlüsse erlauben. Als Beispiel einer neueren solchen Messung sei die des Rapaätar im Sarekgebirge angeführt. Dieser entwässert dreißig Gletscher. Auf Grund mehrjähriger Messungen berechnet Hamberg[6] die Masse des von dem Flusse jährlich transportierten feinen schlammigen Materials auf 180000 t, wobei sich ein Minimalbetrag durch Abschliff von 0,5 mm im Jahre ergeben würde. Aus der Aufschüttung eines Sees vor dem Engabrae, einem der Ausläufer des Svartisen, hat Rekstad[7] einen jährlichen Abtrag von 11 mm berechnet.

Breccie und Grundmoräne am sog. Geologenstollen bei Innsbruck; vgl. hierzu G. Gürich: Die Höttinger Breccie am Geologenstollen bei Innsbruck. Z. D. G. G. **72** (1920), M. B. 257 bis 269.

[1] Voskule, G. A.: Untersuchung und Vermessung des in der letzten Rückzugsperiode verlorenen Bodens des Hüfigletschers. Vierteljahrsschr. Nat. Ges. Zürich **XLIX** (1904).

[2] Lütschg, O.: a. S. 273 a. O.   [3] Quervain, A. de: a. S. 261 a. O.

[4] Vgl. Penck, A.: Die Vergletscherung der Deutschen Alpen. Leipzig 1882; ferner H. Hess: Die Gletscher, S. 182.

[5] Gogarten, A.: Messung der Schlammführung von Gletscherbächen. Z. Glk. III, 271 bis 285 (1908/09).

[6] Hamberg, Ax.: Die Geomorphologie und Quartärgeologie des Sarekgebirges. Geol. Fören. i. Stockholm, Förh. **XXXII** (1910).

[7] Rekstad, J.: Die Ausfüllung eines Sees vor dem Engabrä usw. Z. Glk. **VI**, 212 bis 214 (1911/12).

Über das Verhältnis von Detersion zu Detraktion geht die allgemeine Auffassung[1] dahin, daß die Detraktion weitaus den größten Anteil an der Erosion hat, wenn auch, je nach den geologischen bzw. petrographischen Verhältnissen, z. B. bei fehlender Klüftigkeit, die Detraktion in Ausnahmefällen stark zurücktreten kann, worauf es z. B. beruht, daß oft gerade massige Kalke, wie Högbom und Penck a. a. O. hervorgehoben haben, weniger stark angegriffen werden als kristalline Gesteine. Als Beispiel sei der bekannte Riegel des Kirchet bei Innertkirchen angeführt, der aus massigem Hochgebirgskalk besteht, während das kristalline Liegende im Innertkirchener Becken tief ausgekolkt ist. Daß bei Rundhöckern, je nach deren Exposition zur Richtung des Stoßes, die Wirkung beider wechselt, indem auf der Leeseite die Detraktion vorherrscht, auf der Luvseite aber die Detersion stärker in Erscheinung tritt, wurde schon erwähnt. Daß im kristallinen Gebiet die schleifende Wirkung gegen die Detraktion stark zurücktreten muß, folgt schon aus der Härte des Gesteins.

Bodenkundlich ist die schleifende Erosion deswegen so wichtig, weil sie im wesentlichen das feine und feinste Material der Grundmoräne bzw. das aus ihr als Gletschertrübe ausgewaschene Material liefert, ein Material, das, bei aller Feinheit, aus noch unzersetzten und noch nicht ausgelaugten Mineralpartikeln besteht.

Wie weit im Sammelgebiet der Gletscher, namentlich im Bereich der Randkluft, eine besondere Verstärkung der Glazialerosion durch Frostsprengung eintritt, ist noch eine offene, viel diskutierte Frage, die z. T. eng mit dem morphologischen Problem der Karbildung zusammenhängt. Besonders von amerikanischer Seite, durch W. D. Johnson[2], Matthes[3] und ihnen folgend von Hobbs[4] ist der Standpunkt verfochten worden, daß in der Randkluft eine besonders energische Erosion stattfindet (sog. „Bergschrundhypothese"). Johnson nimmt auf Grund einer Beobachtung in einer ca. 50 m tiefen Randkluft hier eine infolge Einstreichens warmer Luft besonders intensive tägliche Temperaturschwankung an, die zur Frostsprengung und zum Herausbrechen von Blöcken führt. Ganz abgesehen davon, daß in der Randkluft die Temperaturunterschiede unbedingt weit geringer sind und sein müssen als oberhalb der Schwarz-Weiß-Grenze, bietet die von Johnson beobachtete Erscheinung das ganz normale Bild einer Detraktion, wobei allerdings Frostsprengung zur Auflockerung des Gesteins mitgewirkt haben kann. Ferner haben die Beobachtungen von Handl[5] und v. Klebelsberg[6] während des Krieges an zahlreichen, aus militärischen Gründen angefahrenen Randklüften keine Bestätigung der amerikanischen Auffassung gebracht. Auch die oben (S. 274) mitgeteilten jüngsten Beobachtungen des Verfassers geben keine Handhabe für die Annahme einer besonderen Art der Erosion im Bereiche der Randklüfte. Garwood[7] und Sölch[8] haben sich gleichfalls gegen die extreme Bergschrundtheorie ausgesprochen. Eine

---

[1] Vgl. Salomon, Penck, Högbom: Int. Geol. Kongr. Stockholm 1910.

[2] Johnson, W. D.: An unrecognized Prozess in Glacial Erosion. Science N. S. IX (1899). — The Work of glaciers in High Mountains, Science 9 (1899). — Maturity in alpine glacial Erosion. Journ. of geol. 12, 569—578 (1914).

[3] Matthes, Fr. E.: Studying the Yosemite Problems. Sierra Club IX, 136—147 (1914).

[4] Hobbs, W. H.: The cycle of mountain glac. Geol. Journ. XXXV (1910). — Characteristics of existing glac. New York 1911.

[5] Handl, L.: Mitteilungen an Sölch betr. Randkluft. Z. Glk. XV, 33.

[6] Klebelsberg, R. v.: Glazialgeologische Erfahrungen aus Gletscherstollen. Z. Glk. XI, 156—184 (1918/20).

[7] Garwood, E. I.: Features of alpine scenery due to glacial protection. Geograph. Journ. XXXVI, 310—339 (1910).

[8] Sölch, J.: Die Karbildung in der Stubalpe. Z. Glk. XII, 20—39 (1921/22).

irgendwie verstärkte Wirkung im Bereich der Randkluft kann somit nicht als erwiesen gelten. Wohl aber erklärt sich aus der Tatsache, daß oberhalb der Randkluft meist noch eine bewegungslose, fest an den Untergrund angefrorene und daher schützend wirkende Firneismasse vorhanden ist, das plötzliche Einsetzen der Glazialerosion von der Randkluft an gletscherabwärts. Andererseits scheint, was auch mit den Beobachtungen am Waxegggletscher übereinstimmt, im oberen Randgebiet alpiner Gletscher die Detersion völlig gegenüber der Detraktion zurückzutreten, was sich aus der relativ kleinen, zum Untergrund senkrecht stehenden Druckkomponente im oberen Randgebiet ergibt. Hierdurch findet auch die oft beschriebene[1] Rauheit und Klüftigkeit des „Trogschlusses" seine Erklärung.

　　Wirkung von Schnee- und Firnflecken. Über die erodierende Einwirkung einzelner Schnee- und perennierender Firnflecken auf den Untergrund liegen bisher nur wenige Beobachtungen vor. Daß diese losen Massen sich bei bestimmter Neigung und Mächtigkeit bewegen, wurde eingangs[2] erörtert. Daß sie bei Neigungen über 20⁰ eine deutliche subnivale Erosion erzeugen, die Felsschutt aus dem Untergrund reißt und so zur Bildung tiefer Nischen führt, hat Bowman[3] gezeigt. Auch Gavelin[4], Allix[5] und de Margerie[6] haben das Einfressen perennierender Schneefelder beschrieben. Da bei eintretender Schmelze, infolge der Durchlässigkeit des Firns, dessen Untergrund durchfeuchtet wird, so kann, bei den intensiven Temperaturschwankungen der Hochregion, ein beträchtliches Abfrieren und auch Frostsprengung stattfinden. Das Abfrieren hat Matthes[7] speziell bei seiner „Nivation" als erodierendes Agens im Auge. Hobbs[8] bestätigte durch eigene Beobachtung im Yellowstonepark die Matthesschen Angaben, dürfte aber insofern im Irrtum sein, als die breiten, dunklen, die Schneeflecken meist umsäumenden Schmutzbänder nicht von der Unterseite des Schnees bzw. Firns stammen; diese basale Schmutzschicht liegt tatsächlich nicht unter dem Schnee, sondern bildet dessen tiefste, am stärksten durchtränkte Zone, wo sich die von dem durchsickernden Schmelzwasser mitgerissesen Schmutzteilchen konzentrieren.

　　Andererseits wirken steilere Firnflecken passiv als Schuttbeförderer, indem von oben auf sie fallende Schuttmassen abrutschen, sich als „Firn"- oder „Sturz"- moränen am unteren Rande anhäufen und echte transportierte Moränen vortäuschen.

　　In diesem Zusammenhang seien auch die Lawinen als bodenbewegender Faktor kurz gestreift. Hier sind es vor allem die Grundlawinen, die von den oberen Berghängen sich lösen, die Lawinentobel und -runsen durchfegen und nicht nur deren Verwitterungsschutt ausräumen, sondern auch frisches Material vom Untergrund mitreißen. Da Jahr für Jahr, z. T. mehrmals im Jahre, bestimmte Lawinen immer den gleichen Bahnen folgen und den Boden aufwühlen, so müssen sie ziemlich kräftig erodierend wirken. Nach den Zusammenstellungen von Coaz[9] sind in der Schweiz über 9000 Lawinenbahnen, sog. „Lawinenzüge",

---

　　[1] Vgl. A. Penck: Über glaziale Erosion in den Alpen. XI. Int. Geol. Kongr. Stockh. 1910, C. R., S. 443—461.

　　[2] Vgl. S. 259.

　　[3] Bowman, I.: The Andes of Southern Peru. Am. Geogr. Soc. of N. York 1916, 336 S.

　　[4] Gavelin, Ax.: Über die Gletscher des Norra Storfjället, aus: Die Gletscher Schwedens im Jahre 1908. Sver. geol. Unders. Abh. 4. Ser. Stockholm 1908.

　　[5] Allix, A.: Nivation et sols polygonaux dans les Alpes françaises. La Geographie 39, 431—38 (1923).

　　[6] Margerie, Em. de: Le role morph. de la neige en montagnes. La Geogr. XXXIV, 255—267 (1920).

　　[7] Matthes, Fr. E.: a. S. 259 a. O.　　　　[8] Hobbs, W. H.: a. S. 281 a. O.

　　[9] Coaz, I.: Statistik und Verbau der Lawinen in den Schweizeralpen. Bern 1910.

mit einer Ausdehnung von 143 216 ha bei einem Einzugsgebiet von 2 179 507 ha bekannt, von denen die meisten mehrmals im Jahre von Lawinen, und zwar in der Hauptsache von Grundlawinen durchtost werden; es muß sich also im ganzen um nicht unbedeutende Bodenabtragungen dabei handeln.

Wirkung des Spalten- und Bodenfrostes außerhalb der Gletscher- und Firnbedeckung. Da Spaltenfrost und arktische Frostböden von anderer Seite in besonderen Kapiteln behandelt werden, genügt es, sie kurz zu streifen. Hinzuweisen ist vor allem auf die außerordentliche Wirkung des Spaltenfrostes in der arktischen Region, wo sie in Verbindung mit der raschen mechanischen Aufarbeitung, wie B. HÖGBOM[1] und PHILIPP[2] gezeigt haben, zu einer der Hammada ähnlichen wüstenartigen Aufbereitung des Bodens führen. Ganz entsprechend ist seine Wirkung im Hochgebirge der gemäßigten Zonen oberhalb des oberen Gletscher- bzw. Firnrandes. Dort, an der Schwarz-Weiß-Grenze[3], setzen die stärksten Temperatursprünge und Frostsprengungen ein, die ständig an der Aufarbeitung des Gesteins tätig sind und jene steilen „Rückwitterungsformen" schaffen, die in so charakteristischem Gegensatz zu den vom Gletscher rundgeschliffenen Formen stehen. In der Hochregion kann die Rückwitterung um so schneller vorwärtsschreiten, als am Fuße der Felswände entweder steile Firnlehnen passiv oder der bewegte Gletscher aktiv für den Forttransport der abgesprengten Massen sorgen und ein Ersticken der Rückwitterungswände im eigenen Schutt verhindern. Daß für den Spaltenfrost die Struktur des Gesteins, das Vorhandensein von Schichtfugen, Klüften und kapillaren Hohlräumen außerordentlich mitspielen, ist selbstverständlich. So hat, wie auch HÖGBOM aus Spitzbergen hervorhebt, jedes vom Spaltenfrost bearbeitete Gestein seine besondere charakteristische Form. Da die Steilhänge des Hochgebirges im Winter zumeist von Schneemassen bedeckt sind, die erst im Laufe des Frühjahrs und Sommers, z. T. durch Lawinensturz, z. T. durch Schmelzung, immer stärker sich gegen das tiefer liegende Firnfeld des Gletschers zurückziehen, und da in dem Maße des Ausaperns die Rückwitterung fortschreitet, so findet in jedem Jahr ein erneutes, von oben nach unten fortschreitendes „Abhobeln" der Wände statt, woraus sich das schnelle Fortschreiten der Rückwitterung erklärt. Da sich andererseits unter alpinen Verhältnissen meist die Randkluft nicht mit der Schwarz-Weiß-Grenze deckt, sondern zwischen beiden sich eine ± breite Zone eines unbewegten, dem Fels fest angefrorenen steilen Firneisschildes einschiebt, so muß sich naturgemäß auch zwischen die beiden Regionen intensiver Erosion eine Zone geringster bzw. fehlender Glazialerosion einschalten[4].

Welcher Anteil bei dieser ständig arbeitenden und durch fortgesetzten „Steinschlag" sich äußernden Rückwitterung der reinen Zersprengung durch Temperaturwechsel und welcher dem Spaltenfrost zuzuschreiben ist, darüber scheinen bisher keine exakten Feststellungen vorzuliegen. Auch über das absolute Maß des Rückwitterungsbetrages liegen keine Angaben vor; einen gewissen Anhalt gibt der Inhalt der Seiten- und Mittelmoränen, die wesentlich, wenn auch nicht ausschließlich, aus abgesprengtem Material aufgebaut sind, wobei andererseits

---

[1] HÖGBOM, BERT.: Über die geologische Bedeutung des Frostes. Bull. geol. Inst. Upsala **XII**, 257—389 (1914).

[2] PHILIPP, H.: Die Ergebnisse der W. FILCHNERschen Vorexpedition nach Spitzbergen. Pet. Mitt. **1914**, Erg.-H. 179.

[3] Vgl. auch O. AMPFERER: Über geologische Methoden zur Erforschung des Eiszeitalters. Die Eiszeit **1924** I, 2—8. — KLEBELSBERG, R. v.: Probleme der alpinen Quartärgeologie. Z. D. G. G. **LXXVI**, M. B., 228—240 (1924).

[4] Über die morphogenetische Bedeutung dieser Vorgänge, namentlich bezüglich der Frage der Karentwicklung vgl. u. a. J. SÖLCH: Die Karbildungen in der Stubalpe. a. a. O., S. 29ff.

zu berücksichtigen ist, daß ein Teil des Rückwitterungsschuttes durch Klüfte und Spalten, namentlich durch die Randklüfte, seinen Weg ins Innere und auf den Boden des Gletschers findet.

Bezüglich der Frostwirkung im losen Erdboden, der „Tjäle" im engeren Sinne, sei auf das Spezialkapitel „Arktische Böden" dieses Handbuches verwiesen und hier nur an den Zusammenhang der Tjäle mit dem Auffrieren von Steinen, den Erscheinungen der Blockströme, des Bodenflusses und der Strukturböden erinnert, welch letztere neuerdings durch die Brodeltopftheorie Gripps[1] eine neue und eigenartige Deutung gefunden haben.

Auf diluviale Frostspalten in den mitteldeutschen Gebieten, die weitab jeder ausgesprochenen größeren Vereisung im periglazialen Gebiet sich gebildet haben, hat Kessler[2] vor kurzem hingewiesen. Block- und Steinfelder sowie die Felsenmeere unserer Mittelgebirge weisen gleichfalls, wie von mehreren Autoren betont worden ist, auf periglaziale Tjäle hin. Daß Bodenfrost und die damit zusammenhängenden Auftauerscheinungen während des Diluviums im periglazialen Gebiet auch andere bisher wohl noch zu wenig gewürdigte Umlagerungen der obersten Bodenschichten hervorgerufen haben müssen, geht aus den Schlammbildungen und Bodenbewegungen während der Auftauzeiten des winterlichen Bodenfrostes in den kontinentalen europäischen Gebieten, z. B. Rußlands und Polens, hervor (Raspudjiza).

3. Gesamtwirkung der Glazialerosion.

Will man ein Bild von der Gesamtwirkung der Glazialerosion nach der quantitativen Seite aus der vorhandenen Literatur gewinnen, so stößt man auf die größten Schwierigkeiten. Denn trotz der zahlreichen, im vorstehenden zusammengefaßten Einzelbeobachtungen gehen die Meinungen über die Größe der Glazialerosion so weit wie bei kaum einer anderen geologischen Frage auseinander. Wie eingangs erwähnt, beruht dies im wesentlichen darauf, daß die Behandlung dieser Frage bisher weniger von der speziellen geologischen Beobachtung am Gletscher als von allgemeinen morphologischen und stratigraphischen Gesichtspunkten ausgegangen ist.

Verhältnismäßig einheitlich ist die Beurteilung der Frostwirkung im Rückwitterungsgebiet oberhalb der Schwarz-Weiß-Grenze bzw. im arktischen Tjälegebiet. Sie wird durchweg als beträchtlich anerkannt. Zahlenwerte im einzelnen Fall fehlen. Meinungsverschiedenheiten bestehen hier nur in bezug auf die Entwicklung bestimmter Glazialformen, namentlich der Kare.

Die Streitfragen beziehen sich hauptsächlich auf die Wirkung der kohärenten Eismassen. Als Grundproblem ist zunächst die Frage aufgeworfen worden, ob überhaupt eine geschlossene Vereisung (Gletscher) erodierend oder konservierend wirkt.

Ein die Glazialerosion absolut negierender Standpunkt, wie ihn Heim in seinen älteren Schriften, Fairchild[3] und Lepsius[4] noch 1910 eingenommen haben, muß nach den voranstehenden Ausführungen heute als überwunden gelten. In der obigen Form ist die Fragestellung daher nicht mehr zulässig und kann in Anbetracht der zahllosen Feststellungen tatsächlicher Eiserosion nur so gestellt

---

[1] Gripp, K.: Beiträge zur Geologie von Spitzbergen. Abh. naturw. Ver. Hamburg **XXI**, H. 3 (1927). — Ergebnisse der Hamburgischen Spitzbergen-Expedition 1927. Forsch. u. Fortschr. **III**, 253—254 (1927).

[2] Kessler, P.: Über diluviale Frostspalten bei Saarbrücken. Jb. Oberrh. geol. Ges. **LXXIX**, M. B., 75—80 (1927).

[3] Fairchild, H. L.: Ice erosion theory a fallacy. Bull. Geol. Soc. of Americ. **XVI**, 13—74 (1905).

[4] Lepsius, R.: Über Gletschererosion. D. G. G. Mb. **1910**, 675—685.

werden, ob das Eis gegenüber anderen erodierenden Faktoren das relativ stärkere oder schwächere Agens ist, bzw. welcher Anteil an der Erosion dem einen oder dem anderen Faktor zuzuschreiben ist. Wie weit bie Meinungen auseinandergehen, ergibt sich allein schon daraus, daß fast zu gleicher Zeit DAVIS[1] den stärkeren Charakter der Eiserosion betont, während GARWOOD[2] umgekehrt zu dem Schluß kommt, daß die Eiserosion im allgemeinen langsamer arbeitet und unter gewissen Bedingungen sogar relativ schützend wirkt. Die Diskussion ist zur Zeit auf die Hauptfrage zugespitzt, bis zu welchem Ausmaß die Tal- und Seenbildung im Bereich ehemalig vergletscherter Gebirge, namentlich der Alpen, vorwiegend auf Gletscher- oder auf Flußerosion zurückzuführen ist. Hierzu tritt die sehr lebhafte Diskussion über die Entstehung bestimmter Spezialformen der alpinen Morphologie, vor allem der Trogform, der Trogschultern, des Trogschlusses, der Bildung von Becken, Stufen und Riegeln usw. Im einzelnen kompliziert sich die Fragestellung durch die Tatsache mehrfacher großer Gletscherschwankungen (Glazialzeiten) und der sich immer deutlicher heraushebenden jungen tektonichen Bewegungen in den Alpen.

Es würde im Rahmen dieses Handbuches zu weit führen, dieses ganze System des sog. glazialen Formenschatzes, wie es vor allem durch die Arbeiten von PENCK, DAVIS und ihrer Schüler entwickelt worden ist, sowie den gegenwärtigen Stand der Erklärung dieser Formen im einzelnen zu behandeln. Es möge genügen, auf die bekanntesten geologischen und morphologischen Lehrbücher sowie auf die ausführliche Darstellung in dem PENCK und BRÜCKNERschen Werk „Die Alpen im Eiszeitalter" hinzuweisen.

In großen Zügen zusammengefaßt, ergibt sich ungefähr folgendes Bild des gegenwärtigen Standes der Diskussion.

Während Rundhöcker und Gletscherschliffe, die Kleinformen der Glazialerosion, schon früh als solche erkannt wurden, hat die Deutung der glazialen Großformen erst spät begonnen. TYNDALL[3] und RAMSAY[4] waren wohl die ersten, die auf die besondere Mitwirkung der Gletscher bei der Herausbildung der Alpentäler und -seen hingewiesen haben.

In der Folgezeit, namentlich um die Wende des Jahrhunderts, bilden sich die scharfen Gegensätze zwischen den Gegnern und Verfechtern der Glazialerosion heraus, die in erster Linie an die Namen PENCK, BRÜCKNER, DAVIS auf der einen, HEIM und LEPSIUS auf der anderen Seite geknüpft sind. Über die Entwicklung des Problems vgl. man am besten die Verhandlungen des XIII. Deutschen Geographentages Breslau 1901 und des XI. Internationalen Geologen-Kongresses, Stockholm 1910.

HEIM, auch jetzt noch einer der ausgesprochensten Gegner intensiverer Glazialerosion, hat 1919 seinen endgültigen Standpunkt dahin präzisiert, daß die Eiszeiten im allgemeinen die Zeiten der Konservierung und Aufschüttung, die Interglazialzeiten diejenigen der Tal- und Flußerosion sind. Detraktion und Frostsprengung unter dem Gletscher will HEIM nicht gelten lassen und nur etwa

---

[1] DAVIS, W. M.: Glac. erosion in North Wales. Quart. Journ. Geol. Soc. **LV**, 281 (1909). — Glacial erosion in France, Switzerland and Norway. Proc. Boston soc. nat. hist. **XXIX**, 273—327 (1900). — Glacial erosion in the valley of the Ticino. Appalachria **IX**, 130—156 (1900). — The sculpture of mountains by glaciers. Scott. geogr. Mag. **XXVII**, 76—89 (1906). — American studies of glacial erosion. Int. Geol.-Kongr. Stockholm **1910**, 419—427.

[2] GARWOOD, E. I.: Features of alpine scenery due to glacial protection. Geograph. Journal **XXXVI**, 310—339 (1910).

[3] TYNDALL, J.: On the conformation of the Alpes. Phil. Mag. Ser. 4, **XXIV**, 169 (1862) u. **XXVIII**, 255 (1864). — Die Gletscher der Alpen. Braunschweig 1898.

[4] RAMSAY, A. C.: On the glac. origin of certain Lakes in Switzerland. Quart. Journ. **XVIII**, 185 (1862).

5 % der Gesamterosion dem Gletscher zuweisen, der wesentlich nur die kleinen Formen herausarbeite. Einen ähnlichen Standpunkt vertreten Martel[1], Forel[2], Gogarten[3], Distel[4], Rekstad[5], Lepsius[6], Brunhes[7], Girardin[8] und Kilian[9]; nur weichen die letzteren drei insofern von Heim ab, als sie die ausschlaggebende fluviatile Erosion nicht in die Prä- oder Interglazialzeit verlegen, sondern, wie es namentlich Brunhes vertreten hat, diese fluviatile Arbeit subglazial, also unter dem Gletscher wirken lassen. Geht Brunhes in der Rolle der subglazialen Wassererosion zweifellos zu weit, so hat er andererseits darin recht, daß unter Umständen das Wasser, da es auf jede Tieferlegung der Erosionsbasis schneller reagiert als der Gletscher, den Boden subglazial einkerben und so dem Gletscher in gewissen Grenzen vorarbeiten kann, wie dies auch Philipp[10] letzthin vom Aletschgletscher erwähnt hat. Hierbei wird es sich aber immer nur um Spezialfälle bei noch wenig ausgeglichenem Gefälle oder bei Neubelebung der Erosion handeln, die auch dann nur in den tieferen Teilen der Gletscherzunge eine erste Vorkerbung erzeugen können, da die höheren Zungenteile gar nicht die entsprechenden Wassermassen unter dem Eise führen.

Daß die Gletschertäler ursprünglich schon fluviatil angelegt waren, ehe sie vom Gletscher weiter vertieft wurden, dem stimmen auch die ausgesprochenen Vertreter der Glazialerosion, namentlich Davis, Penck, Brückner und ihre Schüler zu; von letzteren redet Lautensach[11] sogar einer interglazialen fluviatilen Vorkerbung das Wort, nähert sich also in gewisser Beziehung dem Heimschen Standpunkt, doch schreibt auch er die eigentliche „Übertiefung" allein dem Gletscher zu. Von deutschen Vertretern intensiver Glazialerosion seien die Namen Richter, Salomon, Hess, Lucerna[12] und v. Reinhardt[13] hervorgehoben[14].

---

[1] Martel, E. A.: Creusement des vallées et l'érosion glac. C. R. Ass. Fr. Ar. Sc. Lyon 1906, 1239—60.

[2] Forel, F. A.: Etudes glaciaires, V: Érosion ou excavation glaciaire Arch. d. sc. phys. et nat. Genève **XXX**, 229—254 (1910).

[3] Gogarten, A.: Messung der Schlammführung von Gletscherbächen. Z. Glk. III, 271 bis 285 (1908/09). — Über alpine Randseen und Erosionsterrassen. Pet. Mitt. E. H., Nr. 165.

[4] Distel, L.: Die Formen alpiner Hochtäler insbesondere im Gebiet der Hohen Tauern usw. Landesk. Forsch. Geogr. Ges. München 1912, H. 13. — Schliffkehle und Taltrog. Pet. Mitt. 1912 II, 328. — Ergebnisse einer Studienreise in den zentralen Kaukasus. Abh. Hamb. Kol. Inst. **XXII** (1914).

[5] Rekstad, J.: Über die starke Erosion der Gletscherbäche. Z. Glk. II, 303—307 (1907/08).

[6] Lepsius, R.: Über Gletschererosion. D. G. G. Mb. 1910, 675—685.

[7] Brunhes, I.: Sur une explication nouvelle d. surcreusement glac. C. R. ac. **CXLII**, 1299—1301 (1906). — Le problème de l'érosion et du surcreusement glac. Actes soc. helv. sc. nat. **XC**, 156—175 (1907). — Interprétation nouvelle de l'érosion glac. Eclog. geol. Helv. **X**, 34—37 u. 733—734 (1908).

[8] Girardin, P.: Sur le „surcreusement glaciaire" à propos d'un levé à 1 : 5000 du glacier de Bézin en Maurienne. Eclog. géol. Helv. **X**, 31—33 (1908).

[9] Kilian, W.: Note sur le surcreusement des vallées alpines. Bull. soc. geol. de France C. R. 1900. — L'érosion glaciaire et la formation des terrasses. La Geographie **XIV**, 261—274 (1906.)

[10] Philipp, H.: Neuere Beobachtungen usw. Pet. Mitt. 1928, 8. — Vgl. zu dieser Frage auch P. Beck: Grundzüge der Talbildung im Berner Oberland. Ekl. geol. helv. **XVI**, 139—176 (1921).

[11] Lautensach, H.: Die Übertiefung des Tessingebietes. Geogr. Abh. hrsg. v. Penck. **N. F. H. I.** Teubner 1912.

[12] Lucerna, R.: Die Trogfrage. Z. Glk. **V**, 356—371 (1910/11).

[13] Reinhardt, A. v.: Glazialmorphologische Studien im westlichen und zentralen Kaukasus. Z. Glk. 1924, 81—148 u. 216—255.

[14] Von weiteren deutschsprachigen Autoren, die zumeist, allerdings von wesentlich morphologischen oder stratigraphischen Gesichtspunkten aus, in neuerer Zeit zur Frage der Glazialerosion Stellung genommen haben, seien noch genannt: Ampferer, Creutz-

Die Schwierigkeit der ganzen Frage liegt darin, ein Kriterium für das absolute Maß der glazialen Abtragung zu gewinnen.

Als ein solches wurde namentlich die sog. „Übertiefung" der Haupttäler gegenüber den Seitentälern angesehen. PENCK und BRÜCKNER[1] haben Übertiefungen bis über 800 m errechnet, doch sind die so gewonnenen Resultate vielfach angefochten worden. In neuester Zeit haben MACHATSCHEK und W. STAUB[2] bestimmte zahlenmäßige Anhaltspunkte für das gegenseitige Verhältnis von Fluß- zu Glazialerosion aus dem Wallis zu gewinnen versucht. In der Gegend von Visp würde sich für die Zeit vom Präglazial bis zum Hauptinterglazial das Verhältnis der glazialen zur fluviatilen Erosion wie 1 : 2 verhalten, wobei auf die Glazialerosion nur für diesen Zeitabschnitt immerhin der Betrag von 300 m entfallen würde. In Norwegen kommt AHLMANN[3], der ursprünglich Vertreter einer nur mäßigen Glazialerosion gewesen war, auf Grund seiner neueren Untersuchungen an der norwegischen Westküste zur Annahme einer glazialen Vertiefung der dortigen Trogformen um 300—700 m, in Maximalfällen (Sognefjord) sogar bis 1100 m, während im östlichen Norwegen die Glazialerosion nur Beträge bis 250 m Tiefe erreicht.

Weitere Anhaltspunkte liefert die Differenz zwischen der Tiefe glazial ausgekolkter Becken und der Höhe der davorliegenden Riegel. So liegt, um nur ein Beispiel herauszugreifen, der tiefste glaziale Überlauf des bekannten Kirchetriegels bei Innertkirchen bei 705 m, der sicher zum Teil aufgefüllte Boden des Innertkirchner Beckens bei ca. 615 m, woraus sich eine Glazialausarbeitung um mindestens etwa 90 m bloß für die erhöht selektive Wirkung an dieser Stelle ergäbe.

Im allgemeinen kann gesagt werden, daß die vorliegenden Resultate noch viel zu unsicher sind, um ein absolutes Bild von der Größe der glazialen Erosionskraft zu gewinnen. Daß es sich speziell im Hinblick auf die Bodenbildung um ganz enorme Massentransporte handelt, darüber lassen die mächtigen Ablagerungen der diluvialen Moränen, vor allem der Grundmoränen, keinen Zweifel[4]. In dieser Hinsicht sei auch auf eine Berechnung von BALZER, der an sich zu den Vertretern einer gemäßigten Glazialerosion gehört, verwiesen. Er schätzt, daß bei einer glazialen Denudation von nur 5 m, die aus dem Auftreten von Lokalmoränen im Schweizer Molassegebiet berechnet ist, der nördlichste Arm des diluvialen Rhonegletschers bei einer Ausdehnung von 11 500 km^2 die gewaltige Masse von 57 500 km^3 abgetragen haben muß.

Sieht man von den besonderen Einwirkungen der Tjäle ab, so ergeben sich auf Grund ihres verschiedenen physikalischen Verhaltens nach dem Vorstehenden folgende glaziale Erosionsarten:

A. Auf Grund thermischer Einwirkung: 1. Frostabwitterung, 2. Frostsprengung.

BURG, v. DRYGALSKI, FRÜH, v. KLEBELSBERG, O. LEHMANN, LEYDEN, MACHATSCHEK, J. MÜLLER, NUSSBAUM, PHILIPPSON, SCHWINNER, SÖLCH, WALDBAUR, H. WEHRLI, H. v. WOLF; doch ist es infolge Raummangels nicht möglich, diese im einzelnen hier zu zitieren. Ferner sei hingewiesen auf die von F. LEYDEN herausgegebenen Ostalpinen Formenstudien. Berlin: Bornträger.

[1] PENCK, A., und E. BRÜCKNER: Die Alpen im Eiszeitalter. Leipzig 1909.

[2] MACHATSCHEK, F., und W. STAUB: Morph. Untersuchungen im Wallis. Eclog. geol. Helv. XX, 335—379 (1927).

[3] AHLMANN, H. W.: Geomorph. Studies in Norway. Geogr. Annaler Stockh. 1919, H. 1 u. 2.

[4] Vgl. die gegensätzliche Ansicht von W. LOZINSKI: Über die mechanische Verwitterung der Sandsteine im gemäßigten Klima. Bull. Ac. sc. Cracovie 1909, 1—27; Ref.: Z. Glk. 1909/10, 79.

B. Auf Grund wesentlich mechanischer Arbeit: 3. aufpflügende Erosion (Exaration). 4. splitternde Erosion (?), 5. aushebende Erosion (Detraktion), 6. schleifende Erosion (Detersion),

Der Vorgang der Glazialerosion ist somit keineswegs ein einfacher, sondern ein ziemlich komplexer Prozeß, der je nach dem Ort, der Art der Vereisung und dem Gestein sich sehr verschieden nach Intensität und Formgebung ausprägen kann. Die einzelnen Arten verteilen sich dabei in der Weise, daß die thermische Einwirkung, ohne unter dem Gletscher ganz zu fehlen, sich der Hauptsache nach im Umkreis der geschlossenen Vereisung, also „periglazial" im engeren Sinne, auswirkt, die mechanische Arbeit dagegen in erster Linie subglazial, bzw. die Exaration unmittelbar an der Stirn der Gletscher. Auf der Vielgestaltigkeit der Wirkung des Erosionsprozesses beruht es auch, daß das Eis so ausgesprochen selektiv arbeitet und die Unterschiede des Gesteins nach Zusammensetzung, Struktur und Textur viel stärker hervortreten läßt als das fließende Wasser.

Faßt man die spezielle Arbeit des Gletschers ins Auge, so unterscheidet sie sich von der Erosionswirkung des fließenden Wassers einmal dadurch, daß infolge der ganz anderen Strömungsgesetze beim Eise keine Wirbelbewegung stattfindet, trotzdem auch solche gelegentlich z. B. von Stiny[1] angenommen worden ist, zweitens dadurch, daß, während das Wasser im festen Gestein, wenn man von den Lösungsvorgängen absieht, wesentlich mittels seiner Schotter-, Kies- und Sandmassen sich einschleift und einsägt, beim Eis diese abschleifende Wirkung gegenüber den anderen Vorgängen, namentlich der Detraktion, zurücktritt. Während das Wasser wesentlich linear arbeitet, wirkt die Glazialerosion flächenhaft, und zwar muß, wie die gleichmäßig durchlaufenden Scherflächen des Eises zeigen, die Kraftverteilung im ganzen Querprofil annähernd die gleiche sein und gleichzeitig auf die ganze Breite der Talsohle und die Wände einwirken. Die Auswirkung allerdings kann je nach Art und Struktur des Untergrundgesteines eine verschiedene sein. Auf den Unterschieden gegenüber der Flußerosion beruht der spezifische Formenschatz der Glazialerosion.

Wenn wir auch im ganzen über den Mechanismus der Glazialerosion in letzter Zeit klarer sehen gelernt haben, so herrscht über deren Größenordnung immer noch ziemliche Unsicherheit; hier stehen sich die Meinungen noch schroff gegenüber. Die morphologische Methode allein kann hier nicht zum Ziele führen, sondern nur exakte Untersuchungen am Gletscher selbst, wie sie Balzer eingeleitet und de Quervain und Lütschg in vielversprechender Weise fortgesetzt haben.

d) Die Wirkung des Windes[2].

Von S. Passarge, Hamburg.

Die geologische Bedeutung des Windes für die Ausgestaltung der Erdoberfläche ist bekannt genug. Man braucht ja nur zwei Namen zu nennen: Dünen und Löß, und jeder ist in großen Zügen unterrichtet. Wenn der Begriff „Boden" auch die locker aufgeschütteten Massen, nicht nur den Verwitterungsboden, umfassen soll, so hat man Flugsand und Löß selbst als „Boden" hier zu behandeln. Die abtragende Wirkung des Windes erstreckt sich nicht selten gerade auf den

---

[1] Stiny, J.: Technische Geologie. Stuttgart 1922.

[2] Die umfassendste bibliographische Arbeit über das Thema bringt Stuntz in erstaunlicher Fülle in dem wichtigen Buch von Free: The movement of soil material by the wind. Washington 1911. — Zusammenfassend ist auch ein Abschnitt in P. Ehrenberg: Bodenkolloide. Dresden u. Leipzig 1918. — Von der tatsächlich benutzten Literatur ist nur ein Teil, der sich auf bestimmte Beispiele bezieht, hier angeführt worden.

Lockerboden. Also auch zwischen zerstörender Wirkung des Windes und Bodenbildung gibt es unmittelbare Beziehungen. Und doch sind alle diese sichtbaren,
oft beschriebenen Erscheinungen für den Boden vielleicht weniger bedeutsam
als gewisse, wenig auffallende Vorgänge, die mit Staubbewegung einhergehen,
und ohne die vielleicht das Pflanzen-, Tier- und Kulturleben in der jetzigen Form
nicht möglich wäre. Drei Fragen wird man sich vor allem vorlegen müssen:
Beschaffenheit des Windes, Beschaffenheit des Materials, auf das der
Wind Einfluß hat, Wirkung auf den Boden.

1. Die Beschaffenheit des Windes.

Die Luft ist ein Gasgemenge und hat, wie alle Stoffe, ein bestimmtes Gewicht.
Unter dem Einfluß der Erwärmung und Ausdehnung bzw. Abkühlung und Zu-
sammenziehung verändert sich das Gewicht einer bestimmten Luftmasse. Wird
nun in einem bestimmten Gebiet, z. B. über einer Insel, infolge von Erhitzung
durch die Sonne die über ihr befindliche Luftmasse aufgelockert, so verringert
sich das Gewicht der Luftmasse und damit der Luftdruck. Es entsteht ein Wind,
indem die Luft aus Gebieten hohen Druckes nach den Gebieten niedrigeren
Druckes strömt. Auf seinem Wege wird der Wind auf der nördlichen Halbkugel
nach rechts, auf der südlichen nach links abgelenkt. So sind denn die Winde
eine Folge von Luftdruckänderungen, die von der verschiedenen Temperatur
der Luftmassen abhängen.

Die auf der Erdoberfläche herrschenden Winde wird man zweckmäßiger-
weise in zwei Gruppen teilen, in die „geradlinigen" Winde und in die Wirbel.

Die „geradlinigen" Winde. Die Bezeichnung „geradliniger" Wind entspricht dem Eindruck auf den Beobachter, der feststellt, daß der Wind, soweit
erkennbar und soweit nicht örtliche Widerstände ihn aus seiner Richtung ab-
lenken, in gerader Richtung sich fortbewegt. In Wirklichkeit ist der Verlauf
im großen der einer Bogenlinie, sowohl beim Einströmen in die großen wandern-
den Tiefdruckwirbel als auch beim Ausströmen aus Hochdruckwirbeln. Und
doch ist der Unterschied zwischen diesen scheinbar geradlinigen und den auf
engen Raum beschränkten Wirbeln gerade für den Boden so ausschlaggebend,
daß es zweckmäßig ist, eine solche Trennung vorzunehmen.

Der „geradlinige" Wind ist kein Luftstrom, den man mit einem Wasserstrom
vergleichen könnte. Er ist nämlich nicht ununterbrochen; er setzt häufig aus,
und der an einer Stelle stehende Beobachter kann unter Umständen in kurzer
Zeit einen Wind von 0 bis 10 m Geschwindigkeit pro Sekunde feststellen. Der
Wind besitzt eine sog. Turbulenz. Einmal verläuft er anscheinend bogenförmig,
indem er gleichsam wie ein Gummiball auf den Boden aufschlägt und wieder ab-
prallt. Außerdem aber sind in großer Zahl kalte absteigende und warme auf-
steigende Säulen und Bänder entwickelt, und schließlich entstehen vor und hinter
Hindernissen Wirbel. Die letzteren sind z. B. auf den Straßen einer Stadt deutlich
erkennbar, und daß gerade sie an der Staubbewegung lebhaft beteiligt sind, ist
eine bekannte Erfahrungstatsache.

Diese „geradlinigen" Winde besitzen eine sehr verschiedene Geschwindigkeit.
In großen Zügen unterrichtet über sie die MOHNsche Windskala, die 6 Stärken
unterscheidet:

0 = still	0 — 0,5 m	per	Sekunde	
1 = schwach	0,5— 4	„	„	„
2 = mäßig	4 — 7	„	„	„
3 = frisch	7 —11	„	„	„
4 = stark	11 —17	„	„	„
5 = Sturm	17 —28	„	„	„
6 = Orkan	über 28	„	„	„

Auf der Meeresfläche ist die Windstärke erheblich größer als auf dem Lande. Loomis[1] hat folgende Werte der mittleren jährlichen Windgeschwindigkeit ermittelt:

| Union | | Ozean | Europa | |
Binnenland	Ostküste		Westküste	Binnenland
13,1	15,9	47,9	19,8	12,7

In Ebenen ist die Windstärke größer als im bergigen Land, auf kahlen Flächen größer als im Waldland. Für die Beurteilung der geologischen Wirkung des Windes ist namentlich die Kenntnis folgender Tatsache wichtig: Die Windstärke nimmt von rund 3 bis 5 m über dem Boden bis zur Erde schnell ab.

Höhe . . . 0   3   6   9   12 m
Wind . . . 3,6   8,2   8,7   9,0   9,1 m per Sekunde.

Zwischen Gras, Zwergsträuchern, Büschen usw. ist die Windgeschwindigkeit wohl noch geringer. Daraus geht hervor, daß man die geologische Wirkung des Windes auf den Boden nicht nach den üblichen Windmessungen, die in einer Höhe von rund 2 m stattfinden, beurteilen darf.

Wirbel. Unter „Wirbeln" seien hier spiralige Bewegungen verstanden, die so engräumig sind, daß man ihre Drehung entweder ohne weiteres sehen oder im Laufe kurzer Zeit an der Drehung des Windes feststellen kann. Weitaus am wichtigsten ist aber die Tatsache, daß sie eine Geschwindigkeit besitzen, wie sie von den „geradlinigen" Winden niemals erreicht wird. Sie gehen obendrein mit einer enormen Herabsetzung des Luftdruckes einher. Man muß bei ihnen die Gesamtfortbewegung, die geradlinig, bogenförmig oder auch unregelmäßig sein mag, von der eigentlichen Wirbelbewegung unterscheiden. Erstere kann ganz mäßig sein, letztere ist dagegen stets enorm.

Die Entstehungsursache scheint bei allen Wirbeln dieselbe zu sein, nämlich eine örtliche Überhitzung des Bodens und der Bodenluft unter dem Einfluß der Sonnenstrahlung bei windstillem Wetter. Durch solche örtliche Überhitzung beginnt ein Emporsteigen einer Luftsäule unter starker Verminderung des Luftdruckes. Dadurch entsteht ein Ansaugen der Luft auf die Umgebung, die entsprechend dem Gesetz von der Ablenkung der Winde eine rapide Wirbelbildung hervorruft. Der Wirbel wandert ziemlich langsam, die in den Wirbel einströmende Luft dagegen mit rasender Geschwindigkeit. Nach der Größe der Wirbel kann man drei Formen unterscheiden.

Tromben sind jene kleinen, oft nur wenige Meter und selbst Dezimeter im Durchmesser fassenden Staubwirbel, die an heißen stillen Sommertagen auf Straßen, Feldern usw. entstehen, den Staub als dünne Säule emporwirbeln und gewöhnlich bald wieder verschwinden. Diese Staubtromben sind namentlich in Wüsten und Steppen zu Hause und dort tagtäglich zu beobachten. Zerstörende Tromben, die 60 und mehr Meter Durchmesser erreichen können, bilden den Übergang zu der nächsten Gruppe.

Die Tornados sind Wirbel von erheblich größerem Durchmesser und zerstörender Stärke. Sie eröffnen in den Tropen mit Regen und Gewittern die Regenzeit. Am großartigsten sind wohl die Tornados der Prärien in der Union und vor allem dort am besten studiert. Sie haben einen mittleren Durchmesser von 680 m (1200 m im Maximum) und wirken nicht nur infolge der Windgeschwindigkeit, sondern auch durch die plötzliche Druckerniedrigung zerstörend. Es ist

---

[1] Passarge, S.: Die Atmosphäre. Handbuch der Naturwissenschaften Bd. 1.

gerade diese plötzliche Luftdruckerniedrigung, die ein Zerbersten der Häuser und auch verschlossener Kästen sowie das Abheben der Dächer auf der Leeseite des Wirbels verursachen. Auf der Luvseite wird das Dach von dem herankommenden Wind gegen die Mauern gedrückt, auf der Leeseite dagegen infolge der plötzlichen Druckabnahme abgehoben. Die Weglänge der Tornados schwankt gewaltig, zwischen 3 km und 1280 km. Die Zerstörungen können entsetzlich sein; Häuser werden umgeweht, Blockhäuser sogar als Ganzes fortgetragen[1]. Auch Menschen fliegen durch die Luft, und schwere Gegenstände sind oft genug märchenhaft weit mitgenommen worden. So flog ein Knabe 70 m durch die Luft, ein Blockhaus 33 m weit. Fußbodenbretter wurden gelegentlich bis zu 48 km, Fenster 48 km, eine Zinkplatte 32 km, Schindeln und Bretter 32 km weit mitgenommen. Einmal wurden Bretter 6—18 Zoll tief in den harten Boden hineingebohrt. LOOMIS[2] hat Kanonenkugeln in denselben Boden hineingeschossen und aus den Ergebnissen gefolgert, daß die Bretter eine Geschwindigkeit von 12,3 km per Minute (= 203 m per Sekunde) besessen haben müssen. Die Geschwindigkeit der Luft muß aber noch größer gewesen sein!!

Die tropischen Wirbelstürme[3] sind die dritte und großartigste Form der Wirbel. Es sind Orkane, die im Übergangsgebiet zwischen Tropen und Subtropen auf dem Meere entstehen und, von Osten nach Westen wandernd, vor allem auf Inseln Verwüstungen anrichten. Mit dem Erreichen des Festlandes bricht sich schnell ihre Kraft. Die Windstärke in ihnen ist nicht bekannt, sicher aber über 50 m per Sekunde.

2. Beschaffenheit des Windmaterials.

Wenn der Wind auf den Boden wirken soll, sei es durch Fortnehmen oder durch Zufuhr von Material, so hängt eine solche Einwirkung außer von der Windstärke auch von einer ganzen Anzahl anderer Bedingungen ab. Diese beziehen sich einerseits auf den Boden selbst, andererseits auf angreifende oder schützende Faktoren, die die Einwirkung des Windes unterstützen oder lahmlegen.

Von größter Bedeutung ist einmal die Korngröße. Bei Stürmen werden in Wüsten große Steine fortbewegt, so nach PUMPELLY[4] in Turkestan 2 Zoll große Steine. Nach FOUREAU fliegt das Hamadageröll auf den Kamelwegen bei Orkanen so lebhaft, daß das Gehen für den Menschen unmöglich wird, allein im allgemeinen kann man sagen, daß das von Winden transportierte Material gewöhnlich 3 mm nicht überschreitet. Interessant ist folgende Tabelle von THOULET[5], die hier im Auszug wiedergegeben sei.

Windstärke von	0,5 m per sek. bewegt	0,04 mm Korngröße
,,	,, 3 ,, ,, ,, ,,	0,25 ,, ,,
,,	,, 9 ,, ,, ,, ,,	0,73 ,, ,,
,,	,, 13 ,, ,, ,, ,,	1,05 ,, ,,

SOKOLOWS[6] Werte sind etwas abweichend.

4,5— 6,7 m per sek.	0,25 mm Korngröße
8,4— 9,8 ,, ,, ,,	0,75 ,, ,,
11,4—13,0 ,, ,, ,,	1,50 ,, ,,

---

[1] REYE, K. TH.: Die Wirbelstürme, Tornados und Wettersäulen in der Erdatmosphäre usw., S. 85, 55, 70. Hannover 1872.

[2] REYE, K. TH.: ebd. S. 71.   [3] REYE, K. TH.: ebd. S. 113, 114.

[4] FREE, E. E.: The movement of soil material by the wind, S. 45. Washington 1911.

[5] THOULET, J.: Expériences relatives à la vitesse des courants d'eau ou d'air susceptibles de maintenir en suspension des grains minéraux. Ann. mines 5 (1884).

[6] SOKOLOW, N. A.: Die Dünen. Berlin 1894.

Es kommt nun freilich nicht nur auf die Korngröße, sondern auch auf das Gewicht, die Form und die Lage der Körner an. Gesteinskörner werden im allgemeinen kein wesentlich verschiedenes Gewicht haben, wohl aber sind organische Bestandteile, Pflanzenreste, Aschen, Miststücke usw. wesentlich leichter; es fliegen demnach bei Wind auch größere Stücke organischen Materials. Auch die Form ist nicht unwichtig. Kugeln bieten eine geringere Angriffsfläche als unregelmäßige und plattige Körper, rollen dafür aber besser.

Man unterscheidet hinsichtlich des äolischen Materials wohl am besten folgende Sorten:

Grand	2　—3	mm
Sehr grober Sand	1,1　—2	,,
Grober Sand.	0,5　—1,1	,,
Mittlerer Sand (Dünensand) . . .	0,5　—0,25	,,
Feiner Sand.	0,25—0,05	,,
Staub.	unter 0,05	,,

Nach Udden[1] ist das Maximum der Korngröße für schwebendes Material 0,1 mm. Allein bei einem Schirokko wurden 1903 in Lesina noch 0,97 mm, in Ponta Delgada (Azoren) 0,416 mm beobachtet. Der feinste beim Schirokko beobachtete Staub war 0,01.

Außer Korngröße, Gewicht und Form kommt es auf die Lage zum Winde an, ob das Material frei daliegt, so daß der Wind es fassen kann, oder ob es geschützt in Winkeln verborgen ist. Mag der Boden aber auch noch so feinkörnig und für den Windtransport geeignet sein, es muß eines noch hinzukommen: es müssen die Körner lose übereinander oder lose auf fester Unterlage liegen. Sobald sie verkittet sind, ist die Kraft des Windes ausgeschaltet. Eine Verkittung der Körner kann durch verschiedene Vorgänge eintreten.

Im allgemeinen ist die Trockenheit des Materials für Windwirkung günstig, weil trockenes Material locker zu sein pflegt. Wenn letzteres der Fall ist, so gilt obiger Satz. Allein das ist keineswegs immer der Fall. Wenn der Boden nämlich Kolloide enthält, z. B. in der Form von Ton oder schleimiger Kieselsäure, so ist der Boden gerade in feuchtem Zustand „locker"; beim Austrocknen verwandelt er sich dagegen in eine feste Masse, der selbst der stärkste Wind nichts anhaben kann.

In welchem Umfange der Wind nassen, tonigen Schlammboden abblasen kann, zeigte folgender Fall. Im September 1927 wurde unterhalb von Dürrenstein ein Nebenarm der Donau trockengelegt. Über groben Schottern lag eine einige Zentimeter dicke Schlammschicht. Ein heftiger Westwind zerfetzte diese nasse Schicht in einer stürmischen Nacht derartig, daß nur zerrissene Schollen, Streifen, Flecken zurückblieben. Nach Austrocknen des Schlammes hörte die Windwirkung auf.

So wird also toniger Schlamm, wenn er trocken geworden ist, zunächst vom Winde nicht angegriffen, sobald er aber bei weiterer Austrocknung zerplatzt oder gar sich schalig aufrollt, kann ein starker Wind wieder angreifen. Jedenfalls muß man folgendes festhalten: Je nach seiner physikalisch-chemischen Beschaffenheit ist ein Boden entweder in nassem oder in trockenem Zustande „locker" bzw. fest und demnach für den Wind angreifbar oder nicht.

Die Bildung einer papierdünnen und doch den Wind lahmlegenden Austrocknungsrinde kann man auf der Acker- und Gartenerde überall beobachten. In Salzsteppen und Wüsten, die salzhaltigen Boden besitzen, entsteht beim Aus-

---

[1] Udden, Johan August: Erosion, transportation and sedimentation performed by the atmosphere. Journ. geol. 2 (1892).

trocknen eine papierdünne Rinde unter dem Einfluß auskristallisierender Salze. Es handelt sich hier nicht um die dicken Kalk-, Gips- und Salzkrusten, sondern lediglich um eine dünne Verkittungsrinde[1], die trotz ihrer geringen Dicke die Kraft des Windes ausschaltet. Salzhaltige Erde ist also in trockenem Zustand unter Umständen kein äolisch brauchbares Material.

In Texas gibt es Clay dunes = Tonstaubdünen. Sie liegen an der Mündung des Rio Grande und bilden einige Kilometer lange und 10 m hohe Hügel. Ihr Material soll aus dem Marschboden der Niederungen stammen und ihre Anhäufung und Befestigung durch den Regen bedingt sein, meint COFFEY[2]. Man könnte erwarten, daß der Tonstaub salzreich ist, und daß der Salzgehalt wegen Hygroskopizität und Verkittungsrinde den herangeblasenen Staub festhält und eine Anhäufung zu Dünen ermöglicht.

- Welches ist nun die Herkunft des feinen Materials, das der Wind beeinflussen kann? Folgende Arten primären Ursprungs sind erkennbar. Einmal die vulkanischen Aschen, die infolge von Eruptionen in feinerem Zustand in die Luft geschleudert und so unmittelbar dem Winde überantwortet werden. Sodann fällt dauernd ein feiner kosmischer Staub, der beim Verbrennen und Explodieren herabfallender Meteorsteine und Meteoreisenstücke entsteht[3]. Daß er eine nicht zu verachtende Rolle spielt, zeigt der Boden der Tiefsee, vor allem im Bereich des Roten Tones. Ferner entstehen unter dem Einfluß der Verwitterung feinkörnige Bodenschichten der verschiedensten Art, und innerhalb der von Tieren bewohnten, von Pflanzen durchsetzten Bodenschicht entstehen Massen organischer Stoffe, die sich in so fein verteiltem Zustand befinden oder dem Gewicht nach so leicht sind, daß der Wind sich ihrer bemächtigen kann.

Primärer Herkunft ist auch das Salz, das durch Winde mit Meerwasser in das Land geblasen wird. Seine Menge ist nicht gar so unbedeutend[4]. So hat man berechnet, daß die holländischen Dünen jährlich eine Zufuhr von 6 Mill. kg Kochsalz erhalten[5]. Untersuchungen des Salzgehaltes im Regenwasser ergeben in England 2,2 mg NaCl pro Liter Regen, in Nantes 14 mg, in Troy (New York) 2,7 mg, in Holland bei Sturm 350—500 mg! Nach Aussage eines Landwirtes aus der Gegend von Ludwigsort (Ostseite des Frischen Haffes) trocknet dort das gehaue Getreide nur sehr langsam wegen einer salzigen Schicht, die es überzieht.

Im Februar 1898 auf einem Schiff gesammelter Schirokkostaub enthielt bis 25% Seesalz[6]!! In Barbados starben nach einem Wirbelsturm in einem Teich die Fische, weil das Wasser salzig geworden war, und auf den Crooked-Inseln regnete es während eines solchen Sturmes Salzwasser[7]. Es gelangt also in Küstennähe viel Seesalz in den Boden. In Mantua fiel sogar einmal ein Regen aus Salzkristallen[8].

Primärer Herkunft ist schließlich der organische Staub, der bei Gras-, Moor- und Waldbränden entsteht oder aus tierischen Exkrementen und verwesenden Leichen stammt. Wegen des Nährstoffgehaltes sind gerade diese organischen Massen für den Boden wichtig.

Sekundärer Herkunft gewissermaßen sind die umgelagerten Verwitterungsstoffe, also alle Absätze des fließenden und stehenden Wassers, die durch Gletscher fortgeschafften Moränen, die Wanderschuttmassen der Polarländer, die gerutschten und geflossenen Erdmassen, die in den verschiedensten Landschaftsgürteln zu

---

[1] PASSARGE, S.: Verwitterung und Abtragung in den Steppen und Wüsten Algeriens. Verh. d. deutsch. Geographentages zu Lübeck. S. 102, 103, 97. Berlin 1910.
[2] COFFEY, G. N.: Clay dunes. Journ. geol. 17 (1909).
[3] FREE, E. E.: l. c. S. 120. [4] FREE, E. E.: l. c. S. 112.
[5] FREE, E. E.: l. c. S. 113. [6] FREE, E. E.: l. c. S. 114.
[7] REYE, K. TH.: l. c. S. 105, 108. [8] FREE, E. E.: l. c. S. 113.

finden sind. Ferner bieten ehemalige Windablagerungen — Sande, Staubmassen, Löß —, wenn sie erneut umgelagert werden, dem Wind ein leicht zu verfrachtendes Material dar. Schließlich bestehen Meeresablagerungen zum großen Teil aus recht feinem, äolisch brauchbarem Material.

Die Zusammensetzung der vom Winde transportierten Massen ist naturgemäß recht verschieden, entsprechend ihrer Herkunft und Größe. Grand von 2 und mehr Millimeter Durchmesser besteht aus Gesteinsstücken verschiedener Art. Flugsand[1] setzt sich überwiegend aus Quarzkörnern zusammen, allein selbst im Quarzflugsand fehlen andere Mineralien, wie Glimmer, Feldspäte, Magnetit, Kalk u. a. m., gewöhnlich nicht. Es gibt aber auch Flugsande, die überwiegend aus Kalksand, aus vulkanischen Aschen, aus Gipssand, Dolomitsand bestehen. Im Staub tritt zu den anorganischen Bestandteilen das Material organischen Ursprungs: Pflanzenasche, Fäkalien, Humusstoffe, vertrocknete Pflanzenteile, Sporen, Pollen, Bakterien, Tier- und Pflanzenhärchen u. dgl. Der Staub, der sich aus der Luft absetzt, enthält nach Untersuchungen von Tissandier 25—34% organischen Materials[2]. Da die organischen Stoffe viel viel leichter als die anorganischen sind, dürfte in dem gewöhnlichen Staub, der z. B. im Zimmer als „Sonnenstäubchen“ sichtbar wird, dem Volumen nach das organische Material weit überwiegen. Das Seesalz, das vom Meere her mit dem Wind ins Land getragen wird, ist wohl kaum nachweisbar, mag aber doch in der Tier- und Pflanzenwelt eine Rolle spielen.

3. Zerstörende Wirkung auf den Boden.

Welche Wirkung übt nun der Wind auf das ihm zur Verfügung stehende Material aus? Da die Windstärke eine so große Rolle spielt, so sind zwischen „geradlinigen“ Winden und Wirbeln erhebliche Unterschiede festzustellen.

Zerstörende Wirkung „geradliniger“ Winde. Entsprechend der verhältnismäßig geringen Windgeschwindigkeit ist die Kraft dieser Windgruppe nicht besonders energisch. In unserer Kulturlandschaft kann man überall beobachten, daß selbst starke Winde eigentlich nur von kahlen Straßen trockenen Staub emporblasen. Im Sommer, wenn die Felder mit Pflanzen bedeckt sind, regt sich auf ihnen kaum etwas. Selbst im Winter, auf den Stoppelfeldern oder auf gepflügtem schweren Boden, ist kaum etwas von Staubwinden zu sehen. Nur auf leichten Sandböden kann man zuweilen eine erhebliche Sandbewegung erkennen. In Masuren meinte ein Landwirt, der nach der Größe seines Gutes gefragt wurde: „Im Sommer sind es 300 Morgen, im Winter weiß ich's nicht, da geht der Acker spazieren.“ Trotzdem wird man es als sicher annehmen können, daß namentlich auf frisch gepflügten Feldern und auf Sand die Windwirkung nicht unerheblich, wenn auch dem Auge nicht sichtbar ist.

Eine geschlossene Pflanzendecke setzt die Kraft der „geradlinigen“ Winde restlos matt, aber selbst auf frei zutage tretendem Boden rührt sich unter Umständen selbst bei einem Sturm nichts. Bei uns genügt die Entwicklung einer papierdünnen Trockenrinde, in Steppen, Salzsteppen und Wüsten die einer dünnen Verkittungsrinde, die durch Ausscheiden von Salzen entsteht. Sie ist u. a. von Russell[3] über feinem Staubboden am Snake River beobachtet worden. Dicke Salz-, Gips- und Kalkkrusten hindern erst recht die Abtragung durch Wind, desgleichen ein Steinpflaster, das in einfacher Lage den Boden überzieht. Selbst

---

[1] Free, E. E.: l. c. S. 68, 73.
[2] Free, E. E.: l. c. S. 161.
[3] Russell, I. C.: Subaerial deposits of the arid regions of North America. Geol. mag. 6, 143 (1889).

feinster Staub wird durch solch ein Steinpflaster geschützt[1]. So ist es zu erklären, daß überall dort, wo sich die genannten Hindernisse dem Winde entgegenstellen, selbst bei Sturm die Luft klar und durchsichtig bleibt, so in den algerischen Salzsteppen[2], in der Karru, der Arabischen Wüste östlich des Nils[3] und in der Atakama[4].

Es gibt nun aber Hilfskräfte, die die Windabtragung unterstützen, indem sie jene Hindernisse — Verkittungsrinde, Steinpflaster — zerstören oder selbst Feinmaterial entstehen lassen. Einmal können auf dem Boden laufende, scharrende, wühlende Tiere die Verkittungsrinde und selbst das Steinpflaster zerstören, und damit gewinnt der Wind zu dem darunterliegenden trockenen ausblasbaren Feinmaterial Zutritt. Wühltiere, wie Maulwürfe, Ameisen, Insektenlarven u. a. m. schaffen aus der Tiefe Erde herauf, der Wind verweht den Sand, bläst den Staub fort, und es bleibt so in Steppen und Salzsteppen eine 1—2 cm dicke Sandschicht zurück, die den lehmigen Boden überzieht. Eine solche „Sandhaut" bedeckt z. B. die weiten Sandsteppen der Kalahari[5] und den Lehmboden der Llanos[6].

Herdentiere von großem Körperbau können weiche Gesteine, z. B. Kalkkrusten, zu feinem Staub zertreten, dessen sich der Wind bemächtigt. Nach PECHUEL-LÖSCHE[7] haben einst die großen Rinderherden der Herero in der Umgebung der Wasserplätze eine dicke Staubschicht erzeugt. Die Bedeutung der Herden, selbst einzelner Tiere, für die Stauberzeugung auf Straßen, in Steppen ist oft zu beobachten.

Auffallend ist der Gegensatz in Ägypten[8] zwischen der Luft in der Arabischen Wüste östlich und in der Libyschen Wüste westlich des Nils. Dort zeigt sie selbst bei Sturm erstaunliche Durchsichtigkeit, hier dagegen selbst bei mäßigem Wind ein Staubmeer. Der Gegensatz wird dadurch erklärt, daß östlich des Nils der Sand fehlt, im Westen dagegen vorhanden ist. Der Sand zerschleift Gesteine und vor allem die Verkittungsrinde, die den feinen Boden überzieht. Daher beobachtet man allenthalben westlich des Nils zerfressene, löcherige Gesteinsstücke, und es fehlt die Verkittungsrinde, die östlich des Nils den durch Salzsprengung und Insolation entstandenen, auf allen Gesimsen der Gesteinsbänke liegenden Schutt verkittet.

Da der schleifende Sand nicht hoch, sondern in der Nähe des Bodens entlang fliegt, so bearbeitet er gerade den Fuß von Felsen und Bergen. So fand SCHWEINFURTH[9] auf dem Wege zwischen Suakin und Berbera in dem sog. Abu Odfa eine 35 Fuß hohe Felssäule, deren Basis durch den Sandschliff abgetragen worden ist. Glättung der Felsen, oft unter Entstehung von Riefen, die an Gletscherschrammen erinnern, Kantengeschiebe, Wurmrillen auf Kalksteinen, z. T. wohl Löcher und Säulengänge auf Felswänden, Pilzfelsen u. a. sind auch eine Folge des Sandschliffes. Allerdings hilft die chemische Verwitterung mit Salzsprengung und Zersetzung unter dem Einfluß der Salze an ihrer Bildung mit.

---

[1] BLANCK, E., und S. PASSARGE: Die chemische Verwitterung in der ägyptischen Wüste. Abh. d. Univ. Hamburg 17 (1925).

[2] PASSARGE, S.: Verwitterung und Abtragung. Verh. d. dt. Geographentages Lübeck. Berlin 1910.

[3] PASSARGE, S.: Die Ausgestaltung der Trockenwüsten im heißen Gürtel. Düsseldorfer geograph. Vorträge, Teil 1. Breslau 1927.

[4] MORTENSEN, H.: Der Formenschatz der nordchilenischen Wüste. Berlin 1927.

[5] PASSARGE, S.: Die Kalahari. Berlin 1904.

[6] PASSARGE, S.: Bericht über Reise im venezolanischen Guyana. Z. d. Ges. f. Erdkunde. Berlin 1903.

[7] PECHUEL-LÖSCHE, E.: Zur Kenntnis des Herero-Landes. Ausland 59 (1886).

[8] PASSARGE, S.: Ausgestaltung der Trockenwüsten. Düssel. geograph. Vortr., T. 1. Breslau 1927.

[9] CZERNY V. SCHWARZENBERG, F.: Wirkungen der Winde auf die Gestaltung der Erde. Pet. Mitt. 1876, Erg.-H. 48.

In Patagonien[1] — im Gebiet von Sta. Cruz — blasen mit großer Gewalt fast das ganze Jahr hindurch Westwinde, diese zerstören die Humusschicht der Oberfläche. Der Humus wird ins Meer geweht, der zurückbleibende Boden ist daher humusarm. Wahrscheinlich unterstützen wühlende Tiere und die Hufe der Herdentiere diesen Vorgang in wirksamer Weise.

Wo Telegraphenlinien sandhaltige Wüsten durchziehen, werden die Stangen am Boden schnell abgewetzt, so daß man sie in Ägypten durch Eisenbekleidung schützen muß. Inschriften auf Grabsteinen werden durch Sandschliff ausgelöscht[2] und auch die Pflanzen durch den schleifenden Sand abgetötet, z. B. durch Abschleifen der Baumrinde. Wo der Boden aus weichen feinen Gesteinen — z. B. Kalktuff, Mergeln, Tonen, weichen Sandsteinen — besteht, kann die Ausräumung unter dem Einfluß des Sandschliffes bedeutend sein. So sind Kalktuffablagerungen des zur Ptolemäerzeit (vor ca. 2000 Jahren) noch ausgedehnten Fayumsees[3] seit der Trockenlegung eines großen Teiles des Seebodens in einer Breite von 6—8 km und in einer Mächtigkeit von ca. 6—10 m entfernt worden. Noch großartiger wirkt nach Sven Hedin[4] der Sandschliff in der Lop-Nor-Wüste, wo im Laufe geschichtlicher Zeiten das Seebecken unter dem Einfluß der Winderosion hier, der Schlammaufschüttung dort wiederholt·gewechselt hat; d. h. der See ist hin und her gewandert. Faßt man alles zusammen, so muß man sagen, daß die „geradlinigen" Winde im allgemeinen nur dort erhebliche Arbeit leisten, wo sie feinen Boden vorfinden, und wo sie durch Sandschliff und durch die Tätigkeit der Tiere unterstützt werden.

Zerstörende Wirkung der Wirbelwinde. Die Wirbelwinde enthalten wegen der weit größeren Geschwindigkeit und ihrer Saugwirkung eine wesentlich großartigere Zerstörungskraft. Wo die kleinen Tromben, wie sie bei uns an heißen Sommertagen entstehen, über Straßen und Felder ziehen, wirbeln sie die bekannten, dünnen, hohen Staubsäulen auf — also dort, wo der „geradlinige" Wind kein Material loszulösen imstande ist. Die großen Wirbel üben eine weit größere Zerstörung aus. Freilich verkünden die Nachrichten gewöhnlich mit Vorliebe Verwüstungen von Häusern und ganzen Ortschaften. Allein, wenn es heißt[5], daß ein Wirbelsturm Häuser abgedeckt, Blockhäuser durch die Luft getragen, bei New York einen 225 Fuß hohen Kirchturm umgeworfen, in Washington einen 230 Fuß hohen Turm mehrere Fuß aus seiner Stellung verschoben[6], in St. Thomas ein Fort bis auf die Grundmauern abgetragen und auf Mauritius ein Theater um 5 Fuß verschoben[7] und ein Signalhaus von einem 1200 Fuß hohen Berg mitsamt den Bewohnern hat spurlos verschwinden lassen[8], so wird man annehmen müssen, daß gleichzeitig auch dem Boden mitsamt seiner Pflanzendecke schwere Schäden zugefügt worden sind. Auch hierfür liegen Beweise vor. Wenn der Orkan vom 9. November 1800 im Harz 200000 Tannen umgestürzt hat, so müssen mit den Wurzelschirmen erhebliche Erdmassen emporgehoben worden sein, dasselbe gilt für alle Waldbrüche, so z. B. für den vom 7. November 1825 auf Teneriffa[9]. Manchmal muß die Abtragung bedeutend gewesen sein. So heißt es, daß bei einem Wirbelsturm auf Barbados die Vegetation zerstört worden sei[10]. Aus demselben Grunde sollen die Crooked-Inseln[10] ihre Pflanzendecke ver-

---

[1] Czerny v. Schwarzenberg, F.: l. c.

[2] Free, E. E.: l. c. S. 27.

[3] Passarge, S.: Ausgestaltung der Trockenwüsten im heißen Gürtel. Düsseld. geogr. Vortr., T. 1. Breslau 1927.

[4] Hedin, Sven: Scientific results of a journey in Central Asia, 1899—1902 v. 2. Stockholm 1904—1907.

[5] Reye, K. Th.: l. c. S. 55. [6] Vgl. F. Czerny v. Schwarzenberg: l. c.

[7] Vgl. K. Th. Reye: l. c. S. 113 u. 114. [8] Ebenda S. 112.

[9] Vgl. Czerny v. Schwarzenberg. [10] Reye, K. Th.: l. c. S. 104, 108 u. 114.

loren haben — eine sicher übertriebene Meldung. Auf den Philippinen hat ein Wirbelsturm die Ernte zerstört[1], und in der Union ist der alljährlich im Frühjahr auf den kahlen Feldern durch die Tornados angerichtete Schaden so groß und häufig, daß das Landwirtschaftsministerium eine besondere Abteilung zur Untersuchung und Verhinderung der Windschäden im Kulturland eingerichtet hat. Vor allem hat es sich herausgestellt, daß das Dry farming[2] die Abtragung des Bodens durch den Wind in ganz erheblicher Weise fördert. Dieses Dry farming besteht ja darin, daß durch Pflügen die oberste Bodenschicht trocken und locker gehalten wird. In diesem trockenen, lockeren Boden findet aber der Wind ein leicht angreifbares Material, und so wird dann — schneller oder langsamer — gerade der humusreiche Feinboden entfernt. Da die Tornados gerade im Frühjahr auftreten, wenn die Felder noch kahl sind, ist ihre Wirkung besonders groß. Durch Ziehen von Hecken senkrecht zur Windrichtung, durch Bedecken der Felder mit Reisig sucht man sich gegen diese unersetzlichen Verluste zu schützen. Auch Gründüngung wird empfohlen. Es ist übrigens interessant zu sehen, daß in der Heimat des Dry farming — im Orient — der Bauer die Steine niemals aus dem Acker liest. Sie bedecken dort als mehr oder weniger geschlossenes Steinpflaster die Felder, und wegen der Steine wohl hat sich der einfache Holzpflug bis heute gehalten; die Eisenpflugschar wird dort zu schnell abgenutzt.

Das Fortblasen des Bodens ist nicht nur wegen des Verlustes an Humuserde bedenklich, sondern auch wegen der Schädigung der Pflanzen, sogar der Bäume, deren Wurzeln bloßgelegt werden[3]. Das Austrocknen der Wurzeln bedingt das Absterben der Pflanzen.

FREE[4] führt einige Beispiele von Windschäden im Kulturland an. So wurde nach NOBLE in Australien auf einer Fläche von 100000 acres eine Bodenschicht von 1 Fuß bei einem Sturm entfernt. Bei Staubstürmen in Südrußland wurden im Mittel 6 Zoll Boden entfernt und auf einer Fläche von 200 englischen Quadratmeilen die Getreideernte vernichtet[5]. HUNTINGTON berichtet, daß in Turfan die Frühlingswinde nicht selten 2—3 Zoll des Bodens abblasen; indem die abgehobene Erde anderswo niederfällt, erdrückt sie die dort wachsenden Pflanzen; der entstehende Schaden ist also ein doppelter.

So sehen wir denn, daß die Wirbelwinde, in denen die Luftbewegung ganz enorme Geschwindigkeit erreicht, und in denen das örtlich beschränkte Luftdruckminimum obendrein eine ganz erhebliche Saugkraft entfaltet, die stärksten Zerstörungen verursachen.

4. Mechanik der Verfrachtung durch Wind.

Zwischen der Verfrachtung durch Wind und Wasser bestehen gewisse Übereinstimmungen, aber auch gewisse Unterschiede.

Wind und Wasser müssen, um Material verfrachten zu können, eine Eigengeschwindigkeit besitzen. Nun hat das Wasser ein weit größeres spezifisches Gewicht als Luft, daher ist die Kraftentfaltung einer gleich großen und gleich schnell bewegten Masse bei Wasser weit größer als bei Luft[6]. Indes wird diese Überlegenheit des Wassers durch mancherlei Nachteile herabgesetzt. Einmal ist der Luftraum, der als verfrachtendes Medium in Frage kommt, weit umfangreicher als der Wasserraum. Denn das Wasser transportiert lediglich im Verlauf der Wasseradern, der Luftraum dagegen ist nach Breite und Höhe gewissermaßen unbegrenzt, da die Luft fast über der ganzen Erde dauernd bewegt ist. Außer-

---

[1] REYE, K. TH.: l. c. S. 104, 108 u. 114.   [2] FREE, E. E.: l. c. S. 170.

[3] FREE, E. E.: l. c. S. 164.   [4] FREE, E. E.: l. c. S. 164 ff.

[5] NEHRING, K. W. AL.: Zur Steppenfrage. Globus 65, 364 (1894).

[6] FREE, E. E.: l. c. S. 24.

dem erreicht das fließende Wasser nur streckenweise, z. T. auch nur zeitweise, die Geschwindigkeit starker „geradliniger" Winde, die der Wirbelwinde aber wohl niemals.

Wenn auch Wirbelstürme sehr schwere Gegenstände, die nach Lage und Gestalt günstige Transportbedingungen darbieten, weithin durch die Luft befördern können, so darf man doch sagen, daß im allgemeinen nußgroßes Geröll nicht mehr fortbewegt wird, oder es erfolgt lediglich ein Gleiten und Rollen. Nach der Korngröße kann man — geradeso wie beim Wasser — folgende Fortbewegungen unterscheiden:

Verschieben und Rollen bei großen schweren Gegenständen — Kies und größere Steine; Hüpfen auf dem Boden in kleineren und größeren Sätzen; Fliegen bei starkem Wind in mehr oder weniger horizontaler Richtung in geringem Abstande vom Boden — 10, 20 m und mehr, das tut der Flugsand. Schweben bei leichtem Wind und selbst ruhender Luft — Feinsand und Staub.

Geradeso wie beim Wasser ist die Turbulenz, das Auf- und Niedersteigen der Luftströmungen, die das Schweben und auch das Fliegen bei mäßigen Winden ermöglicht[1]. Einen ausgesprochenen Unterschied zeigen aber beide Elemente: die Seigerung nach Korngröße und Schwere ist beim Wind weit sorgfältiger als beim Wasser. Das hängt damit zusammen, daß der Luftraum weit größer ist als der Wasserraum. Demgemäß stoßen sich die Teilchen nicht so leicht; sie gleiten aneinander vorbei. Die leichten werden nach oben geführt, die schweren bleiben unten. Diese Horizontalschichtung nach Korngröße hat zur Folge, daß sich nacheinander gleich große bzw. gleich schwere Teilchen absetzen. Die gleiche Korngröße[2] soll daher ein Beweis für Windabsatz sein, d. h. innerhalb einer Schicht, hinsichtlich der nebeneinander liegenden Körner. Eine dicke Bank mag oben und unten verschiedene Korngröße aufweisen, weil sich die schweren Körner zuerst, die leichten später abgesetzt haben.

Ferner sollen Flugsandkörner weit besser gerundet sein[3] als vom Wasser transportierter Sand. Das hängt damit zusammen, daß sich die Sandkörner in der Luft schneller bewegen und obendrein besser rollen.

So hat man denn die gleichmäßige Korngröße und die gute Abrundung der Sandkörner zur Diagnose äolischer Ablagerungen aus früherer Zeit benutzt[4].

5. Bodenbildung unter dem Einfluß des Windes.

Der Wind wirkt in zweifacher Form auf den Boden ein. Einmal holt er die feinen Stoffe heraus und läßt die groben zurück, sodann aber entstehen aus dem transportierten Material durch Ablagerung neue Böden. Es gibt also äolische Rückstandsböden und äolische Ablagerungsböden.

Äolische Rückstandsböden. Das feinere Material wird entfernt, das grobe bleibt zurück. Die entfernende Kraft ist z. T. der Wind, allein praktisch wohl niemals allein, vielmehr hilft das abspülende Wasser nach Regen und während der Schneeschmelze mit, kann sogar die Hauptarbeit leisten. Die Wirksamkeit beider Kräfte auseinanderzuhalten, ist kaum möglich. Selbst in regenarmen Ländern mag ein einziger Wolkenbruch im Laufe eines Jahres für Entfernung des feinen Materials mehr zu leisten als der das Jahr über wehende Wind.

Der „gradlinige" Wind leistet wahrscheinlich nur anfangs, wenn noch viel Feinerde an der Oberfläche liegt, eine nennenswerte Arbeit. Sobald Kies und Geröll eine mehr oder weniger geschlossene Decke bilden, wird seine Kraft ausgeschaltet, und dann treten die Wirbelwinde ganz allein in Tätigkeit. Sie saugen

---

[1] Free, E. E.: l. c. S. 31.   [2] Free, E. E.: l. c. S. 36.
[3] Free, E. E.: l. c. S. 69.   [4] Free, E. E.: l. c. S. 69.

den zwischen den Steinen liegenden Staub und Feinsand heraus und wirbeln beide oft viele hundert Meter in die Lüfte.

Sobald wühlende Tiere Erde aus der Tiefe heraufholen, wird dem Winde neues Material zum Ausblasen geboten und damit die abtragende, ausblasende Wirkung des Windes noch weiter hinausgezogen. Schließlich wird aber die sich ansammelnde Decke von Steinen so dick werden, daß die Wühltiere auswandern müssen. Früher oder später entsteht also ein Rückstandsboden, der aus einer Grand-, Kies-, Geröllmasse besteht. Unterhalb dieses Steinpflasters liegt eine Mischung von Erde und Steinen: die Matrix, aus der das Steinpflaster entstanden ist. Äolisch (-aquatile) Rückstandsböden bedecken ungeheure Räume in Trockengebieten — Salzsteppen und Wüsten. Der Araber nennt das aus eckigen Gesteinsstücken bestehende Steinpflaster Hamada, das aus runden Schottern gebildete aber Sserir.

Die Flugsandböden. Es kann sich hier nicht um eine Darstellung der Dünenformen[1] handeln, vielmehr nur um eine Charakteristik der Flugsandböden nach Zusammensetzung und Entstehung.

Die Zusammensetzung wurde oben bereits kurz behandelt, ebenso die Korngröße. Der Flugsand hat im allgemeinen 0,5—0,25 mm Korngröße. Er besteht gewöhnlich aus Quarzsand, enthält aber sehr häufig Partikel verschiedenster Mineralien, z. B. Silikate (Feldspäte, Hornblenden, Augite, Glimmer), Kalk und selbst Gips. Kalksand- und Gipsdünen kommen vor. Auch vulkanische Aschen geben zu Dünenbildungen Anlaß.

Der Flugsand entstammt der Hauptsache nach drei Quellen: einmal dem Meeresufer, sodann sandhaltigen Sedimenten — also Sandsteinen, Sandablagerungen, Lehmen, Kalksanden, sandigen Mergeln, Tonen und Humusschichten, schließlich entstammt er vulkanischen Ausbrüchen, die feine Aschen liefern, und deren sich der Wind bemächtigen kann.

Die Entstehung von Flugsand aus sandigen Ablagerungen ist ein überaus wichtiger Vorgang. Sobald die landschaftlichen Bedingungen günstig sind, so daß der Wind auf den Boden einwirken kann, und sobald ihm etwas Sand zur Verfügung steht, beginnt die Zerstörung des Bodens. Die Feinerde wird ausgeblasen und der frei werdende Sand unterstützt diesen Vorgang, indem er als Schleifmaterial benutzt wird. So steigert sich die Zerstörung der Ablagerungen in wachsendem Maße mit der Zunahme des Sandes. Gewöhnlich kommt es auch nicht zu der Bildung einer Sanddecke, die ähnlich dem Steinpflaster den Boden vor Zerstörung schützen könnte, vielmehr wandert der Flugsand fort. Dieser Vorgang der Flugsandbildung aus sandigen Lehmen, Mergeln, Tonen hat im Laufe verhältnismäßig kurzer Zeiten das Aussehen ausgedehnter Landschaften umgewandelt. Fruchtbare, zuweilen humöse Böden sind zerstört worden, die entstandenen Flugsande sind gewandert, haben blühende Kulturländer verschüttet und in trostlose Sandwüsten verwandelt. Dieser Vorgang ist heutzutage auf dem Boden des ausgetrockneten Ngamisees im Gange[2]. Er hat im südlichen Tarymbecken die großen Oasen der Chinesen vernichtet[3], das gleiche Schicksal hatte augenscheinlich das Ighargharbecken[4], das im Altertum augenscheinlich z. T. noch ein Kulturland war, und heutzutage ist derselbe Umwandlungsvorgang in Mesopotamien im Gange. Nach einigen tausend Jahren wird man vielleicht auch dort nicht mehr glauben, daß die entstandene Sandwüste die Stätte der uralten Kulturen und der reichsten und fruchtbarsten Länder des Altertums und Mittelalters gewesen sind.

---

[1] Vgl. u. a. J. WALTHER: Die Denudation in der Wüste. Abh. Kgl. Sächs. Ges. Wiss., Math.-physik. Kl. 16 (1891), und Das Gesetz der Wüstenbildung. Berlin 1900 u. 1928. 4. Aufl.

[2] PASSARGE, S.: Kalahari.

[3] STEIN, M. AUREL: Sand buried ruins of Khotan. London 1903.

[4] BORCHARDT, PAUL: Platos Insel Atlantis. Pet. Mitt. 1927.

Flugsandböden sind für die Landwirtschaft besser als man denken sollte. Vulkanische Sande müssen selbstverständlich, falls es an Wasser nicht mangelt, ausgezeichnete Böden abgeben, allein selbst Quarzsand läßt mehr wachsen als man denkt. Das kommt daher, daß der Flugsand einmal gewöhnlich Mineralien enthält, die ihm pflanzliche Nährstoffe zuführen, und daß er ferner stets mehr oder weniger staubig ist. Durch den Staub wird seine physikalische und chemische Zusammensetzung wesentlich verbessert[1].

Staubböden. Die vom Boden aufgewirbelten Staubmassen erreichen nicht nur eine erstaunliche Höhe, sondern sie legen auch in der Luft große Entfernungen zurück, können sich sogar über die ganze Erde verbreiten. Der zu Boden fallende Staub kann selbständige Ablagerungen bilden, aber auch unbemerkt bleiben, d. h. er vermischt sich mit dem Boden, geht spurlos in ihm auf. Vielleicht gliedert man den Stoff am besten in drei Abteilungen: a) Staub in der Luft, b) Staubfall ohne selbständige Bodenbildung, c) Staubablagerungen.

Der Staub in der Luft. Die in die Luft gelangenden Staubmassen stammen — abgesehen von dem kosmischen Staub — entweder von der Oberfläche der Erde oder aus dem Erdinnern, d. h. aus Vulkanen. Betrachten wir erstere zuerst.

Bei Vulkanausbrüchen mit Auswurf von Aschen fallen die groben Bestandteile in der Nähe der Ausbruchsstelle nieder, die weniger groben in weiterem Abstand. Man kann so in großen Zügen ein kreisförmiges oder mehr ovales bis strichförmiges Gebiet erkennen, in dem die Auswurfsstoffe niedergefallen sind — nahe dem Vulkan die gröbsten, mit wachsendem Abstand immer feinere Massen. Diese letzteren entsprechen nach Korngröße und Gewicht ungefähr den Flugsanden, die in der Luft nicht schweben können, sondern mit der Abnahme der Windstärke sich umgehend niedersenken. Ein Teil der Aschen ist aber so fein, daß er nicht sofort niederfällt, sondern sich in den oberen Luftschichten weithin verbreitet. Es sind das die leichtesten schwebenden Teilchen, die sich z. B. beim Krakatauausbruch über die ganze Erde verbreiteten und sich jahrelang oben hielten. Hier einige Beispiele solcher Verfrachtungen vulkanischer Aschen[2]:

Die Vesuvaschen gelangten 79 n. Chr. bis nach Syrien und Ägypten, 512 nach Konstantinopel und Tripolis, 1755 nach Kalabrien, 1830 nach den Alpen.

Bei dem großen Ausbruch des Vatna Jökul (Island) im Jahre 1875 fiel Asche in der Nähe von Stockholm. Die Asche des Tamboro (Sumbawa) flog bis Borneo (1400 km entfernt).

In Westindien wird nicht nur die Asche in der Richtung des Passates weithin verfrachtet, sondern sie gelangt auch mit dem Gegenpassat noch viel weiter in entgegengesetzter Richtung. So flog die Asche des Coseguina (1835) mit dem Passat 20 englische Meilen nach Westen, mit dem Antipassat gelangte sie aber bis Jamaika (1300 km). Die Aschen der Soufrière auf St. Vincent kamen mit dem Antipassat nach Barbados und Porto Rico (1812 und 1902).

Weit verbreiteter und wirksamer als die Ausbreitung vulkanischer Aschen ist aber die Staubbewegung mit Staubstürmen. Letztere sind über die Erde sehr ungleich verteilt. Es empfiehlt sich daher wohl, die Betrachtung etwas landschaftskundlich zu orientieren.

In unserer Kulturlandschaft sind die „geradlinigen" Winde im allgemeinen staubarm, nur auf den Straßen, deren Boden von Rädern und Füßen zermalmt wird, entwickeln sich Staubwolken. Immerhin kann man beobachten, daß z. B. Schneeflächen bald schmutzig werden. Die Schlammflächen trocken gelegter Flußbetten werden zerfetzt, also als Staub davongetragen, und namentlich Blätter

---

[1] Free, E. E.: l. c. S. 68.
[2] Czerny v. Schwarzenberg, F., und E. E. Free, S. 147.

und sonstige Pflanzenabfälle werden verweht. Aber alle diese Vorgänge fallen kaum ins Auge. Dagegen wirbeln die Tromben sichtbar überall Staub empor und schleudern ihn um sich. Den Schmutz der Gletscher führt man auf solche Wirbel zurück. Zuweilen sind auch recht kräftige Staubverwehungen zu beobachten. So schildern SAUER und SIEGERT[1], wie in dem kalten Winter von 1887/88 durch heftige anhaltende Winde — wohl aus NO — von den Feldern auf den Schneeflächen und Talhängen 2—3 cm und selbst 4 cm dicke Staubüberzüge angeweht wurden. Die Staubmassen, die mitgeführt wurden, müssen recht beträchtlich gewesen sein. Zuweilen gibt es auch mächtige Tromben und selbst Tornados von mittlerer Stärke, die Staubsturm erzeugen. So entwickelte sich am 10. Juni 1858 in Königswinter[2] eine Wettersäule, die 2000 Fuß Höhe erreichte, am Boden einen mächtigen Staubschwall erzeugte und den Rhein als Wasserhose querte.

Immerhin ist bei uns die Staubbewegung gering, verglichen mit denen der Steppen. Die Staubstürme der russischen Steppen sind eine Plage und wegen des schwarzen Staubes, den die Schwarzerde bedingt, ganz besonders eindrucksvoll. Sonst seien noch einige Beispiele angeführt.

Aus den Steppenländern, rund um den Guineabusen, tragen Landwinde zuweilen gewaltige Staubmassen auf das Meer hinaus. Das tut z. B. der Harmattan, der westlich der Nigermündung verbreitet ist. Aber auch südlicher kommen sie vor. So beobachtete TUCKEY[3] am unteren Kongo im Jahre 1833 einen Staubfall, der eine Breite von 1600 Seemeilen besaß und auf dem Meere ca. 1,5 Millionen Quadratmeilen bedeckte.

In Nordwestindien hat BADDELEY[4] die Staubstürme jahrelang studiert und ein zweibändiges Werk über seine Beobachtungen herausgegeben. Die Staubtromben wirbeln dort in erstaunlicher Zahl als Staubsäulen über die Steppenebenen. Sie saugen den Staub geradezu heraus. Man kann ganze Systeme solcher Tromben beobachten, die alle um einen Mittelpunkt kreisen, wie Planeten um die Sonne. Merkwürdigerweise zeigen die Kreistänze der Derwische genau die gleiche Form. Indem sich solche Tromben in großer Zahl aneinanderreihen und gewissermaßen wie in einer Schlachtordnung dahersausen, entsteht ein Staubsturm, und an solchen ist Nordwestindien reich[5].

Für Australien[6] gilt dasselbe. Gerade während der Dürrejahre sind Staubstürme häufig. Der Boden wird infolge der Hitze und Trockenheit lose und zerreiblich. So nehmen denn Stürme und Wirbel ganze Lagen des Bodens mit. So gewaltig ist die mitgeführte Staubmenge, daß das Tageslicht verdunkelt wird; man muß am Tage Lampen brennen, jeder Verkehr hört auf. Die Menschen verirren sich, das Geflügel geht verloren. Schokoladenfarbener Regen fällt weit draußen auf der See. Der Staub erreicht sogar Neuseeland. In den Jahren 1901 und 1902 waren solche Staubstürme häufig. Am schlimmsten war vielleicht derjenige vom 11. bis 13. November 1902 in Südaustralien, Queensland, Neusüdwales, Viktoria. Am Tage mußte man mit Laternen auf der Straße gehen. Am 14. und 15. November 1902 fiel Staub in Neuseeland, das 1200 miles entfernt ist. Ein

---

[1] SAUER, A., und PH. SIEGERT: Ablagerung rezenten Lößes durch den Wind. Z. dt. geol. Ges. 40 (1888).

[2] REYE, K. TH.: l. c. S. 30.

[3] Vgl. F. CZERNY V. SCHWARZENBERG: l. c. S. 37.

[4] Vgl. E. E. FREE: l. c. S. 84, und P. F. H. BADDELEY: On dust whirlwinds and cyclones. Jour. Asiat 50c Bengal 21 (1852).

[5] BADDELEY, P. F. H.: Dust whirls and fairy dances. Mon. weath rev. 27 (1899).

[6] NOBLE, A.: Dust in the atmosphere during 1902—3. Mon. weath. rev. 32 (1904). Ferner H. CH. RUSSELL: Dust storms in New South Wales. Quart. journ. Roy. met. soc. 6 (1880).

Dampfer fuhr zwischen den Philippinen und Pt. Darwin dauernd durch Staub. In der Zeit vom 17. bis 21. Oktober 1902 hatte ein Dampfer auf der Fahrt von Pt. Darwin nach Hongkong dauernd Staub; kein Land war zu sehen.

Sehr häufig und wohl am besten studiert sind die Staubstürme der Prärien[1]. Sie kommen von Westen her und bringen große Massen von Staub mit. In den Jahren 1894/95 zählte man pro Jahr in den Prärien 2—4, im Gr. Becken 5—10 Staubstürme. Man hat dort auch Messungen veranstaltet. Udden[1] hat solche Bestimmungen ausgeführt. Er fand, daß ein Kubikfuß Luft 0,0015 g halten könne. Entsprechend des großen Raumes, den die Luft einnimmt, kann daher die Staubmasse enorm sein.

Bei einem Staubsturm in Indiana am 11. bis 12. Januar 1895 fand man 1,5—3,79 g Staub pro qm Fläche[1].

Udden schätzt, daß die Stürme in den Weststaaten als Minimum jährlich 850 Millionen Tons Staub 1440 miles (rund 2300 km) weit verfrachten. Es handelt sich also um 1 225 000 Millionen Miletons.

Es ist übrigens wiederholt festgestellt worden, daß der im Mississippigebiet fallende, aus Westen kommende Staub ganz die Beschaffenheit des dortigen Lößes besitzt[2].

In den Salzsteppen und Wüsten ist die Staubbewegung nicht geringer, wahrscheinlich sogar noch bedeutender, dort vor allem, wo der Sand die Verkittungsrinde durchschleift und loses Feinmaterial dem Winde zugänglich macht.

In allen Wüsten sind Staubstürme häufig, in der Sahara, in Turkestan, Iran, Mesopotamien und Arabien. In Bagdad verwandeln Staubwinde den hellsten Tag in die dunkelste Nacht, so am 28. Mai 1857[3]. Bekannt als Staublieferant ist vor allem die Sahara, und besonders die Wüste südlich der Atlasländer, die riesige Staubmassen nach Westen über den Atlantischen Ozean, nach Norden über Europa und nach Süden in den Sudan entsendet. Ehrenberg[4] hat alle Überlieferungen solcher Staubwinde gesammelt. Das Meer westlich von Marokko hieß im Altertum Mare tenebrosum. Zwischen 1551—1855 sind 127 Staubfalljahre festzustellen. Am besten studiert ist der Staubfall vom 9. bis 12. Februar 1901, den Hellmann und Meinardus[5] bearbeitet haben. Der Staub breitete sich über eine Fläche von etwa 435 510 qkm Land aus. In Europa fielen ca. 1 960 420 Tons, in Afrika 1 650 000 Tons, zusammen also 3 610 420 Tons.

Im Februar 1902 erfolgte, von den Kanarien herkommend, ein neuer Staubfall in England und Westeuropa, dessen Menge man auf 10 000 000 Tonnen schätzte[6].

Die gewaltigsten und niederschlagreichsten Staubstürme hat aber China[7]. Der Staub kommt aus den zentralasiatischen Wüsten und Salzsteppen, hebt im Bereich der Lößlandschaften aber auch alten Löß auf und überschüttet so auch die Küstenländer mit gelbem Staub. Peking[8] leidet ganz furchtbar unter solchem Staub, und dieser gelangt sogar bis nach Japan. Auch das Jangtsegebiet wird von Staubstürmen heimgesucht. Nach Guppy[9] sind sie in Hankau im Frühling

---

[1] Free, E. E.: l. c. S. 79 u. 81.

[2] Reid, C.: Dust and soils. Geol. mag. 1, 1884. — Roch, F.: Dust fall in Indaho. Mon weath rev. 36 (1908).

[3] Czerny v. Schwarzenberg, F.: l. c. S. 27.

[4] Ehrenberg, Ch. G.: Passatstaub und Blutregen. Abh. K. Preuß. Akad. Wiss. Berlin 1847.

[5] Hellmann, G., und W. Meinardus: Der große Staubfall vom 9. bis 12. März 1901 in Nordafrika, Süd- und Mitteleuropa. Berlin 1901.

[6] Herrmann, E.: Die Staubfälle vom 19. bis 23. Februar 1903 über dem nordatlantischen Ozean, Großbritannien und Mitteleuropa. Ann. Hydrographie 31 (1903).

[7] Richthofen, F. v.: China. Bd. 1. Berlin 1877.

[8] Harrington, M. W.: Peking dust-storms. Am. met. jour. 3 (1886).

[9] Guppy, H. B.: Dust-winds at Hankow. Nature 24 (1881).

häufig, während der Trockenzeit. Sie machen den Eindruck dichter Nebel und dauern einige Stunden bis 2 Tage. Ein Sturm, der gleichzeitig über den drei Jangtsestädten Hankau, Kiukiang und Tschinkiang wehte, hatte 450 miles Durchmesser. Während und nach dem Sturme treten oft Regen und Gewitter auf.

Das Ergebnis ist jedenfalls, daß namentlich in Wüsten und Salzsteppen, aber auch in Steppen einerseits ganz gewaltige Staubmassen mit den Winden hin und her bewegt, andererseits auch in andere Länder ausgeführt werden.

Staubniederschläge. Die von dem Winde fortgeführten Staub- und Feinsandmassen fallen schließlich nieder. Die Ursache für das Niederfallen aus der Luft auf die Erde ist verschieden. Da wäre einmal Windstille zu nennen. Sobald ein Staubwind an Geschwindigkeit verliert oder gar Windstille eintritt, setzt sich der mitgeführte Staub ab. So kann in Löß- und Salzsteppen in einer Nacht eine mehrere Millimeter und selbst Zentimeter dicke Schicht sich bilden[1]. Nicht weniger wirksam sind Niederschläge von Regen und Schnee. Teils bilden die Staubteilchen Kondensationskerne für Regentropfen und Schneekristalle, teils werden sie mechanisch mitgenommen. „Schmutzregen" und „Schmutzschnee" sind oft die einzigen Anzeichen von Staubfall. So berichtet CZERNY[2], daß einmal in den Alpen eine 9 Fuß hohe Schicht rotgefärbten Schmutzschnees entstand, deren Staubgehalt — wohl Saharastaub — auf 2700 Kubikfuß pro Quadratmeile geschätzt wurde.

Der Absatz von Staub bedingt noch keine Entstehung von Staubböden; denn der nächste Wind kann ihn ja wieder fortführen. Damit er liegen bleibt, sind besondere Bedingungen notwendig. Das Festhalten besorgt einmal die Pflanzendecke[3]. Zwischen den Pflanzen verringert sich die Windgeschwindigkeit so stark, daß in 1—2 m Höhe mäßige Luftbewegung am Boden kaum noch zu spüren ist. Obendrein wirken die Pflanzen mechanisch als Hindernis; sie halten den Staub, der gegen sie fliegt, fest. Ferner verhindert Feuchtigkeit das Weiterfliegen. Auf nassem Boden, nassen Pflanzen bleibt der Staub sitzen und wird durch den Regen herabgewaschen. Taufall, Regen und Schnee halten ihn also fest. Da auf vulkanische Ausbrüche, Gras- und Rohrbrände — so in Florida[4] — wegen des Aufsteigens heißer Luft leicht Regengüsse folgen, wird der Absatz des emporgewirbelten Materials begünstigt. Auch in Ostasien sind nach GUPPY[5] Staubstürme oft von Regen und Gewitter begleitet.

Hinsichtlich der Beteiligung des Staubes an der Bodenbildung kann man drei — natürlich allmählich ineinander übergehende — Klassen unterscheiden.

a) Äolische Böden.

b) Äolische Mischböden.

c) Böden mit äolischer Beimischung.

a) Äolische Böden. Der äolische Niederschlag ist so stark, daß er über dem Gestein bzw. dessen Verwitterungsboden eine mehr oder weniger dicke Schicht bildet. Der Untergrund übt auf die Oberfläche der äolischen Decke keinen Einfluß aus.

Vulkanische Tuffböden. Äolische Böden entstehen einmal bei Vulkanausbrüchen. Weit über den Bereich der Lavaströme hinaus reichen die vulkanischen Tuffablagerungen, deren Korngröße im allgemeinen mit der Entfernung von der Ausbruchsstelle abnimmt. Ob die Aschen und Lapilli auf dem Lande oder im Wasser — in Meeresbuchten oder Süßwasserseen — abgelagert worden sind, ist für den petrographischen Aufbau der Tuffe weniger wichtig als die

---

[1] MERZBACHER, G.: Die Frage der Entstehung des Lößes. Pet. Mitt. 1913.
[2] Vgl. F. CZERNY v. SCHWARZENBERG: l. c.
[3] RICHTHOFEN, F. v.: China I, 1877.
[4] Vgl. K. TH. REYE: l. c.   [5] Vgl. H. B. GUPPY: l. c.

Frage, wie die Ausbrüche vor sich gegangen sind. Bei einem lange anhaltenden gleichmäßigen Ausbruch können der Korngröße nach gleichmäßige Ablagerungen entstehen, während Ausbrüche in kurzer Reihenfolge oder in wechselnder Stärke der Explosionen einen deutlichen Wechsel von grobem bis feinem Material in dünnen Lagen oder Bänken verursachen. Die römische und neapolitanische Campagna seien als Beispiele solcher äolisch transportierter vulkanischer Tuffablagerungen genannt.

Bemerkenswert sind vulkanische Staubschichten als geologische Ablagerungen in Gebieten, in denen Vulkane fehlen. Czerny[1], Free[2] und Montgomery[3] führen solche Bildungen aus Colorado, Utah und Alaska auf. Die Entstehung solcher Tuffe ist wohl in folgender Weise zu erklären. Geradeso wie bei manchen Ausbrüchen durch in der Höhe wehende Winde — z. B. den Antipassat in Westindien — Vulkanstaub in ferne Gegenden getragen wird, so könnten jene isolierten Tuffschichten, durch Höhenwinde verschleppt, als einmaliger Niederschlag entstanden sein.

Steppenstaubböden. Eine andere Klasse selbständiger äolischer Böden sind die Steppenstaubböden. Aus pflanzenarmen trockenen Gegenden werden Staubmassen herausgetragen und in an Pflanzen und Niederschlägen reicheren Ländern abgelagert. So entstehen reine Windablagerungen.

Der Löß. Weitaus der wichtigste rein äolische Steppenboden ist der Löß. Betrachten wir zunächst die Verhältnisse in China[4]. Aus den Wüsten und Salzsteppen Zentralasiens trägt der Wintermonsun alljährlich ungeheure Staubmassen in die Randgebiete hinaus. Dort fallen nun Staub und Feinsand nieder, wenn der Wind abflaut oder Regen und Schnee ihn herabholen. Der niedergefallene Staub wird von den Gräsern der Grassteppen festgehalten und von dem Regen und Schnee festgeklebt. So häuft er sich an. Der gelbbraune Lößstaub ist ungeschichtet, aber von Milliarden von Wurzelbündeln der Gräser durchflochten. Indem sich diese mit Kalk inkrustieren, entstehen die bekannten feinen Röhrchen, und mit diesen hängt auch die Neigung des Lößes zusammen, in senkrechten Wänden abzubrechen und tiefe, steilwandige Hohlwege entstehen zu lassen[5].

Der Löß sammelt sich einmal in Becken, die er ausfüllt, ferner auf den dem Staubwind entgegenstehenden Hängen an.

Der hier geschilderte Löß ist der Windlöß, der echte äolische Löß, der in China einige hundert Meter Mächtigkeit erreicht.

Alle diese Lößablagerungen sind noch wenig bekannt, vor allem besteht nach der Richtung Unklarheit, daß man echten Windlöß und Schwemmlöß gewöhnlich nicht einwandfrei auseinanderhalten kann.

Wenn die Randgebiete der Sahara keine Staubablagerungen aufweisen, die sich auch nicht annähernd mit den Lößablagerungen der peripheren Gebiete in Zentralasien vergleichen lassen, so dürfte das daran liegen, daß der Sahara — wenigstens im Osten und in der Mitte — die ausgedehnten Schwemmlandablagerungen fehlen, die in Zentralasien das Material für die Staubwinde liefern. Wo solche Schwemmlandablagerungen vorhanden sind — Ighargharbecken und die Becken der Westsahara — ist auch dort die Staubausfuhr gewaltig. Vielleicht sind am Südrand der Westsahara auch die Staubablagerungen bedeutender[6], aber es fehlt noch an eingehenden Untersuchungen.

---

[1] Vgl. F. Czerny v. Schwarzenberg: l. c.   [2] Free, E. E.: l. c. S. 151.

[3] Montgomery, H.: Volcanic Inst. in Utah and Colorado. Sience, N. S. I, 656 (1895).

[4] Richthofen, F. v.: China I, 1877, und H. Kanter: Der Löß in China. Mittlg. d. Geograph. Ges. Hamburg. 1922.

[5] Eine abweichende Anschauung vertritt B. Willis: Research in China. Carnegie Inst. Wash. Publ. 54 (1907).

[6] Chudeau: Sahara Sondanais. Paris 1909.

Die diluvialen Lößablagerungen Europas und Nordamerikas sind augenscheinlich an die weiten Moränendecken gebunden[1]. Jedenfalls ist die Auffassung am einleuchtendsten, daß die Grundmoränen den Staub geliefert haben. Die von dem Inlandeis herabkommenden Ostwinde hätten nach solcher Ansicht den Staub in kalte Steppenländer von vielleicht patagonischem Klima hineingetragen. In Nordamerika soll diese Entstehungsweise recht klar und eindeutig sein, aber auch in Mitteleuropa[2] spricht vieles für obige Auffassung, so z. B. das Vorhandensein ausgedehnter Decksandflächen, aus denen das feinsandig-staubige Material ausgeblasen sein könnte, ferner Kantengebiete ebendort, die Ablagerung von Löß auf den nach Osten sehenden Talhängen, also auf der Luvseite des Windes[3]. Allein ähnlich wie in Asien haben Regen, Flüsse, Schneeschmelzwasser, z. T. auch wiederholte Umlagerung durch den Wind eine Umwandlung des Windlößes in Schwemmlöß[4] verursacht, und dazu kommt die Verwitterung, die Entkalkung, die Verlehmung, die Arbeit der Wühltiere — Einwirkungen, die aus wenig mächtigem Windlöß einen ganz anders aussehenden Lehmlöß entstehen ließen.

In Südrußland scheint der Löß doppelten Ursprungs zu sein. Einmal soll er aus Moränen stammen — so nach Tutkowsky[5] —, sodann aber tragen heute noch aus Turan kommende Staubwinde — die Pomachas der Russen — gewaltige Staubmassen herbei. Wie auch nach anderen Richtungen wäre also Rußland auch hinsichtlich der Lößbildung ein europäisch-asiatisches Übergangsgebiet.

b) Äolische Mischböden. Unter äolischen Mischböden seien solche Böden verstanden, die neben äolisch zugeführtem Material mehr oder weniger fremdes Material enthalten. Sie gehen einerseits allmählich in reine äolische Böden, andererseits in solche mit äolischer Beimischung über. So müssen z. B. naturgemäß an den Rändern von Lößbecken und Lößabdachungen solche Mischböden liegen, weil von den nicht mit Löß bedeckten Hängen stammender Schutt verschiedenster Korngröße sich mit Windlöß mischen muß.

Schwemmlöß und Seelöß. Der Lößstaub kann unmittelbar in Seen oder Flüsse fallen, und dann zeigen solche Seelöß- und Schwemmlößablagerungen eine wesentlich andere Beschaffenheit als der Windlöß[6]. Sie sind mehr oder weniger geschichtet; es fehlen die verästelten Kalkröhrchen, und außer Landschnecken kommen auch Wasserschaltiere vor. Allein weit wichtiger und ausgedehnter als diese Abarten des Lößes sind die umgelagerten Schwemmlöße — das Proluvium der Russen[7]. Regen- und Schneeschmelzwasser setzen den Windlöß in Bewegung und lagern ihn auf Flachhängen, Beckenebenen, Talsohlen ab. Sehr viel abgeschwemmter Windlöß gelangt in die Flüsse und kommt erst in Flußseen, Deltas, auf den Überschwemmungssohlen der Flußbetten zur Ruhe. Wird das Überschwemmungsbett trocken, so kann der Wind das Material aufs neue fassen und irgendwo Windlöß entstehen lassen. In Schilfsümpfen, auf überfluteten Wiesen, im Uferwald der Täler können unter dem Einfluß der Pflanzen Lößablagerungen entstehen, die dem Windlöß recht ähnlich sehen, aber mit nichtäolischem Material und Pflanzenteilen gemischt sind.

---

[1] Vgl. E. E. Free: l. c. S. 132, und B. Shimek: The loess and its fossils. Bull. Lab. nat. hist. Univ. Iowa 1 (1890).

[2] Vgl. K. W. A. Nehring und A. Sauer: Gegenwärtiger Stand der Lößfrage in Deutschland. Globus 1891, 59. — Ferner F. Wahnschaffe u. Schucht: Geologie und Oberflächengestaltung des Norddeutschen Flachlandes. Stuttgart 1921.

[3] Rühl, A.: Über die ungleichseitige Verbreitung des Lößes an den Talgehängen. Z. Ges. Erdkd. Berlin 1907. — Zimmermann, E.: Gesetzmäßige Einseitigkeit von Talböschungen und Lehmablagerungen. Z. d. deutsch. Geolog. Ges. 1894, Nr. 46, 493—500.

[4] Vgl. G. Merzbacher: l. c. und Czerny v. Schwarzenberg: l. c.

[5] Vgl. E. E. Free: l. c. S. 136.

[6] Vgl. F. v. Richthofen: China.

[7] Mergbachat: l. c.: Pet. Mitt. 1913.

Die Literatur darüber, ob der Löß äolisch ist oder nicht, ist sehr umfangreich; die Ansichten gehen weit auseinander. Allein wenn man sich von Einseitigkeit fernhält, wird man wohl nur im Einzelfall sich darüber streiten können, ob Windlöß oder Schwemmlöß vorliegt, nicht aber diese oder jene Entstehungsart grundsätzlich ausschalten wollen.

Karruböden, d. h. rote Staubböden über Kalkkrusten in Steppenländern. Wenig bekannt, aber doch als äolisch-pluviatile Staubböden erkennbar treten in den subtropisch-tropischen Zwergstrauchsalzsteppen rotbraune feinstaubige bis staubige Böden auf, die über Kalkkrusten lagern. Diese bis einige Meter, meist aber nur einen bis einige Dezimeter mächtigen Massen sind wohl verwickelter Entstehung. Einmal tragen Staubwinde viel Material herbei, das von Zwergsträuchern, Regen und Tau festgehalten wird. Außerdem schwemmen die Wolkenbrüche das feine Verwitterungsmaterial von den Bergen in die Ebenen hinab, und obendrein verursachen die sich über den Kalkkrusten entwickelnden Schichtfluten eine Seigerung und Umlagerung der Erdmassen. Wühltiere schaffen außerdem Steine von unten nach oben und sorgen für kräftige Durchmischung. Demgemäß sind die Karruböden — so in der Karru Südafrikas und in den Hochsteppen Algeriens — bald gänzlich strukturlos, bald zeigen sie Andeutung von Schichtung, bald sind sie ganz unregelmäßig von Steinen durchsetzt oder besitzen Schuttlagen, die von den Abhängen in die Ebenen herabkommen — je nachdem an dem betreffenden Orte diese oder jene Vorgänge, wie Abschwemmung von den Bergen, äolischer Staubabsatz, pluviatile Umlagerung durch Schichtfluten oder Durchmischung des Bodens durch Wühltiere, maßgebend gewesen sind.

Lößschwarzerden. Die südrussische Schwarzerde ist am schönsten und typischsten auf oder besser im Löß entwickelt, wohl deshalb, weil der Löß einmal die Entwicklung von Steppenpflanzen begünstigt und weil er ferner wegen seiner Porosität für die Durchtränkung mit Humusstoffen geeignet ist. Wie es scheint, ist auch die Schwarzerde Marokkos — der Tirs — eine Lößschwarzerde. Nach Th. Fischer[1] bringen Südwinde aus den Steppengebieten westlich des Atlas Staub herbei, und dieser wird unter dem Einfluß von Vegetation und namentlich von Taufall, der in der Nacht sehr stark ist, festgehalten. Staubansammlung und absterbende Pflanzen lassen so die überaus fruchtbare Schwarzerde entstehen.

Die äolischen Böden in den mexikanischen Steppen und Salzsteppen. Nach Virlet d'Aout[2] wird aus dem Küstengebiet nördlich von Verakruz viel Staub durch den Nordostpassat in das gebirgige Steppenland und auf die Hochebenen geführt. Es ist eine gelbe, tonige bis tonigmergelige Erde, die kappenartig die Berge umhüllt und bis 3800 m hinaufsteigt — bis zur oberen Baumgrenze. In den unteren Höhenlagen erreicht sie 60—100 m Mächtigkeit. Spuren von Schichtung infolge vulkanischer Ablagerungen kommen zuweilen vor. Sie bildet sich dauernd neu und erfährt unter dem Einfluß von Winden und Windhosen beständig Umlagerungen. Diese Windhosen wirbeln das Material 5—600 m hoch. Dazu bringt der Passat immer neuen Staub herbei. Wälder und Steppenpflanzen halten den Staub fest, während er von den kahlen Gehängen bald wieder in die Täler herabgeschwemmt wird.

Da die Wolkenbrüche in jenen Gegenden sicherlich viel Material von den Hängen herbeischwemmen, ebenso wie in die Täler, so stellt auch der Staubboden des mexikanischen Hochlandes vielleicht mehr einen äolischen Mischboden als einen reinen Windlöß vor.

---

[1] Fischer, Th.: Wissenschaftliche Ergebnisse einer Reise im Atlasvorlande von Marokko. Pet. Mitt. 1900. Erg.-H. 133, 117.

[2] Virlet d'Aout, P. Th.: Observations sur un terrain d'origine meteorique. Bull. Soc. geol. France 1857, 15.

Dieselben Windböden beschreibt HILL[1] aus Mexiko.

Ähnliche Mischböden dürften die Staubböden sein, die im Felsengebirgstafelland[2] sehr große Gebiete bedecken, so in Neumexiko, Colorado, Idaho usw.

c) Böden mit äolischer Beimischung. Man darf wohl ohne Übertreibung sagen, daß strenggenommen jeder Boden äolisches Material erhält und wieder abgibt. Hier sei aber nur solcher äolischer Zufuhr gedacht, bei der aus weiterer Entfernung in deutlich erkennbaren Mengen Staub zugeführt wird.

Von den äolischen Mischböden bis zu solchen Böden, die nur gelegentlich etwas fremden Staub erhalten, gibt es alle Übergänge. Hier sei nur an einigen Beispielen der Vorgang und seine Wirkung erläutert.

Der sich absetzende Staub kann so gering sein, daß er auf dem Erdboden gar nicht in Erscheinung tritt, wohl aber im Regen, auf Schneeflächen, Gletschern, Fensterscheiben u. a. O.; er kann aber auch sehr deutliche Lagen und selbst Ablagerungen entstehen lassen. Man erinnere sich an den Staubabsatz auf der Luvseite der Täler in 2—4 cm dicken Schichten in Nordsachsen, den SAUER und SIEGERT beschrieben haben.

In der Oase Kharga hat sich nach BEADNELL[3] der Boden der Gärten und Felder infolge der Staubzufuhr um einige Fuß erhöht. JORDAN[4] beobachtete, daß ein Staubsturm in der Libyschen Wüste eine 25 Zoll hohe Schicht anhäufte.

Sehr bedeutend ist die Zufuhr von vulkanischem Staub nach Ausbrüchen. So entstand nach dem Krakatauausbruch noch in 1600 km Abstand nach Osten hin ein zollhoher Staubabsatz[5], und bekannt genug ist die Überschüttung Mittelamerikas, der Westindischen Inseln und der Sundainselwelt mit feiner Asche. Beim Ausbruch des Sta. Maria 1912 entstand in einem Abstand von 60 km auch eine $19^1/_2$ Zoll hohe Aschenschicht, 48 Stdn. nach dem Ausbruch, in einer Nacht[6]. SHALER[7] schätzt die Staubmassen, die sich seit 1770 über letzteres Gebiet ausgebreitet haben, auf 300 Kubikmiles = 1280 cbkm. Man hat berechnet, daß sich in den Mississippistaaten in 100 Jahren etwa eine zolldicke Staubschicht niederschlägt; das Material kommt aus Westen.

Die Hochmoore bestehen aus Torfmoosen verschiedenster Art. Neben dem sehr bedeutenden Wassergehalt enthält die Torfasche auch mineralische Beimengungen, und zwar vor allem tonigen Sand, Magnesia, Gips, Eisenoxyd, daneben etwas Alkalien, Phosphorsäure und Chlor. Mindestens ein Teil dieser Substanzen kann — wie auch Pollen und andere Teile von Waldbäumen — nur durch den Wind in das reine Moosmoor gelangt sein. Die Masse ist nicht unbedeutend, da lufttrockener Torf im Mittel 10% Mineralstoff enthält. Die Torfmoose leben von Luft und Wasser, können aber einer gewissen Mineralzufuhr nicht entbehren. Und diese Zufuhr besteht in zugewehtem Staub. Von diesem Gesichtspunkt aus betrachtet, sind also auch die Hochmoore — die Torfböden — Böden mit äolischer Beimischung.

Der Staub kommt vermutlich zum größten Teil aus der nächsten Umgebung, von Feldern und Wegen. Allein in den Tundren und den weiten Moorländern Nordrußlands, Sibiriens und Kanadas kann er nur aus großer Entfernung stam-

---

[1] HILL, R. TH.: Peculiar formations of the Mexican arid regions. Eng. min. journ. 1907, 83.

[2] Vgl. E. E. FREE: l. c. S. 122.

[3] BEADNELL, H. J. L.: An Egyptian oasis. London 1909. Rev. Nature 1909, 81.

[4] JORDAN, W.: Physische Geographie und Meteorologie der Libyschen Wüste. Kassel 1876.

[5] FREE, E. E.: l. c. S. 147.

[6] BRAUNS, R.: Asche des Vulkans Sta. Maria in Guatemala. Centbl. Min. 1903.

[7] SHALER, N. S.: The origin and nature of soils. Ann. rept. U. S. Geol. surv. 1891, 12.

men. Er kommt aus den Steppenländern des Südens, ferner von Vulkanen. Daß solche Staubzufuhr nicht unmöglich ist, zeigt folgende Berechnung.

Hellmann und Meinardus berechneten für 100 Jahre einen Absatz von Saharastaub über Süd- und Mitteleuropa von ca. 4,78 mm, also in 3000 Jahren 143,4 mm. Und dabei ist eine Staubzufuhr gar nicht bemerkbar; das frische Material wird sozusagen stillschweigend dem Boden einverleibt, und doch ist es wohl von der allergrößten Bedeutung. Vielleicht gipfelt in solcher Beeinflussung des Bodens die Bedeutung des Windes für die gesamte organische Welt und die menschliche Kultur.

6. Die Bedeutung der Windwirkung auf den Boden für die Lebewelt und die Kultur.

Der Wind kann infolge seiner Einwirkung auf die Lebewelt und die Kultur schaden und nützen — beides kann eintreten. Ein Zuwenig, ein Zuviel können z. B. schaden, das Mittelmaß ist nützlich.

Schaden verursacht vor allem der Flugsand, der Kulturland überschüttet, den Boden bedeckt, dessen Lebewelt abtötet. Vulkanische Aschenmassen wirken, wenn sie eine zu dichte Schicht bilden oder gar Säuren enthalten, ähnlich ungünstig. Winderosion kann auf weite Strecken hin den Boden abheben, Pflanzen und Bodentierwelt ruinieren. Allein alle diese Schädigungen — die zerstörenden Orkane und Wirbelstürme eingeschlossen — sind ein Nichts gegenüber der nützlichen Wirkung. Man braucht ja nur an den Löß zu denken. Auf Lößboden entstand die chinesische Kultur, auf Löß in erster Linie die vorgeschichtlichen Kulturen Mitteleuropas. Der vulkanische Staub bedingt die Fruchtbarkeit ausgedehnter Plantagenländer Mittelamerikas und der Sundawelt in einiger Entfernung von den tätigen Vulkanen.

Allein weit großartiger und eingreifender für das gesamte Kulturleben sind gewisse Vorgänge, die sich in aller Stille — unter dem Einfluß des Windes vollziehen[1]. Dieser Einfluß besteht in der dauernden oder periodischen Verfrachtung und Umlagerung von Staub und organischen, lebenden und toten, Stoffen. Jede Trombe, jeder Windstoß, der von den Straßen Staub, Mist usw. abhebt und anderswo ablagert, jeder Staubwind, der aus größerer Ferne fremdes Material bringt, leistet dem organischen Leben und damit der Kultur durch seine düngende Kraft Dienste, die nicht hoch genug anzuschlagen sind. Der zugeführte Staub ist einmal reich an organischen Stoffen, oft aber auch an wertvollen Mineralien. Auffallend ist vor allem der hohe Gehalt an Kali, der nach zahlreichen Analysen 1—4%, bei vulkanischem Staub bis 6,92% des Gesamtgewichts ausmacht[2]. Staubwinde im Jangtsegebiet begrüßt der chinesische Bauer als Fruchtbarkeitsbringer, dasselbe tut der Farmer in den Prärien und Waldsteppen der Union. Aber auch die unmerkliche Staubzufuhr, wie sie z. B. aus der Sahara nach Europa kommt, ist überaus bedeutsam. Der Wind mit seiner Bewegung von Staub und leichten Pflanzenresten sorgt in erster Linie dafür, daß der Boden immer neue Stoffe erhält und alte abgibt. Er verhindert die schließlich zur Unfruchtbarkeit führende endgültige chemische Zersetzung der Mineralien und organischen Massen. Er verhindert, daß die Pflanzen in den eigenen abgestorbenen Resten ersticken. Denn die abfallenden Blätter werden verweht und fremde Blätter verwesen in ihrer Nähe. Free hat den Ausdruck „humifying radius[3]“ — Humifizierungsradius — geschaffen, d. h. wegen der Ausbreitung der abgestorbenen Blätter usw. durch den Wind übt jede Pflanze auf ihre weitere Umgebung einen die Humusbildung fördernden Einfluß aus.

---

[1] Free, E. E.: l. c. S. 173.
[2] Free, E. E.: l. c. S. 155.   [3] Free, E. E.: l. c. S. 161.

Treitz[1] hat schließlich auf die ausschlaggebende Bedeutung der jährlich niederfallenden Menge des Flugstaubes hingewiesen und zwei Leitsätze aufgestellt des Inhalts: 1. Der Staubfall ersetzt die verbrauchten Basen- und löslichen Salze (Kalk, Eisen, Kali usw.). 2. Impfstoffe für die Lebensfähigkeit des Bodens — Sporen, Eier, Samen, Myzelfäden — werden mit dem Flugstaub zugeführt. Braun Blanquet und Jenny[2] also haben gezeigt, daß der Boden der Alpenmatten wesentlich unter dem Einfluß des Gesteinsstaubes der umliegenden Berge entsteht — es wurden pro Jahr 1,40—1,85 kg pro Quadratmeter gemessen — und daß der Kalkgehalt des Staubes die sauren Humusstoffe neutralisiert, damit also den Boden erst brauchbar macht.

Schließlich sind die Staubmassen stets reich an Pollen und namentlich an lebenden Bakterien. Nun ist es eine bekannte Tatsache, daß die Bakterien und Pilze im Boden für das Gedeihen der Pflanzen von größter Wichtigkeit sind, teils als Stickstoffbildner, teils als Zersetzer der abgestorbenen pflanzlichen und tierischen Körper. Der Wind sorgt durch Verbreitung von Staub für eine dauernde Zufuhr von Bodenbakterien und Pilzmyzelien. In der Naturlandschaft ist der Wind neben dem spülenden Wasser wohl die wichtigste Kraft, die für beständige Umlagerung solcher Stoffe an der Erdoberfläche sorgt, ohne die Pflanzen und Tiere auf die Dauer gar nicht bestehen können. In der Kulturlandschaft verstärkt und beschleunigt der Mensch mit Hacken, Pflügen und künstlicher Düngung jenen Vorgang, gleichzeitig aber verstärkt er infolge der Entfernung der Pflanzendecke die Staub verbreitende Wirksamkeit des Windes.

Nur derjenige, der von solchen Gesichtspunkten aus das Fliegen der Blätter, das Jagen des Staubes, das Wirbeln der Tromben tagtäglich betrachtet, wird wohl die Bedeutung des Windes für den Boden in ganzem Umfange würdigen können.

e) Die sogenannte trockene Abtragung (subaërische Massenbewegungen).

Von L. RÜGER, Heidelberg.

Mit 2 Abbildungen.

1. Begriffsfassungen.

Mit A. Penck[3] unterscheidet man zweckmäßig zwischen Massentransporten und Massenbewegungen.

Das Wesen der Massentransporte besteht in der passiven Verfrachtung des Gesteinsmateriales durch ein Transportmedium: Wasser, Eis, Luft.

Die Massenbewegungen bedürfen keines solchen Mediums, sie erfolgen spontan, selbständig.

Beiden gemeinsam ist, daß sie vorwiegend gravitativer Natur sind, indessen wirkt die Schwerkraft bei den Massentransporten mittelbar auf dem Umweg über ein Transportmedium, bei den Massenbewegungen unmittelbar.

Der Zusatz subaërisch oder kontinental kann beigefügt werden, wenn man glaubt, Verwechslungen mit Massenverlagerungen endogener oder submariner Art vorbeugen zu müssen.

---

[1] Treitz: Wesen und Bereich der Agrogeologie. C. R. de la conférence extraordinaire agropédologique à Prague 1922. Prag 1924.

[2] Braun Blanquet u. Jenny: Vegetationsentwicklung und Bodenbildung in der alpinen Stufe der Zentralalpen. Denkschr. d. Schweiz. Naturf. Ges. 63, Abt. 2. Zürich 1926.

[3] Penck, A.: Morphologie der Erdoberfläche. Stuttgart 1894.

Die Gesamtheit der Massentransporte und Massenbewegungen bilden die flächenhafte Abtragung des Landes (= Denudation einiger Autoren, als Endziel eine subaërische Abrasionsfläche).

Das Auftreten von Massenbewegungen ist von bestimmten Voraussetzungen abhängig, welche zunächst zu einer Beweglichkeit des zu bewegenden Materiales führen müssen. Die Beweglichkeit kann eine Eigenschaft sein, welche a priori verschiedenen Gesteinen eigen ist oder aber durch nachträgliche Umwandlungen infolge der Atmosphärilien erworben werden: die Gesteinsaufbereitung im weitesten Sinne.

Bei der Frage nach der Kinematik ist es im Prinzip gleichgültig, ob ein Material die hierfür erforderliche Eigenschaft hat oder erst durch Verwitterung erhält. Unter diesem Gesichtspunkt stellen die hier interessierenden Massenbewegungen letzten Endes nur einen Sonderfall aller die allgemeine Geologie berührenden Bewegungs- und Deformationsvorgänge dar, wie dies im Anschluß an die noch später zu erörternden Untersuchungen von Terzaghi[1] durch Sander[2] mehrfach betont wurde. Wie bei einer Deformation der „festen" Körper ist auch der Bewegungs- und Deformationsmechanismus der „losen" Materialien einer prinzipiell gleichen Betrachtungsweise zu unterwerfen. Es wird demnach zu erstreben sein, Aussagen über die Teilbewegungen des im ganzen deformierten Körpers zu machen, um daran fallweise die Bedingungen zu erörtern, unter welchen die Deformation stattfand.

Der Anteil, welcher den Massenbewegungen an der Ausgestaltung der Erdoberfläche zukommt, ist ein ganz enormer; sehr mit Recht stellt sie W. Penck in seinem grundlegenden Werk: „Die morphologische Analyse" (1924) in den Mittelpunkt der Betrachtung. Weitaus in den meisten Fällen bewirkt erst die Verwitterung eine Beweglichkeit des Materiales und schafft damit die erste Disposition für die Massenbewegung. So verschieden die durch die Verwitterungsvorgänge bewirkte Aufbereitung von beweglichen Derivaten auch sein mag, so ist allen eine Auflockerung und Verkleinerung der Gesteinsteile eigen: das Gefüge des Gesteins erfährt Veränderungen.

Die Bedeutung der Massenbewegung hinsichtlich ihrer Wirkung auf den Untergrund kann prinzipiell zweierlei Art sein: in Form der Korrasion und in Form der Denudation.

Unter Korrasion sei mit W. Penck die mechanische Beanspruchung des nicht verwitterten Untergrundes durch die darüberziehenden Massenbewegungen verstanden.

Die entsprechend lokalisierte mechanische Beanspruchung bei Massentransporten wäre als Erosion zu bezeichnen.

Schwieriger ist die Fassung des Begriffes „Denudation". Stets denkt man an den morphologischen Endeffekt, nämlich an den nivellierenden Ausgleich. Man setzt dann flächenhafte Abtragung = Denudation, behält also dieses Wort als Oberbegriff für die Gesamtheit aller Abtragungsvorgänge. Manche Forscher betonen bei der Denudation vor allem die flächenhafte Abspülung und setzen sie als solche der linear wirkenden Erosion entgegen. So wichtig lokal die abspülende Wirkung (und damit vorwiegend flächenhafte Auswirkung) des Wassers sein kann, so erscheint ihre Wirkung in dem eben gestreiften Zusammenhang doch zu stark überschätzt. Physikalisch betrachtet erscheint auch die Gegenüberstellung einer „flächenhaften" und „linearen" Wirkung des fließenden Wassers nicht gerechtfertigt. In beiden Fällen handelt es sich um Bewegungs-

---

[1] Terzaghi, K.: Erdbaumechanik auf bodenphysikalischer Grundlage. Leipzig 1925.
[2] Sander, B.: Verhandlungen der geologischen Bundesanstalt. 1925. — N. Jb. f. Min. usw. Blbd. **52**, Abt. B, 365.

stränge, welche gleichen hydrodynamischen Gesetzen unterliegen. Nur Anordnung und Größe ist bei den genannten Vorgängen verschieden: im ersten Fall klein, zahlreich und enggestellt, im zweiten Fall gerade entgegengesetzt, so daß sinnfällig die Tätigkeit des Einzelstranges zur Geltung kommt.

Im Sinne W. PENCKS sei hier unter Denudation eine Massenbewegung ohne korrasive Wirkung verstanden.

Der Kernpunkt für diese Definition liegt in dem Begriff der „Expositionserneuerung", d. h. in der Schaffung neuer Angriffsflächen im anstehenden Gestein für die zerstörenden Kräfte. Das Wesen aller abtragenden Vorgänge ist letzten Endes die Expositionserneuerung; speziell für den Unterschied zwischen Korrasion und Denudation handelt es sich um die zeitliche Aufeinanderfolge zwischen Bewegung und Aufbereitung des Gesteinsderivates. Zwei Fälle sind hierbei möglich. In einem Falle bleibt das aus dem Verband durch Aufbereitung (Verwitterung) gelockerte Gesteinsteilchen lange an Ort und Stelle. Die Aufbereitung dringt langsam gegen die Tiefe vor. Ein solches Bodenprofil wird im Prinzip eine vertikale Gliederung besitzen, welche schematisch zeigt: über dem anstehenden Gestein folgt eine Lockerzone, nach oben werden die Komponenten immer kleiner. Die Beweglichkeit des Lockerproduktes steigert sich mit fortschreitender Aufteilung. Kommt es schließlich zu einer Massenbewegung, so beschränkt sich diese lediglich auf die Abfuhr der durch den Dispersitätsgrad hierzu disponierten obersten Teile des Profiles, die tieferen Teile bleiben unberührt. Nur so viel ist für eine Massenbewegung verfügbar, als jeweils durch die Zerteilung geliefert wird: die Erneuerung der Exposition kann nur so rasch erfolgen, wie die Bereitstellung infolge der Zerteilung stattfindet. In diesem Falle spricht man von Denudation.

Im zweiten Fall wird das aus dem Verband gelockerte Gesteinsteilchen sofort von der Bewegung ergriffen. Der gesamte Lockerhorizont ist von der Massenbewegung ergriffen, die ihrerseits nur eine kräftige mechanische Einwirkung = Korrasion durch Abstemmen, Splittern usw. auf den Untergrund hervorruft. Die Erneuerung der Exposition erfolgt also unter korradierenden Massen rascher als bei der Denudation, sie wartet die spontane Bewegung infolge eines bestimmten Aufbereitungsgrades nicht ab.

Damit erscheinen die Begriffe Korrasion und Denudation genügend gegeneinander abgegrenzt.

Eine Einheitlichkeit über die Klassifikationsprinzipe der Massenbewegung ist bisher noch nicht erreicht, wenngleich wir jetzt schon über eine Reihe Vorarbeiten hierzu verfügen. An erster Stelle sind hier die Untersuchungen TERZAGHIS zu nennen, deren Ergebnisse, wie schon erwähnt, als wichtig für die Kenntnis mancher Bewegungsvorgänge der allgemeinen Geologie gelten dürfen. Wenn es auch jetzt noch nicht möglich ist, alle Massenbewegungen in ein physikalisch begründetes System einzugliedern, so liegt es daran, daß in vielen (und wichtigen) Fällen noch eine Reihe deskriptiver Unterlagen ausstehen, welche für diesen Zweck erforderlich sind. Doch liegt hier ein Problem vor, an dessen Lösung die Bodenlehre wie die Geologie in gleichem Maße interessiert sind. Unter diesem Gesichtspunkt sei daher der Erörterung einiger physikalischer Daten größerer Raum gegeben, als dies in geologischen Lehrbüchern der Fall ist.

2. Einige bodenphysikalische Unterlagen für die Kenntnis der Massenbewegungen[1].

Als Nomenklatur der Korngrößen loser und bindiger Massen dient die von ATTERBERG in Vorschlag gebrachte Einteilung:

---

[1] Literatur TERZAGHI 1925. — POLLACK, V.: Die Beweglichkeit bindiger und nichtbindiger Materialien. Abh. z. prakt. Geol. u. Bergwirtschaftslehre. Halle 1925.

Sand	0,2 —2,0	mm		
Mo	0,02 —0,2	,,		
Schluff	0,002 —0,02	,,	2 —20	μ
Kolloidschlamm . . .	0,0002—0,002	,,	0,2—2	μ
Ultraton	< 0,0002 mm		< 0,2	μ

Was über 2 mm hinausgeht, wird mit üblicher Bezeichnung nach Größe und Gestalt als Kies, Gerölle, Schutt usw. angesprochen.

Die Gestaltung der Körner kann verschieden sein: rundlich oder flach. Wesentlich jedoch ist, daß mit Eintritt in das kolloiddisperse System die Tonteilchen schuppenförmig zu sein scheinen.

In der Kornanordnung („Struktur") lockerer und bindiger Materialien sind nach Terzaghi (1925) folgende Typen zu unterscheiden:

1. Die Einzelkornstruktur.
2. Die Wabenstruktur.
3. Die Flockenstruktur in Form
   a) der Einzelkornstruktur zweiter Ordnung,
   b) der Wabenstruktur zweiter Ordnung.

Die Einzelkornstruktur (Abb. 28a) erfolgt im Prinzip nach der Kugelschüttung. Danach sind theoretisch zwei Grenzfälle des Porenvolumens gegeben. Denkt man sich die Einzelkörner als Kugeln und diese in kubischer oder tetraëdrischer Anordnung, so beträgt das Porenvolumen 47,6% bzw. 25,8% der Gesteinsmasse.

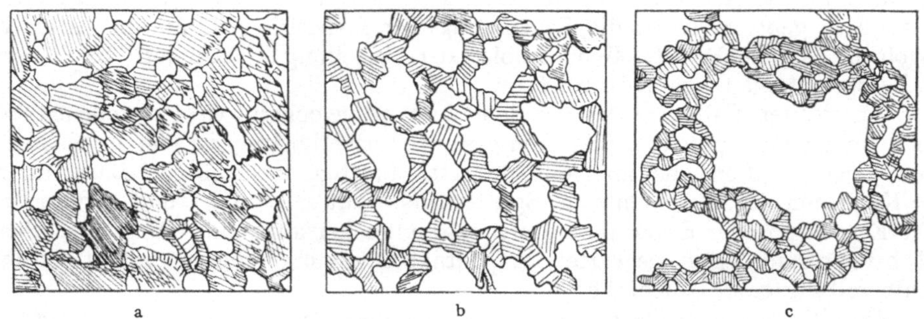

a   b   c

Abb. 28. Einige bodenmechanisch wichtige Strukturen loser und bindiger Massen.
a Die Einzelkornstruktur; b die Wabenstruktur; c die Flockenstruktur in Form der Einzelkornstruktur 2. Ordnung.
(Nach Terzaghi 1925.)

Während Einzelkornstruktur nur bei kohäsionslosem Material möglich ist, setzen die weiteren Strukturen bindiges Material voraus (Abb. 28b, c). Es handelt sich hierbei z. T. um echte Kohäsion, d. h. um eine Funktion der Masse selbst, z. T. jedoch um eine scheinbare Kohäsion, wobei die Oberflächenspannung der dünnsten Wasserhaut — Wasserfilm — um das Einzelkorn in Erscheinung tritt. Sind die absinkenden Körner klein genug, so sinkt das Einzelkorn nicht bis zur größten Tiefe, sondern wird, sobald es in die Nähe eines schon ruhenden Kornes kommt, von diesem in der Lage festgehalten, welche es im letzten Augenblick des Freischwebens besaß. Das Kippmoment ist durch die kohärenten Eigenschaften also überwunden. Die Unebenheiten des Bodens werden nicht ausgefüllt, sondern „überbaut". Das Porenvolumen solcher Sedimente überschreitet das der Einzelkornstruktur.

Eine typische Koagulationsstruktur der stärksten Kornzerteilungen ist die Flockenstruktur. Kleine Einzelteilchen lagern sich zu Sekundärteilchen, welche ihrerseits wiederum sich entweder nach Art der Einzelkornstruktur oder Wabenstruktur zusammenfinden (Abb. 28c).

Sowohl für die statischen wie dynamischen Eigenschaften der Lockermassen sind die Strukturen der Massen von Wichtigkeit. Von ausschlaggebender Bedeutung sind die Strukturen für die Wasserdurchlässigkeit und Wasserführung. Mit dem Auftreten des Porenwassers erhalten die statischen Eigenschaften der Lockermassen ihren besonderen Charakter, welcher grundsätzlich von dem Verhalten der wasserfreien festen Massen unterschieden ist. Auf diese „hydrodynamischen Spannungserscheinungen" hatte vor allem TERZAGHI hingewiesen und sie als erster erörtert.

Bei der Frage nach dem Bewegungsvorgang loser Massen ist die Kenntnis der Reibungskräfte wesentlich. Es handelt sich hierbei um eine komplexe Erscheinung. Da in einer losen Masse die Körner mehr oder weniger ineinandergreifen, kann eine Gleitung erst nach Überwindung der Flächenreibung und des Strukturwiderstandes erfolgen, d. h. das Einzelkorn muß erst in eine günstige Lage gedreht werden. Bei Sanden ist die Flächenreibung durchaus von der Größe des Strukturwiderstandes abhängig. Bei Tonen (schuppenförmige Gestalt der Teilchen!) nimmt der Strukturwiderstand stark ab, es herrscht vorwiegend die Flächenreibung. Das Gleiten bei Tonen vollzieht sich durch das Gleiten der schuppenförmigen Teile, beim Sand müssen die einzelnen Körner durch Drehen oder Kippen in die Gleitflächen „eingeregelt" werden. Die Flächenreibung kann durch bestimmte Vorgänge herabgesetzt werden, z. B. durch ein Schmiermittel in flüssiger oder fester Form. Hierbei ist vor allem bei den Massenbewegungen an das Wasser zu denken, welchem man sehr häufig die Rolle eines Schmiermittels zuschreibt. Die technologische Unterscheidung zwischen aktiven und inaktiven Flüssigkeiten (in bezug auf die Fähigkeit als Schmiermittel zu dienen) zeigt, daß das Wasser ein ausgesprochenes „Antischmiermittel" darstellt. Seine Rolle als Schmiermittel in Tonen ist nur eine indirekte, indem es zu einer Lockerung und Auflösung des festen Verbandes der schuppenförmigen Tonteilchen führt, die sich der Gleitfläche anschmiegen.

Unter den beweglichen Massen ist zweckmäßig die Unterscheidung zwischen losen und bindigen Massen zu machen, wobei die Gestalt und Größe der Einzelteilchen die Unterscheidung bietet. Hieraus resultieren eine Reihe verschiedener physikalischer Eigenschaften. Bindige (tonreiche) Massen sind infolge ihrer Struktur kontinuierlicher Formänderungen fähig, lose Massen (Sand) nicht. Verschieden sind ferner die hydrodynamischen Spannungserscheinungen, wenn die Poren wassergefüllt sind. Erfolgen in einem solchen Material Zustandsänderungen (z. B. Druckänderungen), so bewirken diese Änderungen im hydrostatischen Druck des Porenwassers. Die statische Reibung tritt zugunsten der hydrodynamischen Reibung zurück. Ein Überdruck hydrostatischer Art (z. B. durch Verringerung des Porenvolumens) kann rasch (in grobkörnigem Material) oder langsam (in Tonen) ausgeglichen werden, was für die Bewegungsvorgänge wesentlich ist.

Es wird sich im nächstfolgenden Abschnitt noch Gelegenheit geben, bei der Besprechung der Massenbewegungen selbst auf bodenphysikalische Fragen einzugehen.

3. Beispiele einzelner Massenbewegungen.

Eine allgemein anerkannte Klassifikation loser beweglicher Massen gibt es bisher noch nicht, obwohl durch zahlreiche Forscher die Notwendigkeit hervorgehoben und in dieser Richtung schon vorgearbeitet wurde. Es liegt nicht zum geringsten daran, daß die Erkenntnisse der schon an sich jungen Disziplin der Bodenmechanik noch kaum auf die gerade geologisch wirksamen Massenbewegungen Anwendung fanden, und eine Reihe der altbekannten Erscheinungen wird in nächster Zeit nochmals unter neuen Gesichtspunkten betrachtet werden müssen. Erschwerend tritt hinzu, daß die großen Massenbewegungen sich nicht in einem homogenen Material abspielen.

Durch die Arbeiten zahlreicher Forscher sind wir auf das beste über einzelne Massenbewegungen unterrichtet. Einige der ersten, die sich mit den Bewegungen loser Massen als geologischen Faktor beschäftigen, sind F. Reyer[1] und V. Pollack[2], wobei besonders letzterer bis heute die Erforschung der Massenbewegungen betrieb. A. Heim[3] behandelte die Bergstürze (vor ihm Baltzer u. a.). A. Penck[4] stellt den Begriff der Massenbewegungen gegenüber den Massentransporten auf und widmet ihnen eine eingehende Erörterung als wesentlicher morphologischer Gestaltungsvorgang. 1896 behandelt Blanckenhorn[5] den Zusammenhang von Hakenschlagen und Schuttrutschungen. 1899 macht Davis[6] auf die Bedeutung des Kriechschuttes (creeping waste) aufmerksam. Nach eingehenden Beobachtungen in periglazialen Gebieten stellt G. Andersson 1906 den Begriff der Solifluktion auf, woran sich in der Folgezeit eine Reihe interessanter Diskussionen besonders für gewisse fossile Erscheinungen schlossen (Lozinski[7], Högbom[8], Salomon[9]). Götzinger[10] untersucht das unter der Vegetationsdecke vor sich gehende „Gekriech" des Schuttes. G. Braun[11] forderte in einer beachtenswerten Arbeit zur systematischen Untersuchung der Bodenbewegungen auf, wozu er einen Fragebogen aufstellte. Leider scheint sich der sehr begrüßenswerte Vorschlag, wenigstens in dieser Form, nicht verwirklicht zu haben. 1910 erscheint Stinys monographische Behandlung der Muren. Sie stehen bis zu einem gewissen Grade an der Grenze von Massenbewegungen und Massentransporten, werden aber zweckmäßig noch den Massentransporten zugeteilt (s. B 3a). Eine ganz eingehende Behandlung fanden schließlich die Massenbewegungen, wie schon erwähnt, durch W. Penck (1924), desgleichen durch S. Passarge[12]. 1925 endlich erscheint Terzaghis Bodenmechanik.

Klassifikationsvorschläge finden sich bei G. Braun, welcher fußend auf A. Heim folgende Bewegungsarten bei Massenbewegungen unterscheidet:

1. Gleitbewegung: Die bewegte Scholle wenig oder nicht zerrüttet. Hierher Schlammströme, Gekriech bei plastischem Material, Schuttgekriech bei Schuttmaterial.

2. Rutschbewegungen: Bewegte Scholle in sich stark zerrüttet. Hierher die Frane bei weichem Material, der Schuttrutsch bei Schuttmaterial, der Felsrutsch bei Felsmaterial (anstehendes Gestein).

3. Sturzbewegungen: Zusammenhang der bewegten Massen ist aufgehoben. Hierher die Felsstürze usw.

---

[1] Reyer, F.: Bewegungen in losen Massen. Jb. k. k. geol. Reichsanstalt. 1881.

[2] Pollack, V.: Beiträge zur Kenntnis der Bodenbewegungen. Jb. k. k. geol. Reichsanstalt. 1882.

[3] Heim, A.: Der Bergsturz von Elm. Z. d. dt. geol. Ges. 1882. — Über Bergstürze. Zürich 1882.

[4] Penck, A. 1894.

[5] Blanckenhorn, M.: Theorie der Bewegungen des Erdbodens. Z. d. dt. geol. Ges. 1896.

[6] Davis, W. M.: The geographical cycle. Geogr. Journ. 1899.

[7] Lozinski, W.: Die periglaziale Fazies der mechanischen Verwitterung. Naturw. Wschr. N. F. 10 (1911).

[8] Högbom, B.: Über die geologische Bedeutung des Frostes. Bull. of the geol. Inst. Upsala 12 (1914).

[9] Salomon, W.: Die Bedeutung der Solifluktion für die Erklärung deutscher Landschafts- und Bodenformen. Geol. Rdsch. 7 (1917).

[10] Götzinger, G.: Beiträge zur Entstehung der Bergrückenformen. Geogr. Abhdlg. 9. Leipzig 1907.

[11] Braun, G.: Über Bodenbewegungen. Jahresber. geogr. Ges. Greifswald 11 (1908). — Über Bodenbewegungen in Mittel- und Südeuropa. Z. Ges. f. Erdkd. Berlin 1912.

[12] Passarge, S.: Grundlagen der Landschaftskunde 1 (1919) u. 3 (1920). — Physiologische Morphologie. Mitt. d. Geogr. Ges. Hamburg 26 (1912).

4. Sackende Bewegungen. Hierher die Erdfälle.

Nicht genügend begründet erscheinen die Begriffe „Gleiten" und „Rutschen" in kinematischer Hinsicht.

Ein anderes Einteilungsprinzip hat TERZAGHI (1925), welches im folgenden ausgeführt sei:

A. Trockenbewegungen: Massenbewegungen unter vollwirksamer statischer Reibung.
  I. Gekriech (kontinuierliche Bewegungen).
    1. Bodengekriech,
    2. Schuttgekriech.
  II. Bergstürze (spontane Bewegungen).
    1. Felsbewegungen: a) Felsschlipfe, b) Felsstürze;
    2. Schuttbewegungen: a) Schuttrutschungen, b) Schuttschlipfe;
    3. gemischte und zusammengesetzte Bergstürze.

B. Breibewegungen: Massenbewegungen unter ganz oder teilweise ausgeschalteter statischer Reibung.
  I. Setzungsfließung.
    1. Schwimmsand,
    2. Fließboden,
    3. Muren.
  II. Berstungsfließung.
    1. Tiefgreifende Rutschungen in homogenem Material,
    2. desgleichen in nicht homogenem Material,
    3. Rutschungen in alten Rutschmassen,
    4. Das Ausschälen und Ausbrechen.
  III. Überlastungsfließung.
    1. Abgleitung nach einer Schicht- oder Rißfläche,
    2. Ausquetschung infolge örtlicher Belastung.
  IV. Ausquetschung.
    1. Auftreibung infolge örtlicher Entlastung,
    2. Ausquetschung infolge örtlicher Belastung.

Zur Charakterisierung der Einzelvorgänge sind möglichst eingehende Aussagen über petrographische Beschaffenheit, Struktur, Korngröße, Konsistenz, Wassergehalt (evtl. Klima), Porenziffer, Festigkeitsverhalten usw. zu machen. Leider ist man jedoch bisher gerade bei zahlreichen geologisch wichtigen Massenbewegungen nicht in der Lage, solche Aussagen machen zu können; eine Einordnung in ein solches Schema, welches auf Grund praktischer Erfordernisse aufgestellt wurde, ist daher noch nicht in allen Fällen möglich, es muß jedoch angestrebt werden.

Einige wichtige Massenbewegungen und ihre Charakterisierung seien im folgenden besprochen. Zunächst TERZAGHIs Gruppe A und B überhaupt; die Trennung ist infolge des an anderer Stelle behandelten Unterschiedes zwischen statischem und hydrodynamischem Reibungswiderstand begründet. Eine Durchfeuchtung des Materiales bei den „Trockenbewegungen" ist ebenfalls die Voraussetzung, wobei das Wasser auf dem geschilderten indirekten Wege die Rolle des Schmiermittels ausübt.

Das „Gekriech" im Sinne trockener, kontinuierlicher Massenbewegungen ist identisch mit dem von GÖTZINGER (1907) aufgestellten Begriff des Gekrieches. Unter der Vegetationsdecke, ihr gegenüber gewissermaßen „subkutan", bewegen sich „wie in einem Schlauch" (GÖTZINGER) die Verwitterungsschuttmassen abwärts. Schon ganz geringe Neigung führt zur Bewegung. Die bewegenden Massen erfahren einen Reibungswiderstand sowohl an der Sohle als an der Vegetationsdecke; demgemäß ist die Geschwindigkeit der bewegenden Masse verschieden. Über die Kinematik der Bewegung ist wenig bekannt.

Während Götzinger ausdrücklich ein rezentes Alter dieser Bewegungen betont und mit guten Gründen diesem Gekriech eine sehr große Rolle in der Ausgestaltung der Landschaft zuschreibt, glauben andere Forscher diesem Vorgang sowohl hinsichtlich seiner Wirkung als seines Alters eine andere Deutung zu geben. So neigt Salomon dazu, einen Teil des Gekrieches von Götzinger als fossile Erscheinung zu deuten. Dieser Einwand ist prinzipiell wichtig. Götzinger verweist auf das Bodenfließen der arktischen Gebiete als einen seinem Gekriech entsprechenden Vorgang in anderen Klimaten. Auch Salomon setzt das Gekriech Götzingers = Solifluktion im Sinne Anderssons (s. unten). Es handelt sich vor allem um die Deutung der Blockströme als Folge der Solifluktion, von welcher später noch zu sprechen sein wird. Auf die Überschätzung des „Gekriechs" oder „Bodenschubs" hat dagegen Passarge[1] hingewiesen.

Zweifellos bestehen zwischen dem Gekriech und dem Bodenfluß = Solifluktion der arktischen und subarktischen Gebiete zahlreiche Übergänge hinsichtlich ihrer Bewegungsart. Nur bei den Extremen wird es möglich sein, sie den Trockenbewegungen bzw. Breibewegungen im Sinne der Erdbaumechanik zuzuordnen. Vorläufig muß man darauf noch verzichten. Aber schon jetzt erscheint es doch entgegengesetzt dem Gebrauch verschiedener Autoren notwendig, so weit als möglich zwischen Gekriech und Solifluktion zu unterscheiden und als Typus des Gekrieches die von Götzinger beschriebenen Massenbewegungen im Wiener Wald zu betrachten. Die Bereitstellung des Materials erfolgt durch Herausbildung des normalen Bodenprofils mit zunehmender Kornverkleinerung nach oben. Es entspricht also das Gekriech der Denudation in vorher gegebener Fassung. In unseren Klimaten findet dieser Vorgang wohl überall statt, sofern die Voraussetzungen für die Aufbereitung (und damit für die Mobilität des Bodens) und ein geringes Gefälle vorhanden sind.

Auf das Schuttgekriech und Felsströme, welche Terzaghi noch unter die Trockenbewegungen bei vollwirksamer statischer Reibung stellen will, ist später zurückzukommen.

Von dem kontinuierlichen Gekriech bis zu den spontanen raschen Bewegungen führen ebenfalls zahlreiche Übergänge, die auch verschiedene Namen erhielten, ohne daß es auch hier schon möglich wäre, eine scharfe, kinematische Klassifizierung aufzustellen. Wird bei raschem Abgleiten der Zusammenhang der Teile einigermaßen gewahrt, so spricht man von „Schlipfen" und unterscheidet je nach dem Material Felsschlipfe, Schuttschlipfe usw. Hierher stellt G. Braun auch die „Frane" (Einzahl Frana), wie Abrutsche in den mergeligtonigen Schichten des Apennins bezeichnet wurden (Almagià[2], Issel[3]) („Weichmassensturz" Stinys).

Abrutsche großer Dimensionen mit weitgehender Auflösung des Gefüges werden unter der Sammelbezeichnung „Bergstürze" zusammengefaßt. Die eingehende und anschauliche Beschreibung A. Heims[4] über den Bergsturz von Elm gibt die beste Vorstellung dieses Vorganges. Das Ausmaß von Verfrachtungen infolge von Bergstürzen kann ganz enorme Größe erreichen: Bergsturz Elm:

---

[1] Passarge, S.: Grundlagen der Landschaftskunde III, 180 u. 192; ferner Geogr. Z. 1912 u. Physiologische Morphologie, S. 19 u. 43—46.

[2] Almagià, R.: Studi geografici sulle frane in Italia. Soc. geogr. Ital. Mem. XIII $^{1}/_{2}$. Rom 1907.

[3] Issel, A.: Origin o consequenze delle frane. Natura 1. Mailand 1911.

[4] Heim, A.: l. c. 1882.

ca. 10 Millionen m³, Arth-Goldau: ca. 22 Millionen m³, Dobratsch (1348): ca. 535 Millionen m³, Monte Spinale (Brenta): ca. 400—700 Millionen m³.

Bei allen diesen Vorgängen ist eine Durchfeuchtung für die Bewegung Voraussetzung, wobei das Wasser indirekt als „Schmiermittel" wirkt. Einige Vorgänge (Frane z. B.) stehen schon an der Grenze zu echten Breibewegungen, d. h. infolge der völligen Sättigung der Poren mit Wasser wird die Statik durch die hydrodynamischen Spannungen bedingt. Noch ist in diesem Stadium das Wasser keine treibende Kraft selbst. Tritt noch mehr fließendes Wasser hinzu, so daß der Masse nach Flüssigkeit und feste Körper annähernd gleich sind, das Gewicht der festen Körper jedoch das des Wassers noch übertrifft, so entstehen die Muren. Sie stehen damit, wie schon angedeutet, gewissermaßen an der Grenze von Massenbewegung und Massentransport. Mit dem Massentransport haben sie gemeinsam, daß das Wasser selbst als treibende Kraft auftritt, mit den Massenbewegungen außerdem die lebendige Kraft der bewegten Feststoffe. Über das Wesen der Muren sind wir durch die treffliche Monographie STINYs unterrichtet[1].

Vorwiegend handelt es sich bisher bei den besprochenen Massenbewegungen um solche von linearer Anordnung. Die Vegetationsdecke verhindert im allgemeinen die areale Auswirkung der Massenbewegungen. Weit größeres Ausmaß erreichen die Massenbewegungen in vegetationsarmen oder -freien Gebieten, welche je nach den klimatischen Bedingtheiten die eigentlichen Schauplätze großartiger Massenbewegungen darstellen. Aus den ariden Gebieten lenkt in neuester Zeit E. KAISER[2] wieder die Aufmerksamkeit auf die Bildung der Fanglomerate (engl. the fan = der Fächer), worunter er die oft weit ausgebreiteten, im ganzen fächerförmig angeordneten Produkte von Massenbewegungen versteht, deren Hauptmerkmal darin besteht, daß nur eine unvollkommene Trennung nach Korngröße und unvollkommene Abrundung vorhanden ist. Ihre Bewegung erfolgt durch „trockene Massenbewegung" und bei „gelegentlicher Durchtränkung der Masse mit Wasser in einem Bodenfluß auf breiter Front oder in engen Erosionsschluchten"[3]. Er betrachtet den Bewegungsvorgang geradezu als ein klimatisches Korrelat der Solifluktion arktischer und humider Gebiete. Der Fanglomeratbildung kommt ein ganz erheblicher Anteil an der morphologischen Ausgestaltung (und zwar Nivellierung) arider Gebiete zu, wie dies E. KAISER zeigte. Die Ausbreitung vollzieht sich vor allem während der episodischen, oft katastrophenartigen Niederschläge, die dann zu ausgedehnten „Schichtfluten" führen. Diese arealen Schichtfluten[4] stellen gewissermaßen ein Äquivalent der murenden Bäche dar.

Stellen so die vollariden und die semiariden Gebiete den Schauplatz großer Massenbewegungen dar, so sind es auch die polaren Gebiete. Aus Beobachtungen dieser Gebiete wurde durch ANDERSSON[5] zuerst der Begriff der „Solifluktion" = Bodenfließen aufgestellt und damit das Beispiel einer extremen Mobilität von Lockermassen auf ebenen oder nur schwach geneigten Flächen bekanntgemacht. Die sich in den Regionen entwickelnden, ungemein typischen Bodenstrukturen (besser wäre die Bezeichnung Textur!) wurden Gegenstand einer ausgedehnten Literatur, von der einiges bereits eingangs erwähnt wurde[6]. Ihren besonderen

---

[1] Siehe ferner Abschnitt B 3a.

[2] KAISER, E.: Die Diamantenwüste Südwestafrikas 2. Berlin 1926. — Über Fanglomerate. Sitzgsber. bayer. Akad. der Wiss., Math.-naturwiss. Kl. 1927.

[3] KAISER, E.: 1926, S. 321 ff.

[4] PHILIPPSON, Grundzüge der Allgemeinen Geographie, S. 36.

[5] ANDERSSON, I.G.: Solifluction, a component of subaërial denudation. J. of geol. 14 (1906).

[6] MEINARDUS, W.: Beobachtungen über Detritussortierung und Strukturböden auf Spitzbergen. Z. Ges. f. Erdkunde. Berlin 1912. — MEINARDUS, W.: Über einige charakteristische Bodenformen auf Spitzbergen. Sitzgsber. naturhistor. Ver. Bonn 1912 (Termino-

Charakter erhalten diese Gebiete durch das Vorhandensein des ewig gefrorenen Bodens: Tjäle = Eisboden = Gefrornis = Frostboden. Die Ausdehnung der Tjäle ist eine ganz erhebliche, in Sibirien nimmt sie allein ein Areal von ca. 6 Millionen Quadratkilometer ein (größer als die halbe Fläche Europas!). Über die sicher auch erhebliche Ausdehnung in Nordamerika liegen bisher keine sicheren Zahlenangaben vor.

Die klimatischen Bedingungen für die Bildung der Tjäle waren bisher noch wenig bekannt. Die alte Annahme, daß sich eine Tjäle nur in Gebieten von einer mittleren Jahrestemperatur von —2⁰ abwärts entwickeln könne, trifft nicht zu. Bedingend ist vielmehr außerdem der Schneefall, und zwar seine Zeit wie die Dicke der Schneedecke. Bezeichnet man mit B die letztere, mit A die Wintertemperatur, so drückt sich in dem Quotient $\frac{A}{B}$ die Möglichkeit der Tjäleentwicklung aus, wie dies durch Schostakowitsch[1] dargelegt wurde. Ist $\frac{A}{B}$ kleiner als —0,5 (der Wert ist negativ, da die Wintertemperaturen ja negativ sind), so findet eine Tjälebildung nicht statt. Leider liegen entsprechende Zahlen für andere Tjälegebiete nicht vor, wie man überhaupt in der Literatur über diese Fragen eine gegenseitige Berücksichtigung in den Forschungen vermißt, was es erschwert, zu einem Gesamtbild zu gelangen. Das gilt besonders für die von schwedischen und russischen Forschern angestellten Untersuchungen.

Ein Querprofil durch die sibirische Tjäle zeigt Abb. 29 (nach Schostakowitsch). Über dem frostfreien Untergrund („Niefrostboden") liegt die Tjäle, welche stets gefroren bleibt (perenne Tjäle Högboms) und darüber der „Auftauboden". Die Vorgänge in der letzteren bedingen die morphologischen Eigentümlichkeiten solcher Landschaften. Die Mächtigkeit der Tjäle kann eine ganz erhebliche sein: auf Spitzbergen[2] 230 m, bei Jakutsk wurde bei 116 m die Tjäle nicht durchteuft. Wie sich besonders in Sibirien nachweisen ließ, liegen starke

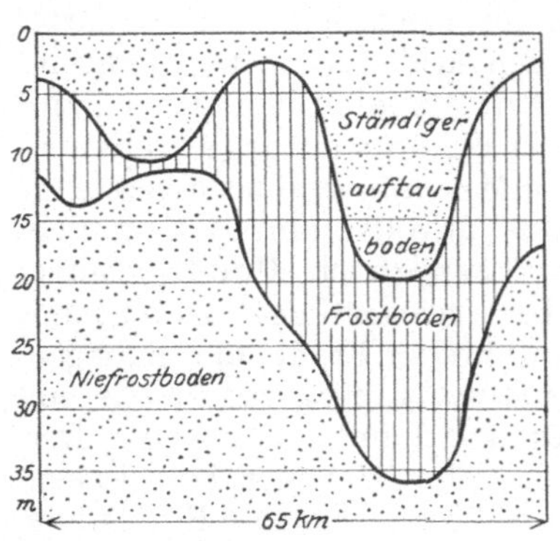

Abb. 29. Profil durch die sibirische Tjäle bei Irkutsk (Nach Schostakowitsch 1927.)

Modifikationen der Mächtigkeit infolge lokaler Umstände vor (so bilden Moore und Torf im Sommer schlechte Wärmeleiter, die Tjäle rückt näher an die Oberfläche usw.)[3].

Als Andersson 1906 den Begriff der Solifluktion aufstellte, glaubte er die Hauptursache der Bodenbeweglichkeit in der starken Wasserdurchtränkung zu sehen, welche der Auftauboden während des sommerlichen Auftauens erleidet. Durch Bertil Högboms[4] wertvolle Untersuchungen über die geologische Be-

---

logie). — Miethe, H.: Über Karreebodenformen auf Spitzbergen. Z. Ges. f. Erdkunde. Berlin 1912. — Penck, A.: Über Polygonböden in Spitzbergen. Z. Ges. f. Erdkunde. Berlin 1912. — Sapper, K.: Über Fließerde und Strukturböden auf Spitzbergen. Z. Ges. f. Erdkunde. Berlin 1912. — Spethmann, H.: Über Bodenbewegungen auf Island. Z. Ges. f. Erdkunde. Berlin 1912.

[1] Schostakowitsch, W. B.: Der ewig gefrorene Boden Sibiriens. Z. Ges. f. Erdkunde. Berlin 1927.

[2] Gripp, K.: Beiträge zur Geologie von Spitzbergen. Abh. d. naturwiss. Ver. z. Hamburg 1927, 21.

[3] Pohle, R.: Frostboden in Asien und Europa. Pet. Mitt. 1924 u. 1925.

[4] Hogböm, B.: Beobachtungen aus Nordschweden über den Frost als geologischen Faktor. Bull. of the geol. Inst. Upsala 1926, 20.

deutung der Frostwirkungen wurde bekannt, daß weitgehend Regelationsvorgänge für die Solifluktion heranzuziehen sind, wie denn überhaupt diese Vorgänge in weitestem Maße zur Erklärung zahlreicher Bewegungsvorgänge und Aufbereitungsvorgänge verantwortlich zu machen sind.

Die Aufbereitung des Bodens, welche in anderen humiden Klimaten vorwiegend durch die Verwitterung, also durch chemisch-mechanische Vorgänge bewirkt wird, wird es in arktischen Gebieten in erster Linie durch Frostsprengung, wobei Klüftigkeit und Porosität für das Verhalten des Gesteins ausschlaggebend und fallweise am Einzelobjekt zu diskutieren sind. Eine besonders eindrucksvolle Auswirkung äußert sich in der von Högbom als „Auffrieren" bezeichneten Erscheinung, wobei Blöcke, welche durch Klüfte aus ihrem Verband gelockert sind, durch die Ausdehnung des Eises entgegen der Schwerkraft und unter Überwindung der Wandreibung über ihre Umgebung emporgehoben werden, so daß die statischen Verhältnisse einer dauernden Änderung unterworfen sind.

Wie in den Felsböden, äußert sich die Frostwirkung auch intensiv in den lockeren Derivaten, wo infolge des größeren Porenraumes die Auswirkungen zum Teil intensiver sind. Die perenne Tjäle, welche mit scharfer, und wie Högbom nachdrücklich betont, unregelmäßig schroffer Grenze gegen den Auftauboden absetzt, ist wasserundurchlässig. Das Schmelzwasser kann sich somit nur im Auftauboden bewegen und hält diesen dauernd feucht. Hier findet fortwährendes Gefrieren und Auftauen statt, oft durch Wolkenschatten ausgelöst, wodurch die Insolationswirkung ausgeschaltet wird und eine besonders weitgehende Zerkleinerung des Materials bis in kolloiddisperse Dimensionen stattfindet. Hierbei können sich innerhalb des Auftaubodens Inhomogenitäten einstellen, die zur Herausbildung eines Gleitplans führen, auf welchem die höheren Schichten in Bewegung geraten. Die Oberfläche der perennen Tjäle scheidet aus den schon erwähnten Gründen wohl hierfür aus, obwohl dies von manchen Forschern angenommen wird.

In den Lockerderivaten erreicht die Beweglichkeit des Materials ihren Höhepunkt, auch da, wo keine Neigung vorhanden ist und es aus diesen oder anderen Gründen nicht zur Solifluktion kommt. Die Beweglichkeit äußert sich in der sehr auffallenden Sortierung des Materials, wobei gröberes Material an die Oberfläche gelangt, hier sich in oft sehr regelmäßiger Weise anordnet und Formen bildet, die unter dem Namen Polygonböden, Steinnetzböden, Steinringe usw. beschrieben wurden[1]. Auch hier müssen Kräfte vorhanden sein, welche entgegengesetzt der Schwerkraft wirken, die größere Teile zur Oberfläche bringen. Besonders schön beschrieb in jüngster Zeit Gripp solche Erscheinungen unter dem Namen „Brodeltöpfe", das sind Stellen im Boden, in welchen eine Art Konvektionsströmung des Materials stattfindet, durch welche ein Auftrieb von grobem Material bewirkt wird.

Wo das Gelände eine Neigung besitzt, geraten die Massen ins Gleiten: Solifluktion. Entsprechend dem Fließen bilden sich typische Fließerscheinungen heraus (Streifenböden, Fließerdewülste usw.). Auch Blockanhäufungen geraten in Bewegung, und zwar unter recht verschiedenen Bedingungen. Oft fehlt eine plastische Unterlage, die als Gleitfläche dienen könnte, völlig. Nur die Regelation, verbunden mit der Schwerkraft, kann in Frage kommen, solche Blockmassen zu bewegen. In anderen Fällen finden Blocktransporte durch die Fließerde statt oder Einzelblöcke können auf der Fließerde rascher abwärts gleiten als die Fließerde selbst. Die Einzelblöcke vereinigen sich in Dellen zu geschlossenen Blockströmen und stellen in dieser Form oft riesige Bildungen dar.

Anschließend an die Blockströme ist nun auch die Frage zu behandeln, inwieweit die zahlreichen Blockströme vieler diluvial nichtvereister Gebiete auf

---

[1] Högbom 1914.

320   L. Rüegr: Die sogenannte trockene Abtragung (subaërische Massenbewegungen).

Ursachen zurückzuführen sind, wie sie in den heutigen periglazialen Gebieten gefunden werden. Seit Lozinski, Braun und B. Högbom diese Frage aufwarfen, wurde zu ihr in den folgenden Jahren durch eine Reihe Forscher in verschiedener Weise Stellung genommen, so durch Salomon[1], Klemm[2], Meyer-Harrassowitz[3], Kraus[4] und zuletzt zusammenfassend durch Kessler[5]. Die meisten von ihnen neigen zu der Annahme, in den Blockströmen das Ergebnis von Verfrachtungen infolge der Existenz einer Tjäle zu sehen und demnach die Blockströme als Klimazeugen der diluvialen periglazialen Region zu werten. Besonders betonte dies neuerdings wieder Salomon[6] nach Beobachtungen in Italien und Spanien, wo echte Blockströme, die auf Bewegung deuten, fehlen, dagegen zahlreiche Blockstreuungen auftreten, die man durchaus durch Ausspülung des verwitterten Materials erklären kann. Die Beantwortung des Problems ist schwer, besonders ob unbedingt eine Tjäle anzunehmen ist, erscheint nicht beweisbar, wenn man daran denkt, daß durchaus kontinuierliche Übergänge zwischen dem Gekriech bis zum echten Bodenfließen bei Abwesenheit der Tjäle stattfinden. Auch aus klimatischen Gründen muß es vorläufig offen bleiben, ob man ohne weiteres die Verhältnisse des heutigen periglazialen Gürtels auf das Vorland der diluvialen Vereisung übertragen darf.

Die bisher besprochenen Massenbewegungen — Gekriech, Bergstürze, Solifluktion — sind es vornehmlich, denen gemeinsam mit den Massentransporten die Ausgestaltung des Landes zukommt[7]. In letzten Jahren wurden hierfür durch Schmitthenner[8] neue Belege gebracht, und zwar speziell für die Frage der Stufenlandschaft.

Das Endziel aller dieser Vorgänge würde zu einer Einebnung des Landes führen, wenn nicht die tektonischen Vorgänge immer wieder Lageveränderungen herbeiführten. In Zeiten großer tektonischer Ruhe kann dieser theoretische Endzustand mit gewisser Annäherung erreicht werden: es ist die Peneplain = Fastebene = Rumpfebene = subaërische Abrasionsfläche. Über ihre morphologische Bedeutung und Auffassung s. bei Hettner (1921).

Die Arten der Massenbewegungen wären damit nicht erschöpft; was jedoch noch übrigbleibt, hat ausschließlich nur lokale Bedeutung. So die „Erdwürfe", die „Bergschläge" (die man auch noch den Massenbewegungen zurechnen könnte), Bewegungen im Schwimmsand, die jedoch fast nur bei künstlichen Eingriffen in den Boden in Erscheinung treten usw.

---

[1] Salomon, W.: Die Bedeutung der Solifluktion für die Erklärung deutscher Landschafts- und Bodenformen. Geol. Rdsch. 7 (1917).

[2] Klemm, G.: Über die Entstehung der „Felsenmeere" des Felsbergs und anderer Orte im Odenwald. Notizbl. d. Ver. f. Erdkunde, V. Folge. Darmstadt 1918.

[3] Meyer-Harrassowitz, L. F.: Die Blockfelder im östlichen Vogelsberg. Ber. über d. Vers. d. niederrhein. geol. Ver. 1916—1918. 1918.

[4] Kraus, E.: Über Block- und Felsbildungen in Deutschland und ihre Bedeutung für die Erschließung des Vorzeitklimas. Geol. Arch. 1 (1923).

[5] Kessler, P.: Das eiszeitliche Klima und seine geologischen Wirkungen im nichtvereisten Gebiet. Stuttgart 1925.

[6] Salomon, W.: Felsenmeer und Blockstreuungen. Sitzsber. Heidelberg. Akad. Wiss. 1926.

[7] Vgl. auch S. Passarge: Über Solifluktion in der Diluvialzeit. Pet. Mitt. 1919; ferner Grundlagen der Landschaftskunde III, 193, u. Philippson: Grundzüge der Allgemeinen Geographie II 2, 192. Leipzig.

[8] Schmitthenner, H.: Die Entstehung der Stufenlandschaft zwischen Maas und Mosel. Geogr. Abh. von A. Penck, N. F. 1 (1923). — Die Entstehung der Dellen und ihre morphologische Bedeutung. Z. Geomorphologie 1925.

Namenverzeichnis.

Sachverzeichnis.

Verlag von Julius Springer in Berlin W 9

Handbuch der Bodenlehre

Herausgegeben von

Dr. E. Blanck

o. ö. Professor und Direktor des agrikulturchemischen
und bodenkundlichen Instituts der Universität Göttingen.

Inhaltsübersicht des Gesamtwerkes.

Erster Band.

Die naturwissenschaftlichen Grundlagen der Lehre von der Entstehung des Bodens.

Einleitung.

Die Bodenlehre oder Bodenkunde als Wissenschaft. Von Prof. Dr. E. Blanck, Göttingen. 1. Begriff und Inhalt der Bodenlehre. — 2. Die Beziehungen der Bodenlehre zur Geologie und Agrikulturchemie. — 3. Begriff und Wesen des Bodens.

Geschichtlicher Überblick über die Entwicklung der Bodenkunde bis zur Wende des 20. Jahrhunderts. Von Privatdozent Dr. F. Giesecke, Göttingen.

Erster Teil: Allgemeine oder wissenschaftliche Bodenlehre.

I. Die Entstehung des Bodens (Bodenbildung).
A. Ausgangsmaterial.
  1. Anorganisches Material.
    a) Die gesteins- und bodenbildenden Mineralien. Von Privatdozent Dr. F. Heide, Göttingen.
    b) Die Gesteine bzw. das Gesteinsmaterial. Von Privatdozent Dr. F. Heide, Göttingen.
    c) Material aus der Atmosphäre. Von Prof. Dr. W. Meigen, Gießen.
  2. Organisches Material.
    d) Pflanzensubstanz und Tiersubstanz. Von Dr. K. Rehorst, Breslau.
B. Die naturwissenschaftlichen Grundlagen zur Beurteilung der Bodenbildungsvorgänge (Faktoren der Bodenbildung).
  1. Die physikalisch wirksamen Kräfte und ihre Gesetzmäßigkeiten. Von Dr. H. Fesefeldt, Göttingen.

2. Die chemisch wirksamen Kräfte und ihre Gesetzmäßigkeiten. Von Dr. G. Hager, Direktor der Landw. Versuchsstat., Bonn.
3. Die geologisch wirksamen Kräfte für die Aufbereitung des Gesteinsmaterials.
    a) Die Tätigkeit des fließenden Wassers. Von Privatdozent Dr. L. Rüger, Heidelberg.
    b) Die Tätigkeit des Meeres und der Brandungswelle. Von Privatdozent Dr. L. Rüger, Heidelberg.
    c) Die Wirkungen des Eises. Von Prof. Dr. H. Philipp, Köln.
    d) Die Wirkung des Windes. Von Prof. Dr. S. Passarge, Hamburg.
    e) Die sogenannte trockene Abtragung (subaerische Massenbewegungen). Von Privatdozent Dr. L. Rüger, Heidelberg.

Zweiter Band.

Die klimatologischen Grundlagen der Lehre von der Entstehung des Bodens und die Verwitterungslehre.

4. Klimalehre und Klimaänderung.
    a) Die klimatischen Elemente und Faktoren nebst Übersicht der Klimazonen der Erde. Von Prof. Dr. K. Knoch, Berlin.
    b) Das Klima der bodennahen Luftschicht in Mitteleuropa. Von Prof. Dr. I. Schubert, Eberswalde.
    c) Klimaänderungen in jüngerer geologischer Zeit. Von Dr. E. Wasmund, Langenargen am Bodensee.
C. Der Einfluß und die Wirkung der physikalischen, chemischen, geologischen, biologischen und sonstigen Faktoren auf das Ausgangsmaterial.
  1. Allgemeine Verwitterungslehre.

Begriff, Wesen und Umfang der Verwitterung, Oberflächenverwitterung und Tiefenzersetzung. Von Prof. Dr. E. Blanck, Göttingen.
2. Physikalische Verwitterung. Von Prof. Dr. E. Blanck, Göttingen.
3. Chemische Verwitterung. Von Prof. Dr. E. Blanck, Göttingen.
4. Zersetzung der organischen Substanz. Von Dr. K. Rehorst, Breslau.
5. Biologische Verwitterung durch die Tätigkeit lebender Organismen. Von Prof. Dr. G. Schellenberg, Göttingen.
6. Biologische Verwitterung als Ausfluß der in Zersetzung begriffenen organischen Substanz. Von Prof. Dr. E. Blanck, Göttingen.

*

Dritter Band.

Die Lehre von der Verteilung der Bodenarten an der Erdoberfläche, regionale und zonale Bodenlehre.

D. Die Verwitterung in ihrer Abhängigkeit von den äußeren, klimatischen Faktoren.
Kurzer Überblick über die historische Entwicklung der Bodenzonenlehre und Einteilung der Böden auf Grund der Klimaverhältnisse an der Erdoberfläche. Von Prof. Dr. E. Blanck, Göttingen.
Verteilung der Böden an der Erdoberfläche und ihre Ausbildung (regionale oder geographische Bodenlehre).

1. Böden der kalten Region.
   a) Arktische Böden. Von Prof. Dr. W. Meinardus, Göttingen.
   b) Hochgebirgsböden. Von Prof. Dr. Jenny, Zürich.
2. Böden der kühlen, gemäßigten Regionen. Von Prof. Dr. H. Stremme, Danzig.
3. Böden der feuchtwarmen, gemäßigten Regionen. Von Prof. Dr. E. Blanck, Göttingen.
4. Böden der feuchttrockenen, gemäßigten Regionen. Von Prof. Dr. H. Stremme, Danzig.
5. Böden trockener Gebiete. Von Prof. Dr. A. von Sigmond, Budapest.
6. Böden der subtropischen Regionen. Von Prof. Dr. H. Harrassowitz, Gießen; Privatdozent Dr. F. Giesecke, Göttingen; Prof. Dr. E. Blanck, Göttingen.
7. Böden der tropischen Regionen. Von Prof. Dr. H. Harrassowitz, Gießen.
8. Wüstenböden und Schutzrinden. Von Prof. Dr. H. Mortensen, Göttingen und Geheimrat Prof. Dr. G. Linck, Jena.
9. Degradierte Böden. Von Prof. Dr. H. Stremme, Danzig.

Vierter Band.

Aklimatische Bodenbildung, die Bodenformen Deutschlands und die fossilen Verwitterungsrinden.

E. Die Verwitterung in ihrer Abhängigkeit vom geologischen Untergrund und sonstigen inneren Faktoren (Aklimatische Bodenbildung, Ortsböden).

1. Einteilung der Böden auf geologisch-petrographischer Grundlage. Von Prof. Dr. H. Niklas, Weihenstephan.
2. Die Entstehung und Ausbildung der Mineralböden auf geologisch-petrographischer Grundlage. Von Prof. Dr. H. Niklas, Weihenstephan.
3. Die Humusböden. Von Geheimrat Prof. Dr. B. Tacke, Bremen.
   Altersbestimmung der Humusablagerungen. Von Prof. Dr. G. Schellenberg, Göttingen.
4. Ortsböden des Bleicherdegebietes. Von Geheimrat Prof. Dr. B. Tacke, Bremen.

F. Die Verteilung der Bodenformen in Deutschland. Von Prof. Dr. H. Stremme, Danzig.

G. Die fossilen Verwitterungsrinden. Von Prof. Dr. H. Harrassowitz, Gießen.

Fünfter Band.

Der Boden als oberste Schicht der Erdoberfläche und seine geographische Bedeutung.

H. Einleitung. Von Prof. Dr. E. Blanck, Göttingen.

1. Bodenprofil, Bodenmächtigkeit, Bodensohlen und Bodendecken und örtliche Lage des Bodens. Von Privatdozent Dr. L. Rüger, Heidelberg.
2. Bodenaufschüttung (äolische Bildungen, vulkanische Ablagerungen). Von Privatdozent Dr. L. Rüger, Heidelberg.
3. Unterwasser- oder Seeböden. Von Dr. E. Wasmund, Langenargen am Bodensee.
4. Bodenbeurteilung an Ort und Stelle (Probeentnahme und Bodenuntersuchungsgeräte an Ort und Stelle). Von Privatdozent Dr. F. Giesecke, Göttingen.
5. Kartographische Darstellung des Bodens. Von Prof. Dr. H. Stremme, Danzig.

J. Die geographische Bedeutung des Bodens.

1. Der geographische Wert des Bodens. Von Prof. Dr. S. Passarge, Hamburg.
2. Das Landschaftsbild in seiner Abhängigkeit vom Boden. Von Prof. Dr. K. Sapper, Würzburg.

Sechster Band.

Die physikalische Beschaffenheit des Bodens.

II. Der Boden als Substrat, seine Natur und Beschaffenheit.

A. Die mechanische Zusammensetzung des Bodens und die davon abhängigen Erscheinungen.

1. Der mechanische Aufbau des Bodens. Von Prof. Dr. A. Densch, Landsberg a. d. Warthe.
2. Das Verhalten des Bodens gegen Wasser. Von Prof. Dr. F. Zunker, Breslau und Prof. Dr. M. Helbig, Freiburg i. B.
3. Das Verhalten des Bodens gegen Luft. Von Prof. Dr. P. Koettgen, Gießen.
4. Das Verhalten des Bodens gegen Wärme. Von Prof. Dr. I. Schubert, Eberswalde.
5. Das Verhalten des Bodens gegen Elektrizität und Radioaktivität des Bodens. Von Prof. Dr. V. F. Heß, Graz.

Siebenter Band.

Der Boden in seiner chemischen und biologischen Beschaffenheit.

B. Die chemische Beschaffenheit des Bodens.

1. Anorganische Bestandteile.
   a) Die hauptsächlichsten Bodenkonstituenten, ihre Natur und Feststellung. Von Prof. Dr. H. Wießmann, Rostock.
   b) Die Mineralbestandteile und die Methoden ihrer Erkennung. Von Ökonomierat Dr. F. Steinriede, Münster i. Westf. und Dr. A. Rieser, Göttingen.
   c) Die Kolloidbestandteile und die Methoden ihrer Erkennung. Von Dr. G. Hager, Direktor der Landw. Versuchsstat., Bonn.

2. Organische Bestandteile. Von Prof. Dr. H. Wießmann, Rostock.

C. Die biologische Beschaffenheit des Bodens.

1. Niedere Pflanzen. Von Prof. Dr. A. Rippel, Göttingen.
2. Höhere Pflanzen in ihrer Einwirkung auf den Boden. Von Prof. H. Lundegardh, Experimentalfältet, Stockholm.
3. Die Tiere, ihr Leben im Boden und ihr Einfluß auf denselben. Von Prof. Dr. R. W. Hoffmann, Göttingen und Privatdozent Dr. F. Giesecke, Göttingen.

Achter und Neunter Band.

Zweiter Teil: Angewandte oder spezielle Bodenkunde (Technologie des Bodens).

Einleitung. Von Prof. Dr. E. Blanck, Göttingen.
1. Der Kulturboden, seine Charakteristik und die Einteilung des Bodens vom landwirtschaftlichen Gesichtspunkt. Von Prof. Dr. O. Heuser, Danzig.
2. Die Bestimmung des Fruchtbarkeitszustandes des Bodens.
   a) Nach dem natürlichen Pflanzenbestand. Von Privatdozent Dr. W. Mevius, Münster i.W.
   b) Vermittels physikalischer Methoden. Von Prof. Dr. O. Engels, Speier a. Rh.
   c) Vermittels chemischer Methoden. Von Prof. Dr. O. Engels, Speier a. Rh.; Dr. A. Gehring, Direktor der Landw. Versuchsstat., Braunschweig; Prof. Dr. H. Kappen, Bonn; Prof. Dr. O. Lemmermann, Berlin; Prof. Dr. A. von Sigmond, Budapest und Prof. Dr. G. Wiegner, Zürich.
   d) Vermittels biologischer Methoden. Von Privatdozent Dr. F. Giesecke, Göttingen; Prof. Dr. E. Haselhoff, Harleshausen bei Kassel; Prof. Dr. A. Rippel, Göttingen und Prof. Dr. Th. Roemer, Halle.
   e) Die allgemeine Bedeutung der Methoden zur Bestimmung des Bodenfruchtbarkeitszustandes (Düngebedürfnisses) für die Praxis. Von Prof. Dr. H. Wießmann, Rostock.
   f) Die Bonitierung der Ackererde auf naturwissenschaftlicher Grundlage. Von Prof. Dr. H. Niklas, Weihenstephan.

Zehnter Band.

Die Maßnahmen zur Kultivierung des Bodens.

3. Maßnahmen zur Kultivierung des Bodens.
   a) Urbarmachung von Ödländereien, Urwald, See- und Flußanschwemmungen. Von Prof. W. Freckmann, Berlin.
   b) Landwirtschaftliche Bodenbearbeitung. Von Prof. Dr. O. Tornau, Göttingen.
   c) Landwirtschaftliche Düngung. Von Dr. G. Hager, Bonn und Prof. Dr. M. Popp, Oldenburg.
   d) Melioration, Drainage und Bewässerung. Von Prof. Dr. W. Freckmann, Berlin.
   e) Gare, Brache, Gründüngung. Von Prof. Dr. A. Rippel, Göttingen.
   f) Forstwirtschaftliche Bodenbearbeitung und Düngung. Von Prof. Dr. M. Helbig, Freiburg i. B.
   g) Teichwirtschaftliche Behandlung des Bodens. Von Prof. Dr. H. Fischer, München.
4. Der Boden als Vegetationsfaktor (pflanzenphysiologische Bodenkunde). Von Prof. Dr. E. A. Mitscherlich, Königsberg.

Verlag von Julius Springer in Berlin W 9

Bodenkundliches Praktikum

Von

Dr. Eilh. Alfred Mitscherlich

o. ö. Professor der Landwirtschaftlichen Pflanzenbaulehre
an der Universität Königsberg i. Pr.

Mit 15 Abbildungen. VII, 36 Seiten. 1927

RM 2.40. Mit Schreibpapier durchschossen RM 3.—

Inhaltsverzeichnis:

Einführung. — Rohere Methoden der Bodenuntersuchung. 1. Die Bestimmung des Volumenmaßgewichtes. 2. Die Bestimmung der Beobachtungsfehler. 3. Die Bestimmung der Wasserkapazität des Bodens. Die Methode nach Schübler und Trommer. Weitere Methoden. 4. Die Bestimmung der Wasserverdunstung aus dem Boden. 5. Die Bestimmung der Wasserverdunstung aus dem Boden unter Berücksichtigung verschiedener Wasserleitung. 6. Versuche zur Bestimmung der Wasserdurchlässigkeit des Bodens. **Feinere Methoden der Bodenuntersuchung.** 7. Die Bestimmung der Empfindlichkeit der Wage. 8. Die Bestimmung der Korngröße der festen Bodenbestandteile. Die Siebmethode. Die Schlämmethode. 9. Die Ausflockung des Tones. 10. Die Trockensubstanzbestimmung beim Boden. Das Trocknen im Trockenschrank. Das Trocknen im Exsikkator. 11. Die Bestimmung des spezifischen Gewichtes des Bodens. 12. Die Bestimmung der Hygroskopizität.

Praktische Kohlensäuredüngung

in Gärtnerei und Landwirtschaft

Von

Dr. phil. Erich Reinau

Mit 35 Abbildungen im Text. V, 203 Seiten. 1927

RM 13.50; gebunden RM 14.70

Kleines Praktikum der Vegetationskunde

Von

Dr. Friedrich Markgraf

Assistent am Botanischen Museum Berlin-Dahlem

(Biologische Studienbücher, Band IV)

Mit 31 Abbildungen. VI, 64 Seiten. 1926. RM 4.20; gebunden RM 5.40

Pflanzensoziologie

Grundzüge der Vegetationskunde

Von

Dozent Dr. J. Braun=Blanquet

Montpellier

(Biologische Studienbücher, Band VII)

Mit 168 Abbildungen. X, 330 Seiten. 1928. RM 18.—; gebunden RM 19.40